北京市高等教育精品教材立项项目
卫生高等职业教育规划教材

供临床医学、护理类及相关专业用

医学生物化学

第4版

主　　编　倪菊华　郑弋萍　刘观昌

副 主 编　周晓慧　扈瑞平　马贵平

主　　审　周爱儒

编　　委（按姓名汉语拼音排序）

程　凯（山西医科大学汾阳学院）
邓秀玲（内蒙古医科大学）
龚明玉（承德医学院）
胡玉萍（保山中医药高等专科学校）
扈瑞平（内蒙古医科大学）
郑弋萍（江西医学高等专科学校）
刘观昌（菏泽医学专科学校）
马贵平（乌兰察布医学高等专科学校）
倪菊华（北京大学医学部）
王卫平（北京大学医学部）
王子梅（深圳大学医学部）
文朝阳（首都医科大学）
徐世明（首都医科大学燕京医学院）
袁丽杰（哈尔滨医科大学大庆校区）
张　萍（哈尔滨医科大学大庆校区）
赵　颖（北京大学医学部）
周晓慧（承德医学院）

编写秘书　安国顺（北京大学医学部）

北京大学医学出版社

YIXUE SHENGWU HUAXUE

图书在版编目（CIP）数据

医学生物化学 / 倪菊华，郑弋萍，刘观昌主编．—4 版．
—北京：北京大学医学出版社，2014.10（2022. 6 重印）
ISBN 978-7-5659-0949-8

Ⅰ．①医…　Ⅱ．①倪… ②郑… ③刘…　Ⅲ．①医用化学 - 生物化学 - 医学院校 - 教材　Ⅳ．① Q5

中国版本图书馆 CIP 数据核字（2014）第 224166 号

医学生物化学（第 4 版）

主　　编：倪菊华　郑弋萍　刘观昌
出版发行：北京大学医学出版社
地　　址：（100191）北京市海淀区学院路 38 号　北京大学医学部院内
电　　话：发行部 010-82802230；图书邮购 010-82802495
网　　址：http://www.pumpress.com.cn
E-mail：booksale@bjmu.edu.cn
印　　刷：中煤（北京）印务有限公司
经　　销：新华书店
责任编辑：张凌凌　　**责任校对**：金彤文　　**责任印制**：李　啸
开　　本：787 mm × 1092 mm　1/16　　**印张**：22.75　　**字数**：608 千字
版　　次：1997 年 9 月第 1 版　2014 年 10 月第 4 版　2022 年 6 月第 6 次印刷
书　　号：ISBN 978-7-5659-0949-8
定　　价：39.00 元

卫生高等职业教育规划教材修订说明

北京大学医学出版社于1993年和2002年两次组织北京大学医学部和8所开办医学专科教育院校的老师编写了临床医学专业专科教材（第1版和第2版），并于2000年组织编写了护理专业专科教材（第1版）。2007年同时对这些教材进行了修订再版。因这两套教材内容精炼、实用性强，符合基层卫生工作人员的培养需求，受到了广大师生的好评，并被教育部中央广播电视大学选为指定教材。“十一五”期间，这两套教材中有24种被教育部评为**普通高等教育“十一五”国家级规划教材**，其中3种入选**普通高等教育精品教材**。

进入“十二五”以来，专科教育已归入职业教育范畴。为适应新时期我国卫生高等职业教育发展与改革的需要，在广泛调研、总结上版教材质量和使用情况的基础上，北京大学医学出版社启动了临床医学、护理专业高等职业教育规划教材的修订再版工作，并调整、新增了部分教材。本套教材有22种入选**“十二五”职业教育国家规划教材**，修订和编写特点如下：

1. 优化编写队伍 在全国范围内遴选作者，加大教学经验丰富的从事卫生高等职业教育工作的作者比例，力求使教材内容的选择具有全国代表性、贴近基层卫生工作人员培养需求，提高适用性；遴选知名专家担纲主编，对教材的科学性、先进性把关。

2. 完善教材体系 针对不同院校在专业基础课设置方面的差异，对部分专业基础课教材实行双轨制，如既有《人体解剖学》《组织学与胚胎学》，又有《人体解剖学与组织胚胎学》《正常人体结构》教材，便于广大院校灵活选用。

3. 锤炼教材特色 教材内容力求符合高等职业学校专业教学标准，基本理论、基本知识和基本技能并重，紧密结合国家临床执业助理医师、全国护士执业资格考试大纲，以“必需、够用”为度；以职业技能和岗位胜任力培养为根本，以学生为中心，使教材更适合于基层卫生工作人员的培养。

4. 创新编写体例 完善、优化“学习目标”；教材中加入“案例”“知识链接”，使内容与实践紧密结合；章后附思考题，引导学生自主学习。力求体现专业特色和职业教育特色。

5. 强化立体建设 为满足教学资源的多样化需求，实现教材立体化、数字化建设，大部分教材配套实用的学习指导和数字教学资源，实现教材的网络增值服务。

本套教材主要供三年制高等职业教育临床医学、护理类及相关专业用，于2014年陆续出版。希望广大师生多提宝贵意见，反馈使用信息，以逐步修改和完善教材内容，提高教材质量。

临床医学专业教材目录

说明：1．“十二五”：**“十二五”职业教育国家规划教材**（“十二五”含其辅导教材）。

2．“十一五”：普通高等教育“十一五”国家级规划教材。

3．“ * ”：普通高等教育精品教材。

4．辅导教材名称：《主教材名称＋学习指导》，如《内科学学习指导》。

序号	教材名称	版次	十二五	十一五	辅导教材	适用专业
1	医用基础化学	4		✓	✓	临床医学、护理类及相关专业
2	人体解剖学与组织胚胎学	2				临床医学类
3	人体解剖学	4	✓	✓	✓	临床医学、护理类及相关专业
4	组织学与胚胎学 *	4	✓	✓	✓	临床医学、护理类及相关专业
5	人体生理学	4	✓	✓	✓	临床医学、护理类及相关专业
6	医学生物化学	4			✓	临床医学、护理类及相关专业
7	病原生物与免疫学	1				临床医学类
8	医学免疫学与微生物学	5	✓	✓	✓	临床医学、护理类及相关专业
9	医学寄生虫学 *	4	✓	✓	✓	临床医学、护理类及相关专业
10	医学遗传学	3	✓	✓	✓	临床医学、护理类及相关专业
11	病理学与病理生理学	1				临床医学、护理类及相关专业
12	病理学	4	✓		✓	临床医学、护理类及相关专业
13	病理生理学	4	✓	✓	✓	临床医学、护理类及相关专业
14	药理学	4			✓	临床医学、护理类及相关专业
15	诊断学基础	4	✓	✓	✓	临床医学类
16	内科学	4	✓	✓	✓	临床医学类
17	外科学	4		✓		临床医学类

续表

序号	教材名称	版次	十二五	十一五	辅导教材	适用专业
18	妇产科学	4	√	√	√	临床医学类
19	儿科学	4				临床医学类
20	传染病学	4	√	√	√	临床医学类
21	眼耳鼻喉口腔科学	2				临床医学类
22	眼科学	2	√			临床医学类
23	耳鼻咽喉头颈外科学	2	√			临床医学类
24	口腔科学	2	√			临床医学类
25	皮肤性病学	4				临床医学类
26	康复医学	2	√			临床医学类
27	急诊医学	2	√			临床医学类
28	中医学	3				临床医学类
29	医护心理学 *	3		√		临床医学、护理类
30	全科医学导论	1				临床医学类
31	预防医学	4		√	√	临床医学类

卫生高等职业教育规划教材编审委员会

序

近十余年来，随着国家教育改革步伐的加快，我国职业教育如雨后春笋般蓬勃发展，在总量上已与普通教育并驾齐驱，是我国教育体系构成的重要板块。卫生高等职业教育同样取得了可喜的成绩。开办卫生高等职业教育的院校与日俱增，但存在办学、培养不尽规范等问题。相应的教材建设也存在内容与职业标准对接不紧密、职教特色不鲜明、呈现形式单一、配套资源开发不足、不少是本科教材的压缩版或中职教材的加强版、不能很好地适应社会发展对技能型人才培养的要求等问题。

进入“十二五”以来，独立设置的高等职业学校（含高等专科学校）、成人教育学校、本科院校和有关高等教育机构举办的高等职业教育（专科）统称为高等职业教育，由教育部职业教育与成人教育司统筹管理。教育部发布了**《教育部关于“十二五”职业教育教材建设的若干意见》**等重要文件，陆续制定了各专业教学标准，对学制与学历、培养目标与规格、课程体系与核心课程等10个方面做出了具体要求。职业教育以培养具有良好职业道德、专业知识素养和职业能力的高素质技能型人才为根本，以学生为中心、以就业为导向。教学内容以“必需、够用”为度，教材须图文并茂，理论密切联系实际，强调实践实训。卫生高等职业教育有很强的特殊性，编好既涵盖卫生实践所要求具备的较完整知识体系又能体现职业教育特点的教材殊为不易。

北京大学医学出版社组织的临床医学、护理专业专科教材，是改革开放以来该专业我国第二套有较完整体系的教材，历经多年的教学应用、修订再版，得到了教育部和广大院校师生的认可与好评。斗转星移，转眼间距离2008年上一轮教材修订已5年，随着时代的发展，这两套教材中部分科目需要调整、教学内容需要修订。在大量细致调研工作的基础上，北京大学医学出版社审时度势，及时启动了这两套教材的修订再版工作，成立了教材编审委员会，组织活跃在卫生高等职业教育教学和实践一线的专家学者召开教材编写会议，认真学习教育部关于高等职业教育教材建设的精神，结合当前高等职业教育学生的特点，经过充分研讨，确定了教材的编写原则和编写思路，统一了教材的编写体例，强化了与教材配套的数字化教学资源建设，为使这两套教材成为优秀的立体化教材打下了坚实的基础。

相信经过本轮修订，在北京大学医学出版社的精心组织和全体专家学者对教材的精雕细琢下，这两套教材一定能满足新时期我国卫生高等职业教育人才培养的需求，在教材建设“百花齐放、百家争鸣”的局面中脱颖而出，真正成为好学、好教、好用的精品教材。

本轮教材修订工作得到了各参编院校的高度重视和大力支持，众多专家学者投入了极大的热情和精力，在主编带领下克服困难，以严肃、认真、负责的态度出色地完成了编写任务，谨在此一并致以衷心的感谢！诚恳地希望使用本套教材的广大师生不吝提出建议与指正，使本套教材能与时俱进、日臻完善，为我国的卫生高等职业教育事业做出贡献。

感慨系之，欣为之序！

程伯基

第 4 版前言

《医学生物化学》第 1 版出版至今已近 20 年，其间于 2004 年、2007 年再版。前 3 版共印刷 10 余次，印数超过 10 万册。此教材在全国各地广泛使用，受到普遍好评与欢迎。2001 年被评为“北京市高等教育精品教材建设立项项目”。

本版教材是在前 3 版基础上修订而成，坚持科学性、先进性、实用性与可读性。为保证延续性，本版教材保留了前 3 版的基本框架。全书分为四大篇，即生物大分子的结构与功能、物质代谢与调节、基因信息的传递以及专题篇，共 20 章，包含了高等职业教育医学生所必备的生物化学与分子生物学的基本知识。与第 3 版相比，本版的主要改变有：①根据学科特点及进展，删去第 18 章“水、电解质与酸碱平衡”（属于病理生理学科），代之以“细胞增殖调控分子”；将“基因组学与医学”调整为“组学与医学”，并从第 20 章调至第 19 章，而把“分子生物学常用技术原理与应用”从 19 章调至第 20 章。②根据学科最新进展，增补了一些新知识、新概念。例如：蛋白质的泛素化降解机制、lncRNA 的基因表达调节功能、生物芯片技术等。③适当调整某些章节的内容与安排。例如，糖蛋白和蛋白聚糖从“糖代谢”章调至“蛋白质的结构与功能”章；糖代谢途径按 Chen H 等在 *Biochem Mol Biol Educ* 上发表的相关文章中的顺序介绍。④精简了一些不符合使用对象要求、繁琐的化学反应式、结构式；修改并增加一些图表，简化了文字叙述，力求简明扼要。⑤插入一些知识链接，介绍科研进展或与临床的联系。

为了便于教与学，本教材在各章之前提出“学习目标”，以便掌握该章的重点内容；在各章之后设有“小结”，对该章的主要内容进行概括；最后还针对本章学习重点，附以思考题。本书仍有配套教材《医学生物化学学习指导》，内含多种题型的自测题及参考答案，供学生学习参考。

本版教材除主要供高等职业院校医药卫生类各专业使用外，还可用于各大学医学高职班、全国广播电视大学医学各专业以及自学考试等。大学医科本科生也可作为学习参考。

本版教材的修订一直得到北京大学医学部周爱儒教授的关心和指导，从编写提纲拟定、各章具体修改建议的提出，到交初稿后的一、二、三审，周教授对每个环节仔细审阅，严格把关，特此致谢！此外，本版教材引用了第 3 版的部分章节内容，对原版作者也深表谢意！

本版教材编委会成员作了较大调整。除了原有的北京大学医学部、首都医科大学等院校的教师外，还新增了多所其他地区高等职业院校的具有多年教学经验的教师，以便更具针对性和代表性。

本教材在编写和出版过程中，得到了北京大学医学出版社领导和编辑的大力支持与协助。北京大学医学部的安国顺老师承担了部分编务工作。同时，在前 3 版教材使用过程中，我们也陆续收到各地读者的宝贵建议与意见，在此一并致谢。由于我们水平有限，而且编写仓促，本版教材仍可能存在一些缺点或不当之处，敬请批评、指正。

倪菊华　郑弋萍　刘观昌

2014 年 4 月于北京

目录

第一篇　生物大分子的结构与功能

第六章 生物氧化 …………… 109

第七章 氨基酸代谢 ………… 124

第三篇 基因信息的传递

第四篇 专题篇

第十八章 细胞增殖调控分子 ……290

第十九章 组学与医学 ……303

第二十章 常用分子生物学技术的原理与应用 ……… *313*

名词注解 ……………………*327*

中英文专业词汇索引 ……………*339*

主要参考文献 ……………………*344*

第一篇　生物大分子的结构与功能

众所周知，生物体，包括人体，是由数以亿万计的、分子量各不相同的物质按严格规律而组成的。据测定，人体的物质组成含有水55% ~ 67%，蛋白质15% ~ 18%，脂类10% ~ 15%，无机盐3% ~ 4%，糖类1% ~ 2%。此外，还有核酸以及维生素、激素等。人们通常将蛋白质、核酸、糖类、脂质等统称为生物分子，而又将蛋白质、核酸称为生物大分子。几乎一切有生命的物体均含有这两类生物大分子，因此它们是生命的标志。

生物大分子通常都有一定的分子结构规律，即由一定的基本结构单位按一定的排列顺序和连接方式而形成多聚体。例如，蛋白质是以氨基酸为基本结构单位，通过肽键相连而成的多肽链结构；而核酸是以核苷酸为基本结构单位，通过3′,5′-磷酸二酯键相连而成的多核苷酸结构。生物大分子的结构决定着它的功能，即结构是功能的基础，而功能则是特定结构的体现。

本篇介绍蛋白质、核酸、酶三类生物大分子的结构与功能。蛋白质是生命活动的物质基础，具有多种重要的生物学功能；核酸是遗传物质，决定着遗传信息的传递；而绝大多数酶是具有生物催化活性的蛋白质，催化体内各种物质代谢的进行，是生物体新陈代谢的基本保证。研究生物大分子的结构与功能是近代分子生物学的重要内容。学习本篇知识对理解多种生命过程的本质，包括生长、遗传、运动、物质代谢等具有重要意义，也为后续课程的学习打下基础。

学习本篇时，要重点掌握上述生物大分子的结构特点、重要功能、结构与功能的关系，以及基本理化性质及其在医学中的应用。同时注意将各章内容进行横向联系、比较，这样既便于记忆，也便于理解。

（倪菊华）

第一章

蛋白质的结构与功能

学习目标

1．了解蛋白质在生命活动中的重要性，掌握蛋白质的重要生理功能。
2．掌握蛋白质的化学组成及结构单位：元素组成及特点；基本结构单位氨基酸及其结构特点。
3．掌握蛋白质分子结构的基本概念及结构要点。
4．掌握蛋白质结构与功能的关系：一级结构与功能的关系；空间结构与功能的关系。
5．熟悉蛋白质的重要理化性质：两性电离及等电点；高分子性质；变性、沉淀等概念及其在医学上的应用。

蛋白质（protein）广泛存在于生物界，从最简单的生物到人类，都以蛋白质为重要的组成物质。人体内蛋白质含量约占人体干重的45%。生物体结构越复杂，其蛋白质种类和功能也越繁多。最简单的单细胞生物，如大肠杆菌含有约3000种不同的蛋白质，人体约有10万种以上不同的蛋白质，不同的蛋白质各有特异的生物学功能。蛋白质是各种组织的基本组成成分，维持组织的生长、更新和修复。此外，蛋白质还具有许多特殊功能，例如催化功能（酶）、调节功能（蛋白质、多肽类激素）、收缩和运动功能（肌肉蛋白）、运输和储存功能（白蛋白、血红蛋白）、保护和免疫功能（凝血酶原、免疫球蛋白）以及生长、发育、繁殖和遗传等，都与蛋白质的生理功能有关。因此，蛋白质是生命活动的物质基础。由于不同细胞在不同生理或病理状态下所表达的蛋白质种类不尽相同，因此从生物整体蛋白质水平研究生命活动的规律及重要的生理病理现象，已成为21世纪生命科学的重点，并由此诞生了一门新的学科——蛋白质组学。

第一节　蛋白质的分子组成

一、碳、氢、氧、氮是组成蛋白质的基本元素

组成蛋白质的主要元素有碳（50% ~ 55%）、氢（6% ~ 8%）、氧（19% ~ 24%）、氮（13% ~ 19%），有些蛋白质还含有少量硫、磷、硒或金属元素铁、铜、锌、锰、钴、钼等，

个别蛋白质还含有碘。各种蛋白质的含氮量很接近且恒定，平均约为 16%，即 1 克氮相当于 6.25（100÷16）克蛋白质。由于生物体内的氮元素主要存在于蛋白质中，因此，可以通过测定生物样品的含氮量推算出它的蛋白质含量。计算式如下：

每克样品中蛋白质的含量 = 每克样品的含氮量 × 6.25

二、氨基酸是蛋白质分子的基本结构单位

蛋白质是高分子化合物，可以受酸、碱或蛋白酶作用水解为小分子物质。蛋白质彻底水解后，用化学分析方法证明其基本组成单位为氨基酸（amino acid）。

（一）氨基酸的结构特点

存在于自然界中的氨基酸有 300 余种，但组成蛋白质的氨基酸仅有 20 种。这 20 种氨基酸在结构上有共同的特点（表 1-1）。

1．蛋白质水解所得到的氨基酸都是 α- 氨基酸（脯氨酸为 α- 亚氨基酸），即氨基都是连接在 α 碳原子上，其结构通式如下（R 为氨基酸的侧链基团）。

$$\begin{array}{c} \mathrm{COOH} \\ | \\ \mathrm{R-C-NH_2} \\ | \\ \mathrm{H} \end{array}$$

2．不同氨基酸主要体现在 R 基团的不同，除 R 基团为 H 的甘氨酸外，其他氨基酸的 α 碳原子连接的 4 个原子或基团都不同，即为不对称碳原子，也称手性碳原子，故氨基酸具有旋光异构性，存在 L- 型和 D- 型两种异构体。组成天然蛋白质的氨基酸均为 L- 型（图 1-1）。

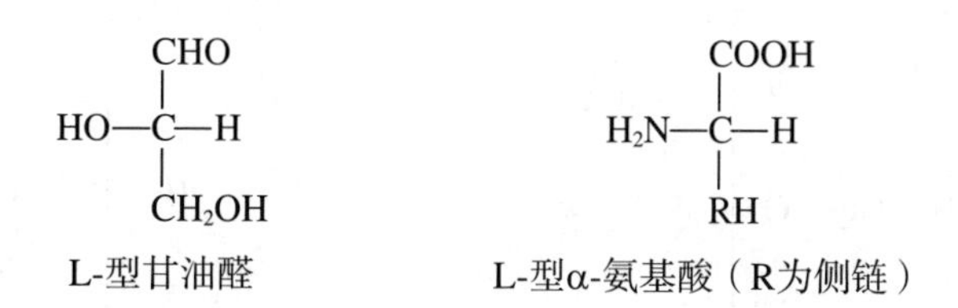

图 1-1　L- 型甘油醛与 L- 型 α- 氨基酸

（二）氨基酸的分类

根据氨基酸 R 基团的结构和性质不同，将 20 种氨基酸分为四类（表 1-1）。

1．酸性氨基酸　其 R 基团含有羧基，在生理条件下带负电荷。这类氨基酸有谷氨酸和天冬氨酸。

2．碱性氨基酸　其 R 基团分别含氨基、胍基和咪唑基，在生理条件下带正电荷。这类氨基酸有赖氨酸、精氨酸和组氨酸。

3．不带电荷的极性氨基酸　共有 7 种，其特征是具有极性 R 侧链，且在中性溶液中很少电离，故具有亲水性，如丝氨酸、苏氨酸、半胱氨酸等。

4．非极性疏水性氨基酸　其特征是具有非极性 R 侧链，它们显示出不同程度的疏水性，如丙氨酸、缬氨酸、甲硫氨酸等。

表 1-1　组成蛋白质的 20 种氨基酸

氨基酸名称	简写符号	结构式：侧链 R 基团	结构式：共同部分	等电点（pI）
酸性氨基酸				
1．谷氨酸	谷，Glu，E	$HOOC—CH_2—CH_2—$	$—CH(NH_2)—COOH$	3.22
2．天冬氨酸	天，Asp，D	$HOOC—CH_2—$	$—CH(NH_2)—COOH$	2.77
碱性氨基酸				
3．赖氨酸	赖，Lys，K	$H_2N—CH_2—CH_2—CH_2—CH_2—$	$—CH(NH_2)—COOH$	9.74
4．精氨酸	精，Arg，R	$H_2N—C(=NH)—NH—CH_2—CH_2—CH_2—$	$—CH(NH_2)—COOH$	10.76
5．组氨酸	组，His，H	$CH=C—CH_2—$（咪唑环：N、NH、C—H）	$—CH(NH_2)—COOH$	7.59
不带电荷的极性氨基酸				
6．甘氨酸	甘，Gly，G	$H—$	$—CH(NH_2)—COOH$	5.97
7．丝氨酸	丝，Ser，S	$HO—CH_2—$	$—CH(NH_2)—COOH$	5.68
8．苏氨酸	苏，Thr，T	$CH_3—CH(OH)—$	$—CH(NH_2)—COOH$	5.60
9．酪氨酸	酪，Tyr，T	$HO—C_6H_4—CH_2—$	$—CH(NH_2)—COOH$	5.66
10．半胱氨酸	半，Cys，C	$HS—CH_2—$	$—CH(NH_2)—COOH$	5.07
11．天冬酰胺	天，Asn，N（$—NH_2$）	$H_2N—C(=O)—CH_2—$	$—CH(NH_2)—COOH$	5.41
12．谷氨酰胺	谷，Gln，Q（$—NH_2$）	$H_2N—C(=O)—CH_2—CH_2—$	$—CH(NH_2)—COOH$	5.65

续表

氨基酸名称	简写符号	结构式		等电点(pI)
		侧链R基团	共同部分	
非极性疏水性氨基酸				
13．丙氨酸	丙，Ala，A	$CH_3—$	$—CH(NH_2)—COOH$	6.00
14．缬氨酸	缬，Val，V	$CH_3—CH(CH_3)—$	$—CH(NH_2)—COOH$	5.96
15．亮氨酸	亮，Leu，L	$CH_3—CH(CH_3)—CH_2—$	$—CH(NH_2)—COOH$	5.98
16．异亮氨酸	异，Ile，I	$CH_3—CH_2—CH(CH_3)—$	$—CH(NH_2)—COOH$	6.02
17．苯丙氨酸	苯，Phe，F	 $C_6H_5—CH_2—$	$—CH(NH_2)—COOH$	5.48
18．色氨酸	色，Trp，W	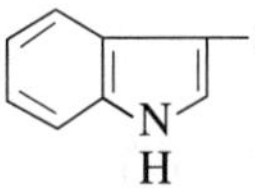 吲哚基(N-H)—$CH_2—$	$—CH(NH_2)—COOH$	5.89
19．甲硫氨酸	蛋，Met，M	$CH_3—S—CH_2—CH_2—$	$—CH(NH_2)—COOH$	5.74
20．脯氨酸	脯，Pro，P	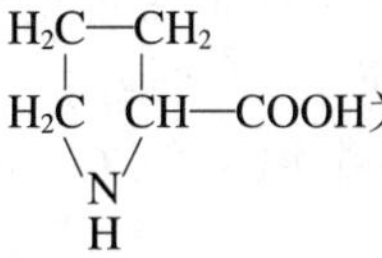 $H_2C—CH_2$，H_2C　$CH—COOH$，N-H（环状）为亚氨基		6.30

（三）氨基酸的重要理化性质

1．两性解离性质及等电点　所有氨基酸都既含有碱性氨基（或亚氨基），又含有酸性羧基，故既有碱的性质，可以接受H^+，又有酸的性质，可以给出H^+，因而具有两性解离性质（图1-2）。

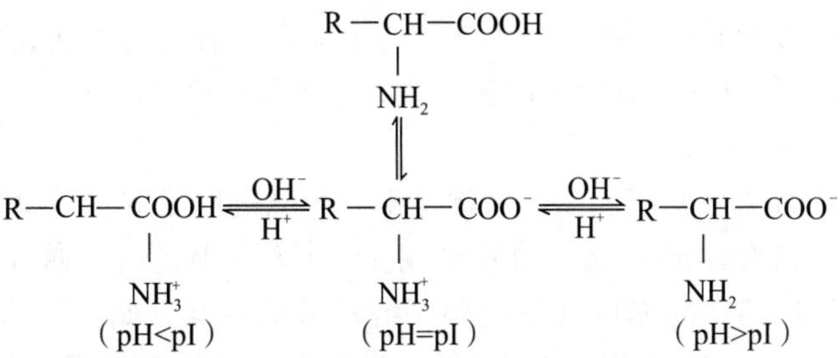

$$R—CH(NH_2)—COOH$$
$$\Updownarrow$$
$$\underset{(pH<pI)}{R—CH(NH_3^+)—COOH} \underset{H^+}{\overset{OH^-}{\rightleftharpoons}} \underset{(pH=pI)}{R—CH(NH_3^+)—COO^-} \underset{H^+}{\overset{OH^-}{\rightleftharpoons}} \underset{(pH>pI)}{R—CH(NH_2)—COO^-}$$

图1-2　氨基酸的解离过程

由上式可见，氨基酸在不同 pH 的溶液中，可以带不同的电荷。在酸性溶液中，氨基酸能与溶液中的 H^+ 结合而带正电荷；在碱性溶液中，氨基酸能与溶液中的 OH^- 结合而带负电荷。当溶液的 pH 被调到某一特定值时，氨基酸的酸性基团所产生的负电荷与碱性基团所产生的正电荷正好相等，这时的氨基酸被称作兼性离子，分子呈电中性。使某氨基酸所带的正、负电荷数相等时的溶液 pH 称为该氨基酸的等电点（isoelectric point，pI）。各种氨基酸所含的氨基、羧基的数目不同，而且各种基团解离的程度也不同，因此不同的氨基酸有各自特定的等电点（表 1-1）。

2．氨基酸的紫外吸收性质　芳香族氨基酸色氨酸、酪氨酸和苯丙氨酸含有共轭双键，在 280nm 紫外波长处具有特征性吸收峰。由于大多数蛋白质含有色氨酸、酪氨酸残基，因此该性质可用于蛋白质含量测定。

3．茚三酮反应　氨基酸与茚三酮试剂共同加热生成蓝紫色的化合物，最大吸收峰在波长 570nm 处。根据其颜色的深浅，可对氨基酸进行定性或定量分析。

此外，氨基酸还有许多重要性质，如与亚硝酸、甲醛、2,4- 二硝基氟苯或丹磺酰氯等反应。这些反应对氨基酸的含量测定或蛋白质多肽链的末端分析都有很大价值。

第二节　蛋白质的分子结构

20 种氨基酸以不同数量和不同顺序排列成复杂而多样的蛋白质分子，并具有一定的三维空间结构，由此而发挥其特有的生物学功能。蛋白质的结构可分为一级、二级、三级及四级结构。其中，一级结构为蛋白质的基本结构，二、三、四级结构为其空间结构。

一、多肽链是蛋白质分子的结构基础

蛋白质是由氨基酸聚合成的高分子化合物。在蛋白质分子中，氨基酸之间通过肽键（peptide bond）相连。肽键是由一个氨基酸的 α- 羧基和另一个氨基酸的 α- 氨基脱水缩合形成的化学键，又称酰胺键（-CO—NH-）（图 1-3）。

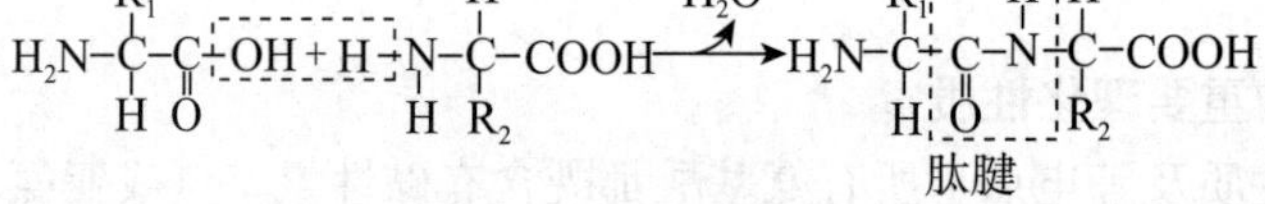

$$H_2N{-}CH(R_1){-}CO{-}OH + H{-}NH{-}CH(R_2){-}COOH \xrightarrow{-H_2O} H_2N{-}CH(R_1){-}\boxed{CO{-}NH}{-}CH(R_2){-}COOH$$

肽腱

图 1-3　肽键的生成

氨基酸之间通过肽键相互连接而成的化合物称为肽。肽链中的氨基酸因脱水缩合而有残缺，故称为氨基酸残基。由两个氨基酸残基组成的肽称二肽，由三个氨基酸残基组成的肽称三肽，以此类推。一般十肽以下的统称为寡肽，十肽以上者称为多肽或多肽链（polypeptide chain）。由肽键连接各氨基酸残基形成的长链骨架称多肽主链，而连接于 C_α 上的各氨基酸残基的 R 基团则称为多肽侧链。

一条多肽链通常有两个游离末端：一端是未参与肽键形成的 α- 氨基端，简称 N 端；另一端是未参与肽键形成的 α- 羧基端，简称 C 端。在书写某肽链时，通常 N- 端写在左边，C- 端写在右边。每条多肽链中氨基酸残基的顺序编号都从 N 端开始，肽的命名也是从 N 端指向 C 端。例如，从 N 端到 C 端依次由谷氨酸、半胱氨酸和甘氨酸缩合而成的三肽称为谷氨酰半胱氨酰甘氨酸，简称谷胱甘肽（glutathione，GSH）。生物体内能合成许多具有各种重要生物学活性的小分子肽，称为生物活性肽，如：抗氧化的谷胱甘肽、下丘脑分泌的促甲状腺素释放激素、腺垂体分泌的促肾上腺皮质激素等。近些年通过 DNA 重组技术，可在体外生成更多的药物重组多肽、重组肽类疫苗等。

肽键（-CO-NH-）是连接于氨基酸之间的共价键。用 X 线衍射法证实，肽键是一个刚性平面。肽键中的 C-N 键长为 0.132nm，短于相邻的 N-C_α 单键（0.149nm），长于普通 C =N 双键（0.127nm），故肽键的 C-N 键在一定程度上具有双键性质，不能自由旋转。因此，肽键中的 C、O、N、H 四个原子与它们相邻的 2 个 C_α 原子都处于同一平面上，该平面称肽键平面（也称肽单元）（图 1-4）。

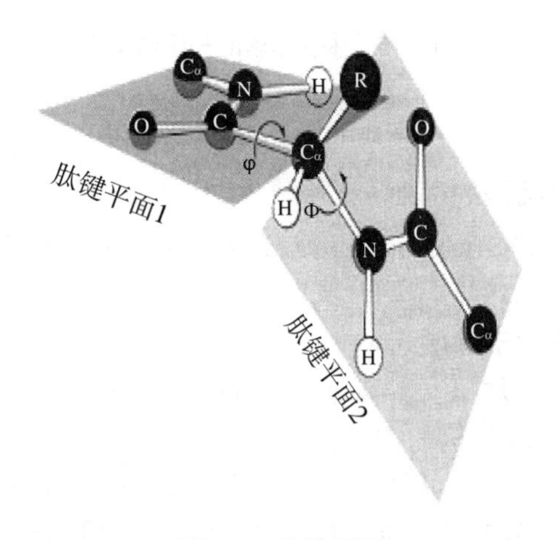

图 1-4 肽键平面

在多肽链中，由于与 C_α 相连的 N 和 C 所形成的化学键（C_α-N 和 C_α-C）都是典型的单键，可以自由旋转，所以两个相邻的肽键平面可以围绕 C_α 旋转，形成两个相邻肽键平面的相对空间位置。这是多肽链形成特殊规律的 α- 螺旋结构或 β- 片层结构的基础。

二、多肽链中氨基酸残基的顺序排列是蛋白质的一级结构

蛋白质的一级结构（primary structure）是指氨基酸在蛋白质多肽链中从 N 端至 C 端的排列顺序，其基本化学键是肽键。有些蛋白质的一级结构中尚含有二硫键，由两个半胱氨酸的巯基（-SH）脱氢氧化生成。

蛋白质分子的一级结构首先研究清楚的是胰岛素，它由两条多肽链构成，一条称为 A 链，由 21 个氨基酸残基组成；另一条称为 B 链，由 30 个氨基酸残基组成，两条多肽链通过 A7 和 B7、A20 和 B19 之间的两个二硫键相连。此外，A 链内部的 A6 和 A11 之间也形成一个二硫键（图 1-5）。

蛋白质一级结构是其特异空间结构和生物学活性的基础。尽管各种蛋白质的基本结构都是多肽链，但所含氨基酸的数目、各种氨基酸的比例以及氨基酸的排列顺序不尽相同，由此形成了结构多样、功能各异的蛋白质。因此，研究蛋白质的一级结构，是在分子水平阐述蛋白质结构与其功能关系的基础。

三、多肽链局部的空间构象是蛋白质的二级结构

蛋白质的二级结构（secondary structure）是指多肽主链原子在局部空间的规律性排列，

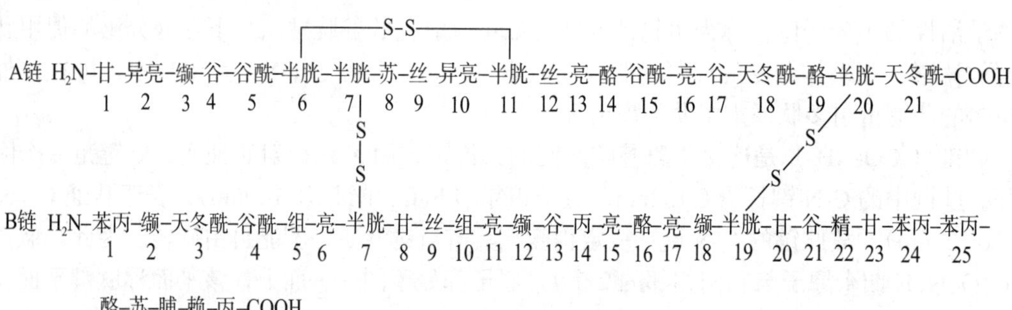

图 1-5　牛胰岛素的一级结构

不包括氨基酸残基侧链的构象。

（一）形成蛋白质二级结构的基础

蛋白质主链以肽键平面为基本单位，经过折叠、盘曲可形成有规律的空间排布形式，故肽键平面是形成蛋白质二级结构的基础，氢键是维持蛋白质二级结构的主要化学键。

（二）蛋白质二级结构的主要形式

α- 螺旋（α-helix）和 β- 片层（β-sheet）是蛋白质二级结构的主要形式。此外，β- 转角和无规卷曲也属于蛋白质二级结构的类型。

1．α- 螺旋　结构特点：①多肽链以 α- 碳原子为转折点，以肽键平面为单位，盘曲成一个右手螺旋。② 每隔 3.6 个氨基酸残基螺旋上升一圈，每个氨基酸残基向上平移 0.15nm，故螺距为 0.54nm。③肽键平面与螺旋长轴平行，两圈螺旋之间借肽键中的 O 与 H 原子形成许多氢键，使螺旋稳定。④肽链中氨基酸侧链 R 分布在螺旋外侧，其形状、大小及电荷影响 α- 螺旋的形成。碱性或酸性氨基酸集中的区域，由于同性电荷相斥，不利于 α- 螺旋的形成；含较大 R 基团的氨基酸（如苯丙氨酸、色氨酸、异亮氨酸）集中的区域也妨碍 α- 螺旋的形成；脯氨酸和羟脯氨酸存在时不能形成 α- 螺旋（图 1-6）。

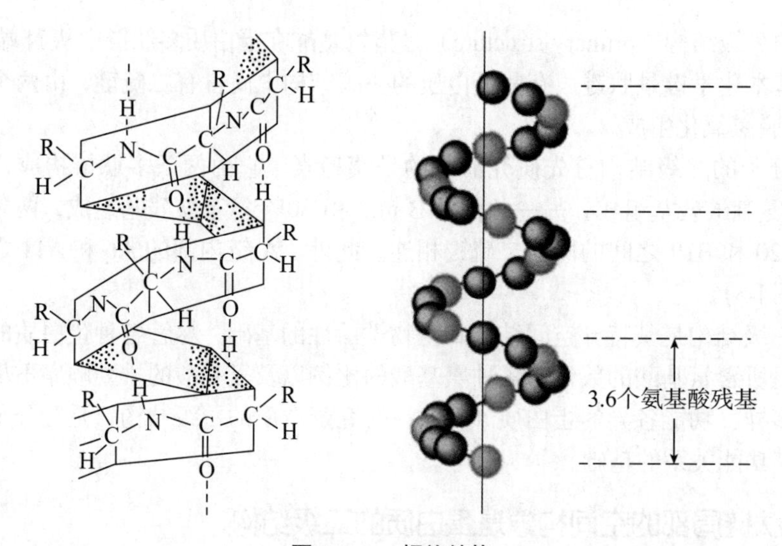

图 1-6　α- 螺旋结构

2．β- 片层　又称β- 折叠，结构特点：①多肽链在一空间平面内伸展，各肽键平面之间折叠成锯齿状结构。②β- 片层可以由一条多肽链折返而成，也可以由两条以上多肽链顺向或逆向平行、排列而成。③当两条多肽链接近时，彼此的肽链相互形成氢键以使结构稳定，氢键的方向与折叠的长轴垂直。④肽链中氨基酸侧链 R 伸出在片层“锯齿”上下（图 1-7）。

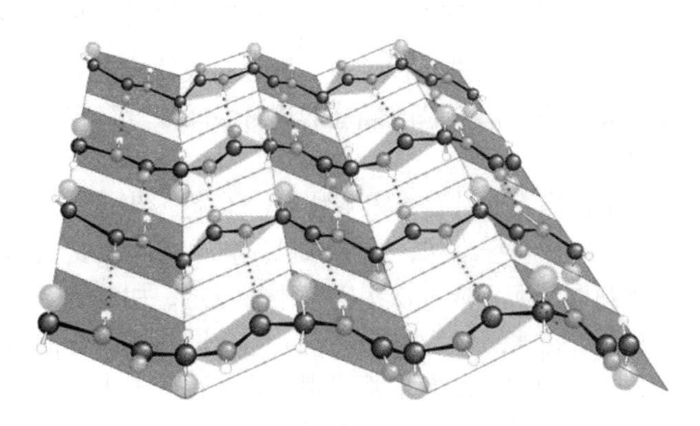

图 1-7　β- 片层

3．β- 转角　球状蛋白质多肽链的主链常会出现 180° 回折，这种结构称为β- 转角。β- 转角由四个连续的氨基酸残基组成，第一个氨基酸残基的氧与第四个氨基酸残基的氢形成氢键。β- 转角可使肽链的走向发生改变（图 1-8）。

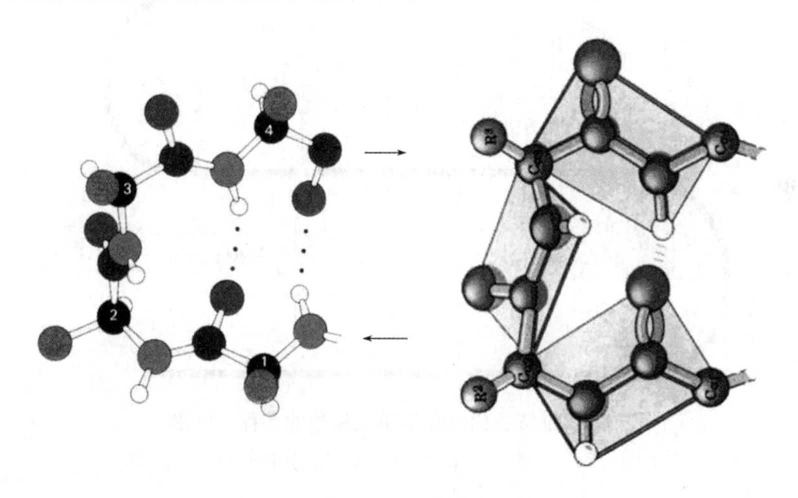

图 1-8　β- 转角

4．无规卷曲　多肽链中除以上几种比较规则的构象外，尚有一些无规律的肽链构象存在，称为无规卷曲。

蛋白质的二级结构并非只有单纯的α- 螺旋或β- 片层结构，而是存在多种类型的构象，只是不同蛋白质所含类型多少不同而已。很多蛋白质分子都是由不同长短的α- 螺旋、不同长度的β- 片层及β- 转角以及一些无规卷曲组成，各种二级结构含量的多少由多肽链的氨基酸组成决定。

在许多蛋白质分子中，可发现 2 个或 2 个以上具有二级结构的肽段，在空间上相互接近，形成一个有规则的二级结构组合，称为超二级结构。模体（motif）是具有特殊功能的超二级结构，常见以下几种形式：α- 螺旋 -β 转角（或环）-α- 螺旋模体（见于多种 DNA 结合蛋白质）；链 -β 转角 - 链模体（见与反平行 β- 折叠的蛋白质）；链 -β 转角 -α- 螺旋 -β 转角 - 链模体（见于多种 α- 螺旋 /β- 折叠蛋白质）。在这些模体中，β 转角常为含 3 ～ 4 个氨基酸残基的片段；而环（loop）为较大的片段，常连接非规则的二级结构。

四、多肽链中所有氨基酸残基的相对空间位置是蛋白质的三级结构

蛋白质分子在二级结构的基础上进一步盘曲、折叠而成的特定空间结构称为蛋白质的三级结构。三级结构是整条肽链中全部氨基酸残基的相对空间位置，它包含了一条肽链中主链构象和侧链构象的全部内容。

具有三级结构形式的蛋白质多肽链具有以下特点：① 进一步盘曲、折叠的多肽链分子在空间的长度大大缩短，或呈棒状、纤维状，或呈球状、椭球状；② 三级结构主要靠多肽链侧链上各种功能基团之间相互作用所形成的次级键来维持稳定，如氢键、离子键、疏水键、范德华引力及二硫键等，其中以疏水键最为重要（图 1-9）；③ 折叠、盘曲形成的特殊空间构象中，疏水基团多聚集在分子的内部，而亲水基团则多分布在分子表面。因此，具有三级结构的蛋白质分子多是亲水的；④ 多肽链经过如此盘曲后，在分子表面或某些部位形成了发挥生物学功能的特定区域，例如酶的活性中心、受体分子的配基结合部位等。因此，具有三级结构的某些蛋白质多肽链即可表现生物学活性，对这类蛋白质分子来说，三级结构是其分子结构的最高形式。

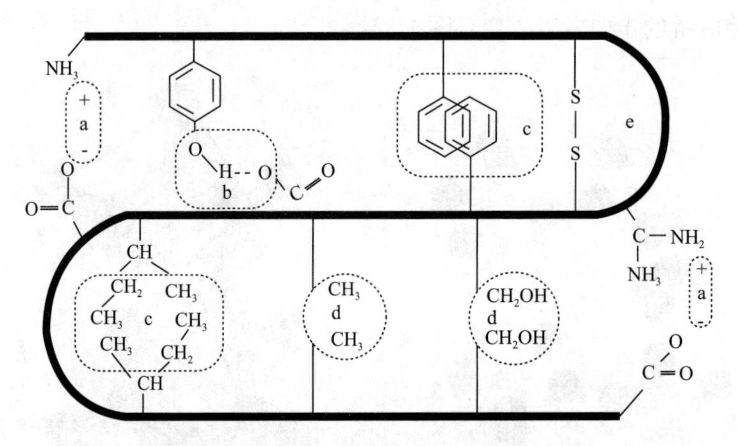

图 1-9　维持蛋白质分子空间构象的各种化学键

a. 离子键　b. 氢键　c. 疏水键　d. 范德华引力　e. 二硫键

在分子量较大的蛋白质多肽链中，常由数百个氨基酸残基折叠成 1 个或数个球形结构单位，各行其功能，称为结构域（domain）。这些结构域甚至在肽链断裂（蛋白酶部分水解）后仍能维持独立的折叠。结构域与分子整体以共价键相连，一般难以分离，这是结构域与蛋白质亚基结构的区别。

五、两条以上多肽链构成的蛋白质具有四级结构

蛋白质分子的二、三级结构指的都是由一条多肽链卷曲而成的蛋白质。但是，在体内有许多蛋白质分子要具备两条或两条以上的多肽链，才能完整表达其功能。由两条或两条以上具有三级结构的多肽链通过非共价键相互缔合而成的蛋白质空间构象称为四级结构

(quaternary structure)。在蛋白质四级结构中，每一条独立具有三级结构的多肽链称为亚基(subunit)。单独解离的亚基一般无生物学活性，只有完整四级结构的蛋白质分子才有生物学活性。一种蛋白质中，亚基的结构可以相同，也可以不同，如过氧化氢酶由四个相同的亚基组成，而血红蛋白是由两个 α 亚基与两个 β 亚基形成四聚体。

蛋白质各级结构示意图见图 1-10。

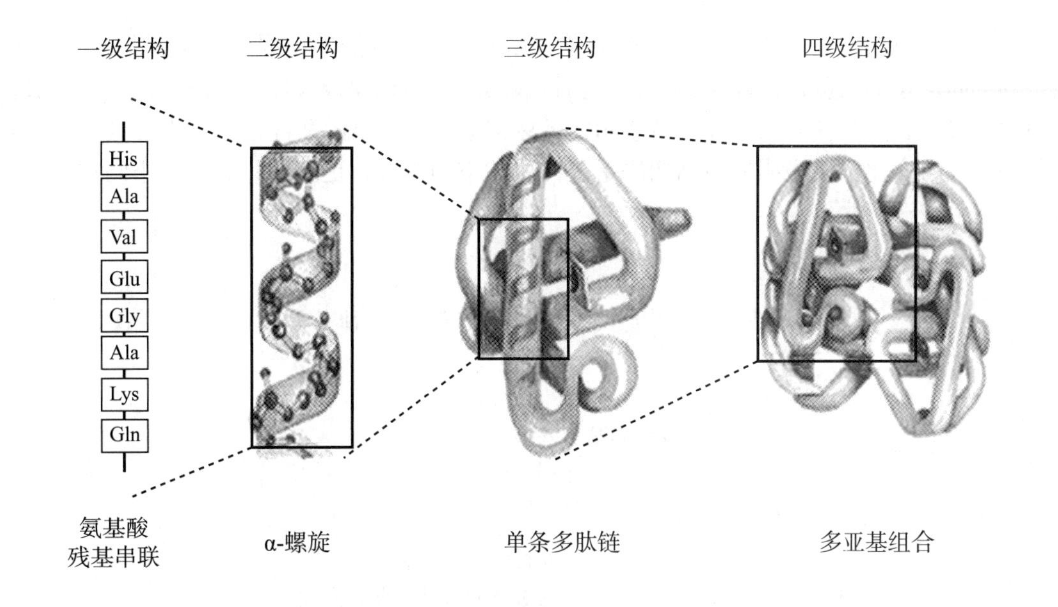

图 1-10　蛋白质各级结构示意图

第三节　蛋白质分子结构与功能的关系

蛋白质的功能与其特异的空间构象有着密切关系，而一级结构对空间构象有决定作用。因此，蛋白质的一级结构与空间结构均与蛋白质的功能有关。

一、蛋白质一级结构是空间结构和功能的基础

蛋白质特定的构象和功能是由其一级结构决定的。多肽链中氨基酸的排列顺序，决定了该肽链的折叠、盘曲方式，即决定了蛋白质的空间结构，进而表现特定的功能。一级结构主要从两方面影响蛋白质的功能活性，有些氨基酸残基直接参与构成蛋白质的功能活性区，另有一些氨基酸残基虽然不直接作为功能基团，但它们在蛋白质的构象中处于关键位置。例如，不同哺乳动物来源的胰岛素（见图 1-5），它们的一级结构虽不完全相同，但肽链中与胰岛素特定空间结构形成有关的氨基酸残基却完全一致，51 个氨基酸残基中有 24 个恒定不变，分子中半胱氨酸残基的数量（6 个）及其排列位置恒定不变，它们在决定胰岛素空间结构中起关键作用。如果将胰岛素分子中 A 链 N 端的第一个氨基酸残基切去，其活性只剩下 2% ～ 10%，如再将紧邻的第 2 ～ 4 位氨基酸残基切去，其活性完全丧失。说明这些氨基酸残基属于胰岛素活性部位的功能基团；如果将胰岛素 A、B 两链间的二硫键还原，A、B 两链即分离，此时胰岛素的功能也完全消失，说明二硫键是必不可少的。如果将胰岛素分子 B 链第 28 ～ 30 位氨基酸残基切去，其活性仍然维持原活性的 100%，说明这些位置的残基与

功能活性及整体构象关系不太密切。

二、蛋白质空间结构表现其功能

蛋白质的功能与其特定的构象密切相关。如果没有适当的空间结构形式，蛋白质也不会发挥生物学功能。一旦蛋白质构象发生改变，其功能活性也随之改变。

（一）核糖核酸酶变性，其生物学活性丧失

牛核糖核酸酶是一个具有三级结构的单链多肽，受变性因素如尿素、β- 巯基乙醇作用，维持其空间构象的氢键、二硫键断裂，核糖核酸酶的天然构象被破坏而变成松散状态，其活性因而丧失。去除变性因素，核糖核酸酶的天然构象恢复，酶的活性也随之恢复（图 1-11）。这种酶活性的变化不仅说明一级结构决定蛋白质的空间构象，更表明只有具有空间构象的蛋白质才有生物学活性。

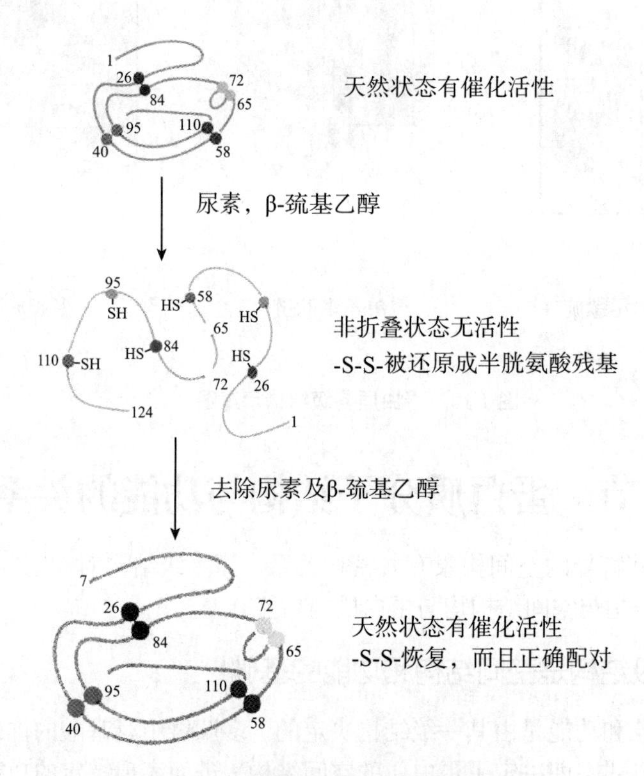

图 1-11　核糖核酸酶的变性和复性过程

（二）血红蛋白变构引起功能改变

血红蛋白是具有四级结构的蛋白质，由两个 α 亚基和两个 β 亚基组成。每个亚基含有一个亚铁血红素辅基，辅基上含有的 Fe^{2+} 能与 O_2 可逆结合。未结合 O_2 时，血红蛋白处于一种紧凑状态，称为紧密型（T 型），T 型血红蛋白与 O_2 亲和力小。随着 O_2 的结合，血红蛋白的二级、三级和四级结构发生变化，结构变得相对松弛，称为松弛型（R 型），R 型的血红蛋白与 O_2 亲和力大。O_2 与血红蛋白结合后引起的构象变化，称为变构效应（allosteric effect）。

（三）蛋白质构象异常可导致构象病

除氨基酸的排列顺序会影响蛋白质的高级结构及功能外，多肽链的正确折叠对蛋白质正

确构象的形成和功能发挥也至关重要。有时尽管蛋白质的一级结构不变，但蛋白质的折叠发生错误，使蛋白质的构象发生改变，也可影响蛋白质的功能，严重时导致疾病发生。因蛋白质空间构象异常变化——相应蛋白质的有害折叠、折叠不能或错误折叠导致错误定位引起的疾病，称为蛋白质构象病（protein conformational disease）。

知识链接

朊病毒病

朊病毒病是一种蛋白质构象病，由朊病毒蛋白构象异常导致。朊病毒蛋白（prion protein，PrP）是一类高度保守的糖蛋白，广泛表达于脊椎动物细胞表面，它可能与神经系统功能维持、淋巴细胞信号转导及核酸代谢等有关。正常朊病毒蛋白的二级结构为多个 α- 螺旋，其水溶性强、对蛋白酶敏感。如果正常朊病毒蛋白在某种未知蛋白质的作用下重新折叠，可转变成二级结构全为 β- 折叠的致病性朊病毒蛋白。后者对蛋白酶不敏感，水溶性差，对热稳定，可以相互聚集，最终形成淀粉样纤维沉淀而引起一系列致死性神经变性疾病。

第四节 蛋白质的重要理化性质及其应用

蛋白质是由氨基酸基组成，因此，其部分理化性质与氨基酸相似，如两性解离、呈色反应、紫外吸收等。蛋白质又是包含很多氨基酸残基的高分子化合物，所以有部分性质不同于氨基酸，如高分子性质、沉淀、变性等。

一、蛋白质具有两性解离性质

蛋白质分子是由多个氨基酸残基组成的大分子化合物，由于各种氨基酸残基的解离程度不同，因此蛋白质分子表现出复杂的两性解离特点，其解离基团除多肽链末端氨基和末端羧基外，主要由侧链的解离基团所构成，如赖氨酸残基中的 ε- 氨基、精氨酸残基中的胍基、组氨酸残基中的咪唑基以及谷氨酸 γ- 羧基和天冬氨酸残基中的 β- 羧基等。酸性溶液可抑制蛋白质分子中 -COOH 的解离，同时又使 NH_2 接受 H^+ 形成 $-NH_3^+$，所以蛋白质带较多的正电荷；反之，碱性溶液则有利于 -COOH 的解离，并抑制 $-NH_2$ 接受 H^+，使蛋白质带较多的负电荷。当蛋白质溶液处于某一 pH 时，蛋白质解离成正、负离子的趋势相等，即成为兼性离子，净电荷为零，此时溶液的 pH 称为该蛋白质的等电点（pI）。蛋白质溶液的 pH 大于等电点时，该蛋白质颗粒带负电荷，反之则带正电荷（图 1-12）。

不同蛋白质因其所含氨基酸种类和数量不同，其等电点也不同。含酸性氨基酸较多的蛋白质，其等电点较低，如丝蛋白（pI = 2.0 ~ 2.4）、胃蛋白酶（pI = 2 .75 ~ 3.0）；含碱性氨基酸较多的蛋白质，其等电点较高，如鱼精蛋白（pI = 12.0 ~ 12.4）、细胞色素 C（pI = 9.7）。人体中大多数蛋白质的等电点在 5.0 左右，所以在组织和体液 pH 7.4 环境中，这些蛋白质解离成阴离子。

利用蛋白质两性解离和等电点性质，采用电泳、离子交换层析、沉淀等方法，可对蛋白

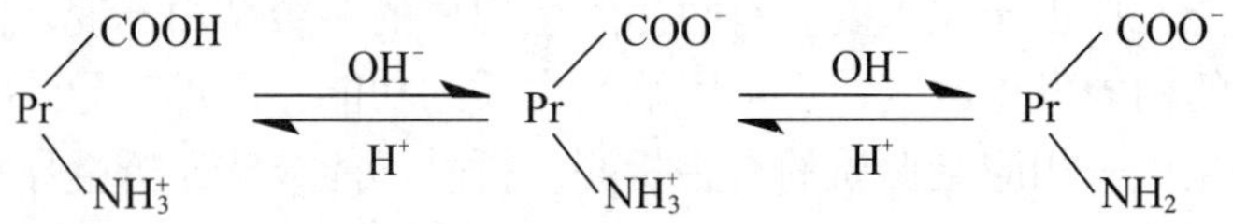

$$Pr\begin{cases}COOH\\NH_3^+\end{cases} \underset{H^+}{\overset{OH^-}{\rightleftharpoons}} Pr\begin{cases}COO^-\\NH_3^+\end{cases} \underset{H^+}{\overset{OH^-}{\rightleftharpoons}} Pr\begin{cases}COO^-\\NH_2\end{cases}$$

阳离子　　　　两性离子　　　　阴离子

pH＜pI　　　　pH = pI　　　　pH＞pI

图 1-12　蛋白质两性解离与等电点

质进行分离、纯化鉴定和分子量测定等。电泳（electrophoresis）是最常用的分离蛋白质的技术。在同一 pH 溶液中，由于各种蛋白质所带电荷性质和数量不同，分子量大小不同，因此它们在同一电场中移动的速率不同，利用这一性质可将不同蛋白质从混合物中分离开来。

二、蛋白质溶液具有胶体性质

蛋白质是高分子化合物，其分子量大者可达数千万，小的也在 1 万以上，其分子直径可达 1 ~ 100 nm，在水溶液中形成胶体溶液，具有胶体溶液的各种性质。

蛋白质水溶液是一种比较稳定的亲水胶体。蛋白质形成亲水胶体有两个基本的稳定因素，即水化膜和表面电荷。由于蛋白质颗粒表面带有许多亲水的极性基团，如 $-NH_3^+$、$-COO^-$、$-NH_2$、$-OH^-$、-SH 等，它们易与水起水合作用，使蛋白质颗粒表面形成较厚的水化膜。水化膜的存在使蛋白质颗粒相互隔开，阻止其聚集而沉淀。另外蛋白质分子在一定 pH 溶液中带有同种电荷，同种电荷相互排斥，因而也能防止蛋白质分子聚合。因此，水化膜和表面电荷是蛋白质维持亲水胶体的两个关键因素。

蛋白质胶体的颗粒很大，不能透过半透膜。利用这一特性，可将混杂有低分子物质的蛋白质溶液放于半透膜做成的透析袋内，经过透析（dialysis），除去低分子杂质，以达到纯化蛋白质的目的。

超滤法分离蛋白质也是利用超滤膜在一定压力下使大分子蛋白质滞留，而小分子物质和溶剂滤过。选择不同孔径的超滤膜就可以截留不同分子量的蛋白质。此法的优点是在选择的蛋白质分子量范围内进行分离，没有相态变化，有利于防止蛋白质变性，并且可以在短时间内进行大体积稀溶液的浓缩。

不同蛋白质分子量大小不同，分子形状不同，在一定的离心力场作用下沉降速率不同，故可利用蛋白质这一特性，采用超速离心法（ultracentrifugation）分离蛋白质和测定其分子量。

三、蛋白质具有沉淀性质

分散在溶液中的蛋白质分子发生凝聚，并从溶液中析出的现象，称为蛋白质的沉淀。

蛋白质分子在水溶液中由于水化膜和电荷两种因素而不会互相凝聚、沉淀。若用物理或化学方法破坏蛋白质高分子溶液的两个稳定因素，即可使蛋白质颗粒凝聚而沉淀。例如将蛋白质溶液的 pH 调到等电点，再加入脱水剂除去蛋白质水化膜，即可使蛋白质沉淀（图 1-13）。常用的蛋白质沉淀方法有以下几种。

1．盐析法　高浓度的中性盐可以沉淀水溶液中的蛋白质，称为盐析（salt precipitation）。常用的中性盐有硫酸铵、硫酸钠、亚硫酸钠和氯化钠等。盐析的原理是向蛋白质溶液加入大量中性盐破坏蛋白质的水化膜，中和其所带的电荷，从而引起蛋白质沉淀。各种蛋白质的亲

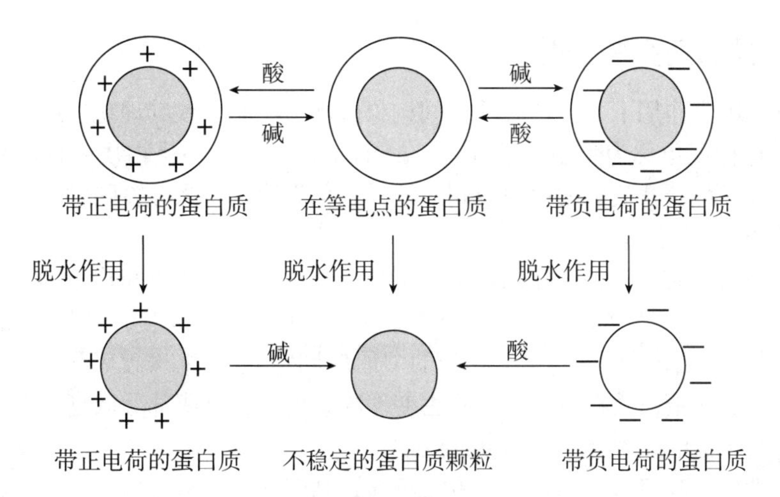

图 1-13　蛋白质胶体的沉淀

水性及所带电荷均有差别，因此不同蛋白质盐析时所需盐类浓度不同。人们常利用这一特性，通过改变中性盐浓度使不同蛋白质从溶液中分期、分批析出，以达到分离效果，称为分段盐析。如血清球蛋白多在半饱和硫酸铵溶液中析出，而清蛋白（白蛋白）则在饱和硫酸铵溶液中析出。盐析法一般不引起蛋白质变性，是分离纯化蛋白质的常用方法之一。

2．有机溶剂沉淀　有机溶剂如乙醇、甲醇、丙酮等是脱水剂，能破坏蛋白质的水化膜而使蛋白质沉淀。在等电点时加入这类溶剂更易使蛋白质沉淀析出。如操作在低温的条件下进行，可保持蛋白质不变性。

3．某些酸类沉淀　有些酸如苦味酸、钨酸、鞣酸等化合物的酸根（用 X^- 代表），可与蛋白质正离子结合成不溶性的蛋白盐沉淀。因此，沉淀的条件是 $pH<pI$，使蛋白质带正电荷（图 1-14）。这些沉淀剂常引起蛋白质发生变性。临床上常用这类方法沉淀蛋白质，如血液样品分析中无蛋白血滤液的制备。

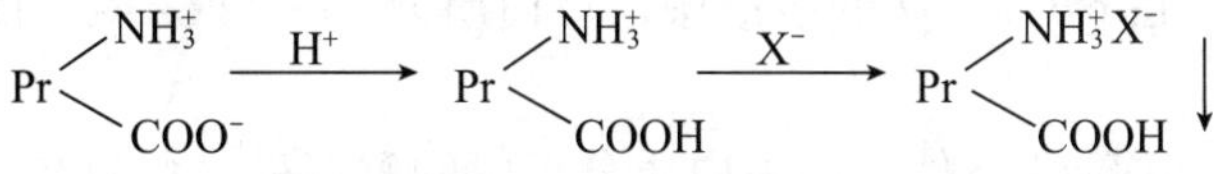

$$Pr\begin{matrix}NH_3^+\\COO^-\end{matrix}\xrightarrow{H^+}Pr\begin{matrix}NH_3^+\\COOH\end{matrix}\xrightarrow{X^-}Pr\begin{matrix}NH_3^+X^-\\COOH\end{matrix}\downarrow$$

图 1-14　有机酸沉淀蛋白质

4．重金属盐沉淀　重金属离子如铅、汞、银、铜等（用 M^+ 代表），可与蛋白质的负离子结合，形成不溶性蛋白盐沉淀。沉淀的条件为 $pH>pI$，使蛋白质带负电荷（图 1-15）。重金属盐容易使蛋白质变性。

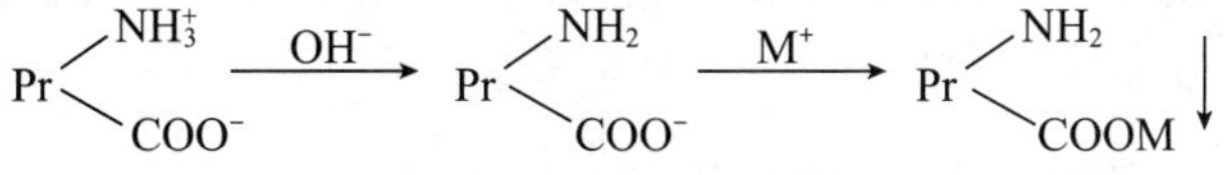

$$Pr\begin{matrix}NH_3^+\\COO^-\end{matrix}\xrightarrow{OH^-}Pr\begin{matrix}NH_2\\COO^-\end{matrix}\xrightarrow{M^+}Pr\begin{matrix}NH_2\\COOM\end{matrix}\downarrow$$

图 1-15　重金属盐沉淀蛋白质

临床上利用蛋白质与重金属盐结合形成不溶性沉淀这一性质，抢救误服重金属盐中毒病人。给病人口服大量乳品或鸡蛋清，然后再用催吐剂将结合的重金属盐呕出以解毒。

四、蛋白质具有变性性质

在某些理化因素作用下，蛋白质的空间构象破坏，从而导致其理化性质的改变和生物学活性的丧失，这种现象称为蛋白质的变性（denaturation）。能使蛋白质变性的物理因素有加热、高压、振荡或搅拌、放射线照射及超声波等；化学因素有强酸、强碱、重金属离子和尿素、乙醇、丙酮等有机溶剂。

蛋白质变性的实质是各种理化因素破坏了维持和稳定蛋白质空间构象的各种次级键，使其原有的特定空间构象被改变或破坏。变性过程中，肽键并未断裂，氨基酸顺序没有改变，即变性并不引起一级结构的变化。大多数蛋白质变性时其空间结构破坏严重，不能恢复，称为不可逆变性。有些蛋白质在变性后，除去变性因素仍可恢复或部分恢复其原有的构象和功能，称为可逆变性，也称为复性（renaturation）。

蛋白质变性后，其溶解度降低，易发生沉淀；黏度增加，结晶能力丧失；容易被蛋白酶水解，所以蛋白质变性后较易消化。蛋白质变性后即失去原有的生物学活性，如酶失去其催化活性、激素失去其调节活性、细菌蛋白失去其致病性等。

蛋白质的变性性质在临床被广泛应用，如用酒精、加热和紫外线进行消毒灭菌。此外，防止蛋白质变性也是有效保存蛋白制剂的必要条件。当制备或保存酶、疫苗、免疫血清等蛋白制剂时应选择适当条件，以防其变性而失去活性。

五、蛋白质具有紫外吸收特征及呈色反应性质

蛋白质分子中含有色氨酸和酪氨酸残基，而色氨酸和酪氨酸分子中含有共轭双键，在280nm 波长附近具有最大的光吸收峰，故蛋白质溶液在 280nm 波长处具有光吸收特性，据此可对蛋白质进行定性或定量测定。

蛋白质分子中的肽键以及分子中氨基酸残基上的一些特殊基团都可以与有关试剂作用产生颜色反应。这些反应可用于蛋白质的定性或定量分析。常用的颜色反应有：

1．双缩脲反应　在碱性条件下蛋白质分子内的肽键可与 Cu^{2+} 形成络合盐而呈紫红色。

2．茚三酮反应　在 pH 5 ～ 7 的溶液中，蛋白质分子中的 α- 氨基能与茚三酮反应生成蓝紫色化合物。

3．酚试剂反应　在碱性条件下，蛋白质分子中的酪氨酸、色氨酸可与酚试剂（含磷钨酸和磷钼酸化合物）反应生成蓝色化合物。

第五节　蛋白质的分类

蛋白质是由许多氨基酸借肽键形成的高分子化合物，其种类繁多，结构复杂，分类方式也是多种多样。至今没有一种普遍满意的分类方法，但可根据分子形状、组成、生物学功能和溶解度差异等进行分类。

一、蛋白质可以根据分子形状分类

1．球状蛋白质　蛋白质分子的长短轴之比小于 10。生物界多数蛋白质属球状蛋白，一般为可溶性，有特异生物活性，如酶、免疫球蛋白等。

2．纤维状蛋白质　蛋白质分子的长短轴之比大于 10。一般不溶于水，多为生物体组织的结构材料，如毛发中的角蛋白、结缔组织的胶原蛋白和弹性蛋白、蚕丝的丝心蛋白等。

二、蛋白质可以根据分子组成分类

1．单纯蛋白质　蛋白质完全水解的产物仅为氨基酸。如清蛋白、球蛋白、组蛋白、精蛋白、硬蛋白和植物谷蛋白等。

2．结合蛋白质　蛋白质分子组成中，除蛋白质部分外，还包含有非蛋白质部分。非蛋白部分称为辅基，根据辅基不同，结合蛋白质可分为糖蛋白、脂蛋白、金属蛋白等类别（表 1-2）。

表 1-2　结合蛋白质的种类

蛋白质名称	所含辅基	举例
核蛋白	核酸	染色体蛋白、病毒核蛋白
糖蛋白	糖类	免疫球蛋白、黏蛋白
色蛋白	色素	血红蛋白、黄素蛋白
脂蛋白	脂质	α- 脂蛋白、β- 脂蛋白
磷蛋白	磷酸	胃蛋白酶、酪蛋白
金属蛋白	金属离子	铁蛋白、胰岛素

三、蛋白质可以根据溶解度分类

1．水溶性蛋白　指可溶于水、稀中性盐和稀酸溶液的蛋白质，如清蛋白、球蛋白、组蛋白和精蛋白。

2．醇溶性蛋白　如醇溶谷蛋白，它不溶于水、稀盐溶液，而溶于 70% ~ 80% 的乙醇。

3．不溶性蛋白　指不溶于水、中性盐、稀酸、碱或一般有机溶剂等。如角蛋白、胶原蛋白、弹性蛋白等。

第六节　糖蛋白和蛋白聚糖

糖蛋白（glycoprotein）和蛋白聚糖（proteoglycan）都是以糖类为辅基的结合蛋白质，在多肽链的特定部位，以共价连接方式与一定比例的聚糖结合而成。糖蛋白和蛋白聚糖广泛分布于体内并具有重要的生理功能。

一、糖蛋白的化学组分以蛋白质为主

人体内的蛋白质有三分之一以上属糖蛋白。糖蛋白的化学组成以蛋白质为主，其分子中的糖往往以组成分支的寡糖短链与蛋白质共价结合。体内的糖蛋白分布广泛，许多细胞质膜上的激素、药物、生长因子的受体以及血浆中的抗体、凝血因子都是糖蛋白，不少酶也是糖蛋白。其分支短糖链暴露在膜上糖蛋白分子的外表面上，好像细胞接收和发射信息的天线（图 1-16）。糖蛋白中的糖还参与细胞间的识别、分化与定向转移。人血型不同就是因为红细胞膜表面上糖蛋白链的不同。甚至在肿瘤细胞恶变时，膜上糖蛋白也会出现异常。

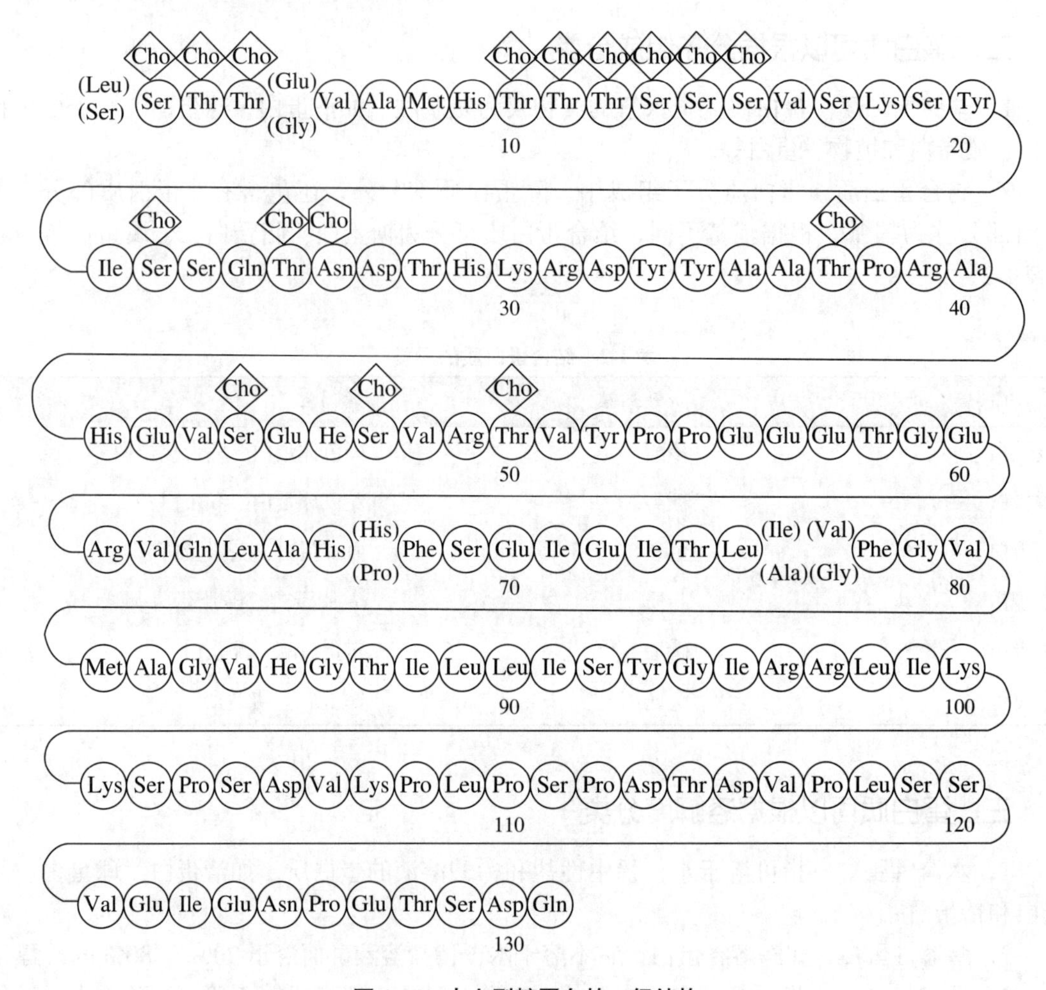

图 1-16 人血型糖蛋白的一级结构

二、蛋白聚糖的化学组分以糖类为主

蛋白聚糖是一类非常复杂的大分子糖复合物，其化学成分以糖为主，糖的含量可高达98%，主要由糖胺聚糖共价连接于核心蛋白组成（图 1-17）。核心蛋白指与糖胺聚糖共价结合的蛋白质，糖胺聚糖是因为分子中必含有糖胺而得名，可以是葡糖胺或半乳糖胺。糖胺聚

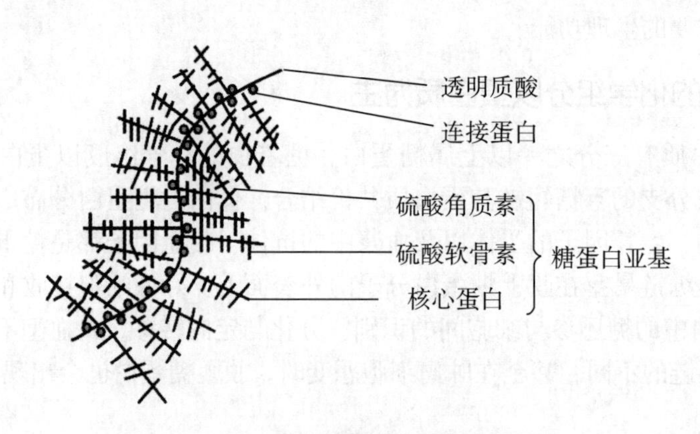

图 1-17 骨骺软骨蛋白聚糖聚合物

糖由二糖单位重复连接而成，不分支，二糖单位中除一个是糖胺外，另一个是糖醛酸。一种蛋白聚糖可含有一种或多种糖胺聚糖，体内重要的糖胺聚糖有硫酸软骨素、硫酸角质素、硫酸皮肤素、肝素、透明质酸的硫酸类肝素 6 种，尤以硫酸软骨素为最多。

蛋白聚糖主要分布在结缔组织、软骨、角膜等细胞间质中，也存在于关节囊滑液中，因具有润滑作用和黏性，曾称为黏蛋白。蛋白聚糖最主要的功能是构成细胞间的基质。细胞表面有众多类型的蛋白聚糖，分布广泛，在神经发育、细胞识别、结合和分化等方面起重要的调节作用。肝素能使凝血酶原失活，是重要的抗凝剂，还能特异地与毛细血管壁的脂蛋白脂肪酶结合，促使后者释放入血。在软骨中硫酸软骨素含量丰富，可维持软骨的机械性能。硫酸角质素在眼角膜中含量丰富，使角膜透明。肿瘤组织中各种蛋白聚糖的合成会发生改变，并与肿瘤增殖和转移有关。

小结

蛋白质广泛存在于生物界，具有多种多样的生物学功能，是各种生命现象的物质基础。组成蛋白质的主要元素有碳、氢、氧、氮、硫等，其中氮的含量比较恒定，平均为 16% 左右。这是蛋白质元素组成的重要特点，也是蛋白质定量测定的依据。

蛋白质的基本组成单位是氨基酸。组成蛋白质的氨基酸有 20 种，它们都是 L 型 α- 氨基酸。根据侧链 R 基团结构和性质不同，氨基酸可分为非极性疏水性氨基酸、不带电荷的极性氨基酸、酸性氨基酸和碱性氨基酸 4 类。氨基酸之间借肽键连接形成多肽链，肽键是蛋白质结构中的基本化学键。多肽链是蛋白质最基本的结构方式，氨基酸在蛋白质多肽链中的排列顺序称为蛋白质的一级结构。维系蛋白质一级结构的化学键主要是肽键。蛋白质的一级结构决定空间结构。空间结构又可分为二级、三级和四级结构。维持蛋白质空间结构的化学键主要是氢键、离子键、疏水键、范德华引力及二硫键等次级键。蛋白质的二级结构是指多肽链中主链原子在局部空间的排布，不包括氨基酸残基侧链的构象，主要有 α- 螺旋、β- 片层、β- 转角和无规卷曲结构。蛋白质的三级结构指的是一条多肽链在二级结构的基础上进一步盘曲、折叠而形成的整体构象。四级结构则是指由几条具有独立三级结构的多肽链通过非共价键结合而形成的更高级结构。

蛋白质的一级结构与空间结构都与蛋白质的功能密切相关。蛋白质一级结构的改变会导致其空间结构的改变，从而引起生物学功能发生变化。蛋白质的空间构象发生改变可以引起蛋白质的变性或功能的改变。

蛋白质具有氨基酸的一些重要理化性质，如两性解离、紫外吸收和某些呈色反应等，但蛋白质是由氨基酸借肽键构成的高分子化合物，又表现出胶体性质。天然蛋白质常以稳定的亲水胶体溶液而存在，这是由于蛋白质颗粒表面存在水化膜和电荷所致，如除去这两个稳定因素，蛋白质就可发生沉淀。高浓度中性盐、有机溶剂、某些酸类或重金属离子等都可使蛋白质沉淀。许多理化因素能够破坏稳定蛋白质构象的次级键，从而失去天然蛋白质原有的理化性质与生物学活性，使蛋白质变性，蛋白质变性在医学实践中具有重要意义。

蛋白质是由许多氨基酸借肽键形成的高分子化合物，其种类繁多，结构复杂，分类方式也是多种多样。一般可根据分子形状、组成、生物学功能等进行分类。糖蛋白和蛋白聚糖是重要的结合蛋白质。

糖蛋白和蛋白聚糖都是以糖类为辅基的结合蛋白质，在多肽链的特定部位，以共价连接方式与一定比例的聚糖结合而成。糖蛋白和蛋白聚糖广泛分布于体内并具有重要的生理功能。

思考题

1. 蛋白质的元素组成与结构有何特点？
2. 蛋白质结构与功能之间有何关系？
3. 蛋白质有哪些重要理化性质？这些理化性质各有何应用意义？

（马贵平）

第二章

核酸的结构与功能

学习目标

1. 掌握核苷酸分子组成，熟悉核苷酸在核酸分子中的连接方式。
2. 掌握 DNA 一级结构的概念、双螺旋结构的结构要点，了解 DNA 的其他高级结构。
3. 掌握 mRNA、tRNA 和 rRNA 的结构特点，熟悉其主要功能。
4. 掌握 DNA 变性和复性的概念，了解核酸的一般理化性质。

第一节 概 述

核酸（nucleic acid）是生物体内最重要的生物大分子之一，它的构件分子是核苷酸（nucleotide）。天然存在的核酸可分为核糖核酸（ribonucleic acid，RNA）和脱氧核糖核酸（deoxyribonucleic acid，DNA）两大类。DNA 存在于细胞核和线粒体内，其功能是储存生命活动的全部遗传信息。RNA 在遗传信息的传递与表达中起着极为重要的作用，主要存在于细胞质，仅 10% 存在于细胞核。在某些病毒中，RNA 也可作为遗传信息的携带者。核酸和蛋白质都是生命的重要物质基础，二者在生物学功能方面有着不可分割的联系。DNA 是遗传信息的携带者，生物体的遗传特征主要由 DNA 决定；在 RNA 和蛋白质的参与下，DNA 可将遗传信息复制、转录并指导特定蛋白质的生物合成。因此，核酸对生长和发育、遗传和变异有重要意义。

1868 年，瑞士青年外科医生 Miescher 首次从外伤渗出的脓细胞中分离得到一种酸性物质，命名为核酸。对于核酸的生物学功能，人们一直到 20 世纪 40 年代初才有所认识，肺炎链球菌转化试验和噬菌体转染试验的完成，最终确定 DNA 是遗传的物质基础。1953 年 Watson 和 Crick 提出的 DNA 双螺旋结构模型，为现代分子生物学的研究发展奠定了基础，是生物化学、分子遗传学和分子生物学发展历史上的巨大里程碑。1973 年美国斯坦福大学首次将两个基因在体外切割与连接，从而促进了遗传工程技术突飞猛进的发展。1985 年 PCR 技术的诞生更使核酸的研究进入了崭新的发展时期，也为 1986 年人类基因组计划的提出及随后的开展提供了坚实的技术保障。同时各种实验又证实，病毒中的 RNA 也可作为遗传信息的载体。核酸和蛋白质能传递表达生命活动的生物信息，具有复杂的结构和重要的功能。研究核酸尤其是 DNA 的结构与功能，有助于人们从分子水平了解和揭示生命现象的本质。20 世纪末，还发现许多新的具有特殊功能的 RNA，几乎涉及细胞功能的各个方面。随着研究的愈加深入，生命的诸多奥秘终将被破解，为人类最终战胜各种遗传性疾病或基因性疾病提供强大的理论和技术支持。

第二节　核酸的分子组成及一级结构

组成核酸的主要元素有C、H、O、N、P等。其中RNA分子中P含量为8.5%～9%，DNA分子中P含量为9%～10%。由于各种核酸分子中P的含量比较接近和恒定，故在测定组织中的核酸含量时常通过测P的含量来计算生物组织中核酸的含量。

一、核酸的基本组成单位是核苷酸

组成RNA的构件分子是核糖核苷酸（ribonucleotide），DNA的构件分子是脱氧核糖核苷酸（deoxyribonucleotide或deoxynucleotide）。核酸经核酸酶作用被水解成核苷酸，而核苷酸则由碱基、戊糖和磷酸三种成分连接而成。

（一）戊糖是核苷酸组分之一

戊糖是核苷酸的重要组分。DNA中的戊糖是β-D-2-脱氧核糖，RNA中的戊糖为β-D-核糖，这种结构上的差异，使DNA分子在化学性质上比RNA分子更为稳定，从而被自然选择作为生物遗传信息的储存载体。为了与碱基中的碳原子编号相区别，组成核苷酸的核糖或脱氧核糖中的碳原子标以C-1′、C-2′等；两类戊糖的结构式及其碳位编号见图2-1。

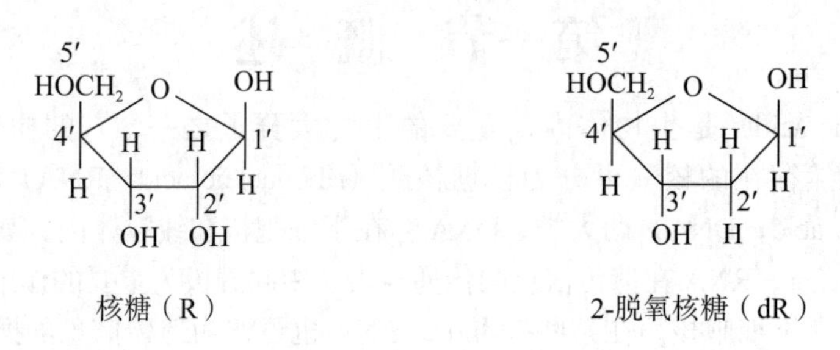

图2-1　核糖及2-脱氧核糖结构式

（二）嘌呤和嘧啶是核苷酸的碱基组分

构成核苷酸的碱基（base）均是含氮杂环化合物，主要有腺嘌呤（adenine，A）、鸟嘌呤（guanine，G）、胞嘧啶（cytosine，C）、尿嘧啶（uracil，U）和胸腺嘧啶（thymine，T）五种，分别属于嘌呤（purine）和嘧啶（pyrimidine）两类。腺嘌呤、鸟嘌呤和胞嘧啶既存在于DNA也存在于RNA分子中；尿嘧啶仅存在于RNA分子中，而胸腺嘧啶也只存在于DNA分子中。换言之，DNA分子中的碱基成分为A、G、C和T四种，而RNA分子则主要由A、G、C和U四种碱基组成。这些碱基的结构式如图2-2所示。

构成核酸的五种碱基，因酮基或氨基均位于杂环上氮原子的邻位，可受介质pH的影响而形成酮或烯醇两种互变异构体，或形成氨基亚氨基的互变异构体，这既是DNA双链结构中氢键形成的重要结构基础，又有潜在的基因突变的可能。两类碱基在杂环中均有交替出现的共轭双键，使嘌呤碱和嘧啶碱对波长260nm左右的紫外光都有较强吸收。利用这种紫外吸收特性测定260nm的吸光度值（A260nm），已被广泛运用于核酸、核苷酸及核苷的定性和定量分析。另外，RNA及DNA合成后，因在5种碱基上发生共价修饰而形成稀有碱基。稀有

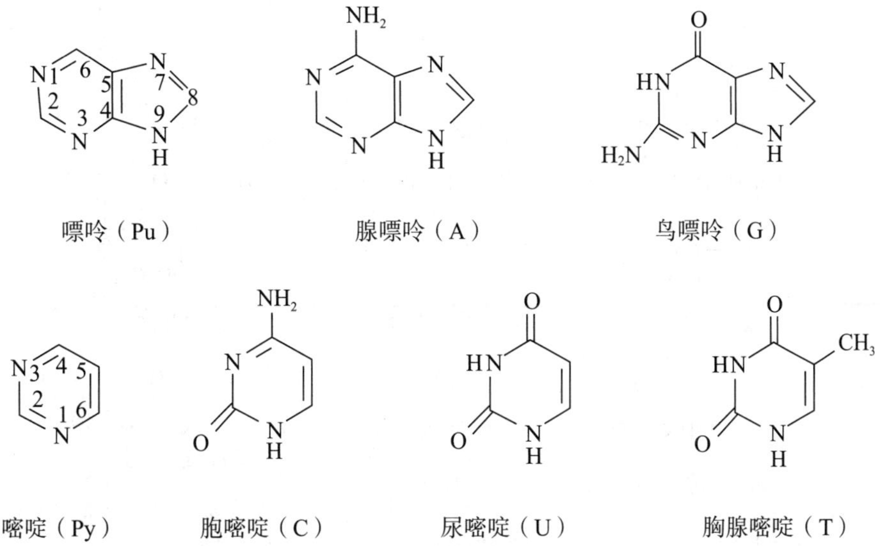

嘌呤（Pu）
腺嘌呤（A）
鸟嘌呤（G）
嘧啶（Py）
胞嘧啶（C）
尿嘧啶（U）
胸腺嘧啶（T）

图 2-2　参与组成核酸的两类主要碱基结构式

碱基的种类有多种，如次黄嘌呤（I）和 7- 甲基 - 鸟嘌呤（m^7-G）等。图 2-3 所列是部分常见的稀有碱基结构式。

黄嘌呤（X）
次黄嘌呤（I）
5-甲基胞嘧啶（m5–C）
5,6-二氢尿嘧啶（hU）

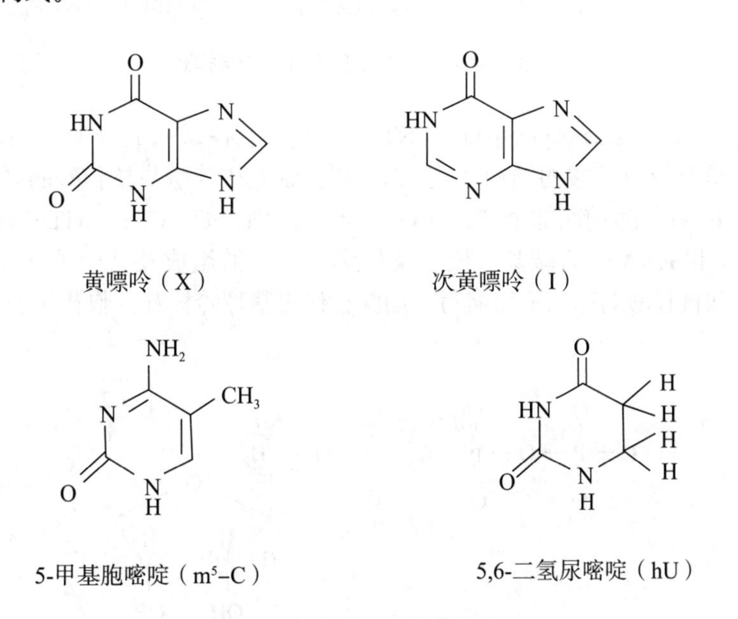

图 2-3　部分稀有碱基结构式

（三）戊糖与碱基连接形成核苷

戊糖的 C-1′ 位的羟基与嘌呤的 N-9 或嘧啶的 N-1 位的氢脱水缩合形成核苷或脱氧核苷，戊糖与碱基以糖苷键相连。图 2-4 是部分核苷和脱氧核苷的结构式。

（四）核苷与磷酸连接形成核苷酸

核苷酸是核苷的戊糖羟基与磷酸结合形成的磷酸酯。生物体内核苷酸多为 5′- 核苷酸，即磷酸基团位于核糖或脱氧核糖的 5′ 位碳原子上。根据磷酸基团的数目不同，分别组成核苷一磷酸（nucleoside monophosphate，NMP）、核苷二磷酸（nucleoside diphosphate，NDP）

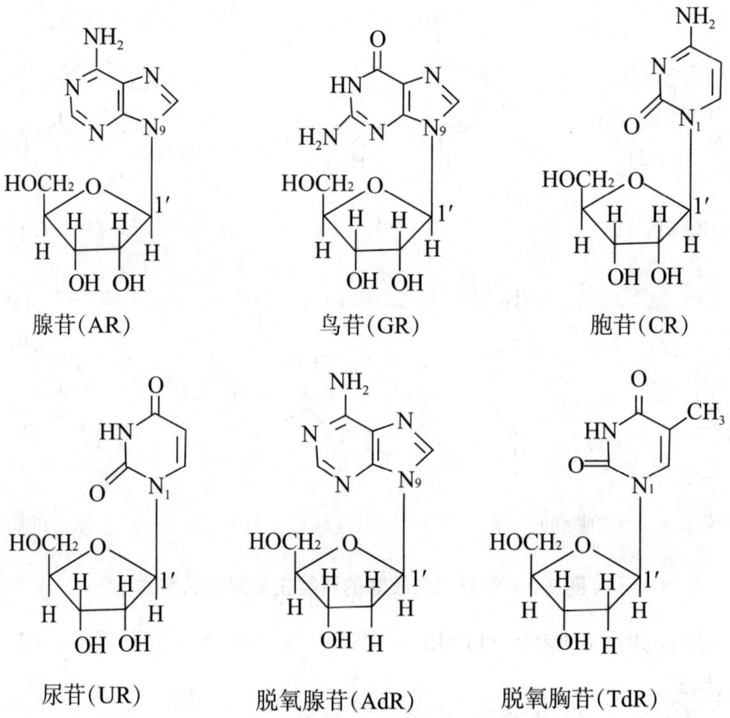

腺苷(AR)
鸟苷(GR)
胞苷(CR)
尿苷(UR)
脱氧腺苷(AdR)
脱氧胸苷(TdR)

图 2-4　部分核苷及脱氧核苷结构式

及核苷三磷酸（nucleoside triphosphate，NTP），再加上各碱基成分的不同，构成了各种不同的核苷酸。核苷及核苷酸的结构通式见图 2-5。脱氧核苷酸与核苷酸的区别在于核糖 C′-2 的 -OH 变为 -H，在符号前面加个“d”以示二者的区别，如 dTMP、dTDP 和 dTTP。

现将 DNA 和 RNA 中的碱基、核苷及相应的核苷酸组成及其中英文对照归纳于表 2-1 中。表中核苷和核苷酸名称均采用缩写，如腺苷代表腺嘌呤核苷、胞苷代表胞嘧啶核苷等。

碱基
核苷
核苷一磷酸（NMP）
核苷二磷酸（NDP）
核苷三磷酸（NTP）

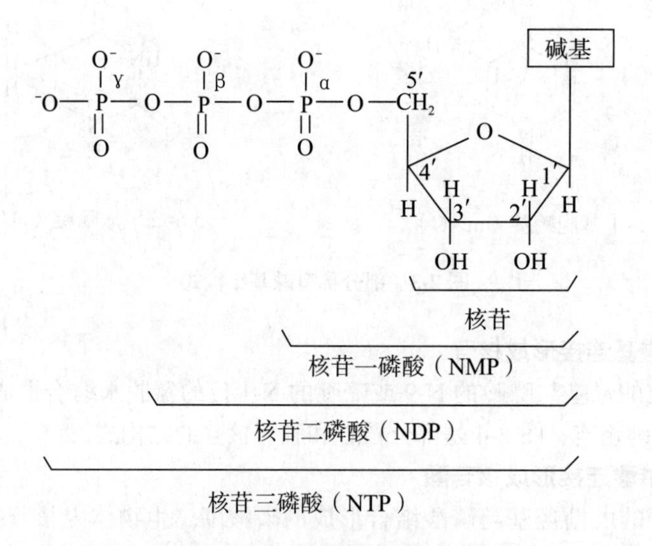

图 2-5　核苷和核苷酸的结构通式

表 2-1 参与组成核酸的主要碱基、核苷及相应的核苷酸

RNA		
碱基 base	核苷 ribonucleoside	核苷酸 nucleoside monophosphate（NMP）或 ribonucleotide
腺嘌呤 adenine（A）	腺苷 adenosine	腺苷酸（AMP）adenosine monophosphate*
鸟嘌呤 guanine（G）	鸟苷 guanosine	鸟苷酸（GMP）guanosine monophosphate
胞嘧啶 cytosine（C）	胞苷 cytidine	胞苷酸（CMP）cytidine monophosphate
尿嘧啶 uracil（U）	尿苷 uridine	尿苷酸（UMP）uridine monophosphate
DNA		
碱基 base	脱氧核苷 deoxyribonucleoside	脱氧核苷酸 deoxyribonucleoside monophosphate（dNMP）或 deoxyribonucleotide
腺嘌呤 adenine（A）	脱氧腺苷 deoxyadenosine	脱氧腺苷酸（dAMP）deoxyadenosine monophosphate*
鸟嘌呤 guanine（G）	脱氧鸟苷 deoxyguanosine	脱氧鸟苷酸（dGMP）deoxyguanosine monophosphate
胞嘧啶 cytosine（C）	脱氧胞苷 deoxycytidine	脱氧胞苷酸（dCMP）deoxycytidine monophosphate
胸腺嘧啶 thymine（T）	脱氧胸苷 deoxythymidine	脱氧胸苷酸（dTMP）deoxythymidine monophosphate

*AMP 的英文名称还有：adenylate 或 adenylatic acid；dAMP 的英文名称还有：deoxyadenylate 或 deoxyadenylatic acid；其他核苷酸和脱氧核苷酸亦有类似多种英文名称

（五）ATP 等是体内重要的游离核苷酸

核苷酸除作为核酸的基本组成单位外，体内游离的一些核苷酸还可参加各种代谢及其调节。如 ATP 属于高能磷酸化合物，起贮存及提供生物能的作用。

体内另有两种重要的环化核苷酸，即 3′，5′- 环化腺苷酸（3′，5′-cyclic adenosine monophosphate，3′，5′-cAMP）与 3′，5′- 环化鸟苷酸（3′，5′-cyclic guanosine monophosphate，3′，5′-cGMP），可作为第二信使，在细胞信号转导过程中起重要的调控作用（图 2-6）。

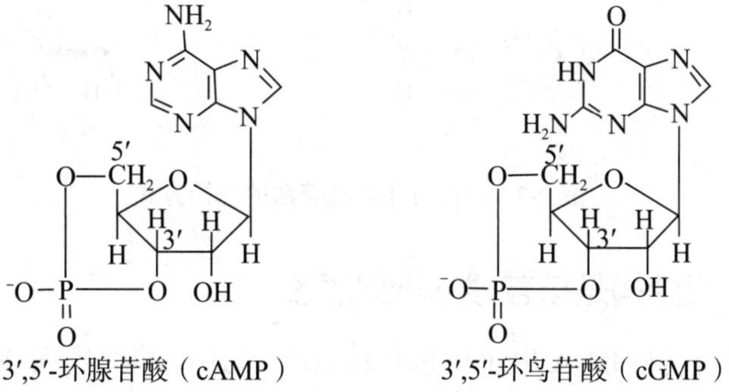

3′,5′-环腺苷酸（cAMP）　　3′,5′-环鸟苷酸（cGMP）

图 2-6 环化核苷酸的结构式

核苷酸还参与某些生物活性物质的组成，如尼克胺腺嘌呤二核苷酸（NAD^+）和黄素腺嘌呤二核苷酸（FAD）等分子中都含有腺苷酸，它们都是重要酶的辅酶或辅基，在生物氧化和物质代谢中起着极其重要的作用。

二、核苷酸通过 3′，5′- 磷酸二酯键连接成核酸大分子

核酸是由核苷酸以磷酸二酯键（phosphodiester linkage）相连聚合而成的生物大分子。磷酸二酯键由一个核苷酸的 C-3′ 的 -OH 和下一位核苷酸的 C-5′ 的磷酸基之间脱水缩合而成，故核苷酸或脱氧核苷酸的连接具有严格的方向性，一端为游离的 5′- 磷酸基，称 5′ 端；另一端为游离的 3′-OH，称为 3′ 端。核苷酸借此方式连接构成无分支结构的线性大分子，即多聚核苷酸（RNA）和多聚脱氧核苷酸（DNA）。核酸分子中相同的戊糖及磷酸交替连接成分子骨架，而四种不同碱基则伸展于骨架一侧（图 2-7）。

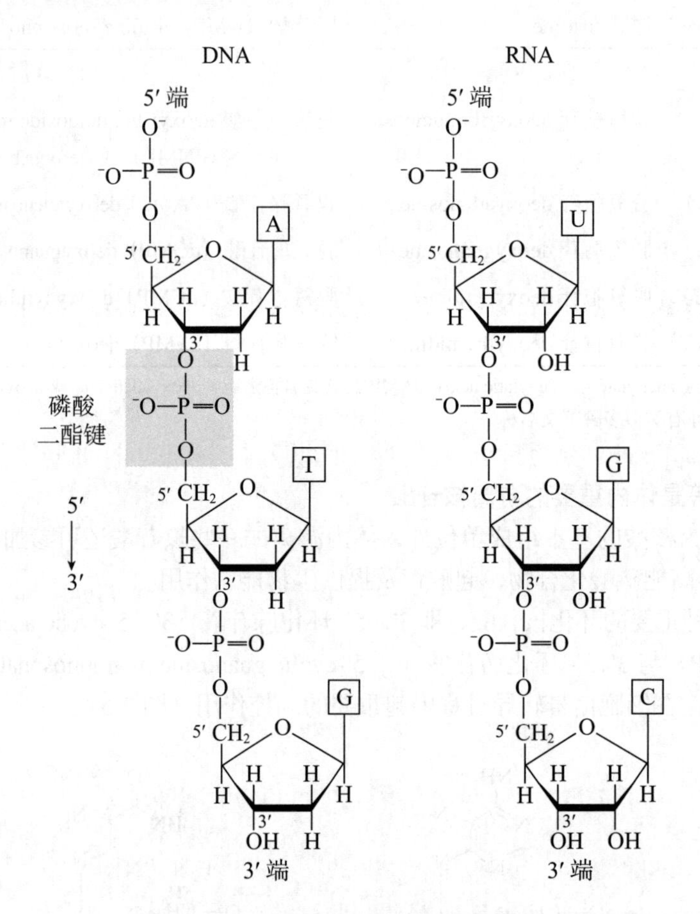

图 2-7　核酸分子中核苷酸的连接方式

三、核酸的一级结构是核苷酸的排列顺序

DNA 的一级结构是指 DNA 中脱氧核苷酸自 5′ 端到 3′ 端的排列顺序，而 RNA 的一级结构是指 RNA 中核苷酸自 5′ 端到 3′ 端的排列顺序。由于脱氧核苷酸之间或核苷酸之间的差异主要是碱基不同，因此碱基排列顺序即代表核苷酸排列顺序。DNA 和 RNA 对遗传信息的携带和传递，就是依靠核苷酸中的碱基序列变化而实现的。核酸一级结构的书写方式可有多种，从简到繁如图 2-8 所示。

核酸分子的大小常用碱基数目（base 或 kilobase，kb，用于单链 DNA 和 RNA）或碱基对数目（base pair，bP 或 kilobase pair，kbp，用于双链 DNA 和 RNA）表示。自然界中 DNA

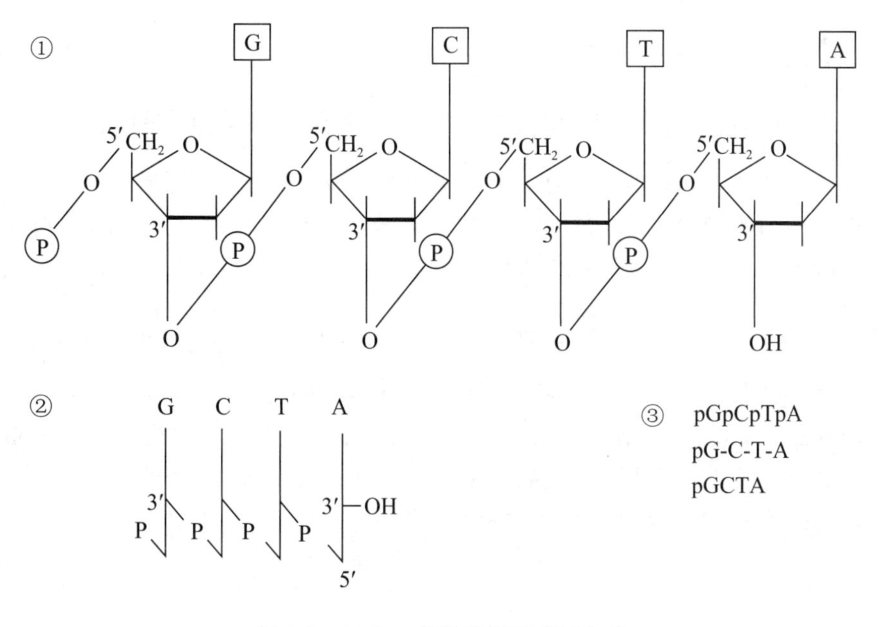

图 2-8　DNA 一级结构及其书写方式

和 RNA 的长度多在几十至几万个碱基之间。小于 50 bp（或 base）的核酸链常被称为寡核苷酸，大于 50bp（或 base）的则被称为多核苷酸。DNA 的相对分子质量非常大，通常一个染色体就是一条 DNA 分子。不同种类的生物在其 DNA 的大小、组成和一级结构上差异甚大，一般来说，随着生物的进化，遗传信息更加复杂，细胞 DNA 的 bp 总数也随之相应增加。细胞内 RNA 的数量比 DNA 约多 10 倍，RNA 不仅种类很多，且分子大小和结构也各不相同。DNA 和 RNA 的碱基序列的不同，赋予了它们巨大的信息编码能力。

第三节　DNA 的空间结构与功能

DNA 的所有原子在三维空间具有的相对位置关系，称为 DNA 的空间结构（spatial structure）。DNA 的空间结构又分为二级结构和超螺旋结构。

一、双螺旋结构是 DNA 的二级结构

（一）DNA 双螺旋结构的研究基础

20 世纪 50 年代初期，人们已经证实了 DNA 是遗传信息的携带者，DNA 分子中含有腺嘌呤、鸟嘌呤、胞嘧啶和胸腺嘧啶四种碱基。1950 年前后，Chargaff 等分析了多种不同生物 DNA 碱基组成，发现所有 DNA 分子的碱基组成有一个共同的规律：①不同生物种属的 DNA 碱基组成不同；但同一个体不同器官、组织的 DNA 的碱基组成相同；②某一特定生物其 DNA 碱基组成不随年龄、营养状况或环境因素而改变；③胸腺嘧啶（T）和腺嘌呤（A）的摩尔数相等，胞嘧啶（C）和鸟嘌呤（G）的摩尔数相等，即 A = T，G = C；④嘌呤碱总数和嘧啶碱总数也相等，即 A + G = T + C。这种规律被称为 Chargaff 规则，提示 DNA 分子中的 A 与 T，G 与 C 可能以互补配对方式存在，对确定 DNA 分子的空间结构提供了有力的证据。此后，Rosalind Franklin 用 X 线衍射技术分析了 DNA 结晶，显示出 DNA 是双链的螺旋形分子，这一成果为 DNA 双螺旋结构提供了最直接的依据。

知识链接

DNA 双螺旋结构的发现为现代分子生物学奠定基础

1951 年，正在歌本哈根做博士后的生物学家 J. Watson 第一次看到了由 R. Franklin 和 M. Wilkins 拍摄的 DNA 的 X 射线衍射图像后，激发了他对核酸结构的研究兴趣。随后他申请进入剑桥大学做博士后研究，并在这里结识了正在攻读博士的 F. Crick，而 F. Crick 的研究课题是利用 X 射线衍射研究蛋白质分子的 α- 螺旋结构，两人由此开始了解析 DNA 分子结构的研究。根据 M. Wilkins 等的 DNA 分子 X 射线衍射图像和前人的研究成果，他们提出了双螺旋结构模型，并发表于 1953 年的 *Nature* 杂志。这一结构模型的提出不仅能解释 DNA 的理化性质，又揭示了遗传信息稳定传递中 DNA 半保留复制的机制，成为分子生物学发展的里程碑，同时也为现代分子生物学奠定了基础，他们因此获得了 1962 年诺贝尔生理学和医学奖。

（二）DNA 双螺旋结构的结构要点

1．DNA 是反向平行双链结构　DNA 分子由两条平行且方向相反的多聚脱氧核糖核苷酸链组成，一条链为 5′ → 3′ 走向，另一条链为 3′ → 5′ 走向，以一共同轴为中心缠绕成右手螺旋结构（图 2-9）。双螺旋表面形成大沟和小沟，这些沟状结构是蛋白质识别 DNA 的碱基序列并发生相互作用的结构基础。

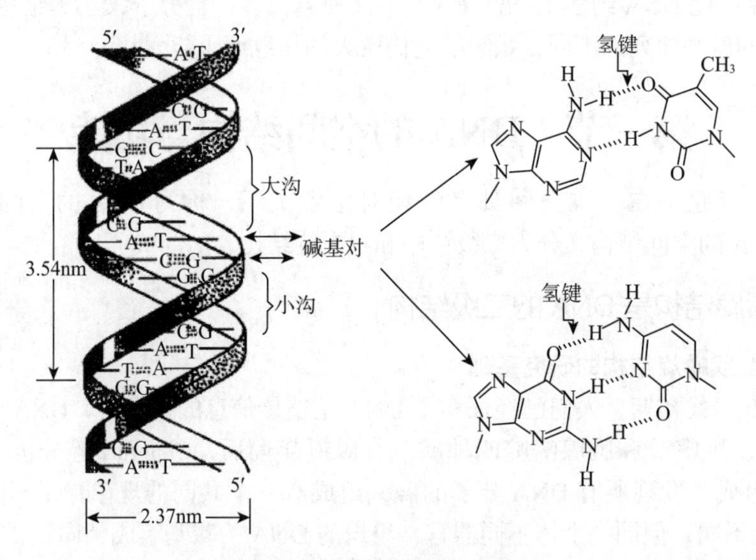

图 2-9　DNA 双螺旋结构示意图

2．严格的碱基配对使双链结构互补　在 DNA 双链结构中，亲水的脱氧核糖基和磷酸基骨架位于双链的外侧，而碱基位于内侧，两条链的碱基之间以氢键相结合。由于碱基结构的不同，其形成氢键的能力不同，由此产生了固有的配对方式，即 A-T 配对，形成两个氢键；G-C 配对，形成三个氢键。这种配对关系也称为碱基互补，因而每个 DNA 分子中的两条链互为互补链。

3．螺旋的直径约为 2.37nm，由磷酸及脱氧核糖交替相连而成的亲水骨架位于螺旋的外侧而疏水的碱基对则位于螺旋的内侧。各碱基平面与螺旋轴垂直，相邻碱基之间的堆积距离为 0.34nm，并有一个 36° 的旋转夹角，螺旋旋转一圈为 10.5bp，螺距为 3.54nm。

4．疏水力和氢键维系 DNA 双螺旋结构的稳定　DNA 双链结构的稳定性在横向由两条链互补碱基间的氢键维系，纵向则靠碱基平面间的疏水性堆积力维持，纵向的碱基堆积力对于双螺旋的稳定性更为重要。

（三）DNA 双螺旋结构的多样性及多链结构

由于自身序列、温度、溶液的离子强度或相对湿度不同，DNA 螺旋结构的沟的深浅、螺距、旋转角等都会发生一些变化。因此，双螺旋结构存在多样性，DNA 的右手双螺旋结构是自然界 DNA 存在的最普遍方式。生理条件下绝大多数 DNA 以 B 构象存在，即 Watson 和 Crick 所提出的模型结构。除了 B-DNA，还存在 Z-DNA 和 A-DNA，三者的螺旋直径、螺距或螺旋方向各有不同（图 2-10）。

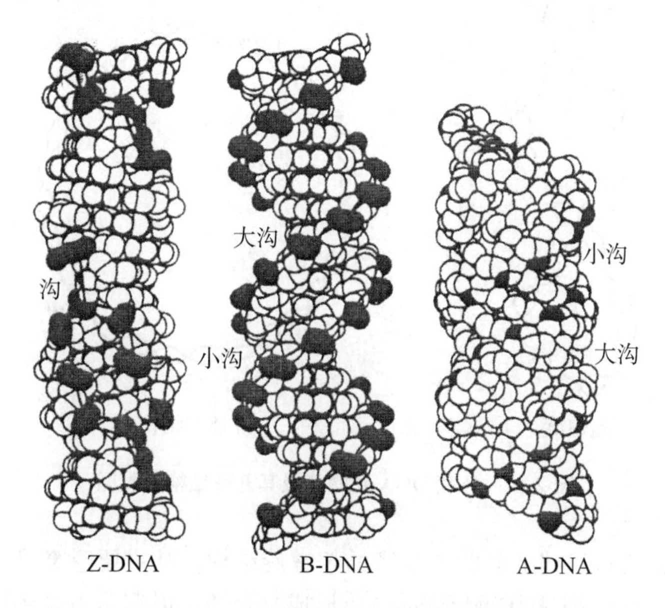

图 2-10　不同类型的 DNA 双螺旋结构

DNA 双螺旋结构中的核苷酸除了 A-T 和 G-C 之间形成氢键外，还能形成一些附加氢键，如另一个 T 与 A-T 碱基对的 A 之间可形成一种特殊氢键（称 Hoogsteen 氢键）；同样，酸性溶液中质子化的 C 与 G-C 碱基对的 G 也可以形成 Hoogsteen 氢键，由此形成了 $T^{+}AT$ 或 $C^{+}GC$ 三链结构。

真核生物 DNA 是线性分子，它的 3′ 端常呈 GT 序列的数十次乃至数百次的重复，重复序列中的鸟嘌呤之间还可以氢键相连，形成特殊的四链结构。生物体内不同构象的 DNA 在功能上有所差异，这对基因表达的精细调控有重要意义。

二、超螺旋结构是 DNA 的高级结构

由于 DNA 是荷载遗传信息的生物大分子，其长度要求必须形成紧密折叠扭转的方式才能够存在于很小的细胞核内。因此，DNA 在形成双螺旋结构的基础上，在细胞内需进一步旋转折叠，并且在蛋白质的参与下组装成超螺旋结构。如超螺旋的盘绕方向与 DNA 双螺旋

方向相同则为正超螺旋（positive supercoil），相反则为负超螺旋（negative supercoil）。正超螺旋使双螺旋结构更紧密，双螺旋圈数增加，而负超螺旋可以减少双螺旋圈数。自然界的闭合双链 DNA 主要是以负超螺旋形式存在。

原核生物的 DNA 大多是以共价闭合的双链环状形式存在于细胞内，进一步盘绕，并形成类核结构，以保证以较致密的形式在细胞内存在。类核结构中 80% 为 DNA，其余为蛋白质。在细菌的基因组中，超螺旋可以彼此相互独立存在，形成超螺旋区（图 2-11），各区域间的 DNA 可以有不同程度的超螺旋结构。目前的分析表明，大肠杆菌的 DNA 中，平均每 200 个碱基就有一个负超螺旋形成。

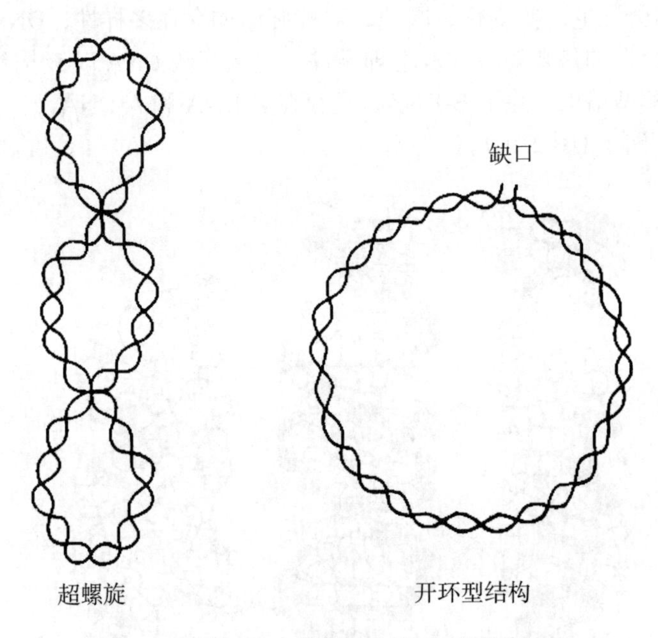

图 2-11　环状 DNA 超螺旋及其开环结构示意图

DNA 在双螺旋结构基础上盘曲成紧密的超螺旋结构，其主要意义是有规律压缩分子体积，减少所占空间。真核生物 DNA 与蛋白质形成复合体，以非常致密的形式存在于细胞核内，基本结构单位是核小体（nucleosome）（图 2-12）。核小体中的组蛋白共有 H1、H2A、H2B、H3 和 H4 五种。各两分子的 H2A、H2B、H3 和 H4 构成扁平圆柱状八聚体的核心组蛋白，DNA 双螺旋链缠绕在这一核心上形成核小体的核心颗粒。核心颗粒之间再由一段 DNA（约 60bp）和组蛋白 H1 构成的连接区连接起来形成串珠样结构，串珠样结构中每个核小体重复单位的 DNA 长约 200bp。DNA 包装成染色体经过以下几个层次：核小体是 DNA 在核内形成致密结构的第一层次折叠，使得 DNA 的整体体积减小约 6 倍；第二层次的折叠是核小体卷曲（每周 6 个核小体）形成直径 30nm、在染色质和间期染色体中都可以见到的纤维状结构和襻状结构，DNA 的致密程度增加约 40 倍；第三层次的折叠是 30nm 纤维再折叠形成柱状结构，致密程度增加约 1000 倍，在分裂期染色体中增加约 10 000 倍，从而将约 1m 长的 DNA 分子压缩、容纳于直径只有数微米的细胞核中（图 2-13）。真核生物 DNA 在细胞周期的大部分时间以染色质（chromatin）形式存在，当细胞进入分裂期时，染色质可形成高度组织有序的染色体，在光学显微镜下即可见到。

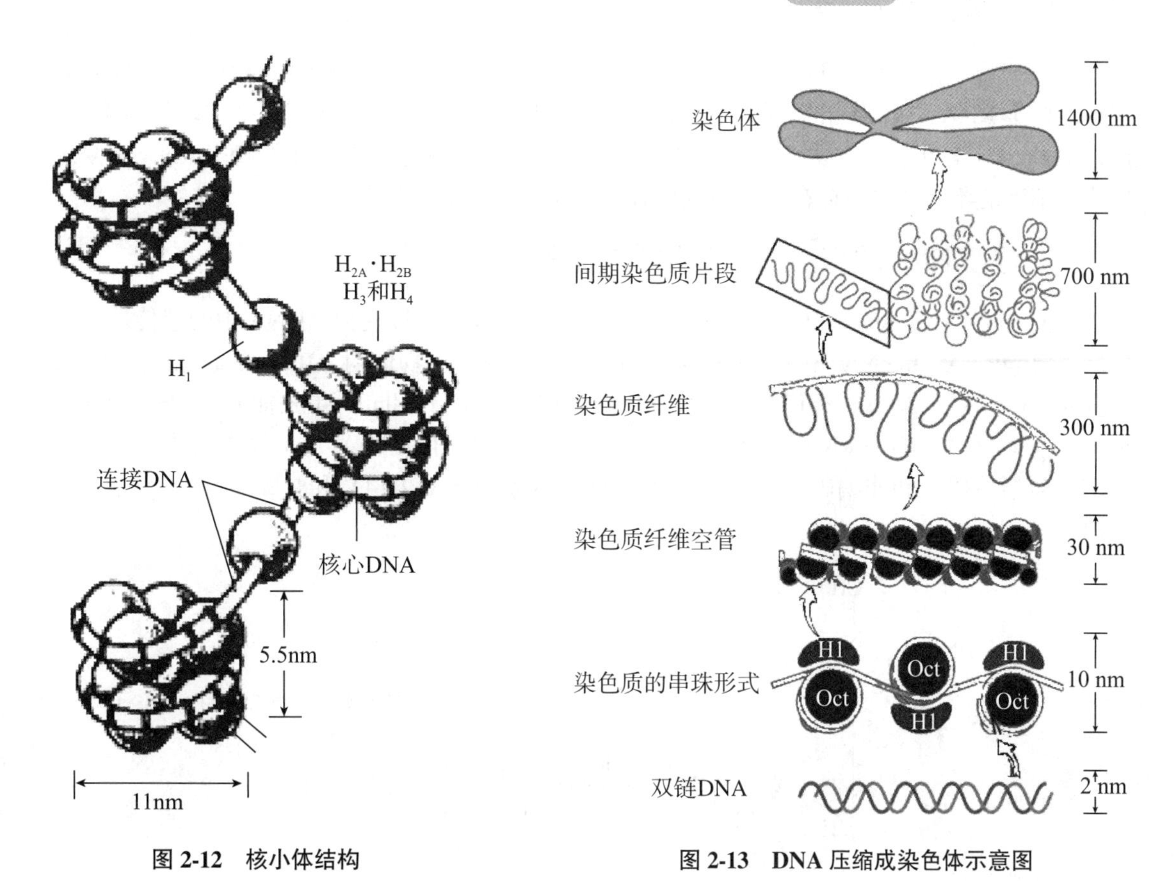

图 2-12 核小体结构

图 2-13 DNA 压缩成染色体示意图

三、DNA 是承载遗传信息的物质基础

DNA 是遗传的物质基础，其功能是储存生命活动的全部遗传信息，决定着细胞和个体的基因型（genotype），是物种保持进化和世代繁衍的物质基础。基因（gene）是指 DNA 分子中的功能性片段，即能编码有功能的蛋白质或合成 RNA 所必需的完整序列，是核酸的功能单位。DNA 一方面以自身遗传信息序列为模板进行自我复制，将遗传信息保守地传给后代，称为基因遗传；另一方面，DNA 将基因中的遗传信息通过转录过程传递给 RNA，再由 RNA 作为模板通过翻译指导合成各种蛋白质，称为基因表达（gene expression）。

生物体的全部基因序列称为基因组（genome），包含了所有编码 RNA 和蛋白质的编码序列及所有的非编码序列，也就是 DNA 分子的全序列。生物进化程度越高，遗传信息含量越大，基因组越复杂。SV40 病毒的基因组仅含 5100bp，大肠杆菌基因组为 577 kb，人的基因组长度约为 3.0×10^9 bp，包含极为大量的遗传信息。人类基因组的全部碱基序列测定工作已经完成，这一宏伟工程为进一步研究基因的功能奠定了基础，同时对认识疾病的发生、诊断和治疗也具有极其重要的意义。

第四节 RNA 的结构与功能

RNA 含 AMP、GMP、CMP、UMP 四种核苷酸，由磷酸二酯键相连成单链。RNA 和蛋白质共同参与基因的表达及其调控过程。绝大多数 RNA 为线形单链，但 RNA 分子内相邻区段的可配对碱基间能以氢键连接，形成局部双螺旋结构；而区段间不配对的碱基区则膨胀形成凸出或突环，这种短小的双螺旋区域或突环被称为茎 - 环结构（stem-loop）或发夹结构。茎环结构是 RNA 中最普遍的二级结构形式，二级结构进一步折叠形成三级结构。与 DNA 相比，RNA 分子较小，仅含数十个至数千个核苷酸，且组分中有少量稀有碱基。RNA 有众多功能，细胞的不同部位还存在着许多其他种类和功能的非编码 RNA。

一、信使 RNA 是蛋白质生物合成的直接模板

信使 RNA（messenger RNA，mRNA）是蛋白质合成的直接模板。DNA 中的遗传信息经转录生成 mRNA，mRNA 再作为模板指导蛋白质的合成。生物体内 mRNA 的含量仅占 RNA 总量的 2% ~ 5%，但其种类最多，而且 mRNA 的大小也各不相同。真核细胞内成熟 mRNA，是由其前体核内不均一 RNA（heterogeneous nuclear RNA，hnRNA）加工修饰而成。成熟的 mRNA 包括编码区和非编码区，并含有特殊的 5′ 端帽子（图 2-14）和 3′ 端的多聚 A 尾部等结构。

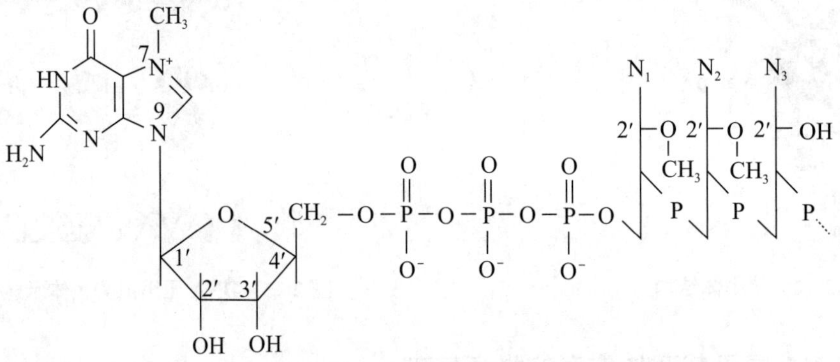

图 2-14　真核 mRNA5′ 端甲基化 GTP 的帽式结构

大部分真核细胞的 mRNA 5′ 端以 m^7GpppN（7- 甲基鸟嘌呤核苷三磷酸）为起始结构，被称为帽子结构。帽子结构在蛋白质合成过程中可促进核糖体与 mRNA 的结合，加速翻译起始速度，并增强 mRNA 的稳定性。

在真核生物 mRNA 的 3′ 端，大多数有一段由数十个至百余个腺苷酸连接而成的多聚核苷酸结构，称多聚 A 尾（poly A）。3′ 端的 poly A 结构负责 mRNA 从细胞核向细胞质转位、维持 mRNA 的稳定性，并参与调控蛋白质的合成速度。

mRNA 编码区中的核苷酸序列包含指导蛋白质多肽链合成的信息。成熟 mRNA 分子编码序列上每 3 个相邻的核苷酸为一组，决定相应多肽链中某一个氨基酸，称为三联体密码（triplet code）或密码子（codon），其具体的编码方式详见第十二章。

与真核生物不同，原核生物的 mRNA 未发现 5′ 端帽子和 3′ 端多聚 A 尾部结构。原核生物中的 mRNA 转录后一般不需加工，直接参与指导蛋白质的生物合成。

二、转运 RNA 是蛋白质合成过程中氨基酸的转运工具

转运 RNA（transfer RNA，tRNA）作为各种氨基酸的转运载体，在蛋白质合成中起活化与转运氨基酸的作用。已知的 tRNA 由 70 ~ 90 个核苷酸构成，在三类 RNA 中分子量最小。tRNA 的一级结构具有下述特点：分子中富含稀有碱基，在 tRNA 合成后由酶促化学修饰产生，包括双氢尿嘧啶（DHU）、假尿嘧啶（ψ，pseudouridine）和甲基化的嘌呤（mG，mA）

等，占其所有碱基的10% ~ 20%；tRNA的5′端大多数为pG，而3′端都是CCA，CCA-OH是tRNA与相应氨基酸的结合部位。tRNA二级结构含4个局部互补配对的双链区，形成发夹结构或茎-环结构，显示为三叶草形结构（图2-15a）。左右两环根据其含有的稀有碱基，分别称为DHU环和Tψ环，位于下方的环称反密码环。反密码环中间的3个碱基称为反密码子（anticodon），可与mRNA上相应的三联体密码子碱基互补，使携带特异氨基酸的tRNA，依据其特异的反密码子来识别结合mRNA上相应的密码子，引导氨基酸正确定位。tRNA的三级结构是倒L型（图2-15b），虽然Tψ环与DHU环在三叶草形的二级结构上各处一方，但在三级结构上都相距很近，使tRNA有较大的稳定性。

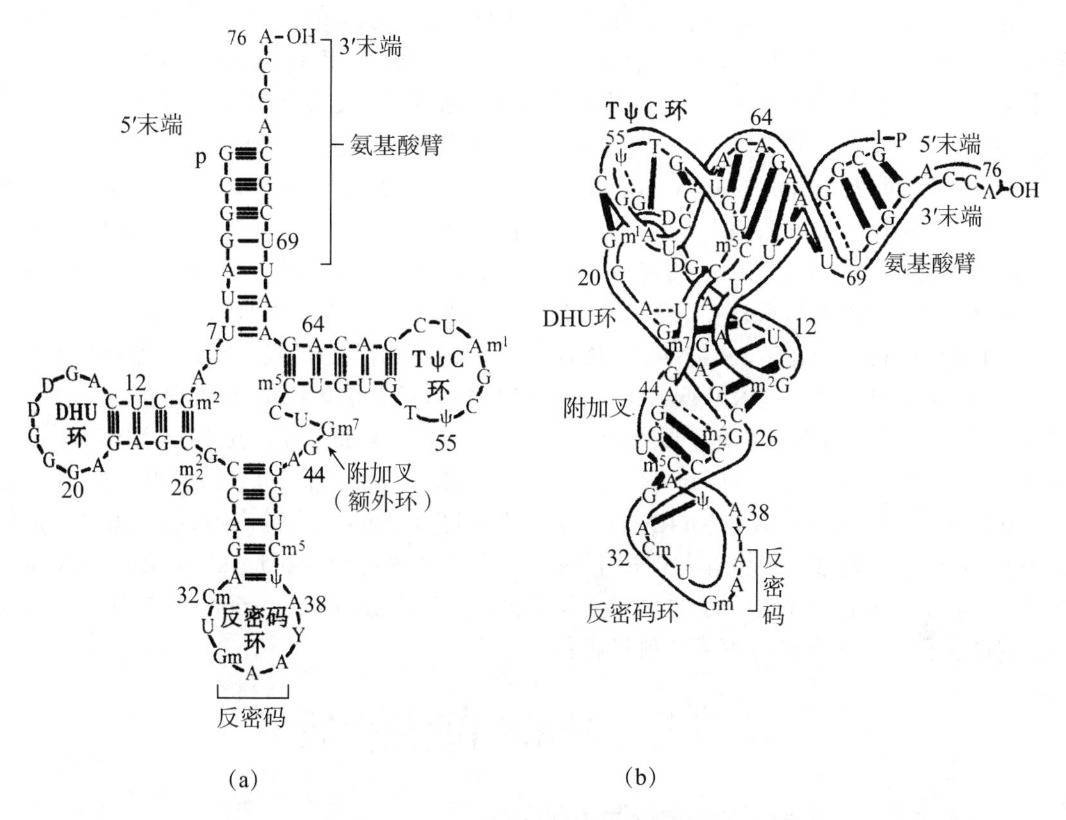

图2-15　tRNA的二级结构与三级结构

三、核糖体RNA与蛋白质构成的核糖体是蛋白质合成的场所

核糖体RNA（ribosomal RNA，rRNA）在细胞内含量最多，约占RNA总量的80%以上。rRNA与核糖体中蛋白质组成核糖体（ribosome），原核生物和真核生物的核糖体均由易解聚的大、小两个亚基组成。

原核生物共有5S、16S、23S三种rRNA（S为沉降系数，可间接反映分子量的大小）。其中核糖体的小亚基（30S）由16S rRNA与21种蛋白质构成，大亚基（50S）则由5S和23S rRNA与31种蛋白质共同构成。真核生物有28S、5.8S、5S和18S四种rRNA。真核生物的核糖体小亚基（40S）由18S rRNA及33种蛋白质构成，大亚基（60S）则由5S、5.8S及28S三种rRNA加上49种蛋白质构成。

核糖体是细胞合成蛋白质的场所，核糖体中的rRNA和蛋白质共同为肽链合成所需要的

mRNA、tRNA 以及多种蛋白因子提供了相互结合的位点和相互作用的空间环境。

四、细胞内存在多种功能各异的非编码 RNA

除上述三种RNA外，真核细胞中还存在着多种非编码RNA（non-coding RNA，ncRNA），这是一类不编码蛋白质但具有重要生物学功能的 RNA 分子。非编码 RNA 按其长度可分为两类：长链非编码 RNA（long non-coding RNA，lncRNA）和非编码小 RNA（small non-coding RNA，sncRNA）。lncRNA 通常大于 200 个核苷酸，而 sncRNA 一般小于 200 个核苷酸。

lncRNA 位于细胞核或细胞质内，在结构上类似于 mRNA，但序列中不存在开放阅读框，多数由 RNA 聚合酶Ⅱ转录并经可变剪切形成，通常被多聚腺苷酸化。lncRNA 可在转录起始、转录后及表观遗传等多级水平调控基因的表达，参与细胞分化、器官形成、胚胎发育、物质代谢等重要生命活动，并参与多种疾病（如肿瘤、神经系统疾病等）的发生和发展过程。

sncRNA 也称为非信使小 RNA（small non-messenger RNA，snmRNA），主要包括：①核内小 RNA（small nuclear RNA，snRNA），是核内核蛋白颗粒的组成成分，参与 mRNA 前体的剪接以及成熟 mRNA 由核内向细胞质中转运的过程；②核仁小 RNA（small nucleolarRNA，snoRNA），是一类新的核酸调控分子，参与 rRNA 前体的加工以及核糖体亚基的装配；③细胞质小 RNA（small cytoplasmic RNA，scRNA），与信号识别颗粒的组成有关，参与分泌性蛋白质的合成；④催化性小 RNA（small catalytic RNA），具有催化特定 RNA 降解的活性，在 RNA 合成后的剪接修饰中具有重要作用，包括核酶（ribozyme）等；⑤小干扰 RNA（small interfering RNA，siRNA），可以与外源基因表达的 mRNA 相结合，并诱发这些 mRNA 的降解；⑥微小 RNA（microRNA，miRNA），是一类长度在 22bp 左右的内源性 sncRNA。成熟的 miRNA 与其他蛋白质一起组成 RNA 诱导的沉默复合体（RNA-induced silencing complex，RISC），通过与其靶 mRNA 分子的 3′ 端非编码区域（3′-untranslated region，3′-UTR）互补匹配，促进该 mRNA 分子的降解或抑制其翻译。

第五节 核酸的理化性质

一、核酸分子具有多种重要的理化性质

DNA 是线性生物大分子，人的二倍体细胞 DNA 若展开成一直线，总长约 1.7 米，碱基数约为 3×10^9 bp。核酸为两性电解质，因其磷酸的酸性较强，常表现为较强的酸性。DNA 大分子具有一定的刚性，且分子很不对称，所以在溶液中有很大的黏度，提取时易发生断裂。RNA 的分子比 DNA 分子小得多，溶液的黏度也相应较小。核酸分子中的嘌呤、嘧啶结构中含有共轭双键，因此在 250 ~ 280nm 紫外波段有光吸收，其最大吸收峰在 260 nm 处，该性质可用于核酸纯度的鉴定及定量分析。此外，不同种类核酸分子的分子量大小不同、形状各异，据此也可用超速离心或凝胶过滤等方法加以分离和分析。

核酸酶（nuclease）可催化核酸水解，调节细胞内核酸（主要是 RNA）的水平，可以分为 DNA 酶（DNase）和 RNA 酶（RNase）。按作用部位不同，核酸酶可分为核酸内切酶和核酸外切酶，分别作用于多核苷酸链内部及两端。有些核酸内切酶对切点有严格的序列依赖性，称为限制性内切酶。核酸酶尤其是限制性核酸内切酶在 DNA 重组技术中是不可缺少的

重要工具酶。

二、DNA 具有变性和复性的特点

DNA 变性（denaturation）是指在某些理化因素作用下，双螺旋 DNA 分子中互补碱基对之间的氢键断裂，双螺旋结构松散变成单链的过程。变性过程不涉及共价键的破坏。引起 DNA 变性的常见因素有加热及各种化学处理（如有机溶剂、酸、碱、尿素及甲酰胺等）。由于变性时原堆积于双螺旋内部的碱基暴露，含有 DNA 的溶液在 260nm 处的吸光度随之增加，此现象称为 DNA 的增色效应（hyperchromic effect）。另外变性 DNA 表现正旋光性下降、黏度降低等。DNA 的热变性是爆发式的，只在很狭窄的温度范围内发生。通常将 DNA 分子达到 50% 解链时的温度称为熔点或融解温度（melting temperature，Tm）。因此，常用 260nm 紫外吸收数值变化监测不同温度下 DNA 的变性情况，所得的曲线称为解链曲线（图 2-16）。由于 G-C 配对氢键连接能量高于 A-T 配对，因此 GC 比例越高，Tm 值越高。Tm 值还与 DNA 分子的长度有关，DNA 分子越长，Tm 值越高。此外，溶液的离子浓度增高也可以使 Tm 值增高。Tm 值可以根据 DNA 分子的长度、GC 含量及离子浓度来计算。DNA 热变性见图 2-17。

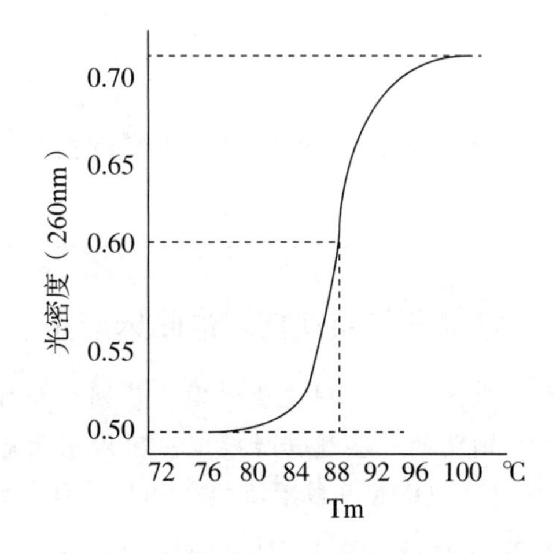

图 2-16 DNA 解链曲线

变性 DNA 在适当的条件下，两条互补链又可重新缔合而形成双螺旋结构，此过程称为复性（renaturation）或退火（annealing）。伴随复性会出现核酸溶液紫外吸收降低的现象，称为减色效应。热变性后，DNA 单链只能在温度缓慢下降时才可重新配对复性（图 2-17）。DNA 复性是非常复杂的过程，影响复性的因素有很多，如 DNA 浓度、分子量及温度等。DNA 浓度高，复性快；DNA 分子大，复性慢；高温易使 DNA 变性，温度过低会导致误配对及不能分离。

三、分子杂交技术以核酸的变性和复性为基础

在核酸变性后的复性过程中，具有一定互补序列的不同 DNA 单链，或 DNA 单链与同源 RNA 序列，在一定条件下按碱基互补原则结合在一起，形成异源双链的过程称为分子杂交（hybridization）（图 2-17）。

分子杂交以核酸的变性与复性为基础，可发生在 DNA-DNA、RNA-RNA 和 DNA-RNA

之间。分子杂交是分子生物学研究中常用的技术之一。例如，将一段寡核苷酸用放射性同位素或其他化合物进行标记作为探针，在一定条件下和变性的待测 DNA 一起温育，如果寡核苷酸探针与待测 DNA 有互补序列，可发生杂交，形成的杂交双链可被放射性自显影或化学方法检测，用于证明待测 DNA 是否与探针序列有同源性，这一技术称为探针技术。分子杂交和探针技术在分析基因组织的结构、定位和基因表达及临床诊断等方面都有着十分广泛的应用。关于分子杂交技术的具体内容详见第二十章。

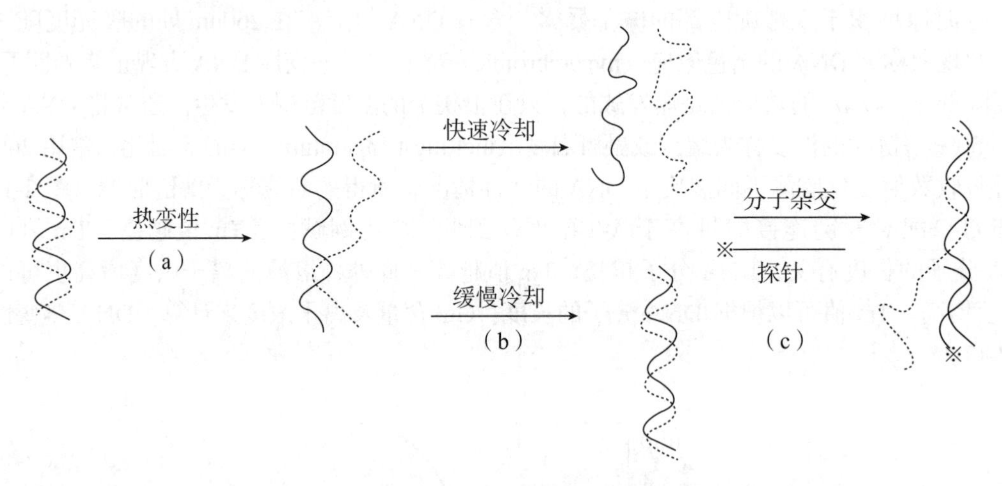

图 2-17　核酸分子的热变性、复性和杂交

知识链接

核酸分子杂交技术的临床应用

核酸分子杂交技术在临床方面的应用主要体现在基因诊断方面：①对遗传性疾病的诊断。对于突变位点已被阐明的一些遗传性疾病，可以采用等位基因特异性寡核苷酸探针杂交法进行检测。在扩增 DNA 片段后直接与相应寡核苷酸探针杂交，即可明确诊断是否有突变以及突变是纯合子还是杂合子。②应用于感染性疾病的诊断。感染性疾病是由于感染了某种病原体而引起的一类疾病，各种病原体有各自种属特异的基因，可采用核酸分子杂交技术，针对病原体特异的核酸序列设计探针来进行杂交，能对大多数感染性疾病作出诊断，而且能诊断出带菌者和潜在性感染，并能对病原体进行分类、分型鉴定，如病毒感染、细菌感染及寄生虫感染等。

小　结

核酸分为 DNA 和 RNA 两大类，基本组成单位是核苷酸，核苷酸之间以磷酸二酯键相连。DNA 由 A、G、C 和 T 四种脱氧核糖核苷酸组成，RNA 则由 A、G、C 和 U 四种核糖核苷酸组成。DNA 是遗传的物质基础，其一级结构是指 DNA 分子中的 A、G、C、T 序列，

DNA 对遗传信息的贮存正是利用碱基排列方式变化而实现的。DNA 的二级结构是双螺旋结构，两条链呈反向平行走向；双链之间存在 A-T 和 C-G 配对规律；碱基平面间的疏水性堆积力和互补碱基间的氢键，是维系双螺旋结构稳定的主要因素。DNA 在双螺旋结构的基础上还将进一步折叠成超螺旋结构，并且在组蛋白等的参与下构成核小体。DNA 的基本功能是决定生物遗传信息复制和基因转录的模板。

生物体内的另一大类核酸是 RNA，主要参与蛋白质生物合成。mRNA 以 DNA 为模板合成后转位至细胞质，在细胞质中作为蛋白质合成的模板；真核生物成熟的 mRNA 含有特殊的 5′ 端帽和 3′ 端的多聚 A 尾结构。mRNA 分子上每 3 个核苷酸组成称三联体密码（密码子），决定肽链上一个氨基酸。tRNA 的功能是在细胞蛋白质合成过程中，作为各种氨基酸的运载体并将其转呈给 mRNA。tRNA 的结构特点主要包括存在反密码子、茎环结构和含有稀有碱基等。rRNA 与核糖体蛋白共同构成核糖体，核糖体是蛋白质合成的场所。其他非编码 RNA 具有种类、结构和功能的多样性，在 hnRNA 和 rRNA 的转录后加工、转运以及基因表达调控等方面具有重要作用。

核酸具有多种重要理化性质，其中核酸的紫外吸收特性被广泛用来对核酸、核苷酸等进行定性定量分析。DNA 加热变性的本质是 DNA 双链的解链，并伴有增色效应，使 DNA 分子达到 50% 解链时的温度称为熔点或融解温度（Tm）。热变性的 DNA 在适当条件下，两条互补链可重新配对而复性。具有互补序列的不同来源的单链核酸分子，在一定条件下按碱基互补原则结合在一起，可形成异源的杂交双链；由此建立的探针技术在基因研究及临床诊断等方面有广泛应用。核酸酶可催化核酸水解，按底物不同将其分为 DNA 酶和 RNA 酶两类；依据酶切部位可分为内切酶和外切酶。限制性内切酶是 DNA 重组技术中重要的工具酶，具有严格的序列依赖性。

思考题

1．DNA 双螺旋结构有哪些重要特点？如何通过 DNA 双螺旋结构特点，理解 DNA 作为遗传信息载体的生物学功能？

2．简述 mRNA、tRNA 和 rRNA 的结构要点及主要的生物学功能。

（周晓慧）

第三章

酶　　学

1．掌握酶的概念、化学本质和酶的特异性。
2．掌握酶的化学组成：结合蛋白酶（全酶）、酶蛋白、辅助因子（辅酶和辅基）的概念及相互关系；酶的活性中心、必需基团的概念；酶原及酶原激活概念和生理意义；同工酶和变构酶的概念。
3．了解酶促反应的机制：活化能、诱导契合学说的概念。
4．掌握酶促反应动力学的基本内容：温度、pH、酶浓度、底物浓度、竞争性抑制、非竞争性抑制及激活剂对酶促反应速度的影响。米氏方程、米氏常数意义。三种抑制作用对 V_{max} 和 K_m 的影响。
5．了解酶在医学中的应用和酶的命名及分类。

第一节　酶的一般概念

一、酶是具有高效催化活性的生物催化剂

在生物体内，不断进行着新陈代谢的活动，保证这些代谢能顺利实施的原因之一，就是因为有生物催化剂的存在。目前，人们已经发现的生物催化剂有两种：酶和核酶。酶（enzyme）是由活细胞产生、对其底物具有高度特异性和高度催化效能的蛋白质。核酶（ribozyme）是指具有高效、特异催化作用的RNA（详见第十一章）。本章主要讲解化学本质为蛋白质的酶，核酶将不列入本章的讨论范围。

酶所催化的化学反应称为酶促反应（enzyme-catalyzed reaction），被酶催化的物质称为底物（substrate），反应的生成物称为产物（product），酶催化化学反应的能力称为酶活性（enzymatic activity）。体内绝大多数化学反应包括食物的消化吸收、物质的合成分解、反应方向和速度的调控，遗传信息的传递等几乎都是在酶的催化下进行的，体内生理功能的完成与酶的催化密不可分。当体内缺失某些酶或某些酶的活性受到抑制都可以导致代谢紊乱，测定某些酶活性可以协助诊断和治疗相关疾病，因此酶学的研究和应用对维护人类的健康具有重要意义。

二、酶作为生物催化剂具有一定的特性

酶具有一般催化剂的共性，即只能催化热力学上允许进行的化学反应；可加速化学反应的速度，缩短到达反应平衡的时间，但不改变反应的平衡常数；催化剂本身在反应前后无质和量的改变；催化机制也是降低化学反应的活化能。由于酶的化学本质是蛋白质，所以酶还具有不同于一般催化剂的特点。

（一）催化效率高

酶的催化效率比非催化反应高 10^8 ～ 10^{20} 倍，比一般催化剂高 10^7 ～ 10^{13} 倍，如蔗糖酶催化蔗糖水解的速率是 H^+ 催化作用的 2.5×10^{12} 倍。酶的这种极高的催化效率，是生物体内新陈代谢不断顺利进行的保证。

（二）特异性强

一般催化剂可催化同一类型的多种化学反应，对底物无特殊要求，如 H^+ 既可催化淀粉水解，也可催化脂肪、蛋白质水解。而酶则不同，它对所催化的底物有比较严格的选择性，一种酶只能作用于一种或一类化合物或一定的化学键，催化一定的化学反应产生一定的产物，这种酶对底物的选择性称为酶的特异性或专一性（specificity）。根据酶对底物结构选择的严格程度不同，酶的特异性可分为三种类型。

1．绝对特异性 有的酶只作用于一种特定的底物，进行一种反应，产生特定的产物，这种特异性称为绝对特异性。如麦芽糖酶只能催化麦芽糖水解成葡萄糖，而对其他二糖不起催化作用；脲酶只能催化尿素水解成 CO_2 和 NH_3，而不能催化甲基尿素的水解。

2．相对特异性 有些酶能够作用于一类化合物或一种化学键，这种不太严格的特异性称为相对特异性。如蔗糖酶不仅能够水解蔗糖，也能够水解棉子糖中的同一种糖苷键；羧基肽酶（一种外肽酶）作用于 C -末端的肽键，而对组成 C -末端肽键的氨基酸残基无要求。

3．立体异构特异性 某些具有立体异构特异性的酶仅能作用于底物的一种立体异构体，催化特定构型的立体异构体发生反应，这种特异性称为立体异构特异性。如乳酸脱氢酶只能作用于 L- 乳酸转变成丙酮酸，而对 D- 乳酸不起催化作用；精氨酸酶只能催化 L- 精氨酸水解生成 L- 鸟氨酸和尿素，对 D- 精氨酸则无作用。

（三）可调节性

酶与体内其他代谢物一样，其自身也要不断进行新陈代谢，通过改变酶的合成和降解速度调节酶含量，从而影响酶活性。酶的活性还受代谢物浓度和产物浓度变化、激素和神经系统信息分子等多种因素的调节（见第九章）。

（四）不稳定性

由于体内绝大多数酶的化学本质是蛋白质，所以一切能使蛋白质变性的理化因素如强酸、强碱、重金属盐、高温、紫外线、X 射线、剧烈震荡等能使蛋白质变性的理化因素均能影响酶活性，甚至使酶完全失活。酶比一般催化剂对理化因素的影响更为敏感，因此，酶促反应时需要在常温、常压和接近中性的条件下进行，在保存酶和临床测定酶活性时也要特别注意酶的不稳定性。

第二节　酶的分子结构与功能

一、酶按其组成不同分为单纯蛋白酶和结合蛋白酶两大类

（一）单纯蛋白酶

此类酶完全由氨基酸组成，属于只含有蛋白质的酶，如蛋白酶、核酸酶、脂肪酶、淀粉酶等均属此类。

（二）结合蛋白酶

此类酶分子中除含有蛋白质部分外，还含有非蛋白质部分。其蛋白质部分称为酶蛋白（apoenzyme），非蛋白质部分称为辅助因子（cofactor）。酶蛋白结合辅助因子称为结合蛋白酶或全酶（holoenzyme）。全酶具有催化活性，酶蛋白与辅助因子单独存在时均无催化活性。根据辅助因子与酶蛋白结合的牢固程度不同可分为辅酶和辅基两种。与酶蛋白结合相对疏松，经透析或超滤等简单方法能与酶蛋白分离的辅助因子称为辅酶（coenzyme）；与酶蛋白结合相对牢固，用透析或超滤方法不能与酶蛋白分离的辅助因子称为辅基（prosthetic group）。但辅助因子都是在某种程度上与酶蛋白结合，辅酶和辅基有时也没有严格的界限，而笼统称为辅酶。

辅助因子多为小分子有机化合物（含 B 族维生素衍生物或卟啉化合物）或金属离子。金属离子在酶促反应中有多种功能，主要有稳定酶分子构象或参与传递电子，或在酶与底物间起连接桥梁作用，或降低反应中的静电斥力等。

B 族维生素衍生物，如烟酰胺（尼克酰胺）、硫胺素、核黄素、泛酸等是生物氧化还原反应酶类中辅酶的基本组分，例如 FMN、FAD、NAD^+、$NADP^+$ 和 CoA-SH 等（表 3-1，表 3-2）。

表 3-1　含维生素的辅酶及其功能

维生素	辅酶形式	反应类型
硫胺素（B_1）	焦磷酸硫胺素（TPP）	α- 酮酸氧化脱羧反应
硫辛酸	硫辛酸（L(S)(S)）	α- 酮酸氧化脱羧反应
核黄素（B_2）	黄素单核苷酸（FMN） 黄素腺嘌呤二核苷酸（FAD）	氧化还原反应
烟酸或 烟酰胺（PP）	烟酰胺腺嘌呤二核苷酸（NAD^+） 烟酰胺腺嘌呤二核苷酸磷酸（$NADP^+$）	氧化还原反应
泛酸	辅酶 A（CoA-SH）	酰基移换反应
吡哆醇、吡哆醛、吡哆胺（B_6）	磷酸吡哆胺、磷酸吡哆醛	氨基移换反应
生物素	生物素	羧化反应（CO_2 转移）
叶酸	四氢叶酸	一碳单位转移
钴胺素（B_{12}）	5′- 脱氧腺苷钴胺素 甲基钴胺素	1,2- 氢原子转移 甲基转移

表 3-2 需要金属离子的一些酶

金属离子	酶
Mo^{2+}	黄嘌呤氧化酶
Fe^{3+}	细胞色素酶类，过氧化氢酶，过氧化物酶
Zn^{2+}	碳酸酐酶，羧基肽酶，乙醇脱氢酶
Mg^{2+}	激酶类，磷酸酶类
Mn^{2+}	精氨酸酶，超氧化物歧化酶
Cu^{2+}/Cu^{+}	细胞色素氧化酶，酪氨酸酶
Na^{+}	质膜 ATP 酶
K^{+}	丙酮酸激酶
Ni	脲酶
Se	谷胱甘肽过氧化物酶

酶蛋白与辅助因子之间存在一定的联系，即一种酶蛋白只能与一种辅助因子结合成一种全酶；而一种辅助因子则可与不同的酶蛋白结合成多种不同的全酶，催化不同的反应。如乳酸脱氢酶的酶蛋白与 NAD^+ 结合成乳酸脱氢酶（全酶）；而 NAD^+ 同样可与细胞质中的 α- 磷酸甘油脱氢酶的酶蛋白组成 α- 磷酸甘油脱氢酶（全酶）。前者催化乳酸脱氢反应，后者催化 α- 磷酸甘油脱氢反应。这两种脱氢酶都以 NAD^+ 为辅酶，但催化不同的反应。由此可见，在酶促反应中，酶蛋白决定酶的特异性，而辅助因子则直接参与反应中电子、质子及多种化学基团的传递过程，决定反应的种类和性质。

$$\underset{\text{乳酸}}{COOH-CHOH-CH_3} \xrightleftharpoons[\text{乳酸脱氢酶}]{NAD^+ \quad NADH+H^+} \underset{\text{丙酮酸}}{COOH-C{=}O-CH_3}$$

$$\underset{\alpha\text{-磷酸甘油}}{CH_2OH-CHOH-CH_2O-P} \xrightleftharpoons[\alpha\text{-磷酸甘油脱氢酶}]{NAD^+ \quad NADH+H^+} \underset{\text{磷酸二羟丙酮}}{CH_2OH-C{=}O-CH_2O-P}$$

二、酶的活性中心是酶分子的功能区域

酶分子中氨基酸的侧链具有不同的化学基团，这些基团并非都与酶活性有关，其中与酶活性密切相关、为酶活性所必需的基团，称为酶的必需基团（essential group）。常见的必需基团有丝氨酸的羟基、组氨酸的咪唑基、半胱氨酸的巯基、谷氨酸和天冬氨酸侧链的羧基等。虽然这些基团在一级结构上可能相距很远，但在空间位置上相互靠近，形成具有一定空间构象的区域，该区域能与底物特异结合并催化底物转变为产物，这一区域被称为酶的活性中心（active center）或活性部位（active site）。活性中心位于酶分子表面，或为裂缝，或为凹陷，它的形成是以酶蛋白分子的特定构象为基础的。

根据必需基团在酶活性中心中作用不同，又可分为结合基团和催化基团。前者使酶与底物结合，后者影响底物中某些化学键的稳定性，催化底物转变成产物，而且有些酶活性中心的必需基团同时兼有这两种功能。对于全酶来讲辅助因子也是活性中心的组成成分。此外，

除酶活性中心的必需基团外，尚有一些活性中心外的必需基团，它们的主要作用是维持酶的空间构象。

三、酶原激活是酶活性调节的重要方式

有些酶在细胞内合成或初分泌时，没有催化活性，这种无活性状态的酶的前身物称酶原（zymogen）。消化道中存在的胃蛋白酶、胰蛋白酶及血液中存在的凝血酶均可以酶原的形式存在，是酶安全转运和储存的主要形式。无活性的酶原在一定条件下能转变成有活性的酶，此过程称为酶原的激活。酶原激活的机制是在特异的蛋白酶或其他离子如（H^+）的作用下，酶原分子被切除部分肽段，其分子构象发生一定程度的改变，从而形成酶的活性中心，具有酶的催化能力。例如胰蛋白酶原分泌至小肠后，由肠激酶特异切断肽链 N- 端 6 位赖氨酸残基与 7 位异亮氨酸残基之间的肽键，释放出一个 6 肽，改变分子构象，形成酶的活性中心（图 3-1），从而转变成有催化活性的胰蛋白酶，对肠道中的蛋白质进行消化水解。酶原的激活实际上是酶活性中心形成或暴露的过程。

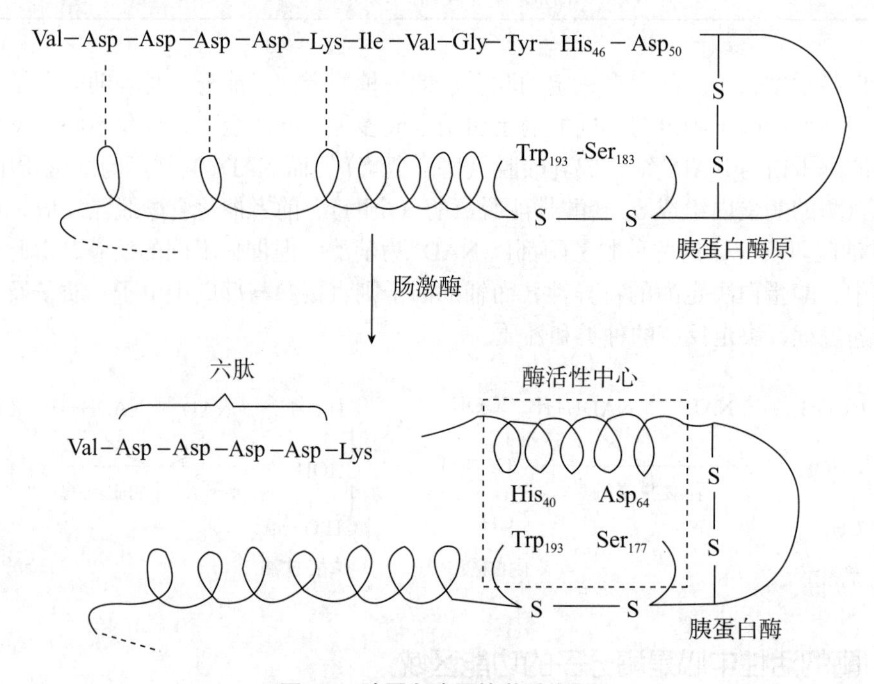

图 3-1 胰蛋白酶原的激活作用

体内存在酶原具有重要的生理意义：①酶的安全转运形式：消化系统中的几种蛋白酶及细胞内某些酶以酶原的形式分泌出来，避免了分泌细胞的自身消化，同时又便于酶原运输到特定部位发挥作用，以保证体内代谢过程的正常进行。急性胰腺炎就是因为存在于胰腺中的胰蛋白酶原在某些因素的影响下就地被激活所致。②酶的贮存形式：凝血酶原在机体受到创伤时转变为凝血酶发挥作用。

有些酶对其自身的酶原有激活作用，称酶原的自身催化。例如胃液中的 H^+ 将少量胃蛋白酶原激活成胃蛋白酶后，此少量胃蛋白酶在短时间内能使更多的胃蛋白酶原转变成有活性的酶，对食物中蛋白质进行消化。这是临床上对某些消化不良的患者往往用胃酶合剂进行辅助治疗的基础。胰蛋白酶原也可受到胰蛋白酶的自身催化作用而被激活。

四、同工酶是催化相同化学反应的一组酶

同工酶（isoenzyme 或 isozyme）是指催化相同的化学反应，而酶蛋白的分子结构、理化性质和免疫学性质不同的一组酶。同工酶在同一种属、同一机体的不同组织，甚至在同一组织细胞的不同亚细胞器中存在，但不同种属的同一种酶不属于同工酶的范围。同工酶是生物进化过程中基因变异的产物。现已发现几百种同工酶，如乳酸脱氢酶、核糖核酸酶、胆碱酯酶、肌酸磷酸激酶等。大多数同工酶是由不同亚基组成的聚合物，因其亚基种类、数量或比例不同，决定了同工酶在功能上的差异，用电泳方法进行分离时其泳动速度也不相同。例如催化乳酸和内酮酸可逆反应的乳酸脱氢酶（lactate dehydrogenase，LDH，辅酶为 NAD^+）就是一组同工酶，存在于心脏、肝、骨骼肌和肾等组织，它们都是由 H 型（心肌型）和(或)M 型（骨骼肌型）两型亚基组成的四聚体，两型亚基以不同比例分别组成 $LDH_1(H_4)$、$LDH_2(H_3M)$、$LDH_3(H_2M_2)$、$LDH_4(HM_3)$ 和 $LDH_5(M_4)$ 5 种同工酶。用电泳法分离时，它们向正极泳动的速度由 $LDH_1 \rightarrow LDH_5$ 依次递减，它们在不同组织中的含量和分布比例不同，人体某些组织 LDH 同工酶谱见表 3-3。心肌中以 LDH_1 和 LDH_2 较丰富，骨骼肌和肝以 LDH_5 和 LDH_4 为主。尽管同工酶都能催化同一反应，但催化功能上存在有差异。心肌中的 LDH_1 对 NAD^+ 亲和力大，易受丙酮酸抑制，故其作用主要是使乳酸脱氢生成丙酮酸，有利于心肌利用乳酸氧化供能；而骨骼肌中的 LDH_5 对 NAD^+ 的亲和力小，不易受丙酮酸的抑制，其作用主要是使丙酮酸还原成乳酸，有利于骨骼肌中糖无氧酵解产生乳酸。当急性心肌梗死时，心肌细胞缺血坏死，细胞内的乳酸脱氢酶释放入血，从血清同工酶电泳图谱中可发现 LDH_1 比例增加，有助于该病的诊断。因此，在临床上测定血清同工酶含量、分析同工酶谱有助于诊断疾病和估计预后。

表 3-3 人体几种组织 LDH 同工酶谱

组织器官	LDH_1^*	LDH_2^*	LDH_3^*	LDH_4^*	LDH_5^*
心	35 ~ 70	28 ~ 45	2 ~ 16	0 ~ 6	0 ~ 5
红细胞	39 ~ 46	36 ~ 56	11 ~ 15	4 ~ 5	2
脑	21 ~ 25	21 ~ 26	36 ~ 45	15 ~ 20	2 ~ 8
骨骼肌	1 ~ 10	4 ~ 18	8 ~ 38	9 ~ 36	40 ~ 97
正常血清	27.1 ± 2.8	34.7 ± 4.3	20.9 ± 2.4	11.7 ± 3.3	57 ± 2.9

* 占总 LDH 活性的百分比。

五、变构酶是调节物质代谢的重要酶

某些小分子化合物与酶蛋白分子活性中心以外的某一部位特异结合，引起酶蛋白分子构象变化，从而改变酶活性，这种调节称为酶的变构调节（allosteric regulation）。这类受变构调节的酶称为变构酶（allosteric enzyme）。引起变构效应的底物或代谢物称为变构效应剂(allosteric effector)。

变构酶是调节物质代谢的重要酶。变构酶一般是由两个以上的偶数亚基组成的寡聚体。酶分子的催化部位（活性中心）和调节部位有的在同一亚基内，也有的不在同一亚基上。含催化部位的亚基称为催化亚基，含调节部位的亚基称为调节亚基。变构效应剂与调节部位的结合是非共价的可逆结合。变构效应剂与一般的激活剂和抑制剂不同，它们通常是细胞内的

正常代谢物，它们与酶调节部位的结合和效应是特异性的，通常反应底物常是酶的变构激活剂，而中间产物或终产物是酶的变构抑制剂。

酶的变构调节是体内快速调节酶活性的重要方式，详见第九章。

第三节　酶的作用机制

一、降低反应的活化能是酶高效催化的基础

在反应体系中，底物分子所含的能量各不相同，在分子相互碰撞的一瞬间，只有那些达到或超过一定能量的分子（即活化分子或过渡态分子）才有可能发生化学反应，而且活化分子越多，反应速度越快。在一定温度下，1 摩尔反应物基态（初态）转变成过渡态所需要的自由能称为活化能（activation energy）。活化能是决定化学反应速度的内因，是化学反应的能障，降低活化能可以相对增加反应体系中的活化分子，从而提高化学反应速度。酶与一般催化剂一样，都是通过降低反应的活化能来提高反应速度的，只不过酶的作用更强（图 3-2），这是因为酶可以先和底物结合成酶 - 底物复合物，进而转化为产物，这个过程所需要的能量较少。

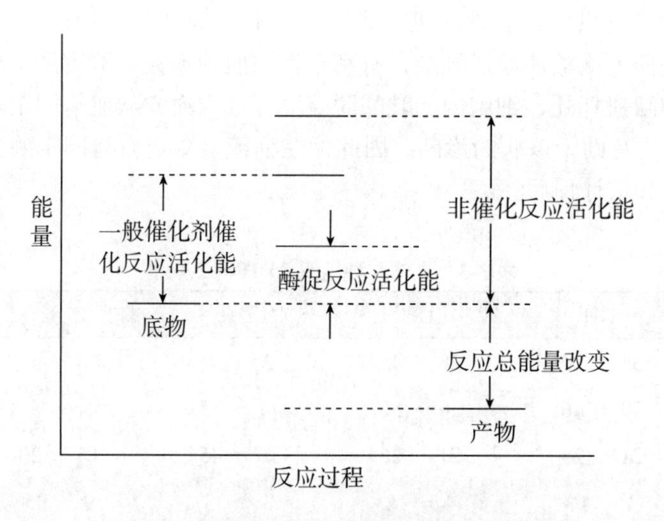

图 3-2　酶促反应与非酶促反应活化能的关系

二、诱导契合是酶 - 底物复合物形成的机制

酶与底物结合生成酶 - 底物复合物（也称中间复合物或中间产物），酶中的催化基团影响底物中某些化学键的稳定性，催化底物转变成产物并释放出酶。

$$E + S \rightleftharpoons ES \longrightarrow E + P$$

E，S，ES 和 P 分别代表游离酶，底物，酶 - 底物复合物和反应产物

酶与底物的结合并不是锁与钥匙式的机械关系，因为酶分子的构象与底物的分子结构原来并不完全吻合，只有经过一个相互诱导变化的过程才能相互结合。当底物与酶相互接近时，两者相互诱导而变形，进而相互结合形成酶 - 底物复合物，引发底物分子发生化学反应。

此过程称为酶的诱导契合（induced fit），是酶 - 底物复合物形成的重要机制（图 3-3）。酶的诱导契合使具有相对特异性的酶能与结构并不完全相同的底物分子结合，有利于底物分子在酶的催化下转变为不稳定的过渡态，使底物转变为产物。

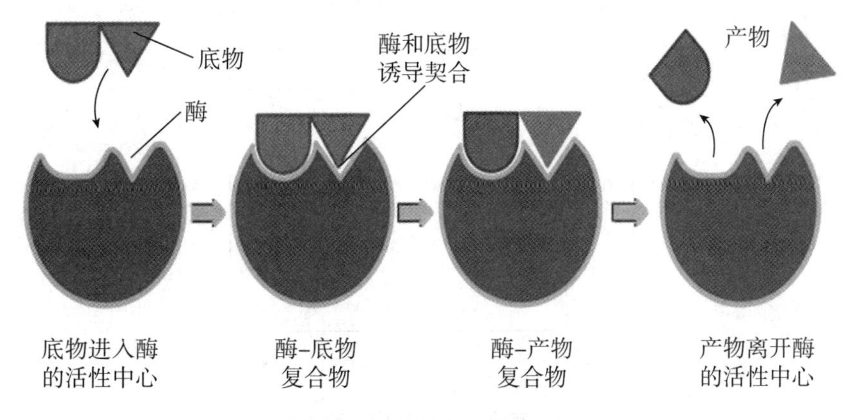

图 3-3 诱导契合学说示意图

三、趋近效应等是酶高效催化的几种因素

（一）趋近效应与定向排列

在酶促反应中，由于酶 - 底物复合物的形成，使底物被结合在酶活性中心这个狭小空间里，随着局部浓度的迅速提高，反应速度将会大大加快。如果是多分子反应，几个底物分子都挤在酶活性中心，使各分子之间的距离缩短，彼此更加接近，这就是趋近效应。此外，活性中心还通过与底物的结合，使反应基团定向排列，从而加速酶促反应的进行。

（二）酸 - 碱催化

酶活性中心上的催化亚基存在着特殊的氨基酸残基侧链，如羧基、氨基、巯基、咪唑基和酚基等，这些基团可作为质子供体或质子受体，对某一底物行使酸、碱双重催化作用。此外，包括辅酶和辅基在内的多种功能基团的协同作用也可以极大地提高酶的催化效能。

（三）表面效应

酶分子内部的疏水性氨基酸较丰富，常形成疏水“口袋”以容纳并结合底物，使底物与酶反应常在疏水环境中进行，既可以排除水分子的干扰，又有利于彼此之间的直接接近，使酶的功能基团对底物的催化反应更为有效和强烈。

除上述几种高效的催化机制之外，还有亲核催化和亲电催化等多元催化作用。值得注意的是，以上各种催化机制并不是孤立存在的，一种酶的催化作用常是以上多种催化机制综合作用的结果。

第四节 酶促反应动力学

酶促反应动力学是研究各种因素对酶促化学反应速度的影响及其反应规律。影响酶促反应的因素有酶浓度、底物浓度、温度、pH、激动剂和抑制剂等。酶促反应动力学速度是指反应开始时的速度即初速度，用酶促反应速度大小来反映酶的活性，在讨论某一种因素对反应速度的影响时，其他因素均处于最佳状态。

一、酶促反应速度受底物浓度影响

在酶浓度和其他条件不变的情况下，底物浓度对反应速度的影响呈矩形双曲线（图3-4）。

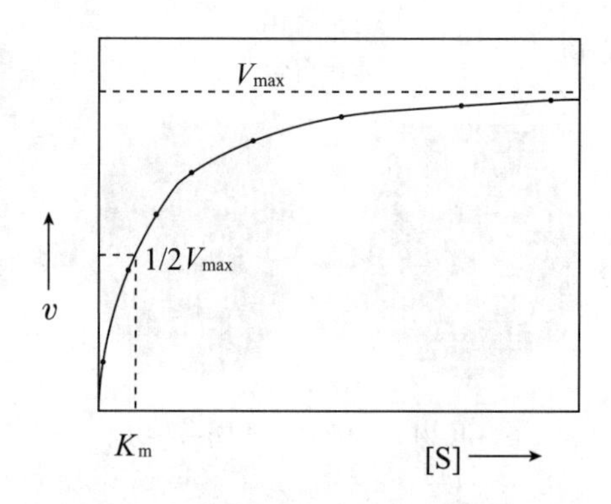

图 3-4 底物浓度对反应速度的影响

由图可知在底物浓度 [S] 很低时，反应速度 v 随 [S] 的增加而增加，两者呈正比关系，表明酶活性中心未被饱和。此时反应速度取决于底物浓度，底物浓度越大，ES 的生成也越多，故反应速度随之增加。随着底物浓度逐渐增大，酶活性中心逐渐被饱和，反应速度的增加和底物浓度就不呈直线正比关系。底物浓度增加至一定浓度时所有酶分子均被饱和，即所有的 E 均转变成 ES，此时的反应速度达最大值，即使再增加底物浓度，反应速度也不会进一步提高。

$$[E] + [S] \rightleftharpoons ES \longrightarrow E + P$$

根据中间产物学说米 - 曼（Michaelis 和 Menten）进行数学推导，得出 [S] 和 v 关系的公式称米 - 曼方程式。

$$v = \frac{V_{max}[S]}{K_m + [S]}$$

V_{max} 为最大速度，K_m 为米氏常数（mol/L）

K_m 值是酶学研究中的一个重要特定常数，具有重要意义。

1．K_m 值是当酶促反应速度为最大速度一半时的底物浓度，即

$$\frac{V_{max}}{2} = \frac{V_{max}[S]}{K_m + [S]}$$

进一步整理 $K_m + [S] = 2[S]$，所以 $K_m = [S]$。

2．K_m 值可以表示酶与底物亲和力的大小。K_m 值愈大，酶与底物的亲和力愈小；反之，K_m 值愈小，酶与底物亲和力愈大，表示不需要很高的底物浓度，便可达到最大反应速度。

3．K_m 值是酶的特征性常数之一。当 pH、温度、缓冲液的离子强度等因素不变时，K_m 值只与酶的性质、酶所催化的底物种类有关，与酶浓度无关。各种同工酶的 K_m 值也不同。

4．由若干酶催化一个连续代谢过程时，如能确定各种酶催化反应底物的 K_m 值及相应的底物浓度时，可推断出其中 K_m 值最大的一步反应为该连续反应中的限速反应，该酶为限速酶（调节酶）。若一种酶能催化几个底物时，其中 K_m 值最小的那个底物是酶的最适底物。

如图 3-4 所示，用 [S] 对反应速度作图不能准确地获得 V_{max} 和 K_m 值，因 V_{max} 是一个渐近的极限值，不可能从实验中直接得到，而 K_m 是 $v = 1/2V_{max}$ 时的 [S] 值，也难以准确测定。为得到准确的 K_m 和 V_{max}，Lineweaven-Burk 将米 - 曼方程式进行双倒数变换法，所得到的双倒数方程称为林 - 贝方程式，将曲线作图改为直线作图：

$$\frac{1}{v}=\frac{K_m}{V_{max}}\times\frac{1}{[S]}+\frac{1}{V_{max}}$$

以 $1/v$ 对 $1/[S]$ 作图得一直线，其斜率为 K_m/V_{max}，在横轴上的截距为 $-1/K_m$，在纵轴上的截距为 $1/V_{max}$（图 3-5）。

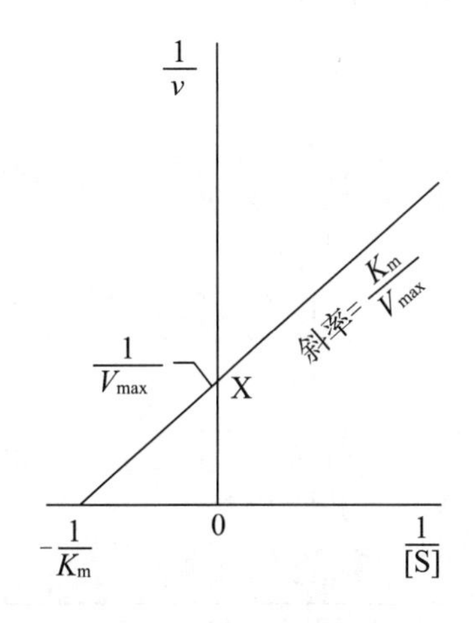

图 3-5 双倒数作图法

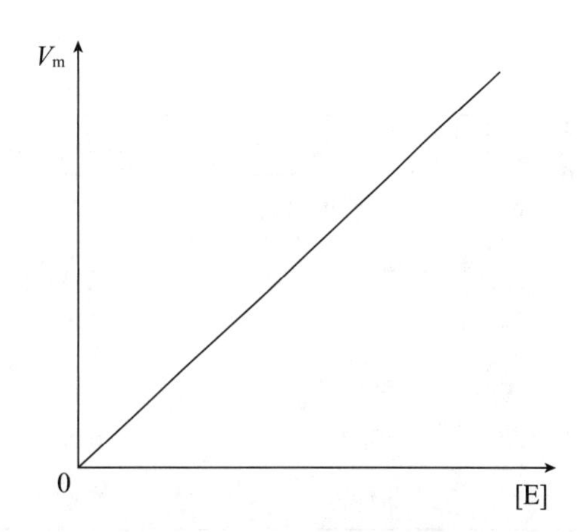

图 3-6 酶浓度对反应速度的影响

二、特定条件下，酶促反应速度与酶浓度呈正比

在底物浓度足够大且无酶抑制剂存在时，酶促反应速度与酶浓度成正比（图 3-6）。因此，酶活性的高低可以通过酶促反应速度进行评价。

酶活性的高低一般用“单位”来表示。国际生化学会（IUB）酶学委员会 1976 年规定：在 25℃、最适 pH、最适底物浓度时，每分钟能催化 1μmol 底物反应所需的酶量为一个酶活性国际单位（1IU）。1979 年国际生化学会为了使酶活性单位与国际单位制中的反应速度 mol/sec 表达方式一致，又推荐用催量（katal，简称 kat）来表示酶活性。1kat 定义为在特定反应条件下，每秒钟催化 1mol 底物转化为产物所需的酶量。IU 和 kat 的换算关系：$1IU = 16.67\times10^{-9}kat$。

三、pH 通过改变酶侧链基团的解离状态影响酶促反应速度

酶分子中以及酶作用的底物中都有许多可解离的基团，它们会受到 pH 的影响，同样，辅助因子的解离状态也受 pH 影响。在某一 pH 条件下，各种基团处于最佳解离状态，酶活性中心最适于与底物结合，使酶的催化活性达到最高，此 pH 称为该酶促反应的最适 pH（optimum pH）（图 3-7）。每一种酶都有一个最适 pH，偏离最适 pH 越远，酶的活性就越低。

各种酶的最适 pH 不同，大多数为中性、弱碱性或弱酸性。少数酶例外，如胃蛋白酶的最适 pH 为 1.8，精氨酸酶的最适 pH 为 9.8。几种常见酶的最适 pH 见表（表 3-4）。酶的最适 pH 不是酶的特征性常数，它受底物浓度、缓冲液种类和浓度以及酶的纯度等因素的影响。

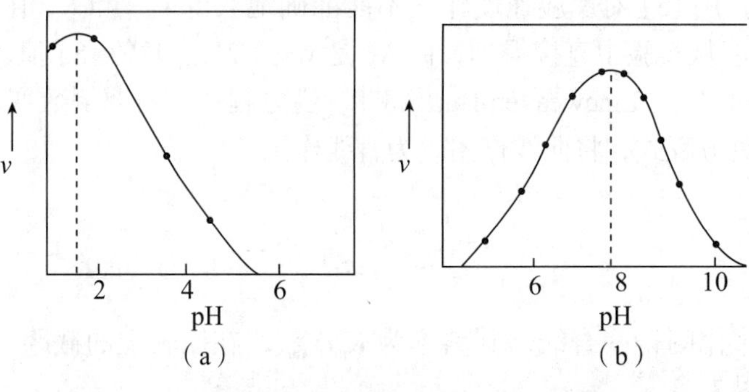

图 3-7　pH 对胃蛋白酶和葡萄糖 -6- 磷酸酶活性影响

（a）胃蛋白酶；（b）葡萄糖 -6- 磷酸酶

表 3-4　常见酶的最适 pH

酶	底物	最适 pH	酶	底物	最适 pH
胃蛋白酶	卵清蛋白	1.5	肝过氧化氢酶	过氧化氢	6.8
脲酶	尿素	6.9	胰羧基肽酶	蛋白质	7.4
胰脂肪酶	丁酸乙酯	7.0	胰蛋白酶	蛋白质	7.8
肠麦芽糖酶	麦芽糖	6.1	肝精氨酸酶	精氨酸	9.8
肠蔗糖酶	蔗糖	6.2	核糖核酸酶	核糖核酸	7.8
淀粉酶	淀粉	6.8	（酵母）		

由于 pH 对酶活性影响较大，故在测定酶活性时，应选用适宜的 pH，以保持酶活性的相对稳定。

四、温度对酶促反应速度的影响具有双重性

一般化学反应随温度的升高而加快。温度每升高 10℃，反应速度可增加 1 ~ 2 倍。酶促反应在一定范围内（0 ~ 40℃）遵循这个规律，这是因为温度升高可加快分子的热运动，从而增加分子间的碰撞机会。当温度上升到一定高度时，酶促反应反而降低，这是由于作为蛋白质的酶会受热变性失活，从而降低催化作用。故温度对酶促反应有双重的影响。酶促反应速度最大时的温度称为该酶促反应的最适温度（optimum temperature）（图 3-8）。

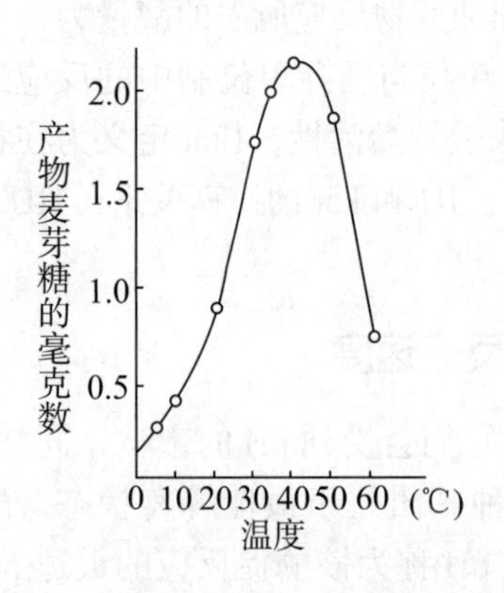

图 3-8　温度对唾液淀粉酶活性的影响

酶的最适温度不是酶的特征性常数，它与反应进行时间的长短有关。若酶反应进行的时间很短暂，则其最适温度可适当提高。体内酶的最适温度一般在 37 ~ 40℃之间，大多数酶加热到 60℃即已丧失活性，仅有极少数

的酶能耐较高的温度，如胰蛋白酶短时间加热到100℃后，再恢复至室温，仍有活性；PCR所需的热稳定DNA聚合酶是从生活在70～80℃的栖热水生菌中提取的，可耐受近100℃的高温。

高温使酶失活可用于高温灭菌。低温不会使酶失活，但酶活性随温度下降而降低，复温后酶又恢复其活性。利用此原理，可低温保存菌种和生物制剂。在心脏手术时的低温麻醉可以减慢组织细胞的代谢速度，提高机体对氧和营养物质缺乏的耐受性，有利于手术治疗和度过疾病的危险期，为康复争取时间。

五、激活剂是增强酶活性的物质

某些物质能提高酶活性，使酶的活性从无到有或由低到高，这些物质称为酶的激活剂（activator）。例如Cl^-能增强唾液淀粉酶的活性，Mg^{2+}是一些激酶的激活剂。有的激活剂与酶及底物结合成复合物而起促进作用；也有的激活剂参与酶活性中心的组成，如某些金属离子。

六、酶的抑制剂分不可逆性抑制剂和可逆性抑制剂两类

凡能使酶活性下降但又不使其变性的物质称酶的抑制剂（inhibitor）。那些能使酶活性下降又可使其变性的强酸、强碱等称酶的钝化剂，不属我们讨论的范围。

通常可将抑制剂引起的抑制作用分成两大类，即不可逆性抑制作用和可逆性抑制作用。

（一）不可逆性抑制作用

有些抑制剂与酶活性中心的必需基团以共价键方式结合，使酶活性丧失。这些抑制剂一般不能用稀释、透析、超滤等简单方法除去，这样的抑制作用称不可逆性抑制作用（irreversible inhibition）。但这类抑制剂使酶活性受抑制后，可用某些药物解毒，使酶恢复活性。如某些重金属离子（Hg^{2+}，Ag^+，As^{3+}等）可与含有活性巯基的酶结合，使酶失去活性。路易士气（Lewisite）是一种含砷的有毒化合物，能抑制体内巯基酶，失活的巯基酶可用二巯丙醇（BAL）或二巯丁二钠来恢复活性。

$$E{<}^{SH}_{SH} + {}^{Cl}_{Cl}{>}As-CH{=}CHCl \rightarrow E{<}^{S}_{S}{>}As-CH{=}CHCl + 2HCl$$

巯基酶　　路易士气　　失活的酶

$$E{<}^{S}_{S}{>}As-CH{=}CHCl + \begin{matrix} CH_2-SH \\ | \\ CH-SH \\ | \\ CH_2-OH \end{matrix} \rightarrow E{<}^{SH}_{SH} + \begin{matrix} CH_2-S \\ | \\ CH-S \\ | \\ CH_2OH \end{matrix}{>}As-CH{=}CHCl$$

失活的酶　　二巯丙醇（BAL）　　巯基酶　　BAL与砷化物结合物

有机磷杀虫剂（美曲膦酯、对硫磷、敌敌畏等）能特异地作用于酶活性中心丝氨酸残基上的羟基，与之结合使酶磷酰化而不可逆地抑制酶的活性。乙酰胆碱酯酶是一种羟基酶，有机磷杀虫剂中毒时，此酶活性受到抑制，胆碱能神经末梢分泌的乙酰胆碱不能及时分解，引起胆碱能神经兴奋亢进，表现出一系列中毒症状。其严重程度与酶活性的降低有平行关系。临床上用解磷定来治疗有机磷中毒。解磷定能夺取已和胆碱酯酶结合的磷酰基，解除有机磷对酶的抑制作用，使酶的活性恢复。

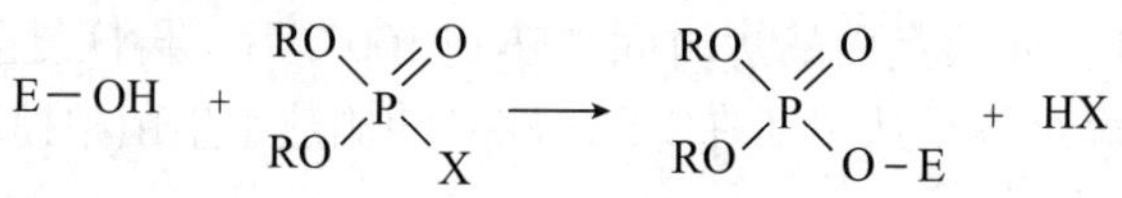

$$E-OH + (RO)_2P(=O)X \longrightarrow (RO)_2P(=O)-O-E + HX$$

羟基酶　有机磷化合物　磷酰化酶（失活）

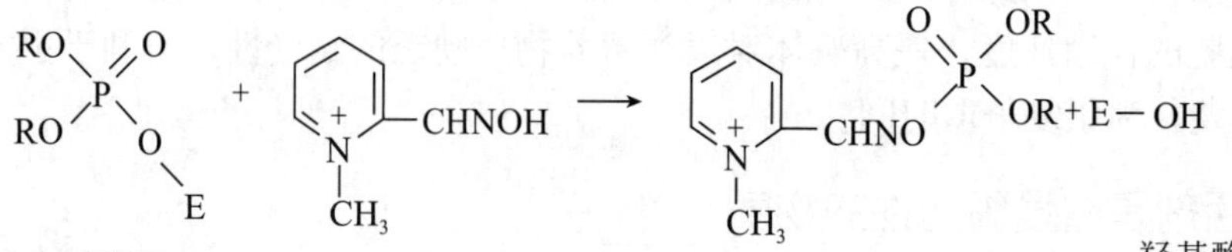

$$(RO)_2P(=O)-O-E + \text{解磷定（CHNOH 取代的 N-甲基吡啶}^+\text{）} \longrightarrow \text{（CHNO 取代的 N-甲基吡啶}^+\text{）}-P(=O)(OR)_2 + E-OH$$

失活的酶　解磷定　羟基酶（有活性）

（二）可逆性抑制作用

有些抑制剂与酶以非共价键的方式结合，用透析等物理方法除去抑制剂后，酶的活性能够恢复，这种抑制作用称为可逆性抑制作用（reversible inhibition）。这类抑制又可分为竞争性抑制作用（competitive inhibition），非竞争性抑制作用（noncompetitive inhibition）和反竞争性抑制作用（uncompetitive inhibition）三类。

1．竞争性抑制作用　有些抑制剂与酶作用的底物结构相似，能和底物竞争结合酶的活性中心，从而阻碍酶与底物结合，使酶活性下降，这种作用称为竞争性抑制作用。这种抑制剂称为竞争性抑制剂。丙二酸、草酰乙酸及苹果酸与底物琥珀酸结构相似，能竞争性地与酶活性中心结合，生成抑制剂 - 酶复合物，但不能生成产物，从而降低反应中 ES 的浓度，使琥珀酸脱氢酶活性下降（图 3-9）。

$$E + S \rightleftharpoons ES \longrightarrow E + P$$
$$+$$
$$I \rightleftharpoons EI$$

I为抑制剂，EI为酶抑制剂复合物

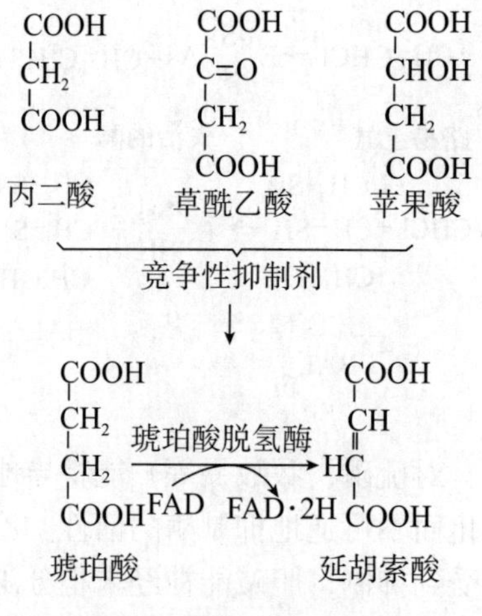

丙二酸：$COOH-CH_2-COOH$

草酰乙酸：$COOH-C(=O)-CH_2-COOH$

苹果酸：$COOH-CHOH-CH_2-COOH$

竞争性抑制剂

琥珀酸 $COOH-CH_2-CH_2-COOH$ $\xrightarrow[\text{FAD} \to \text{FAD·2H}]{\text{琥珀酸脱氢酶}}$ 延胡索酸 $COOH-CH=HC-COOH$

图 3-9　竞争性抑制作用

按照米 - 曼方程式的推导结果显示，当 [S] 足够大时，竞争性抑制剂对酶的竞争抑制作用较小，几乎所有酶分子均与底物结合，故仍可达到最大反应速度（V_{max}）。但比起无竞争性抑制剂时，达到最大速度时的底物浓度相对高些，此时的 K_m 值也相应增高，所以 K_m 值增大。

$$v=\frac{V_{max}[S]}{K_m\left(1+\frac{[I]}{Ki}\right)+[S]}$$

[I] 为抑制剂浓度，K_m 为抑制剂与酶结合的解离常数

竞争性抑制作用的强弱取决于抑制剂与酶的相对亲和力以及底物与抑制剂浓度的相对比例。如丙二酸对琥珀酸脱氢酶的抑制作用就是竞争性抑制作用的典型例子。丙二酸与底物琥珀酸结构很相似，当丙二酸与琥珀酸的浓度比为 1∶50 时，琥珀酸脱氢酶的活性被抑制 50%。若增加琥珀酸的浓度，此抑制作用减弱。因此，增加底物浓度，可减轻乃至解除竞争性抑制作用。

竞争性抑制在临床治疗疾病时十分重要，如 5- 氟尿嘧啶（5-FU）、6- 巯基嘌呤（6-MP）和磺胺类药物均是酶的竞争性抑制剂，它们分别抑制嘧啶、嘌呤核苷酸和四氢叶酸的合成酶类，从而达到抑制肿瘤和抑菌的目的。

知识链接

磺胺药在临床上的应用

某些细菌在生长繁殖时需要利用对氨基苯甲酸作底物，在二氢叶酸合成酶的催化下合成二氢叶酸，进而合成四氢叶酸，四氢叶酸与细菌的核苷酸合成有关。磺胺药物的结构与对氨基苯甲酸相似，可竞争性地与二氢叶酸合成酶结合，从而阻碍了二氢叶酸的合成。菌体内二氢叶酸缺乏，导致核苷酸、核酸的合成受阻，因而影响细菌的生长繁殖，起到杀菌的目的。人类能直接利用食物中的叶酸，故人体的核酸合成不受磺胺药物的影响。

注意：服用磺胺药物必须保持血液中药物的高浓度，以发挥其有效的竞争性抑制作用。对氨基苯甲酸和磺胺药的结构见图 3-10。

$H_2N-C_6H_4-COOH$ 对氨基苯甲酸（PABA）

$H_2N-C_6H_4-SO_2NHR$ 磺胺药（R为各种取代基）

图 3-10 对氨基苯甲酸与磺胺药的结构式

2．非竞争性抑制作用（图 3-11） 非竞争性抑制剂 [I] 与底物 [S] 之间在结构上一般无相似之处。非竞争性抑制剂并不影响底物与酶的活性中心结合，它是通过与酶活性中心外的必需基团结合来影响酶的活性。非竞争性抑制剂与酶结合成的 EI 无催化活性，其与 ES 结合成的 ESI，也不能进一步分解成产物，使酶的活性降低，且该抑制作用的强弱只与抑制剂浓

度有关。由于非竞争性抑制剂的存在，并不影响酶对底物的亲和力，故其 K_m 值不变。但由于它与酶结合后，使酶失去催化能力，等于减少活性酶分子，因此使最大反应速度 V_{max} 降低。

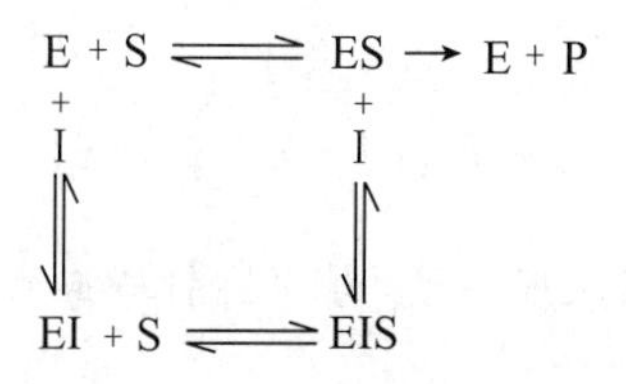

图 3-11　非竞争性抑制作用

3．反竞争性抑制作用（图 3-12）　这类抑制剂并不直接与酶结合，而是与 ES 复合物结合成 ESI，使酶失去催化活性，ESI 同样也不能分解成产物，因此称为反竞争性抑制作用。

$$E + S \rightleftharpoons ES \rightarrow E + P$$
$$+$$
$$I$$
$$\downarrow\uparrow$$
$$ESI$$

图 3-12　反竞争性抑制作用

当反应体系中加入 I 时，有利于 E 和 S 生成 ES，因而 I 的存在反而增加 E 和 S 的亲和力，但实际上能生成分解成产物的 ES 量是降低的。此种情况恰好与竞争性抑制剂相反，故称反竞争性抑制，而此时 K_m 和 V_{max} 均下降。

三种可逆性抑制作用的比较见表 3-5。

表 3-5　三种可逆性抑制作用的特点比较

影响	竞争性	非竞争性	反竞争性
与 I 结合的组分	E	E 及 ES	ES
对 V_{max} 的影响	不变	降低	降低
对 K_m 的影响	增加	不变	降低

第五节　酶的分类和命名

一、酶可按酶促反应性质不同而分类

根据国际酶学委员会（International Enzyme Committee，IEC）的规定，按酶促反应性质，把酶分为六大类：

1．氧化还原酶类　催化底物进行氧化还原反应，如苹果酸脱氢酶、细胞色素氧化酶，α-磷酸甘油脱氢酶等。

2．转移酶类　催化底物之间某些基团的转移或交换，如转氨酶、转甲基酶等。

3．水解酶类　催化底物发生水解反应，如胃蛋白酶，核糖核酸酶等。

4．裂解酶类（裂合酶类） 催化一个化合物分解为两个化合物，或两个化合物合成一个化合物，如柠檬酸裂解酶，HMG-CoA 裂解酶，柠檬酸合酶等。

5．异构酶类 催化各种同分异构体之间相互转化的酶类，如磷酸己糖同分异构酶、磷酸丙糖同分异构酶等。

6．合成酶类（连接酶类） 催化两分子底物缔合为一分子化合物，并与 ATP 的高能磷酸键断裂相偶联的酶类，如谷氨酰胺合成酶、氨基酰 -tRNA 合成酶等。

二、酶的命名可采用习惯命名法和系统命名法

（一）习惯命名法

一般采用底物和反应类型来命名，如磷酸丙糖同分异构酶、苹果酸脱氢酶等。对水解酶类习惯上只用底物名称即可，如脂肪酶、淀粉酶等，有时在底物名称前冠以酶的来源，如唾液淀粉酶、胰蛋白酶等。习惯命名法简单，使用方便，但有时存在一酶数名或一名数酶的弊端。

（二）系统命名法

1961 年国际酶学委员会提出一套系统命名法，使一个酶只有一个名称。它包括酶的系统命名和 4 个数字分类的酶编号。系统命名法应明确标明：①名称：为酶的底物及所催化的反应性质。如果有两个底物都应写出，中间用冒号隔开。即 S（S1：S2）＋反应类型。例如乳酸脱氢酶系统命名为乳酸：NAD^+ 氧化还原酶。②酶号：酶编号冠以 EC（enzyme commission）表示按国际酶学委员会规定的命名，随后的 4 个数字的含义为：第一个数字表示该酶属于六大类中的哪一类，即分类号，第二个数字表示亚类号，第 3 个数字表示亚亚类号，第 4 个数字表示该酶在亚亚类中的排序号。例如乳酸脱氢酶编号为 ECl. l. 1. 27。

第六节 酶与医学的关系

一、酶与疾病的发生密切相关

酶的催化作用是机体实现物质代谢以维持生命活动的必要条件。临床上有些疾病的发病机制是由于酶的质和量异常或酶活性受抑制所致。酶的质和量异常可分为两类，一类为先天性或遗传性酶缺陷病，如酪氨酸酶缺乏的患者不能将酪氨酸转变成黑色素，使皮肤、毛发中缺乏黑色素而成白色，称为白化病。另一种是后天性的，由于激素代谢障碍或维生素或微量元素缺乏所致，如维生素 K 缺乏时凝血因子Ⅱ、Ⅶ、Ⅸ、Ⅹ的前体不能在肝内进一步生成成熟的凝血因子，病人表现出凝血时间延长，造成皮下、肌肉及胃肠道出血。

二、酶可用于疾病的诊断

测定血清（或血浆）、尿液、脑脊液等体液中酶活性的改变，可以反映某些疾病的发生和发展，有利于临床诊断和预后判断。例如，当胎儿为开放性神经管畸形时（如无脑儿、脊柱裂等），脑脊液中甲胎蛋白（AFP）可以直接进入羊水，使羊水 AFP 值升高，达 10 倍以上，可作为诊断指标，诊断率达 90%；测定血和尿中淀粉酶的活性，可作为急性胰腺炎的辅助诊断；血清转氨酶活性是肝细胞损伤的敏感指标。

在某些疾病中，某些酶的活性又可显著降低。如有机磷中毒时，血中胆碱酯酶的活性减

弱。此外血清同工酶的测定对于疾病的器官定位有一定意义。

三、酶可用于疾病的治疗

酶不仅用于诊断，也可用于治疗某些疾病。人工合成的酶底物类似物可与酶结合，利用竞争性抑制的原理阻碍代谢的进行，达到治病的目的，这类化合物称抗代谢物。例如 6- 巯基嘌呤（6-MP）、5- 氟尿嘧啶（5-FU）等可妨碍核苷酸的合成，从而抑制肿瘤细胞的生长（见第八章）。胃蛋白酶、胰蛋白酶、淀粉酶等临床上可用于助消化；溶菌酶可用于溶解及消除炎症渗出物，消除组织水肿，溶解纤维蛋白血凝块；链激酶、蚓激酶、尿激酶、纤溶酶等可促进血栓的溶解。必须注意的是，这些酶是蛋白质，有抗原性，可诱导抗体的生成，临床应用时可能会引起过敏反应，使酶作为药物在应用上受到一定的限制。

四、酶在医药中还有其他用途

酶作为试剂已经广泛用于临床检验和科学研究。酶可以代替放射性核素作为某些物质的标记；利用酶高度特异性的特点，将酶作为工具，在分子水平上对某些生物大分子进行定向的分割与连接等。最典型的例子是基因工程中应用的限制性内切核酸酶、连接酶以及 PCR 反应中应用的热稳定的 DNA 聚合酶等。酶分子工程主要是利用物理的、化学的或分子生物学的方法对酶分子进行改造，包括对酶分子中功能基团进行化学修饰、酶的固定化、抗体酶、模拟酶（人工合成的具有底物结合部位与催化部位的非蛋白质有机化合物）等，这在分子生物学研究、医药业开发、工农业生产、医疗服务等方面具有广阔的开发应用前景。

小　结

酶是由活细胞产生、对其底物具有高度特异性和高度催化效能的蛋白质。酶有以下催化特点：催化效率高；特异性强；可调节性和不稳定性。酶的特异性可分为绝对特异性、相对特异性和立体异构特异性。按分子组成可将酶分成单纯蛋白酶和结合蛋白酶（全酶）两类，前者分子中只含氨基酸组分，后者除蛋白质部分（酶蛋白）外尚有辅助因子，辅助因子包括辅基和辅酶。酶蛋白与辅酶（辅基）的关系是：一种酶蛋白只能与一种辅酶（辅基）结合生成一种全酶，催化一种反应；而一种辅酶（辅基）可与多种酶蛋白结合成不同的全酶，催化不同的反应。酶蛋白决定反应的特异性，辅酶决定反应的种类和性质，并构成酶的活性中心。许多 B 族维生素衍生物和金属离子也参与辅助因子的组成。

酶分子中与酶活性密切相关的基团称为必需基团，必需基团在空间结构上相对集中，形成一定空间构象，能与底物特异结合并将其转化为产物，此区域称为酶的活性中心。

体内有些酶初分泌时以无活性的酶原形式存在，只有在一定条件下才可被激活而形成有活性的酶，酶原的激活实际上是酶活性中心形成或暴露的过程。酶原的存在可以作为酶的贮存形式并保护分泌酶原的组织不受酶的自身催化，使酶原到达特定部位起作用。

同工酶是指催化相同的化学反应，而酶蛋白的分子结构、理化性质和免疫学性质不同的一组酶。同工酶是组织代谢的特点之一，例如乳酸脱氢酶（LDH）是由两种亚基即 H 亚基和 M 亚基组成的四聚体，形成 5 种同工酶，其中 LDH_1（H_4）主要存在于心肌而有利于利用乳酸，经丙酮酸氧化获得能量，而 LDH_5（M_4）则主要存在于骨骼肌，有利于生成乳酸。

有的酶分子中除活性中心外还含有调节部位，后者可与某些特定的小分子化合物结合而调节酶活性。这类酶称为变构酶。变构调节是体内快速调节酶活性的重要方式。

酶能降低反应活化能，从而加快酶促反应速度。酶促反应的机制有：酶和底物结合时的诱导契合、趋近效应与定向排列作用、酸 - 碱催化作用以及表面效应等。

酶促反应动力学就是研究各种因素对酶促反应速度的影响。主要因素有：底物浓度、酶浓度、温度、pH、激动剂及抑制剂等。底物浓度 [S] 对酶促反应速度的影响可用米 - 曼方程式来表示，K_m 为米氏常数。K_m 为酶的特征性常数，有其重要意义。竞争性抑制剂使 K_m 变大，V_{max} 不变；非竞争性抑制剂则 K_m 不变，V_{max} 降低；反竞争性抑制物使 K_m 和 V_{max} 均降低。

酶的命名有习惯命名和系统命名两种。按国际系统命名可将酶分为六大类。

酶与医学关系密切，许多疾病的发生与酶的缺陷或抑制有关。酶活性的测定常有助于疾病的诊断。某些酶可作为治疗的药物。酶在医学和生物科学研究中有广阔的开发应用前景。

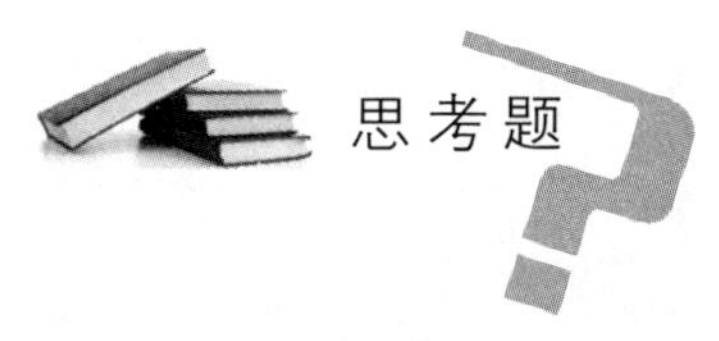

思考题

1．简述酶的概念、酶促反应特点和酶的组成。
2．试述影响酶促反应的因素及其作用特点。
3．简述可逆性抑制剂对 K_m 和 V_{max} 的影响。

（文朝阳）

第二篇　物质代谢与调节

生命活动最重要的特征之一是生物体内各种物质按一定规律不断进行新陈代谢，以实现生物体与外环境的物质交换、自我更新以及机体内环境的相对稳定。一个人一生中与环境进行着大量的物质交换。据估计，以 70 年计算，约相当于 70 000kg 水，12 000kg 糖类，1900kg 蛋白质以及 1200kg 脂质。其他小分子及离子等也在不断交换中，其量当然要少得多。

物质代谢包括合成代谢与分解代谢两个方面，二者处于动态平衡之中。无论是合成代谢或分解代谢，其绝大部分的化学反应均是在细胞内由酶催化而进行的，并伴随着多种形式的能量变化。体内的各种物质代谢虽然十分复杂，但它们不是彼此孤立、各自为政，而是有着广泛联系，并处于严密的调控之中，构成统一的整体。其中，酶在调节物质代谢通路、代谢程度等方面起着重要作用。

物质代谢的正常进行是生命过程所必需的，而物质代谢的紊乱则往往是一些疾病发生的重要原因。为此，物质代谢的知识是医学生物化学不可缺少的重要组成内容。

本篇主要介绍糖代谢、脂质代谢、生物氧化、氨基酸代谢、核苷酸代谢以及各种物质代谢的相互联系与调节的基本规律，共 6 章。有关 DNA 生物合成、RNA 生物合成以及蛋白质生物合成，广义来讲虽也属于物质代谢内容，但将在第三篇中专题讨论。

学习本篇时，应重点掌握各类物质代谢的基本代谢通路、关键酶与调节环节、主要生理意义、代谢联系的途径以及代谢异常与疾病的关系等内容。至于过细的代谢过程则不必每步深究。

（倪菊华）

第四章

糖代谢

学习目标

1. 掌握糖的主要生理功能；了解糖的消化吸收；熟悉糖在体内的代谢概况。
2. 掌握糖代谢各条途径的关键步骤、生理意义及调节机制。
3. 熟悉糖代谢各条途径的基本反应过程。
4. 熟悉糖无氧分解与有氧氧化过程中 ATP 的生成。
5. 熟悉机体对血糖水平的调节；了解血糖水平异常与糖代谢障碍。

糖（carbohydrate）是自然界含量最丰富的物质之一，广泛分布于几乎所有的生物体内。其化学本质为多羟基醛或多羟基酮类及其衍生物或多聚物。根据分子大小可把糖类分成单糖、寡糖和多糖，也可根据其功能基团的不同分为醛糖或酮糖。

在机体的糖代谢中，葡萄糖（glucose）的代谢居主要地位。葡萄糖可转变成多种非糖物质，某些非糖物质亦可转变为葡萄糖。此外，葡萄糖的某些代谢产物可为其他代谢途径提供必需物质。体内其他的单糖如果糖、半乳糖、甘露糖等所占的比例很小，而且它们主要是进入葡萄糖代谢途径中代谢。因此，本章主要介绍葡萄糖在体内的代谢。

第一节　概　述

一、糖的主要生理功能是氧化供能

（一）提供能量

糖类物质是人类食物的主要成分，为机体提供能量是其最主要的生理功能。正常生理情况下，人体所需能量的 50% ~ 70% 来自于糖。在某些组织细胞（如成熟红细胞），葡萄糖是唯一的供能物质。1mol 葡萄糖完全氧化为 CO_2 和 H_2O 时可释放 2840kJ（679kcal）的能量，其中约 40% 转化为 ATP，供机体生理活动所需。

（二）参与组成人体组织结构

糖是组成人体组织结构的重要成分，如糖蛋白和糖脂是细胞膜的构成成分；蛋白聚糖和糖蛋白参与构成结缔组织、软骨和骨基质。

（三）其他生理功能

体内多种重要的生物活性物质如 NAD^+、FAD、ATP 等都是糖的磷酸衍生物。某些血浆蛋白质、抗体、酶和激素等分子中也含有糖。部分膜糖蛋白参与细胞间的信息传递，与细胞的免疫、识别作用有关。此外，糖还是机体重要的碳源，糖代谢的中间产物可转变为其他的含碳化合物，如脂肪酸、氨基酸、核苷酸等。

二、糖的消化吸收主要在小肠进行

人类食物中的糖主要包括植物淀粉和动物糖原，另外还有少量的麦芽糖、乳糖、蔗糖和葡萄糖等。淀粉和糖原均为葡萄糖的多聚体，其中以α-1,4-糖苷键形成葡萄糖多聚体的直链，以α-1,6-糖苷键形成糖链分支。食物中的淀粉必须经消化道淀粉酶水解成葡萄糖后才能被吸收。唾液和胰液中都有α-淀粉酶，可水解淀粉分子内的α-1,4-糖苷键。由于食物在口腔内停留的时间很短，所以淀粉的消化主要在小肠中进行。在胰液α-淀粉酶及肠道内其他水解酶（如α-葡萄糖苷酶、α-临界糊精酶等）的作用下，淀粉被水解为葡萄糖。

肠黏膜细胞还存在乳糖酶和蔗糖酶等，分别水解乳糖和蔗糖。有的人体内缺乏乳糖酶，不能将食物中的乳糖水解为葡萄糖和半乳糖，乳糖在大肠内经细菌代谢转变为有机酸，因渗透作用，大量水分被吸入肠腔内，引起腹泻和腹胀，称为乳糖不耐受。

食物中另一种葡萄糖的多聚体为纤维素，其中的葡萄糖以β-1,4-糖苷键连接。因人体内无β-葡萄糖苷酶而不能对其利用，但未消化的纤维素具有刺激肠蠕动的作用，因此也是维持健康所必需。

多糖或寡糖被消化成葡萄糖后在小肠吸收，经门静脉入肝。小肠黏膜细胞对葡萄糖的摄入是一个依赖特定转运蛋白、主动耗能的过程。

三、糖在体内有多条代谢途径

葡萄糖被吸收入血后，需依赖一类葡萄糖转运体的作用，将葡萄糖主动转运进细胞进行代谢。

糖代谢主要指葡萄糖在体内进行的一系列复杂的化学反应。在不同类型的细胞中，糖的代谢途径有所不同，其代谢方式在很大程度上受机体供氧状况的影响。在氧供应充足时，葡萄糖经有氧氧化彻底氧化成 CO_2 和 H_2O，并释放大量能量。在缺氧时，则进行无氧氧化（也称糖酵解）生成乳酸及少量能量。此外，葡萄糖还可进入磷酸戊糖途径及其他途径进行代谢，以发挥不同的生理作用。葡萄糖也可在肝和肌肉组织合成糖原。有些非糖物质如甘油、乳酸、丙氨酸等还可经糖异生途径转变为葡萄糖或糖原。糖的主要代谢途径、生理意义及调节是本章的主要内容。

第二节　糖原的合成与分解

糖原（glycogen）是动物体内糖的储存形式，当机体需要葡萄糖时，它可以被迅速动用以供急需。糖原颗粒存在于细胞质中，糖原颗粒中结合着参与糖原代谢的酶。糖原的合成、分解反应都由糖原的非还原性末端开始。

肝和肌肉是贮存糖原的主要组织器官，但肝糖原和肌糖原的生理意义有很大不同。肝糖原用以维持血糖浓度恒定，供全身利用，而肌糖原主要为肌肉收缩提供能量。下面主要以肝糖原为例介绍糖原合成与分解的途径、生理意义及其调节。

一、糖原的合成代谢主要在肝和肌肉中进行

由单糖（主要是葡萄糖）合成糖原的过程称为糖原合成（glycogenesis）。由葡萄糖合成糖原的反应过程如图 4-1 所示。

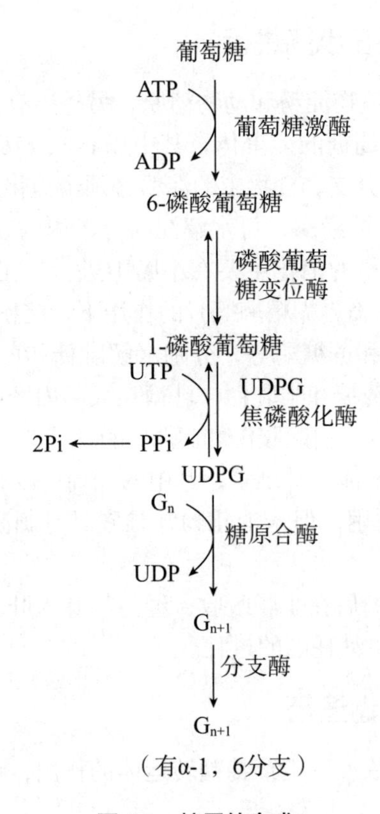

图 4-1　糖原的合成

进入肝的葡萄糖先在葡萄糖激酶的作用下磷酸化为 6- 磷酸葡萄糖，后者经磷酸葡萄糖变位酶催化转变为 1- 磷酸葡萄糖，这是为葡萄糖与糖原分子的连接做准备。

1- 磷酸葡萄糖与尿苷三磷酸（UTP）反应生成尿苷二磷酸葡萄糖（UDPG）及焦磷酸，由 UDPG 焦磷酸化酶催化，反应可逆。由于焦磷酸在体内迅速被焦磷酸酶水解，使反应向合成糖原的方向进行。可将 UDPG 看作“活性葡萄糖”，在体内充作葡萄糖的供体。

在糖原合酶（glycogen synthase）的作用下，UDPG 的葡萄糖基转移到糖原引物的非还原端，形成 α-1,4- 糖苷键，使糖原增加一个葡萄糖单位。糖原引物指细胞内原有的较小的糖原分子，游离葡萄糖不能作为 UDPG 的葡萄糖基的接受体。上述反应反复进行，可使糖链不断延长。

糖原合酶只能催化糖链的延长，不能形成分支。当糖链长度达到 12 ~ 18 个葡萄糖基时，由分支酶催化，将 6 ~ 7 个葡萄糖基移至邻近的糖链上，以 α-1,6- 糖苷键相连接，从而形成糖原分子的分支。分支酶的作用见图 4-2。

分支的形成不仅可增加糖原的水溶性，更重要的是增加了非还原端数目，以便糖原分解时磷酸化酶能迅速发挥作用。

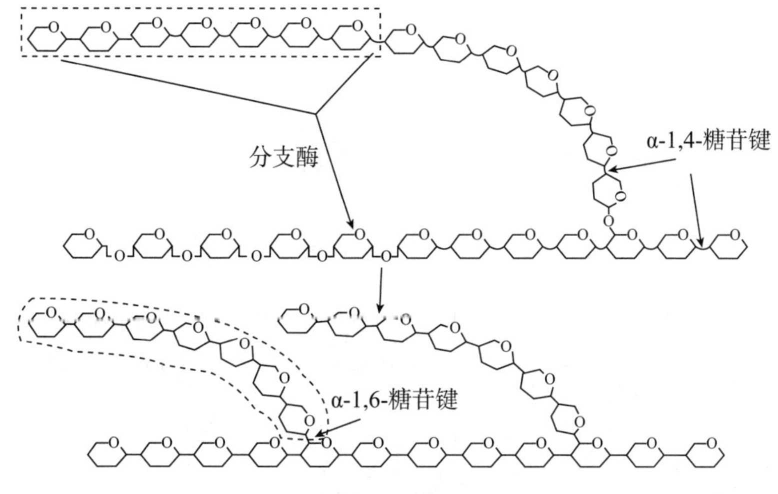

图 4-2 分支酶的作用

糖原合成的调节酶是糖原合酶。从葡萄糖合成糖原是一个耗能过程。葡萄糖磷酸化时消耗 1 分子 ATP，焦磷酸水解成 2 分子磷酸时又损失 1 个高能磷酸键，共消耗 2 分子 ATP。

二、糖原的分解代谢是肝糖原分解为葡萄糖的过程

糖原分解（glycogenolysis）习惯指肝糖原分解为葡萄糖。肝糖原分解的第一步从糖链的非还原端开始，在糖原磷酸化酶（glycogen phosphorylase）的作用下，从糖原分子上水解下 1 个葡萄糖基，生成 1- 磷酸葡萄糖。糖原磷酸化酶是糖原分解的调节酶。

$$\text{糖原}（G_n）+H_3PO_4 \xrightarrow{\text{磷酸化酶}} \text{糖原}（G_{n-1}）+1\text{- 磷酸葡萄糖}$$

磷酸化酶只能作用于 α-1,4- 糖苷键，对 α-1,6- 糖苷键无作用。当糖链上的葡萄糖基逐个水解至离开分支点约 4 个葡萄糖基时，由葡聚糖转移酶将 3 个葡萄糖基转移至邻近糖链的末端，仍以 α-1,4- 糖苷键连接。剩下 1 个以 α-1,6- 糖苷键与糖链形成分支的葡萄糖基被 α-1,6- 葡萄糖苷酶水解成游离葡萄糖。除去分支后，磷酸化酶即可继续发挥作用。目前认为葡聚糖转移酶和 α-1,6- 葡萄糖苷酶是同一种酶的两种活性，合称脱支酶。脱支酶的作用见图 4-3。

经磷酸化酶作用生成的 1- 磷酸葡萄糖在磷酸葡萄糖变位酶的催化下转变为 6- 磷酸葡萄糖。

$$1\text{- 磷酸葡萄糖} \xrightleftharpoons{\text{磷酸葡萄糖变位酶}} 6\text{- 磷酸葡萄糖}$$

经葡萄糖 -6- 磷酸酶催化，6- 磷酸葡萄糖水解成葡萄糖释放入血。

$$6\text{- 磷酸葡萄糖} +H_2O \xrightarrow{\text{葡萄糖 -6- 磷酸酶}} \text{葡萄糖} +H_3PO_4$$

葡萄糖 -6- 磷酸酶只存在于肝和肾中，肌肉中缺乏此酶，所以只有肝和肾可补充血糖，而肌糖原不能分解成葡萄糖，只能进行糖酵解或有氧氧化。

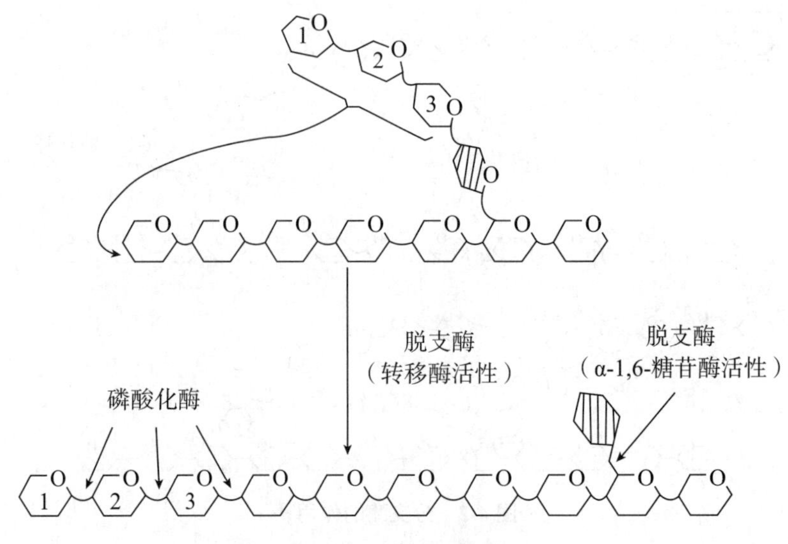

图 4-3　脱支酶的作用

糖原合成与分解简图归纳于图 4-4。

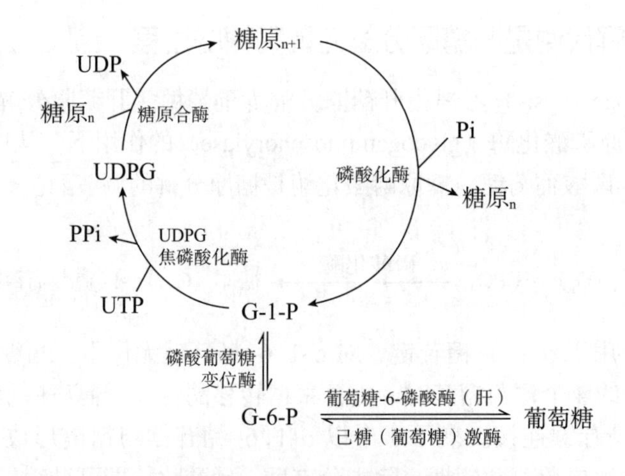

图 4-4　糖原合成与分解简图

三、糖原合成与分解受到机体精细调节

糖原合成与分解不是简单的可逆反应，而是分别通过两条途径进行，二者相互制约，调节非常精细，这也是生物体内合成与分解代谢的普遍规律。具体来讲，糖原合酶与糖原磷酸化酶分别是这两条代谢途径的调节酶，其活性受到化学修饰和变构调节两种方式的快速调节，从而决定糖原代谢的方向。当糖原合酶活化时，糖原磷酸化酶被抑制，糖原合成启动；当糖原磷酸化酶活化时，糖原合酶被抑制，糖原分解启动。

（一）糖原磷酸化酶是糖原分解的调节酶

肝糖原磷酸化酶有磷酸化和去磷酸化两种形式。去磷酸化形式的糖原磷酸化酶（称为磷酸化酶 b）活性很低，当其第 14 位丝氨酸被磷酸化时，就转变为活性强的磷酸型磷酸化酶（称为磷酸化酶 a），催化此反应过程的酶是糖原磷酸化酶 b 激酶。糖原磷酸化酶 b 激酶也有磷酸化和去磷酸化两种形式，去磷酸的糖原磷酸化酶 b 激酶没有活性，在 cAMP 依赖性蛋白激酶 PKA 作用下转变为有活性的磷酸型磷酸化酶 b 激酶，此酶的去磷酸反应则由磷蛋白磷酸酶 -1 催化。

PKA 也有有活性及无活性两种形式，其活性受 cAMP 的调节。ATP 在腺苷酸环化酶的作用下生成 cAMP，而腺苷酸环化酶的活性受激素调节。cAMP 在体内很快被磷酸二酯酶水解生成 AMP，PKA 随即转变为无活性型。这种通过一系列酶促反应将激素信号放大的连锁反应称为级联放大系统。其意义有二：一是放大效应，二是级联中各级反应都可调节。

此外，糖原磷酸化酶还受别构调节，葡萄糖是其别构抑制剂。当血糖升高时，葡萄糖进入肝细胞，与磷酸化酶 a 的别构调节部位结合，引起构象改变，导致糖原磷酸化酶失活，从而抑制肝糖原的分解。变构调节的速度比化学修饰调节更为迅速。

（二）糖原合酶是糖原合成的调节酶

糖原合酶也有两种形式，与糖原磷酸化酶相反，它的去磷酸型（称为糖原合酶 a）有活性，磷酸化成糖原合酶 b 后即失去活性。催化其磷酸化的也是 PKA，可磷酸化其分子中的多个丝氨酸残基。此外，磷酸化酶 b 激酶也可磷酸化糖原合酶中的一个丝氨酸残基，使其失活。糖原合酶的脱磷酸亦由磷蛋白磷酸酶催化。

糖原合成与分解的共价修饰调节归纳如图 4-5。由该图可见，蛋白激酶、磷酸化酶 b 激酶等的活性都受同一信号（如肾上腺素、胰高血糖素等）的控制。机体利用这种调节方式，通过同一信号，使一种酶处于活性状态而另一种酶处于失活状态，有利于对代谢进行精细调节。

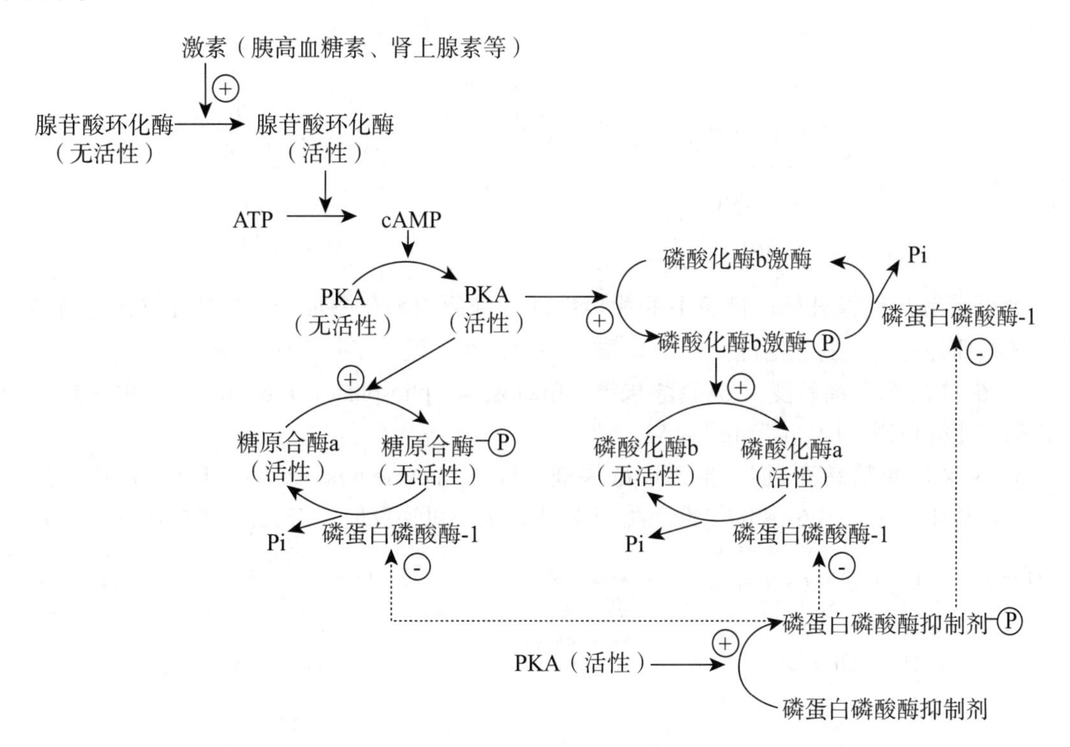

图 4-5　糖原合成与分解的共价修饰调节

四、糖原累积症属遗传性代谢病

糖原累积症（glycogen storage disease）是一类遗传性代谢病，其特点是体内某些器官组织（如肝、脑、肾、肌肉等）中有大量的糖原堆积。引起糖原累积症的原因是患者先天性缺乏与糖原代谢有关的酶类。不同类型的糖原累积症，据所缺陷的酶在糖原代谢中的作用，受累的器官部位不同，糖原的结构也有差异，对健康和生命的影响程度也不同。

第三节　糖的无氧氧化

糖通过分解代谢产生能量，供机体生理活动所需，这是糖的最重要生理功能。糖的分解代谢方式在很大程度上受机体供氧状况的影响。在缺氧条件下，葡萄糖分解成乳酸并释放少量能量，此过程称为糖的无氧氧化（anaerobic oxidation），亦称糖酵解（glycolysis）。

一、糖的无氧氧化可分为两个阶段

糖的无氧氧化共包括 11 步反应（图 4-6），可分为两个阶段：第一阶段是葡萄糖转变为丙酮酸，此过程又称糖酵解途径；第二阶段为丙酮酸还原为乳酸。糖无氧氧化的全部反应均在细胞质中进行。

第一阶段：丙酮酸的生成，共有 10 步反应。

1．葡萄糖磷酸化为 6- 磷酸葡萄糖（glucose-6-phosphate，G-6-P）　葡萄糖进入细胞后首先要磷酸化，催化此反应的酶是己糖激酶（肝内为葡萄糖激酶），由 ATP 提供磷酸基和能量，并有 Mg^{2+} 参与反应。这一步是不可逆反应。

HO—CH_2 ... 葡萄糖　——ATP→ADP，己糖激酶，Mg^{2+}——→　Ⓟ—O—CH_2 ... 6-磷酸葡萄糖

如果酵解从糖原开始，糖原中的葡萄糖基经糖原磷酸化酶催化，生成 1- 磷酸葡萄糖，再由磷酸葡萄糖变位酶催化转变为 6- 磷酸葡萄糖，此过程不需要消耗 ATP。

2．6- 磷酸葡萄糖转变为 6- 磷酸果糖（fructose -6- phosphate，F-6-P）　这是由磷酸己糖异构酶催化的可逆反应，需 Mg^{2+} 参与。

3．6- 磷酸果糖转变为 1，6- 二磷酸果糖（1，6-fructose biphosphate，F-1，6-2P）　这是第二个磷酸化反应，由 6- 磷酸果糖激酶 -1 催化，为不可逆反应，需 ATP 和 Mg^{2+} 参与。

Ⓟ—O—CH_2 ... CH_2OH　6-磷酸果糖　——ATP→ADP，6-磷酸果糖激酶-1，Mg^{2+}——→　Ⓟ—O—CH_2 ... CH_2—O—Ⓟ　1,6-二磷酸果糖

4．磷酸己糖裂解为 2 个磷酸丙糖　经醛缩酶催化，含 6 碳的 1，6- 二磷酸果糖裂解为 2 分子可以互变的磷酸丙糖，即磷酸二羟丙酮和 3- 磷酸甘油醛，此步反应是可逆的。

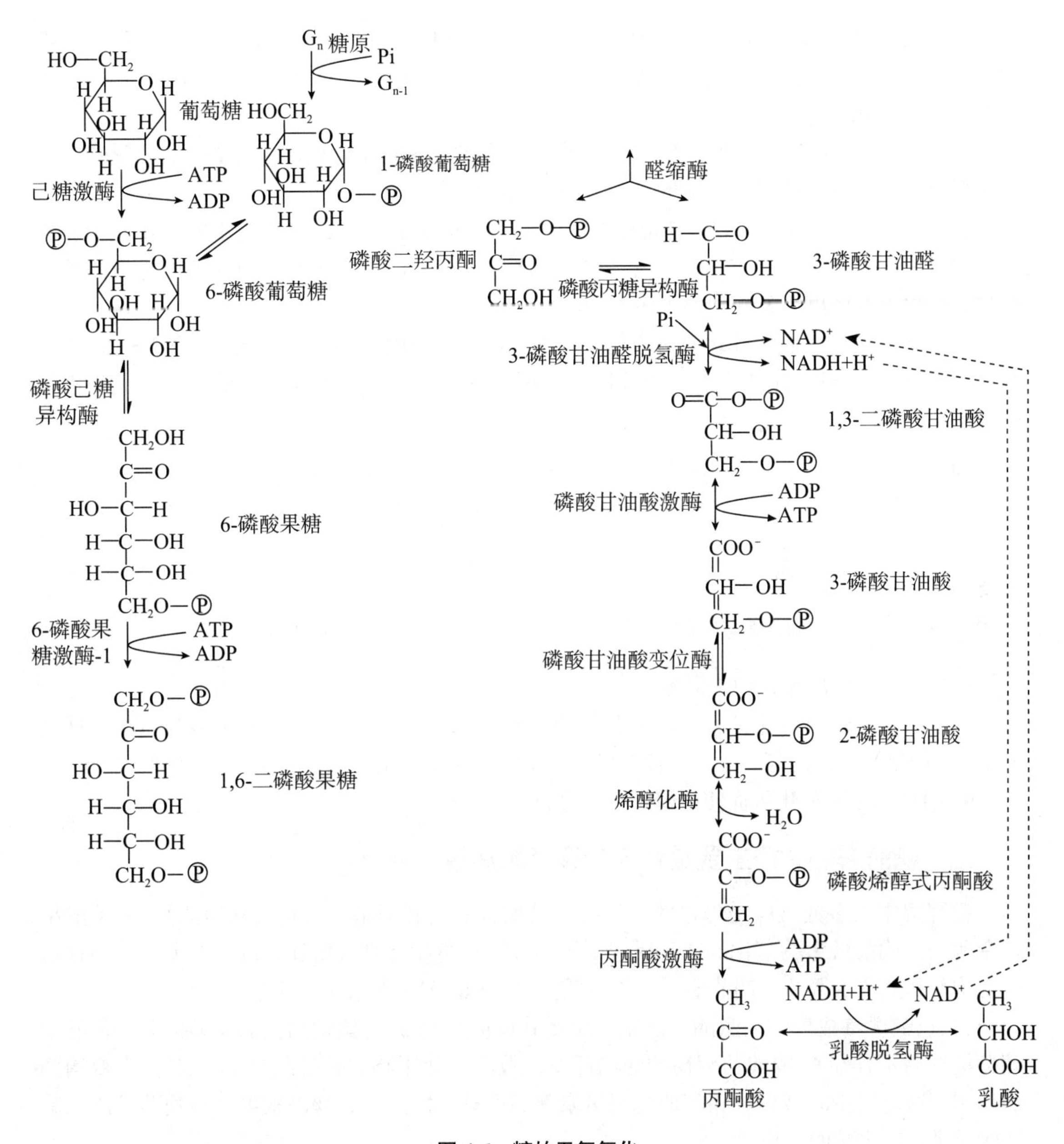

图 4-6 糖的无氧氧化

5．磷酸丙糖的同分异构化　磷酸二羟丙酮和 3- 磷酸甘油醛是同分异构体，在磷酸丙糖异构酶的催化下，磷酸二羟丙酮很容易经异构反应转变为 3- 磷酸甘油醛，后者可在酵解途径中继续参与代谢。

上述 5 步反应为糖酵解途径中的耗能阶段。在此阶段中，1 分子葡萄糖生成 2 分子磷酸丙糖，消耗了 2 分子 ATP。

6．3- 磷酸甘油醛氧化为 1,3- 二磷酸甘油酸　3- 磷酸甘油醛在 3- 磷酸甘油醛脱氢酶的催化下，以 NAD^+ 为辅酶进行脱氢氧化，同时被磷酸化生成含有一个高能磷酸键的 1,3- 二磷酸甘油酸。

7．1,3- 二磷酸甘油酸转变为 3- 磷酸甘油酸　磷酸甘油酸激酶催化 1,3- 二磷酸甘油酸上的磷酸从羧基转移至 ADP，生成 3- 磷酸甘油酸和 ATP，反应需要 Mg^{2+}。这是糖酵解过程中第一个产生 ATP 的反应。这种将底物的高能磷酸基直接转移给 ADP 生成 ATP 的反应过程称为底物水平磷酸化。

8．3- 磷酸甘油酸转变为 2- 磷酸甘油酸　3- 磷酸甘油酸经磷酸甘油酸变位酶催化转变为 2- 磷酸甘油酸，这步反应是可逆的，并需 Mg^{2+} 参与。

9．2- 磷酸甘油酸转变为磷酸烯醇式丙酮酸　2- 磷酸甘油酸经烯醇化酶催化转变为磷酸烯醇式丙酮酸（phosphoenolpyruvate，PEP）。这步反应包括了脱水反应和分子内能量的重新分布，形成了一个高能磷酸键。

10．磷酸烯醇式丙酮酸转变为丙酮酸　这一步反应由丙酮酸激酶催化，需 K^+ 和 Mg^{2+} 参与，并有 ATP 生成。在细胞内这步反应是不可逆的，这是糖酵解途径中的第 2 次底物水平的磷酸化。

$$\underset{\text{磷酸烯醇式丙酮酸}}{\begin{array}{c}COO^-\\|\\C-O\sim(P)\\\|\\CH_2\end{array}} \xrightarrow[K^+\quad Mg^{2+}]{ADP\ \ \text{丙酮酸激酶}\ \ ATP} \underset{\text{丙酮酸}}{\begin{array}{c}COO^-\\|\\C=O\\|\\CH_3\end{array}}$$

第二阶段：丙酮酸还原为乳酸。

11．丙酮酸转变为乳酸　在乳酸脱氢酶的催化下，丙酮酸接受由 $NADH + H^+$（由上述第 6 步反应产生）提供的氢原子，还原为乳酸，$NADH + H^+$ 氧化转变为 NAD^+。在缺氧情况下，$NADH + H^+$ 的不断氧化可促使糖酵解持续进行。

二、糖酵解的调控主要是对 3 个调节酶活性的调节

糖酵解中大多数反应是可逆的，只有由己糖激酶（肝细胞中为葡萄糖激酶）、6- 磷酸果糖激酶 -1、丙酮酸激酶催化的 3 步反应不可逆。这三种酶是糖酵解途径的调节酶，其活性可受变构剂和激素的调节。调节酶活性的高低决定着糖酵解的速度和方向。

1．己糖激酶或葡萄糖激酶　己糖激酶受其反应产物 6- 磷酸葡萄糖的反馈抑制，但肝中葡萄糖激酶不存在 6- 磷酸葡萄糖的变构部位，故不受此影响。长链脂酰 CoA 对其有变构抑制作用，这对饥饿时减少肝和其他组织摄取葡萄糖有一定意义。胰岛素可诱导葡萄糖激酶基因的转录，促进酶的合成。

2．6- 磷酸果糖激酶 -1　6- 磷酸果糖激酶 -1 是糖酵解途径中最重要的调节酶，其活性受多种变构剂的影响。AMP、ADP、1,6- 二磷酸果糖和 2,6- 二磷酸果糖是此酶的变构激活剂。2,6- 二磷酸果糖由 6- 磷酸果糖激酶 -2 催化 6- 磷酸果糖 C_2 磷酸化生成，它是 6- 磷酸果糖激酶 -1 的最强的变构激活剂。1,6- 二磷酸果糖是 6- 磷酸果糖激酶 -1 的反应产物，这种产物的正反馈作用较为少见，它有利于糖的分解。

ATP 和柠檬酸是此酶的变构抑制剂。6- 磷酸果糖激酶 -1 有两个 ATP 结合位点，一个位于活性中心内的催化部位，ATP 作为底物与之结合；另一个位于活性中心以外的变构部位，与 ATP 的亲和力较低，需要较高浓度的 ATP 才能与之结合而使酶丧失活性。AMP 可与 ATP 竞争结合变构部位，抵消 ATP 的抑制作用。

3．丙酮酸激酶　丙酮酸激酶的活性也受变构方式调节，1,6- 二磷酸果糖是其变构激

活剂，而 ATP 是其变构抑制剂。在肝内，丙氨酸对丙酮酸激酶也有变构抑制作用。此外，丙酮酸激酶还受到共价修饰方式的调节。

三、糖酵解的主要生理意义是在缺氧情况下快速供能

糖酵解是生物界普遍存在的供能途径，但产生能量有限。1 分子葡萄糖经酵解生成 2 分子乳酸，共生成 4 分子 ATP，扣除葡萄糖及 6- 磷酸果糖磷酸化时先后消耗的 2 分子 ATP，故净生成 2 分子 ATP。由糖原分解产生的葡萄糖不经过己糖激酶催化的反应，故经酵解净生成 3 分子 ATP。

对于人类来讲，糖酵解已不是主要的供能途径，但对某些组织及在某些特殊情况下，糖酵解仍具有重要的生理意义。糖酵解最重要的生理意义在于迅速为机体提供能量，这对肌肉收缩尤为重要。肌组织内 ATP 的含量很低，新鲜组织仅 5 ~ 7μmol/g，肌肉收缩几秒钟即可耗尽。这时即使氧不缺乏，但因葡萄糖进行有氧氧化的反应过程比糖酵解长，不能满足肌肉对能量的需求，而通过糖酵解则可迅速获得 ATP。当机体缺氧或进行剧烈运动肌肉血流相对不足时，能量主要通过糖酵解获得。

成熟红细胞没有线粒体，需完全依靠糖酵解供应能量。神经细胞、白细胞、骨髓组织等的代谢极为活跃，在有氧情况下也常由糖酵解提供部分能量。

肿瘤细胞在有氧情况下也不彻底氧化葡萄糖，而是酵解生成乳酸，这种现象由德国生化学家 O. H. Warburg 发现，故称 Warburg 效应，亦称有氧糖酵解（aerobic glycolysis）。

第四节 糖 异 生

正常生理情况下，葡萄糖是机体大多数组织细胞的主要能源物质，但体内糖原的储备有限，如果没有补充，10 多个小时肝糖原即被消耗殆尽。事实上即使禁食 24 小时，血糖仍保持在正常范围，长期饥饿也只是略有下降。这时除了周围组织减少对葡萄糖的利用外，主要依赖肝细胞将氨基酸、乳酸等转变成葡萄糖，不断补充血糖。这种从非糖化合物（乳酸、甘油、生糖氨基酸等）转变为葡萄糖或糖原的过程称为糖异生（gluconeogenesis）。肝是体内进行糖异生的主要器官，肾在正常情况下糖异生的能力仅为肝的 1/10，长期饥饿时肾糖异生的能力则大为加强，可占全身糖异生量的 40% 左右。

一、糖异生途径不完全是糖酵解的逆反应

由丙酮酸生成葡萄糖的具体反应过程称为糖异生途径。糖异生与糖酵解途径的大多数反应是共有的、可逆的，但酵解途径中有 3 个不可逆反应（分别由己糖激酶、6- 磷酸果糖激酶 -1 和丙酮酸激酶催化），在糖异生途径中必须有另外的反应代替。

1．丙酮酸转变为磷酸烯醇式丙酮酸　糖酵解途径中，丙酮酸激酶催化磷酸烯醇式丙酮酸生成丙酮酸。在糖异生途径中，其逆过程由 2 个反应组成：

$$\underset{\text{丙酮酸}}{\begin{matrix}COO^-\\|\\C=O\\|\\CH_3\end{matrix}} \xrightarrow[ATP\ \rightarrow\ ADP+Pi]{CO_2\ \ \text{丙酮酸羧化酶}} \underset{\text{草酰乙酸}}{\begin{matrix}O=C-COO^-\\|\\CH_2\\|\\COOH\end{matrix}} \xrightarrow[GTP\ \rightarrow\ GDP]{\text{磷酸烯醇式丙酮酸羧激酶}\ \ CO_2} \underset{\text{磷酸烯醇式丙酮酸}}{\begin{matrix}COO^-\\|\\C-O-Ⓟ\\\|\\CH_2\end{matrix}}$$

上述两步反应共消耗 2 个 ATP。

丙酮酸生成草酰乙酸的反应在线粒体内进行，故细胞质中的丙酮酸必须进入线粒体，才能羧化成草酰乙酸。该反应由丙酮酸羧化酶催化，其辅酶为生物素，需消耗 ATP。磷酸烯醇式丙酮酸羧激酶在线粒体和细胞质中都存在，因此草酰乙酸可在线粒体中直接转变为磷酸烯醇式丙酮酸再进入细胞质，也可在细胞质中被转变为磷酸烯醇式丙酮酸。草酰乙酸不能直接透过线粒体膜，需经下述两种方式转入细胞质：一种是经苹果酸脱氢酶的作用，将其还原成苹果酸，然后通过线粒体膜进入细胞质，再由细胞质中苹果酸脱氢酶催化，将苹果酸脱氢氧化为草酰乙酸而进入糖异生反应途径；另一种方式是经谷草转氨酶的作用，生成天冬氨酸后再逸出线粒体进入细胞质，在细胞质中的谷草转氨酶的作用下，天冬氨酸再转变成草酰乙酸。

2．1，6- 二磷酸果糖转变为 6- 磷酸果糖　此反应由果糖二磷酸酶催化，从而越过了糖酵解中由 6- 磷酸果糖激酶 -1 催化的第二个不可逆反应。

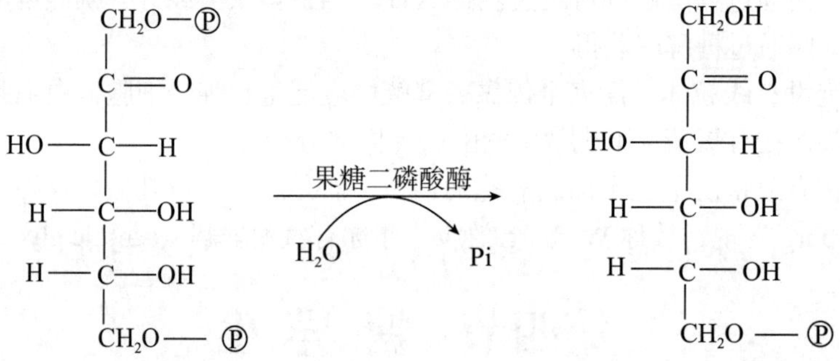

CH_2O—Ⓟ
C═O
HO—C—H
H—C—OH
H—C—OH
CH_2O—Ⓟ

果糖二磷酸酶
H_2O　Pi

CH_2OH
C═O
HO—C—H
H—C—OH
H—C—OH
CH_2O—Ⓟ

1,6-二磷酸果糖　　6-磷酸果糖

3．6- 磷酸葡萄糖水解为葡萄糖　此反应由葡萄糖 -6- 磷酸酶催化，从而越过了糖酵解中由己糖激酶（肝中为葡萄糖激酶）催化的第一个不可逆反应。

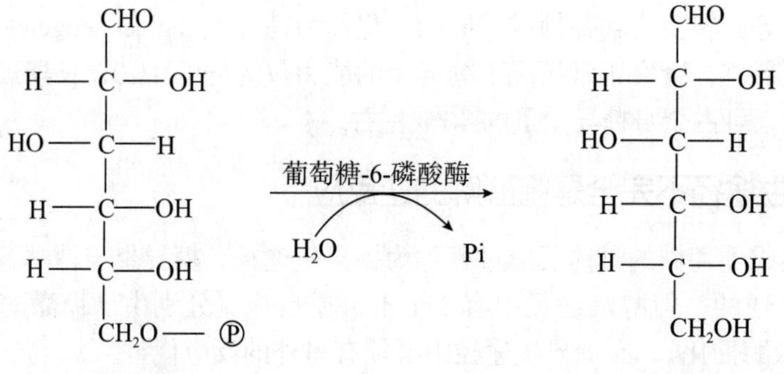

CHO
H—C—OH
HO—C—H
H—C—OH
H—C—OH
CH_2O—Ⓟ

葡萄糖-6-磷酸酶
H_2O　Pi

CHO
H—C—OH
HO—C—H
H—C—OH
H—C—OH
CH_2OH

6-磷酸葡萄糖　　葡萄糖

糖异生途径可归纳如图 4-7。

二、糖异生与糖酵解相互协调

糖酵解与糖异生是方向相反的两条代谢途径，二者存在着密切的相互协调关系。欲使丙酮酸进行有效的糖异生，就必须抑制糖酵解途径，以防止葡萄糖重新分解成丙酮酸，反之亦然。这种协调关系主要依赖于对两条途径中的两个底物循环进行调节。

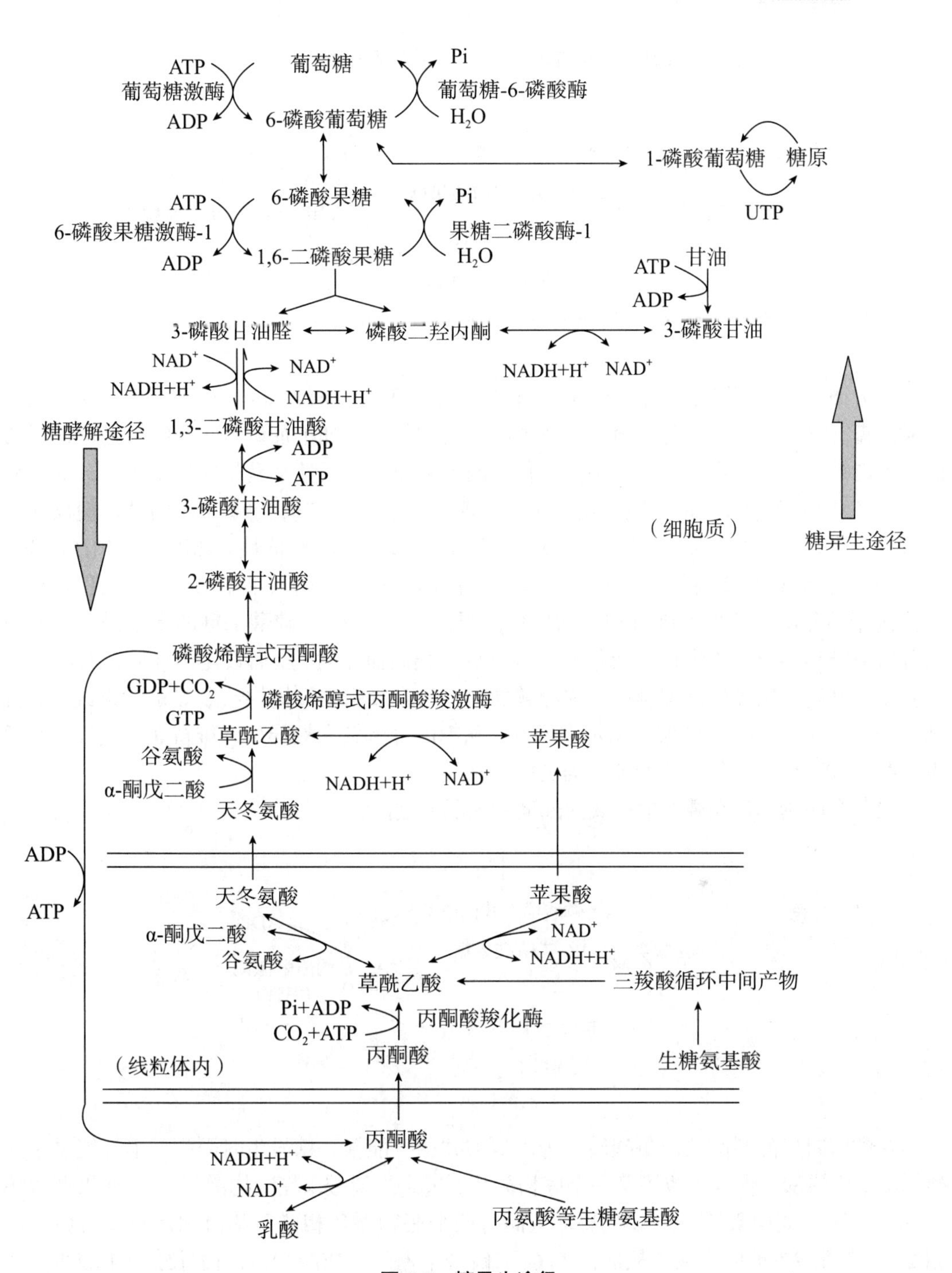
葡萄糖
ATP
葡萄糖激酶
ADP
6-磷酸葡萄糖
Pi
葡萄糖-6-磷酸酶
H_2O
1-磷酸葡萄糖
糖原
UTP
6-磷酸果糖
ATP
6-磷酸果糖激酶-1
ADP
1,6-二磷酸果糖
Pi
果糖二磷酸酶-1
H_2O
甘油
ATP
ADP
3-磷酸甘油醛
磷酸二羟丙酮
3-磷酸甘油
NAD^+
$NADH+H^+$
NAD^+
$NADH+H^+$
$NADH+H^+$
NAD^+
糖酵解途径
1,3-二磷酸甘油酸
ADP
ATP
3-磷酸甘油酸
（细胞质）
糖异生途径
2-磷酸甘油酸
磷酸烯醇式丙酮酸
$GDP+CO_2$
GTP
磷酸烯醇式丙酮酸羧激酶
草酰乙酸
苹果酸
谷氨酸
α-酮戊二酸
$NADH+H^+$
NAD^+
天冬氨酸
ADP
ATP
天冬氨酸
苹果酸
α-酮戊二酸
谷氨酸
NAD^+
$NADH+H^+$
草酰乙酸
三羧酸循环中间产物
Pi+ADP
CO_2+ATP
丙酮酸羧化酶
丙酮酸
（线粒体内）
生糖氨基酸
丙酮酸
$NADH+H^+$
NAD^+
乳酸
丙氨酸等生糖氨基酸

图 4-7　糖异生途径

第一个底物循环在 6- 磷酸果糖与 1,6- 二磷酸果糖之间。

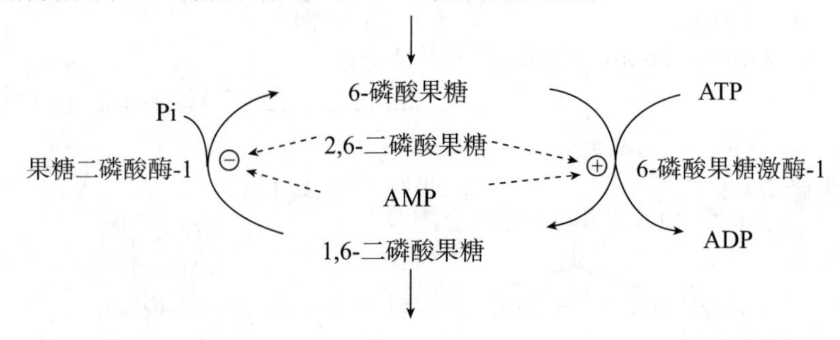

一方面 6- 磷酸果糖磷酸化成 1,6- 二磷酸果糖，另一方面，1,6- 二磷酸果糖去磷酸而成 6- 磷酸果糖。这样，磷酸化与去磷酸构成了一个底物循环。如不加调节，净结果是消耗了 ATP 而又不能推进代谢。实际上在细胞内催化这两个反应的酶活性常呈相反的变化。2,6- 二磷酸果糖和 AMP 在激活 6- 磷酸果糖激酶 -1 的同时，抑制果糖二磷酸酶 -1 的活性，使反应向糖酵解方向进行，同时抑制了糖异生。胰高血糖素通过 cAMP 和依赖 cAMP 的蛋白激酶 PKA，使 6- 磷酸果糖激酶 -2 磷酸化而失活，降低肝细胞内 2,6- 二磷酸果糖水平，从而促进糖异生而抑制糖的分解。胰岛素则有相反的作用。目前认为 2,6- 二磷酸果糖的水平是肝内调节糖的分解或糖异生反应方向的主要信号。进食后，胰高血糖素 / 胰岛素比例降低，2,6- 二磷酸果糖水平升高，糖异生被抑制，糖的分解加强，为合成脂肪酸提供乙酰 CoA。饥饿时胰高血糖素分泌增加，2,6- 二磷酸果糖水平降低，从糖的分解转向糖异生。维持底物循环虽然要损失一些 ATP，但却可使代谢调节更为灵敏、精细。

第二个底物循环在磷酸烯醇式丙酮酸和丙酮酸之间：

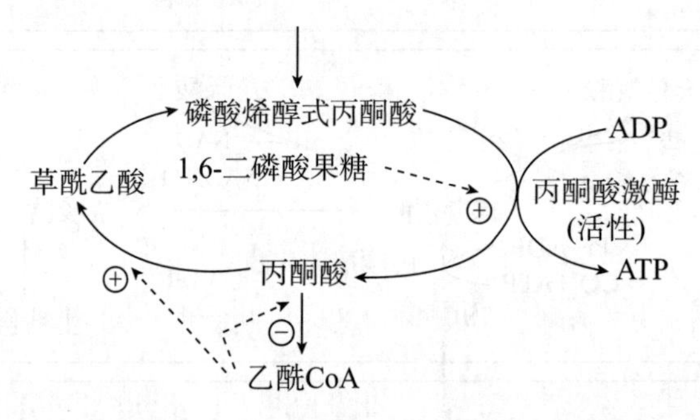

糖酵解时磷酸烯醇式丙酮酸转变为丙酮酸并产生能量，糖异生时丙酮酸消耗能量生成磷酸烯醇式丙酮酸，由此构成了又一个底物循环。1,6- 二磷酸果糖变构激活 6- 磷酸果糖激酶 -1 的同时，还能变构激活丙酮酸激酶，从而将两个底物循环相联系和协调。胰高血糖素可抑制 2,6- 二磷酸果糖的合成，从而使 1,6- 二磷酸果糖的生成减少，进而导致丙酮酸激酶活性降低。胰高血糖素还通过 cAMP 使丙酮酸激酶磷酸化而失去活性，于是糖异生加强而糖酵解被抑制。此外，肝内丙酮酸激酶可被丙氨酸抑制，这种抑制作用有利于在饥饿时丙氨酸异生成糖。

丙酮酸羧化酶必须有乙酰 CoA 存在才有活性，而乙酰 CoA 对丙酮酸脱氢酶却有反馈抑制作用。例如，饥饿时大量脂酰 CoA 在线粒体内进行 β 氧化，生成大量乙酰 CoA。这样既抑制了丙酮酸脱氢酶，阻止丙酮酸继续氧化，又激活了丙酮酸羧化酶，使其转变为草酰乙酸，从而加速糖异生。

胰高血糖素可通过 cAMP 快速诱导磷酸烯醇式丙酮酸羧激酶基因的表达，增加酶的合成。相反，胰岛素可显著降低磷酸烯醇式丙酮酸羧激酶 mRNA 水平，并对 cAMP 有对抗作用，说明胰岛素对该酶有重要的调节作用。

三、糖异生的主要生理意义是维持血糖浓度的相对恒定

（一）糖异生最主要的生理作用是维持血糖浓度恒定

空腹或饥饿时人体依赖氨基酸、甘油等异生成葡萄糖，以维持血糖浓度恒定。正常成人的脑组织不能利用脂肪酸，主要利用葡萄糖供给能量；成熟红细胞没有线粒体，完全通过糖酵解获得能量。在不进食的情况下，机体靠肝糖原的分解维持血糖浓度，但肝糖原不到 12 小时即消耗殆尽，此后机体主要靠糖异生维持血糖浓度的相对恒定。

（二）糖异生是补充或恢复肝糖原储备的重要途径

糖异生是肝补充或恢复糖原储备的重要途径，这在饥饿后进食更为重要。长期以来，进食后肝糖原储备丰富的现象被认为是肝直接利用葡萄糖合成糖原的结果，但近年来发现并非如此。有研究表明，如果在肝灌注液中加入一些糖异生的原料如甘油、谷氨酸、丙酮酸、乳酸等，肝糖原会迅速增加。合成糖原的这条途径被称为三碳途径，也称间接途径。相应地，葡萄糖经 UDPG 合成糖原的过程则被称为直接途径。

（三）糖异生作用有利于乳酸的利用

在安静状态下机体产生乳酸甚少，糖异生作用对于乳酸的利用意义不大，而在某些生理或病理情况下却有重要意义。例如，剧烈运动时肌糖原酵解产生大量乳酸，部分乳酸由尿排出，大部分乳酸经血液运至肝，通过糖异生作用生成肝糖原和葡萄糖。肝将葡萄糖释放入血，葡萄糖又可被肌肉摄取利用，这样就构成了乳酸循环（又称 Cori 循环，图 4-8）。由此可见，糖异生作用对于乳酸的再利用、肝糖原的更新、补充肌肉消耗的糖及防止乳酸酸中毒都有重要意义。

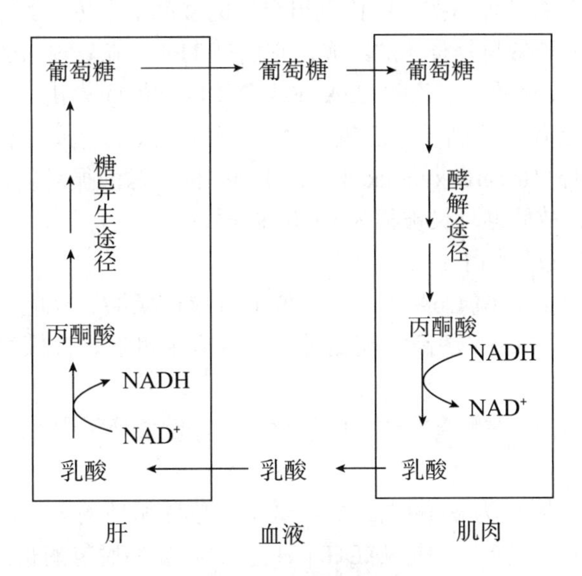

图 4-8　乳酸循环

（四）肾糖异生增强有利于维持酸碱平衡

长期禁食后，肾糖异生作用会增强，这可能是饥饿造成的代谢性酸中毒所致。体液 pH

降低后，可促进肾小管中磷酸烯醇式丙酮酸羧激酶的合成，从而使糖异生作用增强。另外，当肾中α-酮戊二酸因异生成糖而减少时，可促进谷氨酰胺脱氨生成谷氨酸以及谷氨酸的脱氨反应，肾小管细胞将 NH_3 分泌入管腔，与原尿中 H^+ 结合，降低原尿 H^+ 浓度，有利排氢保钠，对防止酸中毒有重要作用。

第五节　糖的有氧氧化

葡萄糖或糖原在有氧条件下彻底氧化成 H_2O 和 CO_2，同时释放大量能量的过程称为有氧氧化（aerobic oxidation），这是糖氧化的主要方式，体内绝大多数细胞都要通过此途径获得能量。

一、糖的有氧氧化可分为三个阶段

糖的有氧氧化可分为糖酵解途径、丙酮酸氧化脱羧及三羧酸循环三个阶段，其中三羧酸循环是糖、脂、蛋白质三大营养物质分解代谢的共同途径。

1．第一阶段　葡萄糖循糖酵解途径分解成丙酮酸　此阶段反应在细胞质中进行。反应过程中生成的 $NADH + H^+$ 被转运至线粒体内，通过呼吸链将其中的2对氢氧化成水，并生成ATP。

2．第二阶段　丙酮酸的氧化脱羧　丙酮酸进入线粒体氧化脱羧，并与辅酶A结合生成乙酰CoA。

$$CH_3COCOOH + NAD^+ + HSCoA \longrightarrow CH_3COSCoA + NADH + H^+ + CO_2$$

此反应由丙酮酸脱氢酶复合体催化。该复合体是由丙酮酸脱氢酶、二氢硫辛酰胺转乙酰酶和二氢硫辛酰胺脱氢酶三种酶按一定比例组合成的多酶复合体。其组合比例随生物体不同而异。还有五种辅助因子参与复合体的组成，它们是TPP、硫辛酸、FAD、CoASH和 NAD^+。

3．第三阶段　三羧酸循环　乙酰CoA在线粒体内被彻底氧化，该过程需经历一系列酶促反应，并构成一个循环。此循环以乙酰CoA和草酰乙酸缩合成含有三个羧基的柠檬酸开始，故称为三羧酸循环（tricarboxylic acid cycle），亦称柠檬酸循环。由于Krebs最早正式提出了三羧酸循环学说，故此循环又被称为Krebs循环。

三羧酸循环的反应过程如下：

（1）柠檬酸的生成：乙酰CoA和草酰乙酸缩合成柠檬酸。反应由柠檬酸合酶催化。缩合反应所需能量来自乙酰CoA的高能硫酯键，此反应不可逆。柠檬酸合酶为三羧酸循环的第一个调节酶。

（2）异柠檬酸的生成：在顺乌头酸酶的催化下，柠檬酸分子中 C_3 上的羟基转移到 C_2 上，转变成异柠檬酸。

（3）异柠檬酸氧化脱羧为α-酮戊二酸：这是三羧酸循环的第一次氧化脱羧，脱羧产生 CO_2，脱下的氢由 NAD^+ 接受，生成 $NADH + H^+$。异柠檬酸脱氢酶是三羧酸循环的第二个调节酶。

（4）α-酮戊二酸氧化脱羧生成琥珀酰CoA：这是三羧酸循环的第二次氧化脱羧，由α-酮戊二酸脱氢酶复合体催化此反应。α-酮戊二酸氧化脱羧时释出的自由能很多，足以形成一高能硫酯键。这样，一部分能量就以高能硫酯键的形式储存在琥珀酰 CoA 分子中。α- 酮戊二酸脱氢酶复合体是三羧酸循环的第三个调节酶，其组成和催化反应过程与丙酮酸脱氢酶复合体类似。

（5）琥珀酰 CoA 转变为琥珀酸：在琥珀酰 CoA 合成酶的催化下，琥珀酰 CoA 的高能硫酯键水解，与 GDP 的磷酸化相偶联，生成 GTP，反应是可逆的，琥珀酰 CoA 转变为琥珀酸。这是底物水平磷酸化的又一例子，也是三羧酸循环中唯一直接生成高能磷酸键的反应。GTP 又可将其末端的高能磷酸键转给 ADP 生成 ATP。

（6）琥珀酸脱氢生成延胡索酸：在琥珀酸脱氢酶的催化下，琥珀酸脱氢生成延胡索酸，辅酶是 FAD。

（7）延胡索酸加水生成苹果酸：此反应由延胡索酸酶催化，反应可逆。

（8）苹果酸脱氢生成草酰乙酸：此反应由苹果酸脱氢酶催化，这是三羧酸循环的最后一步反应，反应脱下的氢由 NAD^+ 接受。由于细胞内的草酰乙酸不断地被用于柠檬酸的合成，故此步反应虽然可逆，但趋向于草酰乙酸的合成。

三羧酸循环的总反应式为：

$$\begin{aligned} CH_3CO \sim SCoA + 3NAD^+ + FAD + GDP + Pi + 2H_2O &\rightarrow 2CO_2 \\ + 3NADH + 3H^+ + FADH_2 + HSCoA + GTP & \end{aligned}$$

三羧酸循环的反应总图见图 4-9。

三羧酸循环的反应特点

三羧酸循环反应从乙酰 CoA（2C 化合物）和草酰乙酸（4C 化合物）缩合成柠檬酸（6C 化合物）开始，每循环一次消耗掉一个乙酰基。用 ^{14}C 标记乙酰 CoA 发现，刚掺入柠檬酸的乙酰基构成了循环末端草酰乙酸的骨架，而循环初始中草酰乙酸的 2 个 C 原子则在循环中经 2 次脱羧生成 2 分子 CO_2，这是体内 CO_2 的主要来源。

三羧酸循环中有 4 次脱氢反应，其中 3 次脱氢由 NAD^+ 接受，1 次脱氢由 FAD 接受。脱下的氢经呼吸链传递，最终与氧结合生成 H_2O，同时产生大量 ATP（见第六章）。三羧酸循环本身每循环一次只以底物水平磷酸化的方式生成 1 个高能磷酸键。

三羧酸循环在线粒体内进行，其中由柠檬酸合酶、异柠檬酸脱氢酶和 α- 酮戊二酸脱氢酶复合体催化的反应不可逆，所以整个循环是不可逆的。这保证了线粒体供能系统的稳定性。柠檬酸合酶、异柠檬酸脱氢酶和 α- 酮戊二酸脱氢酶复合体是三羧酸循环的调节酶，其中异柠檬酸脱氢酶是最主要的调节酶。

三羧酸循环的中间产物起着催化剂的作用，本身并无量的变化。这些中间产物不直接在三羧酸循环中被氧化成 CO_2 和 H_2O，但可以因参加其他代谢反应被消耗，因而必须不断被更新和补充，才能保证循环顺利进行。如循环中的草酰乙酸主要来自丙酮酸的直接羧化，也可通过苹果酸脱氢生成。

三羧酸循环的生理意义

三羧酸循环是糖、脂和蛋白质三大营养素分解代谢的共同途径。糖、脂、蛋白质在体内氧化都产生乙酰 CoA，然后进入三羧酸循环进行分解代谢。循环本身并不是释放能量生成 ATP 的主要环节，其作用在于通过 4 次脱氢反应，为氧化磷酸化提供还原当量。

三羧酸循环又是糖、脂、氨基酸代谢联系的枢纽。在能量充足的条件下，葡萄糖分解成丙酮酸后进入线粒体内氧化脱羧生成乙酰 CoA，乙酰 CoA 可转移到细胞质合成脂肪酸。由

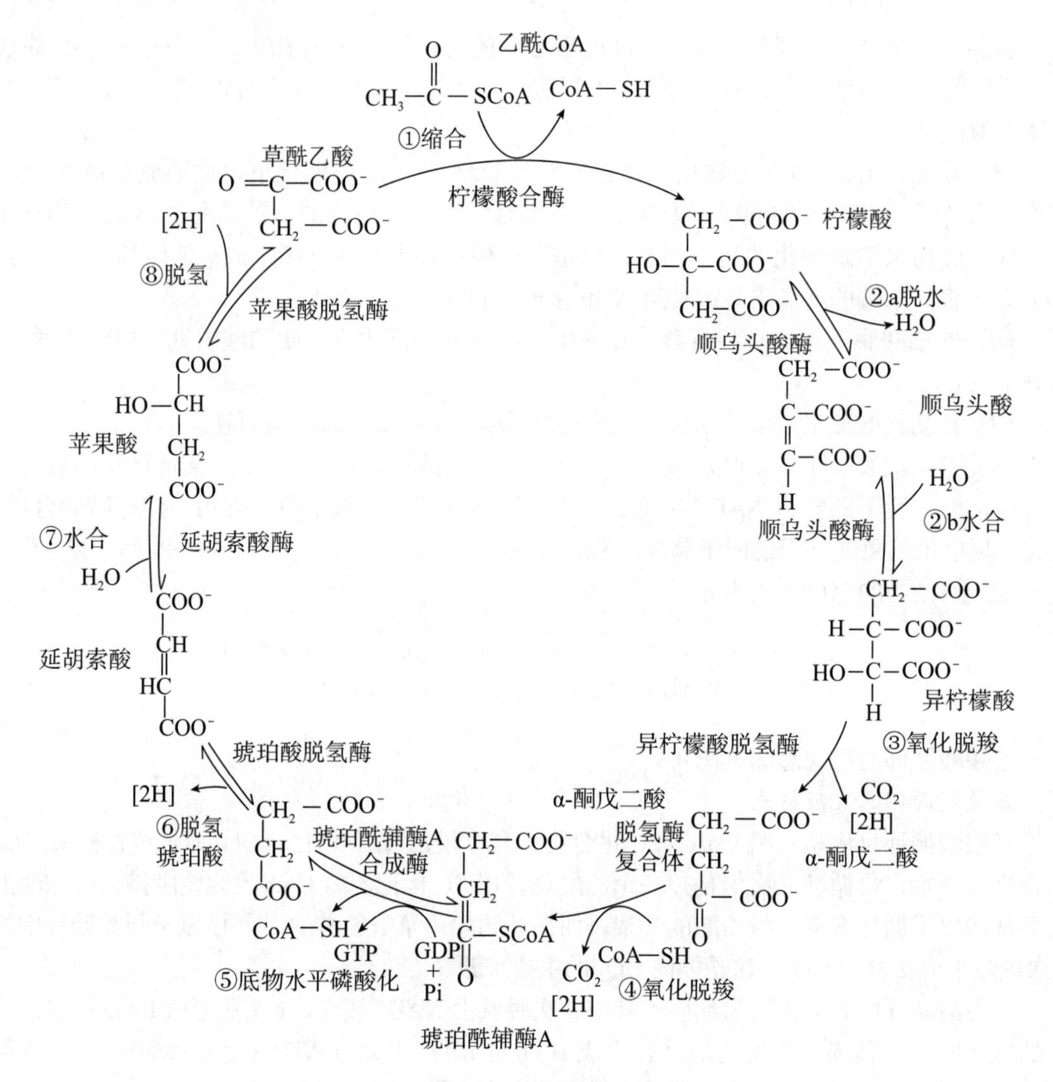

图 4-9　三羧酸循环

葡萄糖代谢生成的丙酮酸转变为草酰乙酸及三羧酸循环中的其他中间产物后，可用于合成一些非必需氨基酸如天冬氨酸、谷氨酸等。反之，许多氨基酸的碳架是三羧酸循环的中间产物，可通过草酰乙酸转变为葡萄糖。

二、糖的有氧氧化是机体获得 ATP 的主要方式

糖有氧氧化的基本生理意义是为机体的生理活动提供能量。表 4-1 是葡萄糖在有氧氧化过程中 ATP 的生成和消耗的总结。由此表可知，1 分子葡萄糖彻底氧化成 H_2O 和 CO_2 时，可净生成 30 或 32 分子 ATP。由此可见，糖在有氧条件下彻底氧化释放的能量远多于糖酵解。在正常生理条件下，体内大多数组织细胞皆从糖的有氧氧化获得能量。

糖有氧氧化途径中许多中间代谢产物又是体内合成其他物质的原料，故与其他物质代谢密切联系。

糖有氧氧化途径与糖的其他代谢途径亦有密切联系，如糖酵解、磷酸戊糖途径等。

表 4-1 葡萄糖有氧氧化生成的 ATP

反应		辅酶	ATP
第一阶段	葡萄糖 ⟶ 6- 磷酸葡萄糖	NAD^+	-1
	6- 磷酸果糖 ⟶ 1,6- 二磷酸果糖		-1
	2×3- 磷酸甘油醛 ⟶ 2×1,3- 二磷酸甘油酸		2×1.5 或 2×2.5*
	2×1,3- 二磷酸甘油酸 ⟶ 2×3- 磷酸甘油酸		2×1
	2× 磷酸烯醇式丙酮酸 ⟶ 2× 丙酮酸		2×1
第二阶段	2× 丙酮酸 ⟶ 2× 乙酰 CoA	NAD^+	2×2.5
第三阶段	2× 异柠檬酸 ⟶ 2×α- 酮戊二酸	NAD^+	2×2.5
	2×α- 酮戊二酸 ⟶ 2× 琥珀酰 CoA	NAD^+	2×2.5
	2× 琥珀酰 CoA ⟶ 2× 琥珀酸		2×1
	2× 琥珀酸 ⟶ 2× 延胡索酸	FAD	2×1.5
	2× 苹果酸 ⟶ 2× 草酰乙酸	NAD^+	2×2.5
净生成			30（或 32）ATP

* 第一阶段产生的 $NADH + H^+$，若经 α- 磷酸甘油穿梭，产生 1.5 个 ATP；若经苹果酸 – 天冬氨酸穿梭，则产生 2.5 个 ATP（见生物氧化相关章节）。

三、糖有氧氧化的调节主要基于能量供需关系

糖有氧氧化是机体获得能量的主要方式。机体对能量的需求变动很大，因此有氧氧化的速率必须随时加以调节。

糖有氧氧化的 3 个阶段均存在调节点。酵解阶段和三羧酸循环的调节前已述及。丙酮酸氧化脱羧的调节酶为丙酮酸脱氢酶复合体，其活性受多种因素的调节。丙酮酸氧化脱羧产物乙酰 CoA 及 $NADH + H^+$ 对酶有反馈抑制作用。体内能量水平对此酶的活性亦有影响，ATP 有抑制作用，AMP 则有激活作用。

有氧氧化的调节是为了适应机体和器官对能量的需要，因而有氧氧化全过程中许多酶的活性都受细胞内 ATP/ADP 或 ATP/AMP 的影响，从而取得协调。当细胞消耗 ATP 的速度超过 ATP 的合成速度时，ATP 浓度降低，ADP 和 AMP 的浓度升高，此时 6- 磷酸果糖激酶 -1、丙酮酸激酶、丙酮酸脱氢酶复合体、柠檬酸合酶、异柠檬酸脱氢酶和 α- 酮戊二酸脱氢酶复合体均被激活，从而加速有氧氧化，补充 ATP。反之，当细胞内 ATP 含量丰富时，上述酶的活性均降低，糖有氧氧化的过程受到抑制。

表 4-2 为糖酵解和糖有氧氧化的比较。

表 4-2 糖酵解与糖有氧氧化的比较

	糖酵解	糖有氧氧化
进行部位	细胞质	细胞质和线粒体
反应条件	供氧不足	有氧情况
调节酶	己糖激酶（或葡萄糖激酶）、磷酸果糖激酶 -1、丙酮酸激酶	有左列 3 个酶及丙酮酸脱氢酶系、异柠檬酸脱氢酶、α- 酮戊二酸脱氢酶系、柠檬酸合酶
产物	乳酸、ATP	H_2O、CO_2、ATP
能量	1mol 葡萄糖净得 2mol ATP	1mol 葡萄糖净得 30mol 或 32mol ATP
生理意义	迅速供能；某些组织依赖糖酵解供能	是机体获取能量的主要方式

四、巴斯德效应是指糖有氧氧化对糖酵解的抑制

法国科学家巴斯德发现酵母菌在无氧时可进行生醇发酵，如将其转移至有氧环境中，生醇发酵即被抑制，这种有氧氧化抑制生醇发酵的现象称为巴斯德效应（Pasture effect）。此效应也存在于人体组织中，当肌组织供氧充足时，NADH + H^+ 进入线粒体内氧化，产生大量能量供肌肉活动所需，丙酮酸不能还原为乳酸，糖酵解被抑制。缺氧时，NADH + H^+ 不能被氧化，丙酮酸就作为受氢体而生成乳酸，糖酵解作用增强。

第六节 磷酸戊糖途径

糖有氧氧化和糖酵解是体内许多组织糖分解代谢的主要途径。肝、脂肪组织、肾上腺皮质、泌乳期乳腺等尚有磷酸戊糖途径（pentose phosphate pathway）。

一、磷酸戊糖途径可分为两个阶段

磷酸戊糖途径的代谢反应在细胞质内进行，其过程可分为 2 个阶段。

1．磷酸戊糖的生成　在 6- 磷酸葡萄糖脱氢酶和 6- 磷酸葡萄糖酸脱氢酶的催化下，6- 磷酸葡萄糖进行脱氢和脱羧反应生成 5- 磷酸核酮糖，同时生成 2 分子 NADPH + H^+ 及 1 分子 CO_2。5- 磷酸核酮糖在异构酶的作用下，转变为 5- 磷酸核糖，或在差向异构酶的作用下，转变为 5- 磷酸木酮糖。

此阶段生成的 5- 磷酸核糖和 NADPH + H^+，前者用于合成核苷酸，后者用于多种化合物的合成代谢。6- 磷酸葡萄糖脱氢酶是磷酸戊糖途径的调节酶，NADPH 对其有反馈抑制作用。

2．基团转移反应　以上述 3 种戊糖（5- 磷酸核酮糖、5- 磷酸核糖和 5- 磷酸木酮糖）为底物，在转酮醇酶和转醛醇酶的作用下，进行酮基和醛基的转移反应，产生了含 3C、4C、5C、6C 及 7C 糖的多种中间产物。最终生成 6- 磷酸果糖和 3- 磷酸甘油醛，这些产物又可进入糖酵解途径。

磷酸戊糖途径的反应见图 4-10。

二、磷酸戊糖途径的主要生理意义是生成 NADPH 和磷酸戊糖

核糖是核酸和游离核苷酸的组成成分（详见第二章）。体内的核糖并不依赖从食物获得，

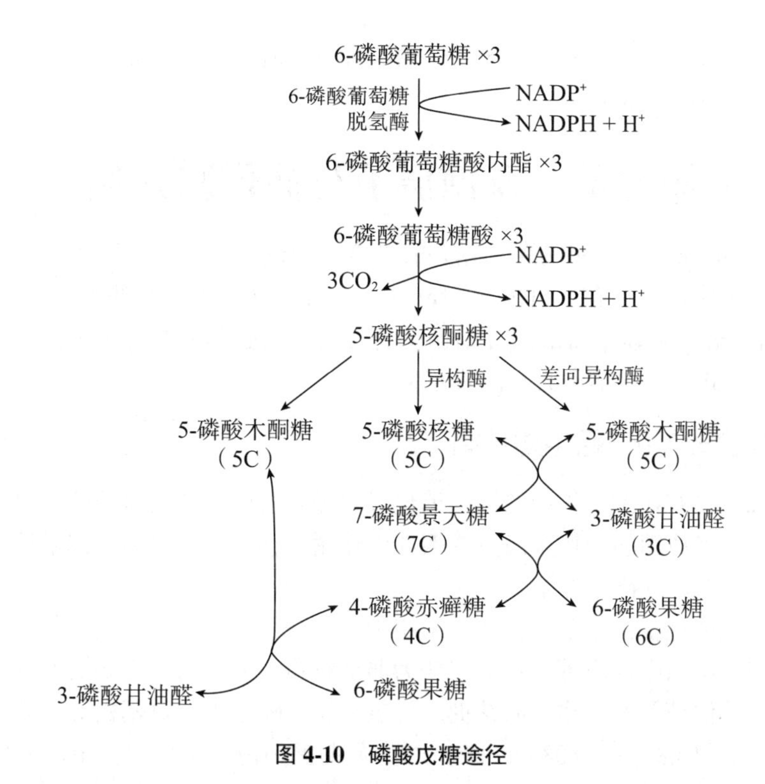

图 4-10 磷酸戊糖途径

可通过磷酸戊糖途径利用葡萄糖生成。磷酸戊糖途径产生的磷酸戊糖为体内核苷酸及核酸的合成提供了原料。

$NADPH + H^+$是磷酸戊糖途径的另一种重要产物。$NADPH + H^+$与$NADH + H^+$不同，它携带的氢不是通过电子传递链氧化以释出能量，而是作为供氢体参与多种代谢反应。

1．$NADPH + H^+$是体内多种合成代谢的供氢体　如脂肪酸、胆固醇等物质的合成都需要$NADPH + H^+$供氢，所以脂质合成旺盛的组织中磷酸戊糖途径的代谢较为活跃。

2．$NADPH + H^+$参与体内的羟化反应　有些羟化反应与生物合成有关，如从鲨烯合成胆固醇，从胆固醇合成胆汁酸、类固醇激素等。有些羟化反应则与生物转化有关（详见第十四章）。

3．$NADPH + H^+$用于维持谷胱甘肽的还原状态　作为谷胱甘肽还原酶的辅酶，$NADPH + H^+$对维持细胞中还原型谷胱甘肽的（G-SH）正常含量起重要作用。2 分子 G-SH 可以脱氢氧化成为 G-S-S-G，而后者可在谷胱甘肽还原酶的作用下，被$NADPH + H^+$重新还原为 G-SH。

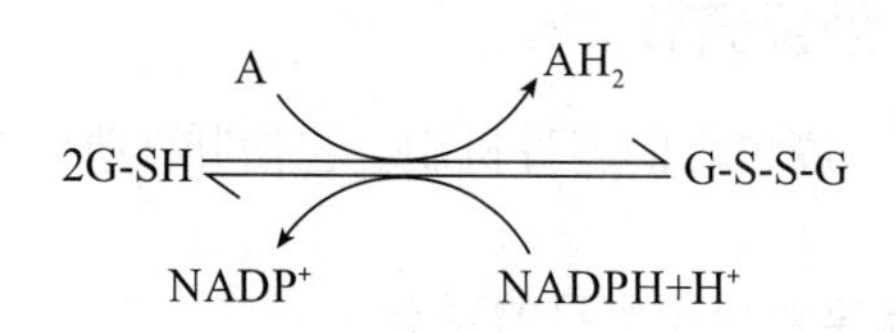

还原型谷胱甘肽是体内重要的抗氧化剂，可保护一些含 -SH 的蛋白质或酶免受氧化剂的损害。红细胞中的还原型谷胱甘肽的作用尤为重要，它可以保护红细胞膜蛋白的完整性，能防止与此有关的溶血性贫血。如遗传性 6- 磷酸葡萄糖脱氢酶缺乏症的患者体内磷酸戊糖途径不能正常进行，$NADPH + H^+$缺乏，使 G-SH 合成减少，红细胞、尤其是较衰老的红细胞易

破裂而溶血。新鲜蚕豆是很强的氧化剂，6- 磷酸葡萄糖脱氢酶缺乏症患者常在食用新鲜蚕豆后发病，故称为蚕豆病（favism）。

第七节 血糖调节与糖代谢紊乱

血糖（blood sugar）指血中的葡萄糖。血糖含量随进食、运动等变化而有所波动，但空腹血糖水平相当恒定，维持在 3.61 ~ 6.11mmol/L［参照《中国 2 型糖尿病防治指南》（2010 版）］之间，这是进入和移出血液的葡萄糖平衡的结果。血糖浓度的相对恒定对保证组织器官、特别是大脑的正常生理活动具有重要意义。

一、血糖的来源和去路相对平衡

血糖的来源主要有：①食物中的糖经消化吸收进入血中，这是血糖的主要来源；②肝糖原分解，这是空腹时血糖的直接来源；③糖异生作用；④其他的单糖，如果糖、半乳糖等单糖也可转变为葡萄糖，以补充血糖。

血糖的去路主要包括：①葡萄糖在各组织中氧化分解供能，这是血糖的主要去路；②葡萄糖在肝、肌肉等组织中合成糖原；③转变为非糖物质，如脂肪、非必需氨基酸、多种有机酸等；④转变为其他糖及衍生物，如核糖、脱氧核糖、唾液酸、氨基糖等；⑤当血糖浓度过高、超过了肾糖阈（8.89 ~ 10.08mmol/L）时，葡萄糖即由尿中排出，出现糖尿。现将血糖的来源和去路总结见图 4-11。

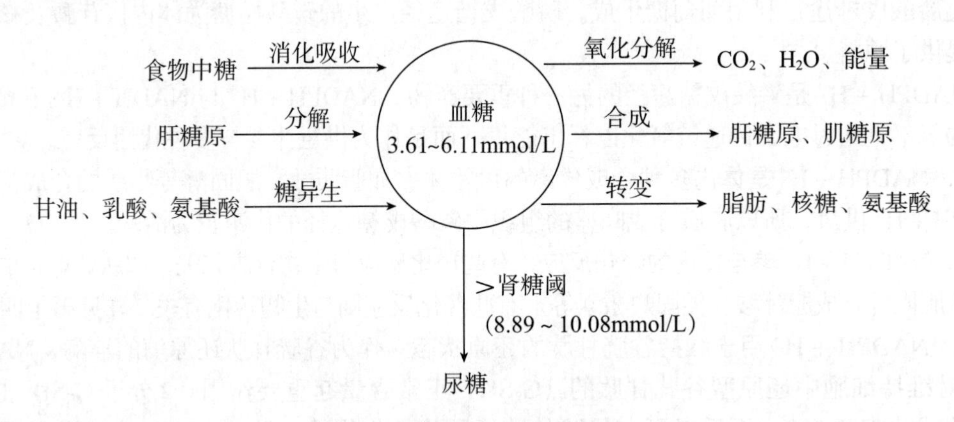

图 4-11 血糖的来源与去路

二、血糖浓度受多种因素调节

人体具有高效调节血糖浓度恒定的多种机制，包括肝、肌肉等组织器官以及激素和神经对血糖浓度的调节。

（一）肝、肌肉等组织器官对血糖水平的调节

肝是调节血糖浓度最重要的器官。肝以肝糖原的形式贮存葡萄糖，进食后肝内糖原合成增加，肝贮存糖原的量可达肝重的 4% ~ 5%，总量可达 70g。在空腹状态下，肝可将贮存的糖原分解为葡萄糖以补充血糖。另外，肝还可通过糖异生作用维持禁食状态下血糖浓度的相对恒定。

肌肉对血糖的摄取和利用，也对血糖浓度有一定的调节作用。肌肉可利用血糖合成肌糖

原。进食期间有大量葡萄糖自肠道吸收，此时肌糖原合成和糖氧化作用都加强。肌糖原约占肌肉重量的1% ～ 2%，此值虽低于肝，但其总量可达120 ～ 140g，因此肌肉也是贮存糖原的重要组织。但由于肌肉缺乏糖原分解所需的葡萄糖-6-磷酸酶，所以肌糖原不能分解为葡萄糖以直接补充血糖。但肌肉剧烈运动时，肌糖原分解产生大量乳酸，可通过乳酸循环在肝将乳酸异生为葡萄糖或肝糖原。

除肝和肌肉外，肾也可通过增加或减少葡萄糖的排出量及糖异生作用对血糖浓度产生影响。

（二）激素的调节

多种激素可对血糖浓度进行调节。其中降低血糖的激素有胰岛素，升高血糖的激素有肾上腺素、胰高血糖素、糖皮质激素和生长素等。现将各种激素对血糖水平的调节机理列于表4-3。

（三）神经调节

神经系统对血糖浓度的调节属于整体调节，通过对各种促激素或激素分泌的调节进而影响代谢中酶的活性而完成调节作用。如情绪激动时，交感神经兴奋，可使肾上腺素分泌增加，促进肝糖原分解、肌糖原酵解和糖异生作用，使血糖浓度升高；当处于静息状态时，迷走神经兴奋，胰岛素分泌增加，使血糖水平降低。

上述几方面调节作用并非孤立进行，而是相互协同又相互制约，共同维持血糖浓度的相对恒定。

表4-3 激素对血糖水平的调节

激素	对糖代谢的影响
降低血糖水平的激素	
胰岛素	1．促进肌肉、脂肪组织摄取葡萄糖 2．促进糖原合成，抑制糖原分解 3．促进糖的有氧氧化 4．抑制肝内糖异生作用 5．减缓脂肪的动员，从而减少脂肪酸对糖氧化的抑制
升高血糖水平的激素	
胰高血糖素	1．促进肝糖原分解 2．促进糖异生 3．加速脂肪动员，抑制糖氧化
糖皮质激素	1．促进肝的糖异生作用 2．抑制肝外组织摄取和利用葡萄糖 3．协助促进脂肪动员，间接抑制周围组织摄取葡萄糖
肾上腺素	1．促进肝糖原分解 2．促进肌糖原酵解 3．促进糖异生
生长素	1．早期有胰岛素样作用（时间很短） 2．晚期有抗胰岛素作用（主要作用）

三、耐糖现象是血糖调节功能的表现

由于正常人体对糖代谢有着精细的调节机制，因而在一次性食入大量葡萄糖之后，血糖水平不会出现大的波动和持续升高。人体对摄入的葡萄糖具有很大耐受力的现象被称为葡萄糖耐量或耐糖现象。葡萄糖耐量试验（glucose tolerance test，GTT）是检查人体对血糖的调节功能及诊断糖尿病的一项重要检查。

知识链接

口服葡萄糖耐量试验（OGTT）方法

1. 晨 7 ～ 9 时开始，受试者空腹（8 ～ 10h）后口服溶于 300ml 水内的无水葡萄糖粉 75g，如用 1 分子水葡萄糖则为 82.5g。儿童则予每公斤体重 1.75g，总量不超过 75g。糖水在 5min 之内服完。
2. 从服糖第一口开始计时，于服糖前和服糖后 2h 分别在前臂采血测血糖。
3. 试验过程中，受试者不喝茶及咖啡，不吸烟，不做剧烈运动，但也无需绝对卧床。
4. 血标本应尽早送检。
5. 试验前 3 天内，每日碳水化合物摄入量不少于 150g。
6. 试验前停用可能影响 OGTT 的药物如避孕药、利尿剂或苯妥英钠等 3 ～ 7 天。

引自《中国 2 型糖尿病防治指南》(2010 版)

正常人耐糖曲线的特征是：空腹血糖浓度正常，口服葡萄糖后 0.5 ～ 1 小时达高峰，峰值不超过 8.88mmol/L，此后血糖浓度迅速降低，在 2 小时内恢复到正常水平。

糖尿病患者的耐糖曲线表现为：空腹血糖浓度较正常型高，进食糖后血糖迅速升高，并可超过肾糖阈。2 小时血糖含量不能恢复到空腹血糖水平。

肾上腺皮质功能不全（阿狄森病）患者的耐糖曲线表现为：空腹血糖浓度低于正常值，进食糖后血糖浓度升高不明显，短时间内即恢复至原有水平（图 4-12）。

四、糖尿病是一种以高血糖为主要表现的代谢疾病

许多疾病如神经系统疾患、内分泌失调、肝疾病、肾疾病及某些酶的遗传性缺陷等都可引起糖代谢障碍而使血糖水平出现异常。常见的有以下两种类型。

（一）低血糖

空腹血糖浓度低于 2.8mmol/L 时称为低血糖（hypoglycemia）。出现低血糖的原因有：①胰性（胰岛 α- 细胞功能低下、胰岛 β- 细胞功能亢进等）；②肝性（肝癌、糖原累积病等）；③内分泌异常（肾上腺皮质功能不全、垂体功能低下等）；④肿瘤（胃癌等）；⑤饥饿或不能进食者等。

血糖水平过低会影响脑细胞的功能，因为脑细胞所需要的能量主要来自葡萄糖的氧化。当血糖水平过低时会出现头晕、心悸、倦怠、饥饿感等，严重时出现昏迷，称为低血糖休克，如不及时给患者补充葡萄糖，甚至可导致死亡。

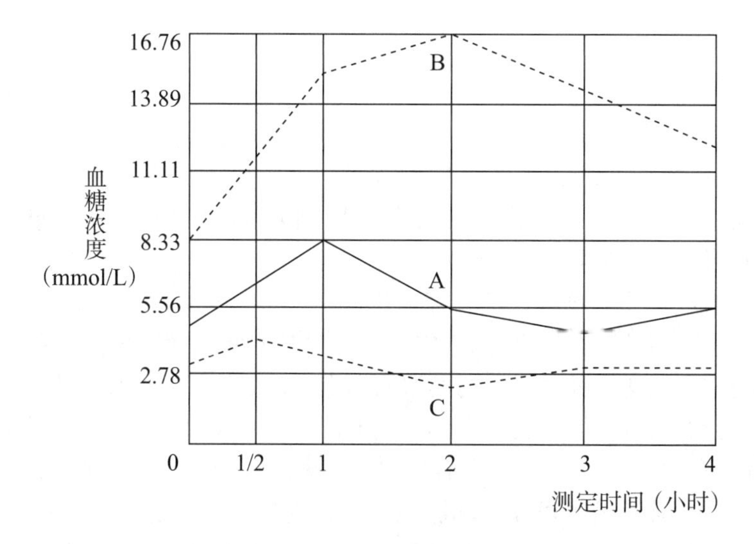

图 4-12 耐糖曲线

A：正常人；B：糖尿病患者；C：肾上腺皮质功能不全患者

（二）高血糖和糖尿

临床上将空腹血糖高于 7.0mmol/L 称为高血糖（hyperglycemia）。当血糖浓度超过了肾小管的重吸收能力（肾糖阈），则可出现糖尿。某些生理情况下也可出现高血糖和糖尿，如情绪激动时交感神经兴奋，肾上腺素分泌增加，肝糖原大量分解，血糖浓度升高，出现糖尿，称为情感性糖尿；一次性食入大量的糖，血糖急剧升高，出现糖尿称为饮食性糖尿；临床静脉点滴葡萄糖速度过快也可使血糖迅速升高并出现糖尿。以上情况的出现高血糖和糖尿都是暂时的，且空腹血糖水平正常。

持续性高血糖和糖尿，特别是空腹血糖水平和糖耐量曲线高于正常，主要见于糖尿病（diabetes mellitus）。糖尿病是一种常见的、有一定遗传倾向的代谢性疾病。某些慢性肾炎、肾病综合征等肾疾患致肾对糖的重吸收障碍也可出现糖尿，但血糖及糖耐量曲线均正常。

糖尿病常伴有多种并发症，包括急性病发症如糖尿病酮症酸中毒、乳酸性酸中毒、高血糖高渗透压综合征；慢性并发症如糖尿病肾病变、视网膜病变、神经病变、下肢血管病变、糖尿病足等。这些并发症的严重程度与血糖水平升高的程度直接相关。

知识链接

糖尿病与代谢综合征

代谢综合征是一组以肥胖、高血糖（糖尿病或糖调节受损）、血脂异常［指高甘油三酯血症和（或）低 HDL-C 血症］以及高血压等聚集发病，严重影响机体健康的临床征候群，是一组在代谢上相互关联的危险因素的组合，这些因素直接促进了动脉粥样硬化性心血管疾病的发生，也增加了发生 2 型糖尿病的风险。目前研究结果显示，代谢综合征患者是发生心脑血管疾病的高危人群，与非代谢综合征者相比，其罹患心血管病和 2 型糖尿病的风险均显著增加。

小 结

糖是自然界一类重要的含碳化合物，其主要生物学功能是在机体代谢中提供能量和碳源，也是细胞和组织结构的重要组成成分。

淀粉是人类食物的主要糖类。淀粉经消化道中一系列酶的作用，最终被水解成葡萄糖，在小肠被吸收。小肠黏膜细胞对葡萄糖的摄入是一个依赖特定转运蛋白、主动耗能的过程。

糖在体内有多条代谢途径。在不同类型的细胞中，糖的代谢途径有所不同。在氧供应充足时，葡萄糖进行有氧氧化彻底氧化成 CO_2 和 H_2O，并释放大量能量。在缺氧时，则进行无氧氧化生成乳酸及少量能量。此外，葡萄糖可进入磷酸戊糖途径及其他途径进行代谢，以发挥不同的生理作用。葡萄糖也可在肝和肌肉组织合成糖原，肝糖原用以维持血糖浓度恒定，供应全身利用，而肌糖原主要为肌肉收缩提供能量。有些非糖物质如甘油、乳酸、丙氨酸等还可经糖异生途径转变为葡萄糖或糖原。

由单糖（主要是葡萄糖）合成糖原的过程称为糖原合成，这是细胞贮存能量的过程。UDPG 是合成糖原的重要中间产物。糖原合成需消耗能量，糖原分子上每增加 1 个葡萄糖基，需消耗 2 分子 ATP。糖原分解通常指肝糖原分解为葡萄糖的过程。由于肌组织中缺乏葡萄糖 -6- 磷酸酶，故肌糖原不能直接分解为葡萄糖，但肌糖原通过酵解生成的乳酸，可经乳酸循环在肝细胞中异生为葡萄糖。糖原合成的调节酶是糖原合酶，糖原分解的调节酶是磷酸化酶，二者的活性均受到共价修饰和变构调节。

糖无氧氧化（又称糖酵解）是指在缺氧情况下葡萄糖分解产生乳酸，并释放少量能量的过程。糖无氧氧化可分为两个阶段：第一阶段是葡萄糖转变为丙酮酸，此过程又称糖酵解途径；第二阶段为丙酮酸还原为乳酸。糖无氧氧化的全部反应均在细胞质中进行。调节糖无氧氧化的调节酶是己糖激酶或葡萄糖激酶（肝内）、6- 磷酸果糖激酶 -1 和丙酮酸激酶。糖酵解的生理意义在于迅速为机体提供能量，1 分子葡萄糖经糖酵解净生成 2 分子 ATP，糖原分子中的 1 个葡萄糖残基经糖酵解净生成 3 分子 ATP。

糖异生指由乳酸、丙酮酸、甘油、生糖氨基酸等非糖物质转变为葡萄糖或糖原的过程。由丙酮酸异生为葡萄糖的具体反应过程称为糖异生途径，其与糖酵解途径的大多数反应是共有的、可逆的，但酵解途径中有 3 个不可逆反应（分别由己糖激酶、6- 磷酸果糖激酶 -1 和丙酮酸激酶催化），在糖异生途径中必须有另外的反应代替。进行糖异生的器官主要是肝，其次是肾。糖异生的生理意义在于维持饥饿时血糖浓度的相对恒定，也是肝补充或恢复糖原储备的重要途径。长期饥饿时，肾糖异生增强有利于维持机体的酸碱平衡。

葡萄糖或糖原在有氧条件下彻底氧化生成 CO_2 和 H_2O 并产生大量能量的过程，称为糖的有氧氧化。糖的有氧氧化可分为糖酵解途径、丙酮酸氧化脱羧及三羧酸循环三个阶段，其中三羧酸循环是糖、脂、蛋白质三大营养物质分解代谢的共同途径。

三羧酸循环是在线粒体内以乙酰 CoA 和草酰乙酸缩合成柠檬酸开始、经脱氢脱羧等一系列反应又生成草酰乙酸的循环过程。此循环中由柠檬酸合酶、异柠檬酸脱氢酶和 α- 酮戊二酸脱氢酶复合体催化的反应不可逆，所以整个循环是不可逆的。以上三种酶即是三羧酸循环的调节酶。三羧酸循环既是三大营养物质分解代谢的共同途径，也是三大营养物质相互转变的联系枢纽，还为氧化磷酸化提供还原当量及为其他合成代谢提供前体物质。

糖的有氧氧化是糖氧化供能的主要方式。1 分子葡萄糖彻底氧化成 H_2O 和 CO_2 时，可净生成 30 或 32 分子 ATP。糖在有氧条件下彻底氧化释放的能量远多于糖酵解。在正常生理条件下，体内大多数组织细胞皆从糖的有氧氧化获得能量。

葡萄糖通过磷酸戊糖途径代谢可生成磷酸核糖和 $NADPH + H^+$。磷酸核糖是合成核苷酸进而合成核酸的重要原料；$NADPH + H^+$ 作为供氢体参与体内多种代谢反应。磷酸戊糖途径在细胞质内进行，其调节酶是 6- 磷酸葡萄糖脱氢酶。

血糖指血液中的葡萄糖，其正常参考范围是 3.61 ~ 6.11mmol/L。血糖浓度的相对恒定是血糖来源和去路相对平衡的结果。血糖水平受肝、肌肉、肾等器官以及神经、激素的调节。胰岛素可降低血糖水平，而胰高血糖素、肾上腺素、糖皮质激素、生长素等有升高血糖的作用。人体糖代谢发生障碍时，可引起血糖水平异常。常见的临床症状为低血糖、高血糖及糖尿。糖尿病是最常见的糖代谢紊乱疾病。

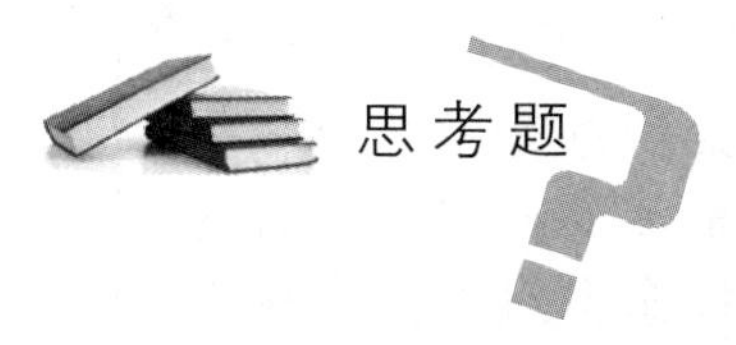

思考题

1．血糖的来源与去路主要有哪些？人体主要通过哪些机制维持血糖水平的相对恒定？

2．葡萄糖在人体内主要有哪些代谢途径？各途径的主要生理意义是什么？

3．如何理解三羧酸循环在糖、脂、蛋白质三大物质代谢中的枢纽作用？

（倪菊华）

第五章

脂质代谢

学习目标

1. 了解人体内脂质的组成、分布及生理功能；熟悉脂质消化吸收的主要部位及有关的酶。
2. 掌握脂肪动员的概念、调节酶及主要调节激素；熟悉脂肪酸β氧化和酮体生成的一般过程，脂肪酸氧化的能量计算；掌握脂肪酸β-氧化的概念、部位和调节酶；掌握酮体的概念、组成、合成部位、合成原料、利用部位和酮体生成的生理意义。
3. 了解脂肪酸合成的一般过程和部位；掌握脂肪酸合成的原料和调节酶。
4. 熟悉甘油磷脂的主要种类、合成的主要部位、原料和基本过程；了解甘油磷脂的分解过程。
5. 了解胆固醇在体内的主要分布及生理功用；熟悉胆固醇合成的基本过程及其调节；掌握胆固醇合成的部位、原料和调节酶、催化胆固醇酯化的酶、胆固醇转化的主要产物。
6. 掌握血浆脂蛋白的分类、组成及结构和载脂蛋白的功能；熟悉血浆脂蛋白的主要代谢过程和功能；了解高脂蛋白血症的分型和特点。

脂质（lipid）包括脂肪（fat）、类脂（lipoid）及其衍生物，是一类非均一的、物理和化学性质相近的有机化合物，其共同特征是不溶或微溶于水而易溶于乙醚、氯仿、丙酮、苯等非极性有机溶剂。

第一节　脂质的组成、分布及生理功能

一、脂质是脂肪和类脂的总称

（一）脂肪是由1分子甘油与3分子脂肪酸酯化而成的化合物

脂肪习惯上称三酰甘油（triglyceride，TG）或称甘油三酯，其含有的脂肪酸碳链的长短及饱和度均可不同。饱和脂肪酸的碳链不含双键，机体内以软脂酸（碳链长度为16）和硬脂酸（碳链长度为18）最为常见；不饱和脂肪酸的碳链含有一个或一个以上双键，其中以软油酸（十六碳单烯酸，16：1，$\triangle^{9}$）、油酸（十八碳单烯酸，18：1，$\triangle^{9}$）和亚油

酸（十八碳二烯酸，18：2，$\triangle^{9,12}$）为常见。多数脂肪酸在人体内能合成，只有不饱和脂肪酸中的亚油酸、亚麻酸（十八碳三烯酸，18：3，$\triangle^{9,12,15}$）和花生四烯酸（二十碳四烯酸，20：4，$\triangle^{5,8,11,14}$）在体内不能合成，必须从植物油中摄取，这类脂肪酸称为人体必需脂肪酸（essential fatty acid）。人体每日需从膳食的脂质中获得必需脂肪酸，它是维持生长发育和皮肤正常代谢所必需的。

知识链接

ω-3 脂肪酸与健康

ω-3 脂肪酸是一类带有 3 ~ 6 个不饱和键的脂肪酸的总称，因其第一个不饱和键位于甲基一端的第 3 个碳原子上而得名。20 世纪 70 年代，科学家发现生活在格陵兰岛的爱斯基摩人很少患心血管疾病，这与他们经常食用富含 ω-3 脂肪酸的鱼类有关，人们由此开始对 ω-3 脂肪酸进行深入研究。ω-3 脂肪酸有很多种，其中最为重要的是二十碳五烯酸（EPA）和二十二碳六烯酸（DHA）。ω-3 脂肪酸具有抗炎症、抗血栓形成、降低血脂、舒张血管等功能，对胎儿及婴儿的生长发育极其重要，特别是脑部和视力的发育。78% 的 ω-3 脂肪酸取自海产品，13% 则来源于亚麻籽。在植物亚麻中含有 ALA，它是一种在人体内可部分转化为 DHA 和 EPA 的 ω-3 脂肪酸。人体每日至少要摄入 ω-3 脂肪酸 2.2 ~ 4.4 克。

（二）类脂主要包括磷脂、糖脂、胆固醇及其酯

磷脂（phospholipid）是指含有磷酸的脂质，按其组成可分为两大类，一类是含有甘油的磷脂，称为甘油磷脂；另一类是含有鞘氨醇的磷脂，称为鞘磷脂。人体含量最多的磷脂是甘油磷脂。

糖脂（glycolipid）是含糖而不含磷酸的脂质，其间通过糖苷键相连，普遍存在于真核和原核细胞的质膜上。

胆固醇（cholesterol）是机体内主要的固醇类化合物，胆固醇酯（cholesterol ester）则是由 1 分子胆固醇与 1 分子脂肪酸缩合形成的酯。

二、脂肪和类脂在体内的分布差异很大

脂肪主要分布于脂肪组织，以皮下、肠系膜、大网膜及肾周围等处最多。脂肪组织称为脂库，脂肪则称为储存脂。成年男性的脂肪含量约占体重的 10% ~ 20%，女性稍高。人体内脂肪含量因受营养状况和机体活动的影响而有较大变动，故又被称为可变脂。

类脂（lipoid）是生物膜的基本成分，约占体重的 5%，分布于机体各组织中，以神经组织中含量最多。因类脂在体内的含量不受营养状况及机体活动的影响，故称为固定脂或基本脂。

三、脂质在体内具有重要的生理功能

（一）脂肪的主要功能是储能和供能

脂肪是体内储存能量与供给能量的重要物质。脂肪是疏水性物质，在体内储存时几乎不结合水，所占体积小，故以脂肪的形式储存能量，能以较小的空间储存更多的能量，是体内

主要的储能形式。正常生理活动所需能量的20% ~ 30% 由脂肪氧化产生；空腹时50% 以上的能源由脂肪氧化供给；若绝食1 ~ 3天，人体所需能量85% 来自脂肪，因此，脂肪是空腹或禁食时体内能量的主要来源。

此外，皮下脂肪层不易导热，可减少体内热量散失，故脂肪起到保温作用；内脏周围的脂肪层有保护作用，能减少脏器间的摩擦，缓冲外界机械撞击，以保护内脏；脂溶性维生素难溶于水，脂肪可作为其溶剂，在肠道内促进脂溶性维生素的吸收。

（二）类脂的主要功能是构成生物膜成分

生物膜主要包括细胞质膜、核膜、线粒体膜及神经髓鞘等。类脂特别是磷脂和胆固醇，是所有生物膜的重要组成成分，对于维持膜的正常结构和功能起着重要作用。具有亲水头部和疏水尾部的磷脂双分子层是生物膜的基本结构，磷脂中的不饱和脂肪酸有利于膜的流动性，而胆固醇及饱和脂肪酸使膜的流动性下降。膜中的磷脂和胆固醇含量稍有变化，都将导致膜的物理性质改变，影响膜的功能。

此外，胆固醇在体内可转变成胆汁酸、维生素D_3、性腺激素及肾上腺皮质激素等重要活性物质；某些脂质衍生物参与组织细胞间信息的传递与调控，如花生四烯酸在体内可衍变生成前列腺素、血栓素及白三烯等，这些衍生物分别参与多种细胞的代谢调控；又如细胞膜上的磷脂酰肌醇4，5-二磷酸（PIP_2）被磷脂酶水解生成三磷酸肌醇（IP_3）和二酰甘油（DAG），两者均为激素作用的第二信使，在细胞信息传递中具有重要作用。

第二节 脂质的消化和吸收

一、脂质的消化需要胆汁酸盐及脂消化酶

膳食中的脂质主要有三酰甘油、少量的磷脂、胆固醇和胆固醇酯。小肠上段是脂质消化的主要场所。脂质不溶于水，故食入的脂质首先在十二指肠受胆汁中胆汁酸盐（较强的乳化剂，能降低油与水相之间的界面张力）的作用，被乳化成细小的微团，使脂质颗粒变小，表面积增大，利于酶对底物的接触和水解。消化脂质的酶主要来自胰液，包括胰脂酶、胆固醇酯酶、磷脂酶A_2和辅脂酶等。

辅脂酶是胰脂酶水解三酰甘油不可缺少的蛋白质辅因子。辅脂酶先与三酰甘油结合，为胰脂酶定位于三酰甘油表面提供特异的部位，增加胰脂酶活性，促进三酰甘油的水解。

食物中的游离胆固醇可直接被肠黏膜细胞吸收，胆固醇酯则必须经胆固醇酯酶催化、水解成胆固醇后才能吸收。

脂肪和类脂的消化产物包括一酰甘油、脂肪酸、胆固醇及溶血磷脂等。这些消化产物可被胆汁酸盐乳化成更小的混合微团，易被肠黏膜细胞吸收。

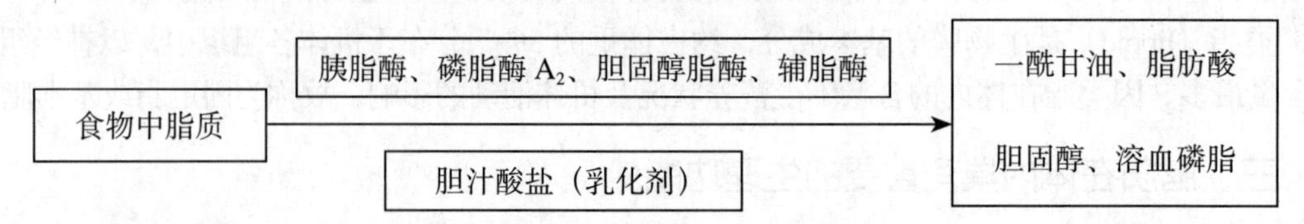

二、脂质消化产物大部分在肠黏膜细胞内再被重新酯化合成三酰甘油

脂质消化产物的吸收部位主要在十二指肠下段和空肠上段。脂质消化产物的吸收包括两

种情况：①含短链脂肪酸（2 ~ 4C）及中链脂肪酸（6 ~ 10C）的三酰甘油，经胆汁酸盐乳化后即可被直接吸收，然后在肠黏膜细胞内水解为脂肪酸和甘油，通过门静脉进入血循环。②含长链脂肪酸（12 ~ 26C）的三酰甘油在肠道分解为长链脂肪酸和一酰甘油后，再被吸收入肠黏膜细胞，然后在肠黏膜细胞的滑面内质网上，由脂酰 CoA 转移酶催化，重新合成三酰甘油。后者随即与粗面内质网上合成的载脂蛋白、磷脂、胆固醇等结合成乳糜微粒经淋巴进入血液循环。

第三节 三酰甘油的分解代谢

三酰甘油是机体的主要脂质，其分解与合成是脂代谢的主要内容。各组织中三酰甘油都不断更新，其中脂肪组织和肝脏更新率较高，其次是肠黏膜和肌肉组织，皮肤和神经组织中三酰甘油更新率最低。

一、三酰甘油的分解代谢始于脂肪动员

储存在脂肪细胞中的三酰甘油，被脂肪酶逐步水解为游离脂肪酸（free fatty acid，FFA）和甘油，并释放入血以供其他组织氧化利用的过程，称为脂肪动员。脂肪细胞中含有的脂肪酶包括三酰甘油脂肪酶、二酰甘油脂肪酶和一酰甘油脂肪酶。脂肪的动员过程如下：

$$\text{三酰甘油} \xrightarrow[H_2O \to \text{脂肪酸}]{\text{三酰甘油脂肪酶}} \text{二酰甘油} \xrightarrow[H_2O \to \text{脂肪酸}]{\text{二酰甘油脂肪酶}} \text{一酰甘油} \xrightarrow[H_2O \to \text{脂肪酸}]{\text{一酰甘油脂肪酶}} \text{甘油}$$

催化上述反应的脂肪酶中，三酰甘油脂肪酶活性最低，是脂肪动员的调节酶，因受多种激素的调节，故又称为激素敏感性三酰甘油脂肪酶（hormone sensitive triglyceride lipase，HSL）。胰岛素可使三酰甘油脂肪酶活性降低，抑制脂肪分解，故将胰岛素称为抗脂解激素。而甲状腺素、肾上腺素、去甲肾上腺素、胰高血糖素及促肾上腺皮质激素等与胰岛素作用相反，能直接激活脂肪组织中三酰甘油脂肪酶，促进脂肪动员，所以这些激素称为脂解激素。

当禁食、饥饿或交感神经兴奋时，肾上腺素、胰高血糖素等分泌增加，脂解作用加强；进食后胰岛素分泌增加，脂解作用降低。糖尿病患者因胰岛素合成或分泌不足，故引起脂肪分解增加，可出现消瘦即体重减轻。

二、甘油经甘油激酶催化生成 α- 磷酸甘油

脂肪动员产生的甘油扩散入血，运送到富含甘油激酶的肝、肾、肠等组织被摄取利用。甘油在细胞内经甘油激酶催化生成 α- 磷酸甘油，然后脱氢生成磷酸二羟丙酮后，循糖代谢途径继续氧化分解生成 CO_2 和 H_2O 并释放能量，少量也可经糖异生途径转变为葡萄糖或糖原。甘油分解代谢的反应如下：

$$\underset{\text{甘油}}{\begin{matrix}CH_2OH\\|\\CHOH\\|\\CH_2OH\end{matrix}} \xrightarrow[\text{甘油激酶}]{ATP \to ADP} \underset{\alpha\text{-磷酸甘油}}{\begin{matrix}CH_2OH\\|\\CHOH\\|\\CH_2-O-Ⓟ\end{matrix}} \xrightarrow[\alpha\text{-磷酸甘油脱氢酶}]{NAD^+ \to NADH+H^+} \underset{\text{磷酸二羟丙酮}}{\begin{matrix}CH_2OH\\|\\C=O\\|\\CH_2-O-Ⓟ\end{matrix}} \begin{cases}\to \text{葡萄糖或糖原}\\ \to CO_2+H_2O+\text{能量}\end{cases}$$

值得注意的是，脂肪动员产生的甘油，必须先生成 α- 磷酸甘油，才能再参与代谢。甘

油激酶主要存在于肝、肾和小肠黏膜细胞，脂肪细胞和骨骼肌等组织因甘油激酶活性很低，故不能很好地利用甘油。

三、脂肪酸氧化需经多个阶段

脂肪酸是体内氧化供能的主要物质，除脑细胞和成熟红细胞外，大多数组织都能利用脂肪酸氧化供能，但以肝和肌肉组织最为活跃。线粒体是脂肪酸氧化的主要部位。脂肪酸氧化分四个阶段进行，即脂肪酸的活化、脂酰 CoA 转移至线粒体、脂肪酸 β- 氧化产生乙酰 CoA 和乙酰 CoA 的彻底氧化。

（一）脂肪酸活化为脂酰 CoA

脂肪酸进行氧化前必须活化。脂肪酸的活化是指在 ATP、HSCoA、Mg^{2+} 存在下，脂肪酸经脂酰 CoA 合成酶催化，转变为脂酰 CoA 的过程。该反应在细胞质中进行。

$$\underset{\text{脂肪酸}}{RCOOH} + HSCoA + ATP \xrightarrow[Mg^{2+}]{\text{脂酰 CoA 合成酶}} \underset{\text{脂酰 CoA}}{RCO\sim SCoA} + AMP + PPi$$

活化生成的脂酰 CoA 不仅含高能硫酯键，且水溶性增加，从而提高了脂肪酸的代谢活性。由于 AMP 需经 2 次磷酸化后才能补充 ATP，因此活化 1 分子脂肪酸，实际上消耗了 2 个高能磷酸键。

（二）脂酰 CoA 进入线粒体

脂肪酸氧化的酶系存在于线粒体基质内，因此活化的脂酰 CoA 必须进入线粒体基质才能进行氧化分解。中、短链脂肪酸可以直接穿过线粒体内膜，而长链脂酰 CoA 则不能，其进入线粒体基质需经线粒体内膜上的特殊载体物质肉碱（L-β- 羟 -γ- 三甲氨基丁酸）携带，并在位于线粒体内膜两侧的肉碱脂酰转移酶（carnitine acyl transferase，CAT）Ⅰ和Ⅱ的作用下，穿过线粒体内膜进入线粒体基质中进行氧化分解（图 5-1）。

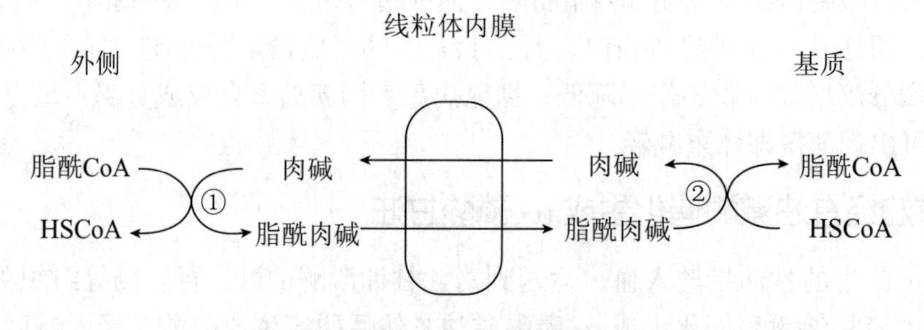

图 5-1 脂酰 CoA 进入线粒体的机制

① =CAT Ⅰ；② =CAT Ⅱ

CAT Ⅰ和 CAT Ⅱ为同工酶，其中 CAT Ⅰ是调节酶，其所催化的反应是脂肪酸氧化的主要限速步骤。当人处于饥饿、高脂低糖膳食或患糖尿病等情况下，就需要由脂肪酸氧化供能，此时 CAT Ⅰ活性增高，脂肪酸氧化增强。

（三）饱和脂肪酸经多次 β- 氧化转变为乙酰 CoA

脂酰 CoA 进入线粒体基质后，在脂肪酸 β- 氧化酶系催化下进行氧化分解，由于氧化是在脂酰基的 β- 碳原子上发生的，故称为 β- 氧化（β-oxidation）。饱和脂肪酸 β- 氧化过程包括脱氢、加水、再脱氢、硫解 4 个连续的酶促反应，每进行一次 β- 氧化，就生成 1 分子乙酰

CoA和1分子比原来少2个碳原子的脂酰CoA。

脂肪酸β-氧化的4步连续反应步骤如下：

1．脱氢　脂酰CoA在脂酰CoA脱氢酶的催化下，在α-和β-碳原子上各脱去1个氢原子，生成α，β-烯脂酰CoA。脱下的2H由该酶的辅基FAD接受生成$FADH_2$。

2．加水　α，β-烯脂酰CoA在烯脂酰CoA水化酶的催化下，加1分子H_2O生成β-羟脂酰CoA。

3．再脱氢　β-羟脂酰CoA在β-羟脂酰CoA脱氢酶的催化下，脱去β-碳原子上的2H，生成β-酮脂酰CoA，脱下的2H由该酶的辅酶NAD^+接受，生成$NADH + H^+$。

4．硫解　β-酮脂酰CoA在β-酮脂酰CoA硫解酶的催化下，加1分子HSCoA，使其碳链中α-和β-碳原子之间的结合键断裂，生成1分子乙酰CoA和1分子比原来少2个碳原子的脂酰CoA。

少2个碳原子的脂酰CoA再经过脱氢、加水、再脱氢、硫解进行又一次β-氧化，如此反复进行，直至脂酰CoA完全氧化为乙酰CoA。可见，β-氧化的终产物是乙酰CoA（图5-2）。

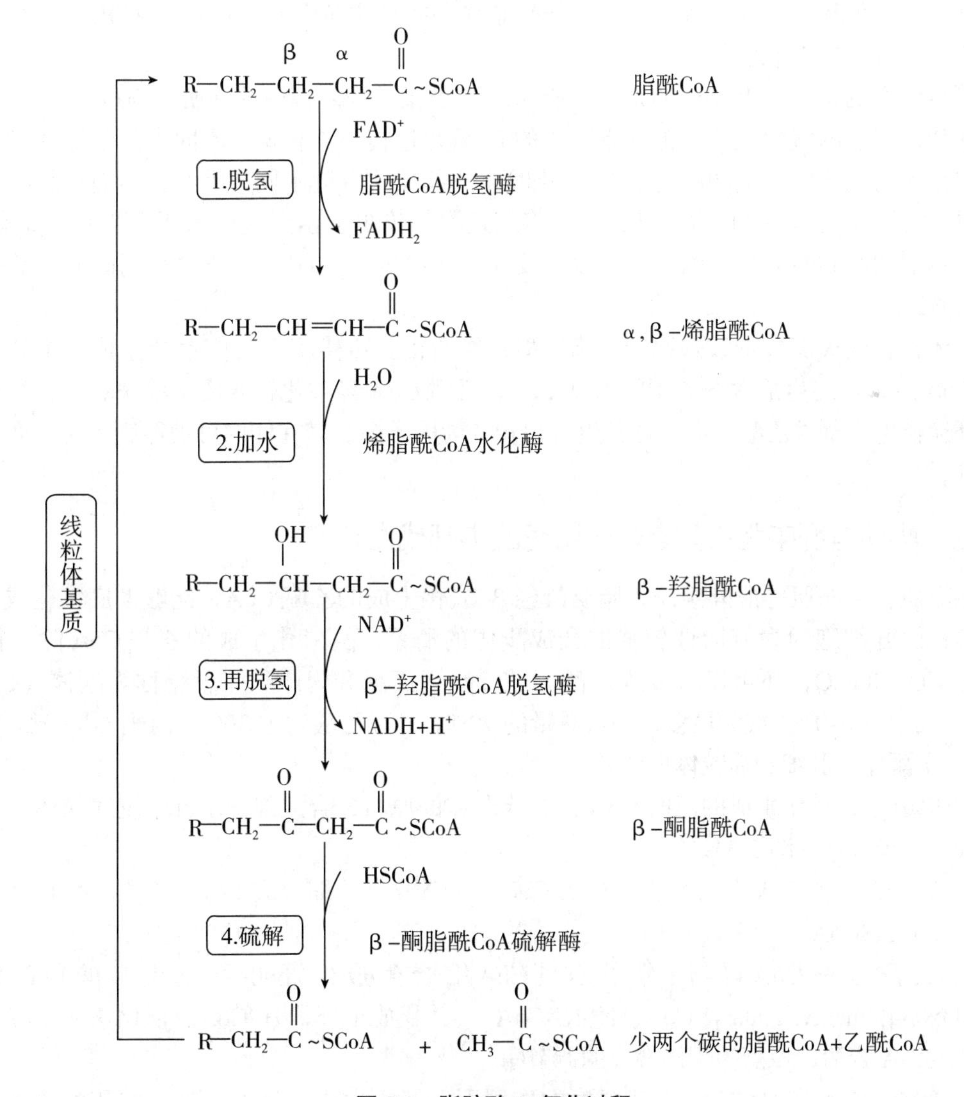

图5-2　脂肪酸β-氧化过程

（四）乙酰 CoA 进入三羧酸循环彻底氧化

脂肪酸β-氧化过程产生的乙酰 CoA，与其他代谢途径（包括糖代谢及氨基酸分解代谢）产生的乙酰 CoA 一样，经三羧酸循环被彻底氧化，生成 CO_2 和 H_2O，并释放能量。

脂肪酸氧化分解释放的能量除一部分以热能形式散发外，其余均用于合成 ATP。脂肪酸每经过一次β-氧化，产生 1 分子乙酰 CoA、1 分子 $FADH_2$ 及 1 分子 $NADH + H^+$。在氧化磷酸化过程中，每分子 $NADH + H^+$ 产生 2.5 分子 ATP，每分子 $FADH_2$ 产生 1.5 分子 ATP；另外，每分子乙酰 CoA 经三羧酸循环彻底氧化时，可产生 10 分子 ATP。现以软脂酸为例计算 ATP 的生成量。软脂酸氧化的总反应式如下：

$$CH_3(CH_2)_{14}CO \sim SCoA + 7HSCoA + 7FAD + 7NAD^+ + 7H_2O$$
$$\rightarrow 8CH_3CO \sim SCoA + 7FADH_2 + 7\,NADH + 7H^+$$

软脂酸是含有 16 个碳原子的饱和脂肪酸，需经 7 次β-氧化，产生 8 分子乙酰 CoA、7 分子 $FADH_2$ 及 7 分子 $NADH + H^+$。$7 \times 1.5ATP + 7 \times 2.5ATP + 8 \times 10ATP = 108ATP$，减去脂肪酸活化时消耗的 2 分子 ATP，一分子软脂酸彻底氧化净生成 106 分子 ATP。由此可见，脂肪酸是体内重要的能源物质。

值得注意的是，以上介绍的是饱和脂肪酸的氧化过程。体内的脂肪酸 50% 以上是不饱和脂肪酸，它们的氧化途径与饱和脂肪酸的β-氧化过程基本相似。不同点是不饱和脂肪酸中的双键均为顺式，与饱和脂肪酸β-氧化时生成的反式双键不同，因此，不饱和脂肪酸在氧化时，需经线粒体特异的异构酶催化，将顺式构型转变成β-氧化酶系所需要的反式构型。此外，不饱和脂肪酸氧化时因少一次脱氢反应，故产生的 ATP 数少于含相同碳原子数的饱和脂肪酸。

人体含有的极少数奇数碳原子的脂肪酸，经活化、转移及多次β-氧化生成多个分子的乙酰 CoA 后，最终生成含奇数碳的丙酰 CoA。丙酰 CoA 经羧化转变成琥珀酰 CoA，沿三羧酸循环途径生成草酰乙酸，再循糖异生过程转变为丙酮酸。其在体内可被彻底氧化，亦可转生成糖。

四、酮体是肝中脂肪酸氧化时特有的中间代谢物

在心肌、骨骼肌等肝外组织，脂肪酸经β-氧化生成的乙酰 CoA，能够彻底氧化成 CO_2 和 H_2O。而肝细胞因含有活性较强的合成酮体的酶系，β-氧化生成的乙酰 CoA 除了彻底氧化成 CO_2 和 H_2O，还可以转变为乙酰乙酸、β-羟丁酸和丙酮，三者统称为酮体（ketone body）。其中以β-羟丁酸为最多，约占总量的 70%，乙酰乙酸约占 30%，丙酮含量极微。

（一）酮体在肝细胞线粒体内合成

脂肪酸经β-氧化生成的乙酰 CoA 是合成酮体的原料，合成部位是肝细胞线粒体，其合成过程分 3 步进行（图 5-3）。

1．2 分子乙酰 CoA 在乙酰乙酰 CoA 硫解酶的催化下，缩合成 1 分子乙酰乙酰 CoA，并释放 1 分子 HSCoA。

2．乙酰乙酰 CoA 再与 1 分子乙酰 CoA 缩合生成β-羟-β-甲基戊二酸单酰 CoA（β-hydroxy–β–methyl glutaryl CoA，HMG-CoA），并释放 1 分子 HSCoA。催化这一反应的酶为 HMG-CoA 合酶，该酶为酮体合成的调节酶。

3．HMG-CoA 在 HMG-CoA 裂解酶的作用下，裂解生成 1 分子乙酰乙酸和 1 分子乙酰

CoA。乙酰乙酸再经β-羟丁酸脱氢酶的催化，由 NADH + H^+ 供氢还原生成β-羟丁酸，少量乙酰乙酸自动脱羧生成丙酮。

肝能生成酮体，但缺乏氧化、利用酮体的酶系，故生成的酮体不能在肝中氧化，必须透过细胞膜进入血液循环，运往肝外组织被氧化利用。

（二）酮体在肝外组织氧化利用

肝外许多组织，特别是心肌、骨骼肌及脑和肾等组织，都具有活性很强的利用酮体的酶，使酮体分解氧化。

1．乙酰乙酸可在乙酰乙酸硫激酶或琥珀酰CoA转硫酶催化下，活化为乙酰乙酰CoA。

2．乙酰乙酰CoA在乙酰乙酰CoA硫解酶作用下，分解为2分子乙酰CoA，后者进入三羧酸循环被彻底氧化。

3．β-羟丁酸在β-羟丁酸脱氢酶的催化下，生成乙酰乙酸，再沿上述途径进行氧化（图5-4）。丙酮不能按上述方式氧化，它可随尿排出。因丙酮易挥发，如血中浓度过高时，丙酮还可随呼吸排出体外，这时患者呼出的气体中带有烂苹果气味。

（三）酮体是肌肉及脑组织的重要能源

酮体是肝输出脂肪酸类能源物质的一种形式。酮体分子小，易溶于水，能够通过血脑屏障和肌肉等组织毛细血管壁。在生理情况下，脑组织主要依

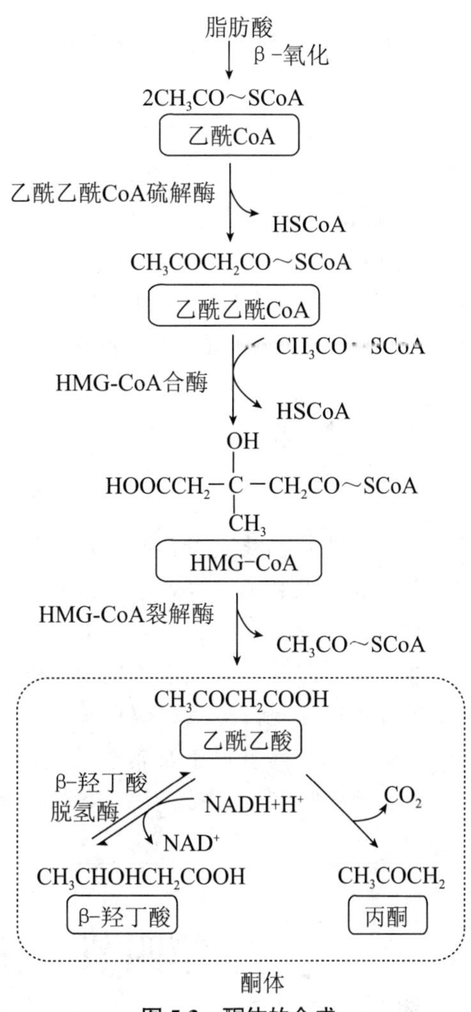

图5-3 酮体的合成

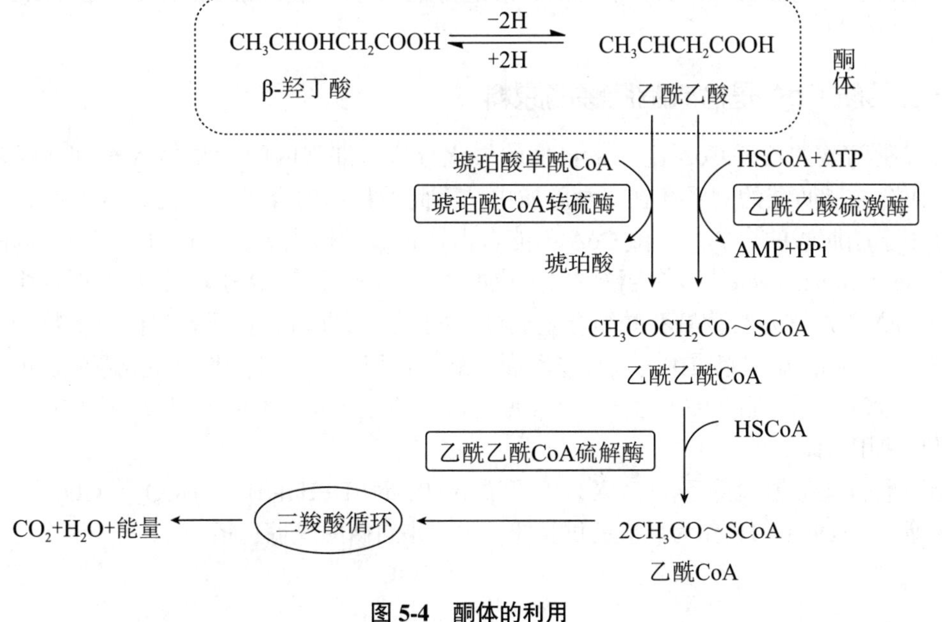

图5-4 酮体的利用

靠血糖供能，它不能直接摄取脂肪酸，但可以利用酮体。在糖供应不足或糖利用障碍时，酮体可以代替葡萄糖成为脑组织和肌肉组织的重要能源。

正常人血中酮体含量很少，为 0.03 ～ 0.5mmol/L（0.3 ～ 5mg/dl）。但在长期饥饿、高脂低糖膳食及糖尿病时，脂肪动员加强，酮体生成增多。尤其在未控制糖尿病患者，血中酮体含量可高出正常情况的数十倍。血中酮体异常升高称为酮血症（ketonemia）。当酮体水平高过肾重吸收能力时，尿中就会出现酮体，称为酮尿症（ketonuria）。由于酮体中占极大部分的乙酰乙酸和 β- 羟丁酸都是有机酸，堆积会导致酸中毒，称为酮症酸中毒（ketoacidosis）。临床上将酮血症、酮尿症及酮症酸中毒合称为酮症（ketosis）。

知识链接

糖尿病酮症酸中毒

糖尿病酮症酸中毒是一种比较常见的急性并发症，最常见于Ⅰ型糖尿病患者，但部分Ⅱ型糖尿病患者在各种应激情况下也可出现。常表现为血糖异常升高，尿中出现酮体，多食、多饮、多尿及体重减轻等“三多一少”症状，并出现全身倦怠、无力，甚至昏迷。动脉血气检查显示代谢性酸中毒的特征。在胰岛素发现之前，Ⅰ型糖尿病患者常过早地因为酮症酸中毒而丧命，胰岛素问世之后，Ⅰ型糖尿病的死亡率已大大降低，但如遇有严重应急情况或治疗不当等情况时，本症仍能直接威胁病人的生命，因此治疗时需用足胰岛素，必要时纠正水、电解质紊乱及酸碱平衡。

第四节　三酰甘油的合成代谢

体内几乎所有组织都能合成三酰甘油，但小肠黏膜细胞、肝细胞、脂肪细胞的内质网是合成三酰甘油的主要场所，其中以肝的合成能力最强。三酰甘油合成需要脂酰 COA、α- 磷酸甘油作为原料。

一、乙酰 CoA 是合成脂肪酸的原料

合成脂肪酸的乙酰 CoA 主要来自糖的氧化分解。细胞内的乙酰 CoA 全部在线粒体内生成，而合成脂肪酸的酶系存在于细胞质中，因此线粒体内合成的乙酰 CoA 必须进入细胞质才能用于脂肪酸的合成。乙酰 CoA 不能自由通过线粒体内膜，需通过柠檬酸 - 丙酮酸循环（citrate-pyruvate cycle），将线粒体内生成的乙酰 CoA 转移到细胞质。在此循环中，线粒体内的乙酰 CoA 首先与草酰乙酸缩合生成柠檬酸，后者即可通过线粒体内膜上特异载体的转运进入细胞质；在细胞质中，在柠檬酸裂解酶的作用下，柠檬酸裂解生成草酰乙酸和乙酰 CoA。乙酰 CoA 用于脂肪酸的合成，而草酰乙酸还原生成苹果酸或转变为丙酮酸后转运入线粒体循环使用（图 5-5）。

脂肪酸合成的原料除乙酰 CoA 外，还需 ATP、NADPH + H^+、HCO_3^-（CO_2）、Mn^{2+} 和生物素等。NADPH + H^+ 作为反应的供氢体，主要来自磷酸戊糖途径。

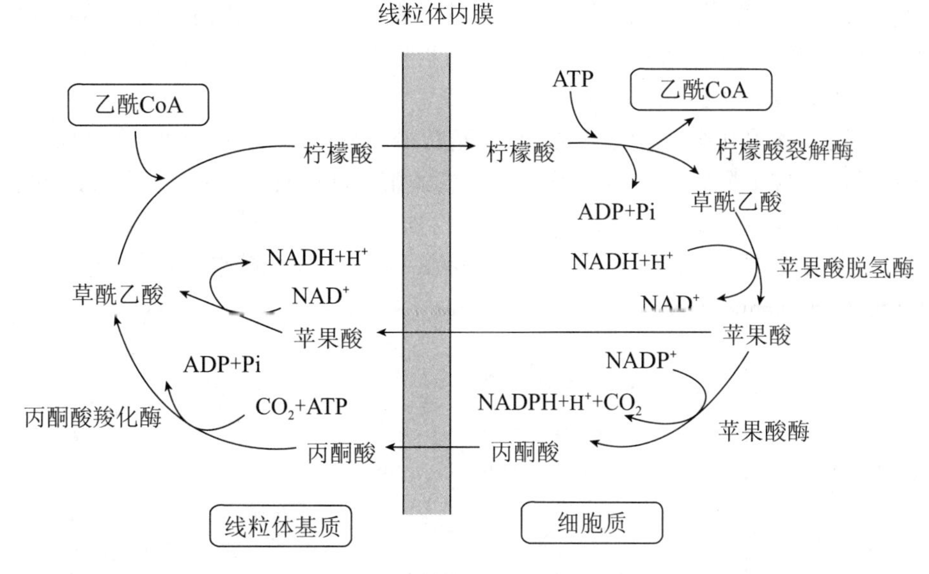

图 5-5 柠檬酸 - 丙酮酸循环

二、脂肪酸和 α- 磷酸甘油是合成三酰甘油的原料

（一）乙酰 CoA 在脂肪酸合成酶系的催化下合成脂肪酸

1．乙酰 CoA 羧化成丙二酰 CoA　在细胞质中，以乙酰 CoA 为原料合成脂肪酸的过程并不是 β- 氧化的逆过程，而是以丙二酰 CoA 为基础的一个连续反应，这是脂肪酸合成的第一步反应。该反应由乙酰 CoA 羧化酶催化，由碳酸氢盐提供 CO_2、ATP 提供能量，其反应式为：

$$\underset{\text{乙酰 CoA}}{CH_3CO \sim SCoA} + HCO_3^- + ATP \xrightarrow[\text{生物素、}Mn^{2+}]{\text{乙酰 CoA 羧化酶}} \underset{\text{丙二酰 CoA}}{HOOCCH_2CO \sim SCoA} + ADP + Pi$$

乙酰 CoA 羧化酶是脂肪酸合成的调节酶，该酶存在于细胞质中，辅基为生物素，Mn^{2+} 为激活剂。此酶活性受膳食成分和体内代谢物的调节和影响，高糖膳食可促进酶蛋白的合成，柠檬酸与异柠檬酸是该酶的变构激活剂，而长链脂酰 CoA 为变构抑制剂。

2．1 分子乙酰 CoA 与 7 分子丙二酰 CoA 合成软脂酸　从乙酰 CoA 和丙二酰 CoA 合成长链脂肪酸，经历一个重复加成反应过程，每次延长 2 个碳原子，此过程由脂肪酸合酶（fatty acid synthase，FAS）催化，NADPH + H^+ 供氢。合成含 16 碳的软脂酸需连续重复 7 次加成反应，总反应式为：

$$\underset{\text{乙酰 CoA}}{CH_3CO \sim SCoA} + \underset{\text{丙二酸单酰 CoA}}{7HOOCCH_2CO \sim SCoA} + 14\ NADPH + 14\ H^+$$

$$\xrightarrow{\text{脂肪酸合成酶系}} \underset{\text{软脂酸（16C）}}{CH_3(CH_2)_{14}COOH} + 7CO_2 + 6\ H_2O + 8\ HSCoA + 14\ NADP^+$$

哺乳动物的脂肪酸合酶属多功能酶，是由两个完全相同的多肽链（亚基）首尾相连组成的二聚体，每个亚基含 1 个酰基载体蛋白（acyl carrier protein，ACP）结构域和 7 种酶蛋白

（乙酰基转移酶、丙二酸单酰转移酶、β- 酮脂酰合成酶、β- 酮脂酰还原酶、烯脂酰脱水酶、烯脂酰还原酶、硫酯酶）结构域。ACP 结构域是脂肪酸合成过程中脂酰基的载体，可与脂酰基相连；7 种酶蛋白结构域分别催化不同的反应。

1 分子乙酰 CoA 和 1 分子丙二酰 CoA 在脂肪酸合酶的催化下，经缩合、加氢、脱水、再加氢四步反应合成丁酰 ACP，这是软脂酸合成的第一次循环。随后，丁酰 ACP 再与丙二酰 CoA 用同样的方式重复缩合、加氢、脱水和再加氢四步反应使脂肪酸碳链延长。每重复一次碳链可延长 2 个碳原子，直到延长到 16 碳时，才受到硫酯酶催化使软脂酰基从酶分子上脱落下来而生成软脂酸（图 5-6）。

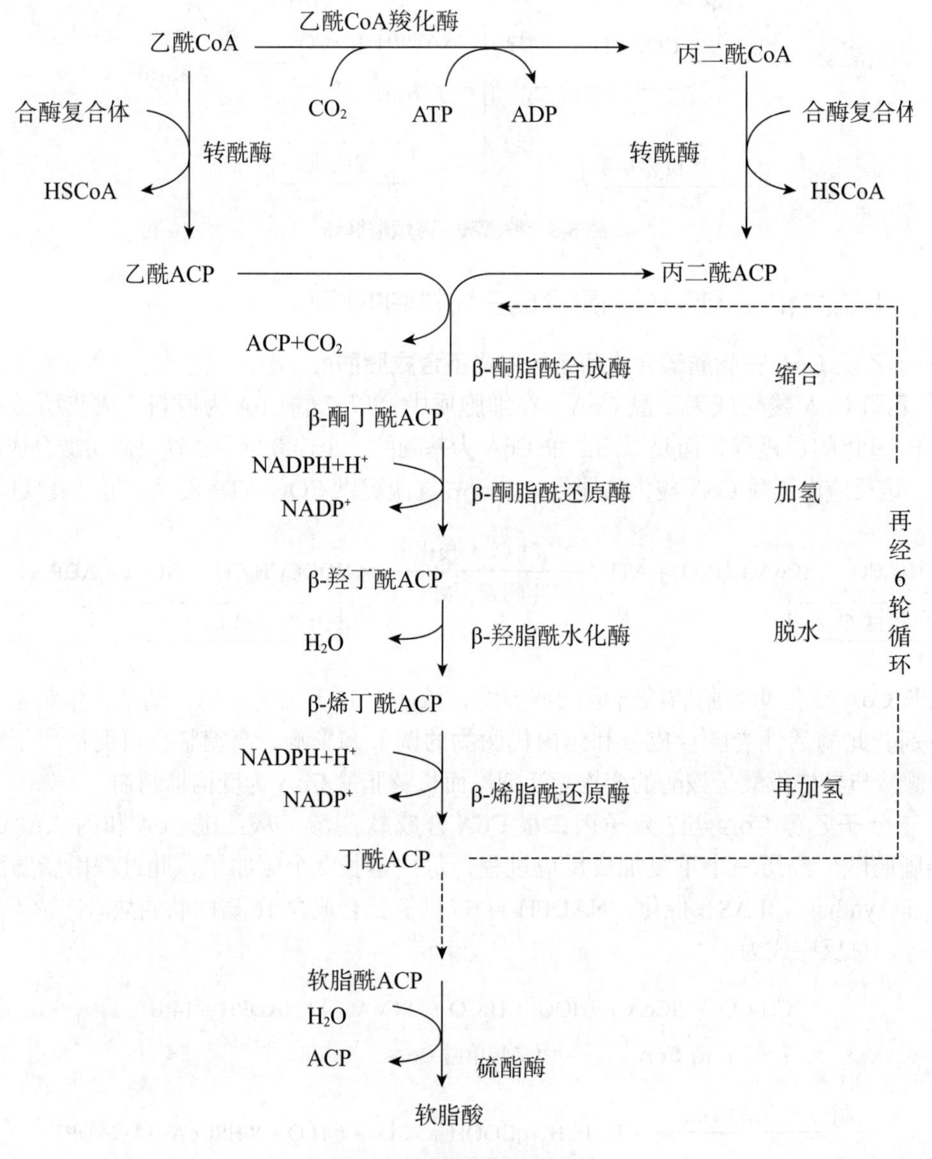

图 5-6 软脂酸的合成过程

除了软脂酸，人体内还有其他碳链长度的饱和脂肪酸以及不饱和脂肪酸，但脂肪酸合酶催化的反应只能合成软脂酸。体内碳链长短不同、饱和度不同的脂肪酸，可在肝细胞的线粒体和内质网内，以软脂酸为母体，通过碳链的延长、缩短以及去饱和作用生成。

脂肪酸是合成三酰甘油的原料之一，在体内合成的脂肪酸经活化后转变成脂酰 CoA，即可作为合成三酰甘油的原料。

（二）α- 磷酸甘油来源有两条途径

1．细胞内甘油再利用　三酰甘油分解产生的甘油，在甘油磷酸激酶催化下活化形成 α- 磷酸甘油。甘油磷酸激酶主要存在于肝、肾及小肠黏膜细胞中，而在肌肉和脂肪组织中活性很低，故肌肉和脂肪组织不能直接利用甘油合成 α- 磷酸甘油。

2．葡萄糖分解途径　葡萄糖循糖酵解途径分解的中间产物磷酸二羟丙酮，经 α- 磷酸甘油脱氢酶催化还原生成 α- 磷酸甘油，这是 α- 磷酸甘油的主要来源。

α- 磷酸甘油来源的两个途径见图 5-7。

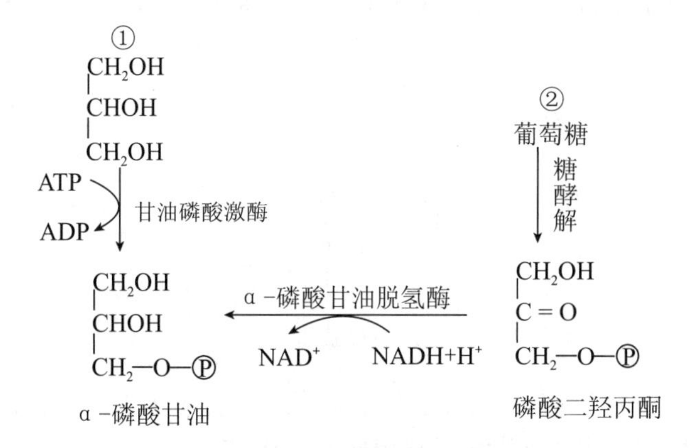

图 5-7　α- 磷酸甘油的来源

三、小肠黏膜细胞、肝细胞和脂肪细胞是合成三酰甘油的主要场所

小肠黏膜细胞、肝细胞、脂肪细胞的内质网是合成三酰甘油的主要场所，其中以肝的合成能力最强。前已述及，合成三酰甘油的原料 α- 磷酸甘油和脂肪酸主要来自糖代谢。合成过程如下（图 5-8）：首先，在 α- 磷酸甘油酯酰基转移酶催化下，1 分子 α- 磷酸甘油与 2 分子脂酰 CoA 合成磷脂酸；然后，磷脂酸经磷脂酸磷酸酶水解生成二酰甘油；最后，由二酰甘油酰基转移酶催化，二酰甘油再与 1 分子脂酰 CoA 作用，生成三酰甘油。

α- 磷酸甘油酯酰基转移酶是三酰甘油合成的调节酶。三酰甘油的三个脂酰基可来自同一脂肪酸，也可来自不同的脂肪酸，可以是饱和脂肪酸也可是不饱和脂肪酸，其中 β 位的脂肪

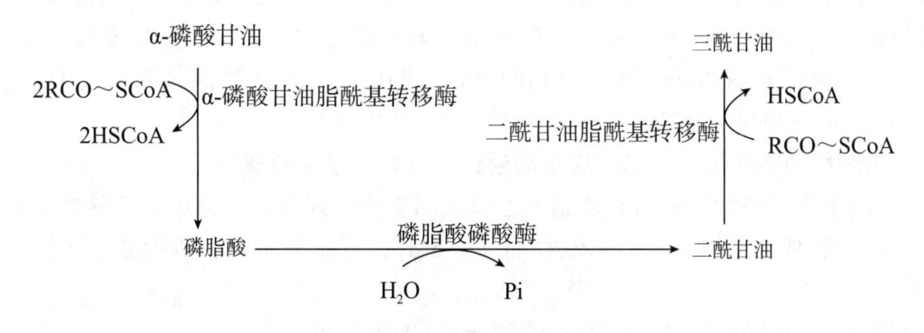

图 5-8　三酰甘油的合成过程

酸多为不饱和脂肪酸。

第五节　磷脂代谢

一、磷脂分为甘油磷脂和鞘磷脂

含有磷酸的脂质统称为磷脂，其中含有甘油的磷脂称为甘油磷脂（phosphoglyceride），含有鞘氨醇的磷脂称为鞘磷脂（sphingomyelin）。磷脂兼有疏水及亲水基团，可同时与极性和非极性物质结合，故它们在水和非极性溶剂中都有很大的溶解度。人体含量最多的磷脂是甘油磷脂，本节重点介绍甘油磷脂的代谢。

1 分子甘油、2 分子脂肪酸、1 分子磷酸和 1 分子取代基团组成甘油磷脂，其基本结构如下：

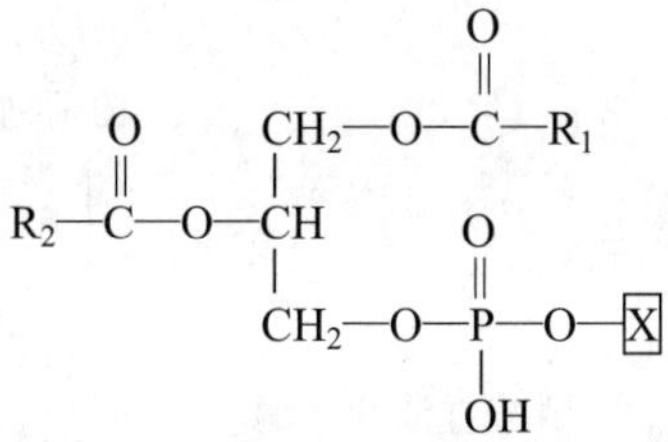

$$\begin{array}{rl} & CH_2-O-\overset{\overset{O}{\|}}{C}-R_1 \\ R_2-\overset{\overset{O}{\|}}{C}-O- & CH \\ & CH_2-O-\overset{\overset{O}{\|}}{\underset{\underset{OH}{|}}{P}}-O-\boxed{X} \end{array}$$

X：取代基团

在甘油的 1 位和 2 位羟基上各结合 1 分子脂肪酸。通常 2 位脂肪酸为花生四烯酸，3 位羟基上结合 1 分子磷酸。根据与磷酸羟基相连的取代基团 X 的不同，可将甘油磷脂分为多种，常见的有：磷脂酸（X = H）、磷脂酰胆碱俗称卵磷脂（X = 胆碱）、磷脂酰乙醇胺（俗称脑磷脂）（X = 乙醇胺）、磷脂酰丝氨酸（X = 丝氨酸）、磷脂酰肌醇（X = 肌醇）和二磷脂酰甘油（俗称心磷脂）（X = 磷脂酰甘油）。

在甘油磷脂中，以磷脂酰胆碱和磷脂酰乙醇胺最重要，含量最多，约占磷脂总量的 75%。磷脂酸是最简单的甘油磷脂。

二、甘油磷脂以甘油、脂肪酸、磷酸等为基本原料通过两条途径合成

人体各组织细胞的内质网均有合成甘油磷脂的酶系，故各组织细胞都能合成甘油磷脂，但以肝、肾及肠等组织最为活跃。合成甘油磷脂的原料主要有饱和脂肪酸、多不饱和脂肪酸、胆碱、丝氨酸、肌醇、磷酸盐等，此外，还需要 ATP 和 CTP 参与。

甘油、脂肪酸主要由葡萄糖代谢转化而来，但所需的一部分必需脂肪酸必须从植物油中摄取。胆碱可由食物供给，亦可由丝氨酸和甲硫氨酸在体内合成。丝氨酸脱羧生成乙醇胺。乙醇胺从 S- 腺苷甲硫氨酸获得 3 个甲基即可合成胆碱。CTP 在甘油磷脂合成中不但供能，而且为合成 CDP- 乙醇胺和 CDP- 胆碱等活性中间产物所必需。

（一）磷脂酰胆碱和磷脂酰乙醇胺主要通过二酰甘油途径合成

二酰甘油是合成磷脂酰胆碱和磷脂酰乙醇胺的重要中间物，其合成与三酰甘油相似，即葡萄糖→ α- 磷酸甘油→磷脂酸→二酰甘油（图 5-8）。磷脂酰胆碱和磷脂酰乙醇胺的合成过程见图 5-9。

1．胆碱和乙醇胺分别活化成 CDP- 乙醇胺和 CDP- 胆碱；

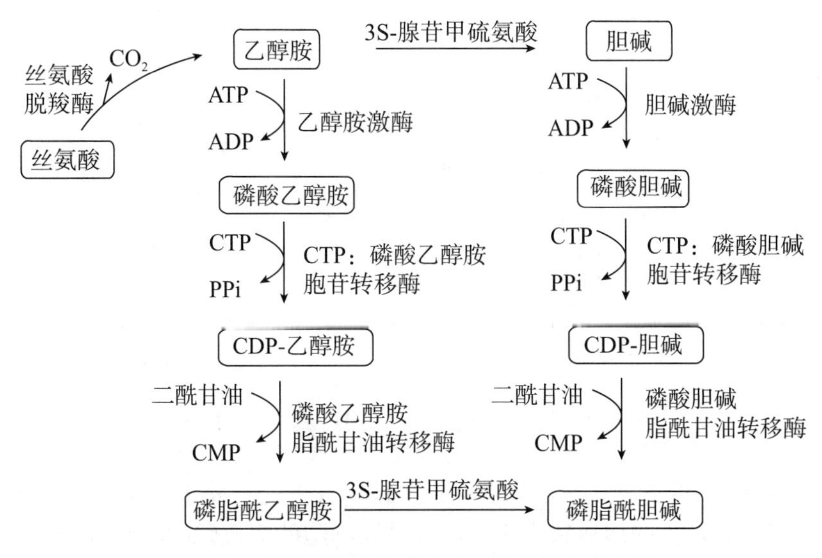

图 5-9 磷脂酰胆碱和磷脂酰乙醇胺的合成过程

2．CDP- 乙醇胺和 CDP- 胆碱分别与二酰甘油作用生成磷脂酰乙醇胺和磷脂酰胆碱。

此外，磷脂酰乙醇胺也可甲基化生成磷脂酰胆碱。合成过程中所需要的甲基由 S- 腺苷甲硫氨酸供给。

（二）磷脂酰肌醇和心磷脂通过 CDP- 二酰甘油途径合成

在心肌和骨骼肌内，由葡萄糖生成的磷脂酸不被磷脂酶水解，在胞苷转移酶的催化下，由 CTP 提供能量，磷脂酸活化为 CDP- 二酰甘油。然后在相应合成酶的作用下，CDP- 二酰甘油分别与肌醇、磷脂酰甘油缩合生成磷脂酰肌醇和心磷脂（图 5-10）。

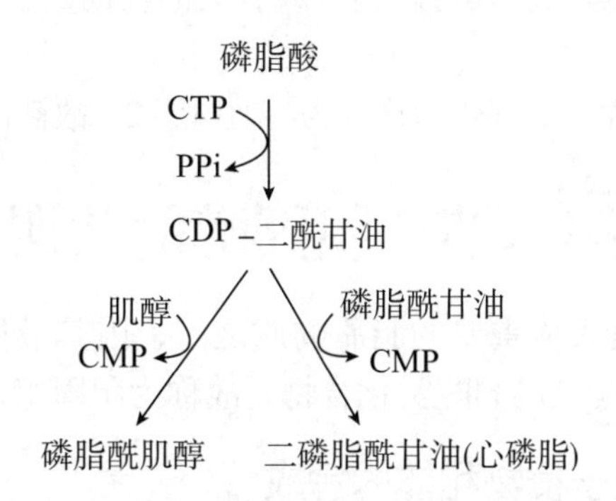

图 5-10 磷脂酰肌醇和心磷脂的合成过程

三、甘油磷脂的分解代谢由磷脂酶催化

体内能够水解磷脂的酶总称为磷脂酶（phospholipase），如磷脂酶 A_1、A_2、C、D、B_1。各种磷脂酶作用于磷脂酰胆碱分子中的不同酯键，将磷脂水解生成甘油、脂肪酸、磷酸和各种含氮化合物如胆碱、乙醇胺、丝氨酸等（图 5-11）。

四、急性胰腺炎、脂肪肝与甘油磷脂代谢异常有关

急性胰腺炎的发生与胰腺磷脂酶 A_2 对胰腺细胞的损伤密切相关。生理情况下，磷脂酶

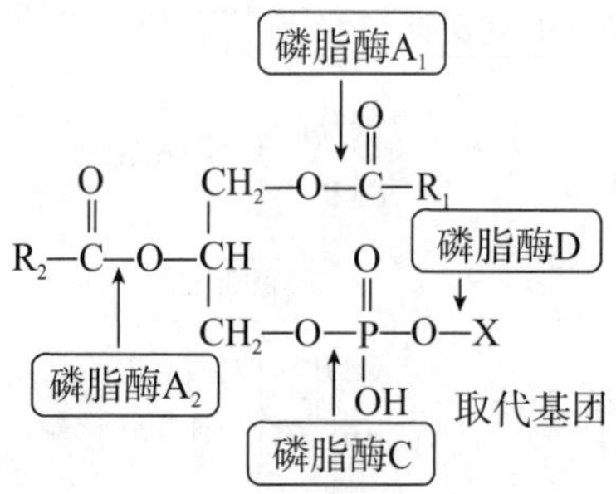

磷脂酶A_1　磷脂酶D　磷脂酶A_2　磷脂酶C　取代基团

甘油磷脂

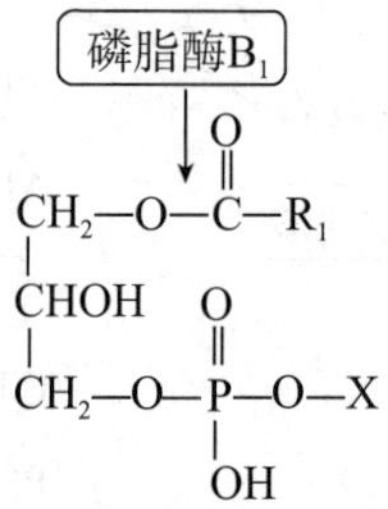

磷脂酶B_1

溶血磷脂

图 5-11　磷脂酶 A_1、A_2、C、D、B_1 的作用部位

A_2 以酶原形式存在于胰腺中，进入肠道后，可被胆汁酸盐、胰蛋白酶及 Ca^{2+} 激活，消化水解来自食物的磷脂，产生的溶血磷脂 1 可由肠黏膜细胞的溶血磷脂酶水解，失去溶解细胞膜的作用。发生急性胰腺炎时，大量磷脂酶 A_2 酶原在胰腺内被激活，致使胰腺细胞坏死。

甘油磷脂合成不足是导致脂肪肝的重要原因。正常人肝中脂质含量约占肝重量的 3% ~ 5%，其中三酰甘油约占 1/2，若肝中脂质含量超过 10%，且主要是三酰甘油堆积，即称脂肪肝。若合成磷脂的原料不足（如胆碱缺乏或合成不足），会使肝中磷脂合成减少，导致极低密度脂蛋白合成障碍，使肝细胞内合成的三酰甘油运出困难，同时二酰甘油因磷脂酰胆碱合成减少，转而生成三酰甘油，致使肝细胞内三酰甘油合成增加，从而引起三酰甘油在肝细胞内堆积，造成脂肪肝。此外，高脂、高糖饮食或大量饮酒，致使体内三酰甘油来源过多；肝功能障碍影响低密度脂蛋白合成与释放；均可使肝内三酰甘油堆积形成脂肪肝，长期脂肪肝可致肝硬化。因此，磷脂及其与磷脂合成有关的辅助因子（叶酸、VB_{12}、CTP 等）在临床上常用于防治脂肪肝。

另外，蛇毒中含有磷脂酶 A_1，其水解产物为溶血磷脂 2，故被毒蛇咬伤后会出现溶血症状。

第六节　胆固醇的代谢

胆固醇（cholesterol）是人体重要的脂质物质之一，因其最早是由动物胆石中分离出来的具有环戊烷多氢菲烃核及羟基的固醇类化合物，故称为胆固醇。

一、人体胆固醇来源于食物和体内合成

人体内的胆固醇以游离胆固醇及胆固醇酯两种形式存在。正常人体含胆固醇约 140g，广泛分布于全身各组织中，但分布极不均匀。肾上腺中胆固醇含量最高，其次为脑及神经组织；肝、小肠、肾等内脏器官及脂肪组织、皮肤亦含有较多的胆固醇，其中以肝内含量最多；肌肉组织含量较低。

人体胆固醇来源有两个：一是从食物中摄取，称为外源性胆固醇，膳食中的胆固醇来自动物性食物，如内脏、奶油、蛋黄及肉类等。植物性食物不含胆固醇。二是体内合成，称为内源性胆固醇，正常人 50% 以上的胆固醇来自机体自身合成。

二、胆固醇是以乙酰 CoA、NADPH + H⁺ 和 ATP 为原料经过一系列酶促反应合成

（一）肝是合成胆固醇的主要场所

成年人除脑组织及成熟红细胞外，其他各组织均可合成胆固醇，每天合成的总量约为 1 ～ 1.5g，肝是合成胆固醇的主要场所，合成量约占总量的 70% ～ 80%，其次为小肠，可占总量的 10%。胆固醇合成酶系存在于细胞质及光面内质网膜上，故胆固醇的合成主要在细胞质及内质网中进行。

（二）乙酰 CoA 是合成胆固醇的基本原料

合成胆固醇除需要乙酰 CoA 外，还需要 ATP 供能和 NADPH + H^+ 供氢。乙酰 CoA 是葡萄糖、氨基酸及脂肪酸在线粒体内的分解代谢产物，而合成胆固醇的酶系分布在细胞质及内质网上，因此乙酰 CoA 需通过柠檬酸 - 丙酮酸循环（见图 5-5），将线粒体内生成的乙酰 CoA 转移到细胞质，用于胆固醇的合成。

每合成 1 分子胆固醇需 18 分子乙酰 CoA、36 分子 ATP 及 16 分子 NADPH + H^+。乙酰 CoA 和 ATP 大多来自线粒体中糖的有氧氧化，NADPH + H^+ 主要来自细胞质中磷酸戊糖途径，因此糖是胆固醇合成原料的主要来源。

（三）胆固醇的合成可分三个阶段

1．在胞质中，首先在硫解酶的催化下，2 分子乙酰 CoA 缩合成 1 分子乙酰乙酰 CoA；然后由 HMG-CoA 合酶催化，乙酰乙酰 CoA 再与 1 分子乙酰 CoA 缩合生成 β- 羟 -β- 甲基戊二酸单酰 CoA（HMG-CoA），后者经 HMG-CoA 还原酶的催化，生成甲基二羟戊酸（mevalonic acid，MVA）。

在此过程中，HMG-CoA 的生成与肝内酮体生成的前几步相同（比较图 5-12 和图 5-3），只是合成的部位不同。HMG-CoA 是合成胆固醇及酮体的重要中间产物，在线粒体中 HMG-CoA 裂解生成酮体，而在细胞质中 HMG-CoA 还原生成 MVA。HMG-CoA 还原酶是胆固醇合成的调节酶。

2．MVA 先经磷酸化，再脱羧、脱羟基，从而成为活泼的 5 碳焦磷酸化合物，然后 3 分子 5 碳焦磷酸化合物缩合生成 15 碳的焦磷酸法呢酯；2 分子 15 碳焦磷酸法呢酯再缩合，还原即生成 30 碳的多烯烃化合物—鲨烯。

3．鲨烯通过载体蛋白携带从细胞质进入内质网，在多种酶的催化下环化成 30 碳羊毛固醇。最后，再经氧化、脱羧和还原等反应，脱去 3 分子 CO_2，转变成 27 碳胆固醇。

胆固醇合成的三个阶段见图 5-12。

（四）多种因素通过影响 HMG-CoA 还原酶活性调节胆固醇合成

胆固醇合成过程的调节酶是 HMG-CoA 还原酶，各种因素（食物胆固醇、饥饿与饱食、激素等）对胆固醇合成的调节，主要是通过对 HMG-CoA 还原酶活性的影响来实现的。

1．胆固醇反馈抑制肝胆固醇合成　体内胆固醇浓度的升高可反馈抑制肝 HMG-CoA 还原酶的活性和该酶在肝脏的合成，导致胆固醇合成的减少。

2．胰岛素诱导、胰高血糖素及糖皮质激素抑制 HMG-CoA 还原酶活性　胰岛素能诱导肝 HMG-CoA 还原酶合成，促进胆固醇合成，使血浆胆固醇升高。胰高血糖素和糖皮质激素则能抑制 HMG-CoA 还原酶活性，减少胆固醇的合成。甲状腺素虽能促进 HMG-CoA 还原酶合成，但同时又能促进胆固醇在肝中转变成胆汁酸和促进胆固醇的排出，且后一作用较前一作用强，因而甲状腺功能亢进时，患者血清胆固醇含量反而会下降。

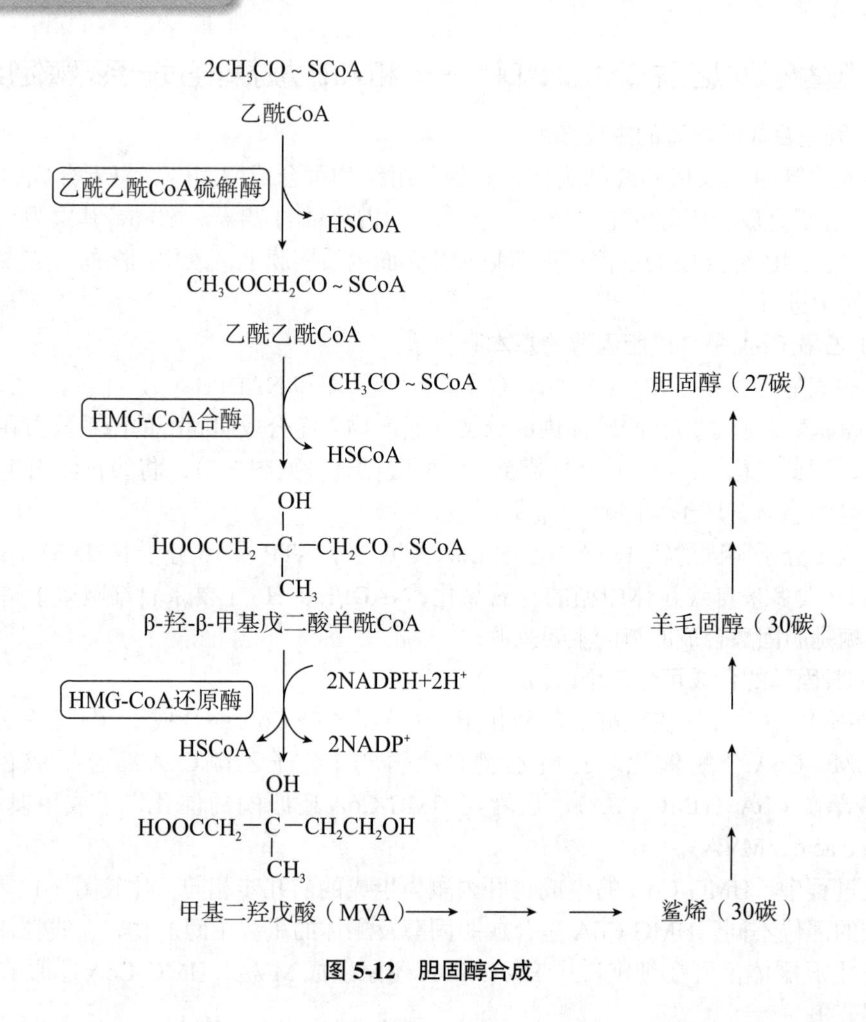

图 5-12　胆固醇合成

3．饥饿与饱食分别抑制或促进肝胆固醇合成　饥饿与禁食可抑制肝合成胆固醇。摄取高糖、高饱和脂肪膳食后，可导致胆固醇的合成增加，这是因为饱和脂肪酸能诱导肝 HMG-CoA 还原酶的合成。若食入无脂肪膳食，肝中 HMG-CoA 还原酶的合成和胆固醇的合成均下降。

4．他汀类药物能降低胆固醇的合成　他汀类药物是 HMG-CoA 还原酶的竞争性抑制剂，进入血液后能抑制该酶活性，使胆固醇合成减少，有效降低血浆胆固醇。

三、ACAT 和 LCAT 分别催化细胞内和血浆中胆固醇的酯化

细胞内和血浆中的游离胆固醇均可被酯化成胆固醇酯，但不同部位催化胆固醇酯化的酶不同。胆固醇酯化是胆固醇吸收转运的重要步骤。

1．ACAT 细胞内胆固醇的酯化　在脂酰 CoA- 胆固醇脂酰转移酶（acyl-CoA cholesterol acyl transferase，ACAT）的催化下，组织细胞内的游离胆固醇，接受脂酰 CoA 的脂酰基形成胆固醇酯。

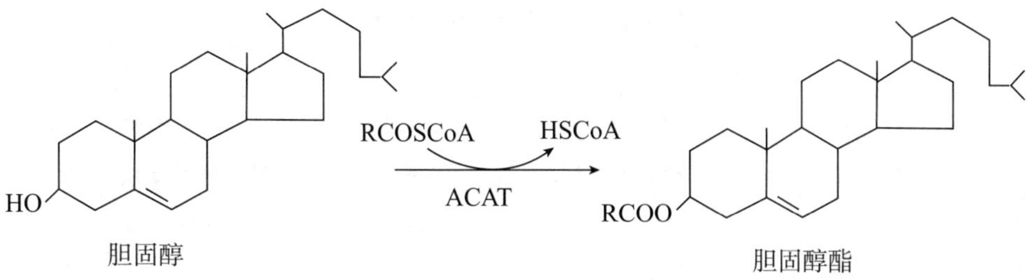

HO

胆固醇

RCOSCoA HSCoA

ACAT

RCOO

胆固醇酯

2．LCAT催化血浆内胆固醇的酯化　在卵磷脂胆固醇脂酰转移酶（lecithin cholesterol acyl transferase，LCAT）的催化下，血浆中的游离胆固醇，接受卵磷脂第2位碳原子上的脂酰基，生成胆固醇酯和溶血卵磷脂。血浆胆固醇中70%～80%是胆固醇酯，均由LCAT催化生成。

LCAT是在肝合成后分泌入血才发挥作用的，当肝功能受损时，可使LCAT活性降低，从而引起血浆胆固醇酯含量下降。

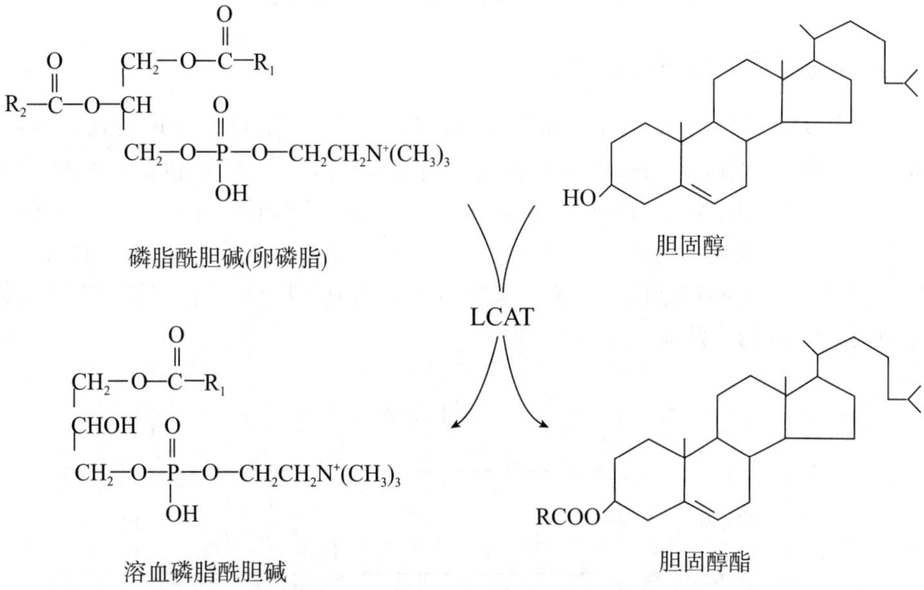

磷脂酰胆碱(卵磷脂)

HO

胆固醇

LCAT

溶血磷脂酰胆碱

RCOO

胆固醇酯

四、转变为胆汁酸、类固醇激素是胆固醇的主要去路

胆固醇与糖、蛋白质、脂肪不同，在体内并不能彻底氧化分解生成 CO_2 和 H_2O，而是经氧化还原转变成某些重要的生理活性物质。

1．转变为胆汁酸　在肝中转变为胆汁酸（bile acid）是胆固醇在体内的主要代谢去路，是肝清除体内胆固醇的主要方式。正常人每天合成的胆固醇约40%在肝中转变为胆汁酸，随胆汁排入肠道。胆汁酸既含有亲水基团，又含有疏水基团，在促进脂质的乳化、消化和吸收中均发挥重要作用。

2．转变为类固醇激素　胆固醇是肾上腺皮质、睾丸、卵巢等内分泌腺合成和分泌类固醇激素的原料，是5种主要的类固醇激素的前体（表5-1）。

表 5-1　五种主要的类固醇激素

种类	激素	合成部位	作用
糖皮质激素	皮质醇	肾上腺皮质束状带	促进糖异生；促进脂肪和蛋白的降解
盐皮质激素	醛固酮	肾上腺皮质球状带	提高肾小管对 Na^+ 重吸收和 K^+ 及 H^+ 排泄
孕激素	孕酮	黄体	为子宫被覆的卵植入作准备，妊娠的养护
雄激素	睾酮	睾丸	男性第二性征的发育
雌激素	雌二醇	卵巢	女性第二性征的发育

3．转变为维生素 D_3　皮肤中的胆固醇可被氧化为 7- 脱氢胆固醇，后者经紫外线照射后转变成维生素 D_3。维生素 D_3 在肝脏和肾经羟化反应活化生成 1,25-（OH）$_2D_3$，调节钙磷代谢。

第七节　血脂与血浆脂蛋白

一、血脂是血浆中脂质的总称

血脂主要包括总胆固醇（total cholesterol，TC）、三酰甘油（triglyceride，TG）、磷脂（phospholipid，PL）、糖脂（glycolipid）及游离脂肪酸等，其中 TC 包括游离胆固醇（free cholesterol，FC）和胆固醇酯（cholesterol ester，CE）。血脂的来源有两个：①外源性的，食物中的脂质经消化吸收进入血液。②内源性的，体内合成的脂质及脂库中三酰甘油动员释放的脂质。血脂的去路主要包括四个方面：氧化分解；构成生物膜；进入脂库储存；转变为其他物质。血脂的来源与去路概况见图 5-13。

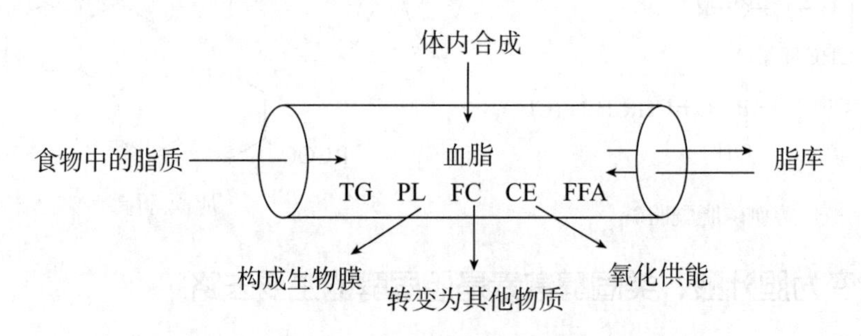

图 5-13　血脂的来源与去路

血脂含量仅占全身总脂的极少部分，并受膳食、年龄、职业以及代谢状况的影响，波动范围较大。空腹时血脂含量相对恒定，其水平可反映全身脂质代谢状态。

二、血浆脂蛋白是由脂质和蛋白质组成的复合物

脂质难溶于水，在血浆中不是以自由状态存在，而是以脂蛋白（lipoprotein）的形式在血浆中运输。血浆脂蛋白主要由胆固醇、三酰甘油、磷脂和蛋白质等组成。成熟的血浆脂蛋白大致为球形颗粒，三酰甘油和胆固醇酯构成疏水性的核心，具有两亲性的蛋白质、磷脂及游离胆固醇覆盖于脂蛋白的表面，其亲水基团朝外，形成亲水性的外壳。这种结构使脂蛋白

能够溶于血浆，运送到全身组织进行代谢，血脂代谢可以认为是脂蛋白代谢。

（一）利用超速离心法和电泳法将血浆脂蛋白分类

1．超速离心法　超速离心法也叫密度分类法。不同的血浆脂蛋白，其蛋白质和脂质所占的比例不同，因而密度不同，在一定密度的介质中进行超速离心时，漂浮速率不同，从而得以分离。该法可将血浆脂蛋白分为四大类：乳糜微粒（chylomicron，CM）、极低密度脂蛋白（very low density lipoprotein，VLDL）、低密度脂蛋白（low density lipoprotein，LDL）和高密度脂蛋白（high density lipoprotein，HDL）。这四类脂蛋白的密度依次增加，而颗粒直径则依次变小。

2．电泳法　各种血浆脂蛋白的蛋白质组成有差异，使其表面所带电荷量不尽相同；加之不同的脂蛋白颗粒大小不同，因而在电场中，其迁移率不同。据此，采用电泳法可将血浆脂蛋白分为 CM、β- 脂蛋白、前 β- 脂蛋白和 α- 脂蛋白四种，分别相当于超速离心法中分离出的 CM、LDL、VLDL 和 HDL（图 5-14）。

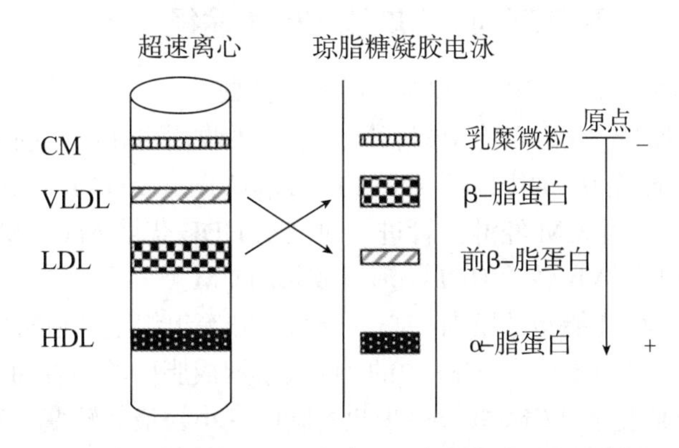

图 5-14　超速离心法和电泳法分离血浆脂蛋白示意图

（二）脂蛋白中的蛋白质部分称为载脂蛋白

载脂蛋白（apolipoprotein，Apo）以多种形式和不同的比例存在于各类脂蛋白中，对于脂蛋白的结构、功能和代谢均具有重要的作用。

人血浆载脂蛋白主要在肝内合成，小肠黏膜也可合成少数几种。人血浆载脂蛋白种类很多，已发现有 20 多种，分为 ApoA、ApoB、ApoC、ApoD 及 ApoE 五类，其中某些载脂蛋白由于氨基酸组成的差异，又可分为若干亚类。如 ApoA 又分为 AI、AⅡ、AⅣ；ApoB 分为 B_{100} 及 B_{48}；ApoC 分为 CI、CⅡ、CⅢ。

载脂蛋白的功能可概括为三个方面：①结构功能：载脂蛋白构成并稳定脂蛋白的结构，有助于脂质的溶解和转运。②调节功能：载脂蛋白可激活或抑制某些与脂蛋白代谢有关的酶类，调节脂蛋白代谢。如 ApoAⅠ和 CI 能激活卵磷脂胆固醇脂酰转移酶，促进胆固醇的酯化；ApoCⅢ可抑制脂蛋白脂肪酶活性，从而抑制 CM 和 VLDL 中三酰甘油的水解。③受体识别功能：载脂蛋白以配体形式与细胞表面相应受体识别并结合，参与脂蛋白代谢。例如 ApoE 和 $ApoB_{100}$ 可以识别 LDL 受体并与之结合，促进 LDL 代谢。

（三）不同血浆脂蛋白组成和性质不同

各类血浆脂蛋白都含有蛋白质、三酰甘油、磷脂、胆固醇和胆固醇酯。但不同脂蛋白其组成比例不同。如 CM 的颗粒最大，含三酰甘油最多，达 80% ~ 95%，蛋白质最少，约 0.5% ~ 2%，密度最小。VLDL 是血液中第二种富含三酰甘油的脂蛋白，约为 50% ~ 70%，而磷脂、胆固醇及蛋白质含量均比CM多。LDL含胆固醇最多，可达40%～42%。HDL含蛋白质最多，约50%，三酰甘油含量最少，颗粒最小，密度最大。血浆脂蛋白的组成和物理、化学特性见表5-2。

表5-2　血浆脂蛋白的组成和物理、化学特性

脂蛋白	颗粒直径（nm）	密度	电泳	主要的脂质	载脂蛋白	蛋白质（%）
CM	80～500	＜0.95	原点	TG	A，B_{48}，C，E	0.5～2
VLDL	25～80	0.95～1.006	前β	TG，PL，CE	A，B_{100}，C，E	5～10
LDL	20～25	1.019～1.063	β	CE，PL，FC	B_{100}，C，E	20～25
HDL	5～17	1.063～1.210	α	PL，CE	A，C，D，E	50

三、不同的血浆脂蛋白有不同的功能和代谢途径

（一）CM是运输外源性三酰甘油和胆固醇的脂蛋白

CM由小肠黏膜细胞合成。食物中的脂质经消化吸收后再在肠黏膜细中重新合成三酰甘油，连同合成与吸收的磷脂、胆固醇、ApoAⅠ、ApoAⅣ、ApoAⅡ和$ApoB_{48}$等形成含大量三酰甘油的新生CM。新生CM经淋巴管进入血液从HDL获得ApoC和ApoE，同时将其所含的部分ApoAⅠ、AⅡ、AⅣ转给HDL，形成成熟的CM。

成熟CM中的ApoCⅡ能激活肌肉、心、脂肪、肝等组织毛细血管内皮细胞表面的脂蛋白脂肪酶（LPL），在LPL催化下，CM中的TG被水解成脂肪酸和甘油，进而被这些组织摄取利用。在LPL反复催化下，CM颗粒逐步脱去脂肪变小，最后转变为残余颗粒，被肝细胞ApoE受体识别、摄取及利用（图5-15）。

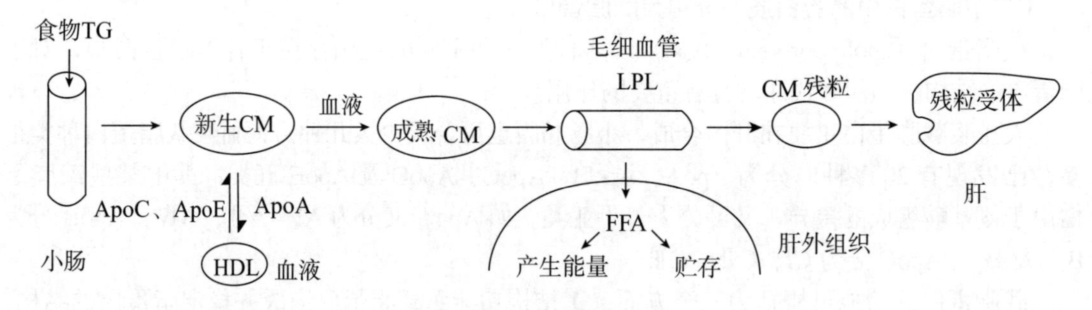

图5-15　CM的代谢过程

正常人CM在血液中代谢迅速，半寿期为5～15min，空腹12～14h后血浆中不含CM。当摄入大量脂肪后，CM大量增加使血浆暂时变得混浊，但数小时后澄清，此现象称为脂肪的廓清作用。

（二）VLDL是运输内源性三酰甘油的脂蛋白

VLDL主要由肝脏合成。肝细胞可利用糖合成三酰甘油，也可利用食物及脂肪动员产生的脂肪酸合成三酰甘油（内源性脂肪），与$ApoB_{100}$、ApoE及磷脂、胆固醇等形成VLDL。VLDL分泌人血后，在LPL的反复作用下，VLDL的TG逐步水解，释放出的游离脂肪酸被

一些组织吸收利用。VLDL 颗粒逐渐变小，密度逐渐增加，转变为 VLDL 残粒（又称 IDL）。VLDL 残粒可通过其表面的 $ApoB_{100}$、ApoE 直接被肝细胞相应受体摄取、代谢。未被肝细胞摄取的 IDL（约占 50%）可转变成 LDL（图 5-16）。

（三）LDL 是运输内源性胆固醇的脂蛋白

血浆中的 LDL 由 VLDL 在血浆中转变而来，其主要功能是将肝细胞合成的胆固醇转运到肝外组织，故血浆中 LDL 增高者易发生动脉粥样硬化。正常人空腹时血浆中的胆固醇主要存在于 LDL 中，其中三分之二以胆固醇酯的形式存在。肝外组织细胞表面有 LDL 受体，它能特异识别 LDL，使得 LDL 中的 $ApoB_{100}$ 水解为氨基酸，胆固醇酯被胆固醇酯酶水解为游离胆固醇及脂肪酸，即：LDL →与受体结合→内吞→溶酶体水解→游离胆固醇。LDL 代谢过程见图 5-16。

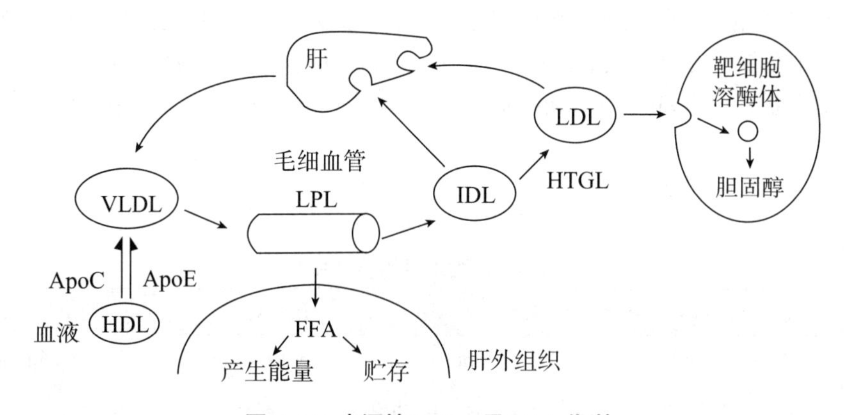

图 5-16　内源性 VLDL 及 LDL 代谢

（四）HDL 的主要功能是参与胆固醇的逆向转运

HDL 主要在肝合成，其次是小肠黏膜细胞。HDL 的主要功能是将胆固醇从肝外组织转运至肝，称为胆固醇的逆向转运。

在肝和小肠合成的 HDL 属未成形 HDL，分泌入血后与 CM 及 VLDL 交换载脂蛋白，形成含磷脂、游离胆固醇和 ApoA、C、E 的圆盘状的新生 HDL。新生 HDL 表面的 ApoA Ⅰ可激活血浆中的卵磷脂胆固醇脂酰转移酶（LCAT），促使游离胆固醇酯化转变为 CE。CE 又转入 HDL 核心，新生 HDL 在 LCAT 反复作用下，HDL 内核 CE 逐渐增多，至此新生 HDL 转变为成熟的 HDL。经肝细胞摄取，其中的 CE 大部分在胆固醇酯转移蛋白（cholesterol ester transfer protein，CETP）的介导下，转变成胆汁酸或直接从胆汁排出体外。HDL 的代谢过程见图 5-17。

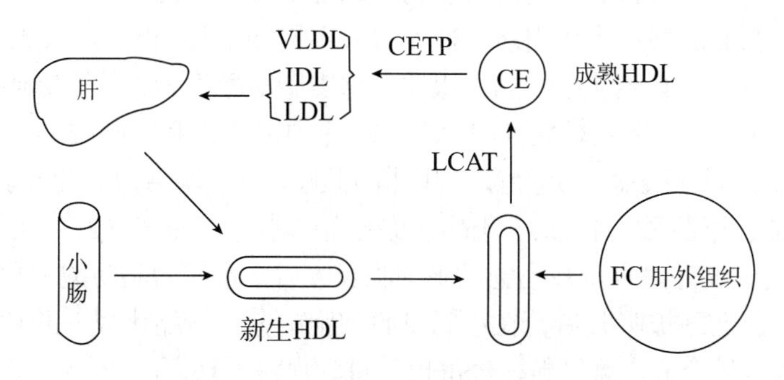

图 5-17　HDL 的代谢（胆固醇逆向转运）

由此可见，HDL 可将胆固醇从肝外组织转运到肝进行代谢，可促进组织细胞内胆固醇的清除，防止游离胆固醇在动脉壁及其他组织积聚，抑制动脉粥样硬化的发生发展，故 HDL 具有抗动脉粥样硬化作用。

四、血浆脂蛋白代谢紊乱导致血脂异常

血脂异常（dyslipidemia）由血浆脂蛋白代谢紊乱导致，包括高胆固醇血症、高甘油三酯血症、混合型高脂血症和低高密度脂蛋白胆固醇（HDL-C）血症等。由于血浆中 HDL-C 降低也属于血脂异常，因此以血脂异常替代过去常说的“高脂血症”更为全面和准确。相应地，将降脂药称为“调脂药物”也更为合理。

血脂异常时脂质在血管壁上沉积并形成斑块，称为动脉粥样硬化。斑块破裂时，局部形成血栓、诱发血管痉挛，可完全或部分堵塞血管，导致局部血流变慢甚至中断，引发心血管事件。病变发生在供应心脏的冠状动脉，即为冠心病，可表现为心绞痛、心肌梗死甚至猝死；病变发生在脑血管，可表现为短暂脑缺血发作、脑卒中。血脂异常还可导致脂肪肝、周围血管病、老年痴呆等。

血脂水平的参考标准见表 5-3。

表 5-3　血脂水平的参考标准

分层	TC	LDL-C	HDL-C	TG
合适范围	< 5.18mmol/L	< 3.37mmol/L	≥ 1.04mmol/L	< 1.76mmol/L
边缘升高	5.18 ~ 6.18mmol/L	3.37 ~ 4.13mmol/L		1.76 ~ 2.26mmol/L
升高	≥ 6.19mmol/L	≥ 4.14mmol/L	≥ 1.55mmol/L	≥ 2.27mmol/L
降低			< 1.04mmol/L	

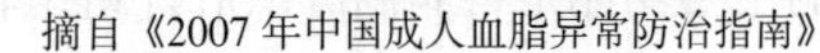
摘自《2007 年中国成人血脂异常防治指南》

小　结

脂质包括脂肪及类脂。脂肪即三酰甘油，其主要生理功能是储能和氧化供能；类脂主要包括磷脂、糖脂、胆固醇及其酯，是构成生物膜的主要成分。机体内脂肪酸有饱和脂肪酸和不饱和脂肪酸。多数脂肪酸在人体内能合成，只有不饱和脂肪酸中的亚油酸、亚麻酸和花生四烯酸在体内不能合成，必须从植物油中摄取，这类脂肪酸称为人体必需脂肪酸。另外二十碳五烯酸（EPA）和二十二碳六烯酸（DHA）也是重要的不饱和脂肪酸。

食物中的脂质在胆汁酸盐、胰脂酶、胆固醇酯酶、磷脂酶 A_2 和辅脂酶等的共同作用下被水解为一酰甘油、脂肪酸、甘油、胆固醇及溶血磷脂等，短链（2 ~ 4C）及中链脂肪酸（6 ~ 10C）构成的三酰甘油直接被小肠黏膜细胞吸收后，水解为脂肪酸和甘油，通过门静脉进入血循环。长链脂肪酸被吸收后，在小肠黏膜细胞中，重新酯化成三酰甘油，然后与载脂蛋白、磷脂、胆固醇结合成乳糜微粒，经淋巴管进入血液循环。

三酰甘油分解代谢始于脂肪动员。储存在脂肪组织中的三酰甘油，被脂肪酶逐步水解为游离脂肪酸和甘油，并释放入血以供其他组织氧化利用的过程，称为脂肪动员，三酰甘油脂肪酶是该过程的调节酶，它受多种激素的调节，又称激素敏感性脂肪酶。肾上腺素、去甲肾上腺素、胰高血糖素及促肾上腺皮质激素为脂解激素，胰岛素为抗脂解激素。

脂肪动员产生甘油和游离脂肪酸。甘油在肝、肾等组织中，循糖分解代谢途径彻底氧化分解生成 CO_2 和 H_2O 并释放能量，或经糖异生途径转变为葡萄糖或糖原。

游离脂肪酸氧化的主要方式为 β- 氧化。在细胞质中，脂肪酸活化成脂酰 CoA 后，以肉碱为载体转运进入线粒体。转运过程所需的 CAT Ⅰ是脂肪酸氧化的调节酶。脂酰 CoA 在脂肪酸 β- 氧化酶系催化下，从脂酰基的 β- 碳原子上开始，经脱氢、加水、再脱氢、硫解 4 个连续反应步骤，生成 1 分子乙酰 CoA 和 1 分子比原来少 2 个碳原子的脂酰 CoA。后者再进行又一次 β- 氧化，如此反复进行，直至脂酰 CoA 完全氧化为乙酰 CoA。β- 氧化的终产物是乙酰 CoA；在肝外乙酰 CoA 经三羧酸循环被彻底氧化供能；1 分子软脂酸彻底氧化净生成 106 分子 ATP。

肝内因含有活性较强的合成酮体的酶系，故可以 β- 氧化生成的乙酰 CoA 为原料合成酮体（乙酰乙酸、β- 羟丁酸和丙酮），HMG ~ CoA 合酶是酮体合成的调节酶。肝因缺乏氧化、利用酮体的酶系，故生成的酮体不能在肝中氧化，必须通过细胞膜进入血液循环，运往肝外组织被氧化利用。在长期饥饿及糖供应不足时，酮体将替代葡萄糖成为脑组织和肌肉组织的主要能源。

α- 磷酸甘油和脂酰 CoA 是三酰甘油合成的原料。脂肪酸的合成是在细胞质中脂肪酸合酶的催化下，以乙酰 CoA 为原料，$NADPH + H^+$ 为供氢体，HCO_3^-（CO_2）、Mn^{2+}、ATP 和生物素等的参与下缩合而成的。肝、肾、脑、肺、乳腺及脂肪等组织均能合成脂肪酸，其中以肝合成能力最强。乙酰 CoA 羧化酶是脂肪酸合成的调节酶。1 分子乙酰 CoA 与 7 分子丙二酸单酰 CoA 在脂肪酸合酶的催化下，依次重复进行缩合、加氢、脱水和再加氢，每重复一次使碳链延长 2 个碳原子，最后形成 16 碳的软脂酸。人体内的脂肪酸，其碳链长短不同，饱和度也不同，在肝细胞的线粒体和内质网内，以 16 碳的软脂酸为母体，通过碳链的延长、缩短以及脱饱和作用，形成体内碳链长短不同、饱和度不同的脂肪酸。

α- 磷酸甘油主要通过葡萄糖循糖酵解途径分解代谢的中间产物磷酸二羟丙酮，经 α- 磷酸甘油脱氢酶催化还原生成 α- 磷酸甘油，其次是细胞内甘油再利用。

小肠黏膜细胞、肝细胞、脂肪细胞的内质网是合成三酰甘油的主要场所，其中以肝的合成能力最强。α- 磷酸甘油酯酰基转移酶是三酰甘油合成的调节酶。

磷脂分为甘油磷脂和鞘磷脂两大类，其中甘油磷脂含量最多。人体各组织细胞内质网均能合成甘油磷脂，但以肝、肾及肠等组织最为活跃。磷脂酰胆碱和磷脂酰乙醇胺主要通过二酰甘油途径合成，磷脂酰肌醇和心磷脂通过 CDP- 二酰甘油途径合成。生物体内存在不同类型的磷脂酶，它们分别催化水解甘油磷脂中不同位置的酯键，其中磷脂酶 A_2 的水解产物为溶血磷脂和脂肪酸。急性胰腺炎、脂肪肝等与甘油磷脂代谢异常有关。

肝是合成胆固醇最主要的场所。胆固醇的合成过程在细胞质及内质网中进行，其合成以乙酰 CoA 为原料，在调节酶 HMG ~ CoA 还原酶的催化下，经过多种酶、多步骤反应合成。胆固醇在体内可转变成胆汁酸、类固醇激素和维生素 D_3，其中胆固醇在肝中转变为胆汁酸是胆固醇在体内的主要代谢去路。

血脂是血浆中脂质物质的总称，包括游离胆固醇（FC）、胆固醇酯（CE）、三酰甘油

（TG）、磷脂（PL）、游离脂肪酸（FFA）等。脂质难溶于水，在血浆中均以脂蛋白形式存在。用超速离心法可将血浆脂蛋白分为乳糜微粒（CM）、极低密度脂蛋白（VLDL）、低密度脂蛋白（LDL）和高密度脂蛋白（HDL）四大类。

脂蛋白中的蛋白质部分称为载脂蛋白。载脂蛋白可激活或抑制某些与脂蛋白代谢有关的酶类；构成并稳定脂蛋白的结构；以配体形式与脂蛋白受体识别并结合，参与脂蛋白代谢等。

CM 合成于小肠黏膜细胞，其主要作用是将外源性 TG 从小肠运送至肝外组织供利用，是运输外源性 TG 的主要形式，其组成特点是含三酰甘油最多，蛋白质最少。VLDL 主要由肝细胞合成，其作用是将肝合成的内源性 TG 运输到脂肪及全身各组织，是运输内源性 TG 的主要形式。LDL 是在血浆中由 VLDL 转变而来，含胆固醇最多，主要作用是将肝合成的内源性胆固醇转运至肝外组织，是转运内源性胆固醇的主要形式。HDL 主要由肝和小肠合成，含蛋白质最多，含 TG 最少，它的主要功能是将胆固醇从肝外组织转运到肝进行代谢，又称胆固醇的逆向转运。

血脂异常由血浆脂蛋白代谢紊乱导致，包括高胆固醇血症、高甘油三酯血症、混合型高脂血症和低高密度脂蛋白胆固醇（HDL-C）血症等。血脂异常可导致动脉粥样硬化、脂肪肝、周围血管病、老年痴呆等。

思考题

1．简述血脂的来源与去路。
2．试述糖在体内如何转变成脂肪？
3．试述体内饱和脂肪酸氧化的部位、基本过程、调节酶及软脂酸彻底氧化的能量计算。

（胡玉萍）

第六章

生物氧化

1. 掌握生物氧化的概念及意义；了解生物氧化的特点及主要酶类。
2. 熟悉呼吸链的主要组成成分，掌握体内两条主要呼吸链的电子传递顺序；掌握线粒体外 NADH 转运进入线粒体的机制。
3. 掌握氧化磷酸化的概念；了解氧化磷酸化的机制及影响因素。
4. 掌握体内生成 ATP 的主要方式；熟悉 ATP 的生理功能。
5. 了解不生成 ATP 的氧化途径、主要场所及主要的氧化体系。

第一节 概 述

一、生物氧化是物质在体内氧化分解的过程

物质在生物体内氧化分解的过程称为生物氧化（biological oxidation）。生物氧化是在细胞内进行的。线粒体内进行的生物氧化是机体产生 ATP 的主要途径；微粒体和过氧化物酶体中进行的生物氧化则与机体内代谢物、药物及毒物的清除、排泄有关。

二、生物氧化由酶催化逐步进行

糖、脂肪及蛋白质等营养物质在体内氧化及体外燃烧虽然终产物都是 CO_2 和 H_2O，释放的总能量也完全相等，但二者所进行的方式却大不相同。体外燃烧是有机物中的碳和氢与空气中的氧直接化合成 CO_2 和 H_2O，并骤然以光和热的形式散发出大量能量。而生物氧化是在体温近中性 pH 环境中由酶催化逐步进行、逐步完成的，所以反应不会骤然放出大量能量，更不会产生高温高热。反应释放的能量有相当一部分可使 ADP 磷酸化生成 ATP，从而储存在 ATP 分子中，以供生命活动之需。

三、生物氧化反应类型有脱电子、脱氢、加氧等

生物体内氧化反应与一般化学上的氧化反应相同，由于体内并不存在游离的电子或氢原子，故生物氧化反应中脱下的电子或氢原子必须由另一物质所接受。在这种反应中，失去电子或氢原子的物质称为供电子体或供氢体，在反应中被氧化；接受电子或氢原子的物质称为受电子体或受氢体，在反应中被还原。

（一）脱电子反应

从作用物（A）分子上脱去一个电子，从而使其原子或离子的正价增加而被氧化，脱去的电子由受电子体（B）接受而被还原：

$$A^{2+} \xrightarrow{e} B^{3+},\quad A^{3+} \leftarrow\ \rightarrow B^{2+}$$

例如：

细胞色素b-Fe^{2+} + 细胞色素c_1-Fe^{3+} → 细胞色素b-Fe^{3+} + 细胞色素c_1-Fe^{2+}

（二）脱氢反应

从作用物分子中脱去一对氢，由受氢体接受氢：

$$A\cdot 2H \xrightarrow{2H} B,\quad A \leftarrow\ \rightarrow B\cdot 2H$$

例如：

$CH_3—CH(OH)—COOH$（乳酸） + NAD^+ → $CH_3—CO—COOH$（丙酮酸） + $NADH+H^+$

因一对氢原子是由一对质子（$2H^+$）和一对电子（2e）组成，故脱氢反应也包括脱电子反应。脱氢反应的另一种类型是“加水脱氢”。作用物先与水结合，然后脱去两个氢原子，结果是作用物分子上加了一个氧原子。如：

$$CH_3CHO \xrightarrow{+H_2O} [H_3C—CH(OH)_2] \xrightarrow{-2H} CH_3COOH$$

乙醛　　　　乙酸

（三）加氧反应

作用物分子中直接加入氧原子或氧分子：

$$RH + 1/2O_2 \longrightarrow ROH$$

如：

苯丙氨酸（$C_6H_5—CH_2CH(NH_2)COOH$） $+1/2O_2 \longrightarrow$ 酪氨酸（$HO—C_6H_4—CH_2CH(NH_2)COOH$）

四、催化生物氧化的酶包括氧化酶类和脱氢酶类等

生物体内的氧化反应是在一系列酶的催化下进行的。

（一）氧化酶类

氧化酶类的辅基常含有金属离子如铁或铜，催化代谢物脱氢氧化，氧分子接受氢生成水。如抗坏血酸氧化酶、细胞色素氧化酶等。

$$抗坏血酸+\frac{1}{2}O_2 \xrightarrow{抗坏血酸氧化酶} 脱氢抗坏血酸+H_2O_2$$

（二）脱氢酶类

脱氢酶类的催化作用需 FMN、FAD 或 NAD^+、$NADP^+$ 为辅基或辅酶，催化代谢物脱氢。根据是否需要氧作为直接受氢体，可将脱氢酶分为需氧脱氢酶和不需氧脱氢酶。

1．需氧脱氢酶催化作用物脱氢以氧为受氢体　需氧脱氢酶类是以 FMN 或 FAD 为辅基的一类黄素蛋白，也称为黄素酶。产物为 H_2O_2 而不是 H_2O，如黄嘌呤氧化酶。

$$黄嘌呤 + O_2 + H_2O \xrightarrow{黄嘌呤氧化酶} 尿酸 + H_2O_2$$

2．不需氧脱氢酶催化作用物脱氢而又不以氧为受氢体　这类酶是体内最重要的脱氢酶。依据辅助因子不同可分为两类：一是以 NAD^+、$NADP^+$ 为辅酶的不需氧脱氢酶，如乳酸脱氢酶、异柠檬酸脱氢酶、6-磷酸葡萄糖脱氢酶等；二是以 FAD、FMN 为辅基的不需氧脱氢酶，如琥珀酸脱氢酶、脂酰 CoA 脱氢酶等。辅酶或辅基接受代谢物脱下的氢生成相应的还原型辅酶或辅基（如 $NADH + H^+$、$FADH_2$），氢再通过相应呼吸链生成 H_2O 并产生 ATP。

$$苹果酸 \xrightarrow[NAD^+ \rightarrow NADH+H^+]{苹果酸脱氢酶} 草酰乙酸$$

（三）其他酶类

除上述酶类外，体内还有加单氧酶、加双氧酶、过氧化氢酶、过氧化物酶、超氧化物歧化酶（SOD）等参与氧化还原反应。

五、生物氧化过程中有机酸脱羧基产生 CO_2

糖、脂质及蛋白质在体内代谢过程中产生不同的有机酸，有机酸在酶的催化下，脱羧基产生 CO_2，根据脱去的羧基在有机酸的位置，分为 α- 脱羧和 β- 脱羧两种。又根据脱羧反应是否伴有脱氢，分为单纯脱羧和氧化脱羧。

1．α- 单纯脱羧

$$\underset{α-氨基酸}{R-\underset{}{\overset{NH_2}{\overset{|}{CH}}}-COOH} \xrightarrow[磷酸吡哆醛]{氨基酸脱羧酶} \underset{胺}{R-CH_2-NH_2}+CO_2$$

2．α- 氧化脱羧

$$\underset{丙酮酸}{CH_3COCOOH} \xrightarrow[CoA \cdot SH等 \quad NAD^+ \rightarrow NADH+H^+]{丙酮酸脱氢酶复合体} \underset{乙酰CoA}{CH_3CO\sim SCoA}+CO_2$$

3．β- 单纯脱羧

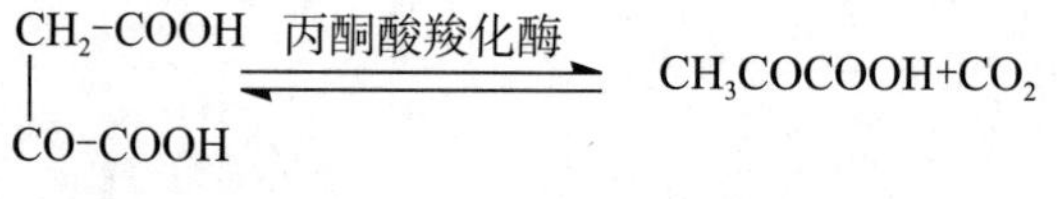

$$\underset{\text{草酰乙酸}}{\begin{array}{l}CH_2-COOH\\ |\\ CO-COOH\end{array}} \xrightleftharpoons{\text{丙酮酸羧化酶}} \underset{\text{丙酮酸}}{CH_3COCOOH+CO_2}$$

4．β- 氧化脱羧

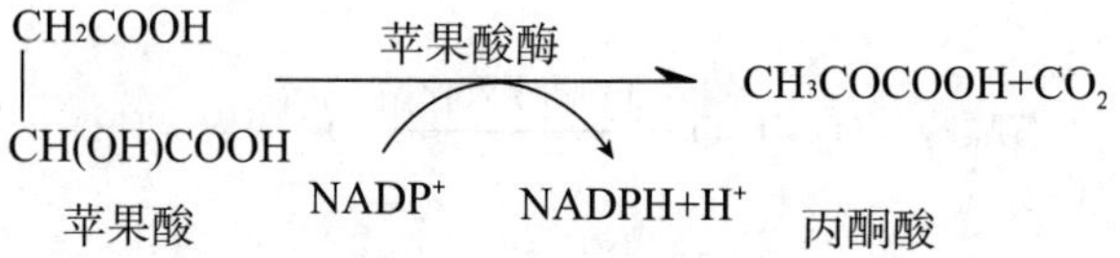

$$\underset{\text{苹果酸}}{\begin{array}{l}CH_2COOH\\ |\\ CH(OH)COOH\end{array}} \xrightarrow[NADP^+ \rightarrow NADPH+H^+]{\text{苹果酸酶}} \underset{\text{丙酮酸}}{CH_3COCOOH+CO_2}$$

第二节 线粒体内的生物氧化

线粒体内的生物氧化作用依赖于线粒体内膜上一系列酶和辅酶的作用。代谢物脱下的氢经过一系列酶和辅酶的传递，最终与氧结合生成水。酶和辅酶在呼吸链中按一定顺序排列在线粒体内膜上，组成递氢或递电子体系，称为电子传递链（electron transfer chain）。由于此过程与细胞摄取氧的呼吸过程相关，故又称为呼吸链（respiratory chain）。

一、呼吸链包含多种成分，并按一定顺序排列

（一）呼吸链的主要成分及其作用机制

呼吸链成分复杂，主要成分有如下五类。

1．烟酰胺腺嘌呤二核苷酸（NAD^+）、烟酰胺腺嘌呤二核苷酸磷酸（$NADP^+$） NAD^+又称辅酶Ⅰ，$NADP^+$又称辅酶Ⅱ，二者是许多不需氧脱氢酶的辅酶，主要功能是接受从代谢物上脱下的 2H（$2H^+ + 2e$），然后传递给呼吸链另一组分黄素蛋白，是递氢体。其结构式如图 6-1。

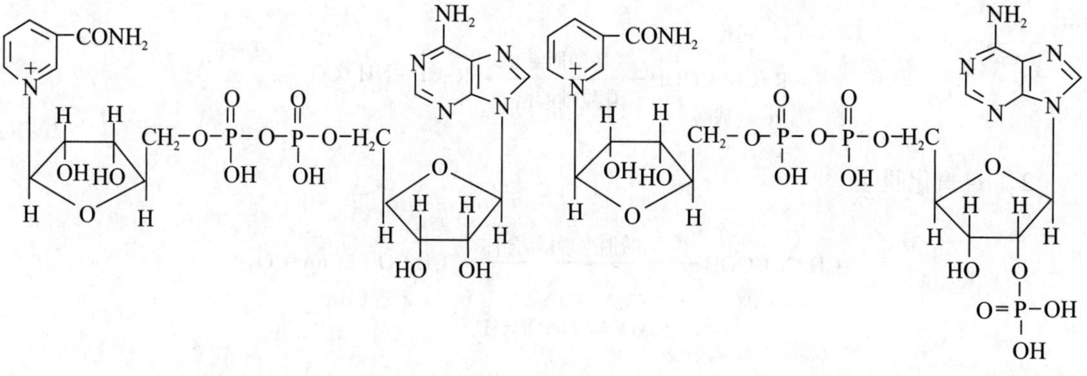

NAD^+的结构

$NADP^+$的结构

图 6-1 NAD^+和 $NADP^+$的结构

在生理pH条件下，烟酰胺中的氮（吡啶氮）为五价氮，能可逆地接受电子而成为三价氮，与氮对位的碳也较活泼，能可逆地加氢还原。反应时，NAD^+中的烟酰胺部分可接受一个氢原子和一个e，尚有一个质子（H^+）留在介质中（图6-2）。

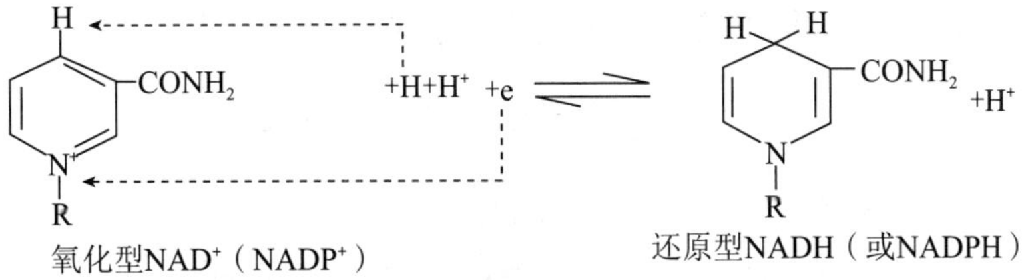

氧化型NAD^+（$NADP^+$） $+H+H^+ +e \rightleftharpoons$ 还原型NADH（或NADPH） $+H^+$

图6-2 NAD^+（或$NADP^+$）的作用机制

R代表NAD^+或$NADP^+$中尼克酰胺以外的其他部分

2．黄素蛋白　黄素蛋白（flavoprotein，FP）种类很多，但辅基只有两种：黄素单核苷酸（FMN）和黄素腺嘌呤二核苷酸（FAD）。两者均含有核黄素（维生素B_2）。经黄素酶催化代谢物脱下的氢被其辅基FMN或FAD接受。FMN或FAD结构式如图6-3所示。

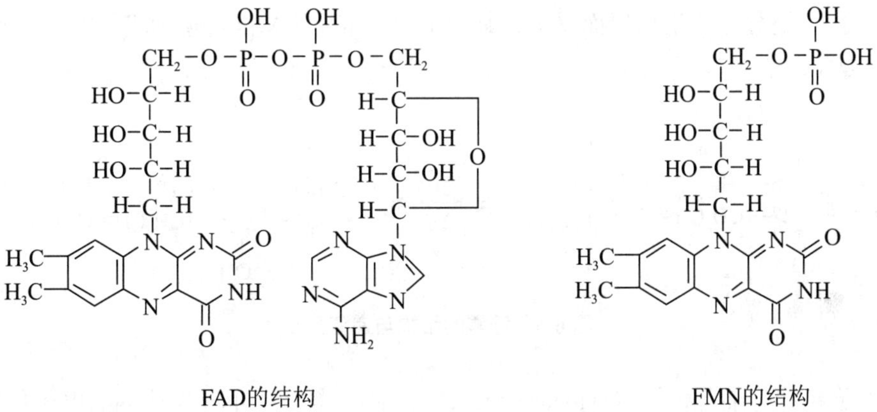

FAD的结构　　FMN的结构

图6-3 FMN与FAD结构

黄素蛋白的FMN和FAD能可逆地进行加氢和脱氢反应，故也是递氢体，每次能接受两个氢原子（图6-4）。

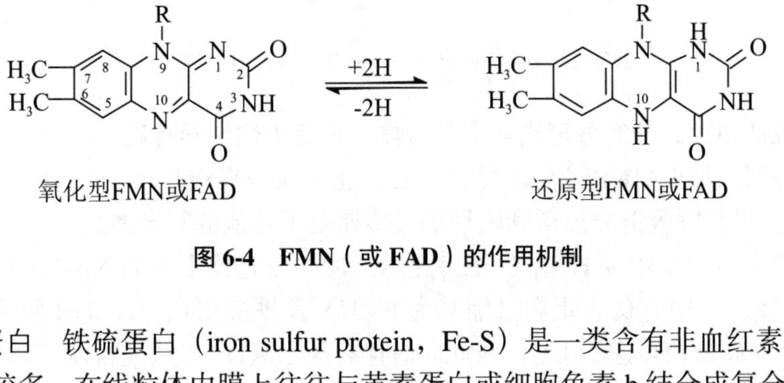

氧化型FMN或FAD $\underset{-2H}{\overset{+2H}{\rightleftharpoons}}$ 还原型FMN或FAD

图6-4 FMN（或FAD）的作用机制

3．铁硫蛋白　铁硫蛋白（iron sulfur protein，Fe-S）是一类含有非血红素铁和硫原子的蛋白质，种类较多，在线粒体内膜上往往与黄素蛋白或细胞色素b结合成复合物存在。铁硫蛋白分子中所含的Fe-S构成活性中心，称为铁硫中心。铁原子除与无机硫原子连接外，还与蛋白质分子中半胱氨酸的巯基硫原子连接。铁硫蛋白分子中的铁能可逆地进行氧化还原反应，其功能为传递电子，为单电子传递体（图6-5）。

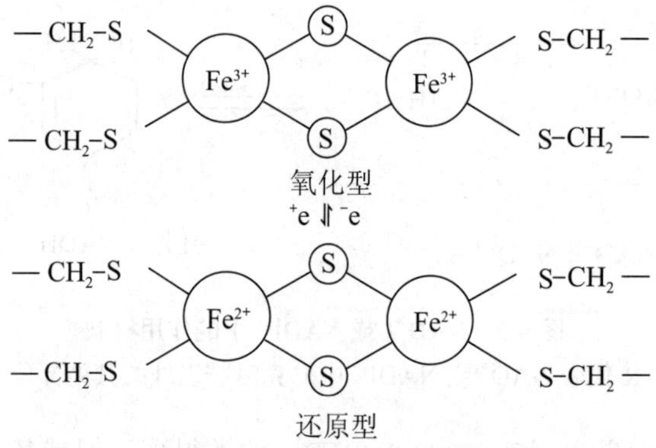

—CH_2-S　Ⓢ　S-CH_2—

Fe^{3+}　Fe^{3+}

—CH_2-S　Ⓢ　S-CH_2—

氧化型

$^{+}e \rightleftharpoons {}^{-}e$

—CH_2-S　Ⓢ　S-CH_2—

Fe^{2+}　Fe^{2+}

—CH_2-S　Ⓢ　S-CH_2—

还原型

图6-5　铁硫蛋白部分结构及其传递电子的反应

-S-表示蛋白质分子中半胱氨酸残基的巯基硫；Ⓢ表示无机硫

4．泛醌　泛醌（ubiquinone，UQ）是一类脂溶性醌类化合物，又称辅酶Q（coenzyme Q, CoQ），因广泛分布于生物界而得名，其分子中的苯醌结构能可逆地进行加氢和脱氢反应，是递氢体（图6-6）。

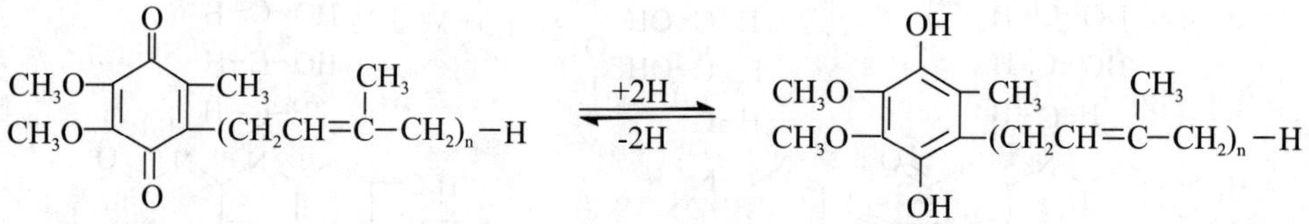

O, CH_3O, CH_3O, CH_3, CH_3, $(CH_2CH{=}C{-}CH_2)_n{-}H$, O　$\underset{-2H}{\overset{+2H}{\rightleftharpoons}}$　OH, CH_3O, CH_3O, CH_3, CH_3, $(CH_2CH{=}C{-}CH_2)_n{-}H$, OH

图6-6　泛醌的结构与递氢反应

5．细胞色素　细胞色素（cytochrome，Cyt）是一类以铁卟啉为辅基的电子传递体，在呼吸链中的功能是将电子从泛醌传递到氧。现已发现的细胞色素有多种，呼吸链中的细胞色素有b、c_1、c、a、a_3等。Cyt a与Cyt a_3很难分开，组成一复合体，统称为Cyt aa_3。Cyt aa_3是唯一能将电子直接传递给氧的细胞色素，故又称为细胞色素氧化酶。

细胞色素体系辅基中的铁原子可以得失电子，进行可逆的氧化还原反应，因此起到传递电子的作用，为递电子体。

$$2\text{Cyt } aa_3\text{-}Fe^{2+} + \frac{1}{2}O_2 \longrightarrow 2\text{Cyt } aa_3\text{-}Fe^{3+} + O^{2-}$$

（二）呼吸链中大部分组分形成4个复合体，只有少数游离存在

呼吸链中的各种递氢体和递电子体多数是紧密地镶嵌在线粒体内膜中。用去垢剂温和处理线粒体内膜，可将呼吸链分离得到四种仍具传递电子功能的复合体。

1．复合体Ⅰ将NADH + H^+中的氢传递给泛醌　复合体Ⅰ称为NADH-泛醌还原酶，为一巨大的复合物，其中有黄素蛋白（辅基为FMN）及铁硫蛋白。NADH脱下的氢经复合体Ⅰ中的FMN、铁硫蛋白传递给UQ，与此同时伴有质子（H^+）从线粒体基质转移到膜间隙。

2．UQ 不与任何蛋白质结合　UQ 在呼吸链的不同组分间可以穿梭游动而传递电子。UQ 接受氢后将质子释放到线粒体内膜外侧，电子则传递给细胞色素。

3．复合体Ⅱ将氢从琥珀酸等传递给泛醌　复合体Ⅱ称为琥珀酸 -UQ 还原酶。琥珀酸等脱下的氢经此复合体中 FAD、铁硫蛋白等传递给 UQ。

4．复合体Ⅲ将电子从泛醌传递给 Cyt c　复合体Ⅲ称为泛醌 - 细胞色素 c 还原酶，含有铁硫蛋白、Cyt b 及 Cyt c_1 等。复合体Ⅲ将还原型 UQ 中的电子传递给细胞色素 c，同时将质子从线粒体基质转移至线粒体内膜外。

5．Cyt c 是膜周边蛋白质　Cyt c 分子量较小，与线粒体内膜结合疏松，是除 UQ 外另一个可在线粒体内膜中移动的递电子体。

6．复合体Ⅳ将电子从 Cyt c 传递给氧　复合体Ⅳ称为 Cyt c 氧化酶，包括 Cyt aa_3。Cyt aa_3 分子中除含有铁离子外还含有两个铜离子，铜离子进行可逆的一价二价变化使电子最终传递给氧生成 O^{2-}，与游离于介质中的 $2H^+$ 化合生成水。

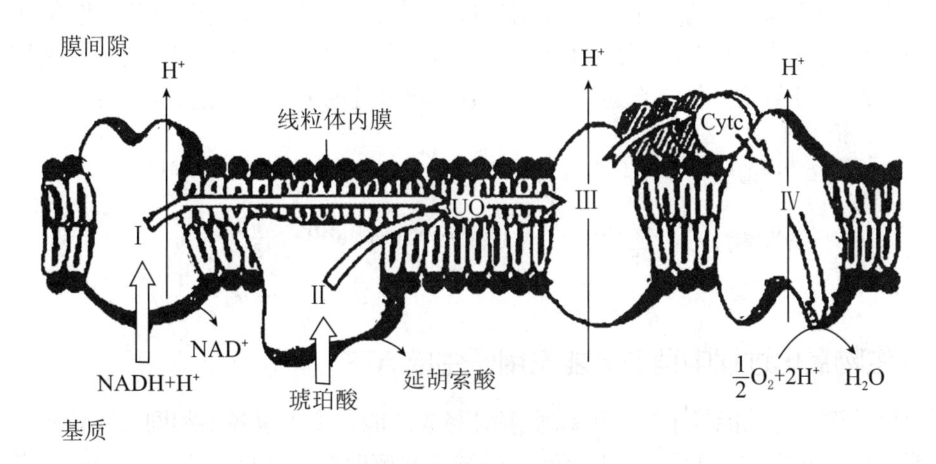

图 6-7　呼吸链四个复合体传递顺序示意图

（三）呼吸链组分按氧化还原电位从低到高排列

呼吸链中各递氢体或递电子体按一定顺序排列。通过测定呼吸链各组分的氧化还原电位、特有的吸收光谱以及应用呼吸链阻断剂等方法确定，目前普遍认为呼吸链的传递顺序为：

$$\begin{array}{c} \text{NADH} \longrightarrow \underset{\text{(Fe-S)}}{\text{FP（FMN）}} \longrightarrow \text{UQ} \longrightarrow \text{Cyt b} \longrightarrow \text{Cyt } c_1 \longrightarrow \text{Cyt c} \longrightarrow \text{Cyt } aa_3 \longrightarrow O_2 \\ \uparrow \\ \text{FP（FAD）} \\ \text{(Fe-S)} \end{array}$$

二、NADH 氧化呼吸链和 $FADH_2$ 氧化呼吸链是体内两条重要的呼吸链

（一）NADH 氧化呼吸链是体内最常见的一条呼吸链

生物氧化过程中绝大多数脱氢酶都是以 NAD^+ 为辅酶，所以 NADH 氧化呼吸链是体内最常见的一条呼吸链。其排列顺序如下：

SH_2 / S ⇄ NAD^+ / $NADH+H^+$ ⇄ [FMN (Fe-S)] / [$FMNH_2$ (Fe-S)] ⇄ UQ / UQH_2 ⇄ $2Cyt\text{-}Fe^{3+}$ / $2Cyt\text{-}Fe^{2+}$ ⇄ $\frac{1}{2}O_2$ / O^{2-} → H_2O（$2H^+$）

代谢物在相应酶的催化下脱下2H，交给NAD^+生成$NADH+H^+$，后者又在NADH脱氢酶作用下脱氢，脱下的氢由FMN接受生成$FMNH_2$，$FMNH_2$将2H传递给UQ形成UQH_2，UQH_2在泛醌-Cyt c还原酶作用下脱下2H，其中$2H^+$游离于介质中，而2e则经过一系列细胞色素体系的Fe^{3+}接受还原生成Fe^{2+}，并沿着b → c_1 → c → aa_3 → O_2顺序逐步传递给氧生成氧离子（O^{2-}），后者与介质中的$2H^+$结合生成水。

（二）$FADH_2$氧化呼吸链也叫琥珀酸氧化呼吸链

琥珀酸氧化呼吸链由黄素蛋白（以FAD为辅基）、UQ和细胞色素组成。琥珀酸脱氢酶、脂酰CoA脱氢酶等催化代谢物脱下的氢均通过此呼吸链氧化。此氧化呼吸链与NADH氧化呼吸链的区别在于脱下的2H不经过NAD^+，除此之外，其氢和电子传递过程均相同。这条呼吸链不如NADH氧化呼吸链普遍。$FADH_2$氧化呼吸链的电子传递途径如下：

琥珀酸 / 延胡索酸 ⇄ [FAD (Fe-S)] / $FADH_2$ (Fe-S) ⇄ UQH_2 / UQ ⇄ $2Cyt\text{-}Fe^{3+}$ / $2Cyt\text{-}Fe^{2+}$ ⇄ O^{2-} / $\frac{1}{2}O_2$；O^{2-} → H_2O（$2H^+$）

三、生物氧化过程中有部分能量用于生成ATP

不同化学键储存的能量不同，所以水解时释放的能量多少也各不相同。一般磷酸键水解时自由能变化（ΔG^o）为–8 ~ –12kJ/mol。磷酸键水解时释出的能量大于21kJ/mol者称为高能磷酸键，以~P表示。含有高能磷酸键的化合物称为高能磷酸化合物。最重要的高能化合物是ATP，机体能量的释放、贮存和利用都以ATP为中心，ATP是生物界普遍的供能物质。在生物体内还有一类高能化合物，如乙酰CoA、脂酰CoA等，其分子中含有高能硫酯键。

（一）ATP的生成有底物水平磷酸化和氧化磷酸化两种方式

1．底物水平磷酸化生成少量ATP　代谢物在氧化分解过程中，有少数反应由于脱氢或脱水引起分子内部能量重新分布产生高能键。直接将代谢物分子中的能量转移给ADP（或GDP）生成ATP（或GTP）的反应称为底物水平磷酸化（参见第四章）。目前已知体内有三个底物水平磷酸化反应。

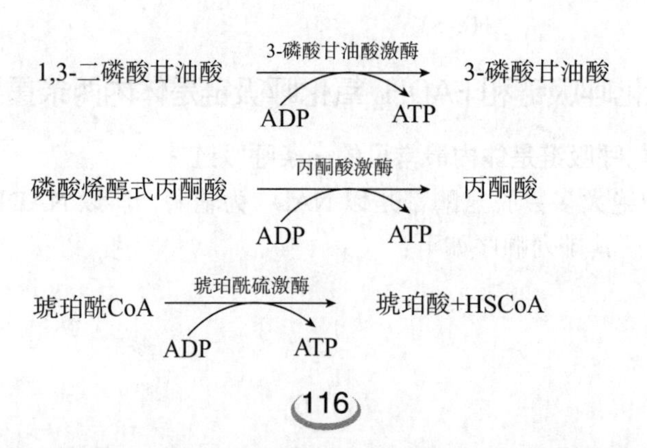

2．氧化磷酸化是机体生成 ATP 的主要方式　氧化磷酸化（oxidative phosphorylation）又称为电子传递水平磷酸化。在电子传递过程中偶联 ADP 磷酸化生成 ATP 的过程称为氧化磷酸化。

（二）氧化磷酸化偶联部位及机制

1．氧化磷酸化偶联部位　根据下述实验方法及数据可以大致确定氧化磷酸化偶联部位即 ATP 的生成部位。

（1）P/O 推测氧化磷酸化偶联部位　P/O 是指物质氧化时，每消耗 1 摩尔氧原子所消耗的无机磷的摩尔数（或 ADP 的摩尔数），即生成 ATP 的摩尔数。通过实验测定表明，NADH 氧化呼吸链的 P/O 约为 2.5，而琥珀酸氧化呼吸链的 P/O 约为 1.5。

（2）根据电子传递时自由能变化确定偶联部位　在氧化还原反应或电子传递反应中自由能变化（$\Delta G^{o\prime}$）和电位变化（$\Delta E^{o\prime}$）之间的关系如下：

$$\Delta G^{o\prime} = -nF\,\Delta E^{o\prime}$$

n 为传递电子数；F 为法拉第常数，F = 96.5kJ/（mol.v）

根据氧化还原电位差与能量之间的换算关系，可知电位差超过 0.2 V 时可释放 37.7kJ 以上的能量，而生成 1mol ATP 需 30.5kJ 的能量。经测定，NADH → UQ、Cyt b → Cyt c、Cyt aa_3 → O_2 的电位差均在 0.2 V 以上，自由能变化分别是 –69.5kJ/mol、–40.5kJ/mol、–102.3kJ/mol，所以这三个部位就是氧化磷酸化的偶联部位（图 6-8）。

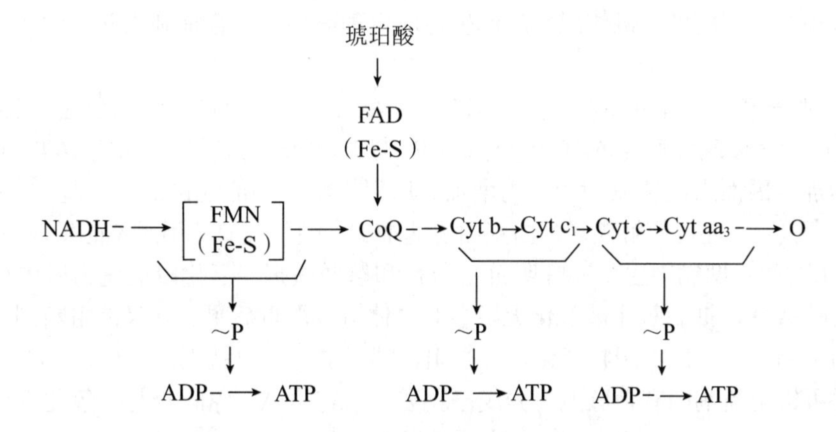

图 6-8　氧化磷酸化偶联部位示意图

上述偶联部位可以解释，为什么代谢物脱下的氢经 NADH 进入呼吸链传递生成水，可生成 2.5 个 ATP；而经 $FADH_2$ 进入呼吸链传递生成水只能生成 1.5 个 ATP。

2．氧化磷酸化的机制　关于氧化磷酸化的机制有多种假说，目前被普遍接受的是 1961 年由米切尔（Peter Mitchell）提出的化学渗透学说。具体内容是：线粒体内膜上电子传递链的复合体Ⅰ、Ⅲ和Ⅳ具有质子泵的作用，在传递电子过程中，复合体Ⅰ和Ⅲ可将 4 个 H^+ 从线粒体基质转运至线粒体内膜外，复合体Ⅳ则转运 2 个 H^+。因线粒体内膜不允许 H^+ 自由回流，所以膜内外的质子梯度产生了电化学梯度，电化学梯度的形成可看作是能量的贮存形式。当 H^+ 经 ATP 合酶的质子通道顺梯度回流到基质时，可驱动 ADP 与 Pi 反应生成 ATP（图 6-9）。

（三）影响氧化磷酸化作用的因素

1．ADP/ATP 是调节氧化磷酸化的主要因素　氧化磷酸化需 ADP 和 Pi（无机磷）的不

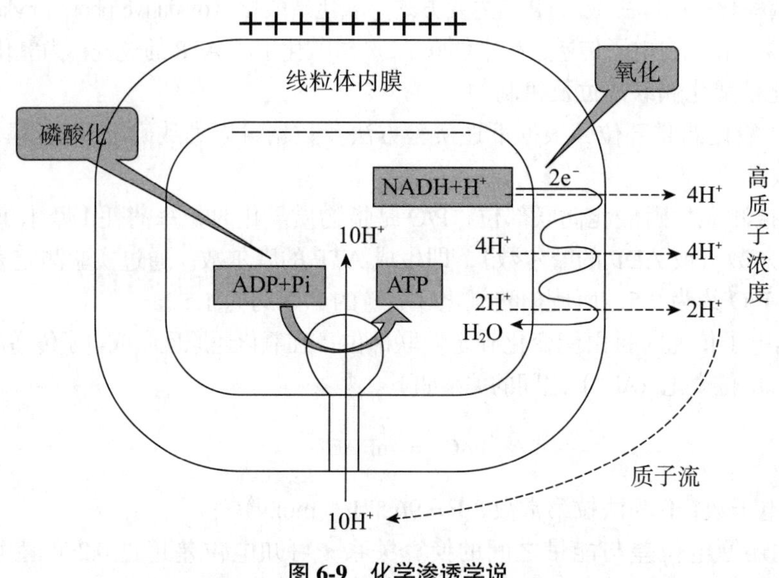

图 6-9　化学渗透学说

断供应，细胞内 ADP 水平对氧化磷酸化具有重要调节作用。增加 ADP 或者减少 ATP 的浓度，都可加速氧化磷酸化反应。反之，ADP 浓度不足或 ATP 消耗减少时，则氧化磷酸化反应减慢。这种调节作用可使机体能量的产生适应生理需要，在合理利用并节约能源上有重要意义。

2．甲状腺素能使机体耗氧和产热均增加　甲状腺素可活化许多组织细胞膜上的 Na^+-K^+-ATP 酶，使 ATP 加速分解为 ADP 和 Pi，ADP 增加促进氧化磷酸化。由于 ATP 的合成和分解速度均增加，因而引起耗氧和产热均增加。所以甲状腺功能亢进的病人基础代谢率增高。另外甲状腺素（T_3）还可使解偶联蛋白基因表达增加，使物质氧化但是不能生成 ATP。

3．氧化磷酸化抑制剂主要有呼吸链阻断剂和解偶联剂　氧化磷酸化为机体提供各种生命活动所需的 ATP，抑制氧化磷酸化无疑会对机体造成严重后果。呼吸链阻断剂可分别抑制呼吸链中的不同环节，使作用物氧化过程受阻，偶联磷酸化也就无法进行，ATP 生成随之减少。属于呼吸链阻断剂的有鱼藤酮、异戊巴比妥、抗霉素 A、氰化物与一氧化碳等，其作用环节见图 6-10。

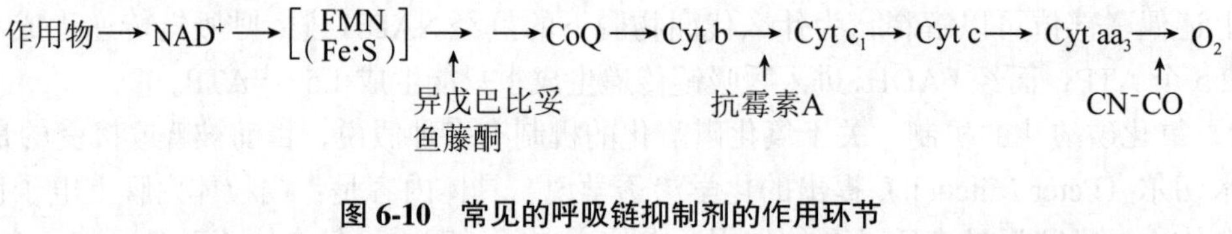

$$\text{作用物} \longrightarrow NAD^+ \longrightarrow \left[\begin{matrix} FMN \\ (Fe\cdot S) \end{matrix}\right] \longrightarrow \longrightarrow CoQ \longrightarrow Cyt\ b \longrightarrow Cyt\ c_1 \longrightarrow Cyt\ c \longrightarrow Cyt\ aa_3 \longrightarrow O_2$$

（抑制位点：异戊巴比妥、鱼藤酮 — FMN(Fe·S) 之后；抗霉素A — Cyt b 与 Cyt c_1 之间；CN^-、CO — Cyt aa_3 与 O_2 之间）

图 6-10　常见的呼吸链抑制剂的作用环节

解偶联剂不影响呼吸链的电子传递，只抑制由 ADP 生成 ATP 的磷酸化过程，使氧化与磷酸化脱节。解偶联剂中最常见的是二硝基苯酚（dinitrophenol，DNP）。DNP 是脂溶性物质，在线粒体内膜中可以自由移动，在细胞质侧结合 H^+，返回基质侧释出 H^+，从而破坏了内膜两侧的电化学梯度，故不能生成 ATP，致使氧化磷酸化解偶联。氧化磷酸化解偶联作用可发生于新生儿的褐色脂肪组织，新生儿可通过这种机制产热，维持体温。

四、细胞质中生成的 NADH 通过穿梭进入线粒体

线粒体内膜对物质的通过有严格的选择性。细胞质中生成的 NADH 不能自由透过线粒体内膜，故线粒体外 NADH 所携带的氢必须首先通过一定的转运机制才能进入线粒体，然后再经呼吸链进行氧化磷酸化。这种转运机制主要有苹果酸 - 天冬氨酸穿梭作用和 α- 磷酸甘油穿梭作用。

（一）苹果酸 - 天冬氨酸穿梭主要见于心肌和肝组织

如图 6-11 所示，细胞质中的 NADH 在苹果酸脱氢酶催化下使草酰乙酸还原为苹果酸，后者通过线粒体内膜上的载体进入线粒体，又在线粒体内苹果酸脱氢酶的作用下重新生成草酰乙酸和 NADH。NADH 进入 NADH 氧化呼吸链，因此这种穿梭方式可生成 2.5 分子 ATP。新生成的草酰乙酸不能自由穿过线粒体内膜，在谷草转氨酶催化下，与谷氨酸先进行转氨基作用，生成天冬氨酸和 α- 酮戊二酸，然后由载体转运至细胞质，再经转氨基作用生成草酰乙酸和谷氨酸，继续进行穿梭。

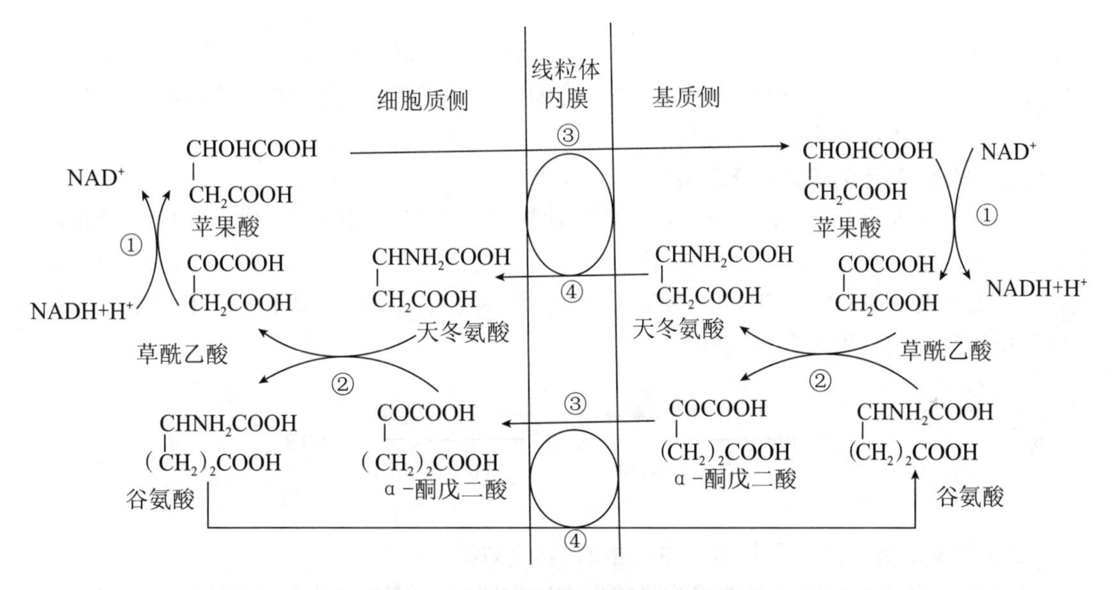

图 6-11　苹果酸 - 天冬氨酸穿梭作用

①苹果酸脱氢酶；②谷草转氨酶；③二羧酸载体；④酸性氨基酸载体

（二）α- 磷酸甘油穿梭主要见于骨骼肌和脑组织

骨骼肌和脑组织中线粒体外产生的 NADH，在细胞质中的 α- 磷酸甘油脱氢酶催化下，使磷酸二羟丙酮还原成 α- 磷酸甘油，后者进入线粒体，再经位于线粒体内膜的 α- 磷酸甘油脱氢酶（辅基为 FAD）催化生成磷酸二羟丙酮，后者可穿出线粒体至细胞质继续穿梭。FAD 接受氢生成 $FADH_2$ 进入 $FADH_2$ 氧化呼吸链，因此这种穿梭方式可生成 1.5 分子 ATP（图 6-12）。

五、ATP 有重要生理功能

（一）ATP 是机体各种生理、生化活动的主要供能物质

糖、脂、蛋白质在分解代谢过程中释放的能量大约有 40% 以化学能的形式储存在 ATP

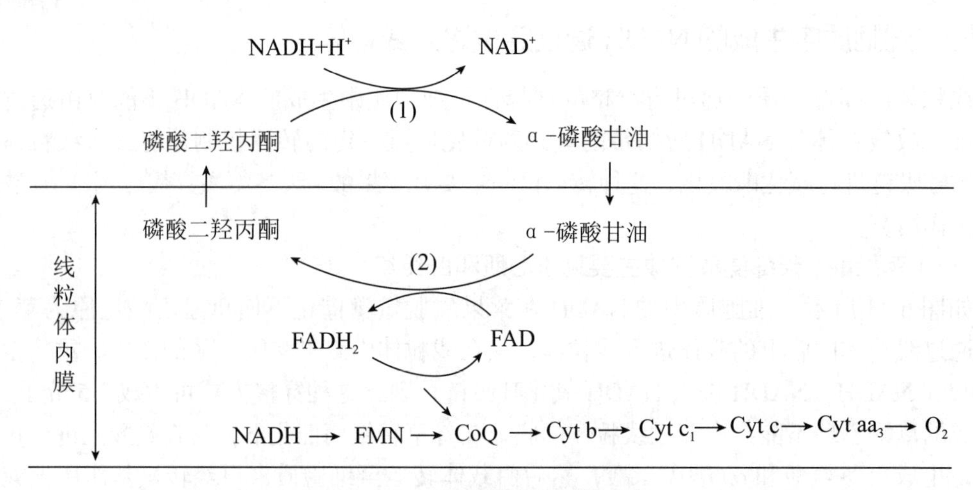

图 6-12　α- 磷酸甘油穿梭作用

（1）细胞质 α- 磷酸甘油脱氢酶；（2）线粒体内 α- 磷酸甘油脱氢酶

分子中。在机体生命活动中，能量的释放、贮存和利用都以 ATP 为中心。ADP 和 Pi 接受物质氧化所释放的能量生成 ATP，ATP 水解生成 ADP 和 Pi 释放的能量供肌肉收缩、生物合成、离子转运、信息传递等生命活动之需。

（二）ATP 转变成其他核苷三磷酸

某些物质合成除需要 ATP 外，还需要其他核苷三磷酸，如糖原合成需 UTP，磷脂合成需 CTP，蛋白质合成需 GTP。这些核苷三磷酸的生成和补充，不能从物质氧化过程中直接生成，而主要来源于 ATP。ATP 的磷酸基由核苷酸激酶催化转移，生成相应核苷三磷酸，参与各种物质代谢，包括用以合成核酸。

$$\text{NMP} \xrightarrow[\text{ATP} \to \text{ADP}]{\text{核苷单磷酸激酶}} \text{NDP} \xrightarrow[\text{ATP} \to \text{ADP}]{\text{核苷二磷酸激酶}} \text{NTP}$$

（三）磷酸肌酸是肌肉和脑组织中能量的储存形式

ATP 还可将其高能磷酸键转移给肌酸生成磷酸肌酸，但磷酸肌酸所含的高能磷酸键不能被直接利用。ATP 不足时（例如肌肉急剧收缩，消耗的 ATP 远远超过营养物氧化时生成的 ATP），磷酸肌酸可将其高能磷酸键转移给 ADP 生成 ATP，再为生理活动提供能量。

$$\text{ATP+ 肌酸} \underset{}{\overset{\text{肌酸激酶}}{\rightleftharpoons}} \text{ADP+ 磷酸肌酸}$$

第三节　线粒体外的生物氧化

除线粒体外，细胞的微粒体和过氧化物酶体也是生物氧化的重要场所，其中存在一些不同于线粒体的氧化酶类，组成特殊的氧化体系，其特点是在氧化过程中不偶联磷酸化，因此不能生成 ATP。

一、微粒体氧化体系主要为加单氧酶系

存在于微粒体中的氧化体系主要为加单氧酶系。加单氧酶催化 O_2 的一个氧原子加到作用物分子上，另一个氧原子被 NADPH + H^+ 还原成水，因此该酶又称为混合功能氧化酶或者羟化酶。反应需要细胞色素 P_{450}、NADPH + H^+、FAD 参加。其反应式如下：

$$RH+NADPH+H^{+}+O_2 \xrightarrow{\text{加单氧酶系}} ROH+NADP^{+}+H_2O$$

加单氧酶系催化的反应与体内许多重要活性物质的生成、灭活以及药物、毒物的生物转化有密切关系（详见第十四章）。

二、过氧化物酶体氧化体系氧化过程产生活性氧

过氧化物酶体是一种特殊的细胞器，存在于动物组织的肝、肾、中性粒细胞和小肠黏膜细胞中。过氧化物酶体中含多种氧化酶，能氧化氨基酸、脂肪酸等多种底物，产生活性氧（reactive oxygen species，ROS）。

（一）活性氧包括超氧阴离子、过氧化氢和羟基自由基

生物氧化过程中，氧分子必须接受 4 个电子才能完全还原，产生 $2O^{2-}$，再与 H^+ 结合成水。如果电子供给不足，O_2 接受一个电子就形成超氧阴离子（O_2^-），超氧阴离子可部分还原生成 H_2O_2，H_2O_2 进一步还原生成羟基自由基（·OH）。O_2^-、H_2O_2、·OH 统称为活性氧。O_2^-、·OH 是自由基，H_2O_2 不是自由基，但是可以转变成羟基自由基。活性氧生成的反应式如下：

$$O_2 \xrightarrow{e^-} O_2^- \xrightarrow{e^-+2H^+} H_2O_2 \xrightarrow[H_2O]{e^-+H^+} \cdot OH \xrightarrow{e^-+H^+} H_2O$$

细菌感染发生炎症时，细菌刺激吞噬细胞产生 O_2^- 等活性氧杀死入侵的细菌。此外，辐射、服用药物、吸入烟雾、缺氧等都可产生大量活性氧。

（二）活性氧对机体有损伤作用

活性氧几乎对所有的生物大分子均有氧化作用。氧化生物膜中磷脂的不饱和脂肪酸，使膜的通透性增加，Ca^{2+} 和其他离子流入细胞导致细胞肿胀。氧化蛋白质的巯基，使机体免疫力降低。氧化 DNA 引起点突变，修饰甚至断裂，破坏核酸结构，诱发多种疾病（如肿瘤、动脉粥样硬化等）。

（三）机体有清除活性氧的能力

活性氧有一定的生理作用，如中性粒细胞产生的 H_2O_2 可用于杀死吞噬的细菌；甲状腺中产生的 H_2O_2 可用于酪氨酸的碘化过程，为合成甲状腺素所必需。但是活性氧对大多数组织造成严重损伤。因此必须将多余的活性氧及时清除。

1．超氧化物歧化酶（SOD）清除 O_2^-　SOD 是 1969 年 Fridovich 发现的一种普遍存在于生物体内的酶，是人体防御内、外环境中超氧离子对人体侵害的重要的酶。SOD 半衰期极短，广泛存在于各组织中，能催化超氧离子的氧化还原，生成 H_2O_2 与氧。反应过程中，1 分子超氧离子还原成 H_2O_2，另一分子则氧化成 O_2，故名歧化。

$$2O_2+2e \longrightarrow 2O_2^- \xrightarrow{\text{超氧化物歧化酶}} H_2O_2+O_2$$

2．过氧化氢酶和过氧化物酶可将 H_2O_2 处理和利用。

（1）过氧化氢酶能催化两分子 H_2O_2 生成水及 O_2

$$H_2O_2 + H_2O_2 \xrightarrow{\text{过氧化氢酶}} 2H_2O + O_2$$

（2）过氧化物酶能催化 H_2O_2 分解生成水，并放出氧原子直接氧化酚类和胺类等有毒物质。

$$R+H_2O_2 \longrightarrow RO+H_2O \text{ 或 } RH_2+H_2O_2 \longrightarrow R+2H_2O$$

某些组织细胞内还存在一种含硒的谷胱甘肽过氧化物酶，利用还原型谷胱甘肽（GSH）使 H_2O_2 或其他过氧化物（ROOH）还原，对组织细胞具有保护作用。

$$ROOH+2GSH \rightarrow ROH+GSSG+H_2O$$
$$H_2O_2+2GSH \rightarrow GSSG+2H_2O$$

上述反应可使细胞内氧化产生的 H_2O_2 分解，这对于细胞重要组分（生物膜、酶、蛋白质等）维持正常的氧化还原状态具有重要生理意义。

小　结

物质在生物体内氧化分解的过程称为生物氧化。生物氧化在细胞的线粒体内外均可进行，但氧化过程及意义不同。线粒体内生物氧化产生 CO_2 和水的同时，释放的能量生成 ATP 以供生命活动之需。生物氧化是在酶的催化下，在体温及近于中性 pH 环境中进行，产生的能量逐步释放，有相当一部分能量使 ADP 磷酸化生成 ATP。有机酸的脱羧基作用生成 CO_2。生物氧化的方式有脱电子、脱氢、加氧等。催化氧化还原反应的酶类包括氧化酶类、不需氧脱氢酶类、需氧脱氢酶类、加氧酶等。

生物氧化过程中代谢物脱下的氢经一系列递氢体或递电子体传递，最后传递到氧，与活化的氧结合生成水。这些递氢体和递电子体按一定顺序排列在线粒体内膜上递氢递电子，称为电子传递链，也称呼吸链。呼吸链的组成成分主要有五类：NAD^+、以 FMN 及 FAD 为辅基的黄素蛋白、铁硫蛋白、泛醌、细胞色素体系。呼吸链的这些组分在线粒体内膜上，组成四个复合体。UQ 和 Cyt c 不包含在这些复合体中。体内重要的呼吸链有两条，即 NADH 氧化呼吸链和 $FADH_2$ 氧化呼吸链。

ATP 几乎是组织细胞内能够直接利用的唯一能源，体内 ATP 的生成方式有两种，即底物水平磷酸化和氧化磷酸化。将代谢物分子中的能量直接转移给 ADP（或 GDP）生成 ATP（或 GTP）的反应称为底物水平磷酸化；在电子传递过程中偶联 ADP 磷酸化生成 ATP 的过程称为氧化磷酸化。通过测定不同底物经呼吸链氧化的 P/O 比值及呼吸链各组分间电位差与自由能变化的关系，表明在 NADH—UQ，UQ—Cyt c，Cyt aa_3—O_2 存在偶联部位。化学渗透学说是被普遍接受的氧化磷酸化机制，该假说认为，电子经呼吸链传递时，可将 H^+ 从线粒体内膜的基质侧泵到内膜外侧，产生质子电化学梯度储存能量，当质子顺梯度经 ATP 合酶回流时催化 ADP 和 Pi 生成 ATP。氧化磷酸化受许多因素的影响，如 ADP/ATP 比值、甲状腺素、解偶联剂和呼吸链阻断剂等。解偶联剂可使氧化与磷酸化脱节，以致氧化过程照常进行但不能生成 ATP。阻断剂是抑制呼吸链的不同部位，使氧化磷酸化无法进行。

线粒体外的 NADH + H^+ 所携带的氢可经苹果酸 - 天冬氨酸穿梭或 α- 磷酸甘油穿梭进入线粒体内进行氧化磷酸化，分别生成 2.5 分子和 1.5 分子 ATP。生物体内能量的转化、储存和利用都以 ATP 为中心。在肌肉和脑组织中，磷酸肌酸可作为能源的储存形式。

除线粒体外，体内还有非线粒体氧化体系，如微粒体，过氧化物酶体等，其特点是不伴有氧化磷酸化，因此不生成 ATP，主要参与体内代谢物、药物和毒物的生物转化。

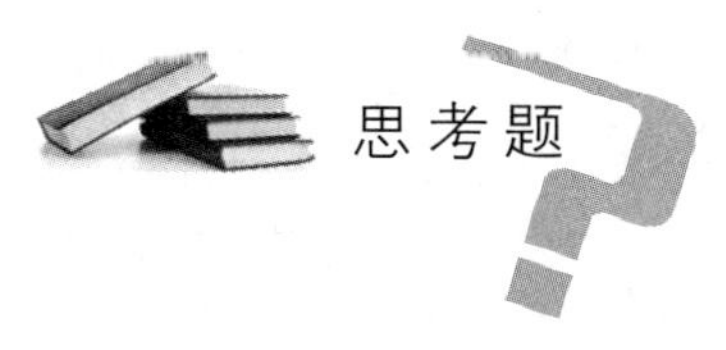

思考题

1. 线粒体电子传递链主要包含哪些成分？这些组分以何种方式传递电子？

2. 氧化磷酸化偶联部位是如何测得的？影响氧化磷酸化的因素主要有哪些？

3. 如何根据脱氢酶的辅酶，判断其脱下的氢会进入哪条呼吸链？会产生多少分子 ATP？

（郑弋萍）

第七章

氨基酸代谢

1. 熟悉氮平衡与营养必需氨基酸的基本概念。
2. 了解蛋白质的消化吸收与腐败作用；熟悉体内蛋白质降解途径和氨基酸代谢概况。
3. 掌握氨基酸脱氨基作用，熟悉 α- 酮酸的代谢途径。
4. 掌握氨的主要来源、去路和转运方式；熟悉尿素合成的鸟氨酸循环。
5. 熟悉氨基酸的脱羧基作用以及胺的代谢活性。
6. 掌握“一碳单位”的概念和功用；熟悉甲硫氨酸循环和芳香族氨基酸代谢过程和产物。
7. 了解个别氨基酸代谢异常引起的遗传性疾病。

氨基酸是蛋白质的基本组成单位，也是合成蛋白质的原料，蛋白质在体内分解或转化需要首先降解成氨基酸再进一步代谢，因此氨基酸是蛋白质代谢的中心内容。蛋白质的生物合成过程将在第 12 章详细阐述。本章主要介绍食物蛋白质消化吸收和体内组织蛋白质分解共同组成氨基酸代谢库、氨基酸的一般分解代谢、个别氨基酸代谢及其与疾病的联系。

第一节　蛋白质的营养作用

一、蛋白质具有多种重要生理功能

蛋白质是生命活动的基础，是构成机体组织细胞的重要成分。其主要生理功能有：①维持组织细胞的生长、更新及修补；②参与体内多种重要生理活动，包括催化、运输、免疫、代谢调节、肌肉运动、血液凝固等过程；体内多种重要生理活性物质（如含氮类激素、神经递质、核苷酸、一氧化氮等）也是以氨基酸为原料合成的；③氧化供能。每克蛋白质在体内氧化分解可释放 17.19kJ (4.1kcal) 能量。但供能不是蛋白质的主要功能，可由糖或脂肪代替，一般成人每日约有 18% 的能量来自蛋白质降解。由此可见，蛋白质既是生命的物质基础，又是能源物质。食物中的蛋白质营养对保证机体正常代谢和各种生命活动至关重要。

二、氮平衡可以衡量体内蛋白质的代谢概况

氮平衡（nitrogen balance）是指机体摄入氮与排出氮之间的对比关系。食物中的含氮物质绝大部分是蛋白质，蛋白质的平均含氮量为 16%，因此可用食物的含氮量代表蛋白质的量；而蛋白质在体内分解代谢所产生的含氮物质主要由尿、粪排出。通过测定食物中含氮量和粪尿中含氮量，可大致反映体内蛋白质的代谢状况。人体氮平衡有三种情况：①氮总平衡，即摄入氮 = 排出氮，即氮的“收支”平衡，见于正常成人；②氮正平衡，即摄入氮>排出氮，摄入的氮部分用于体内蛋白质的合成，见于生长发育期的儿童、疾病康复期病人和孕妇等；③氮负平衡，即摄入氮<排出氮，见于蛋白质摄入量不足或过度降解，如衰老、饥饿、营养不良、消耗性疾病等。

氮平衡对研究机体蛋白质的需要量和食物蛋白质的营养价值都具有重要意义。根据氮平衡实验测得，正常成人每天最低分解约 20g 蛋白质，由于食物蛋白质与人体蛋白质的组成差异，不能全部被利用，故成人每日最低需要蛋白质 30 ～ 50g，为了长期维持氮的总平衡，我国营养学会推荐成人每天的蛋白质需要量为 80g。

三、蛋白质所含氨基酸的种类和比例决定其营养价值

在组成蛋白质的 20 种氨基酸中，有 8 种人体不能自身合成。这些体内需要但又不能自身合成，必须由食物供给的氨基酸称为营养必需氨基酸（nutritionally essential amino acid），包括苏氨酸、赖氨酸、色氨酸、甲硫氨酸、缬氨酸、亮氨酸、异亮氨酸、苯丙氨酸。人体能合成其余的 12 种氨基酸，不一定由食物供给，称为营养非必需氨基酸。其中组氨酸和精氨酸在体内合成量相对不足，若食物中长期缺乏也能造成负氮平衡，故有人将这两种氨基酸称为营养半必需氨基酸。

蛋白质的营养价值是指食物蛋白质在体内的利用率，与所含的营养必需氨基酸种类和比例密切相关。即营养必需氨基酸在种类、含量和比例上越接近人体蛋白质，其利用率越高，营养价值越高；反之，营养价值低。将几种营养价值较低的蛋白质混合食用、相互补充营养必需氨基酸，以提高各自蛋白质的营养价值称为蛋白质的互补作用。如谷物蛋白质色氨酸含量较高，赖氨酸含量低，而豆类蛋白质中色氨酸含量较低，赖氨酸含量高。因此，二者混合食用可提高其营养价值。

第二节　体内氨基酸的来源

蛋白质被机体利用需要首先分解为氨基酸，再进一步参与各种代谢和转变。体内氨基酸的来源主要有两个方面，即食物蛋白质消化吸收和机体组织蛋白质分解。

一、食物蛋白质消化成氨基酸和寡肽后被吸收

食物蛋白质经消化道中一系列酶的催化作用，分解为氨基酸及寡肽才能被吸收。同时蛋白质消化过程也可以消除蛋白质的抗原性和特异性，避免了食物蛋白质引起的过敏反应和毒性反应。

（一）蛋白质主要在胃和小肠中进行消化

胃肠道中的蛋白水解酶类对蛋白质的催化具有专一性，按水解肽键位置不同基本分为两大类：内肽酶和外肽酶。内肽酶主要包括胃蛋白酶、胰蛋白酶、糜蛋白酶和弹性蛋白酶等，

它们初分泌时多以酶原的形式存在，激活后可以特异性水解蛋白质内部的一些肽键，形成较短的肽。外肽酶包括氨基肽酶和羧基肽酶，分别从氨基端和羧基端按顺序水解氨基酸。另有二肽酶可水解二肽中的肽键，最终产物为游离的氨基酸（图 7-1）。

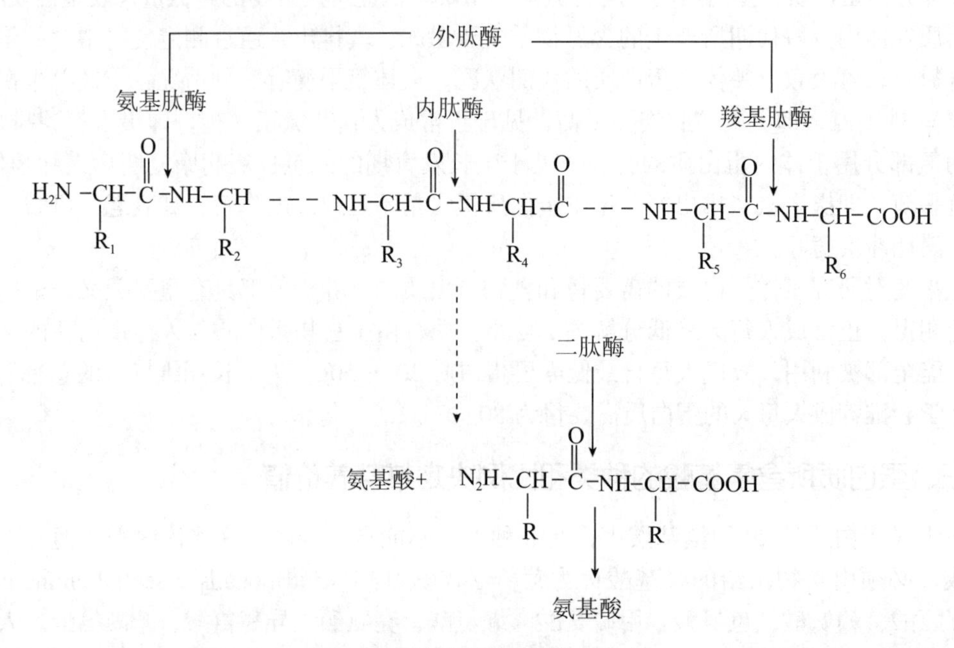

图 7-1　蛋白水解酶及其作用位点

食物蛋白质消化始于胃。胃蛋白酶主要水解蛋白质多肽链中由芳香族氨基酸、甲硫氨酸、亮氨酸等残基构成的肽键，生成多肽和少量氨基酸。此外，胃蛋白酶还具有凝乳作用，使奶中的酪蛋白形成凝乳块，延长在胃中停留时间，有利于充分消化。

小肠是蛋白质消化的主要部位。在各种胰蛋白酶和肽酶共同作用下，蛋白质和多肽逐步水解成氨基酸和寡肽。此外，小肠黏膜细胞质中存在的寡肽酶和二肽酶，可以将少量进入肠黏膜细胞的寡肽继续水解成氨基酸。

（二）蛋白质消化产物的吸收是主动转运过程

小肠黏膜细胞对肠腔中氨基酸和寡肽的摄入与葡萄糖的吸收过程类似，需特定转运蛋白、Na^+协助并且耗能。由于氨基酸的侧链结构差别较大，氨基酸转运蛋白也不相同，分别转运中性、酸性、碱性氨基酸、亚氨基酸、二肽和三肽等。结构相似的氨基酸共用同一转运蛋白有彼此竞争现象。

此外，小肠黏膜细胞膜上存在γ- 谷氨酰基转移酶，可以由谷胱甘肽协助将肠腔氨基酸转移至细胞内，称为γ- 谷氨酰基循环（γ-glutamyl cycle）。

（三）未被吸收的蛋白质在肠道中发生腐败作用

在肠道中少量未经消化的蛋白质，以及一小部分未被吸收的氨基酸、寡肽等消化产物在肠道细菌的作用下，发生以无氧分解为主要过程的化学变化称为腐败作用（putrefaction）。腐败作用的方式有水解、脱羧、脱氨、氧化、还原等，作用产物少量可被机体利用，如脂肪酸和维生素，但大多数对人体有害，如胺类、氨、酚、甲烷、吲哚、硫化氢等。腐败产物主要随粪便排出体外，在肠道停留期间，部分可经门静脉吸收进入体内，随后主要在肝经生物转化随尿排出，故对机体不产生毒性。

若腐败产物生成过多或肝功能低下，进入体内的有毒物质对人体产生有害作用，其中以胺类和氨的危害作用最大。例如，组氨酸、赖氨酸脱羧生成相应的组胺和尸胺有较强的降低血压作用；色氨酸脱羧生成的 5- 羟色胺具有升高血压作用；酪氨酸、苯丙氨酸脱羧生成的酪胺及苯乙胺，若不能被肝分解，极易进入脑组织，羟化生成 β- 羟酪胺和苯乙醇胺，其结构与神经递质儿茶酚胺相类似，称为假神经递质（false neurotransmitter）（图 7-2）。假神经递质干扰儿茶酚胺的合成及作用，阻碍神经冲动的传递，抑制大脑的正常功能。过量氨也可以透过血脑屏障对中枢神经系统产生毒性作用，这些都是肝性脑病发生的重要机制。

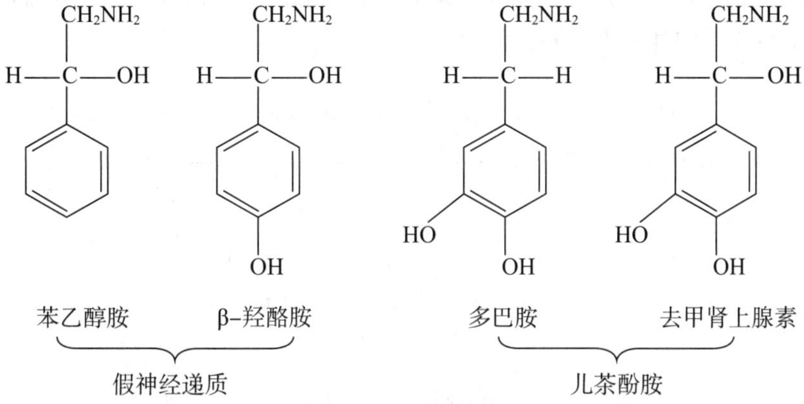

苯乙醇胺　β–羟酪胺　多巴胺　去甲肾上腺素

假神经递质　儿茶酚胺

图 7-2　假神经递质和儿茶酚胺

二、体内蛋白质分解生成氨基酸

所有生命体的蛋白质都处于不断合成与降解的动态平衡中。成人每天约有 1% ～ 2% 的机体蛋白质被降解，并且主要来源于肌肉蛋白。蛋白质降解所产生的氨基酸 75% ～ 80% 又被重新利用合成新的蛋白质。

（一）蛋白质以不同速率进行降解

人体各种蛋白质降解速率有很大不同，随生理需要而发生改变，且不同蛋白质的寿命差异很大，短则数秒，长则数月甚至更长。蛋白质的寿命常用半寿期（$t_{1/2}$，half-life）表示，即蛋白质降低其原浓度一半所需要的时间。如肝中代谢酶 $t_{1/2}$ 范围从 30 分钟至 150 小时不等。体内蛋白质的更新有重要生理意义，通过调节蛋白质的降解速度可直接影响代谢过程与生理功能。此外，某些异常或损伤的蛋白质可通过更新而被清除。

（二）真核细胞内有两条主要的蛋白质降解途径

体内蛋白质降解是在组织细胞内一系列蛋白酶和肽酶协同作用下完成的，蛋白质被水解为肽，肽再降解为氨基酸。真核细胞中蛋白质降解途径有两条。

1．不依赖 ATP 的溶酶体途径　该途径主要降解外源性蛋白质、膜蛋白以及半寿期长的蛋白质。此过程不需要 ATP 参加。溶酶体是细胞内的消化器官，内含多种酸性组织蛋白酶，可将胞吞蛋白质或细胞自身受损蛋白质水解为氨基酸，后者由细胞自噬（autophagy）作用介导。溶酶体对所降解的蛋白质选择性相对较差。

2．依赖 ATP 的泛素 - 蛋白酶体途径　该途径主要降解半寿期较短或异常的蛋白质。泛素（ubiquitin）是一种分子量较小（85 000）的蛋白质，广泛存在于真核细胞内，是许多细胞内蛋白质降解的标志。在蛋白质的降解过程中，首先，泛素通过消耗 ATP 的连续酶促反应与被降解的蛋白质共价结合，称为蛋白质的泛素化。一种蛋白质的降解需多次泛素化，形成泛素链。随后，蛋白酶体（proteasome）特异性地识别被泛素标记的蛋白质并与之结合，在 ATP 存在下，将其降解为氨基酸或短肽。蛋白酶体存在于细胞核和细胞质中，是一个 26S 的大分子蛋白质复合物，由 20S 的核心颗粒（core particle，CP）和 19S 的调节颗粒（regulatory particle，RP）组成。核心颗粒形成空心圆柱形态，内部具有蛋白酶催化活性，直接水解蛋白质。而调节颗粒则分别位于 CP 的两端，形似盖子，参与识别、结合待降解的泛素化蛋白质，以及蛋白质去折叠、定位等功能，同时具有 ATP 酶活性（图 7-3）。泛素 - 蛋白酶体系统控制的蛋白质降解不仅是正常情况下细胞内特异蛋白质降解的重要途径，而且对细胞生长周期、DNA 复制、染色体结构都有重要调控作用。

$$\mathrm{UB-\overset{\overset{\displaystyle O}{\|}}{C}-O^- + HS-E_1 \xrightarrow{\;ATP\;\searrow\quad\nearrow\;AMP+PPi\;} UB-\overset{\overset{\displaystyle O}{\|}}{C}-S-E_1}$$

$$\mathrm{UB-\overset{\overset{\displaystyle O}{\|}}{C}-S-E_1 \xrightarrow{\;HS-E_2\;\searrow\quad\nearrow\;HS-E_1\;} UB-\overset{\overset{\displaystyle O}{\|}}{C}-S-E_2}$$

$$\mathrm{UB-\overset{\overset{\displaystyle O}{\|}}{C}-S-E_2 \xrightarrow[E_3]{\;Pr-Lys-NH_2\;\searrow\quad\nearrow\;HS-E_2\;} UB-\overset{\overset{\displaystyle O}{\|}}{C}-NH-Lys-Pr}$$

UB：泛素；E_1：泛素激活酶；E_2：泛素结合酶；E_3：泛素连接酶；$Pr\text{-}Lys\text{-}NH_2$：被降解的蛋白质

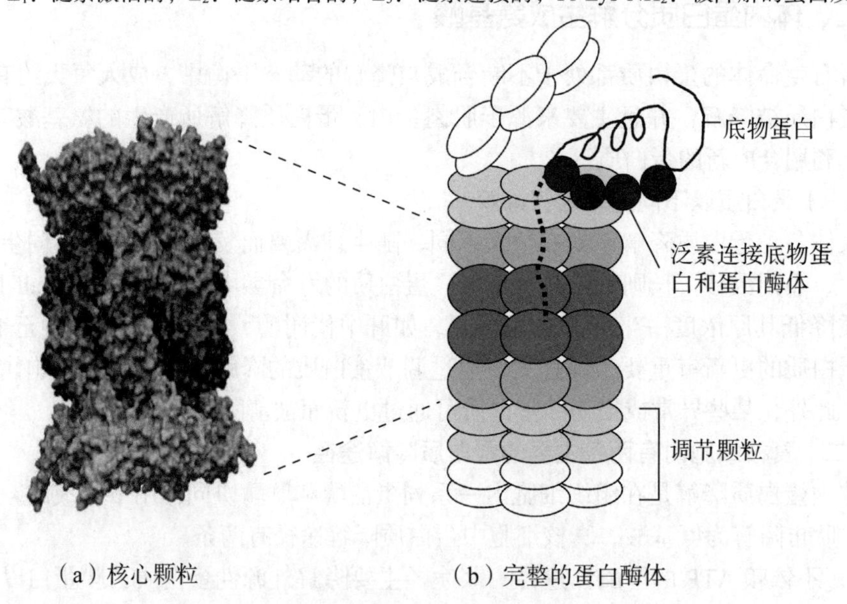

图 7-3　蛋白酶体降解蛋白质示意图

三、外源性氨基酸与内源性氨基酸组成氨基酸代谢库

由食物蛋白质消化吸收的氨基酸（外源性氨基酸）与体内组织蛋白质降解生成的氨基酸以及体内合成的非必需氨基酸（内源性氨基酸）混合在一起共同参与代谢，称为氨基酸代谢

库。氨基酸不能自由通过细胞膜，所以在体内各组织分布不均。骨骼肌中氨基酸占总代谢库的 50% 以上，其次是肝和肾。体内氨基酸主要用于合成组织蛋白质和肽类，或转变为其他含氮化合物，还可转变为糖类、脂质等，少量用于氧化供能。各种氨基酸因共同的结构特点有相似的代谢方式，如通过脱氨基作用产生 α- 酮酸和氨，也可通过脱羧基作用生成胺和 CO_2。但不同的氨基酸由于结构差异，又有特殊的代谢途径。体内氨基酸来源与去路的代谢概况见图 7-4。

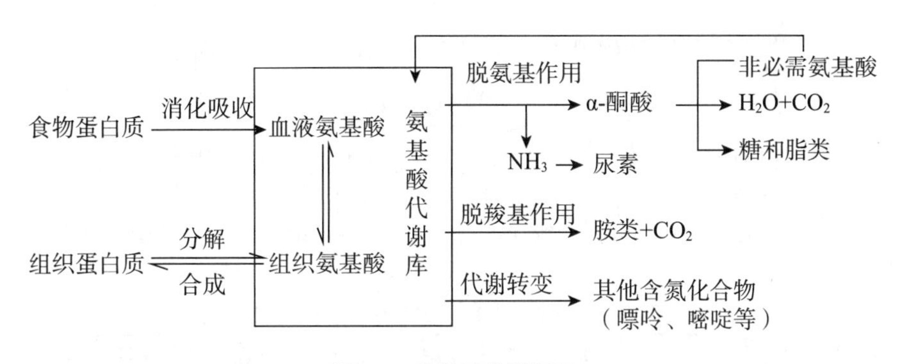

图 7-4　氨基酸代谢概况

第三节　氨基酸的一般分解代谢

正常成人氨基酸代谢库中，每日约 20% ~ 25% 氨基酸进入分解代谢途径，包括脱氨基作用和脱羧基作用，以脱氨基作用为主。氨基酸的脱羧基作用将在个别氨基酸代谢中予以介绍。

一、氨基酸有多种脱氨基方式

（一）氨基酸通过转氨基作用移去氨基

转氨基作用是指某一氨基酸将它的 α- 氨基转移至另一种 α- 酮酸的酮基上，生成相应的氨基酸，原来的氨基酸则转变成相应的 α- 酮酸。催化转氨基作用的酶称为转氨酶，又称氨基转移酶，辅酶是磷酸吡哆醛或磷酸吡哆胺（含 $VitB_6$ 的磷酸酯）。体内多数氨基酸可进行氨基转移作用（甘氨酸、苏氨酸、赖氨酸、脯氨酸、羟脯氨酸除外）。

$$\begin{array}{c}R_1\\|\\H-C-NH_2\\|\\COOH\end{array} + \begin{array}{c}R_2\\|\\H-C=O\\|\\COOH\end{array} \underset{}{\overset{\text{转氨酶}}{\rightleftharpoons}} \begin{array}{c}R_1\\|\\H-C=O\\|\\COOH\end{array} + \begin{array}{c}R_2\\|\\H-C-NH_2\\|\\COOH\end{array}$$

由于转氨酶催化的反应是可逆的，因此氨基转移作用既是氨基酸的分解途径，也是由 α- 酮酸合成非必需氨基酸的主要途径。

转氨酶具有专一性，体内存在多种转氨酶，其中以丙氨酸转氨酶（ALT，又称谷丙转氨酶，GPT）和天冬氨酸转氨酶（AST，又称谷草转氨酶，GOT）最为重要，ALT 和 AST 广泛存在于各组织，但含量差别较大（表 7-1）。它们催化的反应如下：

$$\begin{array}{c} COOH \\ | \\ CH_2 \\ | \\ CH_2 \\ | \\ CHNH_2 \\ | \\ COOH \\ \text{谷氨酸} \end{array} + \begin{array}{c} CH_3 \\ | \\ C=O \\ | \\ COOH \\ \text{丙酮酸} \end{array} \underset{}{\overset{ALT}{\rightleftharpoons}} \begin{array}{c} COOH \\ | \\ CH_2 \\ | \\ CH_2 \\ | \\ C=O \\ | \\ COOH \\ \alpha\text{-酮戊二酸} \end{array} + \begin{array}{c} CH_3 \\ | \\ CHNH_2 \\ | \\ COOH \\ \text{丙氨酸} \end{array}$$

$$\begin{array}{c} COOH \\ | \\ CH_2 \\ | \\ CH_2 \\ | \\ CHNH_2 \\ | \\ COOH \\ \text{谷氨酸} \end{array} + \begin{array}{c} COOH \\ | \\ CH_2 \\ | \\ C=O \\ | \\ COOH \\ \text{草酰乙酸} \end{array} \underset{}{\overset{AST}{\rightleftharpoons}} \begin{array}{c} COOH \\ | \\ CH_2 \\ | \\ CH_2 \\ | \\ C=O \\ | \\ COOH \\ \alpha\text{-酮戊二酸} \end{array} + \begin{array}{c} COOH \\ | \\ CH_2 \\ | \\ CHNH_2 \\ | \\ COOH \\ \text{天冬氨酸} \end{array}$$

表 7-1　正常人组织中 ALT、AST 活性（单位 / 克湿组织）

组织	ALT	AST	组织	ALT	AST
肝	44 000	142 000	胰腺	2 000	28 000
肾	19 000	91 000	脾	1 200	14 000
心	7 100	156 000	肺	700	10 000
骨骼肌	4 800	99 000	血清	16	20

肝组织中 ALT 活性最高，心肌组织中 AST 活性最高。正常情况下，转氨酶主要存在于细胞内。当组织细胞在缺氧或炎症等情况下，由于细胞膜通透性增加或细胞破坏，转氨酶可大量释放入血，导致血清转氨酶活性明显升高。如急性肝炎时血清 ALT 活性增高，心肌梗死时 AST 活性增高。因此，临床上转氨酶活性的测定可作为对某些疾病的诊断、观察疗效以及判断预后的参考指标。

（二）氨基酸通过氧化脱氨基作用脱去氨基

谷氨酸是哺乳动物体内唯一的能高速进行氧化脱氨基反应的氨基酸，脱下的氨进一步代谢后排出体外。此反应由 L- 谷氨酸脱氢酶催化，其特点是活性强、特异性高，也是唯一既能利用 NAD^+ 又能利用 $NADP^+$ 接受还原当量的酶。谷氨酸脱氢酶催化的反应可逆，根据机体的状态决定有利于合成谷氨酸还是分解谷氨酸。

$$\begin{array}{c} COOH \\ | \\ CH_2 \\ | \\ CH_2 \\ | \\ CHNH_2 \\ | \\ COOH \\ \text{谷氨酸} \end{array} \underset{NAD(P)^+ \quad NAD(P)H+H^+}{\overset{\text{L-谷氨酸脱氢酶}}{\rightleftharpoons}} \begin{array}{c} COOH \\ | \\ CH_2 \\ | \\ CH_2 \\ | \\ C=NH \\ | \\ COOH \\ \text{亚谷氨酸} \end{array} \underset{-H_2O}{\overset{+H_2O}{\rightleftharpoons}} \begin{array}{c} COOH \\ | \\ CH_2 \\ | \\ CH_2 \\ | \\ C=O \\ | \\ COOH \\ \alpha\text{-酮戊二酸} \end{array} + NH_3$$

另外，肝、肾组织内还存在少量 L- 氨基酸氧化酶，其辅基是 FMN 或 FAD。它可以将少数氨基酸氧化成 α- 亚氨基酸，再加水而分解成相应 α- 酮酸并且释放 NH_4^+ 和 H_2O_2，这也是一种氨基酸的氧化脱氨方式。

（三）多数氨基酸通过联合脱氨基作用脱去氨基

上述转氨基作用使许多氨基酸的氨基转移至α-酮戊二酸上生成谷氨酸，再通过谷氨酸的氧化脱氨基作用生成α-酮戊二酸和氨，这种脱氨基方式称为转氨脱氨作用，又称联合脱氨基作用（图7-5）。联合脱氨基作用的全过程是可逆的，此反应过程因而也是体内合成非必需氨基酸的主要途径。

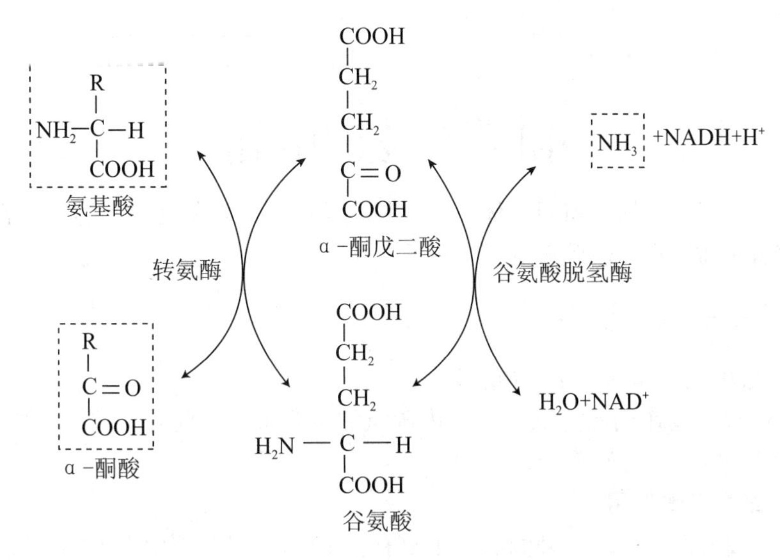

图7-5 联合脱氨基作用

在骨骼肌、心肌中由于L-谷氨酸脱氢酶活性较低，可能存在着另一种氨基酸脱氨基方式，即通过嘌呤核苷酸循环脱去氨基。在此循环中，氨基酸经过两次转氨基作用把氨基转移给天冬氨酸，天冬氨酸再将氨基转移给次黄嘌呤核苷酸（IMP），进一步生成腺苷酸（AMP），AMP在腺苷酸脱氨酶的催化下，加水分解释放NH_3，并重新形成IMP，再参加循环。

二、α-酮酸的代谢主要有三个代谢去路

（一）彻底氧化分解供能

α-酮酸进入三羧酸循环彻底氧化，最终生成H_2O、CO_2并释放能量供生命活动所需。

（二）经氨基化合成营养非必需氨基酸

体内的一些营养非必需氨基酸可通过相应的α-酮酸氨基化而生成，如转氨基、联合脱氨基作用的逆反应等。α-酮酸可来自糖代谢和三羧酸循环的中间产物，如丙酮酸、草酰乙酸、α-酮戊二酸分别转变为丙氨酸、天冬氨酸和谷氨酸。

（三）转变成糖和脂质化合物

多数氨基酸生成的α-酮酸可进入糖代谢途径生成糖；个别氨基酸生成的α-酮酸代谢产物为酮体；有的氨基酸代谢产物两者兼有。根据这一特性，氨基酸又分类为生糖氨基酸、生酮氨基酸以及生糖兼生酮氨基酸（表7-2）。由此看出，氨基酸代谢与糖和脂质代谢关系密切。氨基酸可以转变为糖与脂肪；糖也可以转变成脂肪和一些非必需氨基酸的碳架部分。

表 7-2　生糖氨基酸、生酮氨基酸及生糖兼生酮氨基酸分类

氨基酸类别	氨基酸
生糖氨基酸	甘氨酸、丝氨酸、缬氨酸、组氨酸、精氨酸、半胱氨酸、脯氨酸、丙氨酸、谷氨酸、谷氨酰胺、天冬氨酸、天冬酰胺、甲硫氨酸
生酮氨基酸	亮氨酸、赖氨酸
生糖兼生酮氨基酸	异亮氨酸、苯丙氨酸、酪氨酸、苏氨酸、色氨酸

第四节　氨的代谢

氨扩散入血即产生血氨。氨对人体有毒，特别是脑组织对氨尤为敏感。正常人血氨水平维持在 47 ~ 65μmol/L 的动态平衡中。

一、血氨有三个主要来源

（一）氨基酸脱氨基作用和胺类物质分解

氨基酸通过脱氨基作用产生氨，这是内源氨的主要来源。此外，胺类物质如肾上腺素、多巴胺等分解可产生少量的氨。

（二）肠道细菌腐败作用

凡从肠道吸收入血的氨均称外源氨，主要有：①蛋白质腐败作用产生氨和胺；②血液中的尿素渗入肠道，受肠菌脲酶水解而生成氨。这些氨均可吸收进入血液。便秘、肠梗阻、尿毒症等均可导致外源氨增多。肠道中的 NH_3 比 NH_4^+ 易于吸收，降低肠道 pH，有利于 NH_3 与酸性物质结合生成 NH_4^+，随粪便排出。因此，对高血氨患者采用弱酸性透析液做结肠透析，并禁止使用碱性肥皂水灌肠，可减少肠道对氨的吸收。

（三）肾小管上皮细胞谷氨酰胺水解

肾小管上皮细胞中谷氨酰胺在谷氨酰胺酶的催化下水解为谷氨酸和 NH_3，这部分氨分泌到肾小管管腔中与尿中的 H^+ 结合成 NH_4^+，并以铵盐的形式随尿排出。肾小管的这种泌氨方式参与酸碱平衡的调节，碱性尿 NH_3 易被吸收入血，成为血氨的一个来源。临床上对肝硬化产生腹水的病人，不宜使用碱性利尿药，以避免血氨升高。

二、氨通过生成谷氨酰胺和丙氨酸 - 葡萄糖循环的方式转运

（一）谷氨酰胺的转运作用

谷氨酰胺主要从脑、肌肉等组织向肝或肾运输氨。这些组织存在谷氨酰胺合成酶，可催化 NH_3 与谷氨酸合成谷氨酰胺，由 ATP 供能，反应不可逆。谷氨酰胺经血液运往肝、肾后，在谷氨酰胺酶作用下水解，释放出 NH_3 并生成谷氨酸。

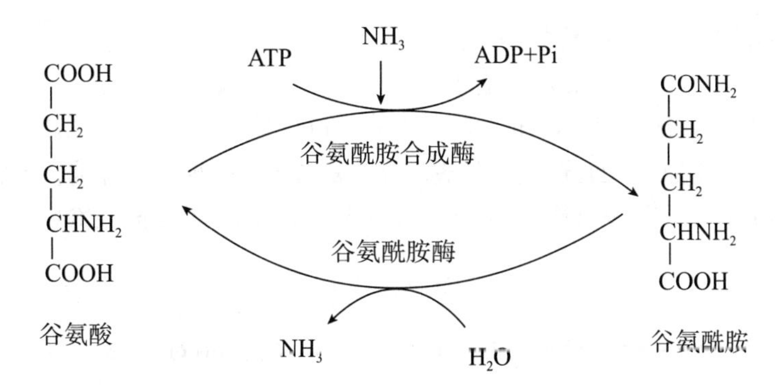

谷氨酰胺的生成不仅是体内氨无毒运输的主要形式，还可提供氨基合成蛋白质，并参与嘌呤、嘧啶及核酸的合成。谷氨酰胺在脑中固定和转运氨的过程中起主要作用，临床上氨中毒患者可服用或输入谷氨酸盐使其转变为谷氨酰胺，以降低血氨的浓度。

（二）丙氨酸—葡萄糖循环

此循环主要在骨骼肌与肝之间进行，将肌肉中氨基酸分解产生的 NH_3 与葡萄糖分解产生的丙酮酸合成丙氨酸入血，后者进入肝细胞经联合转氨基作用释放 NH_3 用于合成尿素，丙氨酸则转变成丙酮酸，丙酮酸经糖异生途径又变成葡萄糖，再进入肌肉分解，如此反复进行，构成了转运氨的“丙氨酸—葡萄糖循环”（图 7-6）。该循环既以无毒的丙氨酸形式将氨从肌肉经血液输送到肝，又为肝提供了糖异生的原料。

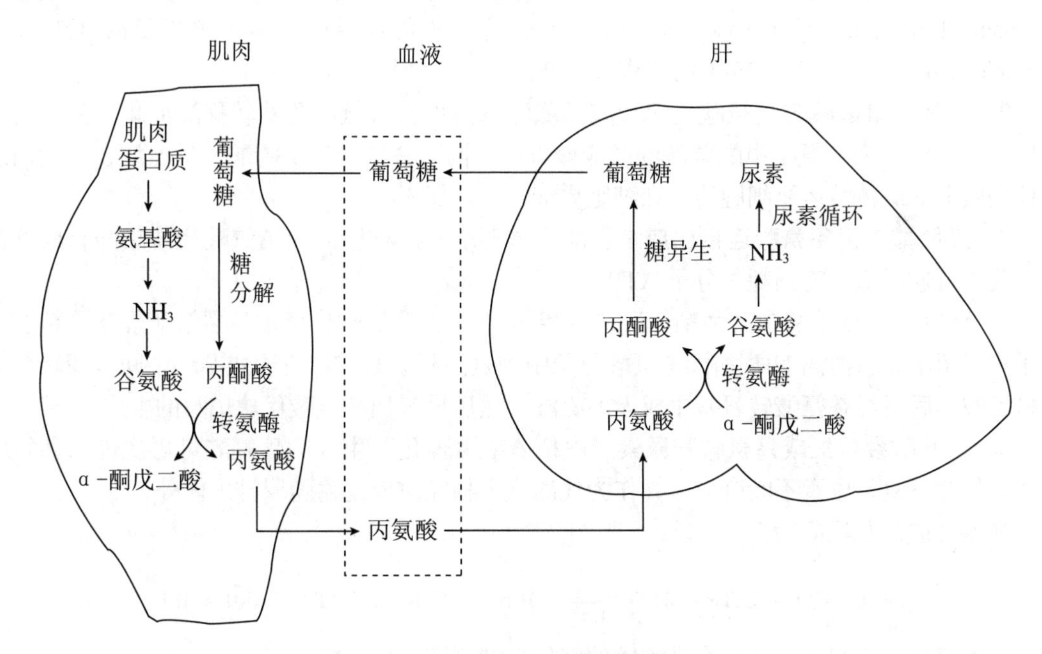

图 7-6 丙氨酸—葡萄糖循环

三、氨的主要代谢去路是在肝合成尿素

正常情况下氨的最主要去路是在肝合成无毒的尿素，少部分氨直接经肾以铵盐的形式排出体外。

（一）尿素生成的鸟氨酸循环学说

鸟氨酸循环（ornithine cycle）又称尿素循环（urea cycle），该循环首先是由 Krebs 和 Henseleit 提出，故又称 Krebs-Henseleit 循环。其简要过程是：①鸟氨酸与 NH_3 和 CO_2 形成瓜氨酸；②瓜氨酸再结合 1 分子 NH_3 形成精氨酸；③精氨酸水解生成尿素并重新生成鸟氨酸，鸟氨酸再重复上述反应（图 7-7）。因此，每循环一次将 2 分子 NH_3 和 1 分子 CO_2 生成 1 分子尿素。

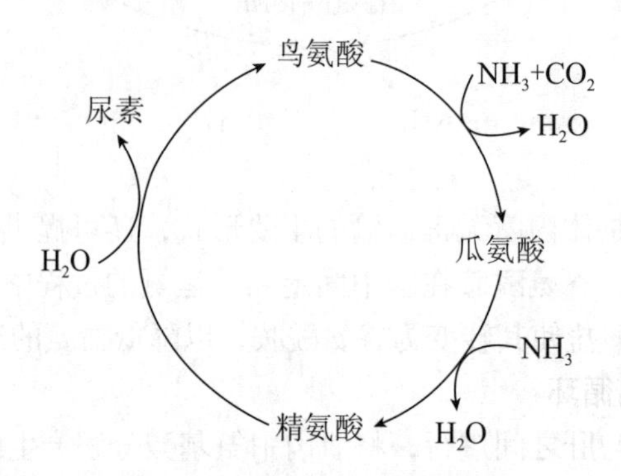

图 7-7　尿素生成的鸟氨酸循环

此后研究表明，该循环中间步骤较为复杂，全过程分为 5 步反应：

1．NH_3、CO_2 和 ATP 缩合生成氨基甲酰磷酸　在肝线粒体内由氨基甲酰磷酸合成酶Ⅰ（carbamoyl phosphate synthetase Ⅰ，CPS-Ⅰ）催化的不可逆反应，N- 乙酰谷氨酸（N-acetyl glutamic acid，AGA）为 CPS-Ⅰ的变构激活剂。此反应消耗 2 分子 ATP。

2．氨基甲酰磷酸与鸟氨酸反应形成瓜氨酸　由鸟氨酸氨甲酰基转移酶催化，为不可逆反应，反应能量来自氨基甲酰磷酸的高能酸酐键，同时释放 1 分子磷酸。瓜氨酸合成后由线粒体内膜上的载体转运至细胞质，在细胞质继续合成尿素。

3．瓜氨酸与天冬氨酸连接生成精氨酸代琥珀酸　由细胞质内精氨酸代琥珀酸合成酶催化，为不可逆反应，需消耗 1 分子 ATP。

4．精氨酸代琥珀酸裂解为精氨酸和延胡索酸　由精氨酸代琥珀酸裂解酶催化。精氨酸分子中保留了来自游离 NH_3 和天冬氨酸分子中的氨。延胡索酸经三羧酸循环中间步骤转变为草酰乙酸，后者经谷氨酸转氨基生成天冬氨酸，然后再参加精氨酸代琥珀酸的生成。

5．精氨酸裂解生成鸟氨酸和尿素　由精氨酸酶催化，生成的鸟氨酸可再次进入鸟氨酸循环，如此反复，尿素不断合成，并作为代谢终产物经血液运输随尿排出体外。

尿素合成的总反应为：

$$2NH_3 + CO_2 + 3ATP + 3H_2O \rightleftharpoons H_2N-CO-NH_2 + 2ADP + AMP + 4Pi$$

尿素合成的中间步骤及其在细胞中的定位总结于图 7-8。

（二）尿素合成受膳食蛋白质和两种调节酶调节

1．膳食蛋白质　高蛋白质膳食促进尿素的合成，反之，低蛋白膳食减少尿素的合成。

2．N- 乙酰谷氨酸激活 CPS-Ⅰ启动尿素合成　N- 乙酰谷氨酸是由谷氨酸和乙酰 CoA 经 AGA 合酶催化生成，而精氨酸是 AGA 合酶的激活剂，精氨酸浓度升高时尿素合成增加。在临床上常用精氨酸治疗高血氨症的病人，以促进尿素的合成。

3．精氨酸代琥珀酸合成酶促进尿素合成　在尿素合成的酶系中，以精氨酸代琥珀酸合

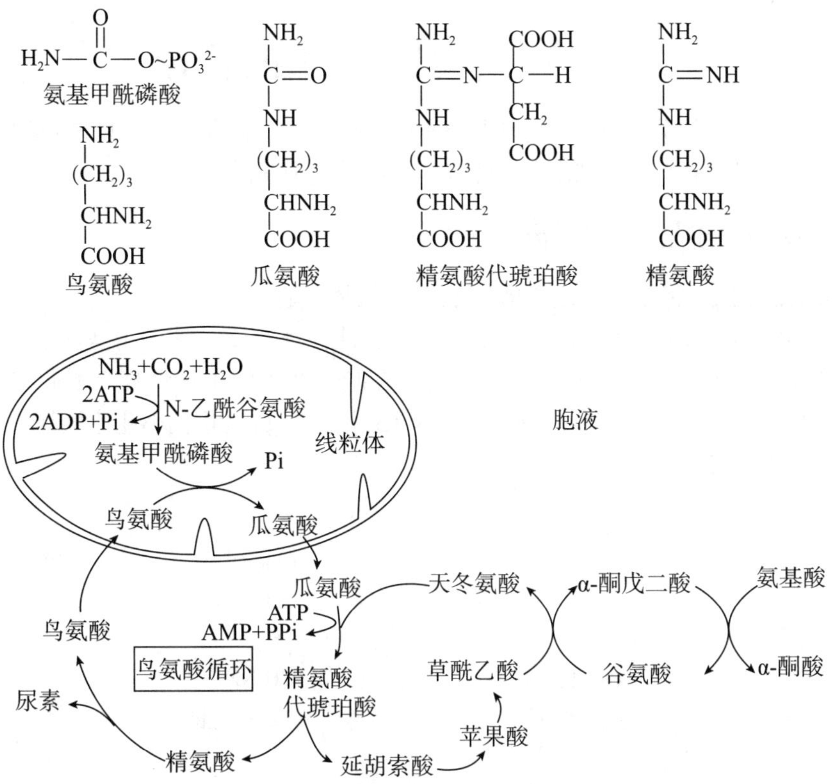

图 7-8 尿素合成的中间代谢途径和产物

成酶的活性最低，是尿素合成启动后的限速酶，可正性调节尿素的合成。

（三）尿素合成障碍可引起高血氨症和氨中毒

当肝功能严重受损或尿素合成相关酶有遗传性缺陷时，尿素合成障碍，血氨浓度升高，称为高血氨症（hyperammonemia）。高血氨症严重者可导致肝性脑病，常见的临床症状包括厌食、呕吐、嗜睡甚至昏迷等。高血氨症的毒性作用机制尚不完全清楚，一般认为，正常时氨在脑组织可与 α- 酮戊二酸结合生成谷氨酸，后者可进一步与氨结合生成谷氨酰胺而解毒。高血氨时脑中氨的持续增加，使 α- 酮戊二酸减少，导致三羧酸循环减弱，ATP 耗竭，从而引起大脑功能障碍，严重者可发生昏迷。另一种机制可能是谷氨酸、谷氨酰胺增多，渗透压增大引起脑水肿。

知识链接

尿素循环代谢病

尿素循环代谢病是一组以高血氨症为共同特征的新生儿或儿童染色体隐性（少数显性）遗传病，发病率在 1/（7 万 ~ 10 万）（活产婴儿）以下。由于鸟氨酸循环的相关酶活性完全或部分缺乏，患儿多伴有相关酶底物在体内蓄积、中枢神经系统发育和功能异常等表现。其中氨基甲酰磷酸合成酶Ⅰ缺乏症、鸟氨酸氨甲酰基转移酶缺乏症、瓜氨酸血症、精氨酸代琥珀酸尿症较为常见。在治疗上需补充精氨酸及其他必需氨基酸。

第五节　个别氨基酸的代谢

氨基酸除了共有的分解途径外，因其侧链（R 基团）不同，还有其自身的特殊代谢途径。个别氨基酸的特殊代谢产物有些对机体具有重要生理功能。

一、氨基酸脱羧基可产生胺类物质

（一）谷氨酸经 L- 谷氨酸脱羧酶催化生成 γ- 氨基丁酸

γ- 氨基丁酸（GABA）是中枢神经系统的抑制性神经递质，其作用是抑制突触传导。L- 谷氨酸脱羧酶（辅酶是磷酸吡哆醛，含 $VitB_6$）在脑、肾组织中活性高，因此谷氨酸脱羧生成的 GABA 在脑组织中含量丰富。临床应用 $VitB_6$ 治疗妊娠呕吐、小儿惊厥等是为了增加脑中 γ- 氨基丁酸的生成。

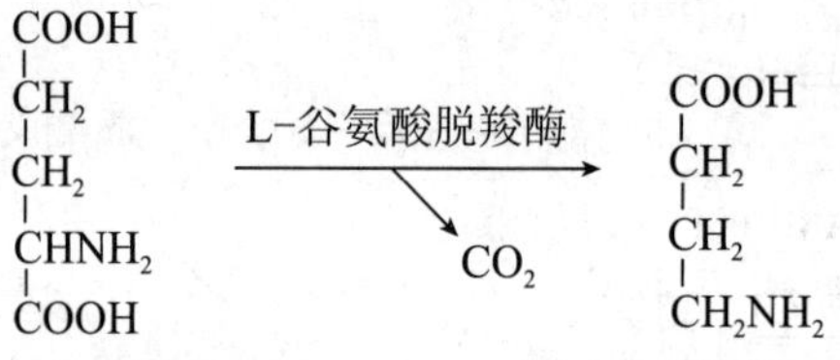

$$HOOC-CH_2-CH_2-CH(NH_2)-COOH \xrightarrow[\searrow CO_2]{\text{L-谷氨酸脱羧酶}} HOOC-CH_2-CH_2-CH_2NH_2$$

L-谷氨酸　　γ-氨基丁酸

（二）组氨酸经组氨酸脱羧酶催化生成组胺

组胺（histamine）主要由肥大细胞产生，是一种强烈的血管舒张剂，并能增加毛细血管通透性。当其产生过多可造成血压降低，甚至休克；组胺可使平滑肌收缩，引起支气管痉挛，导致哮喘；组胺还可刺激胃蛋白酶和胃酸的分泌。

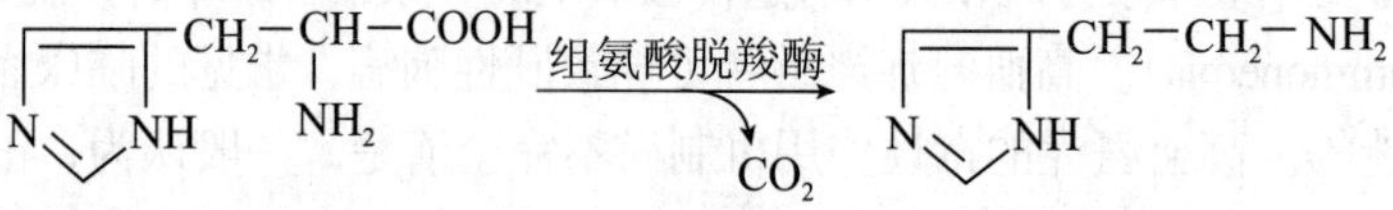

$$\text{咪唑基}-CH_2-CH(NH_2)-COOH \xrightarrow[\searrow CO_2]{\text{组氨酸脱羧酶}} \text{咪唑基}-CH_2-CH_2-NH_2$$

组氨酸　　组胺

（三）色氨酸经 5- 羟色氨酸脱羧生成 5- 羟色胺

5- 羟色胺（5-hydroxytryptamine，5-HT，或称血清素）在脑的视丘下部、大脑皮层及神经细胞的突触小泡含量高，是一种抑制性神经递质，与人的镇静、镇痛和睡眠有关。在外周组织，5-HT 具有强烈的收缩血管作用。

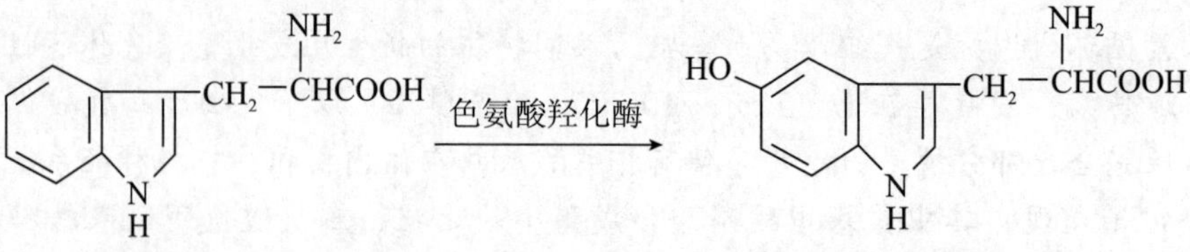

$$\text{吲哚基}-CH_2-CH(NH_2)COOH \xrightarrow{\text{色氨酸羟化酶}} \text{5-HO-吲哚基}-CH_2-CH(NH_2)COOH$$

色氨酸　　5-羟色氨酸

$$\xrightarrow[CO_2]{\text{5-羟色氨酸脱羧酶}}$$ 5-羟色胺（HO-吲哚-3-$CH_2CH_2NH_2$）

5-羟色胺

（四）精氨酸及鸟氨酸脱羧生成多胺

精氨酸水解生成的鸟氨酸经脱羧作用先生成腐胺（二胺），然后再与S-腺苷甲硫氨酸脱羧基生成的丙胺基反应，转变成精脒（三胺）及精胺（四胺），二者总称为多胺。

$$\text{L-鸟氨酸} \xrightarrow[-CO_2]{\text{鸟氨酸脱羧酶}} H_2N—(CH_2)_4—NH_2\text{（腐胺）}$$

$$\text{S-腺苷甲硫氨酸（SAM）} \xrightarrow[-CO_2]{\text{SAM脱羧酶}} \text{腺苷}—S—(CH_2)_3—NH_2\text{（脱羧基SAM）}$$

$$\text{腐胺+脱羧基SAM} \xrightarrow[\text{-腺苷-S-}CH_3]{\text{丙胺转移酶}} H_2N—(CH_2)_4—NH—(CH_2)_3—NH_2\text{（精脒）}$$

$$\text{精脒+脱羧基SAM} \xrightarrow[\text{-腺苷-S-}CH_3]{\text{丙胺转移酶}} H_2N—(CH_2)_3—NH—(CH_2)_4—NH—(CH_2)_3—NH_2\text{（精胺）}$$

精脒和精胺带有多个正电荷，能与负电性强的DNA或RNA结合，促进核酸和蛋白质的生物合成，进而起到调节细胞生长的重要作用。凡生长旺盛的组织，如胚胎、再生肝，乃至癌瘤组织，鸟氨酸脱羧酶的活性及多胺的含量均升高。临床上已将血、尿中多胺的测定作为对肿瘤的辅助诊断及观察病情变化的检测指标之一。

知识链接

精氨酸与气体信号分子NO

精氨酸可通过一氧化氮合酶（nitric oxide synthase，NOS）作用，直接氧化为瓜氨酸，并产生NO。NO是一种重要的细胞内信号分子，能很容易通过细胞膜，引起心血管、消化道等平滑肌的松弛，使血管扩张。NO还可防止血小板凝聚、动脉粥样硬化，在感觉传入以及学习记忆等方面有着重要作用。

二、一碳单位是某些氨基酸的特殊代谢产物

（一）四氢叶酸是一碳单位的载体

某些氨基酸在分解代谢中产生的含有一个碳原子的有机基团，称一碳单位（one carbon unit），又称一碳基团。主要有：甲基（$-CH_3$）、甲烯基（$-CH_2-$）、甲炔基（$=CH-$）、亚氨甲基（-CH=NH）、甲酰基（-CHO）等。它们不能单独存在，四氢叶酸（FH_4）是一碳单位的载体，也是一碳单位代谢的辅酶，其分子中的N^5和N^{10}是携带一碳单位的部位。四氢叶酸结构

参见第十七章。

（二）由氨基酸产生的一碳单位可相互转变

一碳单位主要来自甘氨酸、丝氨酸、组氨酸和色氨酸，其中色氨酸分解后产生的甲酸直接提供甲酰基作为一碳单位的供体。各种一碳单位彼此之间可通过氧化还原反应相互转变，但 N^5- 甲基四氢叶酸的生成是不可逆的。现将一碳单位的来源及相互转变总结为图 7-9。

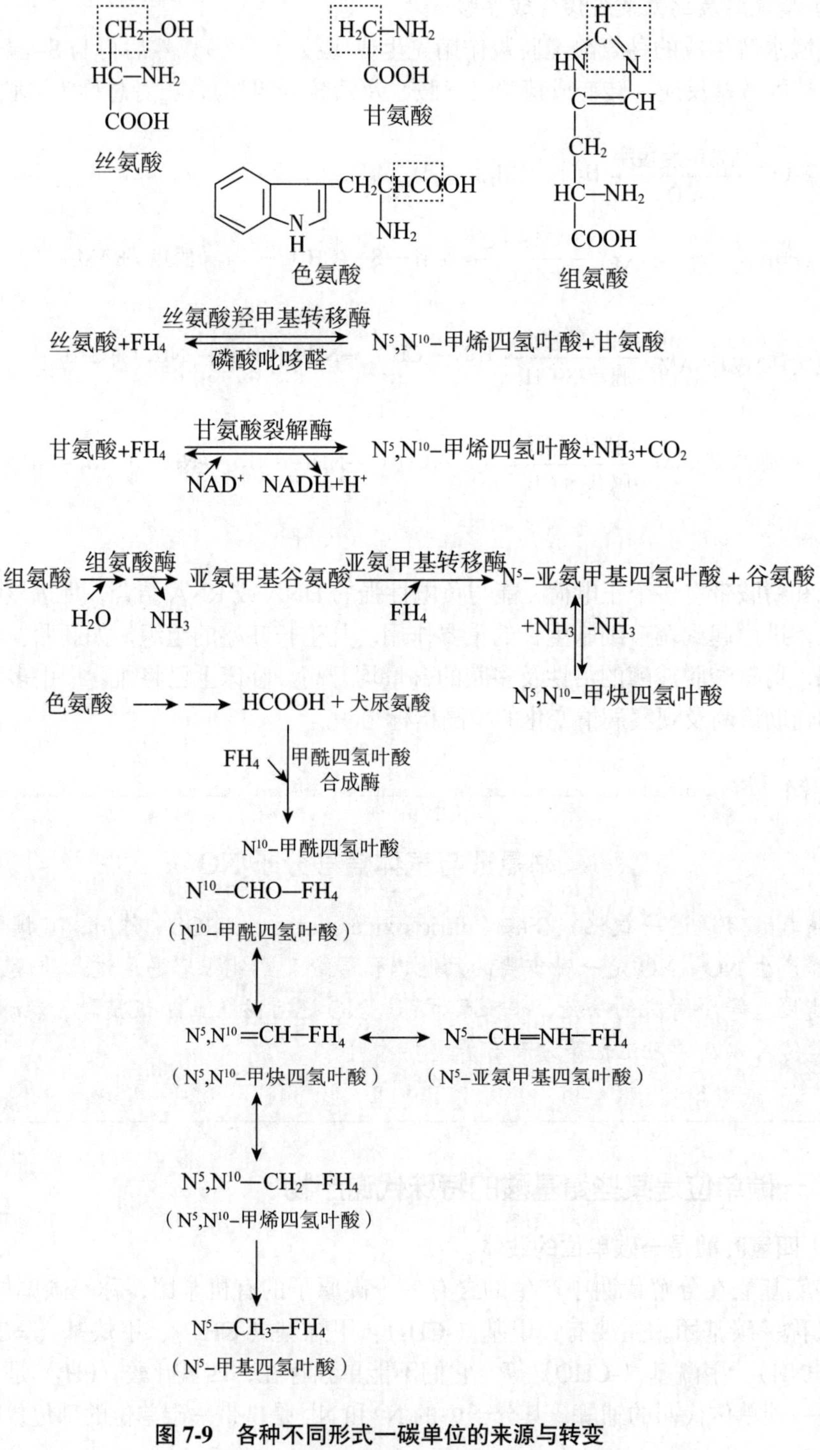

丝氨酸 + FH_4 ⇌（丝氨酸羟甲基转移酶，磷酸吡哆醛）N^5,N^{10}-甲烯四氢叶酸 + 甘氨酸

甘氨酸 + FH_4 ⇌（甘氨酸裂解酶；NAD^+ → $NADH+H^+$）N^5,N^{10}-甲烯四氢叶酸 + NH_3 + CO_2

组氨酸 →（组氨酸酶；H_2O，NH_3）亚氨甲基谷氨酸 →（亚氨甲基转移酶；FH_4）N^5-亚氨甲基四氢叶酸 + 谷氨酸

N^5-亚氨甲基四氢叶酸 ⇌（$-NH_3$ / $+NH_3$）N^5,N^{10}-甲炔四氢叶酸

色氨酸 → → HCOOH + 犬尿氨酸

HCOOH →（FH_4；甲酰四氢叶酸合成酶）N^{10}-甲酰四氢叶酸

N^{10}—CHO—FH_4（N^{10}-甲酰四氢叶酸）

↕

N^5,N^{10}=CH—FH_4（N^5,N^{10}-甲炔四氢叶酸）⟷ N^5—CH=NH—FH_4（N^5-亚氨甲基四氢叶酸）

↕

N^5,N^{10}—CH_2—FH_4（N^5,N^{10}-甲烯四氢叶酸）

↓

N^5—CH_3—FH_4（N^5-甲基四氢叶酸）

图 7-9 各种不同形式一碳单位的来源与转变

（三）一碳单位的主要功能是参与嘌呤、嘧啶的合成

一碳单位是合成嘌呤核苷酸、嘧啶核苷酸的重要原料，因此氨基酸代谢与核苷酸代谢也是密切相连的。此外，一碳单位还参与多种重要化合物的合成，如儿茶酚胺类、胆碱等。一碳单位代谢异常或 FH_4 缺乏，可引起巨幼红细胞性贫血等疾病。

三、含硫氨基酸代谢

（一）甲硫氨酸代谢

1．甲硫氨酸参与甲基转移　甲硫氨酸分子中含有 S- 甲基，与 ATP 作用生成活泼的 S-腺苷甲硫氨酸（S-adenosylmethionine，SAM），也称活性甲基，是体内最重要的甲基供体，在甲基转移酶作用下可将甲基转移给甲基接受体生成多种甲基化合物，如肾上腺素、胆碱、肉碱、肌酸等，均是含甲基的重要生理活性物质。

$$\underset{\text{甲硫氨酸}}{CH_3-S-CH_2-CH_2-CHNH_2-COOH} + ATP \xrightarrow[\text{腺苷转移酶}]{} PPi+Pi + \underset{\text{S-腺苷甲硫氨酸}}{H_3C-S^+(\text{腺苷})-CH_2-CH_2-CHNH_2-COOH}$$

$$\underset{\text{胍乙酸}}{NH_2-C(=NH)-NH-CH_2-COOH} \xrightarrow{\text{S-腺苷甲硫氨酸}} \underset{\text{肌酸}}{NH_2-C(=NH)-N(CH_3)-CH_2-COOH}$$

$$\underset{\text{去甲肾上腺素}}{\text{(3,4-二羟苯基)}-CHOH-CH_2NH_2} \xrightarrow{\text{S-腺苷甲硫氨酸}} \underset{\text{肾上腺素}}{\text{(3,4-二羟苯基)}-CHOH-CH_2NH-CH_3}$$

2．甲硫氨酸循环　从甲硫氨酸活化为 SAM 到转出甲基及再生成甲硫氨酸这一循环式反应，称为甲硫氨酸循环（methionine cycle）（图 7-10）。

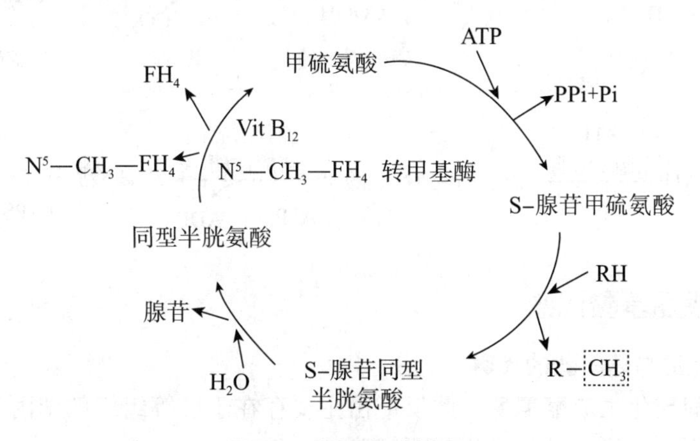

图 7-10　甲硫氨酸循环

甲硫氨酸循环的生理意义：①提供活泼甲基，减少了必需氨基酸甲硫氨酸的消耗（体内不能合成同型半胱氨酸）；② N^5-CH_3-FH_4 是体内甲基的间接供体，增加了 FH_4 的利用率。

维生素 B_{12} 是合成甲硫氨酸的 N^5-CH_3-FH_4 转甲基酶的辅酶。维生素 B_{12} 缺乏时，阻止了同型半胱氨酸转变为甲硫氨酸，也妨碍了 FH_4 的再利用，使细胞中的 FH_4 浓度降低，影响DNA 的合成和细胞的分裂，引起巨幼红细胞性贫血。此外，维生素 B_{12} 缺乏还会造成血中同型半胱氨酸浓度升高。现已证实，高同型半胱氨酸血症为动脉粥样硬化发病的独立危险因子。

（二）半胱氨酸的多种代谢途径

1．半胱氨酸与胱氨酸互变　半胱氨酸含有巯基（-SH），胱氨酸含有二硫键（-S-S-），两者可通过氧化还原反应互变。

$$2\ \begin{array}{c} CH_2SH \\ | \\ CH{-}NH_2 \\ | \\ COOH \end{array} \underset{-2H}{\overset{-2H}{\rightleftharpoons}} \begin{array}{ccc} CH_2 & -S-S- & CH_2 \\ | & & | \\ CH{-}NH_2 & & CH{-}NH_2 \\ | & & | \\ COOH & & COOH \end{array}$$

L-半胱氨酸　　　　胱氨酸

半胱氨酸的 -SH 是许多蛋白质或酶的活性基团，如琥珀酸脱氢酶、乳酸脱氢酶等均含有 -SH，称为巯基酶。一些毒物如重金属盐、芥子气等能与酶分子中巯基结合而抑制酶活性。两个半胱氨酸残基间所形成的二硫键对于维持蛋白质空间构象起着重要作用，如胰岛素 A、B 链之间的二硫键断裂可失去生物活性。谷胱甘肽是由谷氨酸、甘氨酸和半胱氨酸构成的三肽，还原型谷胱甘肽（G-SH）与氧化型谷胱甘肽（GSSH）互变在保护细胞膜和细胞内巯基酶与蛋白质生物活性中起重要作用。

2．半胱氨酸生成牛磺酸和活性硫酸根　半胱氨酸的 -SH 经连续氧化形成磺酸基（$-SO_3H$）、再脱羧生成牛磺酸。牛磺酸主要在肝内用于合成结合型胆汁酸。另外，半胱氨酸巯基可分解氧化生成硫酸（根），再经 ATP 活化生成 3′- 磷酸腺苷 -5′- 磷酸硫酸（PAPS），即活性硫酸。PAPS 既是肝内进行生物转化的一种结合物质，也是使软骨等组织的多糖形成硫酸酯的重要物质。

$$\begin{array}{c} CH_2SH \\ | \\ CH{-}NH_2 \\ | \\ COOH \end{array} \xrightarrow{3[O]} \begin{array}{c} CH_2SO_3H \\ | \\ CH{-}NH_2 \\ | \\ COOH \end{array} \xrightarrow[\searrow CO_2]{\text{磺酸丙氨酸脱羧酶}} \begin{array}{c} CH_2SO_3H \\ | \\ CH_2NH_2 \end{array}$$

L-半胱氨酸　　　　磺酸丙氨酸　　　　牛磺酸

$$SO_4^{2-} + ATP \xrightarrow[\text{硫酸化酶}]{ATP} \text{腺苷-5′-磷酰硫酸} \xrightarrow[ATP \curvearrowright ADP]{\text{腺苷酰硫酸磷酸激酶}} \text{3′-磷酸腺苷-5′-磷酰硫酸}$$

（PAPS）

四、芳香族氨基酸代谢

（一）苯丙氨酸与酪氨酸的代谢

1．苯丙氨酸羟化生成酪氨酸　此反应由主要存在于肝等组织的苯丙氨酸羟化酶催化，为不可逆反应，故酪氨酸不能转变为苯丙氨酸。

少量苯丙氨酸可经转氨基作用转变生成苯丙酮酸。当先天性苯丙氨酸羟化酶缺乏时，不能将苯丙氨酸羟化为酪氨酸，只能经转氨基作用转变生成苯丙酮酸，导致血中苯丙酮酸含量增加并从尿中排出，称为苯丙酮酸尿症（phenyl ketonuria，PKU）。苯丙酮酸的堆积对中枢神经系统有毒性，使患儿智力低下。此种患儿酪氨酸代谢正常，若早期发现，供给低苯丙氨酸膳食，可缓解症状并能控制病情发展。

2．酪氨酸转变为儿茶酚胺和黑色素或彻底氧化分解　①转变为儿茶酚胺类物质和黑色素　儿茶酚胺是酪氨酸在肾上腺髓质和神经组织内经羟化、脱羧后形成的一系列苯胺类化合物的总称，包括多巴胺、去甲肾上腺素和肾上腺素。儿茶酚胺是维持神经系统正常功能和正常代谢不可缺少的重要物质，帕金森病患者脑组织中多巴胺减少。酪氨酸另一代谢途径是在黑色素细胞中，经酪氨酸酶催化生成多巴，再经羟化、氧化、脱羧、环化等反应，聚合为黑色素。先天性酪氨酸酶缺陷者由于体内黑色素合成障碍，表现为皮肤、毛发色浅或异常发白，称为白化病。②酪氨酸转变为乙酰乙酸和延胡索酸彻底氧化分解　酪氨酸在酪氨酸转氨酶和氧化酶的催化生成尿黑酸等中间产物，后者进一步转变成乙酰乙酸和延胡索酸，分别进入糖和脂肪代谢途径。因此，苯丙氨酸与酪氨酸是生糖兼生酮氨基酸。先天性尿黑酸氧化酶缺陷患者，尿黑酸氧化障碍，可出现尿黑酸尿症。

苯丙氨酸和酪氨酸代谢途径总结见图 7-11。

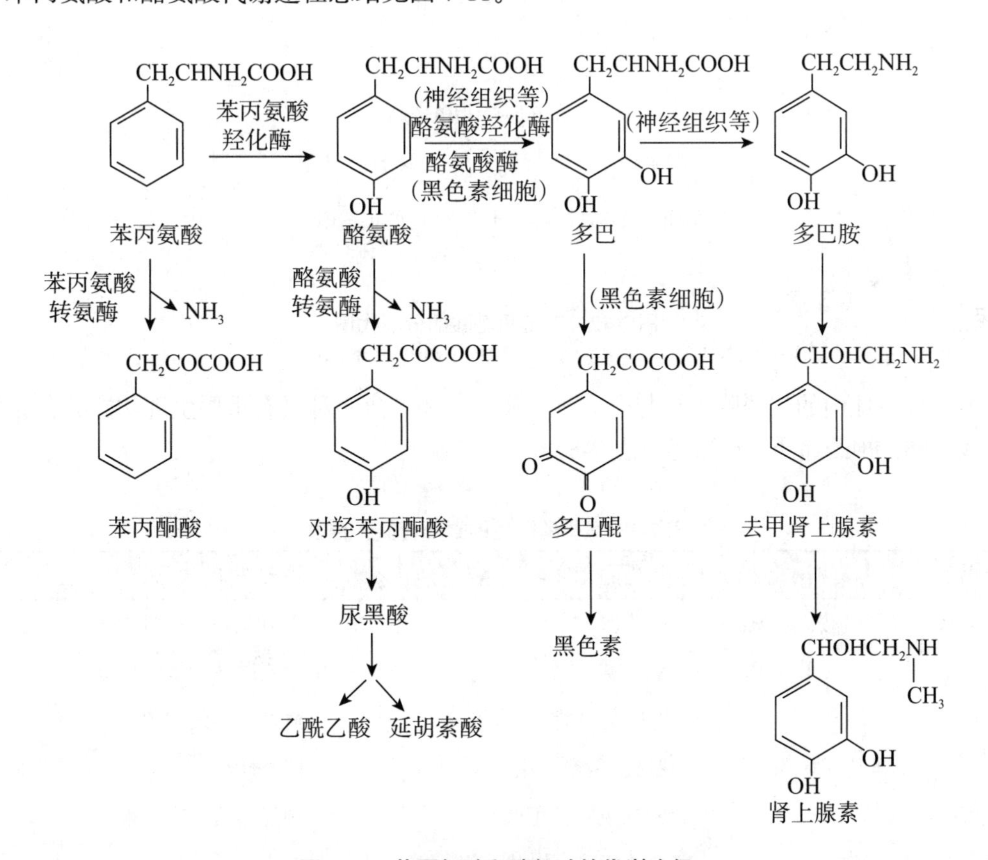

图 7-11　苯丙氨酸和酪氨酸的代谢途径

（二）色氨酸代谢

色氨酸除脱羧生成 5 羟 - 色胺（5-HT）外，在体内降解过程中还能生成其他有生物活性作用的物质。如褪黑素、一碳单位（N^{10}- 甲酰四氢叶酸）和少量的烟酸。褪黑素是一种诱导睡眠的分子，在调节昼夜节律中起作用。色氨酸分解可产生丙酮酸和乙酰乙酰 CoA，故色氨酸也是生糖兼生酮氨基酸。

五、支链氨基酸代谢

支链氨基酸包括缬氨酸、亮氨酸及异亮氨酸，它们都是必需氨基酸。支链氨基酸的分解代谢主要在骨骼肌中进行，以供能为主。这 3 种氨基酸的分解代谢相似，但产物不同（图 7-12），分别属于生糖氨基酸、生酮氨基酸及生糖兼生酮氨基酸。支链氨基酸代谢酶缺乏可造成新生儿或幼儿酸中毒。

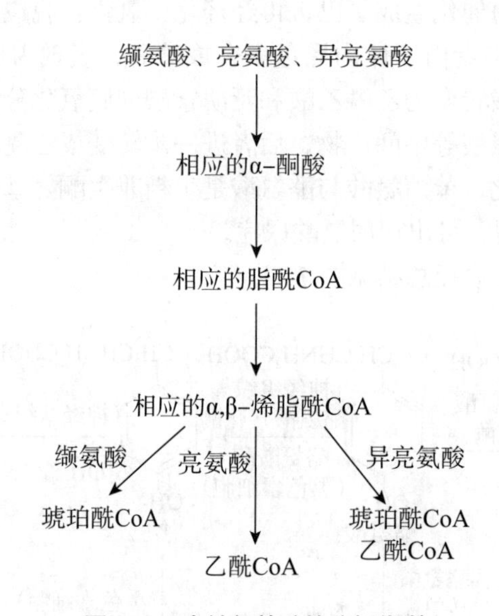

图 7-12　支链氨基酸的分解代谢

氨基酸在体内的代谢除可参与合成蛋白质外，还产生多种具有重要生理功能的含氮化合物如核苷酸、神经递质、激素等（表 7-3）。

表 7-3　氨基酸衍生的重要含氮化合物

氨基酸	衍生的化合物	生理功能
天冬氨酸、谷氨酰胺、甘氨酸	嘌呤碱	含氮碱基、核酸成分
天冬氨酸	嘧啶碱	含氮碱基、核酸成分
甘氨酸	卟啉化合物	血红素、细胞色素
甘氨酸、精氨酸、甲硫氨酸	肌酸、磷酸肌酸	能量储存
色氨酸	5- 羟色胺、烟酸	神经递质、维生素
苯丙氨酸、酪氨酸	儿茶酚胺、甲状腺素	神经递质、激素
酪氨酸	黑色素	皮肤色素
谷氨酸	γ- 氨基丁酸	神经递质

续表

氨基酸	衍生的化合物	生理功能
甲硫氨酸、鸟氨酸	精脒、精胺	细胞增殖促进剂
丝氨酸、甲硫氨酸	胆碱	卵磷脂成分
半胱氨酸	牛磺酸	结合胆汁酸成分
精氨酸	NO	细胞内信号分子

小 结

蛋白质是由氨基酸组成的，其主要生理功能有：构成机体组织的重要组分；转变成多种生理活性物质；氧化供能。

氮平衡试验可反映机体对蛋白质的需要量。氮正平衡见于生长发育期儿童、孕妇及疾病康复期等；氮负平衡则见于饥饿及消耗性疾病等。为了维持长期氮总平衡每天约需蛋白质 80 克。蛋白质的营养价值主要取决于必需氨基酸的含量、种类及其比例。营养必需氨基酸是指体内不能合成、必须由食物来供给的氨基酸，共有 8 种，包括苏氨酸、赖氨酸、色氨酸、甲硫氨酸、缬氨酸、亮氨酸、异亮氨酸、苯丙氨酸。越接近人体蛋白质合成所需，其营养价值越高。两种或两种以上营养价值较低的蛋白质混合食用，相互补充必需氨基酸的缺乏或不足，以提高各自蛋白质的营养价值称蛋白质的互补作用。

食物蛋白质的消化主要在胃和小肠进行。在各种蛋白水解酶的协同作用下完成，最终生成氨基酸被吸收。未被消化吸收的食物蛋白质及其水解产物在肠道细菌酶的作用下，发生腐败作用。腐败产物大多对人体有害，主要随粪便排出体外，部分被吸收进入体内，可在肝经生物转化后随尿排出。肝功能障碍导致过量腐败产物透过血脑屏障形成假神经递质，是肝性脑病发生的原因之一。

体内蛋白质总是处于不断降解和合成的动态平衡中，即蛋白质的转换和更新。常用半寿期（$t_{1/2}$）表示蛋白质更新的速度。蛋白质降解途径有两条：一条是不依赖 ATP 的溶酶体途径，该途径主要降解外源性蛋白质、膜蛋白以及半寿期长的蛋白质；另一条是依赖 ATP 和泛素的非溶酶体途径，主要降解半寿期较短或异常的蛋白质，被降解的蛋白质与泛素共价结合，蛋白酶体识别泛素化蛋白并将其降解为短肽和氨基酸。

食物蛋白质消化吸收的氨基酸（外源性氨基酸）与体内组织蛋白质降解生成的氨基酸以及体内合成的非必需氨基酸（内源性氨基酸）共同构成氨基酸代谢库。氨基酸代谢库中的氨基酸参与体内代谢时不分内外源。

氨基酸经脱氨基作用生成 α- 酮酸和 NH_3 是其主要分解代谢途径。脱氨基方式主要有转氨基、氧化脱氨基和联合脱氨基作用等。其中以转氨基与谷氨酸氧化脱氨基的联合脱氨基作用方式最重要。

氨基酸经脱氨基作用生成的碳链骨架——α- 酮酸的代谢途径主要有三条：①合成非必需氨基酸；②转变为其他物质如糖及脂质物质；③氧化供能等。

氨基酸分解产生的氨对机体是有毒性的，它以谷氨酰胺和丙氨酸的无毒形式运输到肝、肾。氨主要在肝经鸟氨酸循环生成尿素排出体外。少量的氨在肾以铵盐形式随尿排出。肝功能严重损伤时，可产生高氨血症及肝性脑病。

有些氨基酸经脱羧基作用可生成对机体有重要生理功能的胺类物质，如γ- 氨基丁酸、组胺、5- 羟色胺、牛磺酸、多胺等。

个别氨基酸的特殊代谢产物对机体也具有重要作用。某些氨基酸在分解代谢过程中产生含有一个碳原子的基团，称为一碳单位。如 $-CH_3$、$-CH_2-$ 等，主要来自甘、丝、组、色氨酸。它们主要由四氢叶酸携带转运。一碳单位的主要生理功能是用于合成嘌呤、嘧啶、肾上腺素等重要物质的原料，同时也是联系氨基酸和核酸代谢的一个枢纽。

含硫氨基酸包括甲硫氨酸和半胱氨酸。甲硫氨酸的活化型为 S- 腺苷甲硫氨酸，通过甲硫氨酸循环，作为甲基的直接供体，参与体内许多甲基化的反应。半胱氨酸可转变成牛磺酸、活性硫酸根（3′- 磷酸腺苷 -5′- 磷酸硫酸，PAPS），作为结合物参与肝内生物转化作用等。

芳香族氨基酸包括苯丙氨酸、酪氨酸。苯丙氨酸羟化生成酪氨酸，进一步代谢可生成儿茶酚胺类及黑色素等。苯丙氨酸或酪氨酸代谢的酶缺陷症有多种，如苯丙氨酸羟化酶缺陷导致苯丙酮尿症，并可出现痴呆；酪氨酸酶缺陷则出现白化病等。

思考题

1. 请列出氨基酸的来源和主要代谢去路。
2. 请列出谷氨酸转变为葡萄糖及氧化成 CO_2、H_2O 和产生能量的代谢途径。
3. 请分析谷氨酸和精氨酸治疗肝性脑病的生化基础。
4. 何谓一碳单位？有何生物学意义？哪些氨基酸在代谢过程中可产生一碳单位？

（王子梅）

第八章

核苷酸代谢

1．熟悉核苷酸的重要生理功能。
2．掌握嘌呤核苷酸从头合成的原料、基本途径和反馈调节；熟悉嘌呤核苷酸的补救合成。
3．掌握嘧啶核苷酸从头合成的原料、基本途径和反馈调节；熟悉脱氧核苷酸的生成。
4．熟悉 5- 磷酸核糖焦磷酸（PRPP）参与的几个主要反应过程。
5．掌握核苷酸的各类抗代谢物及其临床应用。
6．熟悉两类核苷酸的分解代谢；了解高尿酸血症与痛风的发生机制。

核苷酸分为嘌呤核苷酸和嘧啶核苷酸两大类，是核酸的基本组成单位。人体所需的核苷酸主要来自机体自身合成，食物中的核苷酸极少被人体利用。核苷酸除主要作为核酸的基本构件分子外，也有些游离存在的核苷酸分布于体内各处，承担着多种重要的生物学功能。本章主要介绍两类核苷酸在体内的合成和分解代谢过程，同时介绍核苷酸抗代谢物的作用机制及其临床应用价值。

第一节　概　述

一、核苷酸具有重要的生物学功能

核苷酸主要存在于大分子核酸中，是组成核酸的基本结构单位。此外，尚有 ATP、cAMP 等游离核苷酸存在，其含量虽不多，却在体内发挥着重要的生理功能。以下为核苷酸的主要功能。

1．核苷酸是组成核酸的基本结构单位　核苷酸最主要的功能是作为体内合成 DNA 和 RNA 的基本原料，组成两类核酸的核苷酸构件分子分别是 dAMP、dGMP、dCMP、dTMP 和 AMP、GMP、CMP、UMP。

2．核苷酸作为体内能量的储存和利用形式　如 ATP 是细胞的主要供能物质；GTP、CTP 和 UTP 等也都能提供能量，参与蛋白质、磷脂和糖原等重要物质的生物合成。GTP、CTP 和 UTP 的生成和补充均依赖 ATP。

3．核苷酸构成辅酶并参与相关代谢　核苷酸可参与多种辅酶或辅基的组成，例如腺苷酸可作为 NAD^+、FAD、辅酶 A 等的组分，在体内起着递氢、递电子或某些基团转移的作用，参与各种生化代谢活动。

4．核苷酸可充当载体、活化中间代谢物　有些核苷酸可以作为多种活化中间代谢物的载体，如 UDP- 葡萄糖是合成糖原、糖蛋白的活性原料，CDP- 二酰基甘油是合成磷脂的活性原料，S- 腺苷甲硫氨酸是活性甲基的载体等。

5．核苷酸能作为第二信使参与生理调节　某些环磷酸核苷是物质代谢重要的调节分子，如 cAMP 是多种细胞膜受体激素作用的第二信使，cGMP 也同样与代谢调节有关。

二、食物核苷酸不是人体所必需的营养物质

食物中的核酸多以核蛋白的形式存在，经胃酸作用可分解成蛋白质和核酸。小肠液中存在各种水解酶，可催化核酸逐级水解（图 8-1）。各种核苷酸及其水解产物均可被吸收，其中磷酸和戊糖可以再被机体利用，嘌呤和嘧啶碱主要经相应反应途径降解为代谢终产物排出体外。尽管食物中核酸类成分丰富，但由食物提供的嘌呤和嘧啶碱很少被机体利用。因此，食物提供的核苷酸不是人体健康所必需的营养物质。

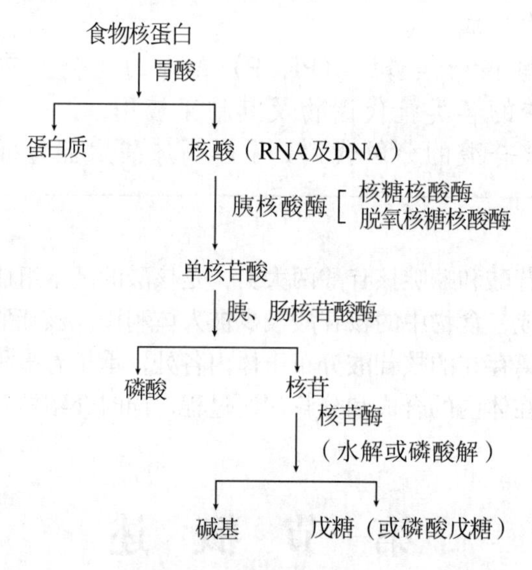

图 8-1　核酸的消化与水解

第二节　核苷酸的合成代谢

哺乳动物体内核苷酸的合成有从头合成和补救合成两条途径。从头合成（de novo synthesis）途径是指以简单化合物（如磷酸核糖、氨基酸、一碳单位及 CO_2 等）为原料，经过一系列酶促反应合成核苷酸的过程。以细胞已有的碱基或核苷为前体，经过简单的反应合成核苷酸的过程，称为补救合成途径（salvage pathway）。体内核苷酸的合成以从头合成为主，肝是进行核苷酸从头合成的主要器官，脑、骨髓只能进行嘌呤核苷酸的补救合成。

一、嘌呤核苷酸在体内有两条合成代谢途径

（一）嘌呤核苷酸的从头合成

1．从头合成途径的原料 嘌呤核苷酸从头合成的原料包括 5- 磷酸核糖、谷氨酰胺、一碳单位、甘氨酸、CO_2 和天冬氨酸。嘌呤环的各元素来源见图 8-2。5- 磷酸核糖则来自磷酸戊糖途径，当活化为 5- 磷酸核糖 -1- 焦磷酸（phosphoribosyl pyrophosphate，PRPP）后，可以接受碱基形成核苷酸。

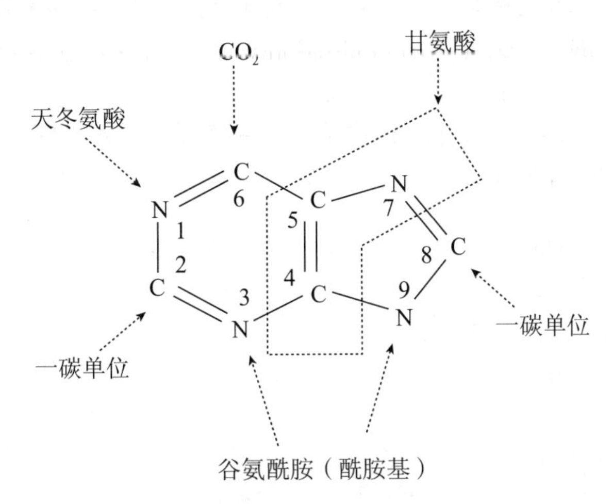

图 8-2 嘌呤碱合成的元素来源

2．从头合成途径的过程 嘌呤核苷酸的从头合成过程在细胞质中进行，可分为两个阶段：首先合成次黄嘌呤核苷酸（inosine mono phosphate，IMP）；第二阶段是以 IMP 作为共同前体，再分别转变成腺嘌呤核苷酸（adenosine mono phosphate，AMP）与鸟嘌呤核苷酸（guanosine mono phosphate，GMP）。合成过程所需能量由 ATP 提供。

（1）首先合成 IMP：由各种前体分子经 11 步酶促反应完成。

1）由 5- 磷酸核糖（来自磷酸戊糖途径）经磷酸核糖焦磷酸（PRPP）合成酶催化合成 PRPP。作为活性的核糖供体，PRPP 可参与各种核苷酸的合成。PRPP 合成酶受核苷酸的变构调节，此步反应是核苷酸合成代谢的关键步骤（图 8-3）。

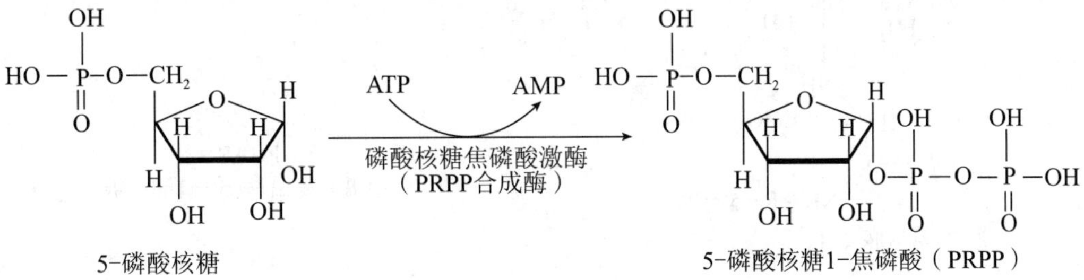

ATP　AMP
磷酸核糖焦磷酸激酶（PRPP合成酶）
5-磷酸核糖　　5-磷酸核糖1-焦磷酸（PRPP）

图 8-3 磷酸核糖焦磷酸（PRPP）的合成

2）谷氨酰胺的氨基转移给 PRPP，形成 5- 磷酸核糖胺（PRA），反应由 PRPP 酰胺转移酶催化，该酶也是一种变构酶，在嘌呤核苷酸的从头合成中起重要调节作用。

3）由 ATP 供能，PRA 和甘氨酸缩合生成甘氨酰胺核苷酸（GAR）。

4）由 N^5，N^{10}- 甲炔四氢叶酸供给甲酰基，使 GAR 甲酰化，生成甲酰甘氨酰胺核苷酸（FGAR）。

5）由谷氨酰胺提供酰胺氮，使 FGAR 生成甲酰甘氨咪核苷酸（FGAM），此反应消耗 1 分子 ATP。

6）由 AIR 合成酶催化 FGAM 脱水环化形成 5- 氨基咪唑核苷酸（AIR），需消耗 ATP。至此，嘌呤环中的咪唑环部分合成完毕。

7）由羧化酶催化 CO_2 连接到咪唑环上，生成 5- 氨基咪唑 -4- 羧酸核苷酸（CAIR）。

8）及 9）由 ATP 供能，天冬氨酸与 CAIR 经两步反应转变为 5- 氨基咪唑 -4- 甲酰胺核苷酸（AICAR）。

10）及 11）由 N^{10}- 甲酰四氢叶酸提供第 2 个一碳单位，AICAR 经两步反应生成 IMP。上述系列酶促反应如图 8-4 所示。

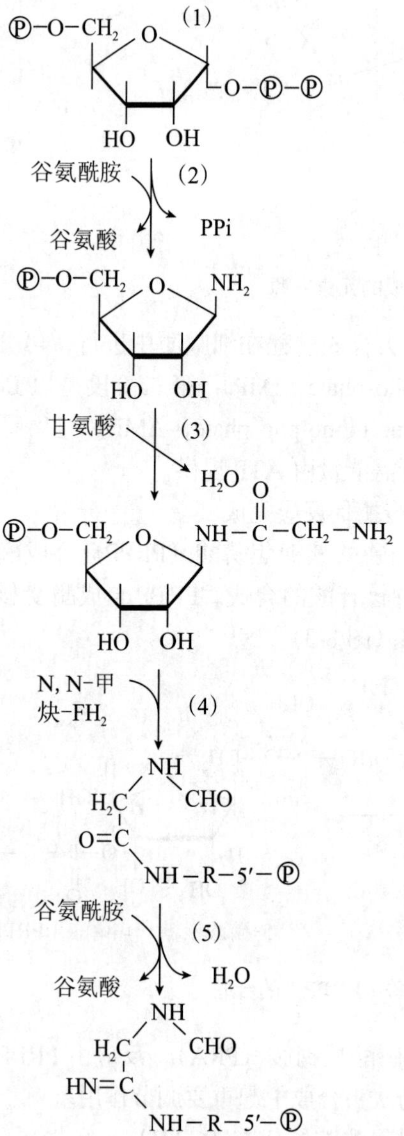

(1)
Ⓟ−O−CH₂ ... O−Ⓟ−Ⓟ
HO OH
PRPP

谷氨酰胺 (2) → PPi
谷氨酸

Ⓟ−O−CH₂ ... NH₂
HO OH
PRA
1−氨基−5′−磷酸核糖

甘氨酸 (3) → H_2O

Ⓟ−O−CH₂ ... NH−C(=O)−CH₂−NH₂
HO OH
GAR
1−甘氨酰胺−5′−磷酸核糖

N, N−甲炔−FH_4 (4)

NH, H_2C, CHO, O=C, NH−R−5′−Ⓟ
FGAR
甲酰甘氨酰胺−5′−磷酸核糖

谷氨酰胺 (5) → H_2O
谷氨酸

NH, H_2C, CHO, HN=C, NH−R−5′−Ⓟ
FGAM
甲酰甘氨脒−5′−磷酸核糖

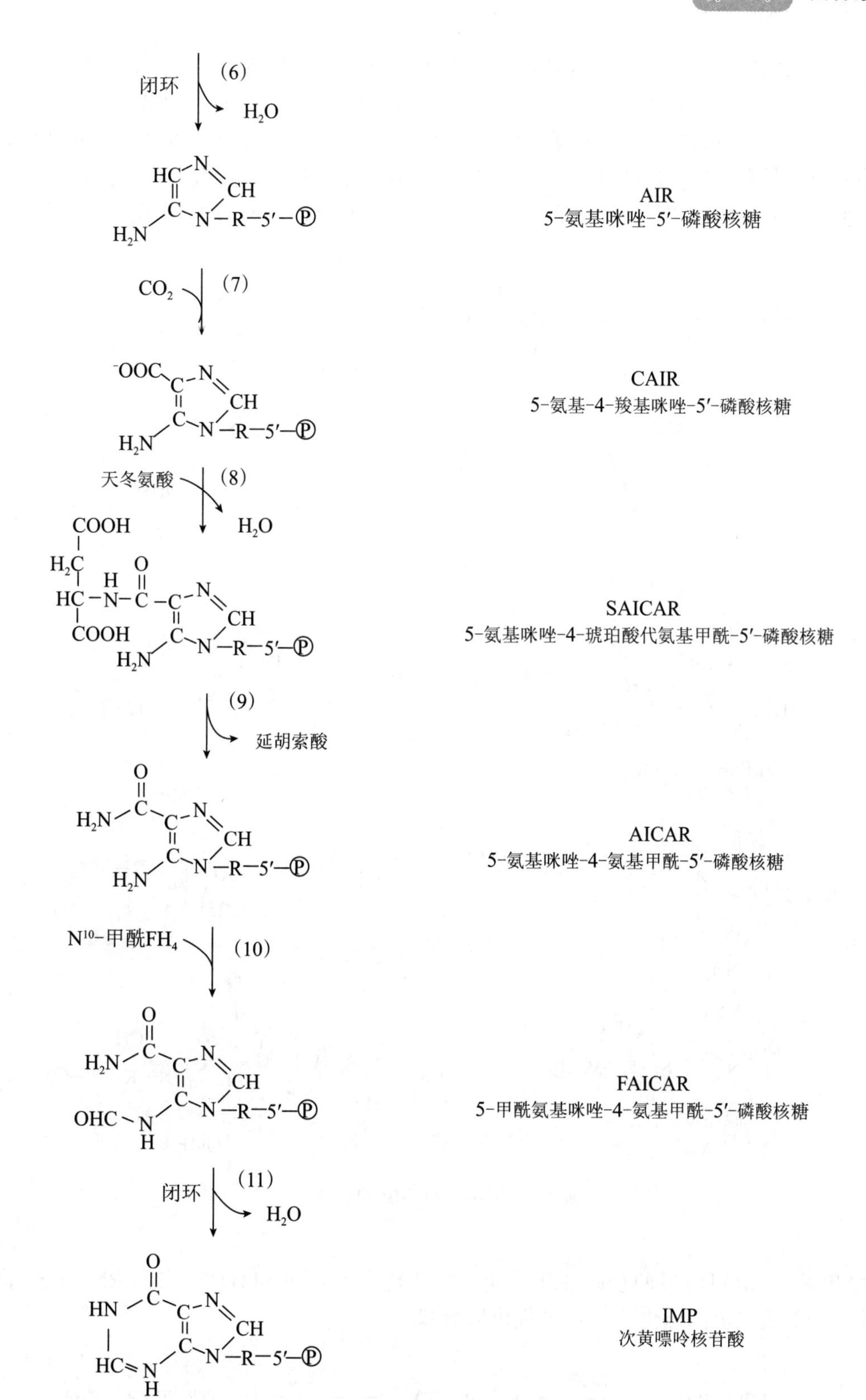

图 8-4　次黄嘌呤核苷酸的从头合成

（2）AMP 和 GMP 的生成：IMP 是合成 AMP 和 GMP 的共同前体，由 IMP 分别转变成 AMP 和 GMP 的过程见图 8-5。如图所示，由天冬氨酸提供氨基，取代 IMP 的 C_6 上的氧生成 AMP，此反应由 GTP 供能；或者 IMP 先经氧化形成黄嘌呤核苷酸（XMP），再由谷氨酰胺提供氨基，取代 XMP 的 C_2 上的氧生成 GMP。需要指出的是，AMP 和 GMP 并不能直接转换，但两者的合成存在着交叉调节作用，这对维持 ATP 与 GTP 浓度的平衡具有重要意义。

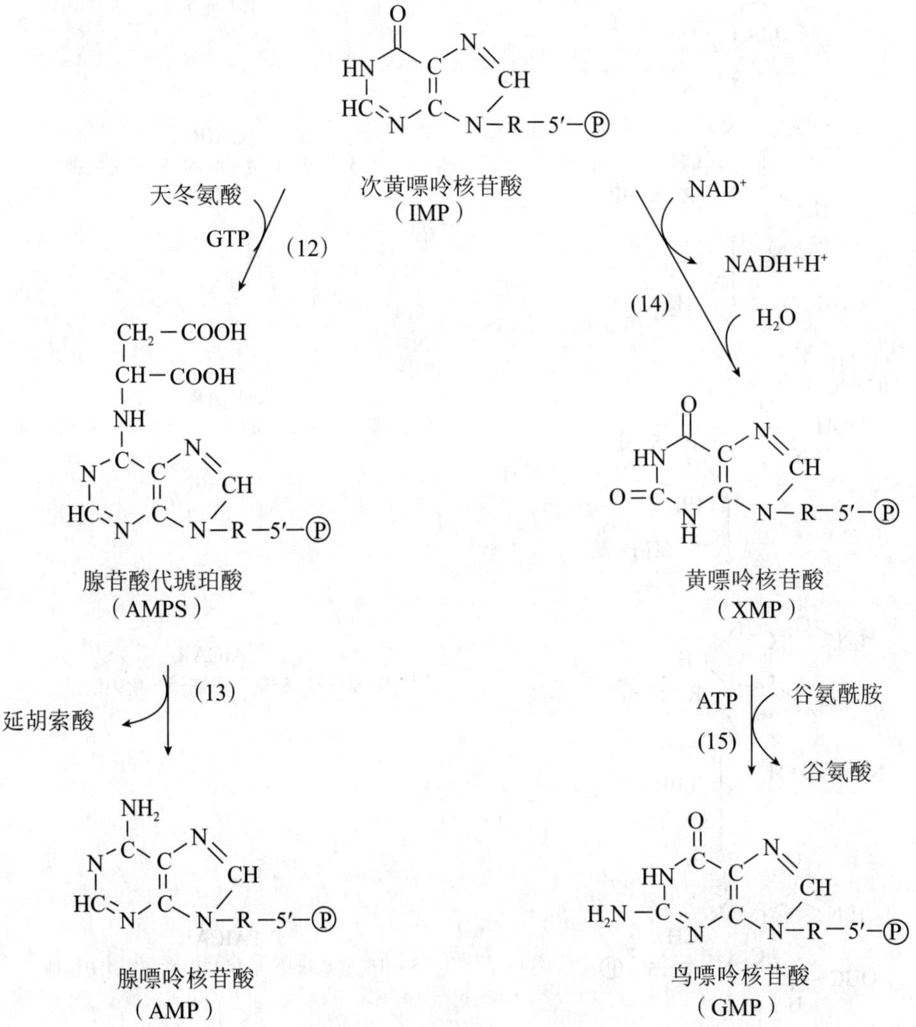

图 8-5　AMP 和 GMP 的生成

AMP 和 GMP 可经过两步磷酸化反应，分别转变为 ATP 和 GTP，参与 RNA 的生物合成。此反应过程由激酶催化，由 ATP 提供磷酸基团。

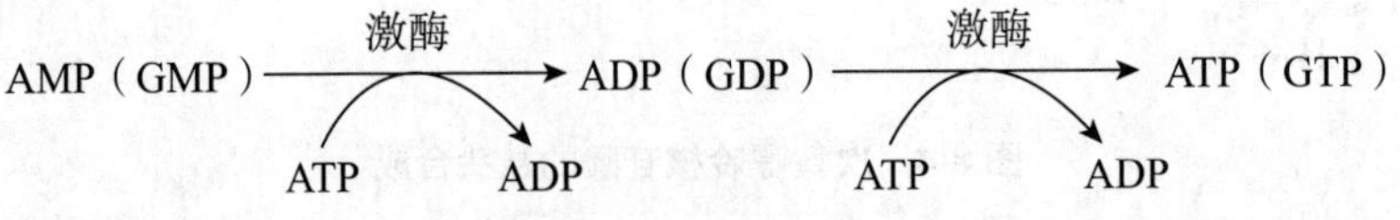

$$\text{AMP（GMP）}\xrightarrow[\text{ATP}\ \to\ \text{ADP}]{\text{激酶}}\text{ADP（GDP）}\xrightarrow[\text{ATP}\ \to\ \text{ADP}]{\text{激酶}}\text{ATP（GTP）}$$

嘌呤核苷酸从头合成途径的重要特点，是在磷酸核糖分子上逐步合成嘌呤环结构，而不是先完成嘌呤碱的合成后再与磷酸核糖结合。现已明确，肝细胞是从头合成嘌呤核苷酸的主要器官，其次是小肠黏膜及胸腺，体内并不是所有细胞都具有从头合成嘌呤核苷酸的能力。

3．从头合成的调节　体内嘌呤核苷酸从头合成主要受反馈抑制调节。机体通过对 AMP 及 GMP 合成速度的精确调节，既满足合成核酸对嘌呤核苷酸的需求，又减少了前体分子及能量的多余消耗。反馈调节的抑制物及作用位点见图 8-6。

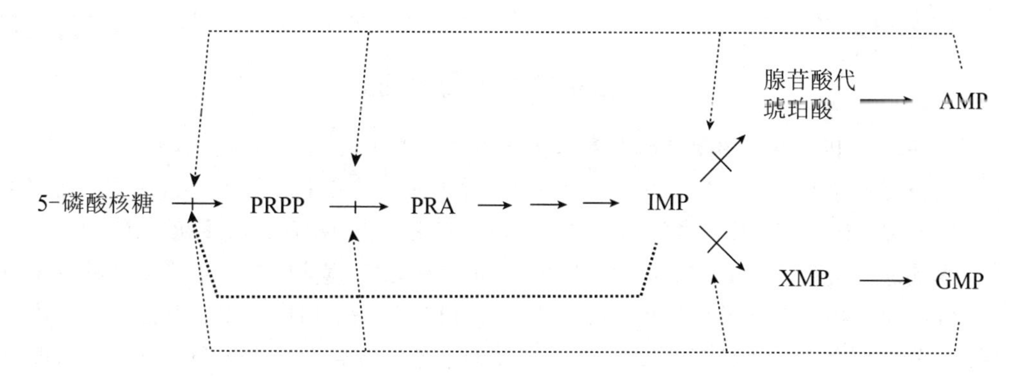

图 8-6　嘌呤核苷酸从头合成的调节

实线表示反应过程；虚线表示反馈调控过程；⟶ 表示调控位置

PRPP 合成酶和 PRPP 酰胺转移酶是调节嘌呤核苷酸从头合成的关键酶，它们均属变构酶类，可受 IMP、AMP 以及 GMP 等合成产物的反馈抑制。

在 IMP 转变为 AMP 与 GMP 的过程中，过量 AMP 可抑制 IMP 向 AMP 的转变，而不影响 CMP 的合成。同样，过量的 GMP 也独立地反馈抑制 GMP 的生成。另外，IMP 转变成 GMP 时需要 ATP，而 IMP 转变成 AMP 时也需要 GTP。因此，GTP 可以促进 AMP 的生成，ATP 也可以促进 GMP 的生成。通过这种交叉调节作用，使腺嘌呤核苷酸和鸟嘌呤核苷酸的合成得以保持平衡。

（二）嘌呤核苷酸的补救合成

哺乳类动物的某些组织细胞（如脑和骨髓）中并不存在从头合成途径，因此只能直接利用已有的嘌呤碱或嘌呤核苷重新合成嘌呤核苷酸，称为补救合成。这一途径比较简单，且能量和氨基酸等的消耗也比从头合成途径少得多。嘌呤核苷酸的补救合成也由 PRPP 提供磷酸核糖，由腺嘌呤磷酸核糖转移酶（adenine phosphoribosyl transferase，APRT）和次黄嘌呤 - 鸟嘌呤磷酸核糖转移酶（hypoxanthine-guanine phosphoribosyl transferase，HGPRT），分别催化嘌呤碱的磷酸核糖基化，从而合成 AMP、IMP 和 GMP。

$$\text{腺嘌呤}+\text{PRPP}\xrightarrow{\text{APRT}}\text{AMP}+\text{PPi}$$

$$\text{次黄嘌呤}+\text{PRPP}\xrightarrow{\text{HGPRT}}\text{IMP}+\text{PPi}$$

$$\text{鸟嘌呤}+\text{PRPP}\xrightarrow{\text{HGPRT}}\text{GMP}+\text{PPi}$$

催化上述反应的 APRT 和 HGPRT 分别受相应产物 AMP、IMP 和 GMP 的反馈抑制。另外，腺嘌呤核苷经腺苷酸酶的催化生成 AMP，其他核苷也可经磷酸化生成相应的核苷酸。

$$\text{腺嘌呤核苷}+\text{ATP}\xrightarrow{\text{腺苷酸酶}}\text{AMP}+\text{ADP}$$

嘌呤核苷酸补救合成的生理意义，不仅在于利用现成的嘌呤或嘌呤核苷，减少能量和一些氨基酸前体的消耗；更重要的是脑、骨髓等组织由于缺乏从头合成嘌呤核苷酸的酶体系，只能进行嘌呤核苷酸的补救合成，因此补救合成途径对这些组织具有非常重要的意义，其过程受阻可诱发一些疾病，如Lesch-Nyhan综合征（或称自毁容貌征）。

知识链接

Lesch-Nyhan综合征

本病是在1964年首先由Lesch和Nyhan报道，患儿表现为脑发育不全、智力减退、有自残和攻击行为，患儿常咬伤自己的嘴唇、手和足趾，或利用各处器械把自己面部弄得狰狞可怕，故将此病称为自毁容貌征。患者伴有高尿酸血症等，大多死于儿童期。

本病患者由于缺乏HGPRT，因此合成IMP和GMP的量不足，不能维持神经系统的正常功能，从而导致了神经功能的异常。HGPRT的缺乏同时使中枢神经系统中次黄嘌呤和黄嘌呤合成过多而产生毒害效应。由于患者体内嘌呤的生物合成过多，从而使尿酸合成过量，产生高尿酸血症。

（三）脱氧核糖核苷酸的合成

细胞在分裂增殖时需要大量脱氧核苷酸（dNTP）作为合成DNA的原料（见第十章），它们都是由二磷酸核苷（NDP）直接还原而成的，即NDP脱下核糖C-2羟基上的氧而直接生成相应的dNDP，然后经磷酸化后形成相应的dNTP。由核糖核苷酸还原酶（ribonucleotide reductase，RR）催化NDP转变为dNDP，反应如下：

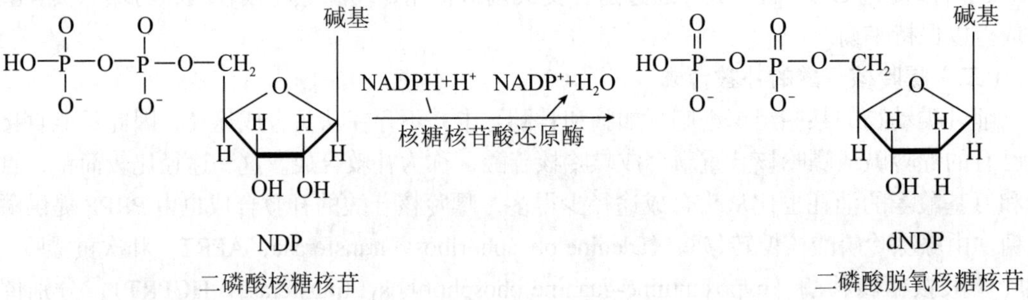

$$\text{NDP} \xrightarrow[\text{核糖核苷酸还原酶}]{\text{NADPH+H}^+ \quad \text{NADP}^+ + \text{H}_2\text{O}} \text{dNDP}$$

碱基
HO—P(O)(O⁻)—O—P(O)(O⁻)—O—CH₂（核糖：H H H H，OH OH）
NDP
二磷酸核糖核苷

碱基
HO—P(O)(O⁻)—O—P(O)(O⁻)—O—CH₂（脱氧核糖：H H H H，OH H）
dNDP
二磷酸脱氧核糖核苷

二、嘧啶核苷酸也有两条不同的合成代谢途径

与嘌呤核苷酸一样，嘧啶核苷酸的合成也有从头合成与补救合成两条途径。

（一）嘧啶核苷酸的从头合成

1．原料　嘧啶核苷酸从头合成的原料分别是5-磷酸核糖、天冬氨酸、谷氨酰胺和CO_2，嘧啶碱合成的各种元素来源如图8-7所示。

2．合成过程　与嘌呤核苷酸的合成途径不同的是，嘧啶核苷酸从头合成是先合成嘧啶环后再与磷酸核糖相连。UMP是嘧啶核苷酸合成的共同前体。嘧啶核苷酸从头合成的过程可分为3个阶段：

（1）尿嘧啶核苷酸的合成：共有6步反应，主要在肝细胞的细胞质中进行。首先以谷氨

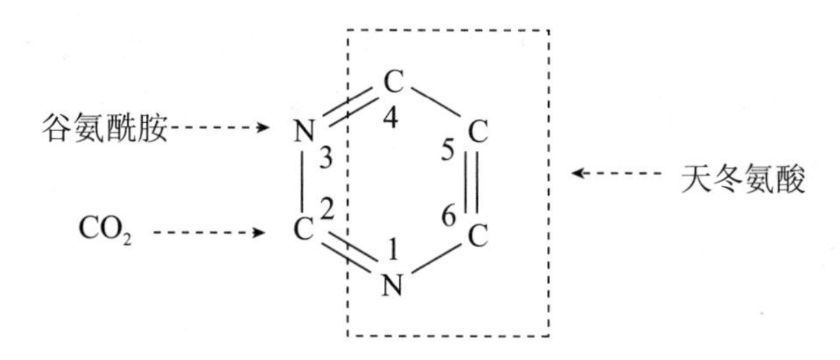

图 8-7 嘧啶碱合成的元素来源

酰胺为氨源，由氨基甲酰磷酸合成酶Ⅱ（CPS-Ⅱ）催化生成氨基甲酰磷酸。

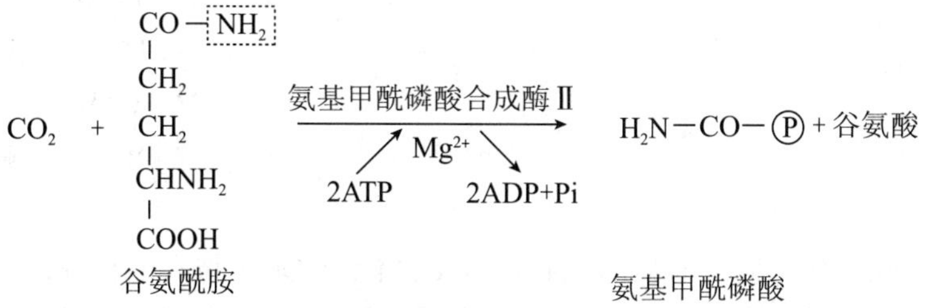

$$CO_2 + \underset{\text{谷氨酰胺}}{CO{-}NH_2{-}CH_2{-}CH_2{-}CHNH_2{-}COOH} \xrightarrow[2ATP \quad Mg^{2+} \quad 2ADP+Pi]{\text{氨基甲酰磷酸合成酶Ⅱ}} \underset{\text{氨基甲酰磷酸}}{H_2N{-}CO{-}Ⓟ} + \text{谷氨酸}$$

肝细胞细胞质中的CPS-Ⅱ参与嘧啶核苷酸的合成，受产物反馈抑制调节，而线粒体中的CPS-Ⅰ是以氨为氮源，催化生成的氨基甲酰磷酸，主要用于合成尿素，并且不受反馈抑制调节影响（见第七章）。可见，两种氨基甲酰磷酸合成酶有着不同的性质和功用。

氨基甲酰磷酸在天冬氨酸氨基甲酰转移酶（aspartate transcarbarnoylase）的催化下，被转移到天冬氨酸的氨基上生成氨甲酰天冬氨酸；二氢乳清酸酶催化氨甲酰天冬氨酸脱水，产生具有嘧啶环的二氢乳清酸，后者经二氢乳清酸脱氢酶催化，脱氢生成乳清酸（oroticacid）；乳清酸再由乳清酸磷酸核糖转移酶催化，与PRPP缩合生成乳清酸核苷酸；乳清酸核苷酸脱去羧基最终形成UMP（图8-8）。

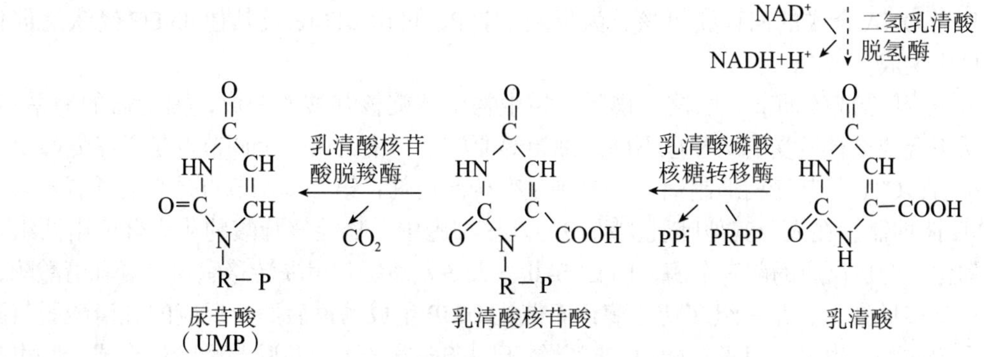

氨基甲酰磷酸 + 天冬氨酸 $\xrightarrow[\searrow Pi]{\text{天冬氨酸转氨甲酰酶}}$ 氨甲酰天冬氨酸 $\xrightarrow[\searrow H_2O]{\text{二氢乳清酸酶}}$ 二氢乳清酸

二氢乳清酸 $\xrightarrow[NAD^+ \to NADH+H^+]{\text{二氢乳清酸脱氢酶}}$ 乳清酸

乳清酸 $\xrightarrow[PRPP \to PPi]{\text{乳清酸磷酸核糖转移酶}}$ 乳清酸核苷酸 $\xrightarrow[\swarrow CO_2]{\text{乳清酸核苷酸脱羧酶}}$ 尿苷酸（UMP）

图 8-8 UMP的合成

（2）CTP的生成：CTP的合成是在尿苷三磷酸水平上进行的，即由UMP通过激酶的连续催化，生成UTP，后者在CTP合成酶催化下，从谷氨酰胺接受氨基转变生成CTP。CTP的生成共消耗3分子ATP。

UMP —尿苷酸激酶、二磷酸核苷激酶（2ATP → 2ADP）→ 5′三磷酸尿苷（UTP）—三磷酸胞苷合成酶（谷氨酰胺、ATP → 谷氨酸、ADP、Pi）→ 三磷酸胞苷（CTP）

（3）脱氧胸腺嘧啶核苷酸（dTMP）的生成：dTMP是DNA特有的组分，由dUMP经甲基化生成。体内dUMP主要由dCMP脱氨基生成，也可由dUDP去磷酸生成。dUMP的甲基化由胸苷酸合成酶（thymidylate synthetase）催化，N^5，N^{10}-亚甲基四氢叶酸作为甲基供体，反应过程如下：

dUMP —胸苷酸合成酶（N^5, N^{10}-亚甲基四氢叶酸 → 二氢叶酸）→ dTMP

四氢叶酸携带的一碳单位既作为嘌呤从头合成的前体，又能参与脱氧胸苷酸的合成。因此，二氢叶酸还原酶在临床上常被用于肿瘤化疗的作用靶点。

用于DNA合成的四种脱氧核苷酸原料dNTP，可由dTMP及其他dNDP经激酶催化磷酸化反应生成。

3．从头合成的调节　原核生物和真核生物中嘧啶核苷酸的合成，因所需的酶系不同，所以从头合成途径所受的调控也不同。细菌等原核生物中的第一个调节点是天冬氨酸氨基甲酰转移酶，CTP是其变构抑制剂，ATP则是变构激活剂；第二个调节点是乳清酸脱羧酶，受UMP反馈抑制。在人及其他哺乳类动物的真核细胞中，嘧啶核苷酸的从头合成由两组多功能酶催化，合成反应的前三个酶，即CPS-Ⅱ、天冬氨酸氨基甲酰转移酶和二氢乳清酸酶，是在同一条多肽链上，是一组多功能酶；而催化UMP生成的最后两个反应的乳清酸脱氢酶和乳清酸脱羧酶，也是一组多功能酶，同样位于一条多肽链上。嘧啶与嘌呤的合成产物可相互调控合成过程，使二者的合成速度均衡。在细菌中，天冬氨酸氨基甲酰转移酶是主要调节酶；

而在人和其他哺乳类动物细胞中，CPS-Ⅱ是主要调节酶，这两种酶的活性都可受到从头合成产物 UMP 和 CTP 的反馈抑制。此外，PRPP 合成酶是嘧啶与嘌呤两类核苷酸合成过程中共同所需要的酶，它可同时接受嘧啶核苷酸及嘌呤核苷酸的反馈抑制。

嘧啶核苷酸合成的调节部位见图 8-9。

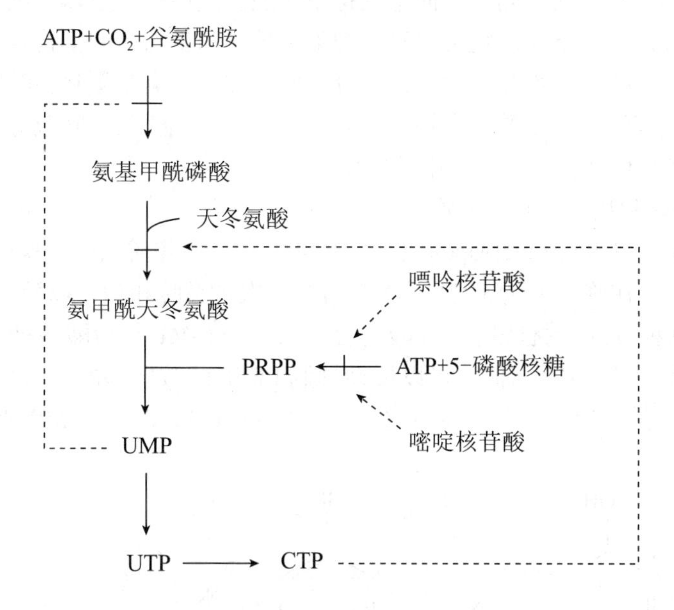

图 8-9 嘧啶核苷酸从头合成的调节

实线表示代谢过程：虚线表示反馈调节过程 ⟶ 表示调控位置

上述反馈调节的作用机制也被临床应用于治疗乳清酸尿症。正常体内乳清酸形成乳清酸核苷酸（OMP）继而转变为 UMP，分别是由乳清酸磷酸核糖转移酶和乳清酸核苷酸脱羧酶所催化。乳清酸尿症患者正是由于这两种酶的活性降低，造成乳清酸转变成 UMP 的两步反应受阻，导致体内乳清酸的堆积和尿中乳清酸排泄量的增多。由于嘧啶核苷酸合成的终产物 UMP 和 CTP 可以通过反馈调节抑制乳清酸的生成，所以临床上用酵母提取液中的 UMP 和 CTP 混合物作为药物给患者口服后，可使尿中乳清酸的排泄量明显降低。

（二）嘧啶核苷酸的补救合成

嘧啶磷酸核糖转移酶是嘧啶核苷酸补救合成的主要酶，催化反应式如下：

$$\text{嘧啶} + \text{PRPP} \xrightarrow{\text{嘧啶磷酸核糖转移酶}} \text{一磷酸嘧啶核苷} + \text{PPi}$$

除胞嘧啶外，嘧啶磷酸核糖转移酶能催化尿嘧啶、胸腺嘧啶及乳清酸转变为相应的嘧啶核苷酸。另外，细胞中的尿苷（胞苷）激酶、脱氧胸苷激酶等也可催化嘧啶核苷酸的补救合成。

$$\text{尿苷（胞苷）} + \text{ATP} \xrightarrow{\text{尿苷（胞苷）激酶}} \text{UMP（CMP）} + \text{ADP}$$

$$\text{脱氧胸苷} + \text{ATP} \xrightarrow{\text{脱氧胸苷激酶}} \text{dTMP} + \text{ADP}$$

正常肝细胞中脱氧胸苷激酶活性很低，再生肝中活性升高，患恶性肝肿瘤时该酶活性也明显升高，可用作评估恶性程度的肿瘤标志物。

三、多类核苷酸抗代谢物具有重要的临床应用价值

在临床肿瘤治疗中，常依据酶竞争性抑制的作用原理，应用在分子结构上类似代谢物的药物，如嘌呤、嘧啶、叶酸和某些氨基酸的结构类似物，通过竞争性抑制或以假乱真等方式干扰或阻断体内核苷酸的正常合成代谢，从而达到抑制核酸、蛋白质合成以及细胞增殖的目的，这类物质总称为抗代谢物。抗代谢物可使癌变细胞中核酸和蛋白质的生物合成被迅速抑制，由此控制肿瘤的发展。抗代谢物按化学结构被分为两大类，一类是嘌呤、嘧啶、核苷类似物，通过转变为异常核苷酸干扰核酸的生物合成；另一类是谷氨酰胺、叶酸等类似物，可直接阻断谷氨酰胺、一碳单位在核苷酸合成中的作用。

（一）6- 巯基嘌呤是最常用的嘌呤类似物

嘌呤类似物有 6- 巯基嘌呤（6-mereaptoputine，6-MP）、硫鸟嘌呤（6-巯基鸟嘌呤）、8-氮杂鸟嘌呤等，其中 6-MP 在临床最为常用。6-MP 结构与次黄嘌呤相似（以巯基替代 C_6 上的羟基），在体内可经两种方式干扰嘌呤核苷酸的合成：一是 6-MP 经磷酸核糖基化转变成 6- 巯基嘌呤核苷酸，其结构与 IMP 相似，可以反馈抑制 PRPP 酰胺转移酶，从而干扰 IMP、AMP 和 GMP 的合成；二是 6-MP 还能直接通过竞争性抑制 HGPRT 阻断 IMP 和 GMP 的补救合成。

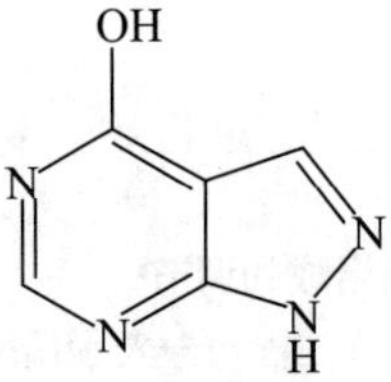

次黄嘌呤 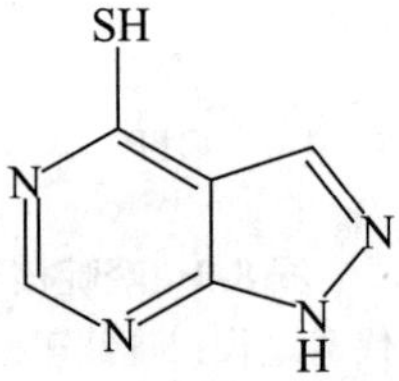　　　　6-MP

（二）5- 氟尿嘧啶是重要的嘧啶类似物

5- 氟尿嘧啶（5-fluorouracil，5-FU）是目前临床应用最广泛的抗嘧啶类似物，其结构与胸腺嘧啶相似（以 F 代替 C_5 上的甲基）。5-FU 本身并无生物活性，必须在体内转变成有活性的 5FdUMP 及 FUTP 才能发挥作用。5FdUMP 与 dUMP 结构相似，能抑制胸苷酸合酶，从而阻断了 dUMP 转化为 dTMP，干扰 DNA 的合成；FUTP 可以 FUMP 的形式掺入到 RNA 分子中，异常核苷酸的掺入破坏了 RNA 的结构与功能，从而干扰蛋白质的合成。

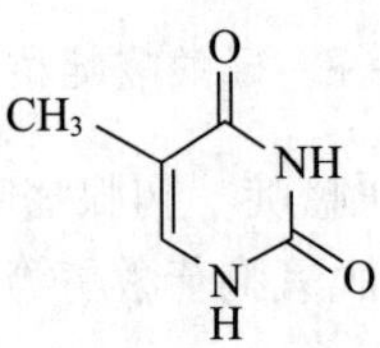

胸腺嘧啶 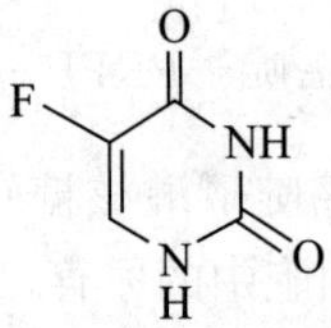　　　　5-FU

（三）氨甲蝶呤等是叶酸类似物

叶酸的类似物有氨蝶呤（aminopterin，APT）及氨甲蝶呤（methotrexate，MTX）等，此种类似物能竞争性抑制二氢叶酸还原酶的活性，使叶酸不能还原为二氢叶酸及四氢叶酸，由此干扰一碳单位的代谢。例如，嘌呤分子中来自一碳单位的 C_2 及 C_8 得不到供应，嘌呤核苷

酸的合成因而受到抑制。同时，胸苷酸合成也需要由一碳单位提供甲基，叶酸类似物可阻断 dUMP 利用一碳单位甲基化生成 dTMP，从而影响 DNA 合成。MTX 在临床上常用于白血病等恶性肿瘤的治疗。

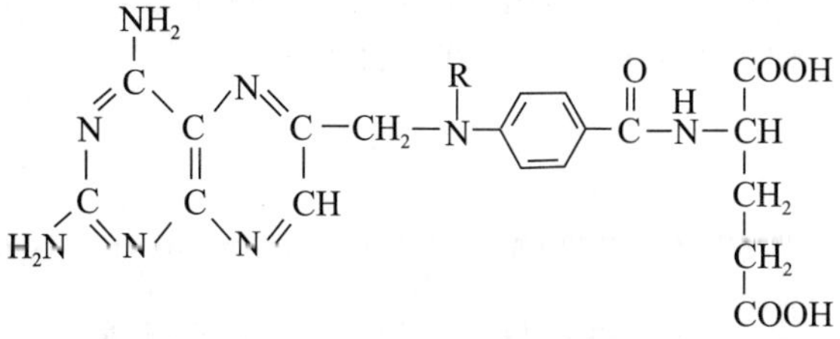

R＝H……氨蝶呤

R＝CH_3……氨甲蝶呤

（四）有些氨基酸类似物可抑制核苷酸合成

氮杂丝氨酸（azaserine）和 6- 重氮 -5- 氧正亮氨酸（diazonorleucine）等氨基酸类似物与谷氨酰胺结构相似，可干扰谷氨酰胺在嘌呤及嘧啶核苷酸合成中的作用，从而抑制核苷酸的合成。

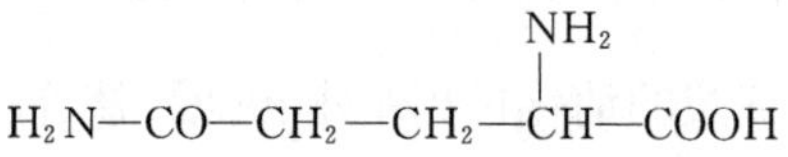

$$H_2N{-}CO{-}CH_2{-}CH_2{-}CH(NH_2){-}COOH \quad \text{谷氨酰胺}$$

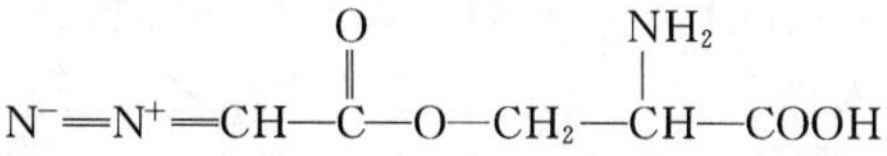

$$N^-{=}N^+{=}CH{-}C(=O){-}O{-}CH_2{-}CH(NH_2){-}COOH \quad \text{氮杂丝氨酸}$$

另外，某些改变了核糖结构的核苷类似物，能抑制 CDP 还原成 dCDP，影响 DNA 的合成，如阿糖胞苷和安西他滨（环胞苷）就是此类重要的抗癌药物。

应指出的是，由于上述药物缺乏对肿瘤细胞的特异性，因此对增殖和代谢旺盛的某些正常组织和细胞也具有杀伤性，因而毒副作用较大。

现归纳各种抗代谢物的作用机制见表 8-1。

表 8-1 各种抗代谢物的作用机制

抗代谢物	作用机制
嘌呤类似物	
6-MP	阻断嘌呤核苷酸的从头合成
	转变成 6-MP 核苷酸，抑制 IMP 转变为 AMP 及 GMP
	转变成 6-MP 核苷酸，抑制 PRPP 酰胺转移酶
	阻断嘌呤核苷酸补救合成途径
	转变成 6-MP 核苷酸，竞争性抑制 HGPRT
嘧啶的类似物	
5-FU	阻断 TMP 合成
	破坏 RNA 的结构与功能

续表

抗代谢物	作用机制
氨基酸类似物	
氮杂丝氨酸	与谷氨酰胺结构相似，干扰谷氨酰胺在核苷酸合成中的作用，抑制嘌呤核苷酸及 CTP 的合成
6- 重氮 -5- 氧正亮氨酸	
叶酸类似物	
氨蝶呤及 MTX	竞争性抑制二氢叶酸还原酶，使叶酸不能形成 FH_2 及 FH_4，嘌呤中来自一碳单位的 C_2 及 C_6 得不到供应，抑制嘌呤核苷酸合成；使 dUMP 不能生成 dTMP，影响 DNA 合成
核苷类似物	
阿糖胞苷	抑制 CDP 还原成 dCDP，影响 DNA 的合成

第三节 核苷酸的分解代谢

体内核苷酸的分解代谢与食物中核苷酸的消化过程基本相似，核苷酸在细胞中核苷酸酶的作用下逐级分解为核糖、碱基及 1- 磷酸核糖。核苷、碱基可参加核苷酸补救合成，但大多数会进一步分解；1- 磷酸核糖则进入糖代谢，经磷酸戊糖途径氧化分解，又可转变为 5- 磷酸核糖作为 PRPP 的原料，用于合成新的核苷酸。嘌呤核苷酸和嘧啶核苷酸的最终分解产物有所不同。

一、嘌呤核苷酸分解代谢终产物为尿酸

嘌呤核苷酸主要在肝、肾及小肠进行分解。体内大部分嘌呤碱最终分解生成尿酸（uric acid）。AMP 经分解反应降解为黄嘌呤，进而在黄嘌呤氧化酶作用下被氧化生成尿酸；而 GMP 分解生成的鸟嘌呤也可经氧化转变为黄嘌呤，最终也生成尿酸（图 8-10）。

尿酸是人体嘌呤碱代谢的终产物，经肾随尿液排出体外。正常人血清中尿酸含量约为 119 ～ 357μmol/L，男性略高于女性，平均为 268μmol/L；女性平均为 208μmol/L。血清中尿酸含量在男性超过 416μmol/L、女性超过 357μmol/L 时即可诊断为高尿酸血症（hyperuricimia）。

由于尿酸水溶性较差，高尿酸血症患者体内的尿酸盐可析出晶体，沉积在关节、软组织、软骨及肾等处，从而引起关节炎、尿路结石及肾疾病，称为痛风（gout）。这是一种以血中尿酸含量升高为主要特征的疾病，多见于成年男性，根据发病原因可分为原发性痛风和继发性痛风。原发性痛风的发生是由于某些嘌呤核苷酸代谢相关酶遗传性缺陷；继发性痛风则多因进食高嘌呤饮食、体内核酸大量分解（如白血病、恶性肿瘤等）或肾疾病导致尿酸排泄障碍等所致。

临床上常用促进尿酸排泄（如苯溴马隆、丙磺舒等）或抑制尿酸生成（别嘌呤醇）的药物治疗痛风。别嘌呤醇在体内可氧化为别黄嘌呤，通过竞争性抑制黄嘌呤氧化酶，减少尿酸

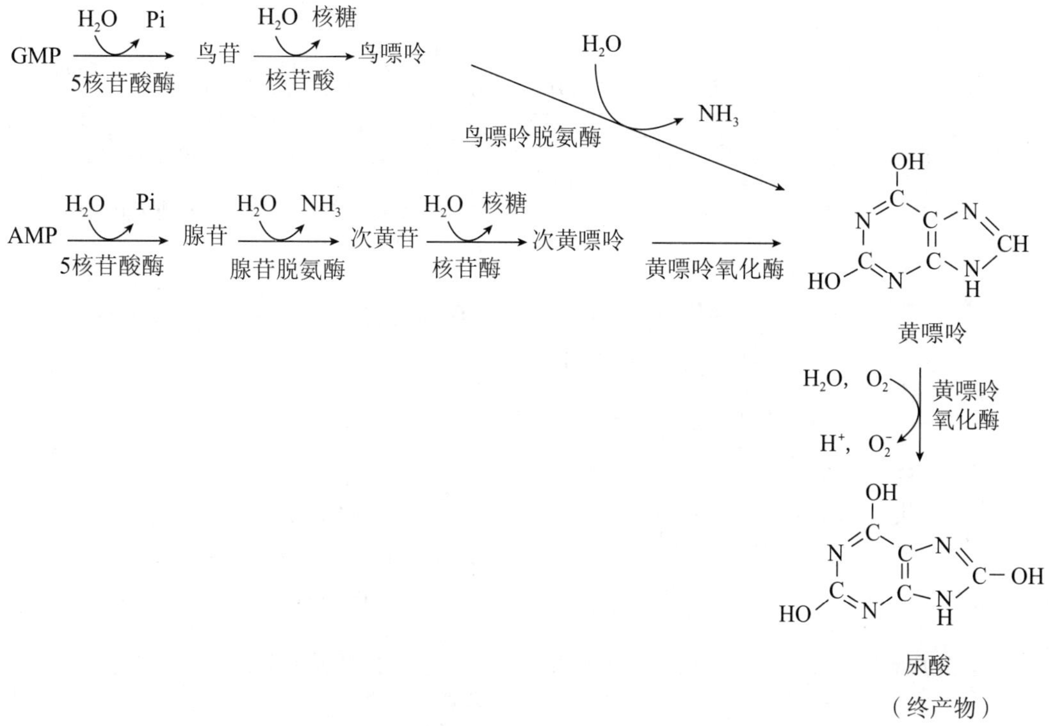

图 8-10 嘌呤核苷酸的分解代谢

的生成；另一方面别嘌呤与 PRPP 反应生成别嘌呤核苷酸，后者与 IMP 结构相似，可反馈抑制嘌呤核苷酸的从头合成，致使嘌呤核苷酸合成减少，从而间接控制或降低尿酸的产生量。

二、嘧啶核苷酸分解代谢的产物主要是 β- 氨基酸

嘧啶核苷酸在核苷酸酶及核苷磷酸化酶作用下，先脱去磷酸及核糖，剩余的嘧啶碱进一步在肝内分解。胞嘧啶脱氨基转变成尿嘧啶，后者还原成二氢尿嘧啶，再经水解开环后最终生成 NH_3、CO_2 和 β- 丙氨酸。胸腺嘧啶则相应水解生成 NH_3、CO_2 和 β- 氨基异丁酸（图 8-11）。

与嘌呤碱的降解产物尿酸不同的是，嘧啶碱的降解产物均易溶于水，可直接随尿排出。临床发现，肿瘤患者经放疗或化疗后或过多摄入含 DNA 丰富的食物，由于 DNA 在体内大量破坏降解，尿中 β- 氨基异丁酸排出量可明显增多。

胞嘧啶 —(H_2O, $-NH_3$)→ 尿嘧啶 —(+2H)→ 二氢尿嘧啶 —(H_2O)→ β-脲基丙酸 —(H_2O)→ β-丙氨酸 + NH_3 + CO_2

胸腺嘧啶 —(+2H)→ 二氢胸腺嘧啶 —(H_2O)→ β-脲基异丁酸 —(H_2O)→ β-氨基异丁酸 + NH_3 + CO_2

图 8-11　嘧啶碱的分解代谢

小　结

核苷酸是组成核酸的基本结构单位。核苷酸最主要的功能是作为合成核酸的基本原料，另外也可作为体内能量的利用形式，通过构成辅酶、充当载体参与物质代谢，以及以信号分子形式参与生理调节等。体内的核苷酸主要由机体细胞自身合成，食物来源的嘌呤和嘧啶很少被机体利用。

体内嘌呤核苷酸的合成有从头合成和补救合成两条途径。从头合成的原料是磷酸核糖、氨基酸、一碳单位及 CO_2 等简单物质，在 PRPP 的基础上经过一系列酶促反应，逐步形成嘌呤环，并以 IMP 为共同的合成前体，然后再分别转变成 AMP 和 GMP。从头合成过程受着精确的反馈调节，PRPP 浓度是合成过程中最主要的决定因素。补救合成主要存在于脑组织和骨髓，是已有的嘌呤或嘌呤核苷的重新利用，虽然合成量较少，但也有重要生理意义。

体内嘧啶核苷酸的合成也有从头合成和补救合成两条途径。与嘌呤核苷酸不同的是先合成嘧啶环，再磷酸核糖化生成核苷酸。嘧啶与嘌呤的合成产物也可相互调控合成过程，使双方的合成速度均衡。

体内脱氧核糖核苷酸的合成，是在二磷酸水平上由各自相应的核糖核苷二磷酸直接还原而成（NDP → dNDP），由核糖核苷酸还原酶催化。

尿酸是嘌呤碱在体内分解代谢的终产物，黄嘌呤氧化酶是降解过程中的重要酶。痛风症是以血中尿酸含量升高为主要特征的疾病，主要是由于嘌呤代谢异常，导致尿酸生成过多而引起。嘧啶碱的分解产物主要是 β- 氨基酸，多因水溶性强而直接随尿排出体外。

依据酶竞争性抑制作用原理，针对核苷酸合成代谢过程的不同环节，可应用多种类似代谢物的药物，在抗肿瘤治疗中有重要作用。临床上常用的抗代谢物主要有 6- 巯基嘌呤、5- 氟尿嘧啶、氨甲蝶呤和氮杂丝氨酸等。

思考题

1. 两类核苷酸从头合成的原料各有哪些？
2. 嘌呤核苷酸从头合成过程中哪些酶受到变构调节？它们的变构剂分别是什么？
3. 查阅资料，总结现今抗肿瘤药物的种类及其作用机制。

（刘观昌）

第九章

物质代谢的联系与调节

学习目标

1．掌握机体物质代谢的特点。
2．了解糖、脂、蛋白质代谢联系的基本途径。
3．熟悉机体物质代谢调节的意义及方式。
4．细胞水平调节：了解细胞内酶的隔离分布；熟悉重要物质代谢途径的亚细胞定位；熟悉调节酶的概念；掌握变构酶的概念；掌握酶蛋白化学修饰的概念；了解酶含量调节。
5．激素水平调节：熟悉激素与受体作用的特点；熟悉细胞膜受体激素的调节机制和特点；了解蛋白激酶A、蛋白激酶C、酪氨酸蛋白激酶这三条信息转导通路；了解细胞内受体激素作用特点及基本过程。
6．熟悉整体的物质代谢调节。

前面各章分别讨论了糖、脂质、氨基酸和核苷酸等几类重要物质代谢的过程及生理意义。但是机体内的各类物质代谢不是各自独立的，而是相互联系、转变，并且进行着精确的调节，以适应内外环境的变化，构成统一的整体。本章主要讨论上述各类物质代谢的共同特点，相互联系途径，以及物质代谢调节的一些基本规律。

第一节　物质代谢的特点

体内物质代谢的特点可以归纳为以下几点：①体内各物质代谢相互联系。虽然各类物质代谢十分复杂，但它们不是各自为政，而是同步进行、彼此联系、相互转变，或彼此依存，构成网络和统一整体。例如，糖、脂、氨基酸等物质在体内氧化分解释放的能量保证了蛋白质等生物大分子合成时的能量需要，而各种酶蛋白的合成又是催化糖、脂、氨基酸等物质各种代谢反应所必需。②物质代谢受到多层次的精细调节。正常情况下，机体各种物质代谢适应内外环境改变，有条不紊地进行，是由于存在着细胞水平、激素水平和整体水平多层次的调节机制，保证了机体的整体性和内环境的相对稳定。③各类物质具有共同的代谢途径。无论是摄入的外源物质或体内组织细胞的代谢物，在进行中间代谢时，不分彼此，共同参加到代谢中去。例如，来自食物中消化吸收的或体内代谢产生的葡萄糖，均以血糖代谢池

（metabolic pool）的形式混为一体，参与相同的代谢反应。④各组织、器官的物质代谢虽有共性，但也各具特点。这是由于不同器官组织的结构、组成不同，尤其是所含酶的差异而形成的。例如，肝含有丰富的、代谢多种物质的酶类，所以是人体各类物质代谢的枢纽，而脂肪组织则主要是储存和动用脂肪。⑤ ATP 作为机体可直接利用的能量载体，是机体储存和消耗能量的共同形式。

第二节　几类重要物质代谢的相互联系

膳食中提供的糖、脂质和蛋白质，在体内代谢时，除少数营养必需氨基酸和必需脂肪酸外，大多数可相互转变、彼此补充。

一、糖、脂肪及氨基酸的分解代谢有共同的途径

糖、脂肪及氨基酸的分解代谢，均可生成乙酰 CoA。乙酰 CoA 通过共同的代谢途径——三羧酸循环、生物氧化和氧化磷酸化彻底氧化成 CO_2、水及生成能量，这样大大节约了酶的种类、数量和反应机构。

总结糖、脂肪和蛋白质的分解代谢，大致可分成三个阶段：第一阶段是分解成单体，即多糖分解成六碳葡萄糖；脂肪分解成甘油及脂肪酸；蛋白质降解为氨基酸。第二阶段是断裂成三碳物质或二碳物质（乙酰 CoA）。第三阶段是乙酰 CoA 进入三羧酸循环彻底氧化，并经生物氧化体系和氧化磷酸化，最终生成 CO_2、水并释放能量（图 9-1）。

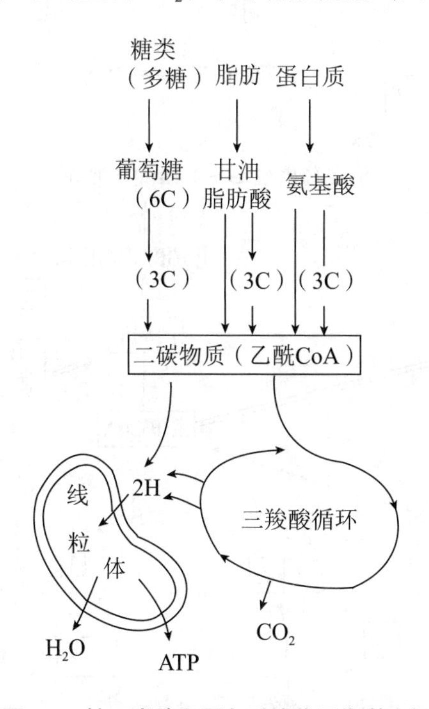

图 9-1　糖、脂肪和蛋白质的共同代谢途径

二、糖、脂肪是体内的主要供能物质

正因为糖、脂肪和蛋白质的分解代谢有共同的代谢通路，所以当某一种供能物质的代

谢占优势时，常能减少其他供能物质的降解。例如脂肪酸代谢旺盛，则其生成的 ATP 增多（ATP/ADP 比值增高），可变构抑制糖分解代谢中的重要调节酶——6- 磷酸果糖激酶 -1，而抑制糖的分解代谢。相反地，若供能物质供应不足，体内能量匮乏，ADP 积存增多，则可变构激活 6- 磷酸果糖激酶 -1，以加速体内糖的分解代谢。从能量代谢角度看，体内供能物质宜以糖类及脂质为主，以节约蛋白质。因为体内固有的蛋白质多为组成细胞的重要结构成分，通常在体内蛋白质并无明显多余储存；若膳食中以蛋白质为主要供能物质也并不适宜，因其在体内分解时会产生含氮类代谢废物，加重肾排泄负担。另一方面，在脂肪大量代谢时，又必须有适量糖代谢的配合，以补充三羧酸循环的中间成员，用以代谢乙酰 CoA。

三、三羧酸循环是糖、脂肪及氨基酸代谢联系的枢纽

三羧酸循环不仅是糖、脂肪和氨基酸分解代谢的最终共同途径，其间的许多中间产物还可以分别转化成糖、脂质和氨基酸，因此三羧酸循环也是联系糖、脂质和氨基酸代谢的纽带。通过一些枢纽性中间产物，可以联系及沟通几条不同的代谢通路。例如，如果食入的糖量超过体内能量消耗所需时，其生成的柠檬酸增多，则变构激活乙酰 CoA 羧化酶，使由糖代谢分解而来的大量乙酰 CoA 得以羧化成丙二酰 CoA，以合成脂肪储存起来。这就是为什么食用不含油脂的高糖膳食同样可以使人肥胖的原因。而且糖代谢的一些中间产物还可以经氨基化生成某些非必需氨基酸，以补充和节约蛋白质的消耗。例如丙酮酸可氨基化成丙氨酸、α- 酮戊二酸可氨基化成谷氨酸等（图 9-2）。

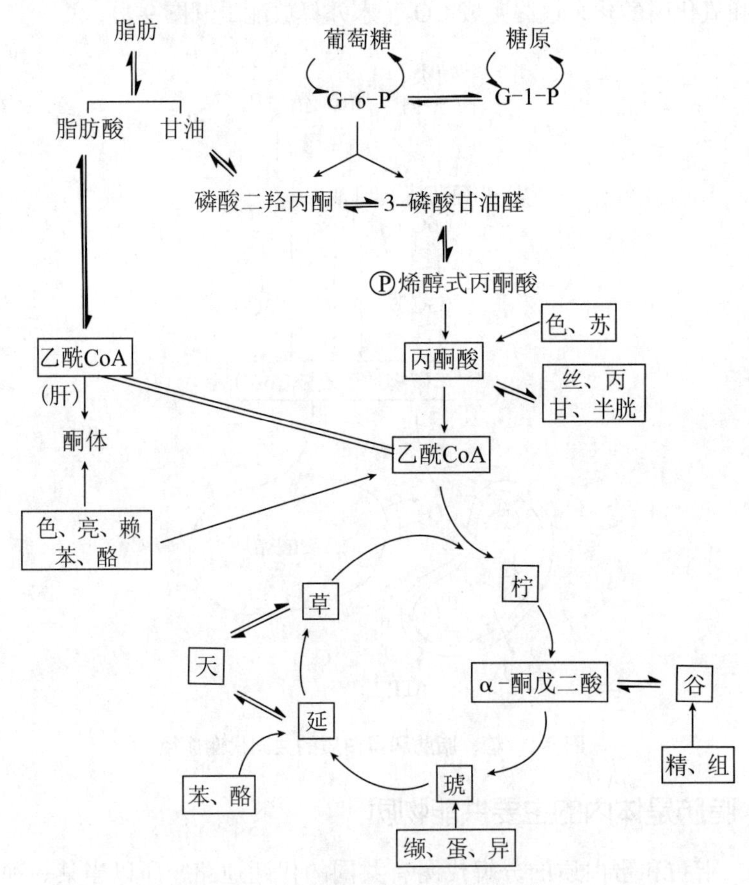

图 9-2　氨基酸与糖、脂肪的代谢联系

值得注意的是，糖、脂质和氨基酸之间并非可以无条件互变。某些代谢反应是不可逆的或缺乏转变所需的酶，因而该类物质之间是不能互相转变的。如体内乙酰 CoA 不能转变成丙酮酸，故双数碳原子脂肪酸不能转化为糖类或氨基酸。又如若因较长期不能进食而处于饥饿状态时，糖原几乎耗尽，则大量动用脂肪。但脂肪酸的彻底氧化分解必须在三羧酸循环中间产物充裕的条件下，方能顺利进行，这可由某些氨基酸脱去氨基后的碳链转变成三羧酸循环的中间产物以补充之；同时，氨基酸的碳链还可以循糖酵解途径逆行异生成糖，补充糖的匮乏。脑组织主要依靠血糖供能，同时糖还是构成核酸和糖蛋白及蛋白多糖的主要原料。

必须指出的是，体内各器官的代谢也是相互联系的，将机体构成统一整体，其中肝是调节和联系全身器官代谢的枢纽。如肌肉中糖酵解生成的乳酸，需经血液运送至肝以异生成葡萄糖，进而合成肝糖原，肝糖原分解生成的葡萄糖则经血液运送至肌肉，以补充肌糖原，此为乳酸循环（见第四章）。人体主要器官间的代谢联系见图 9-3。

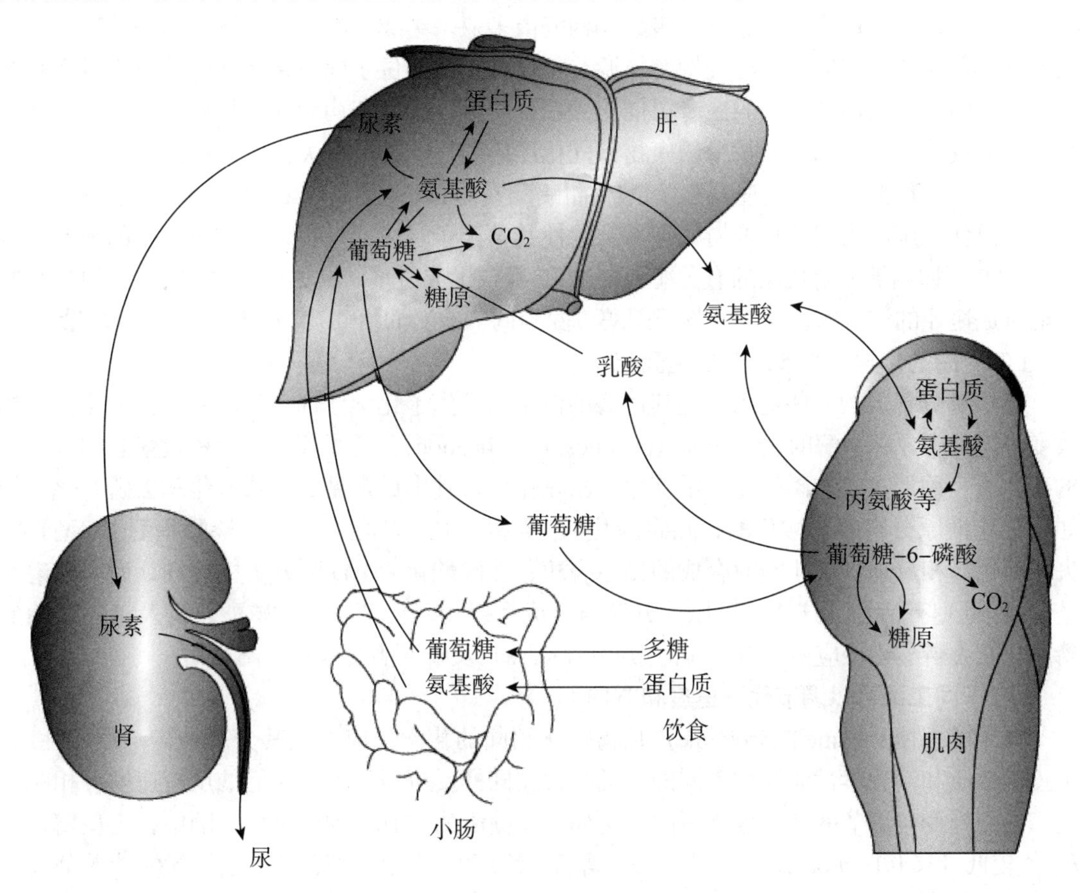

图 9-3　人体主要器官间的代谢联系

第三节　物质代谢的调节

体内进行的物质代谢复杂繁多，但并非杂乱无章，而是有着多层次的严密调节，以适应生理状态的不断变化，这是生物进化过程中逐步形成的一种适应能力。总体来说，机体内各类物质代谢是相互联系、相互制约、协同调节，构成一个统一的整体。如果调节失控，将会导致疾病。进化程度越高的生物，其代谢调节的机制越复杂。按其调节水平，物质代谢的调节大致可分成细胞水平、激素水平和整体水平三个层次。

一、细胞中酶的调节是最基本的调节方式

物质代谢由一系列酶催化，酶的活性决定着代谢过程的方向和速度。因此，细胞水平的调节实质上就是酶的调节。酶的调节包括酶结构调节和酶量调节，而前者又可分为变构调节和化学修饰调节两种形式。

（一）酶的变构调节是构象的改变

某些小分子物质（代谢物）可与酶蛋白的特殊部位结合，引起其构象变化，从而改变酶的催化活性，这种调节方式称为变构调节（allosteric regulation）。变构调节一般无共价键改变。受变构方式调节的酶称为变构酶（allosteric enzyme）。使酶发生变构效应的小分子物质称为变构剂，变构剂多为代谢物。多数变构酶由多亚基组成，其中有的亚基为调节亚基，有的亚基为催化亚基，但也有的变构酶集调节部位与催化部位于同一条多肽链上，不过其结构分区，有的区专司调节，有的区专司催化。在代谢途径中，变构酶通常是该代谢途径的调节酶。许多调节酶的变构剂常是酶的底物、催化反应的终产物或相关代谢途径的代谢物。代谢途径终产物常可抑制催化该途径起始反应的酶活性，即反馈抑制（feedback inhibition）。反馈调节可以保证细胞内代谢物的协调和平衡，使其不至于过多或过少，避免不必要的浪费。例如，ATP 可抑制糖分解代谢的有关酶，使 ATP 不致生成过多。又如，HMG-CoA 还原酶是胆固醇合成途径的调节酶，其终产物胆固醇可变构调节该酶的活性，调节胆固醇的生产量。

（二）酶的化学修饰涉及共价键变化

某些酶分子上的一些基团，受其他酶的催化而发生了化学修饰，从而引起其催化活性的改变，这种现象称为酶的化学修饰（chemical modification）。化学修饰调节引起酶蛋白共价键的变化有多种形式，如磷酸化、甲基化、乙酰化等，其中最常见的是磷酸化和去磷酸化。例如，催化糖原分解的磷酸化酶，在磷酸化后（a 型）方具活性，而脱去磷酸基后（b 型）则失去活性。相反地，催化糖原合成的糖原合酶，在磷酸化后（D 型）失去活性，而脱去磷酸基后（I 型）有活性。这样，糖原的分解与合成得以相互协调。上述磷酸化酶及糖原合酶的磷酸化及去磷酸化反应由各自相应的激酶（kinase）及磷酸酶所催化（图 9-4）。

（三）同工酶可以调节代谢速度和方向

同工酶（isoenzyme 或 isozyme）是指催化相同的化学反应，但其分子结构、理化性质、免疫学性质和动力学性质等均不同的一类酶。在同样反应条件下，它们的反应速度可相距甚远，它们受变构调节的性质也常不同。例如，己糖激酶共有四种同工酶，脑中含 I 型酶，其 K_m 值较低（< 0.1mmol/L），有利于在低葡萄糖浓度时利用葡萄糖，且受产物 6- 磷酸葡萄糖的反馈抑制（变构抑制），使脑中葡萄糖的利用受限；而肝中含Ⅳ型酶，其 K_m 值较大（约 10mmol/L），只当糖类食物从肠道大量吸收，从门静脉中涌入大量葡萄糖时才启动活性，且不受产物 6- 磷酸葡萄糖的反馈抑制，表明其利用葡萄糖是相对无限的，能将摄入的葡萄糖源源不断地合成肝糖原并储存。又如乳酸脱氢酶有五种同工酶，其中Ⅴ型（主要分布在骨骼肌）对丙酮酸的亲和力高，主要催化丙酮酸转变为乳酸的酵解反应，有利于骨骼肌通过糖酵解快速获取能量；而Ⅰ型（主要分布在心肌及肝）对乳酸的亲和力大，有利于乳酸转变为丙酮酸，以进一步氧化分解提供能量，即有利于心肌利用乳酸作为能源物质。同时肝可利用乳酸作为糖异生的原料，以合成肝糖原，这是同工酶决定代谢方向的极好例证。

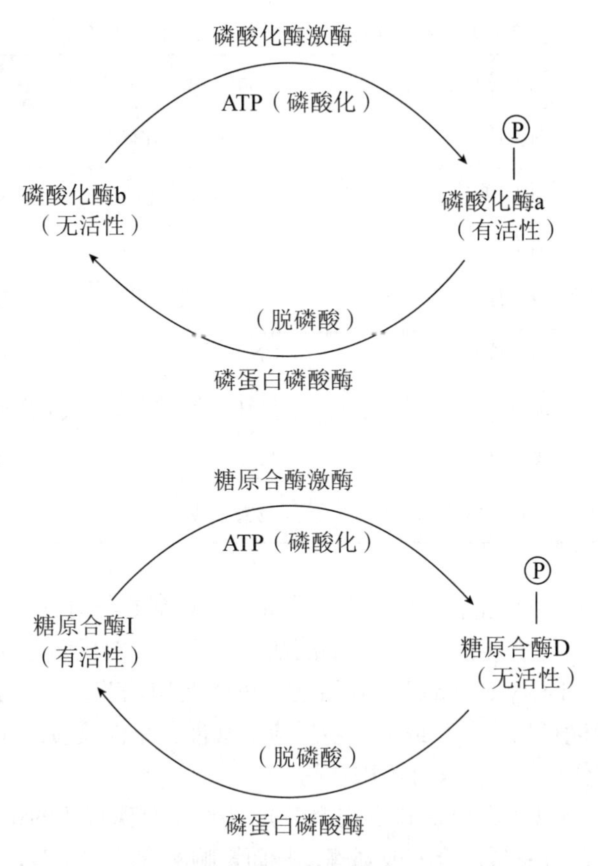

图 9-4 磷酸化酶及糖原合酶的化学修饰

（四）通过酶蛋白的合成与降解进行酶量的调节

酶的合成与降解是最根本性的调节：没有一定的酶量，也就谈不上对其活性的调节。但由于酶是蛋白质，其合成过程耗时、耗能，属于缓慢调节，不如酶化学修饰和变构调节快速。酶的合成与降解常受细胞内外环境的影响，很多代谢物也可诱导相应酶的基因表达而使酶蛋白合成增多。如尿素循环中的酶，可受食入蛋白质的增多而诱导合成增加；细胞内有的蛋白酶可选择性地使某些酶降解，从而使该酶的含量降低甚至消失。代谢通路中的很多终产物，则常可阻遏相应酶的基因表达，而使酶合成量减少甚至停止。如 HMG-CoA 还原酶是胆固醇合成过程的调节酶，胆固醇可阻遏其基因表达，使该酶合成减少。

酶的底物、产物、激素或药物均可影响酶的合成。一般将加速酶合成的物质称为酶的诱导剂（inducer），减少酶合成的物质称为酶的阻遏剂（repressor）。某些药物可以促进肝细胞中单加氧酶或其他一些药物代谢酶的诱导合成，从而加速药物失活（详见第十四章），这是引起耐药的原因之一。

（五） 酶在细胞中的隔离分布也有利代谢调节

某一代谢途径的相关酶类常组成酶体系，分布于细胞的某一区域或亚细胞结构中，称为酶的隔离分布（或区域化）。例如，糖酵解酶系、糖原合成及分解酶系、脂肪酸合成酶系均存在于细胞质中，而三羧酸循环酶系则分布于线粒体，核酸合成酶系绝大部分集中于细胞核内（表 9-1）。由于酶的区域化分布，使各类物质代谢分别在各特定的亚细胞结构中进行，既不互相干扰，又可使底物在局部浓集，便于代谢，也有利于底物或产物对酶活性的调节。

表 9-1　真核细胞内主要代谢酶系的区域化分布

酶系	亚细胞区域	酶系	亚细胞区域
糖酵解	细胞质	呼吸链、氧化磷酸化	线粒体
磷酸戊糖途径	细胞质	蛋白质合成	细胞质、内质网
糖原分解、合成	细胞质	生物转化	内质网
糖异生	细胞质、线粒体	DNA 合成	细胞核
脂肪酸合成	细胞质	RNA 合成	细胞核
脂肪分解	细胞质	血红素合成	细胞质、线粒体
脂肪酸 β 氧化	线粒体	胆固醇合成	细胞质、内质网
三羧酸循环	线粒体	尿素生成	细胞质、线粒体

实际上，在某一物质代谢途径中，并不是所有的酶都参与对其反应速度和方向的调节，而只是由其中某一个或几个具有调节作用的酶活性所决定。对代谢途径具有关键调节作用的酶被称为调节酶（regulatory enzyme），其活性既可受变构调节，又可受化学修饰方式调节。调节酶通常位于代谢途径的第一步或第二步反应，常催化单向反应或非平衡反应，对整个代谢途径的流量起决定作用，因此又称为限速酶。

上述酶结构的调节（化学修饰和变构调节）只要改变现有酶的结构，即可以影响酶活性，属于快速调节。通过酶蛋白合成或降解，从而影响酶含量的调节，则属于缓慢调节。

二、激素通过一些信息转导途径实现调节作用

在多细胞生物体，细胞与细胞之间，甚至各远隔器官之间，可以通过分泌各种化学递质相互影响，以调节代谢与功能。根据产生化学递质的细胞与靶细胞间的距离远近，可分为：①内分泌：由特定的内分泌细胞分泌激素，进入血循环，作用于全身远隔器官；②旁分泌：由细胞所分泌的信息分子，如生长因子、细胞因子，局部作用于邻近细胞；③自分泌：细胞自身分泌信息分子至细胞外，反过来再作用于自身受体。激素等信息分子的作用特点是：①浓度低（$\leqslant 10^{-8}$ mol/L）；②半寿期较短（几秒至几小时不等），有利于随时适应环境的变化；③具有该激素特异受体（receptor）的靶细胞才能作出反应，其反应也因不同组织而异。按内分泌作用机制，可将激素信息分子大致分为作用于细胞膜受体者，及作用于细胞内受体者两大类。

（一）某些激素通过细胞膜受体发挥调节作用

这类激素多为肽类或蛋白质。它们与细胞膜特定受体结合后，通过一些信号转导途径而产生调节作用。这里主要介绍 3 条信号通路。

1．蛋白激酶 A（protein kinase A，PKA）通路　该通路以靶细胞内 cAMP 浓度升高和 PKA 激活为主要特征。肾上腺素、胰高血糖素、促肾上腺皮质激素等可以激活该信号通路。以肾上腺素为例，受体与肾上腺素结合后，构象变化，使位于细胞膜上的 G 蛋白（G-protein）激活。G 蛋白含 α、β 及 γ 三种亚基，当 G 蛋白被激活时，其 α 亚基（Gα）与 GTP 相结合；而当 Gα 处于非活性状态时，则与 GDP 结合。活化的 Gα 则脱离 βγ 亚基而

移向邻近的腺苷酸环化酶（也在质膜上），激活腺苷酸环化酶（adenylate cyclase，AC），使ATP环化成cAMP。此cAMP为细胞内的第二信使（secondary messenger），它进而激活细胞内PKA；活化状态的PKA可催化一些重要蛋白质的丝氨酸或苏氨酸残基磷酸化，从而改变这些蛋白质的生理活性。例如，PKA通过一系列反应使糖原分解途径的调节酶磷酸化酶激活，促进催化糖原的分解。另一方面，活化的PKA还可使糖原合酶I（有活性）磷酸化，使之成为无活性的糖原合酶D，以抑制糖原的合成。所以，由肾上腺素所引起的效应是使糖原分解加强，糖原合成受抑制（图9-5）。

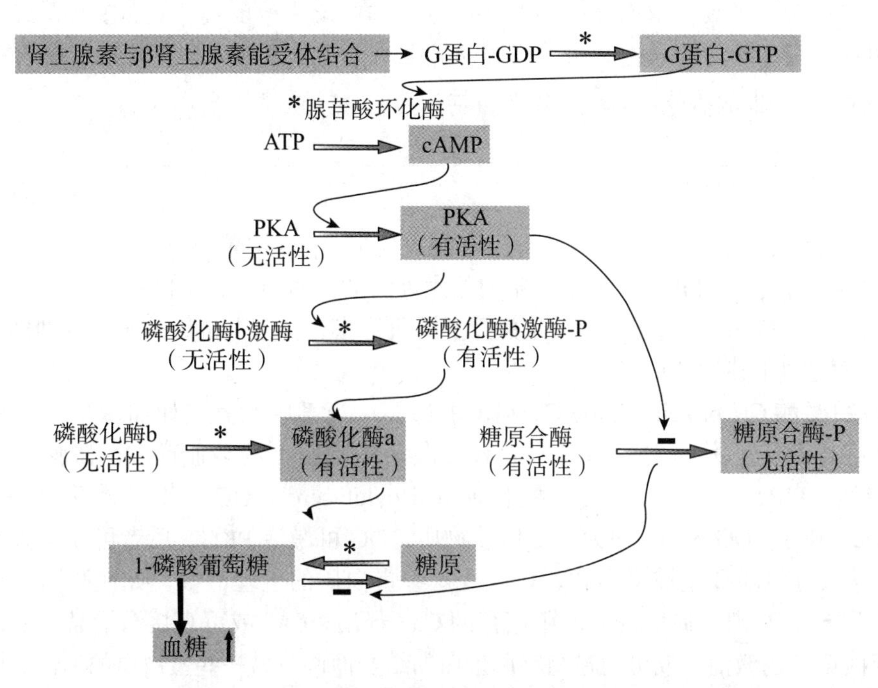

图9-5 肾上腺素对肝细胞中磷酸化酶和糖原合酶活性的调节作用

*表示激活

值得注意的是，第二信使cAMP可受磷酸二酯酶的水解而灭活，PKA的活性也就随之消失。至于活化的G蛋白（Gα-GTP）则可自行灭活，这是因为Gα本身具有GTP酶活性，可将Gα上结合的GTP水解脱去一个磷酸，转变成无活性的Gα-GDP。失活的Gα-GDP也就不再能激活腺苷酸环化酶，cAMP的生成亦告停止。

此外，cAMP还可以通过调节基因表达而发挥作用。

霍乱是一种表现为严重腹泻的传染病，这是因为霍乱弧菌所产生的霍乱毒素可使Gα结合上ADP，从而使Gα丧失了GTP酶活性，致使Gα上结合的GTP不能被水解而灭活，表现为对AC的持续激活，由此导致cAMP大量生成。cAMP可促进肠道离子的主动转运，大量Na^+及H_2O流入肠道中，导致严重腹泻。

知识链接

cAMP功能的发现

20世纪50年代初美国科学家Earl W. Southerland发现，将肾上腺素加入肝组织切片中，可使肝糖原分解加速，磷酸化酶活性增高。当时认为肾上腺素可激活此酶，但以纯化的磷酸化酶替代肝组织切片时，发现肾上腺素对它并无激活作用；以肝匀浆上清（含磷酸化酶）替代肝组织切片也无作用，从而发现肾上腺素必须与细胞膜结合，方可产生一种化学物质以激活磷酸化酶。不久证明此化学物质为cAMP。肾上腺素发挥作用并未进入细胞，而是与细胞膜上的肾上腺素受体结合，继而通过产生的第二信使cAMP激活PKA通路，使磷酸化酶活性增高，促进糖原分解。

与腺苷酸环化酶体系相对应的还有鸟苷酸环化酶（guanylate cyclase，GC）体系，它可生成相应的第二信使cGMP，以调节细胞内的生理活动。例如，一氧化氮（NO）可以激活鸟苷酸环化酶，使cGMP生成增加，导致血管平滑肌舒张。临床上常用的硝酸甘油即因为其能生成NO，而通过上述途径扩张血管。

2．蛋白激酶C（protein kinase C，PKC）通路　当某些激素（如加压素）与相应的膜受体结合后，激活了另一类G蛋白，后者可激活细胞膜上的磷脂酶C，使膜上的磷脂酰肌醇二磷酸（PIP2）水解，生成二酰甘油（diacylglycerol，DG）及三磷酸肌醇（inositol triphosphate，IP_3）。DG及IP_3均为第二信使物质。DG可激活PKC，后者可使某些重要蛋白质的丝氨酸或苏氨酸残基被磷酸化，以改变这些蛋白质的生理活性，如使脂肪酸合成酶磷酸化而激活之。IP_3则可促使内质网中储存的Ca^{2+}释出。Ca^{2+}或可直接激活某些酶，如上述PKC即依赖Ca^{2+}的激活；或可通过与钙调蛋白的结合而调节另一些蛋白质的活性。因此，细胞内Ca^{2+}也是一种第二信使物质。

3．酪氨酸蛋白激酶（tyrosine protein kinase，TPK）通路　该通路的受体主要是生长因子（growth factor）及细胞因子的膜受体，多具有TPK活性；或膜受体本身虽无TPK活性，但当受体与相应细胞因子结合被活化后，即可与细胞内某些具有TPK活性的分子相结合，并激活其激酶活性。TPK可使某些重要蛋白质上的酪氨酸残基磷酸化，从而改变其生理活性。TPK通路多参与调节细胞的增殖与分化。

事物总是相互制约、协调平衡的。有蛋白激酶的磷酸化，必有相应的蛋白磷酸酶的去磷酸化，如酪氨酸蛋白磷酸酶，可专门水解蛋白质中酪氨酸残基所结合的磷酸。

值得注意的是，细胞内众多的信息转导途径并非孤立的，而是相互联系、交联对话、彼此调节，形成复杂的网络体系。信息转导的异常可导致疾病。例如，2型糖尿病的致病原因主要是胰岛素受体及受体后分子功能障碍，并伴有受体后信息转导的异常。

（二）某些激素通过细胞内受体发挥调节作用

这类激素大多是类固醇激素。类固醇属脂质，因而可以透过细胞膜进入细胞。类固醇激素进入细胞后，可与相应的受体结合形成复合体，然后进入核内，与相应DNA区段上的调节部位相互作用，从而调控相应基因的表达（图9-6）。甲状腺素虽非类固醇，但其作用方式也与类固醇激素的作用方式类同。

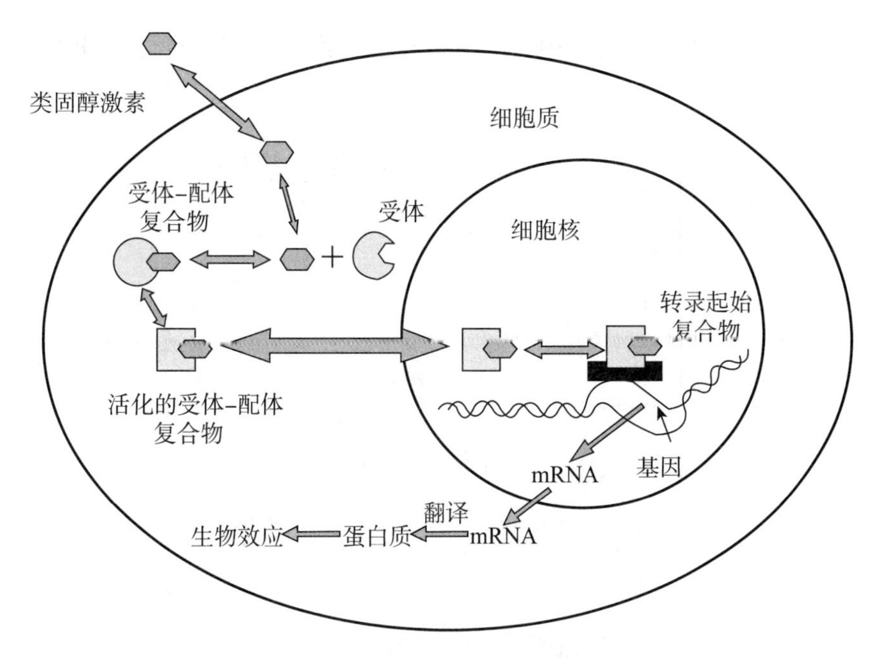

图 9-6 类固醇激素作用机制

三、整体调节是通过神经体液和细胞水平而实现的高级调节方式

机体内各细胞、各组织、各器官之间的物质代谢，不是各自孤立，而是相互联系、相互制约，构成一个统一的整体，以维持整体的生命活动。机体通过神经体液途径，对各组织的物质代谢进行调节，以适应不断变化的内外环境，力求在动态中维持相对的稳态。

物质代谢的根本意义在于维持组织更新及提供生命活动的能源。机体储存的能源物质是有限的，其中蛋白质主要是结构和功能性物质，不宜大量消耗用以供能；糖原的储备量有限，约 400g，几乎只够维持一天的能量所需；只有脂肪才是最主要的能源储备物质。值得注意的是，脂肪的氧化分解必须同时伴随糖的氧化分解，以补充用以代谢乙酰 CoA 的三羧酸循环中的中间成员。另外，脑是体内主要的耗能器官之一，主要依赖葡萄糖氧化供能，每天约需消耗葡萄糖 120g。因此，维持血糖浓度的恒定至关重要。现以饥饿为例说明物质代谢的整体调节。

禁食 1 天时（饥饿之初），由于肝糖原的耗竭，血糖水平下降，诱发胰高血糖素水平升高，而胰岛素的分泌被抑制。胰岛素水平下降可减缓肌肉摄取葡萄糖，使肌肉减少对血糖的利用，转而以脂肪酸氧化供能为主。胰高血糖素水平升高则可加速脂肪动员，促进肝的糖异生作用，即主要以肌肉蛋白质降解产物氨基酸及脂肪分解所生成的甘油异生为葡萄糖，以维持血糖浓度，主要供脑组织利用。

禁食 3 天后，由于脂肪的大量动用，血中游离脂肪酸浓度升高，由肝将大量脂肪酸转变为酮体。酮体可透过血脑屏障，为脑补充能源物质。随着禁食时间的延长，酮体逐渐成为供应脑、心、肾及肌肉的主要能源物质。如脑中 1/3 的能量供应可由酮体提供，但仍有相当一部分依赖于血糖。

长期饥饿时（如禁食一周后），脑中利用葡萄糖的比例进一步减少，其余均由酮体供能。此时肝的糖异生作用减弱，这是由于机体对重要结构蛋白质降解的保护性抑制，以维持体内的基本生理功能；而肾的糖异生作用则有一定程度的加强。血糖浓度维持在较低水平。从一定意义上说，机体生命维持的时间，主要决定于体内脂肪储存量的多少（图 9-7）。

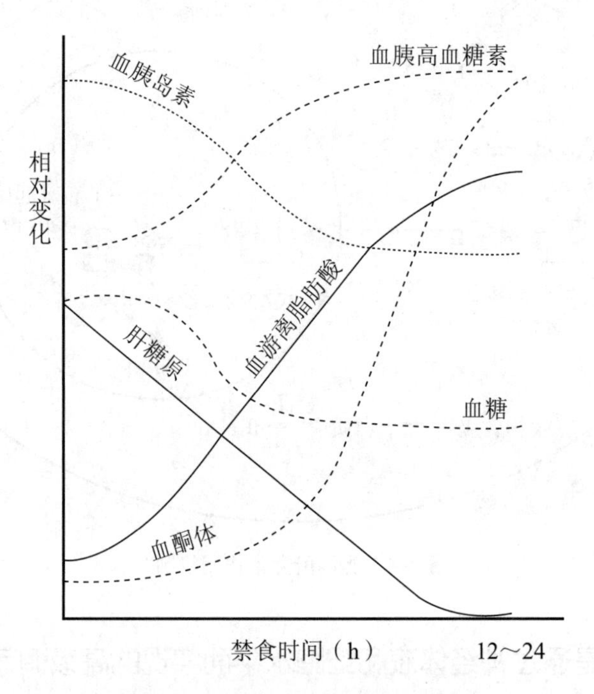

图 9-7　禁食时体内代谢物水平的变化

物质代谢调节的障碍可表现为疾病，如糖尿病、肥胖症等均与代谢调节的异常有关。

小　结

机体内各类物质的代谢是相互联系、相互制约的，构成一个统一的整体，并有严格的调节控制，以适应不断变化的内外环境，力求在动态中维持相对的稳态，以协调整体的生命活动。各条代谢途径之间，可通过一些枢纽性中间产物的相互联系和转变而构成代谢的整体性。从能量供应的角度看，糖、脂肪、蛋白质三大营养素可以互相替代，并相互制约。但这三大营养素之间也不能无条件地互变，因有的代谢反应是不可逆的，或缺乏转变所需的酶。

物质代谢的调节可分为三个水平：细胞水平、激素水平和整体水平。细胞水平的调节实质上是酶的调节，是最基本的调节方式，其中包括酶结构的调节和酶量调节。在酶结构的调节中，又有酶的变构调节和化学修饰调节两种快速调节方式。酶量的调节则属于缓慢调节，但它是根本性的调节，涉及酶蛋白合成的诱导与阻遏。激素水平的调节是机体调节代谢的第二层次。按其作用机制可将激素分成两大类：细胞膜受体激素和细胞内受体激素。细胞膜受体激素多为肽类或蛋白质，它们与细胞膜特定受体结合后，通过一些信号转导途径而产生调节作用，如 PKA 途径、PKC 途径以及 TPK 途径等。细胞内受体激素大多是类固醇激素，可以透过细胞膜进入细胞，与细胞内相应受体结合形成复合体，然后进入核内，与相应 DNA

区段上的调节部位相互作用，从而调控相应基因的表达。甲状腺素虽非类固醇，但其作用方式也与类固醇激素的作用方式类同。整体水平的调节更为复杂，机体通过神经体液途径，对各组织的物质代谢进行调节，以适应不断变化的内外环境，力求在动态中维持相对的稳态。

思考题

1．哪些化合物是联系糖、脂质以及氨基酸代谢的枢纽物质？
2．饥饿 24 小时、72 小时及 1 星期后，体内物质代谢各有何调整？

（王卫平）

第三篇　基因信息的传递

从第一篇学习已知，DNA 是主要的遗传物质。DNA 分子中的核苷酸（或碱基）排列顺序即是贮藏的遗传信息。所谓基因（gene），从生物化学意义上说，就是 DNA 大分子中的各功能片段，它们为蛋白质或各种 RNA 编码。不同基因有不同的核苷酸序列，携带着千变万化的遗传信息。细胞在有丝分裂之前，细胞中 DNA 分子必须进行自我复制（replication），由此，子代细胞各具有一套与亲代细胞完全相同的 DNA 分子，这就是遗传中的传代作用。另一方面，DNA 是信息分子，其分子中贮藏的信息必须通过它指导合成特定结构的蛋白质，并表现特异的功能。蛋白质的结构不同，功能也各异，从而影响机体的各种生命活动。现已证明，体内蛋白质分子合成时，其氨基酸的排列顺序最终是由 DNA 分子中的核苷酸顺序所决定的。但是，DNA 本身并不能直接指导蛋白质的合成，而是首先以 DNA 分子为模板，在细胞核内合成与其结构相应的 RNA 分子，将 DNA 的遗传信息抄录到信使 RNA（mRNA）分子中。这种将 DNA 的遗传信息传递给 RNA 的过程，称为转录（transcription）。通过转录，DNA 的核苷酸序列按互补配对的原则转变成 RNA 分子中相应的核苷酸序列。然后，再以 mRNA 为模板，按照其碱基（A、G、C、U）排列顺序，以三个相邻核苷酸序列决定一种氨基酸的遗传密码子形式，决定蛋白质合成时氨基酸的序列，这一过程称为翻译（translation）。由此可知，通过复制将遗传信息从上一代传递到下一代，而通过转录和翻译，使遗传信息转变成各种功能蛋白质，即基因表达（gene expression）。遗传信息传递方向的这种复制与基因表达规律，即复制—转录—翻译，称为遗传信息传递的中心法则（图Ⅲ-1）

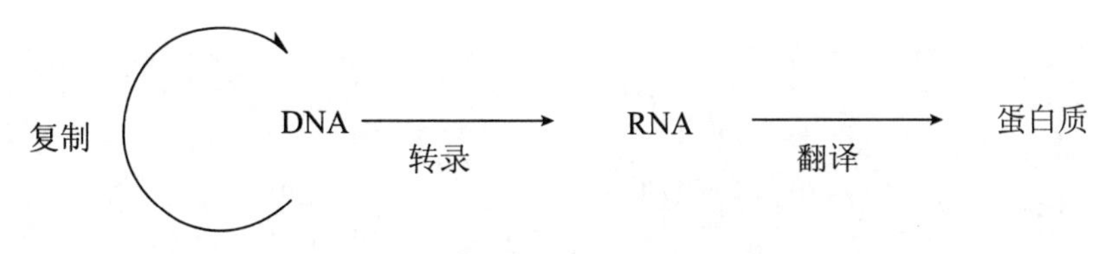

图Ⅲ-1　遗传信息传递的中心法则

进一步研究发现，某些病毒中RNA也可以作为模板，指导合成DNA。这种信息传递方向与转录过程相反，称为逆（反）转录（reverse transcription）。另外还发现，某些病毒中的RNA亦可自身复制。由此，遗传信息流动方向的“中心法则”得到了补充（图Ⅲ-2）。

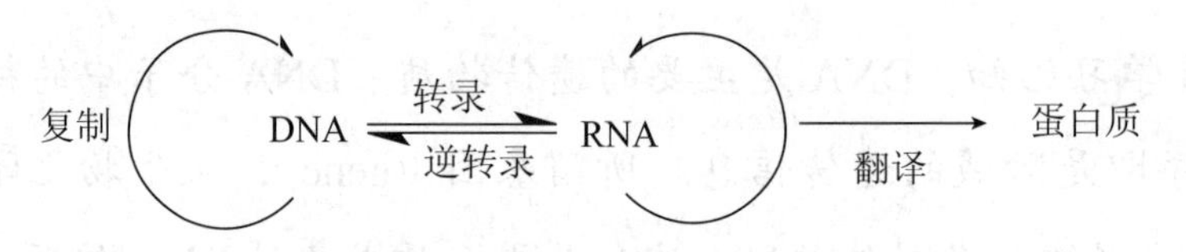

图Ⅲ-2　中心法则的补充

本篇以中心法则为基本线索，依次介绍复制、转录及翻译的基本过程及其生物学意义，并在此基础上讨论基因表达调控的基本原理以及基因工程的概念，共4章。

基因信息的传递是当代分子生物学研究的热点内容之一。学习这方面的知识，对理解一些生命现象的本质问题，以及诸如遗传病、恶性肿瘤等重大疾病的发病机制、防治措施等均有重要意义。因此，作为医学生，掌握基因分子生物学基本知识是十分必要的。

本篇各章的内容均有密切的内在联系，学习时应随时加以比较。另外，值得注意的是，由于原核生物的结构较为简单，代谢过程较快速，取材也比较方便，所以,常用原核生物作为基因信息传递研究的材料。原核生物与真核生物的复制、转录、翻译及基因表达的调控规律有许多共同之处，但也各有特点。

（倪菊华）

第十章

DNA 的生物合成

学习目标

1. 掌握遗传信息传递的中心法则及其补充。
2. 掌握 DNA 复制的方式以及复制的原料、模板；熟悉参与复制的酶类和因子。
3. 熟悉 DNA 复制的基本过程。
4. 了解染色体 DNA 的损伤与修复的概念及修复方式。
5. 掌握逆转录的概念；了解逆转录过程与端粒酶的作用特点。

生物体内合成 DNA 的方式主要包括 DNA 复制、修复合成和逆转录。DNA 作为遗传物质的基本特点就是能够准确地自我复制（replication），即以亲代 DNA 为模板合成完全相同子代 DNA 的过程，从而将遗传信息从亲代传递到子代 DNA 分子上。DNA 的互补双螺旋结构对于维持这类遗传物质的稳定性和复制的准确性极为重要。

第一节　DNA 复制的基本规律

一、DNA 复制以半保留方式进行

半保留复制（semi-conservative replication）是 DNA 复制最重要的特征。由于 DNA 碱基配对规律，其中一条链的核苷酸排列顺序可以决定另一条链上的核苷酸顺序。在复制过程中，首先 DNA 双螺旋的两条多核苷酸链之间的氢键断裂，双链解开并分为两股单链；然后每条单链 DNA 各自作为模板（template），即模板链，以三磷酸脱氧核糖核苷（dNTP，N 代表 A、T、G、C 四种碱基）为原料，按照碱基配对规律（A 与 T 配对，G 与 C 配对），合成与模板链完全互补的新链，即子代链；子代链与模板链重新形成双螺旋结构。这样形成的两个子代 DNA 分子与原来的亲代 DNA 分子的核苷酸顺序完全相同，且每个子代 DNA 分子的双链中，一条链来自亲代 DNA（模板链），而另一条链则是新合成的（子代链），这种复制方式称为半保留复制（图 10-1）。

半保留复制的阐明，对了解 DNA 的功能和物种的延续性有重大的意义。按半保留复制的方式，子代保留了亲代 DNA 的全部遗传信息，这说明 DNA 半保留复制能充分保证 DNA 代谢稳定性与复制忠实性，经过许多代的复制，DNA 分子上的遗传信息仍可准确传给后代。

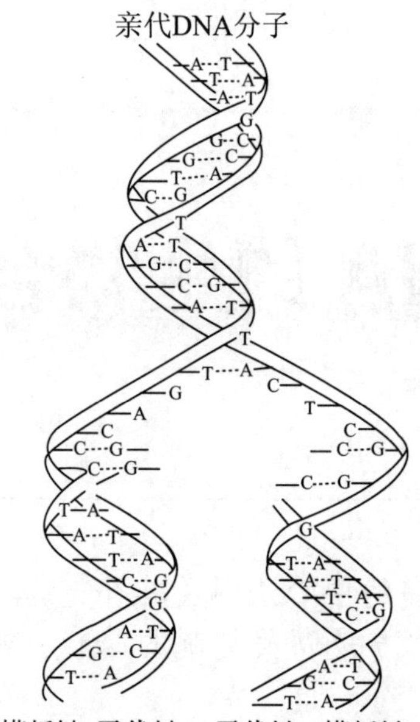

图 10-1 DNA 的半保留复制

二、DNA 复制从起始点开始呈双向复制

复制起始点（origin），即指 DNA 复制时特定的起始部位（ori），通常具有一些特殊的核苷酸序列。在原核细胞中只有一个，而真核细胞中则有多个。习惯上把两个相邻复制起始点之间的距离定为一个复制子（replicon）。复制子是独立完成复制的功能单位。大多数情况下，DNA 复制是从复制起始点向两个方向进行解链，所以是双向复制（bidirectional replication）。

三、DNA 复制有方向性 5′ → 3′

DNA 复制时不能自行从头合成 DNA 链，而必须有 DNA 单股链作为模板和一条短序列的 RNA 链作为引物（primer），DNA 聚合酶只能在此引物的 3′- 羟基端催化与 dNTP 5′- 磷酸基作用，形成 3′, 5′- 磷酸二酯键，增加一个脱氧核苷酸，从而逐步延长新合成的脱氧多核苷酸链。因 DNA 聚合酶不能催化 3′ → 5′ 端方向反应，所以 DNA 新链的合成具有方向性，即 DNA 的合成是从 5′ 端向 3′ 端延伸的（图 10-2）。

四、DNA 复制是半不连续的

DNA 复制时，一般要先形成特殊的复制叉（replication fork）结构，即 DNA 双链解开形成的两股单链各自作为模板，子链沿模板延长所形成的“Y”形结构。复制叉前进的方向即是 DNA 双螺旋解链的方向。在同一复制叉上只有一个解链方向，而子链 DNA 的合成只能沿着 5′ → 3′ 方向进行。所以在复制时，以 3′ → 5′ 走向的链为模板，顺着解链方向生成的子链，是连续合成的，这股链称为前导链（leading strand）；另一条子链以 5′ → 3′ 走向的链为模板，复制的方向与解链的方向相反，是不连续合成的，称为随从链（lagging strand）。前导链连续合成而随从链不连续合成的方式称为半不连续复制（semi-discontinuous replication）。在随从链合成时，先合成较短的 DNA 片段，称为“冈崎片段”（Okazaki fragment），然后再

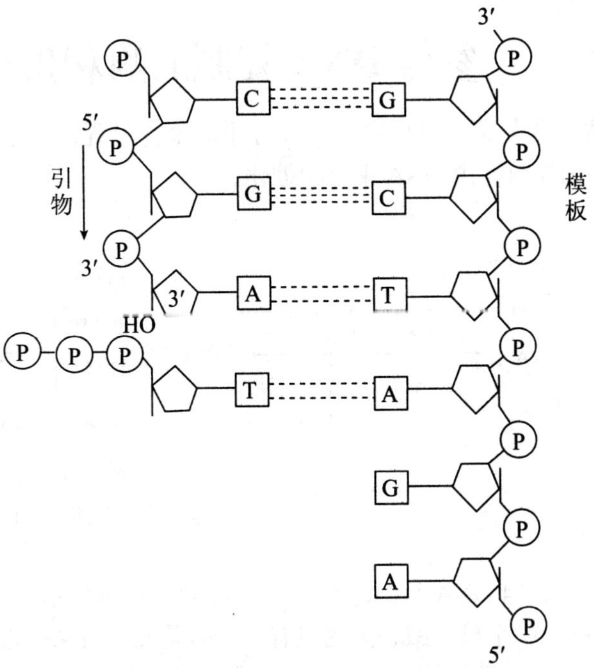

图 10-2 DNA 复制机制

将这些片段连接起来，形成完整的DNA链（图10-3）。

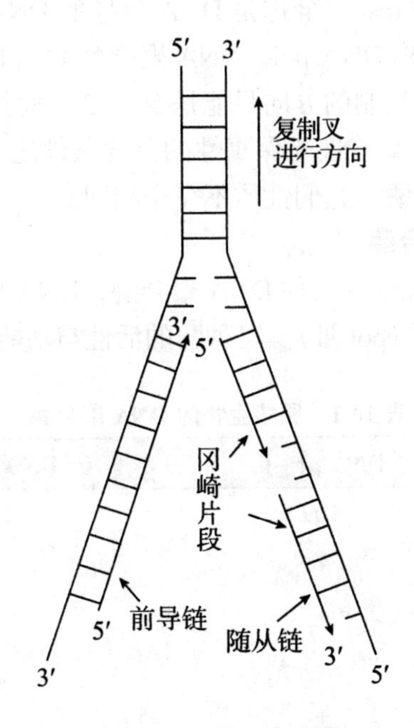

图 10-3 DNA 复制叉

第二节　参与DNA复制的酶和蛋白质

DNA的复制过程极为复杂，是生物体内高分子的聚合过程，其基本反应是以四种脱氧核糖核苷酸（dNTP）为原料，由DNA聚合酶催化。

$$\left.\begin{matrix} n_1\mathrm{dATP} \\ n_2\mathrm{dGTP} \\ n_1\mathrm{dTTP} \\ n_2\mathrm{dCTP} \end{matrix}\right. + \underset{\text{模板}}{\mathrm{DNA}} \xrightarrow[\mathrm{Mg^{2+}},\ \text{引物}]{\text{DNA聚合酶}} \mathrm{DNA}\left\{\begin{matrix} \mathrm{dAMP} \\ \mathrm{dGMP} \\ \mathrm{dTMP} \\ \mathrm{dCMP} \end{matrix}\right\}_{2n_1+2n_2} + 2(n_1+n_2)\,\mathrm{PPi}$$

复制产物　　焦磷酸

n_1、n_2分别代表核苷酸的数目

DNA复制速度甚快，但DNA复制过程却十分准确。有资料估计，DNA自发突变的概率约为10^{-10}，即每复制10^{10}个核苷酸，大约只有一个碱基发生与原模板不配对的错误，由此保证了遗传的稳定性。DNA复制的高效率和高度忠实性，是由于许多酶与蛋白质参与了复制过程。

一、DNA聚合酶是DNA复制的主要酶

DNA聚合酶（DNA polymerase）全称是DNA指导的DNA聚合酶（DNA directed DNA polymerase，缩写DDDP），简称DNA-pol。DNA聚合酶具有以单链DNA为模板的5′→3′聚合酶活性，该活性决定DNA复制的方向只能是5′→3′。此外，DNA聚合酶具有碱基优选功能，碱基优选是DNA复制中高效性与保真性的重要条件之一。无论在原核细胞或真核细胞中，均存在着多种DNA聚合酶，它们性质不完全相同。

（一）原核生物的DNA聚合酶

原核生物大肠杆菌中已发现至少三种DNA聚合酶，DNA聚合酶Ⅰ（pol Ⅰ）、DNA聚合酶Ⅱ（pol Ⅱ）和DNA聚合酶Ⅲ（pol Ⅲ）。三种酶的活性与功能见表10-1。

表10-1　原核生物的DNA聚合酶

	DNA pol Ⅰ	DNA pol Ⅱ	DNA pol Ⅲ
分子量	109	120	250
组成（亚基数）	1	≥4	≥10
5′→3′聚合活性	+	+	+
3′→5′外切酶活性	+	+	+
5′→3′外切酶活性	+	−	−
功能	去除引物、填补空隙、修复合成	损伤修复	复制

DNA聚合酶Ⅰ（pol Ⅰ）为单链多肽，是一种多功能酶，从N端到C端依次体现为5′→3′核酸外切酶、3′→5′核酸外切酶和5′→3′聚合酶的活性。①5′→3′核酸外切酶活性：

发挥去除 RNA 引物及修正错误碱基的作用；② 3′ → 5′ 核酸外切酶活性：发挥“校对”作用，即切去错误配对的核苷酸，以保证 DNA 复制的忠实性；③ 5′ → 3′ 聚合酶的活性：催化合成 20 个核苷酸即离开模板，在 DNA 复制和修复中起填充空隙作用。

DNA 聚合酶Ⅰ由于同时具有 5′ → 3′ 外切酶和 5′ → 3′ 聚合酶活性，因此可用于标记 DNA，作为杂交实验中的探针等；利用枯草杆菌蛋白酶水解 DNA 聚合酶Ⅰ可以得到 2 个大小不同的片段，其中大片段称为 Klenow 片段，该片段同时具有 3′ → 5′ 外切酶与 5′ → 3′ 聚合酶活性，是早期聚合酶链反应（polymerase chain reaction，PCR）的工具酶。

DNA 聚合酶Ⅱ（pol Ⅱ）可利用损伤尚未修复的 DNA 链作为模板合成 DNA 新链，参与 DNA 损伤的应急状态修复（SOS 修复）。

DNA 聚合酶Ⅲ（pol Ⅲ）是由多亚基组成的复合体，同时具有 5′ → 3′ 聚合酶活性和 3′ → 5′ 核酸外切酶活性，是大肠杆菌 DNA 复制延长中真正起催化作用的酶。

（二）真核生物的 DNA 聚合酶

目前认为，在真核生物的细胞中至少有 5 种 DNA 聚合酶，即 DNA 聚合酶 α、β、γ、δ 和 ε。DNA 聚合酶 α 能催化 RNA 链的合成，具有引物酶活性，主要功能是合成引物；DNA 聚合酶 β 复制的保真度低，可能在 DNA 损伤修复中起作用；DNA 聚合酶 δ 在 DNA 复制延长中起主要催化作用，相当于原核生物的 DNA pol Ⅲ，此外它还具有解旋酶的活性；DNA 聚合酶 γ 存在于真核细胞的线粒体内，是线粒体 DNA 复制的酶；DNA 聚合酶 ε 在复制中主要起校读、修复和填补引物缺口的作用，与原核生物的 DNA 聚合酶Ⅰ相类似（表 10-2）。

表 10-2 真核生物的 DNA 聚合酶

DNA pol	α	β	γ	δ	ε
5′ → 3′ 聚合活性	+	+	+	+	+
3′ → 5′ 外切酶活性	—	—	+	+	+
细胞内定位	核	核	线粒体	核	核
主要功能	引发	修复	线粒体 DNA 复制	复制	填补引物空隙修复

二、引物酶是一种特殊的 RNA 聚合酶，用于引物的合成

由于 DNA 聚合酶不能自行从头合成 DNA 链，只能催化核酸片段的 3′-OH 末端与 dNTP 间聚合，因此在复制过程中首先需要合成一小段 RNA 链作为引物，为 DNA 链合成提供自由 3′-OH 末端使 dNTP 依次聚合。催化引物 RNA 合成的酶称为引物酶（primase），实际上它是一种特殊的 RNA 聚合酶。此酶以复制起始部位的 DNA 链为模板，合成互补的短片段引物。在复制结束后，引物将被水解去除。有人认为，引物酶的作用不仅是合成引物，还与 DNA 复制部位双链打开的 DNA 解链过程有关。

三、DNA 复制还需要多种 DNA 解旋、解链的酶与蛋白质

DNA 聚合酶发挥作用时需要以单链 DNA 为模板，因此复制起始时，DNA 首先需解旋、解链成相对固定的单链状态，暴露出埋在 DNA 双螺旋内的碱基，才能起到指导核苷酸正确

配对的模板作用。松弛模板 DNA 超螺旋，分开双链需要由一些酶与蛋白质来完成。

解链酶（helicase）的作用是利用 ATP 能量使碱基对间的氢键断裂，打开 DNA 双链，形成单股 DNA 链。

DNA 拓扑异构酶（topoisomerase）是一类能改变 DNA 分子拓扑构象的酶，起松弛 DNA 超螺旋结构的作用。此酶既能水解又能合成磷酸二酯键，分为Ⅰ型和Ⅱ型。Ⅰ型切断 DNA 双链中的单股链，反应不需 ATP；Ⅱ型同时切断 DNA 的双链，反应需 ATP。

单链 DNA 结合蛋白（single strand binding protein，SSB）的作用是在复制中维持模板处于单链状态并保护单链的完整性。SSB 可以动态地结合在解开的单股 DNA 链上，维持模板链处于单链状态，同时还有保护单股 DNA 链不被核酸酶水解的作用。SSB 在复制的过程中是与模板不断地结合、脱离的。

四、DNA 连接酶连接复制中产生的单链缺口

复制随从链时分段生成的冈崎片段，最后需由 DNA 连接酶（ligase）催化相邻冈崎片段的 3′- 羟基末端与 5′- 磷酸基末端之间生成 3′，5′- 磷酸二酯键，才能成为一条连续的 DNA 子代链，此过程需要消耗 ATP（图 10-4）。

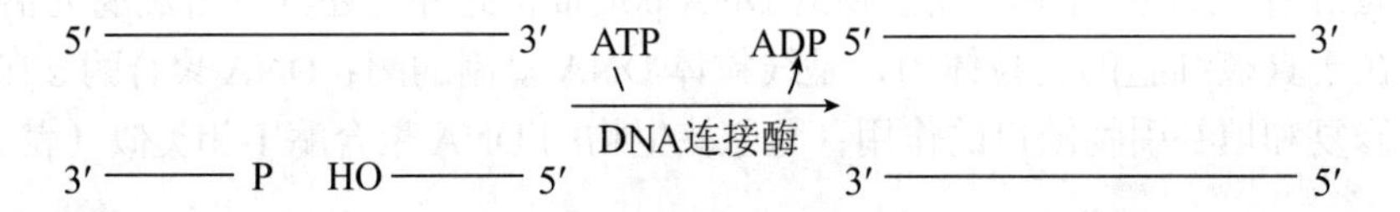

图 10-4　DNA 连接酶的作用

第三节　DNA 复制的过程

DNA 复制的过程十分复杂，有些机制尚不完全清楚。根据目前的知识，可将 DNA 复制的过程大体分为起始、延长和终止三个阶段。

一、复制的起始

（一）DNA 的解链

DNA 复制是从特定的复制起始点开始的，首先需在拓扑异构酶和解链酶的作用下，松弛 DNA 超螺旋结构，解开一段双链，并由 DNA 单链结合蛋白保护和稳定 DNA 单链，形成复制叉结构。随着复制叉的前进，解旋、解链不断进行。由于 DNA 解链是一种高速反向旋转，其下游会发生打结现象或 DNA 超螺旋某些部分出现过度拧转，阻碍 DNA 的解旋、解链。DNA 拓扑异构酶可以通过切断、旋转、再连接的作用，来理顺 DNA 链配合复制的进程。

（二）引物 RNA 的合成

当复制叉形成一定长度时，两股单链暴露出足够数量的碱基，引物酶发挥作用。引物酶能识别起始部位，并以四种核糖核苷酸（NTP，N 代表 A、U、C、G 碱基）为原料，以解开的一段 DNA 链为模板，按碱基配对规律，从 5′ → 3′ 方向合成引物 RNA。引物的长短约为十多个至数十个核苷酸。此阶段只合成了引物 RNA，为 DNA 链的合成做好了准备，即提供了引物 3′-OH 末端。

二、DNA 链的延长

引物合成后，DNA 聚合酶Ⅲ（真核生物 DNA 聚合酶 δ）结合到模板链上，按照 A-T、G-C 配对原则，催化 dNTP 与引物或延长中子链的 3′-OH 末端以磷酸二酯键相连，合成两条新的 DNA 子链。前导链在引物提供的 3′-OH 末端的基础上沿着 5′ → 3′ 的方向可以连续延长。由于随从链的延长方向与解链方向相反，在引物 3′-OH 末端合成一段冈崎片段后，需要等待复制叉继续解开至相当长度，再合成新的引物，然后在新生成引物的 3′-OH 末端又合成一段冈崎片段。由此可见，复制延长中，随从链上要不断合成引物，并在引物的基础上不断合成"冈崎片段"。

三、复制的终止

（一）RNA 引物的水解

DNA 片段合成至一定长度后，子链中的 RNA 引物被核酸酶水解切除。前导链上的引物水解后即是一条完整的新链，而随从链上的引物水解后，留下的是一段段具有一定间隙的冈崎片段。

（二）DNA 片段连接成完整的 DNA 分子

引物水解后，冈崎片段间的间隙在 DNA 聚合酶 I 的催化下，由前一个冈崎片段（先合成的）的 3′-OH 端，按 5′ → 3′ 的方向继续延伸至下一个冈崎片段 5′ 端进行填补，最后由 DNA 连接酶将相邻两个 DNA 片段间的缺口连接起来，形成 DNA 长链，并与其对应模板 DNA 链一起生成子代双螺旋 DNA，即完整 DNA 分子。上述 DNA 复制过程见图 10-5。

真核 DNA 复制时，子链的引物 RNA 被水解后，需在 3′-OH 末端添加端粒（telomere）结构，以保证染色体的稳定性和 DNA 复制的完整性。端粒是真核生物线性染色体 DNA 末端的膨大结构，由 DNA 和蛋白质组成。端粒是以端粒酶（telomerase）自身携带的 RNA 为模板，由端粒酶催化合成的一段 DNA 序列，所以端粒酶是一类特殊的逆转录酶。研究发现，端粒酶的活性下降与细胞衰老有关。此外，基因突变、肿瘤形成时，端粒可表现为缺失、融合和序列缩短等现象。以上表明，端粒结构与机体的衰老、肿瘤密切相关。在肿瘤学发病机制寻找治疗靶点上，端粒和端粒酶的研究，正形成一个新兴的领域。

真核生物与原核生物 DNA 复制方式基本相似，只是有关酶和某些复制细节有所区别。现还发现，真核细胞 DNA 的复制几乎是与染色质蛋白质（包括组蛋白和非组蛋白）合成同步进行的，DNA 复制完成后，即配装成核内核小体，组成染色质。

四、真核染色体 DNA 在每个细胞周期中只能复制一次

众所周知，DNA 复制与细胞有丝分裂关系密切。一个细胞周期（cell cycle）包括 4 个时相，即 G1 期、S 期、G2 期和 M 期，其中 G1 期为 DNA 复制进行准备，S 期为 DNA 复制期（S 代表 DNA 合成，synthesis），G2 期为细胞分裂进行准备，M 期为实际的细胞分裂期（图 10-6）。由此可见，所有染色体 DNA 必须在 S 期复制，而且只能复制一次。

细胞核中 DNA 的复制是细胞进行有丝分裂的必要前提，抑制 DNA 复制则可抑制细胞分裂。由于恶性肿瘤的 DNA 复制和细胞分裂速度较正常细胞活跃，故可使用一些化学药物（例如核苷酸抗代谢物，见第八章）抑制 DNA 复制，进而抑制细胞分裂，达到治疗肿瘤的目的。

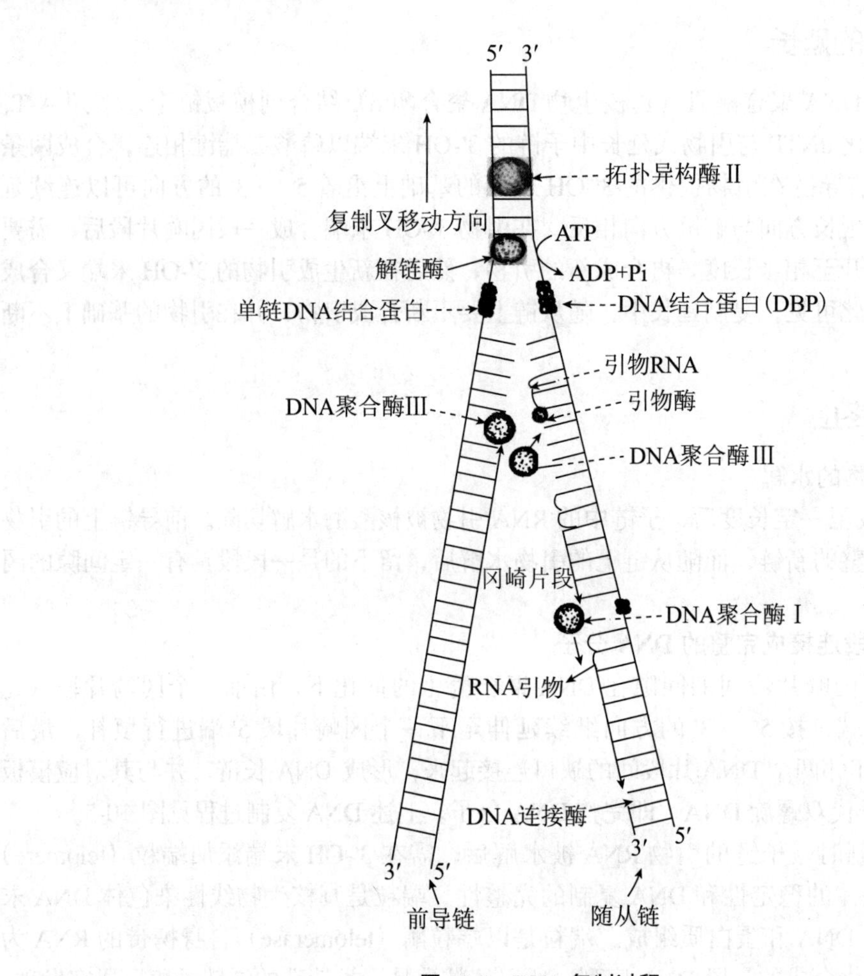

图 10-5 DNA 复制过程

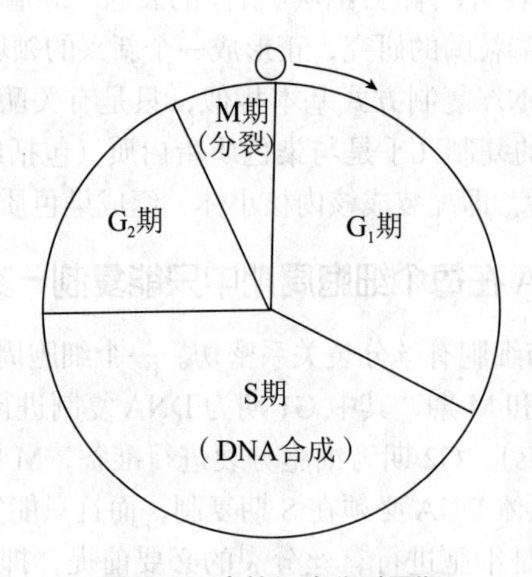

图 10-6 真核细胞分裂周期

第四节 逆转录过程

一、逆转录的概念与意义

以 RNA 为模板合成 DNA 的过程，称为逆转录（reverse transcription），也称反转录。催化此反应的酶是逆转录酶（reverse transcriptase），又可称作 RNA 指导的 DNA 聚合酶（RNA directed DNA polymerase，DDP）。逆转录酶存在于各种逆转录病毒中，其作用与这类病毒的致癌性有关。逆转录酶具有三种酶的活性：①逆转录酶活性：以逆转录病毒的 RNA 为模板，合成与此 RNA 互补的 DNA 链（complementary DNA，cDNA），并形成 RNA-DNA 杂交分子；② RNA 酶活性：水解杂交分子中的 RNA，保留 DNA 链；③ DNA 聚合酶活性：以单链 DNA 为模板合成另一条互补 DNA 链，形成双链 DNA 分子，即前病毒。如此，新生成的 DNA 分子中蕴含原有 RNA 的信息（图 10-7）。

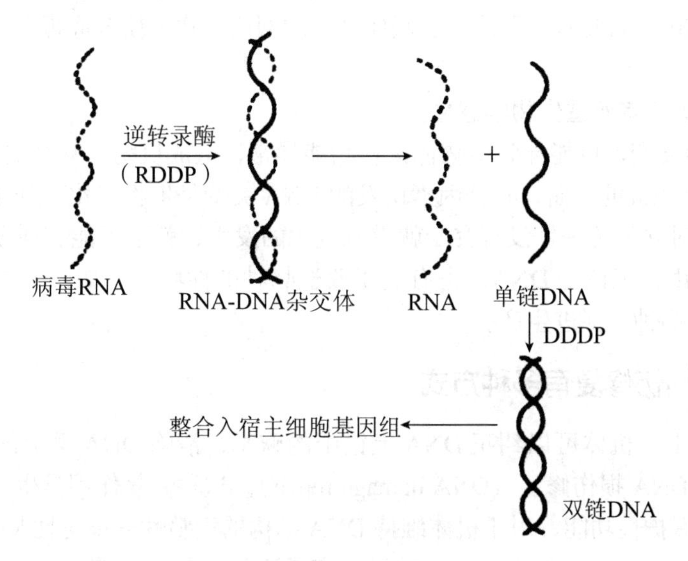

图 10-7 病毒 RNA 的逆转录过程

二、逆转录病毒和癌基因

逆转录病毒 RNA 信息中包括病毒颗粒蛋白基因、逆转录酶基因、核心蛋白基因和被膜蛋白基因的基本结构，有时还含有病毒癌基因（virus oncogene，*v-onc*）等。目前从逆转录病毒中发现了多种病毒癌基因，即可使细胞癌变的基因。近年来还发现，与病毒癌基因类似的基因也可存在于脊椎动物的正常基因组中，称为细胞癌基因（cellular oncogene，*c-onc*）。这些癌基因的激活可导致细胞的癌变（详见第十八章）。艾滋病毒（HIV）也是一种逆转录病毒，它感染人的 T 淋巴细胞，导致人体免疫缺陷，患者因丧失免疫力而死于广泛性感染。正常动物细胞中也存在着逆转录酶，它们的生理意义尚不十分清楚。

第五节 DNA的损伤和修复

一、DNA突变的类型和意义

DNA复制可能发生自发突变（spontanous mutation），引起生物体的变异。除此之外，各种体内外因素也可导致DNA组成与结构发生变化，称为DNA损伤（DNA damage），有的可称为突变。例如电离辐射、紫外线、化学诱变剂及致癌病毒等均可导致DNA损伤。

（一）DNA突变有多种类型

根据DNA分子变化，突变可分为几种类型：①点突变（point mutation），DNA分子中某一个碱基发生变化；②缺失（deletion），某一个碱基或一段核苷酸链从DNA大分子中丢失；③插入（insertion），一个原来不存在的碱基或一段原来不存在的核苷酸链插入到DNA分子中；④DNA多核苷酸链的断裂或两条链之间形成交联。缺失或插入突变都可能引起移码突变（frameshift mutation），即改变三联体密码的阅读方式，使合成蛋白质的结构发生改变（详见第十二章）。

（二）DNA突变有双重生物学意义

DNA分子的突变，可能导致生物体某些功能异常，造成疾病，甚至引起死亡，如肿瘤。但DNA突变也有积极的一面，各种因素诱发的DNA突变是生物进化、分化的基础。突变与遗传的保守性既对立又统一，没有突变就没有进化的发生，就不可能有现今五彩缤纷的生物世界；此外，利用人工诱变DNA，也有利于改造物种的性状，例如：人工诱变植物种子或细菌DNA，改良品种，促进生产。

二、DNA损伤修复有多种方式

在一定条件下，机体可以纠正DNA上错配的碱基，清除DNA链上的损伤，恢复其正常的结构，称为DNA损伤修复（DNA damage repair）。这种修复作用是生物体在长期进化过程中获得的一种保护性功能，对于机体维持DNA结构的完整性、稳定性及DNA遗传信息高保真性至关重要。DNA损伤可以由一系列酶完成修复，如：光修复酶、糖苷酶、DNA聚合酶、DNA连接酶等，DNA修复有多种方式，以切除修复（excision repair）最为重要。

（一）切除修复是人体细胞修复DNA损伤的重要方式

切除修复是细胞内最重要和有效的修复方式，包括碱基切除修复与核苷酸切除修复2种形式，可分为4个基本步骤：①由特异的核酸内切酶识别损伤部位，并将该处损伤的DNA单链切断；②在酶的作用下，将损伤的片段切除；③在切口处由DNA聚合酶作用，以另一条正常DNA链为模板，进行修复合成；④用DNA连接酶将新合成的DNA链与原来的链连接成正常的DNA（图10-8）。

（二）DNA损伤的其他修复方式

除了切除修复，DNA损伤的修复还有其他方式，例如紫外线照射引起的嘧啶二聚体，可以通过光修复酶的作用进行光修复；损伤面太大又不能及时修复的DNA仍可继续复制时，复制产生的子链带有错误甚至缺口，这种损伤可进行重组修复；DNA损伤广泛难以继续复制时，可进行应急状态修复（SOS修复），是一种跨越损伤DNA的修复；此外，还有DNA倾向差错合成等修复方式。

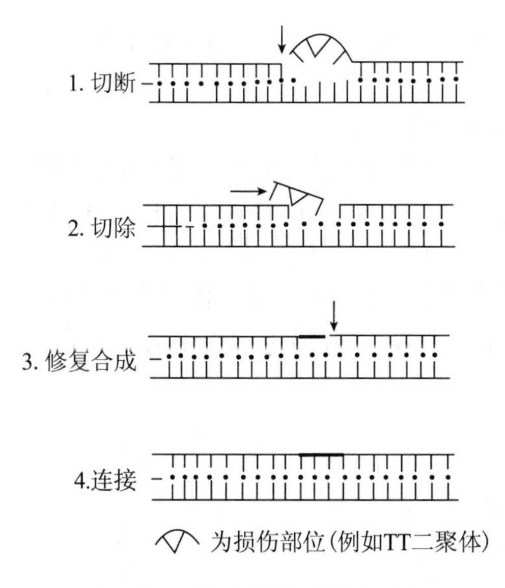

图 10-8　DNA 损伤的切除修复

DNA 损伤的程度和细胞修复能力决定了 DNA 损伤的生物学后果。有资料表明，细胞 DNA 修复能力的异常可能与衰老过程和某些疾病的发生有关。例如，老年动物的 DNA 修复能力较差，这可能是发生衰老的分子机制之一。另外，细胞修复 DNA 能力的降低还与某些遗传性疾病和肿瘤的发生有一定关系，例如，着色性干皮症（xeroderma pigmentosum，XP）患者对日光或紫外线特别敏感，易发生皮肤癌，其原因是这类患者皮肤细胞中 DNA 修复酶体系缺陷，所以对紫外线引起的皮肤细胞 DNA 损伤不能修复，从而导致细胞癌变。某些化学试剂，如烷化剂，可造成 DNA 分子损伤（DNA 交联），当它破坏正常 DNA 时，可引起细胞突变及癌变，故有致癌性；相反，当它破坏肿瘤细胞 DNA 时，则可导致肿瘤细胞死亡，故又可以当做抗癌药物。

小　结

细胞内 DNA 生物合成的方式包括 DNA 复制、逆转录以及 DNA 修复合成。

复制是指是以亲代 DNA 为模板，按照碱基互补配对的规律，合成两个完全相同的子代 DNA 的过程。DNA 复制具有半保留性、半不连续性、双方向性的特点。

复制的主要方式是半保留复制，即每个子代 DNA 分子中的一条链来自亲代 DNA，而另一条链是新合成的。参与复制反应的物质包括：模板 DNA、4 种 dNTP 原料、引物 RNA、DNA 聚合酶和其他多种酶及蛋白质，如：引物酶（RNA 聚合酶）、DNA 连接酶以及 DNA 拓扑异构酶、解链酶、DNA 结合蛋白等。DNA 合成的方向是 5′ → 3′。

复制时，一条链的合成是连续的（前导链），而另一条链的合成是不连续的（随从链），称为半不连续复制。复制产生的不连续片段称为冈崎片段。DNA 复制过程大致可分为起始、延长和终止 3 个阶段。复制起始是 DNA 解链、合成引物 RNA 的过程；复制延长是在引物或延长中的子链 3′-OH 上 dNTP 聚合生成 DNA 片段的过程，复制终止包括引物 RNA 的水解，填补空隙和连接缺口。真核生物的复制终止要在3′-OH末端由端粒酶催化形成端粒结构，端粒酶对DNA末端的稳定有重要的意义。真核生物复制在细胞分裂周期的S期进行，一个细胞周期只进行一次染色体DNA的复制。

以RNA为模板合成DNA的过程称为逆转录，是RNA病毒复制的形式，催化此反应的酶是逆转录酶。逆转录酶存在于各种逆转录RNA病毒中，其作用与这类病毒的致癌性有关。

某些物理、化学或生物学（病毒）因素可以导致DNA分子的突变或损伤。生物体能通过多种方式对损伤DNA进行修复。切除修复是人体细胞修复DNA损伤的重要方式，实际上它是一系列酶促反应的过程。DNA损伤修复障碍与衰老、肿瘤发生密切相关。

思考题

1．遗传信息传递的中心法则有何生物学意义？
2．原核生物与真核生物的DNA复制有何异同？
3．DNA发生突变有何意义？

（邓秀玲　扈瑞平）

第十一章

RNA 的生物合成

学习目标

1. 掌握转录的原料、模板、酶等转录体系及转录的基本过程。
2. 掌握 mRNA 加工特点；熟悉 tRNA 和 rRNA 加工的主要方式。

RNA 的生物合成包括 RNA 转录（transcription）与 RNA 复制。RNA 转录是以 DNA 为模板（template），以四种核糖核苷酸（NTP，N 代表 A、U、C、G 四种碱基）为原料，在 RNA 聚合酶催化下合成 RNA 的过程，也称基因转录。遗传信息从 DNA 经过 RNA（mRNA）传递到蛋白质的过程称为基因表达，而转录则是基因表达的第一步，是遗传信息传递的重要环节。真核细胞中经转录生成的 RNA 初级产物，通常还需要经过一系列复杂的加工修饰过程，才能最终成为具有功能的成熟 RNA 分子。与 DNA 全长复制不同，RNA 转录是对 DNA 部分片段进行选择性转录的结果，转录的起点与终点的选择是特异性 RNA 转录调节的重点。RNA 复制是某些 RNA 病毒遗传信息传递的一种方式，如 SARS 病毒等。

第一节　RNA 转录体系

RNA 的合成需要多种成分参与，包括 DNA 模板、四种 NTP 原料、RNA 聚合酶、某些蛋白质因子及必要的无机离子等，总称为转录体系。本节重点介绍 DNA 模板与 RNA 聚合酶。

一、DNA 是 RNA 转录的模板

（一）RNA 转录是不对称的

RNA 合成需要 DNA 作为模板，根据碱基配对规律，即 DNA 分子中的 A、G、C、T 分别对应于合成 RNA 分子中的 U、C、G、A，按照 DNA 模板中核苷酸的排列顺序合成相应核苷酸顺序的 RNA 分子（图 11-1）。因此，模板 DNA 的一级结构决定着转录 RNA 的一级结构，从而将 DNA 的遗传信息传递给 RNA（mRNA）。一般认为，体内 DNA 双链中只有一条链可以转录生成 RNA，此链称为模板链（template strand）。与模板链互补的另一条链，不作为转录作用的模板，称为非模板链（nontemplate strand）。非模板链的序列与转录本 RNA 的序列基本相同（仅 T 代替 U），由于转录本 mRNA 对基因表达产物有编码功能（见第十二章），非模板链也由此命名为编码链（coding strand）（图 11-1，图 11-2）。

此外，在一个包含多个基因的双链 DNA 分子中，各个基因的模板并不是全在同一条

5′-CGCATATTGCGTTAA-3′　　　DNA编码链（非模板链）
3′-GCGTATAACGCAATT-5′　　　DNA模板链
5′-CGCAUAUUGCGUUAA-3′　　　RNA转录本

图 11-1　模板链，编码链

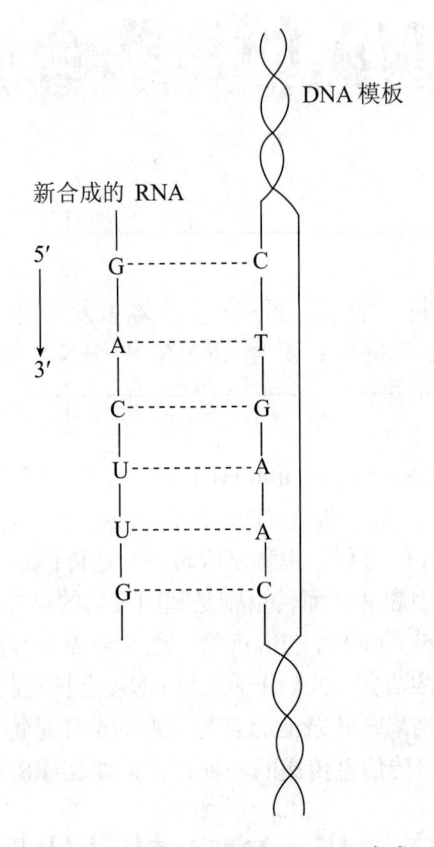

图 11-2　模板 DNA 指导的 RNA 合成

链上，在某个基因节段以某一条链为模板而转录，而在另一个基因节段可由另一条链为模板。由此可见，与 DNA 复制不同，转录是不对称性的，称为不对称转录（asymmetric transcription）（图 11-3）。

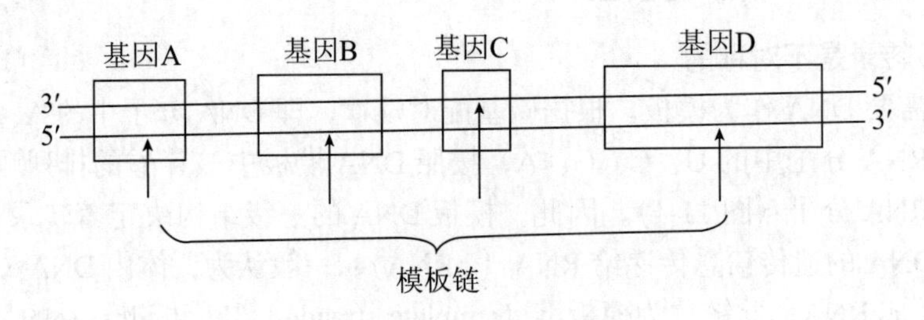

图 11-3　RNA 不对称转录

（二）转录单位是指一个可转录的 DNA 区段

转录是不连续、分区段进行的，每一转录区段称为一个转录单位（transcription unit），由转录调节组件及结构基因两部分组成。转录调节组件包括启动子（promoter）、转录激活或抑制元件等结构。启动子是转录起始点周围的一段核苷酸序列，是 RNA 聚合酶识别和结合的部位。每一个基因在转录时均需有启动子，它们在转录调控中发挥重要作用。原核生物和真核生物的启动子结构各有特点：细菌启动子是一个包括大约 40 个碱基对（base pair，bp）的区域，包括 –10 区与 –35 区两个保守序列（图 11-4）；真核基因启动子分为核心启动子与启动子近侧序列元件两部分，前者包括 TATA 盒与起始子 Inr（initiator），主要负责转录起始，后者位于核心启动子上游约 100bp 处或者稍远，包括 GC 盒、CAAT 盒和 OCT（八聚体）等短序列元件，它们可结合上游因子和可诱导因子，决定启动子的转录效率和特异性。

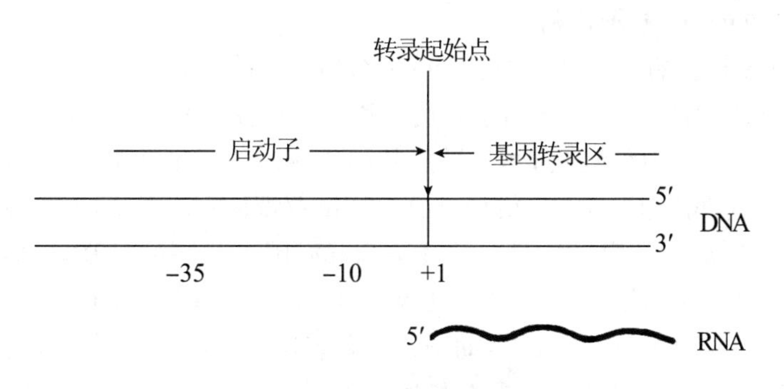

图 11-4　细菌的转录启动子

除启动子外，转录激活或抑制元件对调控转录均有重要作用，例如增强转录作用的增强子（enhancer）和减弱转录作用的抑制子（repressor）等（见第十三章）。

结构基因是指能转录出 mRNA，然后指导蛋白质合成的基因。有些基因能转录出 RNA，但不能最后表达为蛋白质，如 tRNA 和 rRNA 的编码基因，也称为结构基因。结构基因包括特定的转录起始点和转录终止序列，分别由不同蛋白质进行识别。转录起始点是 DNA 模板链分子上开始进行转录作用的位点，常标以 +1。转录过程从转录起始点开始向模板链的 5′ 末端方向进行，在 DNA 模板链上，从起始点开始顺转录方向的区域称为下游（downstream），核苷酸序号用正数表示；从起始点逆转录方向的区域称为上游（upstream），核苷酸序号用负数表示。终止位点 DNA 序列决定转录的终止信号或终止子（terminator），到此，转录即终止。可见，转录过程是在模板的一定范围内进行的。

二、RNA 聚合酶是转录的主要酶

（一）RNA 转录的化学反应

RNA 聚合酶（RNA polymerase）又称为 DNA 指导的 RNA 聚合酶（DNA directed RNA polymerase，DDRP），通过在新生 RNA 的 3′ 羟基端加入核苷酸延长 RNA 链，从 5′ → 3′ 方向合成 RNA，总的反应可表示为：

$$\underset{\text{RNA}}{(\text{NMP})_n} + \text{NTP} \rightarrow \underset{\text{延长的 RNA}}{(\text{NMP})_{n+1}} + \text{PPi}$$

该反应以 DNA 为模板，以 ATP、GTP、CTP 和 UTP 为原料，需要 Mg^{2+} 和 Zn^{2+} 作为辅基。与 DNA 复制不同的是，RNA 聚合酶不需要引物就能直接启动 RNA 链的延长。

（二）RNA 聚合酶具有多种功能

RNA 聚合酶在原核生物及真核生物中均普遍存在。RNA 聚合酶最主要的功能是使核糖核苷酸沿 5′→3′ 方向通过磷酸二酯键依次聚合，因此转录的产物链是从 5′→3′ 方向延长的。此外，RNA 聚合酶还具有解链酶的活性，可以将模板 DNA 链解开一小段，通常在 20 个以下碱基对，以利于转录的进行。由于 RNA 聚合酶最大的特点是忠实执行 RNA 聚合反应，因此启动与终止 RNA 聚合酶的活性能进行选择性转录。虽然 RNA 合成的错误率较 DNA 合成高得多，但因为单个基因可以转录产生许多 RNA 拷贝，并且 RNA 最终要被降解和替换，所以转录产生的错误 RNA 远没有复制所产生的 DNA 错误对细胞的影响大。实际上，RNA 聚合酶也有一定的校正功能，可以将转录过程中错误加入的核苷酸切除。

（三）原核生物的 RNA 聚合酶

大肠杆菌 RNA 聚合酶是一个结构复杂的复合体，全酶由 α_2、β、β′、ω 和 σ 六个亚基组成。全酶去除 σ（sigma）亚基（又称 σ 因子）后，称为核心酶。核心酶（α_2、β、β′ω）不具有起始合成 RNA 的能力，作用是延长 RNA 链。其中 β 亚基的功能主要是结合底物 NTP，催化聚合反应，β′ 亚基的功能是与 DNA 模板结合，解链双螺旋；α 亚基参与转录速率的调控。σ 亚基的功能是识别启动子，启动转录，故又称为起始因子，并参与 RNA 聚合酶和部分调节因子的相互作用，在某些情况下，也能与 DNA 相互作用控制转录的速率。大肠杆菌有多种 σ 因子可分别识别、结合不同基因的启动子，转录表达不同的蛋白质。此外，阻遏蛋白等蛋白质在大肠杆菌基因转录调节中也有重要作用（见第十三章）。原核细胞的 RNA 聚合酶可被抗结核菌药物利福霉素或利福平特异性抑制，其作用机制是利福霉素或利福平与 RNA 聚合酶的 β 亚基结合而影响其活性。

（四）真核生物的 RNA 聚合酶

真核细胞中已发现三种 RNA 聚合酶，分别称为 RNA 聚合酶Ⅰ、Ⅱ、Ⅲ。它们专一性转录不同的基因，催化合成不同种类的 RNA，在细胞核内的定位也不相同。鹅膏蕈碱（amanitin）是真核生物 RNA 聚合酶的特异抑制剂，三种真核生物 RNA 聚合酶对鹅膏蕈碱的反应不同（表 11-1）。

表 11-1　真核细胞 RNA 聚合酶的种类

RNA 聚合酶种类	产生 RNA 种类	细胞内定位	对鹅膏蕈碱的反应
RNA 聚合酶Ⅰ	rRNA 前体	核仁	耐受
RNA 聚合酶Ⅱ	hnRNA	核质	极敏感
RNA 聚合酶Ⅲ	tRNA，5SRNA 和 snRNA	核质	中度敏感

真核细胞中 RNA 聚合酶也由多种亚基组成。真核细胞的 RNA 聚合酶Ⅱ最大亚基（与大肠杆菌 RNA 聚合酶的 β′ 亚基具有高度同源性）C 末端含有若干个七肽重复序列，称为 C 端结构域（C-terminal domain，CTD），CTD 中含有大量丝氨酸和苏氨酸。转录起始阶段，CTD 处于非磷酸化状态，当 RNA 聚合酶 II 启动转录进入延长阶段后，CTD 的许多丝氨酸和一些苏氨酸残基被磷酸化。磷酸化修饰是调节 RNA 聚合酶活性的重要方式。

真核细胞中还存在其他蛋白质分子，如转录因子、细胞核受体等，它们共同参与了招募 RNA 聚合酶到基因启动子或调控序列上，激活 RNA 聚合酶活性，随后转录出相应的 RNA。

近年在植物中还发现了另外两种 RNA 聚合酶，即Ⅳ和Ⅴ，它们催化小干扰 RNA（small interfering RNAs，siRNA）合成。

第二节　RNA 转录的基本过程

RNA 的转录过程大体可分为三个阶段：起始、延长及终止。现以细菌转录为例，简介如下。

一、转录的起始

首先由 RNA 聚合酶的 σ 因子辨认 DNA 的启动子部位，并带动 RNA 聚合酶的全酶与启动子结合，同时使 DNA 分子的局部构象改变，结构松弛，解开一段 DNA 双链（约十几个碱基对），暴露出 DNA 模板链，第一个 NTP（通常为 GTP 或 ATP，又以 GTP 更为常见）就可以加入，按碱基配对原则，以氢键结合于 DNA 模板上，第二个 NTP 按相同的方式继续加入，并与第一个 NTP 的 3′-OH 末端生成第一个磷酸二酯键，从而形成转录起始复合物（DNA -RNA 聚合酶全酶 -pppGpN-OH3′）。转录起始复合物中游离的 3′-OH 末端为 RNA 链的延长做好了准备。需要指出的是，与 DNA 聚合酶不同，RNA 聚合酶可以从头开始新 RNA 链的合成，因此转录起始不需要引物，当 RNA 聚合酶进入起始部位后，转录便开始。RNA 链开始合成后，σ 因子从复合物上脱落，并与新的核心酶结合成 RNA 聚合酶的全酶，起始另一次转录过程。如果 σ 因子不脱落，转录就不能继续。脱落的 σ 因子可以循环使用。有研究表明，DNA 拓扑异构酶Ⅱ也可能参与转录的起始过程。真核生物的转录起始远比原核生物复杂，需要各种转录因子与顺式作用元件（cis-acting element）相互结合，同时转录因子（transcription factor）之间也要相互识别、结合（详见第十三章）。

二、链的延长

大肠杆菌中 RNA 链的延长由核心酶催化。以四种核糖核苷酸（NTP）为原料，分别结合到 DNA 模板链上，与模板链上相应的碱基配对（U-A，A-T，G-C），合成 RNA 链。新合成的 RNA 链暂时与模板 DNA 形成一小段的 RNA-DNA 杂合双链。由酶 -RNA-DNA 形成的复合物被称为转录泡（transcription bubble）。核心酶沿模板 DNA 链向下游方向滑动，每滑动一个核苷酸的距离，则有一个 NTP 按 DNA 模板链的碱基互补关系进入模板，并与先前合成的 RNA 的 3′-OH 末端形成一个磷酸二酯键，如此一个接一个地延长下去。随着核心酶的连续滑动，RNA 链不断延长。一旦核心酶经过以后，DNA 双链即恢复双螺旋结构，新生成的 RNA 单链就被挤出 DNA 双链之外，所以转录泡中只有新生成的 RNA 3′ 端的一小段依然结合在模板上，而 5′ 端要不断脱离模板向空泡外伸展（图 11-5）。由此可见，产物 RNA 是从 RNA-DNA 杂合双链逐步解离的。与 DNA 复制一样，RNA 链的合成也是有方向性的，即从 5′ 端→ 3′ 端进行。原核细胞与真核细胞的转录延长过程基本相似。

三、链的终止

大肠杆菌的终止子有两种类型：一种是不依赖 ρ 因子的终止子，其转录产物 3′ 端形成富含 G/C 的发夹结构，转录终点出现寡聚 U（4 ～ 6 个），使 RNA 聚合酶自动脱离模板而终止转录。另一种是依赖 ρ 因子的终止子，ρ 因子首先识别终止序列并与 RNA 转录产物结合，结合后的 ρ 因子与核心酶相互作用，两者的构象发生变化，使 RNA 聚合酶停止作用，RNA-DNA 杂合双链拆离，转录随即停止，ρ 因子与核心酶及转录产物从 DNA 模板上释放出来。至此，RNA 转录完成。细菌中还存在抗终止转录作用，即抗终止因子与 RNA 聚合酶结合，

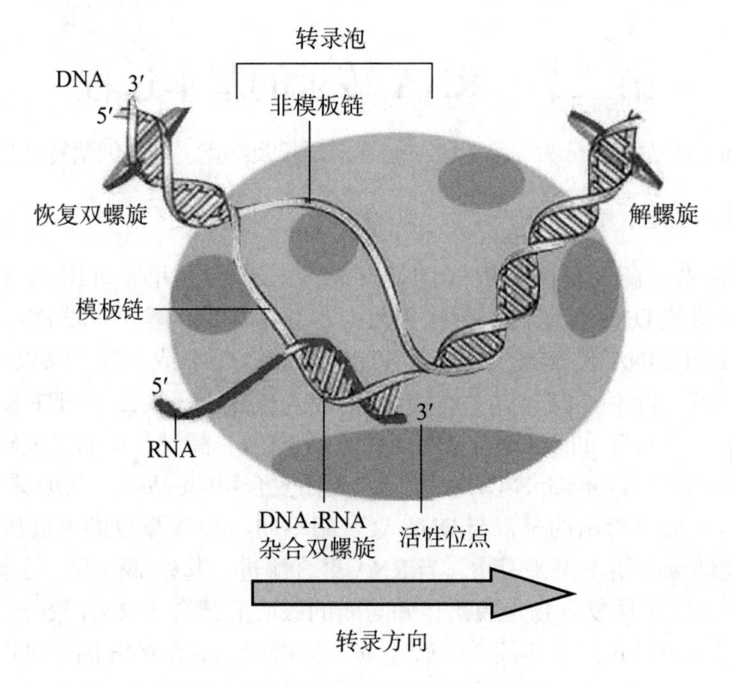

图 11-5　RNA 链延长过程的转录泡

阻止 ρ 因子对转录的终止作用，使 RNA 聚合酶顺利通过终止子 DNA 序列，继续转录下游基因。抗转录终止作用是原核生物基因转录的另一种调节方式。

目前对真核细胞转录的终止作用了解较少，有报道也存在类似 ρ 因子的蛋白质。RNA 的上述转录过程总结于图 11-6。

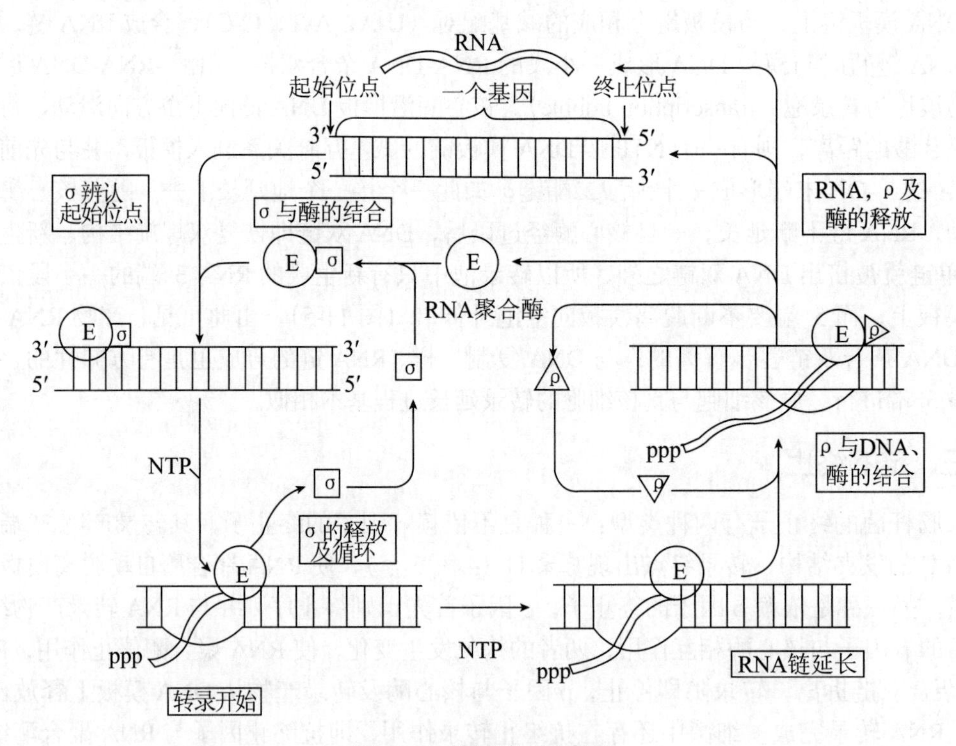

图 11-6　转录过程示意图

转录过程是基因表达的中心环节，转录水平的调节在基因表达的调控中起着重要作用，这些内容将在第 13 章（基因表达调控与基因工程）讨论。

第三节 RNA 转录后的加工过程

真核生物和原核生物转录生成的 RNA 都是初级转录产物，是 RNA 的前体。在真核细胞中，几乎所有的初级转录本都需要经过加工。真核生物的 RNA 加工主要在细胞核内进行，也有少数反应在细胞质进行。原核生物没有核膜的间隔，转录和翻译是偶联进行的，其 mRNA 初级转录本一般无需加工就可作为翻译的模板，而 rRNA 和 tRNA 的初级转录本则需要进行加工，才能成为有功能的成熟 RNA 分子。本节主要介绍真核 RNA 转录后加工（post-transcriptional processing）过程的特点。

一、真核生物 mRNA 前体的加工包括首、尾的修饰和剪接

mRNA 是遗传信息传递的中介物，具有重要的生物学意义。它可以通过转录作用获得 DNA 分子中储存的遗传信息，再通过翻译作用将其信息传递给蛋白质分子。真核细胞的 mRNA 由 RNA 前体——核内分子量较大而不均一的 RNA，称为核内不均一 RNA（heterogeneous-nuclear RNA，hnRNA）加工而成。加工过程包括：

1．加“帽” 真核细胞 mRNA 的 5′ 末端均有一个特殊的结构，即 7- 甲基鸟嘌呤核苷三磷酸（m^7GTP）称为“帽”（见第二章）。这个结构在 hnRNA 初级转录产物中不存在，是在转录后加工过程中加入的。mRNA 5′ 末端的加“帽”过程在细胞核内完成。

2．加多聚腺苷酸的“尾” mRNA 分子的 3′ 末端的多聚腺苷酸（poly A）的“尾”，也是在加工过程中加进的。

3．剪接 真核细胞的基因通常是一种断裂基因（split gene），即由几个编码区与非编码区相间隔组成。真核基因中的编码区称为外显子（exon）；外显子之间以非编码序列间隔，称为内含子（intron）。转录生成的 mRNA 前体中有来自外显子部分的序列，也有来自内含子部分的序列，在加工时需要对 RNA 前体进行剪接（splicing），即切除内含子，连接相邻外显子。有些非编码序列，虽然不编码蛋白质，但转录后的序列出现于成熟 RNA，称为非编码外显子（non-coding exon），如 mRNA 的 5′ 非编码区、3′ 非编码区、microRNA 编码基因等。

mRNA 前体分子的剪接是在由核内小分子 RNA（small nuclear RNA，snRNA）、核糖体与 hnRNA 前体组成的剪接体上发生的二次转酯反应，其中有多种酶参与作用。mRNA 前体的剪接加工过程如图 11-7 所示。

有时，同一基因的初级转录本在不同组织中由于剪接作用的差异，可以产生不同的成熟 mRNA，导致翻译生成不同蛋白质产物，这种剪接方式称为可变剪接（alternative splicing）。例如，甲状腺中降钙素与脑中降钙素基因相关肽就是来自相同的初级转录产物。

4．碱基的修饰 mRNA 分子中含有少量的稀有碱基，例如甲基化碱基，它们也是在转录后经过甲基化修饰形成的。

5．RNA 编辑与 RNA 沉默 有些基因在转录水平上进行 RNA 编辑（RNA editing），即转录产生的 mRNA 上的一些序列经过编辑加工发生改变，如插入或删除某个核苷酸使得 RNA 链上的某些位点发生改变，从而扩展了原基因编码 mRNA 的能力，导致由一个基因产生不止一种蛋白质。例如，哺乳动物的载脂蛋白 B（apolipoprotein B，ApoB）mRNA 就存在

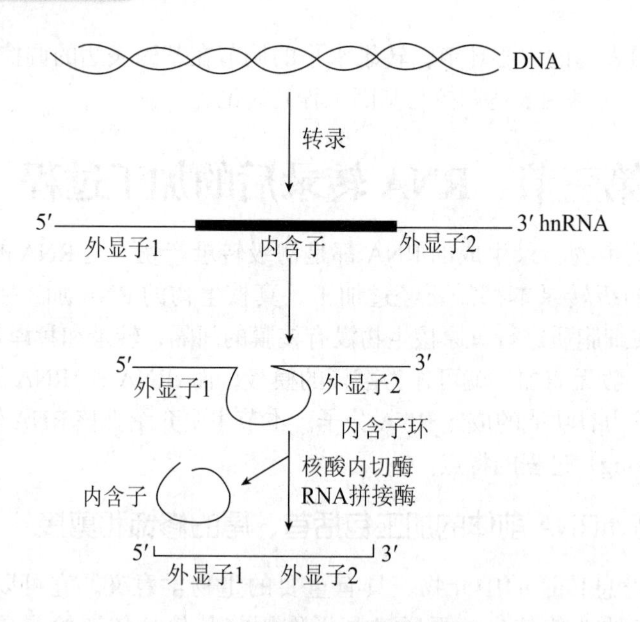

图 11-7　hnRNA 前体的剪接加工

C → U 转换。ApoB 有 $ApoB_{100}$（分子量为 511 000）和 $ApoB_{48}$（分子量 240 000）两种形式。分子量较大的 $ApoB_{100}$ 在肝内合成；分子量较小的 $ApoB_{48}$ 含有与 $ApoB_{100}$ 完全相同的 N 端 2152 个氨基酸残基，在小肠中合成。ApoB 基因在小肠转录生成 mRNA 前体后，第 26 个外显子上某位点的 C 经脱氨基反应变为 U，使得原来 2153 位上谷氨酰胺的密码子由 CAA 变为终止密码子 UAA，从而生成较短的 $ApoB_{48}$（图 11-8）。催化这一反应的脱氨酶仅存在于小肠，肝细胞不含此酶。

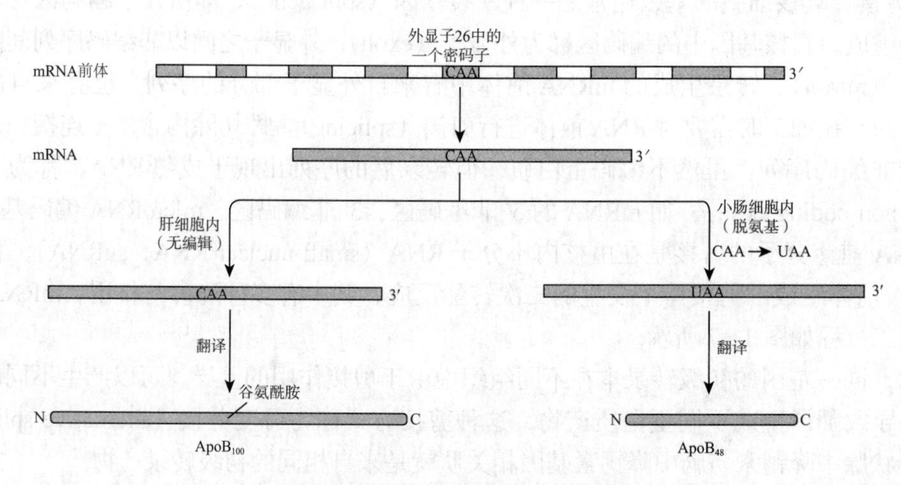

图 11-8　Apo B 基因的 RNA 编辑

6．RNA 沉默　某些小分子 RNA 也可参与转录后加工，从而影响基因表达。如小干扰 RNA（small interfering RNA，siRNA），由 21 ~ 23 个核苷酸组成，是 RNA 诱导的沉默复合体（RNA-induced silencing complex，RISC）的主要成员，能激发与之互补的目标 mRNA 的沉默，阻断翻译过程，此过程称为 RNA 沉默（RNA silencing）。

除此之外，还有poly A位点选择等转录后加工方式。RNA可变剪接、RNA编辑以及poly A位点选择等转录后加工方式增加了同一基因表达不同蛋白质产物的多样性。

二、真核生物tRNA前体的加工包括剪切、剪接及碱基修饰等

真核tRNA前体分子5′端由核酸内切酶RNase P切去其中部分核苷酸链；3′端核苷酸序列由内切酶RNase D等切除，并在核酸转移酶的作用下，加入CCA-OH末端，形成氨基酸臂。有些前体分子中还包含几个成熟的tRNA分子，在加工过程中，通过核酸水解酶的作用而将它们分开。此外，在tRNA的加工过程中，也有碱基的修饰。例如，某些碱基的甲基化，尿嘧啶转变成二氢尿嘧啶（DHU）等。

三、真核生物rRNA前体经剪切形成各种成熟的rRNA

真核细胞在转录过程中首先生成的是45S大分子rRNA前体，然后通过核酸酶作用，断裂成28S、5.8S及18S等不同rRNA。这些rRNA与多种蛋白质结合形成核糖体。rRNA成熟过程中也包括碱基的修饰。

由上可见，三类RNA的具体加工过程虽有不同，但不外乎是RNA链的剪切、拼接、末端添加核苷酸以及碱基修饰等几种主要方式。

第四节 核酶——具有催化功能的RNA

1982年美国科学家Thomas Cech和他的同事发现四膜虫rRNA的剪接过程不需要蛋白质的参与也可以完成，这种自我剪接方式是由RNA作为酶起作用实现的。为了与酶的传统概念区别，将这种具有催化功能的RNA命名为核酶（ribozyme）。

知识链接

核酶存在的例证

前述参与tRNA前体加工的核酸内切酶RNase P，在所有生物中广泛存在，由蛋白质和RNA组成，其中RNA组分为酶活性所必需，并且在细菌中无需蛋白质参与即可进行精确的加工，因此RNase P被看成是RNA具有催化活性的又一个例证。

核酶的发现，一方面对酶学理论做了重要的补充，阐明了RNA的另一种重要功能；另一方面对于医学具有较现实的意义。实验证明，利用人工设计的核酶可切断RNA分子或DNA分子。因此，利用人工核酶破坏病原微生物（如病毒、包括HIV）；破坏不利于人类的某些基因（如过度表达的癌基因）；以及破坏干扰正常免疫过程的某些基因，已成为基因治疗方面的重要策略之一。

小　结

细胞中以 DNA 为模板合成 RNA 的过程称为转录。RNA 转录体系包括：模板 DNA、四种核糖核苷酸（原料）、RNA 聚合酶、某些蛋白质因子（如 ρ 因子）及无机离子等。在细胞内，DNA 双链中只有一条链具有转录功能，因此转录是不对称的。RNA 聚合酶（DDRP）是转录过程中主要的酶，它由 σ 因子与核心酶（ααββ′ω）组成，σ 因子的主要功能是识别转录起始部位，核心酶参与转录时 RNA 链的延长。转录过程大体可分为起始、延长及终止三个阶段。与复制一样，转录的方向也是由 5′ → 3′ 进行。通过转录，DNA 分子上的遗传信息传递到 RNA 分子中。转录生成的 RNA 前体，必须经过加工修饰才能成为具有生物学功能的 RNA，这个过程称为转录后加工。主要加工方式有：RNA 链的剪切、链的拼接、碱基修饰等。不同 RNA 的具体加工过程不同。核酶是具有催化功能的 RNA，核酶的发现与研究，具有多方面的重要意义，尤其人工核酶的设计和应用，已成为基因治疗上的一种重要策略。

思考题

1．在遗传信息流动中，转录作用有何重要意义？
2．DNA 聚合酶、RNA 聚合酶、逆转录酶的作用特点有何异同?
3．为什么转录生成错误 RNA 远没有复制产生错误 DNA 对细胞的影响大?

（王卫平）

第十二章

蛋白质的生物合成

学习目标

1. 掌握蛋白质生物合成的概况：原料、三类RNA在蛋白质生物合成中的作用、遗传密码的概念及其特点。
2. 熟悉蛋白质合成的基本过程：氨基酸的活化与转运，肽链合成的起始、延长及终止，核糖体循环。
3. 熟悉蛋白质折叠加工及其他翻译后加工方式。
4. 了解蛋白质合成与医学的关系：分子病；抗生素对蛋白质合成的影响。

蛋白质是生命活动的物质基础。构成人体的各种蛋白质只能由人体自行合成，并且这些蛋白质在体内不断地更新。可以认为，没有蛋白质的更新就没有生命。人体内几乎所有细胞都要合成与自身结构和功能相适应的各种蛋白质，有些细胞还需要合成一些分泌性蛋白质，如肝细胞需要合成血浆清蛋白，胰岛β细胞需要合成胰岛素等，只有极个别细胞如成熟红细胞不具备蛋白质的合成能力。

适当的空间构象是蛋白质发挥生物学功能的结构基础。翻译过程仅仅实现了基因遗传信息对氨基酸多肽链一级结构信息的转换。尽管多肽链一级结构是形成蛋白质空间构象的必要条件，但是新生多肽链在空间的正确折叠还需要其他辅助蛋白质的参与。因此，从广义角度讲，蛋白质的生物合成不但包括从基因遗传信息向多肽链序列信息转换的翻译过程，还包括将多肽链信息（一级结构）进一步形成适当构象（空间信息）的蛋白质折叠过程。对蛋白质生物合成的深入研究，将为揭示生命奥秘、解决某些医学难题，提供新的线索。

第一节　蛋白质生物合成体系

一般而言，蛋白质合成是指氨基酸通过肽键缩合而形成多肽链一级结构的过程。蛋白质合成的基本原料是20种L-α-氨基酸。蛋白质分子的不同主要是指蛋白质一级结构的不同，即氨基酸排列顺序的不同，这种顺序不是任意的，而是严格由基因遗传信息决定的，这里mRNA就是传递基因遗传信息的“模板”。由于模板mRNA不能直接结合氨基酸，因此在细胞质中还存在既能转运氨基酸，又能识别模板mRNA信息的中间分子，即转运RNA（tRNA）。通过tRNA将特定的氨基酸运输到蛋白质的合成场所——核糖体（由rRNA和蛋白质组成)，按照模板 mRNA 要求“装配”成指定的多肽链。由此可见，3 类 RNA 即 mRNA、tRNA 及 rRNA 在蛋白质合成过程中均起重要作用。除此之外，有关的酶及蛋白质因子、供能物质 ATP 与 GTP，以及必要的无机离子等也是蛋白质合成所不可缺少的重要成分。以上成分统一构成蛋白质的生物合成体系。蛋白质生物合成的概况参见图 12-1。

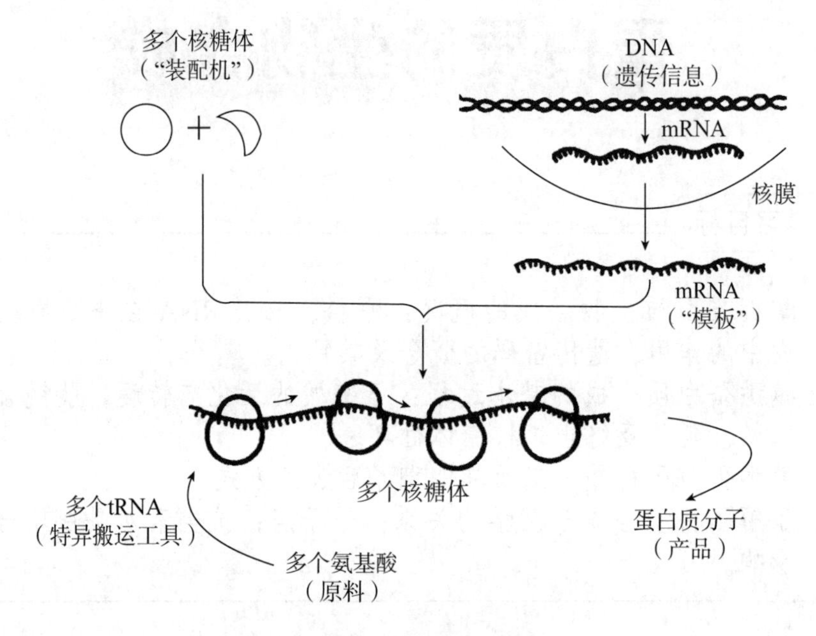

图 12-1　蛋白质生物合成概况

下面重点讨论 3 类 RNA 在蛋白质合成过程中的作用。

一、mRNA 分子含有蛋白质合成的遗传密码

从遗传信息传递的中心法则可知，由 DNA 传递来的遗传信息贮存在 mRNA 分子的核苷酸顺序中。以 mRNA 的核苷酸序列为“模板”合成相应氨基酸序列的多肽链，实质上是将核苷酸顺序（一种语言）转换成氨基酸顺序（另一种语言）的“翻译”过程，因此，蛋白质合成又称翻译（translation）。应当指出的是，并不是“模板”mRNA 的整个分子都具有“模板”指令作用，其中有“模板”作用的那部分序列称为开放阅读框（open reading frame，ORF），位于开放阅读框两侧的结构分别称为 5′- 端非翻译区和 3′- 端非翻译区。

（一）开放阅读框中每三个相邻核苷酸组成一个密码子

生物体内蛋白质合成共需要 20 种 L-α- 氨基酸，而 mRNA 中仅含 A、U、C、G 4 种核苷酸。如果每 3 个相邻核苷酸进行任意组合，则可以构成 64（4^3）种不同的密码子，这样才能够满足对 20 种氨基酸编码的需要。现已证明，mRNA 的开放阅读框中每三个相邻的核苷酸编成一组，在蛋白质合成时代表一种氨基酸或肽链合成起始 / 终止的信号，称为密码子（codon）或三联体密码（triplet code）（表 12-1）。

表 12-1　哺乳类动物细胞 mRNA 遗传密码表

第一位核苷酸（5′端）	第二位核苷酸 U	C	A	G	第三位核苷酸（3′端）
U	UUU　苯丙	UCU　丝	UAU　酪	UGU　半胱	U
	UUC　苯丙	UCC　丝	UAC　酪	UGC　半胱	C
	UUA　亮	UCA　丝	UAA　终止	UGA　终止	A
	UUG　亮	UCG　丝	UAG　终止	UGG　色	G
C	CUU　亮	CCU　脯	CAU　组	CGU　精	U
	CUC　亮	CCC　脯	CAC　组	CGC　精	C
	CUA　亮	CCA　脯	CAA　谷酰	CGA　精	A
	CUG　亮	CCG　脯	CAG　谷酰	CGG　精	G
A	AUU　异亮	ACU　苏	AAU　天酰	AGU　丝	U
	AUC　异亮	ACC　苏	AAC　天酰	AGC　丝	C
	AUA　异亮	ACA　苏	AAA　赖	AGA　精	A
	AUG*　甲硫	ACG　苏	AAG　赖	AGG　精	G
G	GUU　缬	GCU　丙	GAU　天冬	GGU　甘	U
	GUC　缬	GCC　丙	GAC　天冬	GGC　甘	C
	GUA　缬	GCA　丙	GAA　谷	GGA　甘	A
	GUG　缬	GCG　丙	GAG　谷	GGG　甘	G

*位于 mRNA 起始部位的 AUG 为肽链合成的起始信号，同时也有氨基酸密码子的作用。以细菌为代表的原核生物中此密码代表甲酰甲硫氨酸，以哺乳类动物为代表的真核生物中则代表甲硫氨酸。

（二）AUG 代表甲硫氨酸或兼作起始密码，UAA、UAG 和 UGA 代表终止密码

在 64 个密码子中，有 61 个密码子可以编码氨基酸。密码子 AUG 除在开放阅读框内部代表甲硫氨酸外，当它存在于 mRNA 的起始部位时，还兼作肽链合成的起始信号，故 AUG 又被称为起始密码子。另外，UAA、UAG 和 UGA 三个密码子不代表任何氨基酸，只代表蛋白质合成的终止信号，即当多肽链合成到一定程度而在 mRNA 中出现这三个密码子中任何一个时，多肽链的延长随即终止，故称其为终止密码。

（三）密码子具有方向性、连续性、简并性、摆动性和通用性等特点

1．方向性　密码子内的核苷酸排列具有一定的方向性（5′ → 3′），依次为第一位、第二位和第三位核苷酸（表 12-1）。由此，蛋白质翻译过程中核糖体阅读 mRNA 模板信息时是沿着 mRNA 5′ → 3′ 的方向进行。

2．连续性　核糖体阅读 mRNA 中的密码子时必须从起始密码子开始，连续翻译不间断，直至终止密码子出现（图 12-2），中间没有任何核苷酸间隔或停顿，这种现象称为密码子的连续性。一般来说，真核生物的开放阅读框中任何部分的核苷酸也不能被重复套用，即

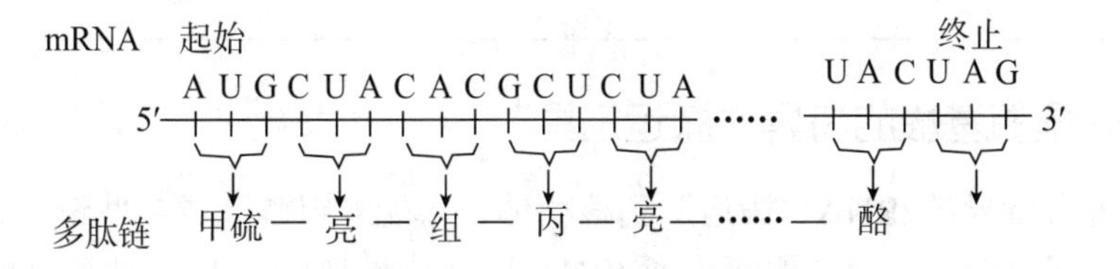

图 12-2　密码子连续性示意图

mRNA 分子不会有密码子的重叠性使用。

由于密码子的连续性，在开放阅读框架中如果插入或缺失 1 或 2 个碱基的基因突变，会引起 mRNA 阅读框架发生移动（称为移码），使后续的氨基酸序列大部分被改变，编码的蛋白质丧失功能，称为移码突变（frameshift mutation）。

3．简并性　由表 12-1 可见，除色氨酸和甲硫氨酸仅由一个密码子编码外，大多数氨基酸具有 2 个或 4 个密码子，有的甚至有 6 个密码子（如亮氨酸、丝氨酸等）。密码子的特异性主要由前两位核苷酸决定，第三位核苷酸即使发生变化，仍能代表相同的氨基酸，这种氨基酸可由多个密码子编码的现象称为密码子的简并性（degeneracy）。

由于密码子的简并性，当突变发生在密码子的第三位核苷酸时，可能该密码子所代表的氨基酸种类并不会改变，合成的蛋白质也具有相同的一级结构。因此，密码子的简并性可降低基因突变造成的有害效应。

4．摆动性　tRNA 上的反密码子与 mRNA 上的密码子的碱基反向平行配对时，有时并不严格遵循 Watson-Crick 碱基配对原则，出现摆动性（wobble）。摆动现象常发生在反密码子的第 1 位碱基与密码子的第 3 位碱基之间（按 5′ → 3′ 的方向计数）。例如：反密码子中第 1 位碱基常出现次黄嘌呤（I），它与密码子中的 A、C、U 均可形成氢键而结合，但是反密码子中第 2、3 位碱基与密码子第 2、1 位碱基的配对却是非常严格的。

5．通用性　自然界的各种生物几乎共用同一套遗传密码，这提示各种生物相互之间可能是由同一祖先进化而来。近来发现，哺乳类动物线粒体蛋白质合成体系中密码子与表 12-1 所示并不完全相同。例如，线粒体中 UGA 不代表终止信号而代表色氨酸，线粒体中 AUA 不代表异亮氨酸而代表甲硫氨酸等。由此看来这种通用性不是绝对的，仍有某些例外。

知识链接

三联体密码的破译

三联体密码的破译是 20 世纪 50 年代的一项奇妙想象和严密论证的伟大结晶。

科学猜想：mRNA 仅含有 A、U、C、G 四种核苷酸，组成蛋白质的氨基酸有 20 种。如果一个或两个碱基决定一种氨基酸，显然不够。三个碱基决定一种氨基酸，则有 64 种组合方式，满足对 20 种氨基酸编码的需要。

1959 年伟大的猜想终于被 Nirenberg NW 等用“体外无细胞体系”的实验证实。他们利用多聚尿嘧啶为模板，在体外合成了多聚苯丙氨酸，解读出了编码苯丙氨酸的第一个密码子 UUU，之后又证明了其他氨基酸的密码子。此外，Khorana HG 等用放射性元素标记氨基酸，确定了半胱氨酸等的密码子。经过多位科学家的共同努力，于 1966 年确定了 64 个密码子。Nirenberg NW、Khorana HG、Holly RW 三位科学家于 1968 年共同获得诺贝尔生理医学奖。

二、tRNA 是氨基酸的特异“搬运工具”

氨基酸由各自特异的 tRNA“搬运”到核糖体，才能“组装”成多肽链。每一种氨基酸可由 2 ～ 6 种特异 tRNA 转运，但每一种 tRNA 只能特异地转运某一种氨基酸。几乎所有

tRNA 结构都十分相似，即具有 3′-CCA-OH 臂、DHU 环、反密码环和 TψC 环等基本结构，其中 3′ 端 -CCA 的羟基用于与氨基酸羧基之间形成酯键，携带转运氨基酸；反密码环的反密码子用于与 mRNA 密码子配对识别。

各种 tRNA 分子都不能与相应氨基酸直接结合，都是在特异氨基酰 -tRNA 合成酶作用下，分别与对应的氨基酸结合而转运。每种 tRNA 通过其反密码子与 mRNA 分子中相应密码子的碱基互补结合，使 tRNA 所携带的氨基酸准确地在 mRNA 上“对号入座”，从而使氨基酸按一定顺序排列。

三、rRNA 与特定蛋白质组成的核糖体是肽链合成的“装配机”

参与蛋白质合成的各种成分最终必须在核糖体上将氨基酸按特定顺序合成多肽链。因此，核糖体是合成多肽链的“装配机”。核糖体由大、小两个亚基组成（图 12-3），主要成分是多种 rRNA 和多种蛋白质。真核生物核糖体含有四种 rRNA，即 28S、5.8S、5S 和 18S rRNA，分别与不同蛋白质结合组成核糖体的大、小亚基。核糖体除有结合模板 mRNA 的位点外，还存在几种接受和释放特殊 tRNA 的位点，如结合肽酰 -tRNA 的“给位”（或称肽酰位，peptidyl site，P 位）、接受氨基酰 -tRNA 的“受位”（或称氨基酰位，aminoacyl site，A 位）以及释放不含氨基酸 tRNA 的“空位”（或称出口位，exit site，E 位）。原核生物的核糖体有以上三个功能部位，真核生物的核糖体没有 E 位（图 12-3）。

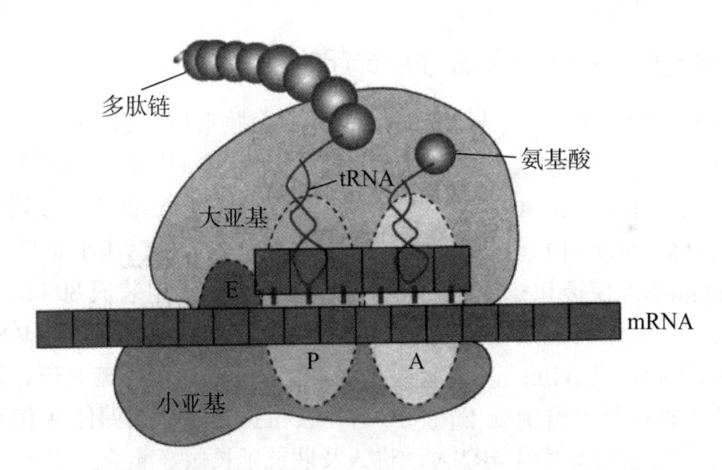

图 12-3　核糖体的结构及主要功能位点

P 位：肽酰基部位；A 位：氨基酰部位；E 位：出口位

四、多种酶与因子参与蛋白质生物合成

蛋白质的生物合成需要氨基酰 -tRNA 合成酶和转肽酶等多种酶、蛋白质因子、Mg^{2+} 的参与，并由 ATP 和 GTP 提供能量。在肽链合成的起始、延长、终止阶段发挥作用的蛋白质因子分别称为起始因子（initiation factor，IF）、延长因子（elongation factor，EF）和释放因子（release factor，RF，又称终止因子）。

第二节　蛋白质生物合成过程

蛋白质的合成过程十分复杂，蛋白质多肽链的合成过程大致可分为氨基酸活化、肽链合成的起始、延长和终止四个阶段。

一、氨基酸与特异 tRNA 连接成氨基酰 -tRNA，为肽链合成提供活性氨基酸

（一）氨基酰 -tRNA 合成酶具有识别与活化相应氨基酸的作用

氨基酸的化学性质比较稳定，必须经过活化才能参与肽链的合成。氨基酸的活化是在氨基酰 -tRNA 合成酶（aminoacyl-tRNA synthetase）催化下，氨基酸与特异的 tRNA 结合生成氨基酰 -tRNA 的过程。反应的本质是氨基酸的 α- 羧基与 tRNA 的 3′ -CCA 末端的羟基之间形成酯键。每个氨基酸活化消耗 1 个 ATP，断裂 2 个高能磷酸键。总反应式如下：

$$\text{tRNA} + \text{氨基酸} + \text{ATP} \xrightarrow{\text{氨基酰 -tRNA 合成酶}} \text{氨基酰 -tRNA} + \text{AMP} + \text{PPi}$$

（二）氨基酰 -tRNA 合成酶使特定 tRNA 转运特定氨基酸

氨基酰 -tRNA 合成酶具有高度专一性，具有选择特异 tRNA 和特异氨基酸的双重功能，决定着 tRNA 携带氨基酸的种类。此外，氨基酰 -tRNA 合成酶还有校对活性，这两种特性是遗传信息准确翻译的重要保证。

二、肽链合成的起始过程形成了翻译起始复合物

真核细胞与原核细胞相比，参与肽链合成起始复合物形成的起始因子与起始过程各不相同，蛋白质合成过程也更为复杂。在起始阶段，真核细胞中的核糖体大小亚基、模板 mRNA 以及具有起始作用的甲硫氨酰 -tRNA（细菌中是甲酰甲硫氨酰 -tRNA）组装成起始复合物。真核细胞中甲硫氨酰 -tRNA 由起始因子 2（eIF_2）介导，先与核糖体小亚基形成 43S 复合物，然后再与活化的 mRNA 模板和核糖体大亚基依次结合，最后组装成 80S 的起始复合物。具体过程参见图 12-4。80S 的起始复合物组装的同时，核糖体不断地在 mRNA 模板上扫描，寻找 mRNA 上的起始位点 AUG，将起始位点 AUG 固定在核糖体的 P 位，这时起始甲硫氨酰 -tRNA（原核生物中是甲酰甲硫氨酰 -tRNA）去占据 P 位，核糖体 A 位空留，且对应于 AUG 后的密码子，为新的氨基酰 -tRNA 的进入及肽链延长做好准备。

三、肽链延长是进位、成肽和转位连续发生的循环过程

起始复合物形成后，依照核糖体受位（A 位）上 mRNA 密码子所对应的氨基酸，新的氨基酰 -tRNA 进入 A 位，此过程称进位。进位过程必须有延长因子和 GTP 等参加。核糖体大亚基上的 rRNA 具有转肽酶活性，可以催化给位（P 位）上甲硫氨酰 -tRNA 的甲硫氨酰基转移到 A 位上，与新进入的氨基酰 -tRNA 的 α - 氨基缩合，形成第一个肽键，由此在 A 位上生成二肽酰 -tRNA，此过程称成肽。此时，P 位上空载的 tRNA 在延长因子 2 的帮助下从核糖体上直接脱落，脱落后 P 位空出。原核生物空载的 tRNA 则在延长因子的帮助下被转移到核糖体的 E 位排出。此后，在延长因子作用下，由 GTP 分解供能，使该核糖体沿 mRNA 从 5′ 端到 3′ 端方向滑动到下一个密码子，此过程称转位。原来 A 位上的二肽酰 -tRNA 也随着移动到新的 P 位上，而使新的 A 位得以空出，且准确定位在 mRNA 的下一个密码子，以接

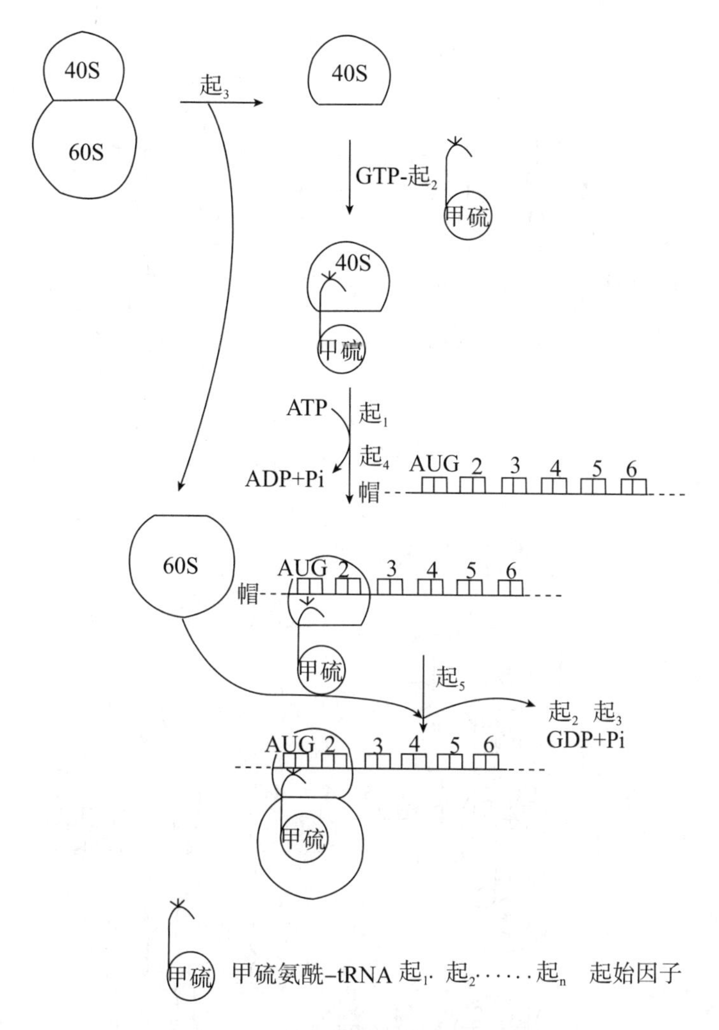

图 12-4 真核细胞中肽链合成的起始

纳新的氨基酰 -tRNA 进位。如此重复，使肽链逐步延长（图 12-5）。在肽链合成的延长阶段，核糖体沿 mRNA 5′ → 3′ 的方向移动，多肽链的延伸方向则为 N 端→ C 端。经过进位、成肽和转位三个连续的步骤，肽链延长一个氨基酸残基，如此循环往复，直至终止阶段。

四、核糖体 A 位对应 mRNA 上的终止密码时导致肽链合成的终止

当肽链延长至 mRNA 上出现终止信号，即终止密码（UAA、UAG、UGA）任何一种出现在核糖体的 A 位，各种氨基酰 -tRNA 都不能进位，只有释放因子 RF 能识别终止密码，并结合到核糖体的 A 位。RF 的结合可引起核糖体构象的改变，使核糖体大亚基转肽酶的活性转变为酯酶活性，水解肽链和 tRNA 之间的酯键，并由 GTP 供能，释放出多肽链，随后，tRNA 从 P 位上脱落，mRNA 与核糖体分离，核糖体解离成大小两个亚基（图 12-6）。至此，多肽链的合成结束。

解离后的大小亚基可以重新聚合成完整的核糖体，开始新的肽链合成，循环往复。所以上述的肽链合成的起始、延长、终止过程又称为核糖体循环（ribosome cycle）。核糖体循环实际上就是蛋白质合成的翻译过程。

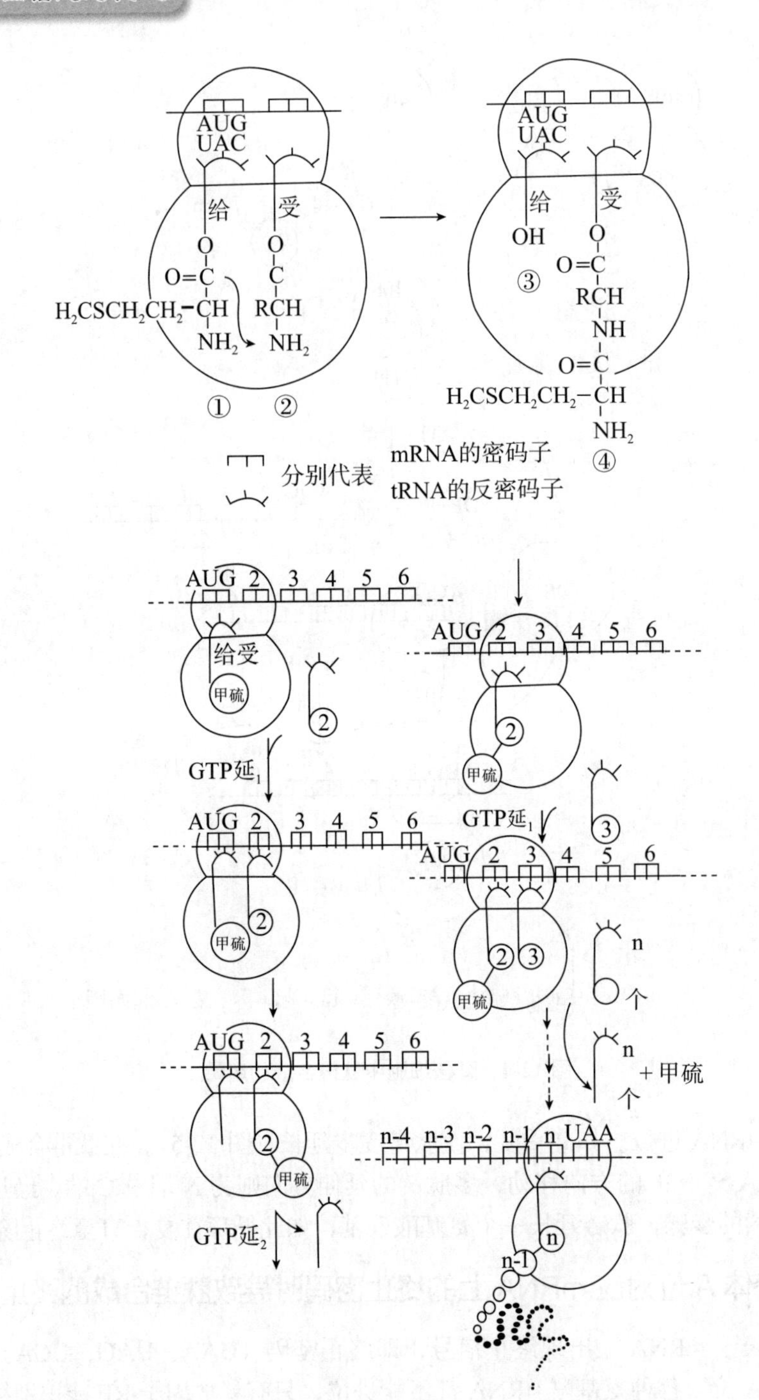

图 12-5　肽链的延长

延$_1$、延$_2$分别代表延长因子 1 和延长因子 2

从氨基酸活化过程至核糖体循环，均需要大量能量供应。在肽链合成的延长阶段，每形成一个肽键至少消耗 4 个高能磷酸键。因此，蛋白质的合成反应是不可逆的耗能过程。

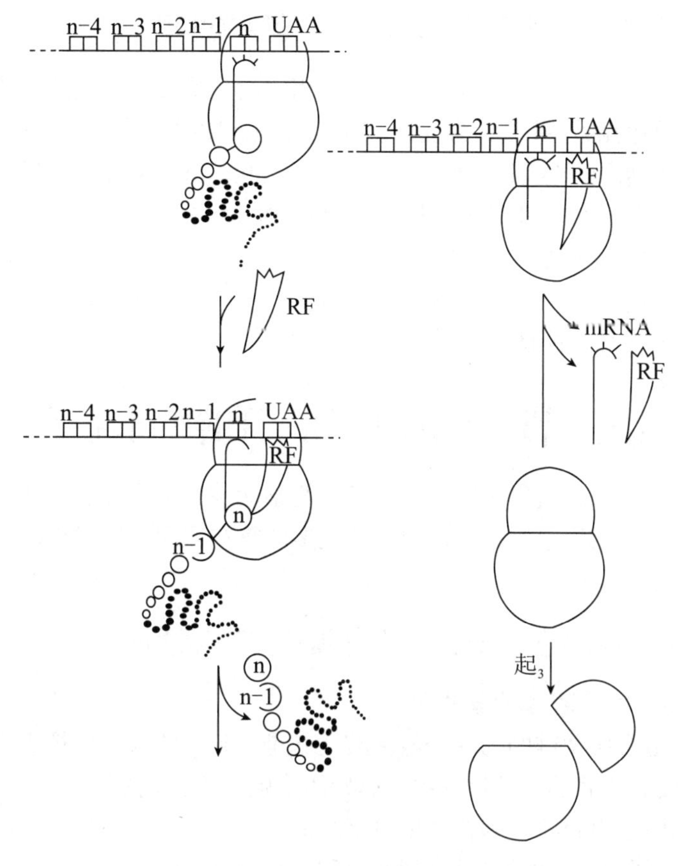

图 12-6 肽链合成的终止

五、多个核糖体同时不同步地翻译，大大提高了翻译效率

以上是单个核糖体合成多肽链的情况。实际上，无论是原核细胞还是真核细胞，一条 mRNA 模板链上可同时结合 10 ～ 100 个核糖体进行蛋白质合成，这样的复合体称为多核糖体（polyribosome 或 polysome）（图 12-7）。这些核糖体依次结合起始密码子并沿 5′ → 3′ 方向读码移动，同时进行肽链合成。多个核糖体利用同一条 mRNA 模板，按照不同进程各自同时合成多条相同的多肽链，从而大大提高了肽链合成的速度和效率。

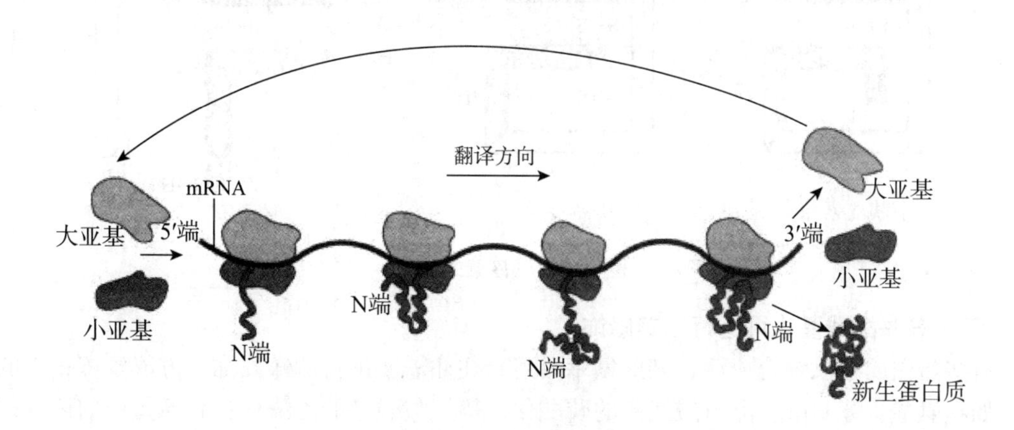

图 12-7 多核糖体

六、原核细胞与真核细胞有相似的蛋白质合成过程

原核细胞与真核细胞蛋白质合成的过程基本相同，只是参与反应的因子及反应细节方面有些差异，真核细胞的翻译系统更为复杂。原核细胞 mRNA 结构为多顺反子，核糖体组成与结构相对简单，起始因子数量与种类相对少，但是起始 tRNA 必须经过甲酰化，而且起始复合物的形成过程是核糖体小亚基先直接与模板 mRNA 结合，再与甲酰化 tRNA 结合的，最后形成完整的 70S 的翻译起始复合物。原核细胞中 mRNA 转录与肽链合成都在细胞质内进行，转录和翻译是偶联的。真核细胞的 mRNA 转录发生在细胞核中，而肽链合成发生在细胞质中，因此转录和翻译不能偶联。

第三节　翻译后加工和靶向输送

从核糖体上释放出来的新生多肽链不具备生物学活性，必须经过复杂的加工修饰和正确折叠才能转变为具有天然构象的功能蛋白。新生多肽链在空间上形成正确折叠的信息贮存在其一级结构的氨基酸排列顺序中，并且需要其他蛋白质的参与。

一、新生多肽链需经多种形式加工才具有生物学活性

（一）肽链 N 末端氨基酸需水解去除

真核生物中，新合成肽链的第一个氨基酸残基是甲硫氨酸（在原核生物中是甲酰甲硫氨酸），但在肽链合成后或肽链延长过程中，起始的甲硫氨酸在氨基肽酶的作用下被水解去除，而原核生物起始的甲酰甲硫氨酸则在脱甲酰基酶的作用下先去除甲酰基，再水解脱去甲硫氨酸。真核生物分泌蛋白 N 端的信号肽在成熟过程中也会被切除。

（二）新生肽链中部分氨基酸序列进行水解切除

一些多肽链合成后，在特异蛋白水解酶作用下去除其中某些肽段或氨基酸残基。例如，某些酶原的激活、激素前体（如胰岛素前体）的加工，分泌性蛋白的靶向转运，都要切除一段氨基酸序列。图 12-8 表示胰岛素的加工过程：首先由前胰岛素原切去其 N 端的肽段，形成胰岛素原，后者再切去其中的 C 肽段后，成为有活性的胰岛素。这种剪切对于形成胰岛素正常的空间构象具有十分重要的意义。

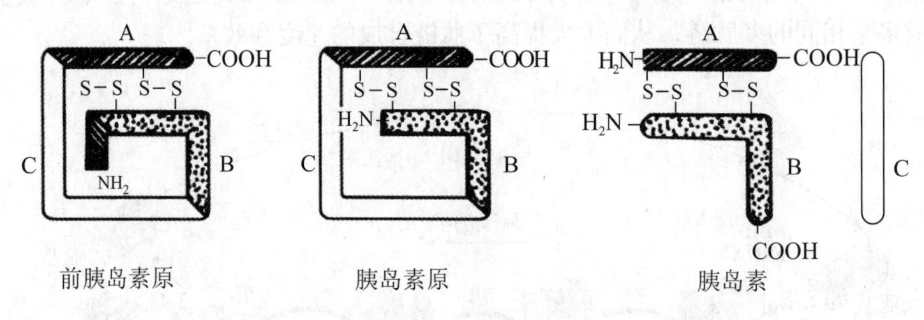

图 12-8　胰岛素的加工

（三）氨基酸残基也可进行侧链修饰

有些蛋白质在肽链合成后，某些氨基酸残基往往需要进行侧链修饰，方能发挥正常的功能，如丝氨酸、苏氨酸、酪氨酸残基的磷酸化；赖氨酸残基的乙酰化；胶原蛋白前体脯氨酸及赖氨酸残基的羟基化等。

二、在分子伴侣及酶的辅助下新生多肽链折叠成一定空间构象的蛋白质

新生肽链的折叠在肽链合成过程中或肽链合成结束后进行。一般认为，细胞中多数天然蛋白质的折叠不能自动完成，而需要其他酶、蛋白质的辅助参与。分子伴侣（chaperon）是参与蛋白质多肽链折叠的一类重要蛋白质家族，包括热休克蛋白（又称热激蛋白）等。一些伴侣蛋白通过水解 ATP 提供能量，与新生多肽链疏水残基依次结合、解离，并重复以上过程，直到帮助新生肽链折叠成天然的空间构象；另一些伴侣蛋白则仅为新生多肽链提供有利于折叠的封闭微环境空间，辅助蛋白质折叠。

除分子伴侣外，蛋白质空间结构的正确形成还需其他重要的酶促反应。例如：蛋白质二硫键异构酶负责在适当的半胱氨酸残基位置之间形成二硫键，肽酰 - 脯氨酸顺反异构酶可使肽链在脯氨酸弯折处形成正确折叠。

三、亚基的聚合与辅基的连接

具有两个或两个以上亚基的蛋白质，在各个肽链合成后，要通过非共价键将亚基聚合形成多聚体，才具有生物学活性。例如，血红蛋白由四条多肽链聚合而成。结合蛋白质的合成过程中，翻译生成的多肽链需要进一步与辅基结合。例如，糖蛋白的辅基——糖链是在多肽链合成后，通过糖苷转移酶的作用逐步加在多肽链上的。血红蛋白、脂蛋白等也是在肽链合成后再与相应的辅基（血红素、脂质）结合而成的。

四、蛋白质合成后靶向运输至细胞特定部位

真核生物蛋白质在核糖体上合成后，按照其功能需要，必须定向输送到特定的部位才能发挥作用。蛋白质靶向输送的信号存在于自身一级结构中。新生多肽链中往往存在特定的氨基酸序列，作为该多肽链最终去处的信号标志，指引着新生分泌蛋白靶向输送的方向，称为信号序列（signal sequence）。不同信号序列的氨基酸序列各不相同，靶向作用也各异。有的决定该蛋白质进入内质网，有的则决定进入细胞核，或进入线粒体或其他亚细胞器等。

至此，遗传信息传递中复制、转录和翻译三个过程的基本特性均已介绍，这三个过程的基本点比较见表 12-2。

表 12-2　复制、转录和翻译过程的比较

	复制	转录	翻译
原料	dNTP（dATP、dCTP、dGTP、dTTP）	NTP（ATP、CTP、GTP、UTP）	20 种 α 氨基酸
主要的酶和因子	DNA 聚合酶、拓扑异构酶、引物酶、解链酶、DNA 连接酶、DNA 结合蛋白等	RNA 聚合酶、ρ 因子等	氨基酰 -tRNA 合成酶、转肽酶、起始因子、延伸因子等
模板	DNA	DNA	mRNA
链的延长方向	5′ 端→ 3′ 端	5′ 端→ 3′ 端	N 端→ C 端
方式	半保留复制	不对称转录	核糖体循环
配对（信息传递）	A-T；G-C	A-U；T-A；G-C	三联密码 - 相应氨基酸

续表

	复制	转录	翻译
产物	DNA	RNA 初级产物	蛋白质多肽链
加工过程	一般无需复制后加工	转录后加工，分别形成 mRNA、tRNA、rRNA	翻译后加工，生成具有生物活性的成熟蛋白质

第四节　蛋白质合成与医学

蛋白质生物合成与遗传、代谢、分化、免疫等生理过程，与肿瘤、遗传病等病理过程，以及与药物作用等均有密切关系。因此，了解蛋白质合成过程对理解某些医学问题十分重要。下面列举几例略加说明。

一、基因突变可能导致分子病

由于 DNA 分子的基因缺陷，使 RNA 和蛋白质合成异常，导致机体某些结构与功能障碍，造成的疾病称为分子病（molecular disease）。根据三联密码和开放性阅读框的阅读规律，有些编码区 DNA 碱基发生突变时，不一定都会在蛋白质水平产生影响，也不一定都会形成分子病，即基因型发生改变，但细胞表型不一定发生变化。例如 DNA 发生点突变时，如果突变位点恰好位于 mRNA 密码子的第三位碱基，而且由于该密码子的简并性，可能对应的氨基酸并没有发生改变，因而不会出现蛋白质编码异常，这种 DNA 突变称为沉默型突变（silent mutation）。但是，当 DNA 编码序列中插入或删除一个或两个碱基时，往往会造成阅读框的移码突变，这时会完全改变随后的氨基酸编码序列。

血红蛋白编码基因突变引起的疾病是研究最成熟的分子病之一。镰刀形红细胞贫血症是其中最典型的一种。这类患者血红蛋白 β 链中 N 端第 6 个氨基酸残基由正常的谷氨酸转变成缬氨酸，是由于其结构基因中相应的碱基由原来的 CTT 转变为 CAT 所致。此种血红蛋白的结构与功能都异常，表现为镰形红细胞，细胞脆性增加，容易破裂产生溶血。

二、某些抗生素通过影响蛋白质生物合成而发挥药理作用

多种抗生素可以作用于从 DNA 复制到蛋白质合成的遗传信息传递的各个环节，阻抑细菌或癌细胞的蛋白质合成，从而发挥药理作用。例如，丝裂霉素、博来霉素及放线菌素等可抑制 DNA 的模板活性，利福霉素能抑制细菌的 RNA 聚合酶，因此它们均能通过影响转录来阻抑蛋白质的合成。另一些抗生素则主要影响翻译过程。例如四环素族抗生素能与细菌核糖体小亚基结合，使其变构，从而抑制氨基酰 -tRNA 进位；链霉素则抑制细菌蛋白质合成的起始阶段，干扰蛋白质合成；氯霉素能与细菌核糖体大亚基结合，抑制转肽酶活性；嘌呤霉素在结构上与酪氨酰 - tRNA 相似，直接取代酪氨酰 - tRNA 进位，使肽酰基转移提前脱落，进而提前终止蛋白质的合成。

表 12-3 列举了一些抗生素的作用机制，供参考。

表 12-3 抗生素对蛋白质合成的作用

作用环节	主要抗生素	作用原理	用途
影响复制及转录	丝裂霉素（mitomycin）	与 DNA 两链间 G-C 对结合，妨碍双链拆开，抑制复制、转录	抗肿瘤
	博来霉素（bleomycin）	同上	抗肿瘤
	放线菌素（actinomycin）	插入 DNA 双链间，破坏 DNA 模板活性	抗肿瘤
影响转录	利福霉素（rifamycin）	抑制原核细胞的 RNA 聚合酶活性	抗菌
影响翻译	四环素族（tetracycline family）	与原核细胞的核糖体小亚基结合并使之变构，抑制氨基酰 tRNA 进位	抗菌
	链霉素（streptomycin）	抑制原核细胞起始阶段并引起密码错读	抗菌
	卡那霉素（kanamycin）	同上	抗菌
	氯霉素（chloromycetin）	与原核细胞的核糖体大亚基结合，抑制转肽酶	抗菌
	红霉素（erythromycin）	与原核细胞的核糖体大亚基结合，抑制核糖体移位	抗菌
	环己亚胺（cycloheximide）	抑制真核细胞核糖体大亚基转肽酶活性	抗肿瘤
	嘌呤霉素（puromycin）	取代氨基酰 -tRNA 进位，使肽酰基转移在它的氨基上并脱落	研究工作，抗肿瘤
	干扰素（interferon）	使起始因子 2 失活并促使 mRNA 降解	抗病毒，抗肿瘤

三、干扰素与某些毒素的作用机制也与蛋白质生物合成有关

干扰素（interferon）促进真核细胞起始因子 2 的磷酸化修饰，直接影响蛋白质合成的启动，同时也能促进外源病毒分子的分解，从而发挥抑制病毒的作用。白喉毒素（diphtheria toxin）在哺乳细胞内通过对蛋白质合成延长因子 2 的 ADP 核糖化修饰，使得蛋白质合成停止在延长阶段，从而发挥毒性作用。

小 结

蛋白质生物合成——翻译是基因表达的最终环节。蛋白质生物合成需要 20 种氨基酸为原料，mRNA 为直接模板，tRNA 为搬运工具，rRNA 和多种蛋白质构成的核糖体为装配机，需酶、蛋白质因子、Mg^{2+} 等参与，由 ATP 和 GTP 供能。mRNA 分子中每 3 个相邻的核苷酸

构成一个密码子，代表相应的氨基酸或翻译起始/终止的信号，由此 mRNA 开放阅读框的核苷酸序列决定着蛋白质合成的氨基酸序列。密码子具有方向性、连续性、简并性、摆动性和通用性等特性。

蛋白质生物合成过程包括氨基酸的活化与转运和核糖体循环。氨基酸的活化是指特异氨基酸与特异 tRNA 在氨基酰 -tRNA 合成酶的催化下生成氨基酰 -tRNA 的过程。核糖体循环包括肽链合成的起始、延长及终止三个阶段。肽链合成的延长阶段是进位、成肽和转位 3 个步骤的循环过程。多个核糖体可以同时利用一条 mRNA 分子，合成多条相同的多肽链，从而提高翻译的效率。

新生多肽链合成后需要折叠成天然的空间构象并经过多种加工修饰过程，才能转变为具有生物学功能的蛋白质。二硫键异构酶、肽 - 脯氨酰顺反异构酶、分子伴侣等参与了新生多肽链的正确折叠。常见的加工方式包括：切除 N 端起始的氨基酸、肽链的水解切除、氨基酸残基侧链的修饰、亚基的聚合及辅基的连接等。加工后的蛋白质在自身信号的指引下被靶向输送到特定部位发挥生物学作用。蛋白质合成与医学有着密切联系。例如，分子病，以及多种抗生素的抗菌、抗肿瘤作用均与蛋白质合成过程有关。

思考题

1．蛋白质生物合成的体系由哪些成分组成？ mRNA、tRNA 以及 rRNA 在蛋白质生物合成过程中各起何作用？

2．新生多肽链通常需要经过哪些方式的加工才能成为有功能的蛋白质？

3．遗传密码有哪些主要特点？其简并性有何生物学意义？

（扈瑞平　邓秀玲）

第十三章

基因表达调控与基因工程

学习目标

1. 掌握基因表达的概念，基因表达的规律及方式，基因表达调控的意义。
2. 了解基因表达调控的要素，如DNA元件、调节蛋白及DNA-调节蛋白的相互作用。
3. 掌握原核基因调控的基本原理及乳糖操纵子工作原理。
4. 了解真核基因调控基本原理。
5. 掌握基因工程基本概念、简要过程，了解基因工程在医学中的应用。

基因表达调控是指细胞受环境信号刺激或适应环境营养供给变化，在基因表达水平上作出应答反应的分子机制。基因工程是通过人工重组DNA技术获得某一目的基因的无性繁殖，或实现目的基因在一定表达体系大量表达的一套工程技术群。基因表达调控研究是利用各种分子生物学技术认识基因表达的规律及其调节机制，同时探索这些表达规律及调节机制与细胞或个体分化、发育的关系，个体与环境适应的关系。基因表达调控和基因工程虽属两个不同的研究范畴，但两个领域所涉及的理论与技术既有共同之处，又有很大差异。两者彼此独立，又密切相关，因此将这两部分内容归为一章介绍。

第一节　基因表达调控概述

一、基因表达调控是为适应内外环境

物种亲代与子代间遗传信息的传递依赖DNA复制，并通过细胞分裂使子代细胞获得与亲代细胞相同的遗传成分；而基因表达（gene expression）是指在各种调节机制作用下，从基因激活开始，经历转录、翻译等过程产生具有生物学功能的蛋白质分子，从而赋予细胞一定的功能或表型，或使生物体获得一定的遗传性状。rRNA或tRNA的编码基因经转录和转录后加工产生成熟的rRNA或tRNA，也属于基因表达的范畴。

生物体赖以生存的内、外环境是不断变化的，所有活细胞都必须对变化的环境作出适当反应，这个过程均由不同蛋白质的不同功能予以实现。但是，编码这些蛋白质的遗传信息储

存于染色体基因组DNA序列中，因此需要通过一定的程序调控基因的表达来合成相应的蛋白质。原核生物（如细菌）约含有4000个基因，一般情况下只有5%～10%处在高水平转录状态，其他大部分基因处于较低水平的表达或暂时不表达，是为适应物理、化学等环境变化，调节代谢，维持细胞生长与分裂；真核生物调节基因的表达既为适应环境变化，也为维持个体的生长、发育及分化。通常情况下，真核细胞中只有2%～5%的基因处于转录活性状态。总之，基因是否表达，表达的量、时间和部位，与细胞结构与功能的需求和内外环境的变化相适应。

二、基因表达的方式有基本基因表达和可调节基因表达

为适应环境，满足机体生长发育对不同蛋白质分子的需求，基因表达显示了不同的表达方式。基因种类不同，基因表达的程度、调节类型也存在极大差异。根据基因表达随环境变化的情况，可以大致把基因表达分成两类。

（一）“管家基因”的表达属于基本的基因表达：

对生物体来说，有些基因产物在整个生命过程中都是必需的。这类产物的编码基因在组成生物个体的几乎所有细胞中都持续表达，这类基因通常被称为管家基因（housekeeping gene）。例如，催化糖酵解反应的各种酶蛋白编码基因即属于此类基因范畴。这类基因的表达称为基本的基因表达，也叫组成性基因表达（constitutive gene expression）。但这类基因表达并非一成不变，其表达强弱也是在一定机制调控下进行的。

（二）诱导与阻遏属于适应性表达

与管家基因不同，另一些基因表达状况极易受外环境变化的影响。随环境变化基因表达水平增强的过程称为诱导（induction）。例如，有严重DNA损伤发生时，细菌体内基因修复酶编码基因就会被诱导激活，使修复酶产生增多；相反，随环境变化基因表达水平减弱的过程称为阻遏（repression）。例如，培养细菌时，若培养基中色氨酸供给充分，细菌体内与色氨酸合成相关的酶编码基因表达会受阻遏。诱导和阻遏是同一事物的两种表现方式，在生物界普遍存在，是生物体适应环境的基本方式。

三、基因表达的特异性有时间特异性和空间特异性

生物体内有些基因的表达调节还表现出阶段特异性和组织特异性的规律。生物物种越高级，基因表达规律越复杂、越精细，这是生物进化的需要。

（一）时间特异性是指基因表达按一定时间顺序发生

按功能需要，某一特定基因的表达严格按一定时间顺序发生，称为基因表达的时间特异性（temporal specificity）。例如，原核生物如细菌、病毒等入侵宿主后，随感染阶段发展，生长环境变化，有些基因开启，有些基因关闭。

多细胞生物从受精卵发育成为个体，经历很多不同的发育阶段。在每个发育阶段，都会有基因严格按一定的时间顺序开启或关闭，表现为与分化、发育阶段一致的时间性。因此，多细胞生物基因表达的时间特异性又称阶段特异性（stage specificity）。

（二）空间特异性是指同一基因在不同组织或器官表达程度不同

在多细胞生物个体生长、发育过程中，同一基因在不同组织或器官的表达程度可有所不同，称为基因表达的空间特异性（spatial specificity）。基因表达的这种空间分布差异，又称细胞特异性（cell specificity）或组织特异性（tissue specificity）。例如，肝细胞中编码鸟氨酸

循环酶类的基因表达水平就高于其他组织细胞。

四、基因表达调控发生在遗传信息传递的各个环节，转录起始环节最为重要

无论是原核生物还是真核生物，基因表达调控体现在基因表达的全过程中，理论上讲，改变遗传信息传递过程的任何环节均会导致基因表达的变化。

首先，遗传信息以基因的形式贮存于DNA分子中，基因拷贝数越多，其表达产物也会越多，因此基因组的部分扩增可影响基因表达。

其次，转录过程中的许多环节，是基因表达调控最重要、最复杂的一个层次。在真核细胞，初始转录产物需经转录后加工修饰才能成为有功能的成熟RNA，例如RNA编辑等均是调节基因表达的重要方式。

蛋白质生物合成即翻译是基因表达的最后一步，影响蛋白质合成的因素同样也能调节基因表达。并且，翻译与翻译后加工可直接、快速地改变蛋白质的结构与功能，因而对此过程的调控是细胞对外环境变化或某些特异刺激应答时的快速反应机制。总之，在遗传信息传递的各个水平上均可进行基因表达调控。

尽管基因表达调控可发生在遗传信息传递过程的任何环节，但发生在转录水平，尤其是转录起始水平的调节，对基因表达起着至关重要的作用，是基因表达最基本的控制点。以下将重点介绍表观遗传和转录起始对基因表达的调节。

（一）表观遗传调节基因表达

表观遗传（epigenetics）对基因表达的调控是近年分子生物学研究热点。表观遗传是指DNA序列未发生变异的情况下，基因表达的可遗传改变，即这种改变在发育和细胞增殖过程中能稳定传递。表观遗传通过DNA甲基化、组蛋白修饰、染色质重塑以及非编码RNA调控等方式来控制基因表达，任何一方面的异常都将影响染色质结构和基因表达，导致多种疾病如心血管疾病、肿瘤等。

1．DNA甲基化　DNA甲基化（DNA methylation）是指在DNA甲基转移酶作用下，在基因组CpG二核苷酸（也称CpG岛）的胞嘧啶5′-C上共价结合一个甲基基团。一般来说，DNA的甲基化会抑制基因的表达，CpG岛的异常甲基化被认为是人类肿瘤发生早期的一个重要特征。

2．组蛋白修饰　组蛋白是真核生物染色体的基本结构蛋白，有5种类型：H1、H2A、H2B、H3、H4，它们富含带正电荷的碱性氨基酸，能够与DNA中带负电荷的磷酸基团相互作用。组蛋白可以发生乙酰化、甲基化、磷酸化和泛素化等形式的修饰，其中乙酰化修饰在基因转录调控中起着非常重要的作用。组蛋白的乙酰化修饰可以使染色质处于开放状态，有利于转录因子的进入，从而促进基因的转录。通常情况下，组蛋白去乙酰化酶和组蛋白乙酰基转移酶共同调节着组蛋白的乙酰化状态，以控制着基因转录的“开”和“关”。

3．染色质重塑　染色质重塑是指在能量驱动下核小体的置换或重新排列，它改变了核小体在基因启动子区的排列状态，使基础转录复合物与启动子更加接近，利于转录。

4．非编码RNA调控　非编码RNA（non-coding RNA，ncRNA）按大小可分为长链非编码RNA和短链非编码RNA，在基因表达中也发挥重要作用。关于长链非编码RNA和短链非编码RNA调节基因表达的原理详见本章下节。

（二）转录起始调节基因表达

尽管基因表达调控可发生在遗传信息传递的任何环节，但转录起始是基因表达最基本的

控制点。DNA 元件、调节蛋白和 RNA 聚合酶是转录起始调节的三大要素。

1. DNA 元件 DNA 元件（DNA element）主要指具有调节功能的特异DNA序列。原核生物大多数基因的表达调控通过操纵子机制实现。操纵子（operon）由启动序列（promoter）、操纵序列（operator）以及下游的编码序列串联组成。启动序列是 RNA 聚合酶结合并启动转录的特异 DNA 序列。在原核启动序列的转录起始点上游往往存在一些相似序列，称为一致序列（consensus sequence）。例如，大肠杆菌启动序列的 -10 区域是 TATAAT 一致序列，又称 Pribnow 盒；在 -35 区域为 TTGACA 一致序列（图 13-1）。一致序列决定着启动序列的转录活性。操纵序列一般与启动序列毗邻或接近，它是原核阻遏蛋白的结合位点。操纵序列与阻遏蛋白的结合会阻碍 RNA 聚合酶与启动序列的结合，或使 RNA 聚合酶不能沿 DNA 向前移动，从而抑制转录，介导负性调节。原核操纵子还有一些具有正性调节功能的 DNA 序列，可结合激活蛋白，使 RNA 聚合酶活性增强，促进转录激活。关于操纵子的作用原理详见本章下节。

	-35区	间隔区	-10区	间隔区	+1
trp	TTGACA	N_{17}	TTAACT	N_7	A
$tRNA^{Tyr}$	TTTACA	N_{16}	TATGAT	N_7	A
lac	TTTACA	N_{17}	TATGTT	N_6	A
recA	TTGATA	N_{16}	TATAAT	N_7	A
ara BAD	CTGACG	N_{18}	TACTGT	N_6	A
一致序列	TTGACA		TATAAT		

图 13-1 5 种大肠杆菌启动序列的一致序列

参与真核基因转录调节的 DNA 序列比原核更为复杂。真核基因中具有调节功能的 DNA 序列称为顺式作用元件（cis-acting element）。根据顺式作用元件在基因中的位置、转录激活作用的性质及发挥作用的方式，可将其分为启动子、增强子及抑制子三类（详见本章下节）。

2. 调节蛋白 原核基因调节蛋白分为三类：特异因子、阻遏蛋白和激活蛋白。特异因子决定 RNA 聚合酶对启动序列的特异性识别及结合能力。例如，大肠杆菌 RNA 聚合酶的 σ 亚基就是一种典型的特异因子。阻遏蛋白通过识别、结合操纵序列，抑制基因转录，介导负性调节。激活蛋白可结合启动序列邻近的 DNA 序列，促进 RNA 聚合酶与启动序列的结合，增强 RNA 聚合酶活性，介导正性调节。

真核基因调节蛋白又称转录因子（transcription factor）或反式作用因子（trans-acting factor）。这些转录因子通常由某一基因表达后，通过 DNA- 蛋白质或蛋白质 - 蛋白质相互作用控制另一基因的转录。转录因子又可分为基本转录因子、增强子结合因子和转录抑制因子三类（详见本章下节）。

3. RNA 聚合酶 DNA 元件与调节蛋白对转录的调节作用最终由 RNA 聚合酶活性体现。

启动序列/启动子的结构、调节蛋白的性质对 RNA 聚合酶活性影响很大。

（1）启动序列/启动子与 RNA 聚合酶活性：启动序列（原核）/启动子（真核）由转录起始点、RNA 聚合酶结合位点及控制转录的调节元件组成。原核启动序列的核苷酸顺序会影响其与 RNA 聚合酶的亲和力，而亲和力大小则直接影响转录启动的频率。原则上讲，启动序列在 -10 和 -35 区域的核苷酸序列与一致序列越接近，其启动序列转录活性也就越强；差异越大则转录活性越低，甚至完全失去转录活性。真核 RNA 聚合酶单独存在时与启动子的亲和力极低或根本无亲和力，必须与基本转录因子形成复合物才能与启动子结合（详见本章下节）。

（2）调节蛋白与 RNA 聚合酶活性：前已述及，可诱导基因和可阻遏基因的表达随环境信号而变化。这些基因如何对环境信号做出应答？原来，这些基因都有一个由启动序列/启动子决定的基础转录频率。有环境信号刺激时，一些特异调节蛋白得以表达，随后这些调节蛋白通过 DNA - 蛋白质相互作用或蛋白质 - 蛋白质相互作用影响 RNA 聚合酶活性，从而使基础转录频率发生改变，出现基因表达水平升高或降低。

第二节　原核基因表达调控

原核生物的基因组是具有超螺旋结构的闭合环状 DNA 分子，在结构上有以下特点：①基因组中很少有重复序列；②编码蛋白质的结构基因为连续编码，且多为单拷贝基因；③结构基因在基因组中所占的比例远远大于真核基因组；④许多结构基因在基因组中以操纵子为单位排列。原核生物没有细胞核，故转录和翻译在同一时间和空间上进行（转录和翻译偶联）。原核基因的表达受多级调控，如转录起始、转录终止、翻译及 RNA、蛋白质的稳定性等，其中转录起始是表达调控的关键环节。

一、原核基因普遍存在操纵子调控模式，以负性调节为主

原核基因转录调控具有下述特点：

（一）σ 因子决定 RNA 聚合酶识别的特异性

前已述及，在原核基因转录起始阶段，RNA 聚合酶的 σ 因子识别特异启动序列，起始基因的转录。不同的 σ 因子决定不同基因的转录激活。例如，当细菌发生热应激时，RNA 聚合酶全酶中的 σ^{70} 通常被 σ^{32} 取代，这时 RNA 聚合酶就会改变其对常规启动序列的识别，结合另一套启动序列，启动另一套基因的表达。

（二）操纵子调控模式的普遍性

除个别基因外，绝大多数原核基因按功能相关性成簇地串联、密集于染色体上，共同组成一个转录单位——操纵子。操纵子机制在原核基因调控中具有较普遍的意义。一个操纵子通常只含一个启动序列和数个编码基因，这些编码基因的转录受同一启动序列的控制。

（三）阻遏蛋白与阻遏机制的普遍性

在很多原核操纵子系统，特异的阻遏蛋白是控制原核启动序列活性的重要因素。当阻遏蛋白与操纵序列结合或解聚时，就会发生受调控基因的阻遏或去阻遏。

二、三个乳糖分解相关基因受乳糖操纵子统一调节

前已述及，操纵子机制在原核基因调控中具有较普遍的意义。以下即以大肠杆菌的乳糖

操纵子为例介绍原核生物的操纵子调控模式。

（一）乳糖操纵子的结构

大肠杆菌的乳糖操纵子（lac operon）含 Z、Y 及 A 3 个结构基因，分别编码 β- 半乳糖苷酶、透酶和乙酰基转移酶。此外，还有一个操纵序列 O、一个启动序列 P 及一个调节基因 I（图 13-2）。I 基因编码一种阻遏蛋白，后者与 O 序列结合，使操纵子受阻遏而处于关闭状态。在启动序列 P 上游还有一个分解代谢基因激活蛋白（CAP）结合位点。由 P 序列、O 序列和 CAP 结合位点共同构成乳糖操纵子的调控区。3 个酶的编码基因 Z、Y 和 A 即由同一调控区调节，共同表达或关闭。

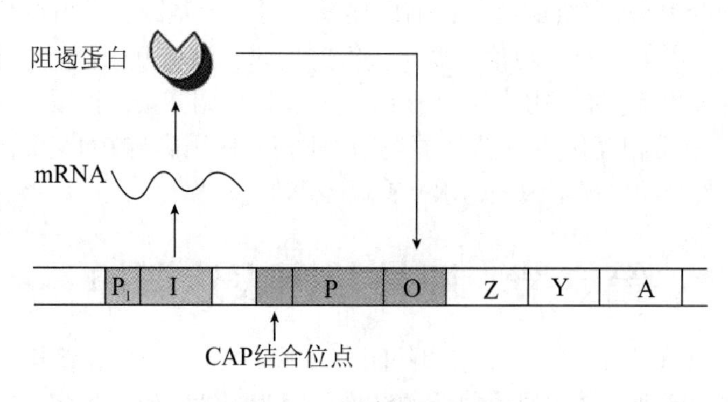

图 13-2　乳糖操纵子的结构

（二）乳糖操纵子的调节机制

1．阻遏蛋白介导负性调节　在没有乳糖存在时，乳糖操纵子处于阻遏状态。此时，I 基因在 P_I 启动序列操纵下表达一种阻遏蛋白，此阻遏蛋白与 O 序列结合，阻碍 RNA 聚合酶与 P 序列结合，抑制转录启动。当有乳糖存在时，该操纵子即可被诱导。其实在这个操纵子体系中，真正的诱导剂并非乳糖本身。乳糖经原先存在的透酶催化、转运进入细胞，再经原有的少数 β- 半乳糖苷酶催化，转变为别乳糖。后者作为一种诱导剂与阻遏蛋白结合，使阻遏蛋白构象发生变化，继而与 O 序列解离、发生转录，使 β- 半乳糖苷酶分子增加约 10^3 倍（图 13-3）。

2．CAP 介导正性调节　分解代谢基因激活蛋白 CAP 对乳糖操纵子起正性调节作用，其分子内有 DNA 结合区及 cAMP 结合位点。当没有葡萄糖时，细胞内 cAMP 浓度较高，cAMP 与 CAP 结合，这时 CAP 结合在启动序列附近的 CAP 位点，可刺激 RNA 转录活性，使之提高约 50 倍；当有葡萄糖存在时，cAMP 浓度降低，cAMP 与 CAP 结合受阻，因此乳糖操纵子表达下降（图 13-4）。

对乳糖操纵子来说，CAP 的正性调节与阻遏蛋白的负性调节机制相辅相成、互相协调、相互制约。乳糖操纵子的负性调节能很好地解释：单独乳糖存在时，细菌如何利用乳糖作为碳源。但如果细菌的生长环境有葡萄糖或葡萄糖 / 乳糖共存时，细菌首先利用葡萄糖才是最节能的。这时，葡萄糖通过降低 cAMP 浓度，阻碍 cAMP 与 CAP 结合而抑制乳糖操纵子转录，使细菌优先利用葡萄糖。因此，乳糖操纵子强的诱导作用既需要乳糖存在，又需要缺乏葡萄糖。乳糖存在，可以使操纵子去阻遏；缺乏葡萄糖则可以增强 RNA 转录活性。

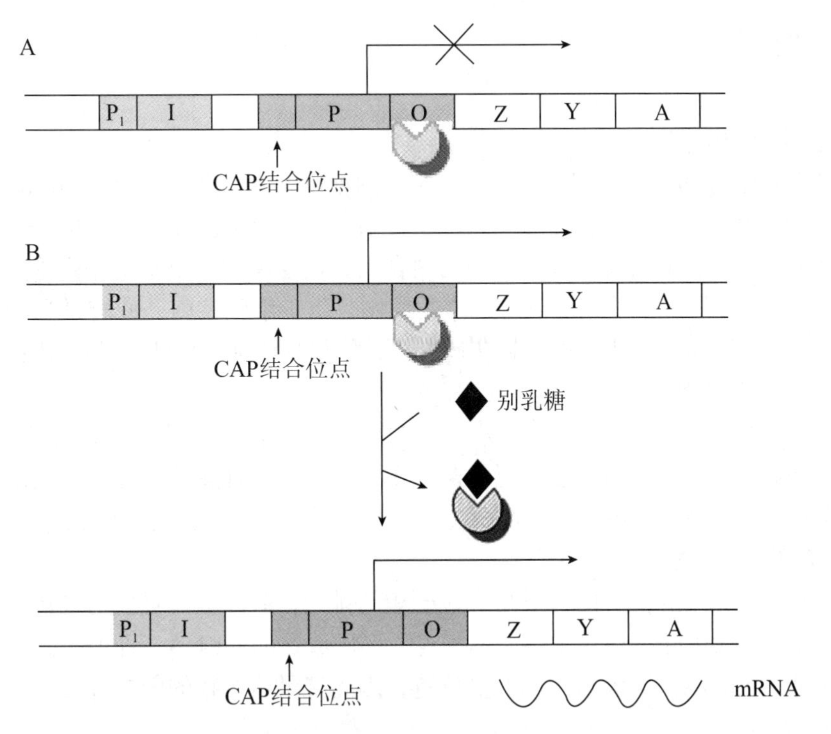

图 13-3　阻遏蛋白对乳糖操纵子的负性调节

A．操纵子处于阻遏状态；B．操纵子去阻遏

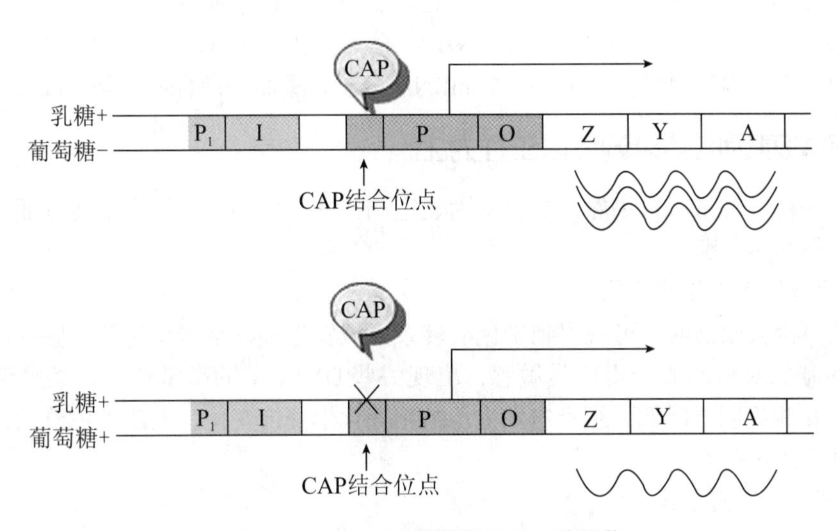

图 13-4　CAP 对乳糖操纵子的正性调节

第三节　真核基因表达调控

真核生物尤其是高等真核生物的基因组不仅比原核生物大，而且结构、功能复杂，由此决定了其基因表达调控更为复杂及精细。

一、真核基因结构复杂

真核基因的结构有如下特点。

（一）基因组结构庞大

真核基因组通常要比原核基因组大很多。例如哺乳类动物基因组约由 3×10^9 碱基对（bp）组成，而大肠杆菌基因组仅为 4×10^6 bp。在真核基因组中，约有 80% ～ 90% 的序列没有编码功能，这些非编码序列包括基因的内含子、调控序列以及重复序列等。此外，真核生物 DNA 与组蛋白等结合形成复杂的染色质结构，位于细胞核内，使转录和翻译在时间和空间上被分隔开，增加了复杂的加工和转运过程，使得真核基因表达调控机制更加复杂。

（二）富含重复序列

重复序列是指在整个基因组中重复出现多次的核苷酸序列。原核基因组也存在重复序列，但在真核基因中重复序列更多、更普遍。重复序列具有种属特异性，基因组越大，重复序列含量越丰富。某些重复序列发生在调控区，可能对转录调控具有重要意义。

（三）基因不连续性

真核基因是不连续的，由内含子与外显子相间排列，共同被转录。初级转录本的内含子对应序列在转录后被去除，外显子转录本相连，形成成熟的 mRNA，即剪接。不同的剪接方式可形成不同的 mRNA，翻译出不同的多肽链，因此转录后产物的剪接过程也是真核基因表达调节的重要环节。

（四）转录产物为单顺反子

由于原核操纵子功能相关基因串联在一起，受同一调控序列调节，其转录产物多为多顺反子，即多个结构基因转录生成一个 mRNA 分子。与原核不同，真核基因的转录产物为单顺反子，即一个结构基因经转录生成一个 mRNA 分子，进而翻译合成一条多肽链。

二、真核基因的转录调节以正性为主

同原核一样，转录起始仍然是真核基因表达调控的主要环节。但在下述方面真核与原核基因转录存在明显差别。

（一）活性染色体结构变化

当真核基因被激活时，可观察到染色质转录区域发生多种结构变化及某些性质改变。例如，活化的基因对核酸酶变得极为敏感，出现一些 DNase Ⅰ 的高敏位点；某些活化基因的 CpG 岛甲基化程度明显降低；组蛋白发生乙酰化等化学修饰变化。上述染色质结构及性质变化均与染色质活化有关。

（二）正性调节占主导

真核 RNA 聚合酶对启动子的亲和力极小或根本没有实质的亲和力，转录起始需依赖某些激活蛋白的作用，即真核基因以正性调节机制为主。

（三）转录与翻译分隔进行

真核基因的转录过程在细胞核内进行，而翻译过程在细胞质进行。这与原核基因转录与翻译紧密偶联进行的特点差异极大。

三、真核基因的转录激活由顺式作用元件与反式作用因子相互作用介导

真核细胞有三种 RNA 聚合酶（Ⅰ、Ⅱ和Ⅲ），分别参与 tRNA、mRNA 和 rRNA 的转录。

由于 tRNA 和 rRNA 基因转录调节蛋白的生物合成直接涉及 mRNA 转录，因此讨论 mRNA 转录调节对认识真核基因转录调节具有普遍意义。

真核基因转录调控要素包括以下几类。

1．顺式作用元件　真核顺式作用元件是转录因子的结合位点，包括启动子、增强子和抑制子。真核基因启动子（promoter）是原核启动序列的同义语，是指转录起始点周围的一组转录控制组件，转录因子即通过与这些控制组件相互作用来启动转录。TATA 盒（TATA box）是真核启动子常见控制组件，通常位于转录起始点上游 –25 bp ～ –30 bp，其一致序列为 TATAAAA。TATA 盒是基本转录因子 TFⅡD 结合位点，TFⅡD 则是 RNA 聚合酶Ⅱ结合 DNA 必不可少的。除 TATA 盒外，GC 盒（GGGCGG）和 CAAT 盒（GCCAAT）也在真核基因启动子较为常见，他们通常位于转录起始点上游 –30 bp 至 –110 bp 区域。由 TATA 盒和转录起始点即可构成最简单的启动子；典型的启动子则由 TATA 盒及上游的 CAAT 盒和（或）GC 盒组成（图 13-5）。

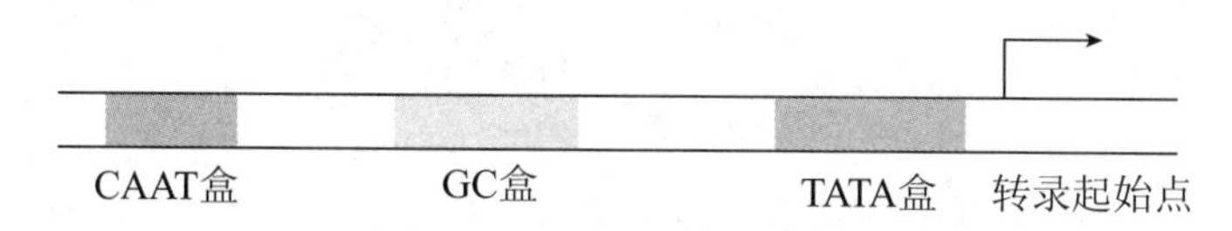

图 13-5　真核启动子的典型结构

增强子（enhancer）是指远离转录起始点、决定组织特异性表达、增强启动子转录活性的特异 DNA 序列，其发挥作用的方式与方向、距离无关。从功能方面讲，没有增强子存在，启动子通常不能表现活性；没有启动子时，增强子也无法发挥作用。增强子和启动子有时分隔很远，有时连续或交错覆盖。

对于某些基因，还有负性调节元件——抑制子（repressor）的存在。当抑制子与特异转录因子结合时，对基因转录起阻遏作用。有些 DNA 序列既可作为增强子，又可作为抑制子发挥转录调节作用，这取决于与之结合的转录因子是激活蛋白还是抑制蛋白。

2．反式作用因子　反式作用因子又称转录因子或转录调节蛋白，按功能特性可分三类：①基本转录因子（general transcription factor）：是指 RNA 聚合酶结合启动子所必需的一类转录因子。RNA 聚合酶Ⅰ、Ⅱ、Ⅲ各有一组基本转录因子。例如，TFⅡ类转录因子是 RNA 聚合酶Ⅱ结合启动子所必需，包括 TFⅡ D、TFⅡ A、TFⅡ B、TFⅡ E 和 TFⅡ F 等。②转录激活因子（transcription activator）：凡是通过 DNA- 蛋白质、蛋白质 - 蛋白质相互作用起正性转录调节作用的因子均属此范畴，如与增强子结合的转录因子。③转录抑制因子（transcription inhibitor）：包括所有通过 DNA- 蛋白质、蛋白质 - 蛋白质相互作用产生负性调节效应的因子，如与抑制子结合的转录因子。转录激活因子和转录抑制因子通常为某一种或某一类基因所特有。

大多数转录因子含不同的功能区，如 DNA 结合区、转录激活区等；有些转录因子还具有介导蛋白质 - 蛋白质相互作用的结构域。顺式作用元件与反式作用因子之间的相互作用、反式作用因子之间的相互作用是转录调节的重要形式。这样，对于某一特定的基因而言，转录因子，尤其是特异转录因子的性质、存在数量的多少或有无即成为调节 RNA 聚合酶活性的关键。

3．mRNA 转录激活及其调节　与原核不同，真核 RNA 聚合酶Ⅱ不能单独识别启动子，而是先由基本转录因子 TF Ⅱ D 识别 TATA 盒并与之特异性结合，形成 TF Ⅱ D- 启动子复合物（图 13-6），这一过程由 TFⅡA 促进；接着由 TFⅡB 加入装配，结合到启动子 DNA 上。在 TFⅡF 等参与下，RNA 聚合酶Ⅱ与 TFⅡD、TFⅡB 聚合，形成一个功能性的前起始复合物（preiniation complex，PIC）。在几种基本转录因子中，TFⅡD 是唯一能与 DNA 直接结合的转录因子，在复合物组装过程中起关键性作用，很多特异转录因子也以 TFⅡD 为靶分子控制转录起始。

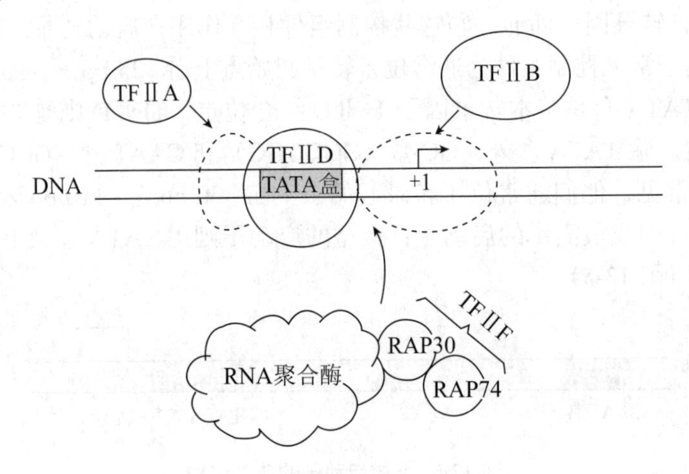

图 13-6　转录前起始复合物（PIC）的形成

在真核细胞内，不同的 DNA 元件相互组合可产生多种类型的转录调节方式；多种转录因子又可结合相同或不同的 DNA 元件。结合 DNA 前，特异转录因子常需通过蛋白质 - 蛋白质相互作用形成二聚体。组成二聚体的单体不同，所形成的二聚体结合 DNA 的能力不同，对转录激活过程所产生的效果也各异。这样，DNA 元件不同，存在于细胞内的转录因子种类、性质及浓度不同，所发生的 DNA- 蛋白质、蛋白质 - 蛋白质相互作用类型不同，使真核基因转录起始调节方式呈现出多样性和复杂性。

四、非编码 RNA 在真核基因表达调控中的作用不容忽视

近年研究表明，非编码 RNA 在基因表达调控中也发挥重要作用。非编码 RNA 按大小可分为长链非编码 RNA 和短链非编码 RNA。

（一）短链非编码 RNA 在转录后水平调节真核基因表达

短链非编码 RNA 可通过降解特异序列 mRNA 或抑制 mRNA 翻译来调节真核基因的表达。常见的短链非编码 RNA 有微小 RNA（microRNA，miRNA）和小干扰 RNA（small interfering RNA，siRNA）等。

miRNA 是由约 22 个核苷酸组成的小分子单链 RNA，其前体是一段具有发夹 - 环结构，长度为 70 ～ 90 个核苷酸的单链 RNA。miRNA 前体经特异的内切核酸酶 Dicer 剪切后形成成熟的 miRNA。成熟的 miRNA 可与其他蛋白质一起组成 RNA 诱导的沉默复合体（RNA-induced silencing complex，RISC），通过与靶 mRNA 分子的 3' 端非翻译区互补配对，从而促进该 mRNA 分子的降解或抑制其翻译。

siRNA 由细胞内一类双链 RNA 在特定情况下酶切而成，长度约为 21 ～ 23 个核苷酸。双链 siRNA 参与 RISC 组成，与特异的靶 mRNA 完全互补结合，导致靶 mRNA 降解，从而阻断翻译过程。这种由 siRNA 介导的基因表达抑制作用被称为 RNA 干扰（RNA interference，RNAi）。RNAi 实际上是通过降解特异 mRNA、在转录后水平发生的一种基因表达调节机制，是生物体本身固有的一种对抗外源基因侵害的自我保护现象。同时，由于外源双链 RNA 的导入也可以引起同源 mRNA 的降解，进而抑制相应基因的表达，RNAi 又被作为一种新技术广泛应用于功能基因组研究中。

（二）长链非编码 RNA 在基因簇乃至整个染色体水平发挥调节作用

长链非编码 RNA（long non-coding RNA，lncRNA）是一类长度超过 200 个核苷酸的 RNA 分子，它们并不编码蛋白质，而是以 RNA 的形式在多种层面上（表观遗传调控、转录调控以及转录后调控等）调控基因的表达。

lncRNA 起初被认为是基因组转录的“噪音”，是 RNA 聚合酶Ⅱ转录的副产物，不具有生物学功能。然而，近年来的研究表明，lncRNA 参与了 X 染色体沉默，基因组印记以及染色质修饰，转录激活，转录干扰，核内运输等多种重要的调控过程，lncRNA 的这些调控作用也开始引起人们广泛的关注。哺乳动物基因组序列中 4% ～ 9% 的序列产生的转录本是 lncRNA（相应的蛋白编码 RNA 的比例是 1%），虽然近年来关于 lncRNA 的研究进展迅猛，但是绝大部分的 lncRNA 的功能仍然不清楚。

第四节　基因重组与基因工程

基因重组（gene recombination）是所有生物都可能发生的基本遗传现象。无论是高等生物，还是细菌、病毒都存在基因重组现象，它是基因变异和物种演变、生物进化的基础。基因工程（gene engineering），也称重组 DNA 技术，是受自然界发生的基因重组的启发，对携带遗传信息的 DNA 分子进行设计和改造的分子工程。自 1972 年该技术诞生以来，已有大量的基因工程产品和转基因动植物接连问世。

一、基因重组是自然界发生的基因转移现象，同源重组最为常见

从广义上讲，任何造成基因型变化的基因交流过程，都叫做基因重组。而狭义的基因重组仅指涉及 DNA 分子内的断裂和再连接过程。真核生物在减数分裂时，通过非同源染色体的自由组合形成各种不同的配子，雌雄配子结合产生基因型各不相同的后代，这种重组过程虽然也导致基因型的变化，但是由于它不涉及 DNA 分子内的断裂和再连接，因此不属于狭义的基因重组。以下提及的基因重组概念均指狭义的基因重组。

根据重组的机制和对蛋白质因子的要求不同，可将基因重组分为三种类型，即同源重组、位点特异性重组和转座重组。同源重组（homologous recombination）又称基本重组（general recombination），是指发生在同源序列间的重组，它通过链的断裂和再连接，在两个 DNA 分子同源序列间进行单链或双链片段的交换。同源重组不需要特异的 DNA 序列，而是依赖两分子之间序列的相同或类似性。如果将与宿主 DNA 充分同源的外源 DNA 通过一定的方式导入宿主细胞后，外源 DNA 就可以按同源重组的方式整合进宿主染色体。

位点特异性重组（site-specific recombination）是指由整合酶催化，在两个 DNA 序列的特异位点间发生的整合，其发生依赖于小范围的 DNA 同源序列（仅十几个 bp），重组也只限于这个小范围。两个 DNA 分子并不交换同源部分，有时是一个 DNA 分子整合到另一个 DNA 分子中。位点特异性重组广泛存在于各类细胞中，如某些基因的表达调节，免疫球蛋白基因的重排等。

大多数基因在基因组内的位置是固定的，但有些基因可以从一个位置移动到另一位置。这些可移动的DNA序列包括插入序列和转座子。由插入序列和转座子介导的基因移位或重排称为转座重组（transpositional recombination）。转座重组发生在顺序不相同的DNA分子间，在形成重组分子时往往依赖于DNA的复制过程。

二、基因工程是对DNA分子进行设计和改造的分子工程

（一）基因工程相关概念

1．基因工程 基因工程就是应用酶学的方法，在体外将感兴趣的目的基因与载体DNA结合成一具有自我复制能力的DNA分子——复制子，转入另一生物体（受体）细胞内，筛选出含有目的基因的转化子细胞，并利用克隆的基因表达、制备特定的蛋白质或多肽产物，或定向改造细胞和生物个体的特性所用的方法及相关的工作。因为是在体外将不同来源的DNA分子通过磷酸二酯键连接成一个新的DNA分子，所以称为DNA重组（DNA recombination），因其以获得单一基因或DNA片段的大量拷贝为目的，故又称为基因克隆（genetic cloning）或分子克隆（molecular cloning）。从广义上讲，基因工程分为上游和下游。上游技术指的是外源基因的重组、克隆、表达的设计与构建，即狭义的基因工程；下游技术则涉及含外源基因的重组菌或细胞的大规模培养及外源基因表达产物的分离纯化与鉴定等工艺。该技术已成为现代生物技术的核心，目前在工业、农业和医疗中已经显示了巨大的应用前景。

2．基因载体 基因载体（gene vector），是“携带”目的外源DNA片段、实现外源DNA在受体细胞中的无性繁殖或表达有意义的蛋白质所采用的一些DNA分子。载体根据功能不同分为克隆载体（cloning vector）和表达载体（expression vector）。克隆载体用于外源DNA片段的克隆和在受体细胞中的扩增；包括质粒、噬菌体和病毒DNA等。表达载体则用于外源基因的表达。

所谓质粒（plasmid）是存在于细菌染色体外的能自主复制和稳定遗传的小型环状双链DNA分子，其分子量小至2～3kb（千碱基），大的可达数百kb。质粒带有某些遗传信息，所以会赋予宿主细胞一些遗传性状，如对某些抗生素或重金属的抗性等。根据质粒赋予宿主细胞的表型可识别质粒的存在，是筛选转化子细胞的依据。因此，质粒DNA的自我复制功能及所携带的特殊遗传信息在基因工程操作，如扩增、筛选过程中都是极其有用的。

3．工具酶 在基因工程技术中需要一些工具酶进行基因操作。例如，对目的基因进行处理时，需利用序列特异的限制性核酸内切酶在准确的位置切割DNA，使较大的DNA分子变为一定大小的DNA片段；构建重组DNA分子时，必须在DNA连接酶催化下才能使DNA片段与克隆载体共价连接。此外，DNA聚合酶、反转录酶和末端转移酶等也是基因工程技术中常用的工具酶。

在所有工具酶中，限制性核酸内切酶（restriction endonuclease）具有特别重要的意义。限制性核酸内切酶是能够识别双链DNA分子中的某种特定核苷酸序列，并在识别位点裂解磷酸二酯键的一类内切酶。限制性内切酶有三类，基因工程技术中常用的限制性内切酶为Ⅱ类酶，如*EcoR*Ⅰ、*BamH*Ⅰ等。大多数Ⅱ类酶所识别的DNA序列呈回文结构。例如下述序列即为*EcoR*Ⅰ识别序列，其中箭头所指便是该酶切割位点：

5′- G▼AATTC - 3′
3′- CTTAA▲G - 5′

EcoR Ⅰ切割双链 DNA 后产生 5′ 突出的粘末端。有的限制性内切酶切割 DNA 后产生 3′ 突出的粘末端，如 Pst I：

5′- CTGCA▼G - 3′
3′- G▲ACGTC - 5′

而另一些酶切割 DNA 后产生平末端，如 *Hpa* Ⅰ：

5′- GTT▼AAC - 3′
3′- CAA▲TTG - 5′

无论何种内切酶、切割后产生何种末端，切割的 DNA 总是具有 5′ 磷酸基和 3′ 羟基基团。

（二）基因工程基本原理

一个完整的基因工程基本过程包括：目的基因的获取，基因载体的选择与改建，目的基因与载体的连接，重组 DNA 分子导入受体细胞进行扩增，重组体的筛选、鉴定以及目的基因的表达。图 13-7 是以质粒为载体进行 DNA 克隆的示意图。

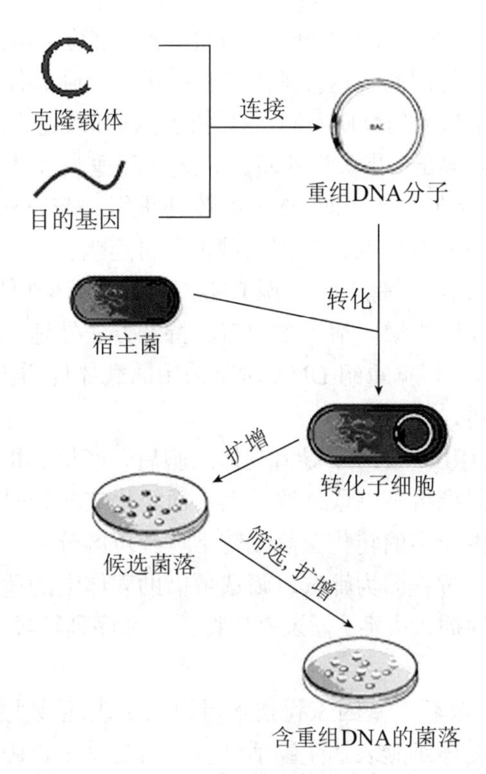

图 13-7　基因工程基本过程

1．目的基因的获取　目前获取目的基因大致有如下几种途径。

（1）化学合成法：如果某种基因的核苷酸序列已知，或根据某种基因产物的氨基酸序列可推导出编码基因的核苷酸序列，可以利用 DNA 合成仪通过化学法合成目的基因。一般用于小分子多肽编码基因的合成。

（2）基因组文库：分离细胞染色体 DNA，利用限制性核酸内切酶将染色体 DNA 切割成许多片段，将这些片段克隆到载体中，继而转入受体菌扩增，使每个细菌内都携带一种重组

DNA 分子的多个拷贝。不同细菌所包含的重组 DNA 分子内可能存在不同的染色体 DNA 片段。这样生长的全部细菌所携带的各种染色体 DNA 片段就代表了整个基因组，这就是基因组文库（genomic DNA library）。建立基因组文库后，结合适当筛选方法从众多的转化子菌株中选出含有某一基因的菌株，再行扩增，将重组 DNA 分离、回收，以获得目的基因的克隆。

（3）cDNA 文库：以某一组织细胞在一定条件下所表达的全部 mRNA 为模板，利用反转录酶合成与 mRNA 互补的 DNA（cDNA），再复制成双链 cDNA 片段。cDNA 片段与适当载体连接后转入受体菌，扩增为 cDNA 文库。与基因组文库类似，由总 mRNA 制作的 cDNA 文库包含了细胞全部 mRNA 信息，自然也含有我们感兴趣的编码 cDNA。从 cDNA 文库筛选出特异的 cDNA 克隆就是分离某种蛋白质的编码序列。

（4）PCR 法　目前，采用聚合酶链反应（polymerase chain reaction，PCR）获取目的 DNA 十分普通。在模板 DNA、特异性引物、dNTP、Taq DNA 聚合酶存在时，反应体系经变性、退火及延伸反应过程，使特定 DNA 片段大量扩增。如果已知某个基因的 DNA 序列，设计特异性引物，可直接以基因组 DNA 或 cDNA 为模板，通过 PCR 技术方便、快捷地获取目的基因。

2．克隆载体的选择和改建　外源 DNA 片段自身是不能复制的，它必须与合适的载体连接，才能在受体细胞中进行复制和表达。基因工程技术中克隆载体的选择和改建是极富技术性的问题，目的不同，操作基因的性质不同，载体的选择和改建方法也不同。

3．目的基因与载体的连接　获取目的基因，选择和适当改建克隆载体后，下一步工作就是将目的基因与载体连接在一起，即 DNA 的体外重组。与自然界发生的基因重组不同，这种 DNA 重组是靠 DNA 连接酶将目的基因与载体共价连接。

4．重组 DNA 导入受体菌（细胞）　外源 DNA 片段与载体在体外连接成重组 DNA 分子后，必须转入宿主细胞后才能扩增。宿主细胞需经特殊方法处理，使之成为感受态细胞，才具备接受外源 DNA 的能力。根据重组 DNA 时所采用的载体性质不同，导入重组 DNA 分子有转化、转染和感染等不同方式。

5．重组体的筛选　重组 DNA 分子导入受体细胞后，经培养得到大量转化子菌落或转染噬菌斑。由于每一重组体只携带某一段外源基因，而转化或转染时每一受体菌又只能接受一个重组分子，所以应设法将众多的转化菌落或转染噬菌斑区分开来，并鉴定哪一菌落或噬菌斑确实带有目的基因，这一过程即为筛选。筛选可借助载体上的遗传标志进行（如抗生素抗性、标志补救、利用基因的插入失活 / 插入表达特性）和序列特异性筛选（如 PCR 法及核酸杂交法等）。

6．克隆基因的表达与收获　基因工程技术可以大量表达或生产有益的蛋白质产品。克隆的目的基因和 cDNA 在受体细胞表达生物活性蛋白质是基于正确的基因转录、有效的蛋白质翻译和适当的转录后、翻译后加工过程。基因工程表达体系分原核和真核两类，大肠杆菌是最常用的原核表达体系，酵母、昆虫细胞或哺乳类动物细胞是常用的真核表达体系。大肠杆菌表达蛋白质操作简单、迅速、经济而又适合大规模生产，所以应用很广泛，但是也存在一些不足，例如由于缺乏转录后加工机制，大肠杆菌只能表达克隆的 cDNA，而不宜表达真核基因组 DNA；由于缺乏适当的翻译后加工机制，大肠杆菌表达真核蛋白质不能形成适当折叠或糖基化修饰；表达的蛋白质常形成不溶性的包含体，欲使其具有活性尚需经复性等处理。相反，真核表达体系不仅可表达克隆的 cDNA，而且还可表达真核基因组 DNA；哺乳类动物细胞表达的蛋白质通常被适当修饰，而且表达的蛋白质会恰当地分布在细胞内一定区域并积累。与原核表达体系相比，操作技术难、费时、费钱是真核表达体系的缺点。

三、基因工程技术在医学上有重要的应用价值

基因工程技术的应用范围非常广泛，涉及工业、农业、环境、能源和医药卫生等许多领域。以下将对基因工程在医学方面的应用作简要介绍。

1．疾病基因的发现与克隆　基因工程技术的应用使分子遗传学家有可能根据基因定位来克隆一个基因，因而使克隆基因的速度大大加快。随着人类基因组计划的完成，已有越来越多的疾病相关基因被发现并克隆。疾病相关基因的发现不仅可促进新的遗传病的发现，而且对遗传病的诊断和治疗都极有价值。

2．生物制药　基因重组药物的生产是在基因克隆、功能研究基础上，构建适当的表达体系表达有生物活性的蛋白质、多肽，再经过科学的动物实验、严格的临床试验和药物审查，发展为新药物。利用基因工程生产有药用价值的蛋白质、多肽产品已成为当今世界一项重大产业。

3．基因诊断　基因诊断又称DNA诊断，是利用分子生物学原理和技术，在DNA水平分析检测某一基因，从而对特定的疾病进行诊断。目前用于基因诊断的方法很多，但其基本过程相似：首先分离、扩增待测基因片段，然后利用适当分析手段，区分或鉴定DNA的异常。

4．基因治疗　所谓基因治疗就是把健康的外源基因导入有基因缺陷的细胞中，从而达到治疗的目的。基因治疗包括体细胞基因治疗和性细胞基因治疗。体细胞基因治疗仅单独治疗受累组织，类似于器官移植。性细胞基因治疗因对后代遗传性状有影响，目前仅限于动物实验（转基因动物），用于测试各种重组DNA在矫正遗传病方面是否有效。

5．遗传病的预防　疾病基因克隆不仅为医学家提供了重要工具，使他们能深入认识、理解各种遗传病的发生机制，为寻求可能的治疗途径、预测疗效提供有力手段；更为重要的是，利用这些成果进行产前诊断、遗传病易感性分析、携带者测试及症候前诊断等，对预防遗传病的发生有极其积极的意义。

小　结

基因表达就是基因转录和翻译的过程。基因表达是由一定调节机制控制的严格按一定时间顺序和空间顺序发生的事件。原核基因表达调控是为适应物理、化学等环境变化，维持细胞生长和分裂；真核基因表达调控是为适应环境、阶段生长时发育、分化的需要。基因功能类型不同，其表达方式及调节也不同。管家基因在个体的整个生命过程中、在几乎所有细胞中持续表达，这种表达方式称为基本的基因表达。另有一些基因表达水平随环境信号而变化，对环境应答时表达水平增高称为诱导表达，表达水平降低称为阻遏表达。

基因表达调控是在染色质活化、转录及转录后、翻译及翻译后等多级水平上进行的。mRNA转录起始是基因表达调控的基本控制点，调节要素涉及DNA、调节蛋白及RNA聚合酶活性。大多数原核基因表达是以操纵子模式进行的。真核基因表达调控与原核不同，以正性调节为主。真核基因调节序列由启动子、增强子等顺式作用元件组成，RNA聚合酶活性依

赖基本转录因子和转录激活因子的存在。短链非编码 RNA 可通过降解特异序列 mRNA 或抑制 mRNA 翻译来调节真核基因的表达，主要包括 miRNA 和 siRNA 两类。lncRNA 对基因表达的调控作用也开始引起广泛关注。

基因重组是所有生物都可能发生的基本遗传现象，主要有三种类型，即同源重组、位点特异性重组和转座重组，其中同源重组是最基本的基因重组方式。基因工程是对携带遗传信息的分子进行设计和改造的分子工程，其基本特点是进行分子水平上基因操作和细胞水平上的蛋白质表达。一个完整的基因工程基本过程包括分、切、接、转、筛 5 个步骤。目前基因工程技术已渗透到生命科学研究的各个学科，已在生物制药、疫苗生产、抗体制备等方面取得了令人瞩目的成就。

思考题

1．基因表达的方式和特点是什么？

2．原核基因表达调控和真核基因表达调控有何异同？

3．基因工程在医药卫生领域的应用前景如何？

（龚明玉　倪菊华）

第四篇　专题篇

前三篇分别介绍了生物大分子的结构与功能，重要的物质代谢与调节，以及基因信息传递的基本知识。除了上述这些较为系统的内容外，作为医学生，还应该掌握一些相关的必备生物化学知识。本书选择这些与医学紧密联系的问题，组编成专题介绍。例如，肝是人体各种物质代谢的重要器官，肝疾病时表现各种代谢异常。为此，本篇专设“肝的生物化学”一章，介绍肝在各种物质代谢中的作用及特点，这既是前述一些物质代谢的总结，又与疾病有密切联系。血液的基本知识，主要在《生理学》中讨论，但有关血浆蛋白质、红细胞代谢等内容则在本篇的“血液的生物化学”章中介绍。另外，维生素与微量元素、骨骼与钙磷代谢等与生化和医学均有关的内容，也在本篇设专章。本篇中还有“细胞增殖的调控分子”、“常用分子生物学技术原理与应用”和“组学与医学”3章，主要介绍一些近年这方面的新进展，以适应21世纪对医学生关于分子生物学知识的新要求。例如，癌基因、基因诊断与基因治疗以及各种分子杂交技术的应用等。这方面的内容侧重于基本概念，并未作过多展开，仅供选读、查阅或专题讲座之用。

（倪菊华）

第十四章

肝的生物化学

学习目标

1. 熟悉肝在糖、脂、蛋白质、维生素和激素代谢中的作用；了解肝功能受损时物质代谢紊乱的表现。
2. 掌握生物转化的概念、反应类型及参与结合反应的生物活性物质；熟悉影响生物转化作用的因素；了解生物转化的反应机制。
3. 熟悉胆汁酸的来源、分类、功能及排泄；掌握胆汁酸的肠肝循环及其生理意义；了解初级胆汁酸和次级胆汁酸的种类。
4. 熟悉胆红素的生成、转运、结合、转变和排泄的过程；掌握两种胆红素性质的差别；熟悉三种黄疸的病因及血、尿、便改变。

肝在组织结构及生物化学方面有如下特点：①有肝动脉和门静脉双重血液供应；②富含血窦，血流速度缓慢；③有肝静脉和胆道系统两条输出通道；④肝细胞内含有数百种酶。这些特点使肝成为人体内糖、脂、蛋白质、维生素、激素以及非营养物质代谢及代谢调节的“中枢”。

第一节　肝在物质代谢中的作用

一、肝是维持血糖浓度相对恒定的重要器官

肝细胞主要通过糖原的合成与分解、糖异生作用来维持血糖浓度的相对恒定，确保全身各组织，尤其是大脑和红细胞的能量供应。

饱食后，血糖浓度升高，肝细胞特有的己糖激酶同工酶Ⅳ，即葡萄糖激酶可以不断催化葡萄糖磷酸化，生成6-磷酸葡萄糖，有利于合成糖原贮存起来。成人肝组织贮存的糖原可以达到肝重的5%～6%。

饥饿时，血糖浓度降低，肝细胞内的葡萄糖-6-磷酸酶，可将肝糖原分解生成的6-磷酸葡萄糖转化成葡萄糖，补充血糖。

体内糖原贮备总量约400g，若仅依赖糖原供能，饥饿8～12小时后体内糖原就被耗尽，此时糖异生就成为维持血糖浓度相对恒定的主要途径。糖异生在空腹24～48小时后可达最大速度。肝细胞内磷酸戊糖途径也很活跃，为非营养物质代谢等提供充足的NADPH。

二、肝是脂质代谢的中心

肝在脂质的消化、吸收、分解、合成及运输等过程中均具有重要作用。

（一）肝合成并分泌胆汁酸帮助脂质消化和吸收

肝可将胆固醇转变为胆汁酸，以促进脂质和脂溶性维生素的消化吸收。因此，肝胆疾病患者常出现脂质消化不良，甚至脂肪泻和脂溶性维生素缺乏症。

（二）肝是脂肪酸合成、分解、改造和酮体生成的主要场所

肝细胞富含脂肪酸合成、β 氧化和酮体合成的酶，是脂肪酸合成、酯化和 β 氧化最主要的场所，也是生成酮体的唯一器官。酮体呈水溶性，分子小，更易于运输和氧化供能，是肝输出脂肪酸类能源的另一种形式，使心、脑、肾和骨骼肌在血糖浓度过低时可直接利用酮体供能，具有重要的生理意义。另外肝也是脂肪酸进行饱和度及碳链长度改造的重要场所。

（三）肝是脂蛋白代谢的中心

脂蛋白是脂质的运输形式。饱食后，肝细胞可将三酰甘油、磷脂和胆固醇以 VLDL 的形式分泌入血，供其他组织摄取和利用。肝细胞合成的 HDL 可将肝外组织的胆固醇运回肝内进行处理。肝也是 LDL 降解的主要场所。肝细胞合成多数的载脂蛋白，如载脂蛋白 C-Ⅱ（ApoC-Ⅱ）可激活肝外组织毛细血管内皮细胞的脂蛋白脂肪酶，有利于肝外组织摄取利用三酰甘油。肝细胞的磷脂合成特别是卵磷脂的合成非常活跃。当肝功能受损或胆碱、甲硫氨酸等缺乏时，脂蛋白合成减少，肝内脂肪不能运出，可导致脂肪肝。

（四）肝是胆固醇代谢的主要器官

人体内的胆固醇约 2/3 由体内合成。体内许多组织都能合成胆固醇，但肝是主要场所，约占体内合成总量的 3/4。血浆胆固醇的酯化也需要肝细胞合成并分泌的卵磷脂 - 胆固醇脂酰基转移酶（LCAT）催化。肝功能严重受损时，胆固醇酯 / 游离胆固醇的比值降低。

体内胆固醇约有一半在肝转变成胆汁酸，后者通过肠肝循环可循环使用。高胆固醇血症患者服用考来烯胺（消胆胺）可增加胆汁酸的排出，减少肠肝循环，从而使血中胆固醇水平降低。

三、肝是蛋白质代谢的枢纽

肝在人体蛋白质的合成代谢和分解代谢中发挥重要作用。

（一）肝是合成、分泌和清除血浆蛋白质的重要场所

肝内蛋白质代谢极为活跃。它不但合成肝细胞自身的结构蛋白，还合成与分泌 90% 以上的血浆蛋白质，除 γ 球蛋白外，几乎全部的血浆蛋白质均来自肝，如清蛋白、凝血因子Ⅰ、Ⅱ、Ⅴ、Ⅶ、Ⅸ和Ⅹ、α_1- 抗凝血酶、α_1- 酸性糖蛋白、α_1- 和 α_2- 巨球蛋白、铜蓝蛋白和多种载脂蛋白（ApoA、ApoB、ApoC、ApoE）等。清蛋白是许多物质（如游离脂肪酸、胆红素等）在血液中运输的载体，在维持血浆胶体渗透压方面也起着举足轻重的作用。成人肝每日约合成 12g 清蛋白，占肝蛋白质合成总量的 1/4。清蛋白还是肝外组织合成自身蛋白质的原料，因此肝在维持血浆蛋白与全身组织蛋白质之间的动态平衡中起重要作用。肝功能严重受损时会出现清蛋白与球蛋白比值（A/G）下降甚至倒置，引起水肿和腹水，并伴有凝血时间延长及出血倾向等。

胚胎肝可以合成一种与血浆清蛋白相近的甲胎蛋白（α-fetoprotein），出生后其合成受到抑制，正常人血浆中含量极微。肝癌细胞内的甲胎蛋白基因失去阻遏，血浆中甲胎蛋白浓度明显升高，可以作为原发性肝癌的辅助诊断指标。

肝细胞也是清除血浆蛋白质（清蛋白除外）的重要场所，将其内吞后在溶酶体中降解。

（二）肝是体内氨基酸分解和转变的重要器官

肝在氨基酸分解代谢中起重要作用。除支链氨基酸（Leu、Ile、Val）以外的所有氨基酸的转氨基、转甲基、脱硫、脱羧及脱氨基等反应在肝中均十分活跃。肝细胞富含氨基酸代谢的酶类，当肝细胞受损时，细胞膜通透性增加或细胞坏死，细胞内的某些酶（如丙氨酸氨基转移酶）逸出，使血中相应酶的活性增高，可用于肝病的辅助诊断。

肝是合成尿素的主要器官。肝通过鸟氨酸循环将有毒的氨合成相对无毒的尿素随尿排出。严重肝病时，可因尿素合成能力下降导致血氨升高。

肝是芳香族氨基酸和芳香胺类的清除器官。严重肝病时，肠道产生的苯乙醇胺和β-羟酪胺等芳香胺类不能被清除，统称为“假神经递质”，这也是肝性脑病的“假神经介质学说”。

四、肝参与维生素的吸收、贮存、运输与代谢

肝在多种维生素的吸收、贮存、运输和代谢等方面起重要作用。

肝合成并分泌的胆汁酸盐，有利于脂溶性维生素 A、D、E、K 的吸收。肝细胞受损或胆道梗阻时，胆汁酸盐合成不足或排泄受阻，均可导致脂溶性维生素的吸收障碍。

肝是体内含维生素（维生素 A、K、B_1、B_2、B_6、B_{12}、泛酸及叶酸等）较多的器官，是维生素 A、E、K 和 B_{12} 的主要贮存场所。肝在维生素 A 的代谢中发挥重要作用：肝贮存的维生素 A 约占体内总量的 95%，肝合成并分泌视黄醇结合蛋白参与维生素 A 在血液中的运输，肝还能将 β- 胡萝卜素转化为维生素 A。肝虽然不贮存维生素 D，但肝细胞合成的维生素 D 结合蛋白与维生素 D 结合在血液中运输；肝还能将维生素 D_3 转化为 25- 羟维生素 D_3，为肾的进一步活化奠定了基础。维生素 K 参与肝细胞中凝血因子Ⅱ、Ⅶ、Ⅸ和Ⅹ的合成。维生素 B_{12} 参与甲基转移反应，可用于胸腺嘧啶的合成。因此，适量进食动物肝脏对维生素 A 缺乏引起的夜盲症、维生素 K 缺乏导致的出血倾向和维生素 B_{12} 缺乏造成的巨幼红细胞性贫血等有预防作用。

肝细胞还能将多种维生素转化为辅酶的活性形式，如维生素 PP 转化为辅酶Ⅰ（NAD^+）和辅酶Ⅱ（$NADP^+$）、维生素 B_1 转化为焦磷酸硫胺素（TPP）、泛酸转化为辅酶 A（CoASH）等。

五、肝是多种激素灭活的场所

多种激素在发挥其调节作用后，主要在肝内转化、降解或失去活性，这一过程称为激素的灭活。灭活过程对于激素作用时间的长短及强度具有调控作用。肝病严重时，由于激素的灭活功能降低，体内雌激素、肾上腺皮质激素、醛固酮和抗利尿激素等水平升高，可出现男性乳房女性化、蜘蛛痣、肝掌（雌激素对小血管的扩张作用）、高血压、水肿和腹水等表现。

第二节 肝的生物转化作用

一、非营养物质通过肝的生物转化作用增加极性，利于机体对其排泄

人体内存在一些非营养物质，它们既不能构成组织细胞的成分，又不能氧化供能或作为

酶的辅助因子，其中某些物质对人体还有一定的生物学效应或毒性作用。按其来源，非营养物质可分为内源性和外源性两类。内源性物质包括一些有毒的代谢产物，如氨、胺类、胆红素等，以及有强烈生物学活性的物质如激素、神经递质等。外源性物质包括药物、毒物、食品添加剂、环境污染物以及肠道细菌腐败作用的产物（胺、酚、吲哚和硫化氢）等。机体在排出这些非营养物质以前，常对其进行各种代谢转变，使其极性（水溶性）增加，易于随胆汁或尿液排出体外，这一过程称为生物转化（biotransformation）。肝细胞富含生物转化的各种酶类（表 14-1），是生物转化的主要器官。肾、肠、肺、皮肤及胎盘等也有少量生物转化能力。

表 14-1 肝参与生物转化的酶类

酶类	细胞内定位	反应底物或辅酶	结合基团的供体
第一相反应			
氧化酶类			
加单氧酶系	微粒体	RH；NADPH、O_2、FAD	
单胺氧化酶	线粒体	胺类；O_2、H_2O	
脱氢酶系	细胞质或微粒体	醇或醛；NAD^+	
还原酶类	微粒体	硝基苯等；NADPH 或 NADH	
水解酶类	细胞质或微粒体	酯类、酰胺类或糖苷类化合物	
第二相反应			
葡萄糖醛酸转移酶	微粒体	含羟基、巯基、氨基、羧基化合物	尿苷二磷酸葡萄糖醛酸（UDPGA）
硫酸转移酶	细胞质	苯酚、醇、芳香胺类	3'-磷酸腺苷 5'-磷酰硫酸（PAPS）
乙酰基转移酶	细胞质	芳香胺、胺、氨基酸	乙酰 CoA
谷胱甘肽 S-转移酶	细胞质与微粒体	环氧化物、卤化物、胰岛素等	谷胱甘肽（GSH）
酰基转移酶	线粒体	酰基 CoA（如苯甲酰 CoA）	甘氨酸
甲基转移酶	细胞质与微粒体	含羟基、氨基、巯基化合物	S-腺苷甲硫氨酸（SAM）

多数有毒物质经生物转化后，毒性减弱或消失，水溶性增加。但也有少数物质毒性反而增强，有的水溶性还可能下降。如香烟中的 3，4-苯并芘并无致癌作用，进入人体后，经肝微粒体中的加单氧酶作用后，转变为 7，8-二氢二醇-9，10 环氧化物反而具有强致癌作用。所以不能将肝的生物转化作用简单地看做是“解毒作用”。

二、肝的生物转化可以归纳为两相反应

（一）生物转化第一相反应包括氧化、还原和水解反应

1．氧化反应由加单氧酶系、单胺氧化酶和脱氢酶催化

（1）加单氧酶系是生物转化最重要的酶：加单氧酶系存在于肝细胞微粒体，由细胞色素

P450、NADPH-细胞色素 P450 还原酶（其辅酶为 FAD）和细胞色素 b_5 还原酶组成，催化分子氧中的一个氧原子参入底物，生成羟基化合物或环氧化物，而另一个氧原子被 NADPH 还原为水。因一个氧分子发挥了两种功能，所以该酶又被称为混合功能氧化酶。由于其氧化产物主要是羟化物，亦称羟化酶。其催化的反应通式如下：

$$NADPH + H^+ + O_2 + RH \xrightarrow{\text{加单氧酶}} NADP^+ + H_2O + ROH$$

加单氧酶系特异性低，可催化烷烃、芳香烃和氨基氮等多种非营养物质进行羟化反应，使其溶解度增大而易于随尿排出，是肝内最重要的代谢药物及毒物的酶系，并参与维生素 D_3、肾上腺皮质激素、性激素和胆汁酸盐合成和灭活过程中的羟化反应。应该指出的是，加单氧酶系作用后还可能生成有毒或致癌物，如黄曲霉素 B_1 可经该酶催化生成黄曲霉素 2，3-环氧化物，成为肝癌的严重危险因子。

（2）单胺氧化酶氧化胺类生成醛：单胺氧化酶（monoamine oxidase，MAO）是一种含 FAD 的黄素蛋白，存在于线粒体外膜，催化胺类氧化生成醛。从肠道吸收的腐败产物如组胺、酪胺、色胺、尸胺、腐胺和体内许多生理活性物质如 5-羟色胺、儿茶酚胺等均可经此酶氧化为醛和氨。其通式如下：

$$RCH_2NH_2 + O_2 + H_2O \xrightarrow{\text{单胺氧化酶}} RCHO + NH_3 + H_2O_2$$

（3）醇脱氢酶及醛脱氢酶氧化醇和醛生成醛或酸：醇脱氢酶（alcohol dehydrogenase，ADH）及醛脱氢酶（aldehyde dehydrogenase，ALDH）存在于细胞质和微粒体中，均以 NAD^+ 为辅酶，分别催化醇和醛氧化生成相应的醛或酸。其通式如下：

$$RCH_2OH \xrightarrow[NAD^+ \rightarrow NADH+H^+]{\text{醇脱氢酶}} RCHO \xrightarrow[NAD^+ + H_2O \rightarrow NADH+H^+]{\text{醛脱氢酶}} RCOOH$$

2．硝基还原酶和偶氮还原酶是主要的还原酶　肝细胞微粒体中含有硝基还原酶和偶氮还原酶类，分别催化硝基化合物与偶氮化合物从 NADPH 接受氢，还原成相应的胺类。例如：

$$C_6H_5-NO_2 \xrightarrow{\text{硝基还原酶}} C_6H_5-NO \longrightarrow C_6H_5-NHOH \longrightarrow C_6H_5-NH_2$$

硝基苯　　亚硝基苯　　苯胲　　苯胺

$$C_6H_5-N{=}N-C_6H_5 \xrightarrow{\text{偶氮还原酶}} C_6H_5-NH-NH-C_6H_5 \longrightarrow 2\,C_6H_5-NH_2$$

偶氮苯　　苯胺

3．酯酶、酰胺酶及糖苷酶是主要的水解酶　水解酶存在于肝细胞的细胞质和微粒体中，如酯酶、酰胺酶及糖苷酶等，可以将脂质、酰胺类和糖苷类化合物水解，以减少或消除其生物活性。这些水解产物，通常还需进一步进行第二相结合反应后才能排出体外。

$$\text{乙酰水杨酸}\ (OCOCH_3, COOH) \xrightarrow{\text{水解}} \text{水杨酸}\ (OH, COOH) \xrightarrow{\text{氧化}} \text{羟基水杨酸}\ (OH, COOH, HO) \xrightarrow{\text{结合反应}} \text{葡萄糖醛酸苷等结合产物}$$

非营养物质一般经过上述氧化、还原或水解的第一相反应后，还需要进一步进行第二相的结合反应才能完成生物转化作用。

（二）生物转化第二相反应是结合反应

结合反应是体内最重要的生物转化方式。凡含有羟基、巯基、氨基、羧基等功能基团的激素、药物或毒物均可与极性很强的基团如葡萄糖醛酸、硫酸、谷胱甘肽和乙酰 CoA 等发生结合反应，增加其水溶性，使其易于排出体外。其中以葡萄糖醛酸、硫酸和乙酰基的结合反应最为普遍。

1．葡萄糖醛酸结合是最重要的结合反应　人体内有数千种代谢物、药物或毒物可以和葡萄糖醛酸结合。葡萄糖醛酸的活化形式是在糖醛酸途径中所产生的尿苷二磷酸葡萄糖醛酸（UDPGA），在肝细胞微粒体中 UDP- 葡萄糖醛酸基转移酶催化下，将葡萄糖醛酸基转移到含羟基、巯基、氨基、羧基的化合物上，生成相应的葡萄糖醛酸苷。某些底物分子可以结合 2 个葡萄糖醛酸，如胆红素。

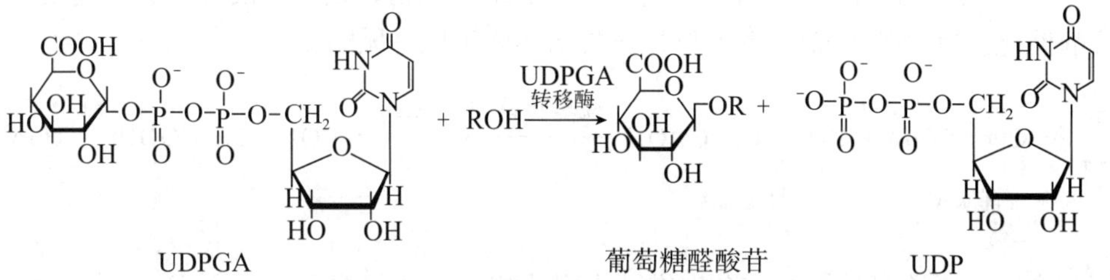

UDPGA + ROH —(UDPGA 转移酶)→ 葡萄糖醛酸苷 + UDP

2．硫酸结合也是常见的结合反应　醇、酚或芳香族胺类化合物都可以和硫酸结合增加其水溶性。活性硫酸的供体是 3′- 磷酸腺苷 5′- 磷酰硫酸（PAPS）。催化其结合反应的酶是硫酸转移酶，生成相应的硫酸酯。雌酮就是通过形成硫酸酯而被灭活的，严重肝病患者的生物转化功能下降，血中雌激素过多，是出现“蜘蛛痣”或“肝掌”的重要原因。

雌酮 + PAPS —(硫酸转移酶)→ 雌酮硫酸酯 + PAP

3．乙酰基结合是胺类化合物重要的结合反应　各种芳香族和脂肪族胺类或氨基酸的氨基可与乙酰基结合，生成相应的乙酰化衍生物。乙酰 CoA 提供活化的乙酰基。肝细胞富含乙酰基转移酶，催化乙酰基的结合反应。

$$CH_3CO \sim SCoA + RNH_2 \xrightarrow{\text{乙酰基转移酶}} CH_3CONHR + CoA\text{-}SH$$

抗结核病药物异烟肼及大部分磺胺类药物通过这种形式灭活，应该指出的是，磺胺类药物经乙酰化后，其溶解度反而降低，在酸性尿中易于析出，故在服用磺胺类药物时应服用适量的小苏打，以提高其溶解度，利于随尿排出。

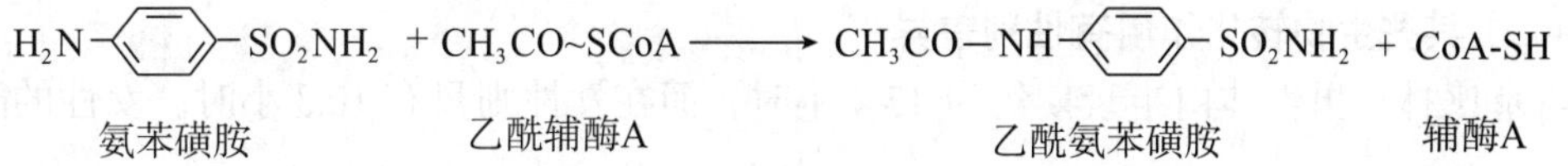

$$H_2N\text{-}C_6H_4\text{-}SO_2NH_2 + CH_3CO\sim SCoA \longrightarrow CH_3CO\text{-}NH\text{-}C_6H_4\text{-}SO_2NH_2 + CoA\text{-}SH$$

氨苯磺胺　乙酰辅酶A　乙酰氨苯磺胺　辅酶A

4．谷胱甘肽结合反应对肝细胞起保护作用　经肝细胞质中谷胱甘肽 S- 转移酶的催化，谷胱甘肽（GSH）可与有毒的环氧化合物或卤代化合物结合，消除其毒性。生成的谷胱甘肽结合产物，随胆汁排出体外。谷胱甘肽的结合反应主要参与致癌物、肿瘤化疗药物及内源性活性物质的生物转化作用。

环氧萘 + GSH —谷胱甘肽S- 转移酶→ S- 二氢萘醇谷胱甘肽

5．甘氨酸可与含羧基的化合物结合　有些药物、毒物等的羧基与辅酶 A 结合形成酰基辅酶 A 后，可与甘氨酸的氨基结合，生成相应的结合产物。该结合反应由肝细胞线粒体的酰基转移酶催化。例如苯甲酰辅酶 A 与甘氨酸结合后生成马尿酸：

$$C_6H_5-CO\sim SCoA + H_2N-CH_2COOH \xrightarrow{\text{酰基转移酶}} C_6H_5-CONHCH_2COOH + CoA\text{-}SH$$

苯甲酰辅酶A　　甘氨酸　　马尿酸

胆酸和脱氧胆酸与甘氨酸结合生成结合胆汁酸亦属于此类反应。

6．甲基化是生物活性物质和药物代谢的重要反应　在肝的细胞质和微粒体中存在多种甲基转移酶，可催化含有羟基、巯基和氨基的化合物进行甲基化反应。活性甲基由 S- 腺苷甲硫氨酸（SAM）提供，生成相应的甲基化产物。儿茶酚胺、5- 羟色胺和组胺等可通过甲基化而失去其生物活性。

儿茶酚 —甲基转移酶 / SAM→ O-甲基儿茶酚

三、肝的生物转化作用受多种因素的影响

肝的生物转化作用受年龄、性别、疾病及诱导物等体内、体外因素影响。

（一）参与生物转化的酶有一个发育过程

某些酶如加单氧酶在出生后一个月很快升高，超过成人水平的 2 ~ 3 倍，并可维持数年；某些酶如葡萄糖醛酸基转移酶在出生后 5 ~ 6 天才开始升高，8 周左右达到成人水平，新生儿的高胆红素血症就与葡萄糖醛酸基转移酶活性较低有关；也有的酶在胎儿肝内表达活性高于成人或与成人表达不同的同工酶谱。现在认为，老年人肝的生物转化能力仍属正常，老年人对药物的血浆清除率下降和半衰期延长可能与肾廓清的速率和肝血流量下降有关。

（二）某些生物转化作用有性别差异

氨基比林在男性体内半衰期约为 13.4 小时，而在女性则只有 10.3 小时。女性的醇脱氢

酶活性高于男性，对乙醇的代谢率高。

（三）肝病可影响肝的生物转化能力

肝病使肝对药物的清除率下降。其他器官的疾病也可能影响肝的生物转化功能，如慢性肺梗死可因缺氧而降低肝葡萄糖醛酸化的功能。

（四）毒物或药物可诱导相关的生物转化酶

毒物或药物对生物转化的诱导作用可加速其自身代谢，同时也使其他物质的同类生物转化作用大大增强。如长期服用苯巴比妥的病人，肝的加单氧酶系对氨基比林等药物的生物转化能力也增强，产生耐药性。因此，用药时需考虑药物配伍对药物生物转化的影响，合理用药。另一方面，可以利用药物的诱导作用加速毒物的生物转化速度，如临床用苯巴比妥治疗新生儿高胆红素血症，促进葡萄糖醛酸转移酶的合成，使脂溶性的游离胆红素转变为水溶性的胆红素葡萄糖醛酸酯（结合胆红素），以防止发生“核黄疸”（胆红素性脑病）。

第三节 胆汁酸的代谢

一、胆汁酸是胆汁的主要成分

胆汁（bile）由肝细胞分泌。正常成人平均每天分泌胆汁约 300 ~ 700ml。肝细胞初分泌的胆汁称肝胆汁，呈金黄色、微苦、稍偏碱性，比重约 1.010。肝胆汁进入胆囊后，因其中的水分和其他一些成分被胆囊吸收而浓缩，并掺入胆囊壁分泌的黏液，使其颜色转变为暗褐或棕绿色，比重增至约 1.040，称为胆囊胆汁，最终通过胆道排入十二指肠。

胆汁的主要固体成分是胆汁酸 (bile acid)，约占固体物质总量的 50% ~ 70%，以钠盐或钾盐形式存在，称为胆汁酸盐。另外胆汁中还含有胆色素、胆固醇、磷脂、无机盐、黏蛋白、脂肪酶、磷脂酶、淀粉酶和磷酸酶等。进入人体的药物、毒物、染料及重金属盐等经生物转化后也可随胆汁排出体外。

二、胆汁酸的主要功能是促进脂质的消化、吸收和胆固醇的排泄

（一）胆汁酸促进脂质的消化和吸收

胆汁酸是胆汁中存在的一大类 24 碳胆固烷酸的总称（图 14-1），其分子内部既含有亲水的羟基、羧基、磺酸基，又含疏水的烃核和甲基。在立体构型上，两类基团恰好位于环戊烷多氢菲核的两侧，构成亲水和疏水两个侧面，能降低油 / 水两相之间的表面张力，所以胆汁酸是较强的乳化剂，使脂质在水中乳化成直径仅 3 ~ 10μm 的混合微团，既有利于消化酶的作用，又有利于脂质的吸收。

（二）胆汁酸可抑制胆汁中胆固醇的析出

约 99% 的胆固醇随胆汁从肠道排出体外，但由于其难溶于水，必须与胆汁酸盐和卵磷脂形成可溶性的微团，才不致沉淀析出。胆汁中胆汁酸或卵磷脂含量下降、消化道丢失胆汁酸或胆固醇含量过多等，均可造成胆汁酸或卵磷脂与胆固醇的比值降低，当比值小于 10 ∶ 1 时，胆固醇就会因过饱和而析出，形成胆结石。

（三）胆汁酸还有其他生理功能

胆汁酸可通过抑制 7α- 羟化酶和 HMG-CoA 还原酶的活性，负反馈调节胆汁酸和胆固醇的生物合成；促进磷脂向胆小管转运；增加铁、钙等高价金属离子的溶解度；抑菌和刺激黏

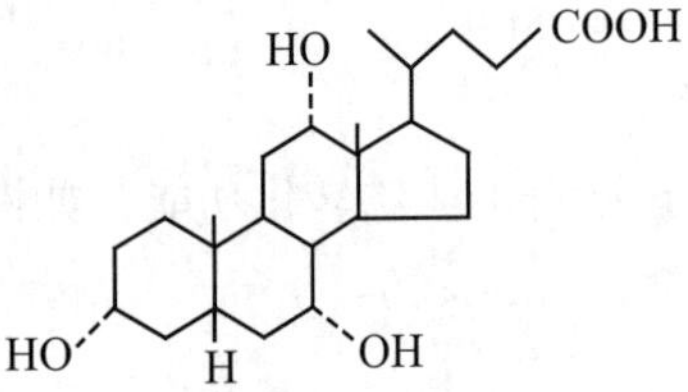

胆酸

（3α,7α, 12α-三羟胆固烷酸）

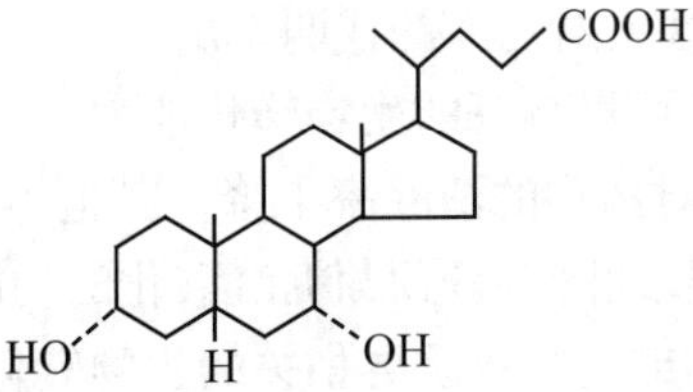

鹅脱氧胆酸

（3α,7α-二羟胆固烷酸）

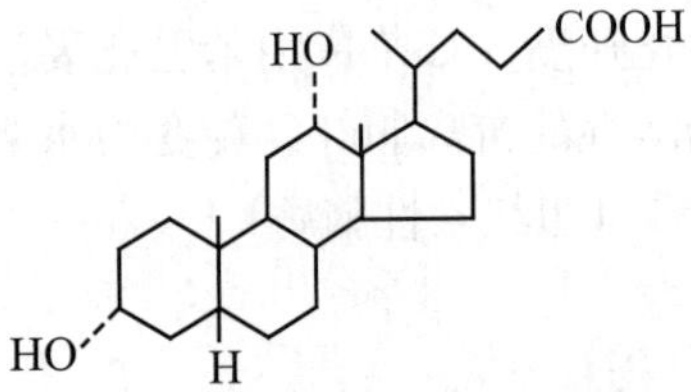

脱氧胆酸

（3α,12α-二羟胆固烷酸）

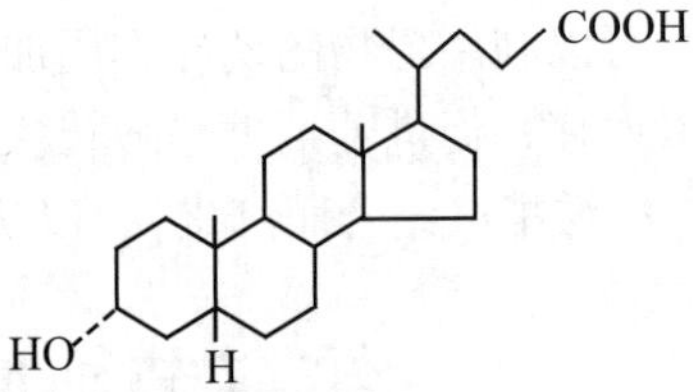

石胆酸

（3α-羟胆固烷酸）

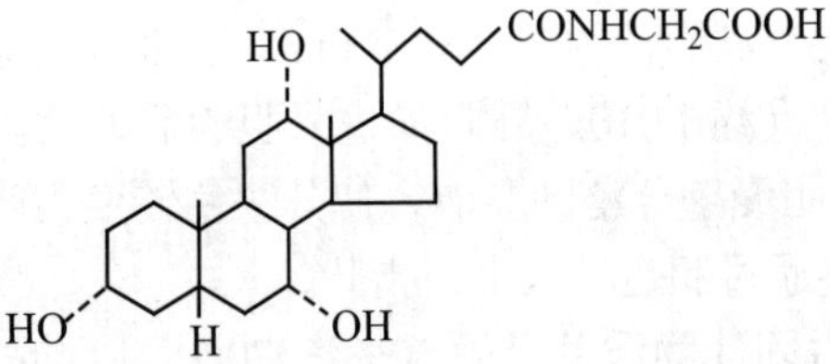

甘氨胆酸

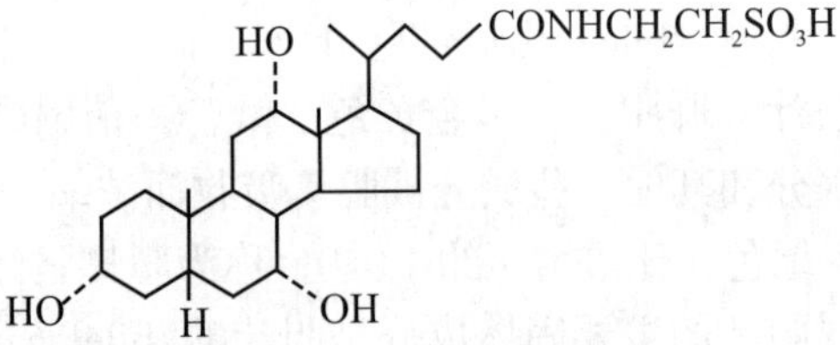

牛磺胆酸

图 14-1　几种胆汁酸的结构式

液的分泌；影响大肠对水和电解质的吸收并促进大肠蠕动。

三、胆汁酸按形成部位的不同分为初级胆汁酸和次级胆汁酸

（一）初级胆汁酸由肝细胞以胆固醇为原料合成

正常成人每日合成 1 ~ 1.5g 胆固醇，其中约 2/5（0.4 ~ 0.6g）在肝细胞内转变为初级胆汁酸，是体内胆固醇的主要排出方式。初级胆汁酸分为游离型和结合型。

1．游离型初级胆汁酸包括胆酸和鹅脱氧胆酸　在肝细胞微粒体和细胞质中，胆固醇在 7α- 羟化酶催化下生成 7α- 羟胆固醇。后者经羟化、加氢和侧链氧化断裂等反应，生成胆酸（3α，7α，12α- 三羟胆固烷酸）和鹅脱氧胆酸（3α，7α- 二羟胆固烷酸）（图 14-2）。7α- 羟化酶是胆汁酸生成的调节酶，受胆汁酸的负反馈调节，胆固醇则通过增加其基因的表达而增加其活性。甲状腺素也可使该酶合成增多，促进胆固醇转化为胆汁酸，这可能是甲状腺素降低血胆固醇水平的重要原因。

2．结合型初级胆汁酸是游离型初级胆汁酸与甘氨酸或牛磺酸结合的产物　胆酸和鹅脱氧胆酸侧链上的羧基与 CoA 相连，生成胆酰 CoA 和鹅脱氧胆酰 CoA，再分别与甘氨酸或牛磺酸通过酰胺键连接形成结合型初级胆汁酸，即甘氨胆酸、牛磺胆酸、甘氨鹅脱氧胆酸和牛磺鹅脱氧胆酸。正常成人胆汁中的胆汁酸以结合型为主，与甘氨酸结合者和与牛磺酸结合者

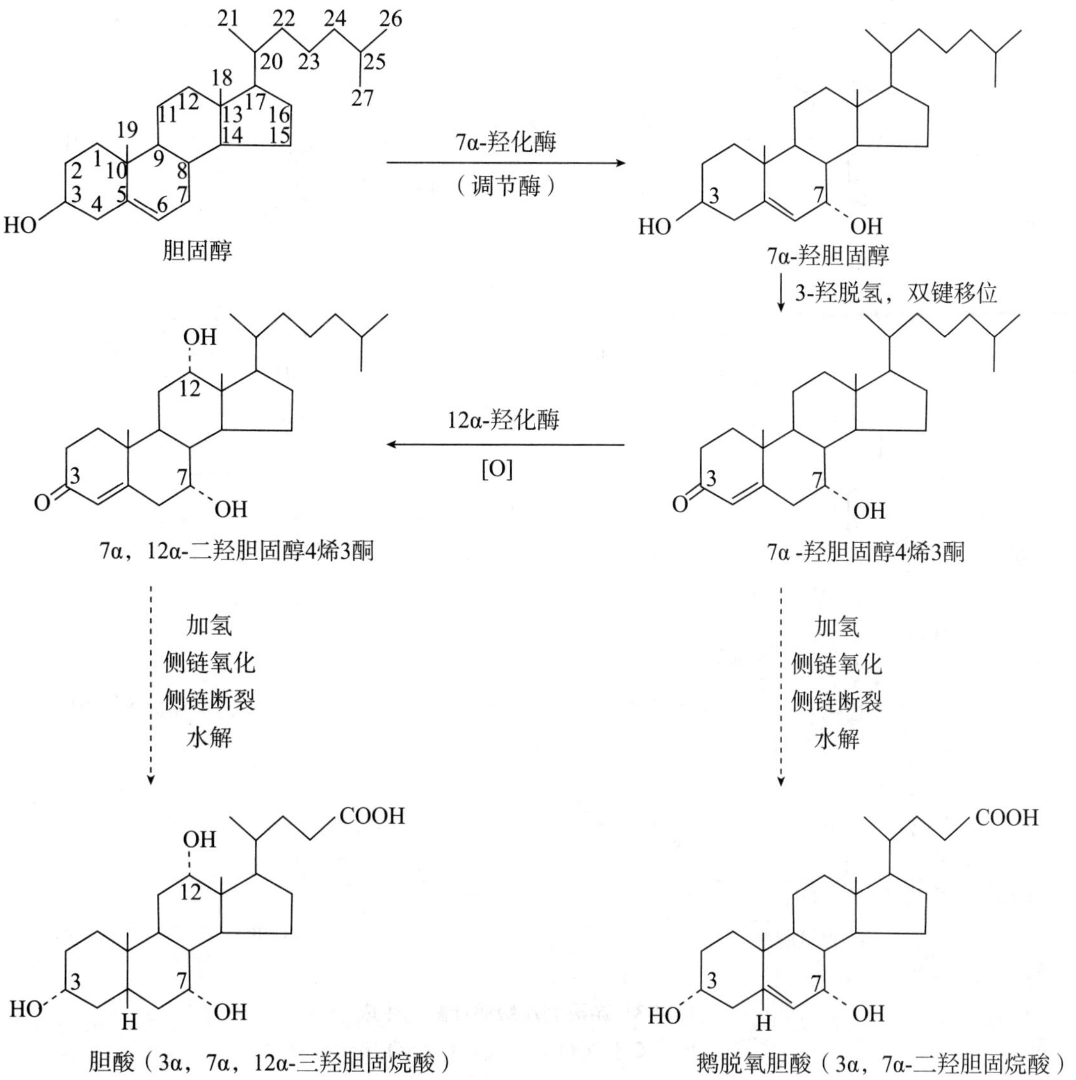

胆固醇

7α-羟化酶
（调节酶）

7α-羟胆固醇

3-羟脱氢，双键移位

7α -羟胆固醇4烯3酮

12α-羟化酶
[O]

7α，12α-二羟胆固醇4烯3酮

加氢
侧链氧化
侧链断裂
水解

胆酸（3α，7α，12α-三羟胆固烷酸）

鹅脱氧胆酸（3α，7α-二羟胆固烷酸）

图 14-2 游离型初级胆汁酸的生成

含量之比约为 3 ∶ 1。

（二）次级胆汁酸是肠菌作用的产物

初级胆汁酸分泌进入肠道，协助脂质物质的消化和吸收。之后在肠菌酰胺酶的催化下，结合型初级胆汁酸水解脱去甘氨酸或牛磺酸形成游离型初级胆汁酸，进而在肠菌酶催化下，脱去 7α- 羟基，转变成游离型次级胆汁酸，即脱氧胆酸（3α，12α- 二羟胆固烷酸）和石胆酸（3α- 羟胆固烷酸）（图 14-3）。石胆酸溶解度小，极少被肠道吸收，主要随粪便排出；脱氧胆酸被重吸收回肝，再与甘氨酸或牛磺酸结合，生成结合型次级胆汁酸，即甘氨脱氧胆酸和牛磺脱氧胆酸，再被肝细胞分泌进入胆汁。

（三）胆汁酸的肠肝循环具有重要的生理意义

肝分泌的胆汁酸进入肠道后，约 95% 以上被重吸收，经门静脉入肝，并同新合成的胆汁酸一起再次排入肠道，胆汁酸在肝和肠之间的这种循环过程称为胆汁酸的肠肝循环（图 14-4）。初级胆汁酸在回肠中肠菌作用下生成的次级胆汁酸，被主动重吸收。少量游离型胆

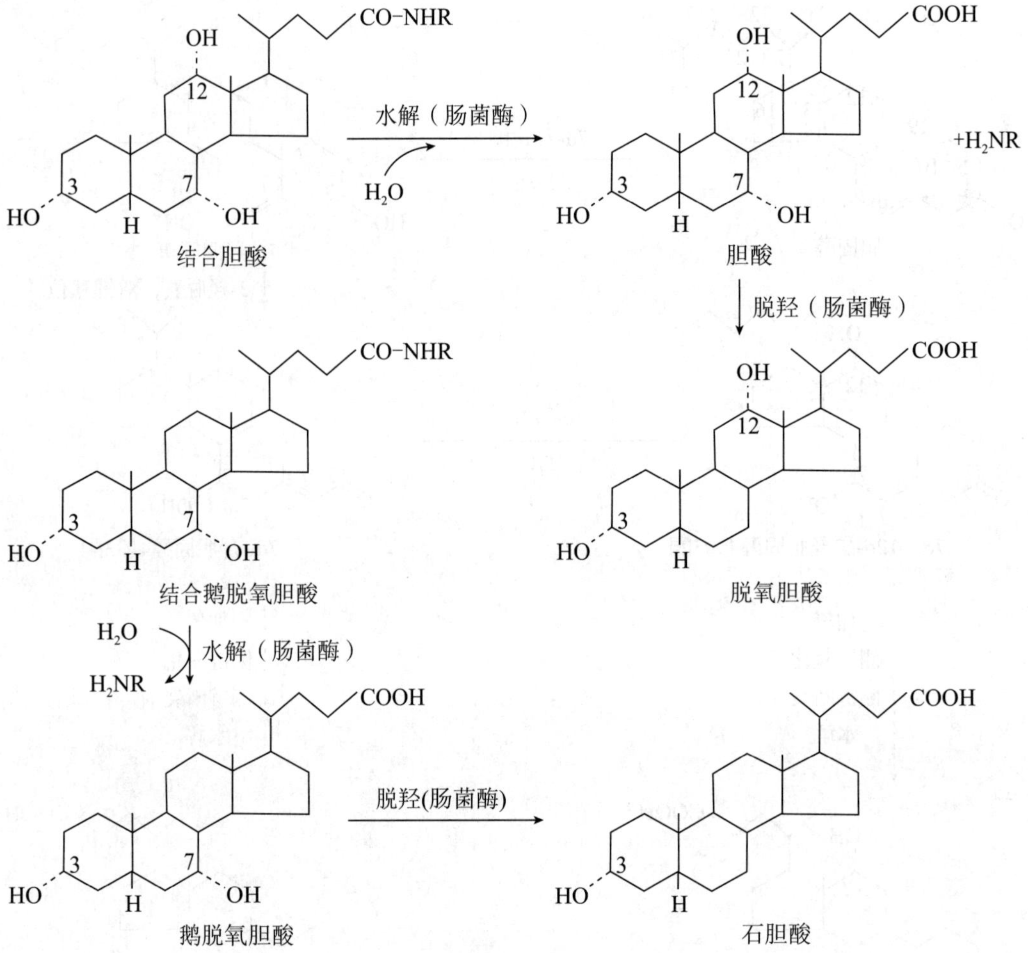

结合胆酸 —水解（肠菌酶），H_2O→ 胆酸 $+H_2NR$

胆酸 —脱羟（肠菌酶）→ 脱氧胆酸

结合鹅脱氧胆酸 —水解（肠菌酶），H_2O，H_2NR→ 鹅脱氧胆酸

鹅脱氧胆酸 —脱羟(肠菌酶)→ 石胆酸

图 14-3 游离型次级胆汁酸的生成

R：$-CH_2COOH$ 或 $-CH_2CH_2SO_3H$

汁酸在小肠远端和大肠被动重吸收。在肝中，重吸收的游离型胆汁酸又可转变成结合型胆汁酸。肠道中的石胆酸由于溶解度小，一般不被重吸收，或少量吸收后在肝细胞形成其硫酸酯而直接随粪便排出。

胆汁酸的肠肝循环具有重要的生理意义。肝内胆汁酸代谢池约有 3 ~ 5g 胆汁酸，而每日脂质乳化约需 16 ~ 32g 胆汁酸，通过每日 6 ~ 10 次的肠肝循环，使有限的胆汁酸发挥最大限度的作用，可以保证脂质的消化吸收。正常人每日仅约有 0.4 ~ 0.6g 胆汁酸随粪便排出，与新合成的胆汁酸量相平衡。此外胆汁酸的重吸收也有利于胆汁分泌，并使胆汁中的胆汁酸盐与胆固醇比例恒定，不易形成胆固醇胆结石。

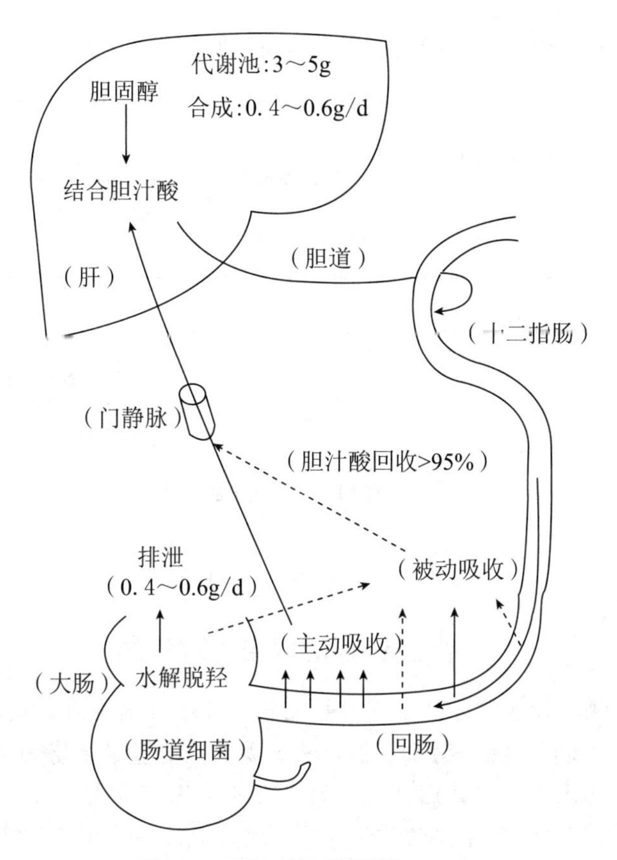

图 14-4 胆汁酸的肠肝循环

第四节 胆色素代谢与黄疸

一、胆红素是血红素分解代谢的产物

(一)胆红素主要来源于红细胞中血红蛋白的分解

胆色素(bile pigment)是体内铁卟啉化合物的主要分解代谢产物,包括胆绿素(biliverdin)、胆红素(bilirubin)、胆素原(bilinogen)和胆素(bilin)等。这些化合物除胆素原无色外,其余均有颜色,统称为胆色素。胆红素是胆汁的主要色素,呈橙黄色,正常情况下主要随胆汁排泄,其代谢异常,可导致高胆红素血症,引起黄疸。

正常成人每天约生成 250 ~ 350mg 胆红素。其中约 70% ~ 80% 来源于衰老红细胞中血红蛋白的分解,其余则来自非血红蛋白的含铁卟啉化合物的分解,如肌红蛋白、细胞色素、过氧化氢酶和过氧化物酶等。

(二)胆红素在肝、脾和骨髓的单核吞噬细胞系统生成

红细胞的平均寿命约 120 天,每天约有 6 ~ 8g 来自衰老红细胞的血红蛋白分解。衰老红细胞膜脆性增加,可被肝、脾和骨髓的单核吞噬细胞系统识别并吞噬。血红蛋白分解为珠蛋白和血红素,珠蛋白按一般蛋白质途径进行分解代谢;血红素在微粒体血红素加氧酶催化下,消耗氧和 NADPH,血红素原卟啉Ⅸ环上的 α- 次甲基桥(= CH-)被氧化断裂,释放出等摩尔的 CO、Fe^{3+} 并生成胆绿素。细胞质中含有活性很高的胆绿素还原酶,可使胆绿素被

NADPH + H^+还原成胆红素。其中血红素加氧酶是胆红素生成的调节酶（图 14-5）。

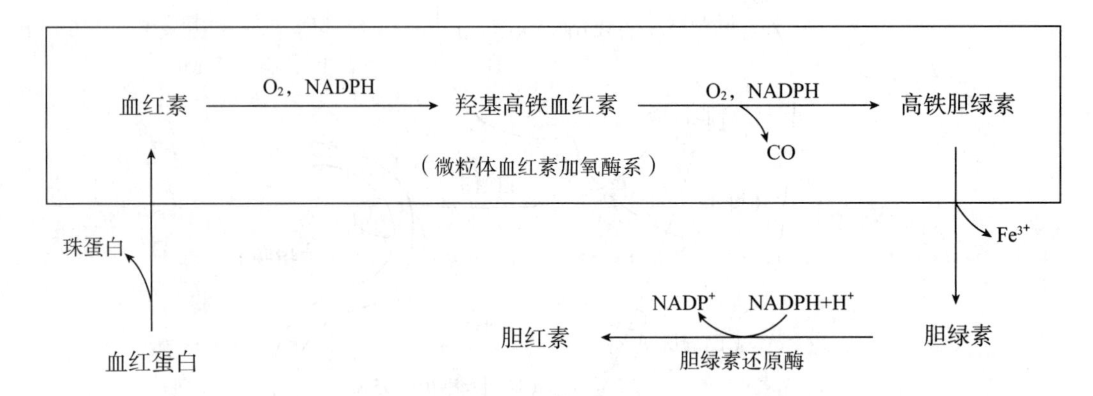

图 14-5 胆红素的生成

知识链接

胆红素的双重生理作用

一方面，胆红素具有毒性，可引起大脑不可逆性损害，其代谢异常，可导致高胆红素血症，引起黄疸。另一方面，胆红素又是体内含量最丰富的抗氧化剂，研究表明，胆红素清除超氧化物和过氧化自由基的能力甚至优于维生素 E。另外，胆红素生成过程中产生的 CO 还是一种重要的信号分子，通过激活鸟苷酸环化酶，增加细胞内 cGMP 的含量，引起血管舒张和血压降低。

二、血液中游离胆红素与清蛋白结合后运输入肝

在单核吞噬细胞系统中生成的胆红素虽然含有羟基、酮基、亚氨基和丙酸基等亲水基团，但由于这些基团形成了分子内的氢键，使整个分子呈脊瓦状，表现出亲脂疏水的性质。这种胆红素不能直接与重氮试剂反应，只有加入乙醇或尿素等才能生成紫红色化合物，因此，这种胆红素被称为间接胆红素（indirect bilirubin）。

间接胆红素主要与血浆清蛋白结合成复合物被运输，这样既增加了胆红素的溶解度，有利于运输，又可防止其进入组织细胞产生毒性。由于间接胆红素与清蛋白以非共价形式结合，因此仍称为未结合胆红素（unconjugated bilirubin）或游离胆红素，以区别于与葡萄糖醛酸结合的胆红素。正常成人血清胆红素含量仅为 3.4 ~ 17.1μmol/L（0.2 ~ 1mg/dl），而每 100ml 血浆中的清蛋白能结合 20 ~ 25mg 游离胆红素，足以保证与胆红素结合的量。某些有机阴离子如磺胺药、抗生素、某些利尿剂和胆管造影剂等可竞争性地与清蛋白结合，使胆红素游离出来，新生儿和高胆红素血症的患者要慎用此类药物，以免引起胆红素脑病。

间接胆红素与清蛋白结合后，不能通过肾小球滤出，所以正常人尿中无间接胆红素。间接胆红素若沉着于皮肤，并暴露于强烈蓝光（波长 440 ~ 500nm）下，则会发生光照异构作用，分子中双键构型转向内侧，影响分子内氢键的形成，使极性增加，水溶性增大。这种异构体称光胆红素，它可迅速释放到血液中，不经结合即可排出，因此临床多采用蓝光照射治

疗新生儿黄疸。

三、游离胆红素在肝内转变为结合胆红素，并随胆汁排泄进入肠道

（一）游离胆红素进入肝细胞与 Y、Z 蛋白结合

与清蛋白结合的胆红素在通过肝血窦与肝细胞膜接触时，与清蛋白分离并迅速被肝细胞摄取。胆红素进入细胞后与两种载体蛋白 Y 或 Z 蛋白结合形成复合物而被转运，主要以 Y 蛋白结合为主。

甲状腺激素和磺溴酞钠（BSP）等能竞争性地与 Y 蛋白结合，影响肝细胞对胆红素的摄取。婴儿出生后 7 周，Y 蛋白才达到成人水平，苯巴比妥可诱导 Y 蛋白的合成，加强胆红素的转运，可用于新生儿黄疸的治疗。

（二）胆红素在肝细胞内质网结合葡萄糖醛酸生成结合胆红素

胆红素被 Y 蛋白转运至滑面内质网后，在 UDP- 葡萄糖醛酸转移酶催化下，与尿苷二磷酸葡萄糖醛酸（UDPGA）结合，生成胆红素单葡萄糖醛酸酯和胆红素双葡萄糖醛酸酯，称结合胆红素（conjugated bilirubin）。其中胆红素双葡萄糖醛酸酯约占 70% ～ 80%，是主要的结合胆红素。

$$\text{胆红素} + \text{UDPGA} \xrightarrow{\text{UDP- 葡萄糖醛酸转移酶}} \text{胆红素单葡萄糖醛酸酯} + \text{UDP}$$

$$\text{胆红素单葡萄糖醛酸酯} + \text{UDPGA} \xrightarrow{\text{UDP- 葡萄糖醛酸转移酶}} \text{胆红素双葡萄糖醛酸酯} + \text{UDP}$$

结合胆红素可以直接与重氮试剂反应，又称为直接胆红素（direct bilirubin）。结合胆红素易溶于水，可以随胆汁从胆道排泄。正常人血和尿中无结合胆红素，肝胆疾病时，胆道阻塞，毛细胆管因压力过高而破裂，结合胆红素可逆流入血，在血或尿中出现。胆汁酸盐可增加胆红素在水中的溶解度，如果胆汁酸盐与胆红素比例失调，可引起胆红素结石。

结合胆红素和游离胆红素在理化性质方面存在很大差异，两种胆红素的区别见表 14-2。

表 14-2 两种胆红素性质比较

性质	游离胆红素	结合胆红素
常见其他名称	间接胆红素	直接胆红素
与葡萄糖醛酸结合	未结合	结合
与重氮试剂反应	慢或者间接反应	迅速、直接反应
溶解性	脂溶性	水溶性
经肾可随尿排出	不能	能
进入脑组织产生毒性作用	大	无

四、胆红素在肠菌作用下转变为胆素原和胆素

（一）胆素原和胆素在肠道内由肠菌作用生成

结合胆红素随胆汁排入肠道后，在肠道细菌的作用下，脱去葡萄糖醛酸，并被逐步还原为无色的中胆素原、粪胆素原和 d- 尿胆素原，三者统称为胆素原。在肠道下段胆素原分别被

空气氧化成 3 种黄色的胆素：L- 尿胆素、粪胆素和 D- 尿胆素，随粪便排出，成为粪便的主要颜色。正常成人每日从粪便排出胆素原约 40 ～ 280mg。胆道完全梗阻时，胆红素不能进入肠道生成胆素原和胆素，导致粪便呈灰白色。

（二）少量胆素原被重吸收进入肠肝循环

肠道中的胆素原约有 10% ～ 20% 被肠黏膜细胞重吸收，并经门静脉入肝，其中大部分又随胆汁排入肠道，此过程称为胆素原的肠肝循环。重吸收的小部分胆素原可进入体循环经肾随尿排出，与空气接触后被氧化成黄色的尿胆素，是尿液颜色的色素之一（图 14-6）。每日经肾排出的尿胆素原约为 0.5 ～ 4.0mg，碱性尿有利于尿胆素的排泄。各种原因引起的胆素原来源增加或排出受阻都会使血和尿中胆素原含量增加。当胆道完全阻塞时，胆红素不能排入肠道，因此肠中无胆素原的生成，尿中也检测不到胆素原。

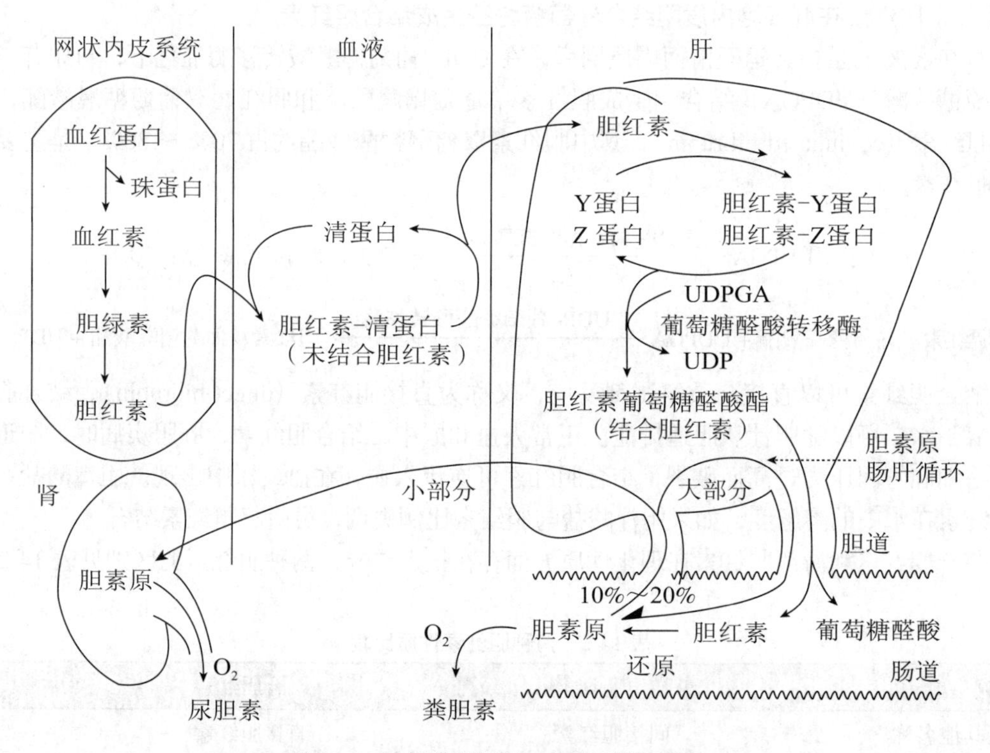

图 14-6 胆色素代谢与胆素原的肠肝循环

五、胆红素代谢或排泄异常可引起高胆红素血症和黄疸

正常人血清总胆红素含量应低于 17.1μmol/L（＜ 1mg/dl），其中游离胆红素占 4/5，其余为结合胆红素。游离胆红素很容易通过生物膜，对细胞产生毒性作用。神经细胞富含脂质，对胆红素的毒性作用尤其敏感，可造成其不可逆性损伤。肝具有强大的处理胆红素的能力，单核吞噬细胞系统每天生成的胆红素量约 200mg ～ 300mg，而肝细胞每天可清除 3000mg 以上的胆红素，远远大于其生成量。因此，正常人血浆胆红素的含量甚微。

当体内胆红素生成过多，或肝摄取、结合、排泄障碍时，可引起血浆胆红素浓度升高，即高胆红素血症（hyperbilirubinemia）。胆红素为金黄色，大量的胆红素扩散进入组织，造成皮肤、黏膜和巩膜黄染称为黄疸（jaundice）。黄疸的程度与血清胆红素的浓度有关。当血清胆红素在 17.1 ～ 34.2μmol/L（1 ～ 2mg/dl）时，肉眼不易观察到黄染现象，称为隐性黄疸；

胆红素大于 34.2μmol/L（2mg/dl）时，巩膜和皮肤黄染明显，称为显性黄疸。

黄疸发病机制复杂，依照病因的不同可简单地分成三种类型。

（一）溶血性黄疸

溶血性黄疸（hemolytic jaundice）又称肝前性黄疸，是由于红细胞破坏过多，在单核-吞噬细胞系统内生成过多的游离胆红素，超过肝细胞的处理能力，造成血浆游离胆红素浓度显著升高。镰刀状红细胞贫血、球形红细胞增多症、恶性疟疾、输血和用药不当等均可引起溶血性黄疸。发生溶血性黄疸时，血中结合胆红素的含量变化不大，重氮试剂反应呈间接阳性，即游离胆红素升高；尿胆红素呈阴性，但由于经肝处理的胆红素增多，因此从肠道吸收经肾排泄的尿胆素原和尿胆素增多。

（二）阻塞性黄疸

阻塞性黄疸（obstructive jaundice）又称肝后性黄疸，是由于胆道系统梗阻，胆小管和毛细胆管内压力升高而破裂，造成结合胆红素逆流入血，使血清胆红素升高。常见于胆管的炎症、结石、肿瘤、寄生虫病或先天性胆管闭锁等疾病。临床上可检测到血中结合胆红素浓度升高，重氮试剂反应呈直接阳性，游离胆红素无明显改变；由于结合胆红素可经肾排泄，因此尿中可检测到尿胆红素，而经胆管排泄的胆红素减少，所以尿胆素原是降低的。

（三）肝细胞性黄疸

肝细胞性黄疸（hepatocellular jaundice）又称肝原性黄疸，是由于肝细胞本身的病变，使其摄取、转化和排泄胆红素的能力降低所致。常见于肝实质性病变，如肝炎、肝肿瘤、药物或毒物中毒性肝病等。一方面，肝细胞摄取胆红素障碍，不能将游离胆红素全部转变为结合胆红素，造成血中游离胆红素浓度增高；另一方面，由于肝细胞肿胀、毛细胆管阻塞或毛细胆管与肝血窦直接相通等，使部分结合胆红素反流入血，所以血中结合胆红素浓度也增高，重氮试剂反应呈双向阳性。经肠肝循环到达肝的胆素原可通过受损的肝细胞进入体循环，并从尿中排泄，使尿胆素原增高。

三种黄疸的血、尿、粪变化见表 14-3。

表 14-3 三种黄疸的血、尿、粪改变

检测指标	正常	溶血性黄疸	阻塞性黄疸	肝细胞性黄疸
血液				
总胆红素	＜ 1mg/dl	增加	增加	增加
结合胆红素	0 ～ 0.8mg/dl	不变或微增	显著增加	增加
游离胆红素	＜ 1mg/dl	显著增加	不变或微增	增加
尿液				
尿胆红素	–	–	有	有
尿胆素原	少量	增加	减少或无	不定
尿胆素	少量	增加	减少或无	不定
粪便				
粪胆素原	40 ～ 280mg/24h	显著增加	减少或无	减少
粪便颜色	正常	加深	变浅或陶土色	变浅或正常

小 结

肝在组织结构及生物化学方面的特点决定了其在糖、脂、蛋白质、维生素、激素和非营养物质代谢方面具有“中枢性”作用。

肝通过肝糖原的合成和分解、糖异生作用可维持血糖浓度的相对恒定，通过活跃的磷酸戊糖途径提供充足的 NADPH。肝合成并分泌胆汁酸盐帮助脂质的消化和吸收，肝是脂肪酸合成、分解、改造和酮体生成的主要场所，也是脂蛋白代谢的中心和胆固醇代谢的重要器官。肝是体内蛋白质代谢的枢纽，是合成、分泌并清除血浆蛋白质的主要场所，还是氨基酸分解和转变的重要器官。肝参与维生素的吸收、贮存、运输和代谢以及激素的灭活。

非营养性物质在肝内进行代谢变化，使其极性（水溶性）增加，易于随胆汁或尿液排出，此过程称为生物转化作用。生物转化的反应类型包括第一相的氧化、还原、水解和第二相的结合反应。生物转化具有解毒与致毒双重性的特点。生物转化中最重要的酶是加单氧酶系，结合反应中最常见的结合基团有葡萄糖醛酸（UDPGA 提供）、硫酸（PAPS 提供）、乙酰基（乙酰 CoA 提供）、甲基（SAM 提供）、甘氨酸和谷胱甘肽等。

胆汁酸盐是胆汁的重要成分，其主要作用是促进脂质的消化和吸收、抑制胆固醇结石的形成。初级胆汁酸由肝细胞以胆固醇为原料合成，游离型的初级胆汁酸包括胆酸和鹅脱氧胆酸，它们分别与甘氨酸或牛磺酸结合，可生成四种结合型初级胆汁酸。7α 羟化酶是胆汁酸合成的调节酶，受胆汁酸的负反馈调节。初级胆汁酸在肠道细菌酶作用下，进行 7 位脱羟基反应，分别生成脱氧胆酸和石胆酸，称次级胆汁酸。脱氧胆酸在肝内可再与甘氨酸或牛磺酸结合，生成结合型次级胆汁酸。95% 的胆汁酸可进行“肠肝循环”，以提高其利用率。

胆色素是铁卟啉化合物在体内的主要分解代谢产物，包括胆红素、胆绿素、胆素原和胆素。衰老红细胞中血红蛋白的分解是胆红素的主要来源。血红素在单核吞噬细胞系统血红素加氧酶催化下生成胆绿素，并进一步还原成胆红素。胆红素在血中与清蛋白结合运输，称游离胆红素、血胆红素或间接胆红素。被肝细胞摄取后与 Y 或 Z 蛋白结合运至内质网，与葡萄糖醛酸结合成水溶性强的结合胆红素，又称肝胆红素、直接胆红素。后者随胆汁排入肠道，在肠菌酶作用下还原为胆素原。10% ~ 20% 的胆素原可进行“肠肝循环”，大部分又被排入肠道，小部分进入体循环的胆素原可经肾由尿排出。在体外，胆素原被氧化成黄色的胆素，成为粪和尿的颜色。血浆胆红素浓度升高可引起黄疸。按病因不同，可将黄疸分为溶血性黄疸、阻塞性黄疸和肝细胞性黄疸。各类黄疸有其独特的生化检查指标。

思考题

1. 肝在糖、脂质及蛋白质代谢中有何重要作用？与医学有何联系？
2. 何为生物转化？生物转化的类型有哪些？
3. 未结合胆红素与结合胆红素有何区别？

（徐世明　王宏娟）

第十五章

血液的生物化学

学习目标

1．熟悉血液的基本组成成分。
2．掌握血液非蛋白含氮物质的种类及临床意义。
3．熟悉血浆蛋白质的组成及功能。
4．掌握成熟红细胞的糖代谢特点及血红素生物合成的原料、调节酶。
5．了解血红蛋白的功能。

第一节　血液的基本成分

一、血液是由血细胞及血浆组成的混合液体

血液（blood）是体液的重要组成成分，总量约占体重的8%，由液态的血浆（plasma）与悬浮在其中的红细胞、白细胞、血小板等有形成分组成。血液在封闭的血管内循环，可以发挥运输、免疫、体液调节、维持内环境稳定等作用。血浆约占全血体积的55% ~ 60%，血液在体外凝固后析出的淡黄色透明液体称为血清（serum）。因为在凝血过程中纤维蛋白原转变成纤维蛋白析出，故血清与血浆的主要区别是血清不含纤维蛋白原。

二、血液中化学成分种类复杂但含量相对稳定

血液的化学成分非常复杂。由于其流经全身，与各组织器官之间不断地进行物质交换，同时通过呼吸、消化、排泄等器官使机体与外界环境沟通，所以血液化学成分的改变可以反映机体的代谢情况。生理情况下血液中各种成分的含量相对恒定，但某些病理原因可导致血液化学成分含量发生改变。因此，分析血液的化学成分，对疾病的诊断、治疗及预后判断有重要意义。

正常人血液含水量约为77% ~ 81%，其中血细胞含水较少，红细胞含水约65%，而血浆含水约93% ~ 95%。血液中还溶有少量O_2、CO_2等气体和一些可溶性固体。血液中的固体成分包括各类蛋白质、非蛋白质含氮物、不含氮的有机物、无机盐等（表15-1）。

表 15-1　正常成人血液的主要化学成分及参考值

化学成分		分析材料	参考值	
蛋白质	血红蛋白	全血	男：120 ～ 160g/L	女：110 ～ 150g/L
	总蛋白	血清	65 ～ 85g/L	
	清蛋白	血清	40 ～ 55g/L	
	球蛋白	血清	20 ～ 40g/L	
	纤维蛋白原	血浆	2 ～ 4g/L	
非蛋白质含氮物	NPN	全血	14.3 ～ 25.0mmol/L	
	尿素氮	血清	2.9 ～ 8.2mmol/L	
	氨	全血	18 ～ 72μmol/L	
	尿酸（酶法）	血清	男：0.20 ～ 0.43mmol/L	女：0.16 ～ 0.36mmol/L
	肌酐（酶法）	血清	男：59 ～ 104μmol/L	女：45 ～ 84μmol/L
	肌酸	血清	0.19 ～ 0.23mmol/L	
	总胆红素	血清	3.4 ～ 17.1μmol/L	
不含氮有机物	葡萄糖	血清	3.89 ～ 6.11mmol/L	
	三酰甘油	血清	＜ 1.7mmol/L	
	总胆固醇	血清	＜ 5.2mmol/L	
	磷脂	血清	1.7 ～ 3.2mmol/L	
	酮体	血清	＜ 33μmol/L	
	乳酸	全血	0.6 ～ 1.8mmol/L	
无机盐	Na^+	血清	137 ～ 147mmol/L	
	K^+	血清	3.5 ～ 5.3mmol/L	
	Ca^{2+}	血清	1.10 ～ 1.34mmol/L	
	Mg^{2+}	血清	0.67 ～ 1.04mmol/L	
	Cl^-	血清	99 ～ 110mmol/L	
	HCO_3^-	血浆	23 ～ 29mmol/L	
	无机磷	血清	0.9 ～ 1.34mmol/L	

三、血液中非蛋白含氮化合物大多是蛋白质和核酸的代谢产物

血液中除蛋白质以外的含氮化合物主要是蛋白质和核酸的代谢产物，主要包括尿素、尿酸、肌酸、肌酐、氨和胆红素等，由血液运输到肾排出。这些非蛋白含氮物质中所含的氮总称为非蛋白氮（non-protein nitrogen，NPN）。NPN 正常含量为 14.28 ～ 24.99mmol/L，其含量变化可反映体内蛋白质和核酸的代谢情况以及肾的排泄功能。当肾脏病变时，NPN 排出受阻，可使血中 NPN 升高。但肾有强大的代偿功能，所以轻度肾功能不全时，血中 NPN 升高并不明显；一旦 NPN 升高，表明肾功能损伤已较为严重。因此，检测血中 NPN 对判断病情和估计预后有重要意义。

血液尿素氮（blood urea nitrogen，BUN）是指血清中尿素所含的氮元素的量，约占血液NPN总量的1/2，临床上往往通过检测尿素氮的水平来评估肾的排泄功能。血中尿素氮的浓度还受体内蛋白质分解情况的影响，当蛋白质分解加强时，如糖尿病、术后、烧伤及高热等，尿素合成增加，血中BUN浓度升高。

肌酸是以甘氨酸、精氨酸和甲硫氨酸为原料在肝中合成的，随血液运至肌肉，在肌肉组织中合成磷酸肌酸，作为肌肉的储能物质，肌酸脱水即为肌酐。肌酐绝大部分会通过肾滤过并随尿液排出体外，且正常人每日排出的肌酐生成量比较恒定，因此临床上习惯用内生肌酐清除率（endogenous creatinine clearance，C_{Cr}）来反映肾的滤过功能。

四、血浆中的无机物主要以离子形式存在并发挥作用

血浆中主要的阳离子有Na^+、K^+、Ca^{2+}、Mg^{2+}等，阴离子主要有Cl^-、HCO_3^-、HPO_4^{2-}等。这些离子在维持血浆渗透压、酸碱平衡和神经肌肉兴奋性等方面发挥重要作用。

第二节　血浆蛋白质

一、血浆蛋白质由多种大小不同、结构不一、功能各异的蛋白质组成

血浆蛋白质正常含量约为65 ~ 85g/L。血浆蛋白质种类繁多，目前已知有200多种，其中既有单纯蛋白质，如前清蛋白和清蛋白；又有结合蛋白质，如糖蛋白和脂蛋白。用电泳的方法可将血浆蛋白质分成5个区带，每个区带中又包含多种不同种类的血浆蛋白质（表15-2）。

表15-2　血浆重要蛋白质的含量及作用

电泳区带	主要蛋白质	参考值（g/L）	生物学作用
前清蛋白	前清蛋白	0.2 ~ 0.4	转运甲状腺激素、视黄醇
清蛋白	清蛋白	40 ~ 55	运输、营养、血浆胶体渗透压
α_1-球蛋白	α_1抗胰蛋白酶	0.9 ~ 2.0	蛋白酶抑制剂
	高密度脂蛋白	1.7 ~ 3.25	胆固醇逆向转运
	甲胎蛋白	3×10^{-5}	原发性肝癌标记蛋白
α_2-球蛋白	α_2巨球蛋白	1.3 ~ 3.0	保护某些蛋白酶活性
	铜蓝蛋白	0.2 ~ 0.6	亚铁氧化酶作用
	结合珠蛋白	0.3 ~ 2.0	与血红素组装成血红蛋白
β-球蛋白	转铁蛋白	2.0. ~ 3.6	转运铁元素
	低密度脂蛋白	2.5 ~ 4.4	转运内源性胆固醇
	β_2-微球蛋白	0.001 ~ 0.002	HLA的轻链
γ-球蛋白	IgG	7.0 ~ 16.0	抗体
	C反应蛋白	< 0.008	参与炎症反应
纤维蛋白原		2.0 ~ 4.0	凝血因子

（一）盐析法可以将血浆蛋白质分为清蛋白、球蛋白和纤维蛋白原

盐析法是向蛋白质溶液中加入大量的中性盐，使蛋白质沉淀析出的方法。根据各种血浆蛋白在不同浓度的盐溶液中溶解度不同，将蛋白质分段析出。如清蛋白可被饱和硫酸铵溶液沉淀，球蛋白和纤维蛋白原可被半饱和硫酸铵溶液沉淀，纤维蛋白原又可被半饱和氯化钠溶液沉淀。

（二）电泳法可以将血浆蛋白质分为五条区带

电泳法是分离蛋白质最常用的方法，其原理是根据蛋白质分子大小和表面电荷不同，在电场中的泳动速度不同而将其分离。使用不同支持物，蛋白质的分离程度差别较大。醋酸纤维素薄膜电泳可将血清蛋白质分成清蛋白（albumin）、α_1- 球蛋白（globulin）、α_2- 球蛋白、β- 球蛋白和 γ- 球蛋白五条区带（图 15-1）。

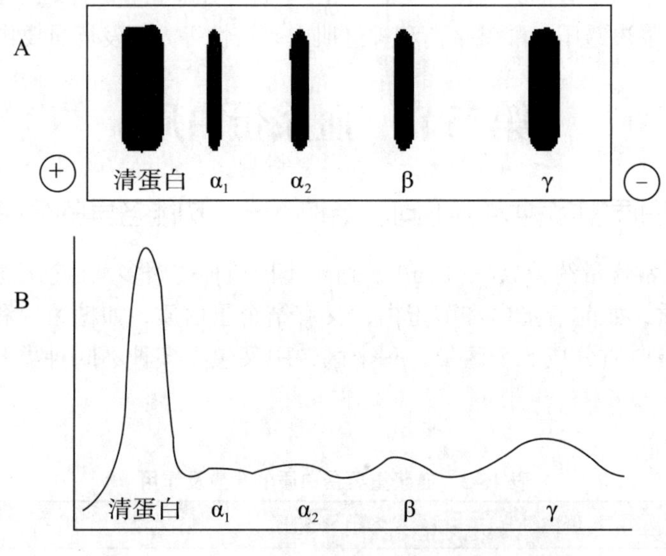

图 15-1 正常人血清蛋白醋酸纤维素薄膜电泳图

A．染色后的图谱；B．光密度扫描后的电泳峰

如果使用分辨率更高的电泳方法（如聚丙烯酰胺凝胶电泳或免疫电泳）可将血浆蛋白质分成 30 多种成分，而双向凝胶电泳（2-D 电泳）甚至可以分离出上百种不同的血浆蛋白质。

（三）离心法可以将蛋白质分成多种组分

超速离心法是根据蛋白质的分子量大小不同，因而在离心场中沉降系数不同，从而分离不同蛋白质，如血浆脂蛋白可以通过超速离心法分成乳糜微粒、极低密度脂蛋白、低密度脂蛋白和高密度脂蛋白 4 种组分。

二、血浆蛋白质具有多种功能

血浆蛋白质种类繁多，很多功能尚未完全阐明，已知的血浆蛋白质功能主要有如下几方面：

（一）维持血浆胶体渗透压

血浆胶体渗透压虽然只占血浆总渗透压的一小部分，但对水在血管内外的分布起着决定性的作用。正常人血浆的胶体渗透压取决于血浆蛋白质的摩尔浓度。清蛋白的分子量小，摩尔浓度高，在生理 pH 条件下电负性高，能使水分子聚集在其分子表面，所以清蛋白能最有

效地维持血浆胶体渗透压。由清蛋白产生的胶体渗透压约占总胶体渗透压的75% ~ 80%。当营养不良、肝功能障碍时，清蛋白合成减少；当出现肾疾患时大量清蛋白可从尿中丢失，以上情况均可导致血浆胶体渗透压下降，血浆水分外渗，出现胸水、腹水或者组织水肿。

（二）维持血浆正常的pH值

血浆正常pH值为7.35 ~ 7.45，而血浆蛋白质的等电点大多数为4.0 ~ 7.3，所以在生理pH环境下，大部分血浆蛋白质解离成负离子，与Na^+等形成蛋白盐，与相应蛋白质组成缓冲对，参与维持血浆酸碱平衡。

（三）运输多种物质

血浆蛋白质分子表面有许多亲脂性结合位点，可结合运输脂溶性物质如维生素A等。血浆蛋白质还能和一些易被细胞摄取或易随尿液排出的小分子物质结合，防止它们从肾丢失。清蛋白可运输游离脂肪酸、胆红素、金属离子和药物（如磺胺类、阿司匹林等）。球蛋白中有许多特异载体蛋白（如甲状腺素结合球蛋白、运铁蛋白等），不仅可以运输血浆中物质，还能调节被运输物质的代谢。

（四）参与机体的防御反应

免疫球蛋白又称抗体，是人受到细菌、病毒或异种蛋白质等刺激后，由浆细胞产生的一类具有特异免疫功能的球蛋白。抗原（如病原菌）刺激机体可产生特异性抗体，并与之结合成抗原-抗体复合物，继而激活补体系统来杀伤靶细胞。补体大部分也属于血浆蛋白质，在正常生理情况下，绝大多数以酶原或非活化形式存在。只有被某些物质激活后，补体各固有成分才能按一定顺序呈现酶促连锁反应发挥溶菌、溶细胞作用。

（五）催化作用

很多血浆蛋白质具备酶活性，参与催化多种化学反应，如凝血酶参与血液凝固，脂蛋白脂肪酶（LPL）催化CM和VLDL中三酰甘油的分解等。

（六）营养作用

血浆蛋白质在体内分解为氨基酸，参入氨基酸代谢池，可用于合成组织蛋白、转变成其他含氮化合物、异生成糖或分解供能。

（七）参与凝血、抗凝血和纤溶作用

参与血液凝固的物质统称为凝血因子，目前已知的凝血因子主要有14种（表15-3），国际凝血因子命名委员会按其发现先后顺序用罗马字母统一命名。除因子Ⅲ不存在于血浆中，因子Ⅳ为Ca^{2+}外，其余凝血因子均为存在于血浆中的蛋白质。

表15-3 人体内的凝血因子

因子	别名	化学本质	生成部位	血浆中浓度（mg/L）	血清中有无	功能
Ⅰ	纤维蛋白原	糖蛋白	肝	2000 ~ 4000	无	结构蛋白
Ⅱ	凝血酶原	糖蛋白	肝	150 ~ 200	无	蛋白酶原
Ⅲ	组织因子	脂蛋白	组织、内皮、单核细胞	0	—	辅因子/启动物
Ⅳ		Ca^{2+}		90 ~ 110	有	辅因子
Ⅴ	易变因子（前加速因子）	糖蛋白	肝	5 ~ 10	无	辅因子

续表

因子	别名	化学本质	生成部位	血浆中浓度（mg/L）	血清中有无	功能
Ⅶ	稳定因子	糖蛋白	肝	0.5 ~ 2	有	蛋白酶原
Ⅷ	抗血友病球蛋白	糖蛋白	肝、内皮细胞	0.1	无	辅因子
Ⅸ	Christmas 因子血浆凝血活酶成分	糖蛋白	肝	3 ~ 4	有	蛋白酶原
Ⅹ	Stuart-Prower 因子	糖蛋白	肝	6 ~ 8	有	蛋白酶原
Ⅺ	血浆凝血活酶前体	糖蛋白	肝	4 ~ 6	有	蛋白酶原
Ⅻ	Hageman 因子	糖蛋白	肝	2.9	有	蛋白酶原
ⅩⅢ	纤维蛋白稳定因子	糖蛋白	骨髓	25	无	转谷氨酰胺酶原
	前激肽释放酶	糖蛋白	肝	1.5 ~ 5	有	蛋白酶原
	高分子量激肽原	糖蛋白	肝	7.0	有	辅因子

当血管内皮损伤，血液流出血管时，血液内发生一系列酶促级联反应，使水溶性纤维蛋白原转变成凝胶状纤维蛋白，并聚合成网状，黏附血细胞及血小板，形成血凝块而止血。

在生理情况下，也可能发生血管内皮损伤、血小板活化和少量凝血因子激活，从而发生血管内凝血或血栓脱落，堵塞重要血管引起脑血栓或心肌梗死，此时血栓溶解刻不容缓。机体还存在抗凝成分和纤溶系统，体内有三个主要的抗凝成分：抗凝血酶-Ⅲ、蛋白C系统和组织因子途径抑制物，其化学本质均为蛋白质。血液中还有纤溶酶原激活抑制物和纤溶酶抑制物，从而使凝血和纤溶两个过程在正常人体内相互制约，处于动态平衡。如果这种动态平衡被破坏，将发生血栓形成或出血现象。

三、血浆中的酶可分为血浆特异酶和非血浆特异酶两大类

血浆中的酶根据其来源和功能，可分为以下两类：

（一）血浆特异酶

这类酶由细胞（绝大多数是肝细胞）合成后分泌入血，在血浆中发挥催化作用。如卵磷脂胆固醇酯酰转移酶（LCAT）、脂蛋白脂肪酶（LPL）、参与凝血和纤溶的一系列酶、铜蓝蛋白和肾素等。

（二）非血浆特异酶

这类酶往往由细胞合成后在特定环境中发挥催化作用，很少在血液中出现，根据来源又可以分为两类。

1．外分泌酶　主要是由外分泌腺分泌的酶，如由消化系统分泌的唾液淀粉酶、胃蛋白酶、胰蛋白酶、胰脂肪酶、胰淀粉酶等。这些酶在生理条件下会有少量逸入血浆，与血浆正常功能无直接关系，但血浆中这些酶的活性可反映相应腺体的功能状态。当脏器受损时，逸入血浆酶量增加，有助于临床上对疾病的诊断，如急性胰腺炎时血浆淀粉酶活性升高。

2．细胞酶　这类酶是在细胞中参与物质代谢，在细胞更新过程中可释放入血，但正常时血浆中含量甚微，大多数无器官特异性。有少部分可来源于特定器官。血浆中相应酶活性

升高时，往往反映某个脏器发生病变，导致细胞破损或细胞膜通透性升高，如血浆中丙氨酸氨基转移酶（ALT）活性升高，提示可能是肝炎或者肝硬化等肝疾患。

第三节 红细胞代谢

一、成熟红细胞有独特的糖代谢和脂代谢方式

红细胞是由骨髓中造血干细胞定向分化而成，在发育中经历了原始红细胞、早幼红细胞、中幼红细胞、晚幼红细胞、网状红细胞等阶段才成熟。成熟红细胞除细胞膜和细胞质外，无其他细胞器，因此丧失了分裂增殖、核酸合成、蛋白质合成及有氧氧化等能力，所以红细胞的代谢比一般细胞简单。

（一）糖代谢

红细胞因为缺乏线粒体，主要依赖糖代谢供给能量，每天需要摄取约 30g 葡萄糖，其中约 90% ～ 95% 经糖酵解和 2，3- 二磷酸甘油酸旁路代谢，5% ～ 10% 经过磷酸戊糖途径代谢。

1．糖酵解是成熟红细胞获得能量的最主要途径　红细胞含有糖酵解过程所需的全部酶和中间代谢产物。通过糖酵解产生的 ATP，主要有以下作用：

（1）维持红细胞膜上钠泵的正常功能：钠泵通过消耗 ATP 将 Na^+ 泵出，同时泵入 K^+，从而维持红细胞内外的离子平衡、细胞容积以及双凹圆盘状形态。

（2）维持红细胞膜上钙泵的正常功能：通过钙泵的作用，保持红细胞内的低钙状态，防止钙沉积于红细胞膜，使细胞膜保持柔韧性，红细胞在流经狭窄的毛细血管时不易被破坏。

（3）维持红细胞膜的脂质更新：红细胞膜的脂质需要不断更新，此过程需要消耗能量，如果 ATP 缺乏，脂质更新受阻，红细胞的可塑性下降而易于破坏。

（4）合成谷胱甘肽、NAD^+：谷胱甘肽是维系红细胞膜结构完整的重要成分，可以有效抵御外界强氧化剂对细胞的损害；NAD^+ 是糖酵解不可缺少的中间物。

（5）活化葡萄糖，启动糖酵解过程。

2．2,3- 二磷酸甘油酸（2,3-BPG）旁路　红细胞中糖酵解途径还存在侧支循环，即 2，3- 二磷酸甘油酸旁路（图 15-2）。

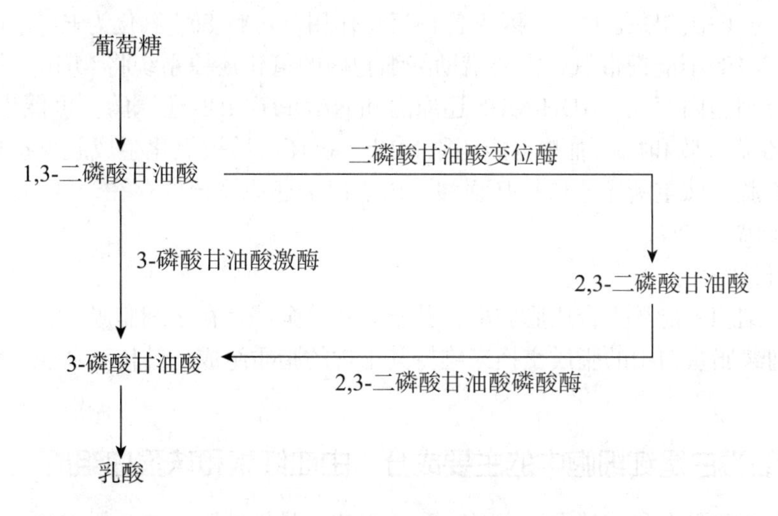

图 15-2　2，3-BPG 旁路

在糖酵解过程中，二磷酸甘油酸变位酶可催化 1,3- 二磷酸甘油酸（1,3-BPG）转变为 2,3-BPG，进而在 2,3- 二磷酸甘油酸磷酸酶的作用下，生成 3- 磷酸甘油酸，继续循糖酵解过程分解，最后生成乳酸。这条由 1,3-BPG 经 2,3-BPG 生成 3- 磷酸甘油酸的途径，称为 2,3-BPG 旁路。正常情况下，2,3-BPG 对二磷酸甘油酸变位酶的负反馈作用大于其对 3- 磷酸甘油酸激酶的抑制作用，所以 2,3-BPG 旁路仅占糖酵解的 15% ~ 50%。但由于 2,3- 二磷酸甘油酸磷酸酶的活性较低，使 2,3-BPG 的生成大于分解，所以红细胞中 2,3-BPG 的含量很高。红细胞中的 2,3-BPG 主要功能是调节血红蛋白（hemoglobin，Hb）运输 O_2。2,3-BPG 分子带有高密度负电荷，与 Hb 分子表面的正电荷结合可稳定其构象，降低 Hb 与 O_2 的亲和力。在血液流经 PO_2 较高的肺部时，2,3-BPG 对 Hb 与 O_2 的结合影响不大，但当血液流经 PO_2 较低的组织时，2,3-BPG 会显著增加 O_2 的释放，供组织需要。

3．磷酸戊糖途径生成的 NADPH 对红细胞有保护作用　红细胞中磷酸戊糖途径的生理意义是为细胞提供 NADPH。NADPH 可维持细胞内还原型谷胱甘肽的含量（图 15-3），保护红细胞膜蛋白、Hb 和酶蛋白的巯基免受氧化剂氧化，维持细胞的正常功能。

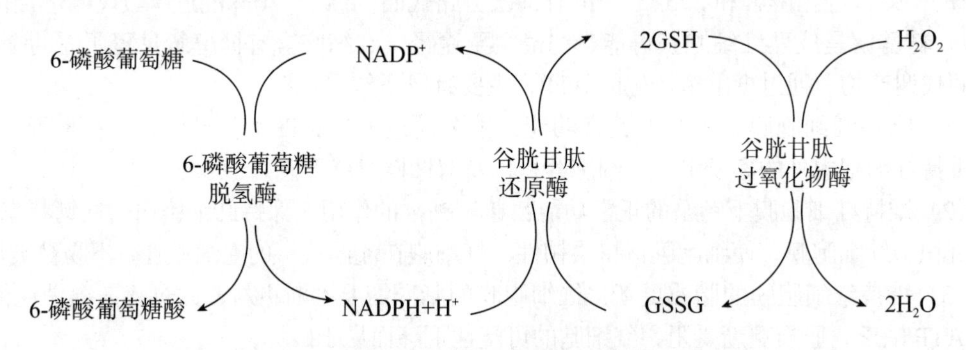

图 15-3　磷酸戊糖途径与谷胱甘肽的氧化还原

6- 磷酸葡萄糖脱氢酶是磷酸戊糖途径的调节酶，缺乏该酶的患者，其磷酸戊糖途径不能正常进行，NADPH 生成障碍，使谷胱甘肽不能维持在还原状态，因而红细胞易破裂而发生溶血。服用蚕豆或某些药物（如磺胺类、阿司匹林等）可促使过氧化氢和超氧化物的生成，易诱发这些患者发生溶血，故也称蚕豆病。

正常 Hb 分子中的铁是 Fe^{2+}，因为各种氧化作用，可将 Fe^{2+} 氧化为 Fe^{3+}，产生少量高铁 Hb（MHb）。MHb 不能携带氧，需要借助红细胞内的氧化还原系统将 MHb 还原才能防止缺氧的发生。红细胞内存在 NADH-MHb 还原酶和 NADPH-MHb 还原酶，可催化 MHb 还原成 Hb；还原型谷胱甘肽和抗坏血酸也能还原 MHb。抗坏血酸被氧化生成脱氢抗坏血酸后还可以被还原型谷胱甘肽重新还原成抗坏血酸。由于以上还原系统的存在，红细胞内的 MHb 只占 Hb 总量的 1% ~ 2%。

（二）脂代谢

成熟的红细胞不能从头合成脂肪酸，其脂质几乎全部存在于细胞膜。红细胞膜上的脂质通过不断与血浆脂蛋白中的脂质交换来维持其正常的脂质组成、结构和功能，维持红细胞的生存。

二、血红蛋白是红细胞中的主要成分，由血红素和珠蛋白组成

血红蛋白由珠蛋白和辅基血红素（heme）组成，是红细胞中的主要成分，由 4 个亚基构

成，每个亚基结合一分子血红素。血红蛋白参与血液中 O_2 和 CO_2 的运输和释放。

（一）血红素的合成

血红素合成的原料是甘氨酸、琥珀酰 CoA 和 Fe^{2+}。体内大多数组织都能合成血红素，其中骨髓未成熟红细胞和肝细胞的合成最为活跃。前者提供血红素以合成血红蛋白，后者则主要用于合成细胞色素。血红素在细胞线粒体及细胞质中合成，其合成过程大致可分为四个阶段。

1．δ- 氨基 -γ- 酮戊酸的合成　在线粒体中，琥珀酰 CoA 与甘氨酸在 ALA 合酶的催化下脱羧缩合生成 δ 氨基 -γ- 酮戊酸（δ-aminolevulinic acid，ALA）。ALA 合酶催化此反应，辅酶为磷酸吡哆醛，是血红素生物合成的调节酶，活性受血红素的反馈抑制。

$$\underset{\text{琥珀酰辅酶A}}{HOOC-CH_2-CH_2-CO\sim SCoA} + \underset{\text{甘氨酸}}{NH_2-CH_2-COOH} \xrightarrow[CoASH \quad CO_2]{\text{ALA合酶}} \underset{\text{ALA}}{HOOC-CH_2-CH_2-C(=O)-CH_2NH_2}$$

2．胆色素原的生成　ALA 生成后从线粒体进入细胞质。在细胞质中，2 分子 ALA 脱水生成 1 分子胆色素原。催化此反应的酶是 ALA 脱水酶。ALA 脱水酶属于巯基酶，对铅、汞等重金属非常敏感。

$$\text{2ALA} \xrightarrow[2H_2O]{\text{ALA脱水酶}} \text{胆色素原}$$

3．尿卟啉原和粪卟啉原的生成　由胆色素原脱氨酶催化 4 分子胆色素原脱氨缩合成 1 分子线状四吡咯，后者再由尿卟啉原Ⅲ同合酶催化下生成尿卟啉原Ⅲ。尿卟啉原Ⅲ经尿卟啉原Ⅲ脱羧酶催化，最终生成粪卟啉原Ⅲ。

4．血红素的生成　粪卟啉原Ⅲ在细胞质中生成后进入线粒体，在粪卟啉原Ⅲ氧化脱羧酶的催化下生成原卟啉原Ⅸ，继而在原卟啉原Ⅸ氧化酶作用下转变成原卟啉Ⅸ。原卟啉Ⅸ与 Fe^{2+} 在亚铁螯合酶的催化下最终生成血红素。血红素生物合成的全过程总结如图 15-4。

（二）血红蛋白的合成

血红素合成后即从线粒体转运到细胞质，再与珠蛋白结合成血红蛋白。其中珠蛋白的合成受血红素的调节，血红素的氧化产物高铁血红素可促进珠蛋白的合成。

（三）血红素合成的调节

多种因素通过调节 ALA 合酶的含量或活性来调节血红素的合成。血红素可以反馈抑制 ALA 合酶的活性，但是血红素与该酶的产物和底物均不类似，因此可能是通过变构调节来

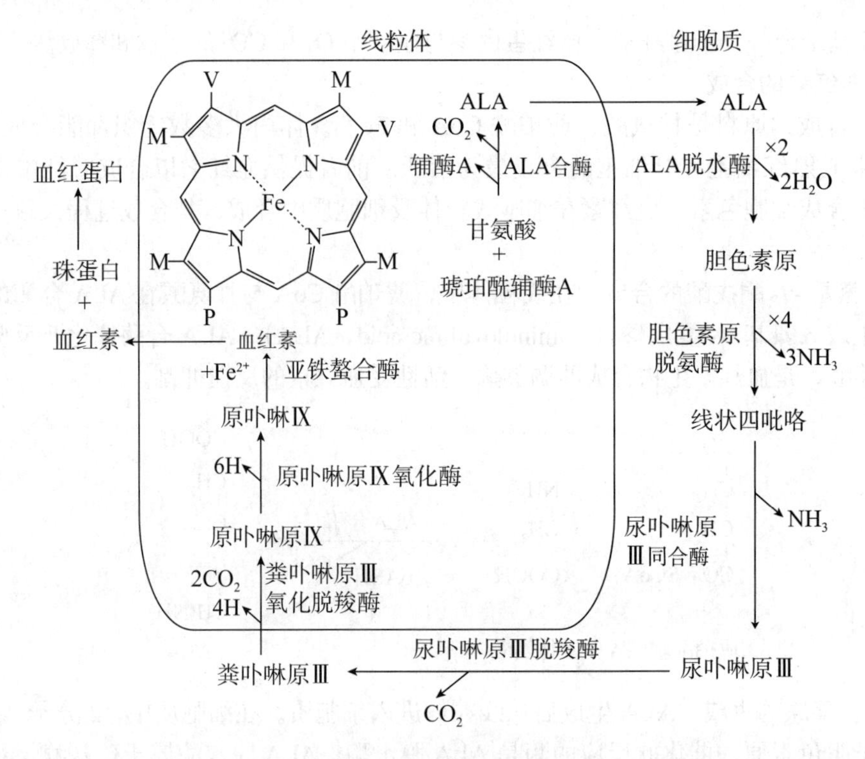

图 15-4　血红素的生物合成过程

A：—CH_2COOH　P：—CH_2CH_2COOH　M：—CH_3　V：—CH=CH_2

抑制该酶活性。过多的血红素会被氧化成高铁血红素，后者可以强烈抑制 ALA 合酶。由于磷酸吡哆醛是 ALA 合酶的辅酶，维生素 B_6 缺乏或与之竞争的药物也可使酶活性降低。一些杀虫剂、致癌物、促红细胞生成素（EPO）等均可诱导 ALA 合酶的合成，从而促进血红素合成。

一些类固醇激素如雄激素或雌二醇等促进血红素合成，故临床用丙酸睾酮及其衍生物治疗再生障碍性贫血。ALA 脱水酶和亚铁螯合酶对铅等重金属的抑制作用十分敏感，所以铅中毒的表现之一就是血红素合成抑制。

三、血红蛋白的功能是运输 O_2 和 CO_2

（一）血红蛋白可以运输和释放 O_2

O_2 在血液中以物理溶解和化学结合两种方式进行运输，其中 98.5% 的 O_2 可与血红蛋白结合成 HbO_2 的形式运输；物理溶解状态的 O_2 仅占血液中 O_2 总量的 1.5%。血红蛋白与 O_2 的结合是可逆的。

$$Hb + O_2 \underset{PO_2\text{低（组织）}}{\overset{PO_2\text{高（肺部）}}{\rightleftharpoons}} HbO_2$$

当血液流经 PO_2 高的肺部时，O_2 与 Hb 结合成 HbO_2 运输 O_2；血液经过 PO_2 低的组织时，HbO_2 迅速解离释放出 O_2 供组织利用。Hb 与 O_2 的结合或解离曲线呈 S 型（图 15-5），这与 Hb 的变构效应有关。Hb 是由两个 α 亚基和两个 β 亚基组成的异源四聚体，每个亚基上的血红素辅基可结合一分子氧。当 Hb 未与 O_2 结合时，四个亚基之间由八个盐键连接成紧密的 T

型，此时 Hb 与氧的亲和力较小。氧与 Hb 的结合总是先与 α 亚基结合，当一个 α 亚基与 O_2 结合后，引起亚基间的盐键逐个断裂，Hb 的构象改变。由脱氧 Hb 紧密的 T 型逐渐变为氧合 Hb 松弛的 R 型，使其他亚基更易与 O_2 结合。同样，氧合 Hb 的一个亚基释放 O_2 后，其他亚基也易于释放 O_2，这种协同效应使 Hb 氧解离曲线呈 S 型。S 型氧解离曲线具有重要的生理意义：曲线的上段平坦，是 Hb 与 O_2 结合的部分，表明 PO_2 的变化对 Hb 氧饱和度影响不大。例如 PO_2 由 13.3kPa 降低到 7.98 kPa，氧饱和度仅下降 0.02（从 0.95 降至 0.93）。所以在血液流经 PO_2 较高的肺部时，即使环境 PO_2 有一定程度的降低，也不致影响肺部 Hb 与 O_2 的结合，血液仍可携带足够的氧供组织利用（如在高原、高空或呼吸系统疾病时）。氧解离曲线的中段陡峭是 HbO_2 释放 O_2 的部分，说明血液流经组织时，PO_2 的略有下降，便可引起 HbO_2 的大量解离，迅速释放出 O_2 满足组织需要。

血液氧饱和度达到 50% 时的 PO_2 值称为 P_{50}，通常用以表示 Hb 与 O_2 亲和力。其正常值为 3.5kPa。P_{50} 与 Hb 和 O_2 的亲和力成反比。P_{50} 减小，表示 Hb 与 O_2 的亲和力增加，氧解离曲线左移；反之，P_{50} 增加，表示 Hb 与 O_2 的亲和力降低，氧解离曲线右移。Hb 的氧合功能可受 pH、PCO_2、2,3- 二磷酸甘油酸及温度等因素的影响。血液 pH 降低、PCO_2 升高时，Hb 与氧的亲和力降低，P_{50} 增加，氧解离曲线右移；反之，血液 pH 升高、PCO_2 降低时，Hb 与氧的亲和力增加，P_{50} 减小，氧解离曲线左移（图 15-5）。这种现象的生理意义在于当血液流经组织时，PCO_2 的升高，促进 HbO_2 解离释放出氧供组织利用；当血液流经肺泡时，PCO_2 降低，又可增加 Hb 与氧的结合。

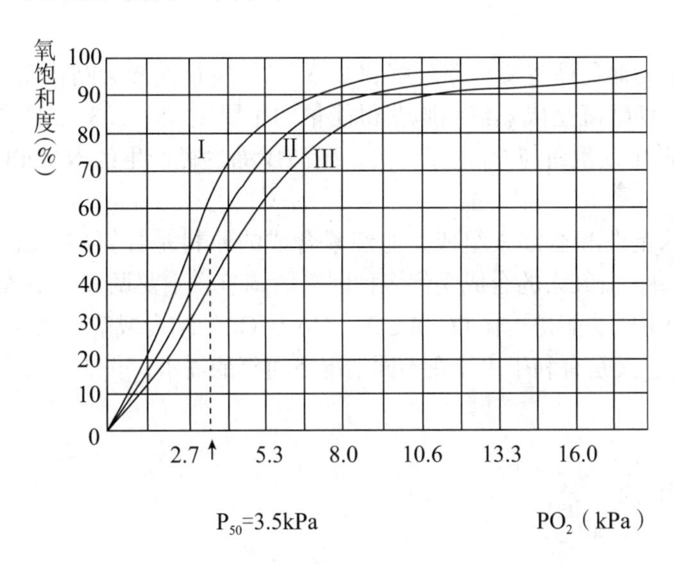

图 15-5 pH 和 PCO_2 对血红蛋白氧离曲线的影响

Ⅰ：pH7.6（PCO_2=3.4kPa），P_{50} 减少

Ⅱ：pH7.4（PCO_2=5.3kPa），P_{50} = 3.5kPa

Ⅲ：pH7.2（PCO_2=8.2kPa），P_{50} 增多

红细胞中 2,3- 二磷酸甘油酸可降低 Hb 与氧的亲和力。缺氧时糖酵解及 2,3- 二磷酸甘油酸支路加强，生成较多的 2,3- 二磷酸甘油酸，可促进 HbO_2 解离释放出氧供组织利用。温度也可影响 Hb 与氧的结合。当温度低于正常时，Hb 与氧的亲和力增加，结合牢固，氧解离曲线左移；温度升高时，Hb 与氧的亲和力减小，曲线右移，增加氧的释放。其生理意义是在发热或肌肉运动使体温升高时，HbO_2 释放氧增加，以适应此时代谢的需要。

（二）血红蛋白可运输部分 CO_2

CO_2 在血液中也是以物理溶解（占总量的 8.8%）和化学结合（占总量的 91.2%）两种方式进行运输的。化学结合的 CO_2 主要形成碳酸氢盐（占总量的 77.8%）和氨基甲酸血红蛋白（Hb·NHCOOH）（占总量的 13.4%）。氨基甲酸血红蛋白是由血红蛋白肽链的 N- 末端氨基与 CO_2 结合生成的。

$$Hb \cdot NH_2 + CO_2 \rightleftharpoons HbNHCOOH$$

血液由血浆和红细胞、白细胞、血小板等有形成分组成。将血浆中去除纤维蛋白原分离出的淡黄色透明液体称作血清。血液的化学成分非常复杂，固体成分包括各类蛋白质、非蛋白质含氮物、其他有机物、无机盐等。血浆蛋白质种类很多，常用盐析、电泳和超速离心法将其进行分类，主要可以分为：清蛋白、α_1 - 球蛋白、α_2 - 球蛋白、β- 球蛋白和 γ- 球蛋白。血浆蛋白质的主要功能有：维持血浆胶体渗透压、维持血浆 pH 值、运输作用、免疫作用、催化作用、营养作用以及凝血、抗凝血和纤溶作用。血浆中的酶可分为血浆特异酶和非血浆特异酶两大类

成熟红细胞中的葡萄糖主要经糖酵解和 2, 3- 二磷酸甘油酸旁路代谢，另一部分通过磷酸戊糖途径代谢。糖酵解是成熟红细胞获得能量的主要途径。2, 3- 二磷酸甘油酸旁路产生的 2, 3-BPG 可降低血红蛋白与 O_2 的亲和力。磷酸戊糖途径产生的 NADPH 对红细胞有保护作用。

血红蛋白由珠蛋白和血红素组成。血红素合成的原料是甘氨酸、琥珀酰 CoA 和 Fe^{2+}，调节酶是 ALA 合酶。血红素的合成受到多种因素的调节，主要调节点是 ALA 合酶的生成和活性。血红蛋白的主要功能是运输 O_2 和 CO_2。Hb 与 O_2 的结合或解离曲线呈 S 型。S 型氧解离曲线的重要生理意义是有利于机体在不同情况下对氧的需求。

1．分离血清蛋白质的常用方法有哪些？血清蛋白质主要有哪些功能？

2．红细胞的糖代谢有何特点？

3．2, 3-BPG 如何调节血红蛋白的携氧功能？

4．NADPH- 谷胱甘肽还原体系在维持红细胞结构与功能上有何意义？

（程　凯）

第十六章

骨骼与钙磷代谢

1．熟悉体内钙磷的含量及分布；掌握钙磷的生理功能。
2．了解钙磷的吸收与排泄。
3．掌握血液中钙磷的存在形式及影响因素。
4．熟悉骨的代谢；了解血清碱性磷酸酶测定的临床意义。
5．掌握三种激素对钙磷代谢的调节。
6．了解钙磷代谢紊乱所致疾病。

第一节　体内钙磷的含量、分布及生理功能

人体内含丰富的钙和磷，绝大部分的钙磷存在于骨骼和牙齿中，其余的存在于体液及软组织中。骨骼中的钙磷与体液中的钙磷保持着动态平衡。体液，尤其是血液中的钙磷虽少，但可反映体内钙磷代谢情况，所以在钙磷代谢中占有重要的地位。体内的钙磷除作为骨骼和牙齿的组成成分外，还具有多种重要的生理功能。

一、钙磷广泛分布于骨骼、牙齿、体液及软组织中

钙和磷主要以羟基磷灰石［hydroxyapatite，$Ca_{10}(PO_4)_6(OH)_2$］的形式分布于骨骼和牙齿中，组织和体液中分布较少。钙和磷在血浆中以游离形式、与蛋白质结合形式或与其他阴离子形成复合物等形式存在（表 16-1）。

表 16-1　钙磷的含量、分布以及在血浆中的存在形式

无机元素	分布				血浆中的存在形式			
	骨骼和牙齿（%）	软组织（%）	细胞外（%）	总浓度（mmol/L）	游离（%）	结合（%）	复合物（%）	总浓度（mmol/L）
钙	99	1	＜0.2	25	50	40	10	2.25 ~ 2.75
磷	85	15	＜0.1	19.4	55	10	35	0.81 ~ 1.45

钙、磷在细胞内外分布也有很大差别。细胞外的钙远高于细胞内，而细胞外磷则低于细胞内。正常情况下，细胞外液的游离 Ca^{2+} 约为 1.12 ~ 1.23mmol/L，90% 以上的细胞内 Ca^{2+}

存在于内质网和线粒体内，胞质钙浓度仅为 0.1 ～ 0.2μmol/L。胞质钙作为第二信使在信号转导中发挥重要生理作用，并可启动骨骼肌和心肌细胞的收缩。如果细胞外液的 Ca^{2+} 内流，而不加以调节，则细胞内液 Ca^{2+} 增高，可导致细胞功能紊乱。细胞内外 Ca^{2+} 能维持一定的浓度差，除了因为细胞膜对 Ca^{2+} 通透性低，还与细胞器调节细胞内钙、钙泵（$Ca^{2+}/2H^+$-ATP 酶）和钠钾泵（Na^+-K^+-ATP 酶）调节细胞内外 Ca^{2+} 的交换有关（图 16-1）。

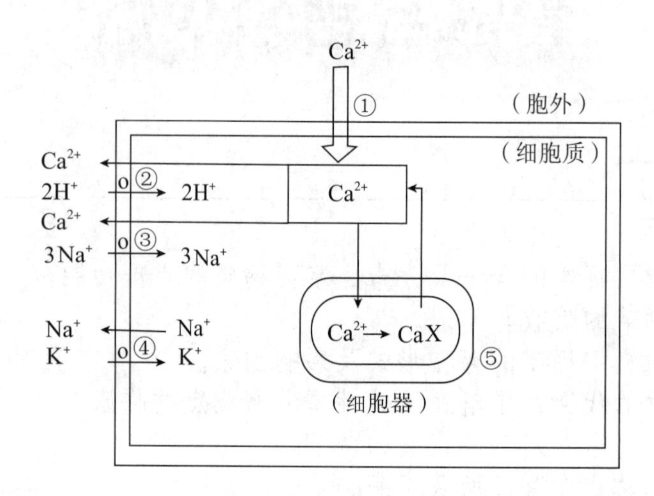

图 16-1 细胞内外 Ca^{2+} 交换过程

① 钙离子通道；② 钙泵；③ Ca^{2+}-Na^+交换；④ 钾钠泵；⑤细胞器，CaX表示结合钙

二、钙磷的生理功能复杂且重要

（一）参与骨骼的形成

钙磷是骨骼和牙齿的主要成分，骨骼是人体的支架，又是钙磷的贮存库。

（二）Ca^{2+} 的主要功能

1．Ca^{2+} 可降低毛细血管和细胞膜通透性，降低神经肌肉的兴奋性。当血浆中 Ca^{2+} 浓度低于 0.87 mmol/L（3.5 mg/dl）时，神经肌肉兴奋性增高，可导致手足搐搦症。

2．Ca^{2+} 有利于心肌的收缩，Ca^{2+} 与 K^+ 相拮抗，共同维持心肌的正常收缩与舒张。

3．Ca^{2+} 作为凝血因子之一，参与血液凝固。

4. Ca^{2+} 作为一些酶的激活剂（如脂肪酶、ATP 酶）或抑制剂（如维生素 D_3-1α- 羟化酶）参与多种酶促反应。

5．Ca^{2+} 作为第二信使，通过 Ca^{2+} 依赖性蛋白激酶途径调节细胞功能。腺体分泌、肌肉收缩（包括心肌、平滑肌）、糖原合成与分解，以及离子转移和细胞的生长、基因表达等都与钙离子有关。

第二信使是指细胞外激素信号转换成靶细胞内起信息传递和放大作用的小分子物质。常见的第二信使物质有 Ca^{2+}、cAMP、cGMP、IP_3（三磷酸肌醇）与 DAG（二酰甘油）、Cer（N-神经酰胺）等（参见第九章）。Ca^{2+}- 信息传递是指细胞外的信息分子与特异受体结合后，通过直接或间接方式改变靶细胞内 Ca^{2+} 浓度，进而表现出信息效应，其信号通过 Ca^{2+}- 依赖性蛋白激酶途径传递。

Ca^{2+}- 依赖性蛋白激酶途径包括以下途径。

（1）Ca^{2+}- 钙调蛋白依赖性蛋白激酶途径：钙调蛋白（calmodulin，CaM）是细胞内重要的调节蛋白。CaM 与 Ca^{2+} 具有高度的亲和力，CaM 与 Ca^{2+} 结合后，可激活 Ca^{2+}-CaM 激酶，此酶可使多种底物磷酸化，使其活性改变，从而产生生物学效应，如肌肉收缩、腺体分泌等。Ca^{2+}-CaM 激酶还能调节另一个第二信使 cAMP 的浓度，cAMP 可激活蛋白激酶 A（protein kinase A，PKA）。PKA 使靶细胞内多种蛋白磷酸化，进而调节物质代谢及基因表达。

（2）Ca^{2+}- 磷脂依赖性蛋白激酶途径：这是以 IP_3 和 DAG 为第二信使的双信号途径。IP_3 和 DAG 只有在 Ca^{2+} 的配合下才能激活蛋白激酶 C（protein kinase C，PKC）。PKC 可使一系列靶细胞内蛋白质，如膜受体、膜蛋白和多种酶磷酸化而表现生物学效应，如平滑肌收缩，胰岛素、醛固酮、儿茶酚胺、组织胺等分泌，肝糖原分解等。还可与 cAMP- 蛋白激酶途径及酪氨酸蛋白激酶途径相偶联，表现生物学效应，如调节细胞代谢和基因表达，并与肿瘤发生等有关。

总之，Ca^{2+} 作为第二信使参与细胞功能的调节，主要是通过使靶细胞内有关的蛋白质磷酸化或去磷酸化，而最终改变靶蛋白的活性、细胞膜的通透性及细胞核内基因的表达水平，从而发挥调节细胞代谢和控制细胞生长、增殖、分化等作用。

（三）磷的生理功能

磷除了作为骨骼和牙齿主要成分外，还具有多种重要的生理功能。

1．磷是核酸、核苷酸、磷脂及一些辅酶的组成成分（如 NAD^+、$NADP^+$、FMN、FAD、TPP、磷酸吡哆醛等）。

2．磷参与体内多种磷酸化反应。

3．磷酸盐作为缓冲体系，参与酸碱平衡调节。

4．磷参与能量的合成与贮存（如 ATP、UTP、磷酸肌酸等）。

5．磷通过使多种功能蛋白和酶发生磷酸化，参与细胞信号转导。

第二节　钙磷的吸收与排泄

一、食物中钙的吸收与体内钙的排泄

（一）钙的吸收

食物中的钙主要在小肠上段，尤其是十二指肠被主动吸收。影响钙吸收的因素包括：

1．维生素 D　维生素 D 促进钙的吸收。当维生素 D 缺乏时，钙的吸收降低，这是影响钙吸收的主要因素。

2．肠道 pH　肠道 pH 偏酸时，促进食物中的复合钙转化为离子钙，有利于钙的吸收。

3．食物中成分的影响　食物中钙、磷比例适合（Ca：P = 1：1 ～ 1：2）时，有利于钙的吸收。食物中含有过多的碱性磷酸盐、草酸盐及植酸时，在小肠下段可与钙生成不溶性钙盐而降低钙的吸收。

4．年龄　钙的吸收与年龄呈反比关系。婴儿吸收率为 50%，儿童吸收率为 40%，成人为 25%，老年人则更低。有人认为系老年人肾功能减退使 1，25-$(OH)_2$-D_3 生成减少所致。

（二）钙的排泄

体内的钙 80% 由肠道排泄，20% 经肾排泄，其排出量受维生素 D 和甲状旁腺素的调节。

二、食物中磷的吸收与体内磷的排泄

（一）磷的吸收

食物中磷为磷酸化合物（磷脂、磷蛋白等），在小肠上段主要以酸性磷酸盐（$H_2PO_4^-$）的形式被吸收，吸收率为 70% ～ 90%，较钙吸收率高。维生素 D 可以促进磷的吸收。肠道 pH 偏酸有利于磷的吸收，但食物中 Ca^{2+}、Mg^{2+}、Fe^{3+} 过多时，易与磷酸根结合成不溶性磷酸盐，影响磷的吸收。

（二）磷的排泄

磷的排泄与钙相反，由肠道排泄的磷约占 20% ～ 40%，多以磷酸钙形式排出；由肾排出的磷约占 60% ～ 80%。当肾功能不良时，尿磷减少，血磷升高，肾对磷的排泄受维生素 D 和甲状旁腺素的调节。

第三节　血液中钙磷含量与存在形式

一、血钙包括离子钙和结合钙两部分

血液中的钙几乎全部存在于血浆中，血钙浓度比较稳定，保持在 2.25 ～ 2.75mmol/L 范围内。血钙以离子钙和结合钙两种形式存在，其中结合钙绝大部分是与血浆清蛋白结合，小部分与柠檬酸、重碳酸盐等结合。因为血浆蛋白质结合钙不能透过毛细血管壁，故称为不扩散钙。柠檬酸钙等钙化合物以及离子钙可以透过毛细血管壁，则称为可扩散钙。

- 血钙（2.25～2.75mmol/L）
  - 离子钙（45%）——可扩散钙
  - 结合钙（55%）
    - 柠檬酸钙（10%）——可扩散钙
    - 蛋白结合钙（45%）——非扩散钙

血浆蛋白结合钙与离子钙之间可相互转化，保持动态平衡，但受血液 pH 影响。

$$\text{血浆蛋白结合钙} \underset{[HCO_3^-]}{\overset{[H^+]}{\rightleftharpoons}} \text{蛋白质} + Ca^{2+}$$

血浆中的不扩散钙，虽没有直接的生理效应，但它与离子钙之间处于一种动态平衡，并受血液 pH 的影响。当血中 pH 降低时，促进结合钙解离，离子钙增加，如酸中毒时蛋白结合钙向离子钙转化；反之，当 pH 增高时，结合钙增多，离子钙减少，所以当碱中毒时，血浆总钙浓度不变，但血浆离子钙浓度降低，亦可出现抽搐现象。

二、血磷通常指血液中的无机磷

血磷通常以无机磷酸盐（HPO_4^{2-} 和 $H_2PO_4^-$ 等）形式存在。成人血磷浓度为 0.81 ～ 1.45 mmol/L，儿童为 1.2 ～ 2.1mmol/L。血磷浓度不如血钙稳定，成人血磷也有一定的生理变动，如摄入糖、注射胰岛素和肾上腺素等情况下，细胞内磷的利用增加，可引起低血磷。

血钙、血磷浓度之间有一定的数量关系。正常成人钙、磷浓度（mg/dl）的乘积为 35 ~ 40，即 [Ca] × [P] = 35 ~ 40。乘积大于 40 时，钙磷以骨盐形式沉积在骨组织中，若小于 35 时，则会影响骨组织钙化，甚至使骨盐再溶解，导致儿童发生佝偻病，成人可发生软骨病。

第四节　骨的代谢

一、磷酸钙盐是骨的主要无机成分

骨由有机质、骨盐和骨细胞三部分组成，有机质的 90% 以上是胶原及少量的蛋白多糖和液体，具有较好的韧性；骨盐主要是羟磷灰石结晶，非常坚硬，因此骨既坚硬又有良好的韧性。骨细胞包括：成骨细胞、骨细胞及破骨细胞，均起源于间充质干细胞。

二、成骨作用需要大量磷酸钙盐的沉积

成骨作用包括两个过程，即骨的有机质形成和骨盐沉积。骨的有机质形成是成骨细胞分泌蛋白多糖和胶原，由胶原聚合成胶原纤维作为骨盐沉积的骨架。成骨细胞被埋在骨的有机质中成为骨细胞。骨盐沉积于胶原纤维表面，先形成无定形骨盐（如磷酸氢钙等），继而形成羟磷灰石结晶，这种骨的有机质形成和骨盐沉积过程就是成骨作用。

在骨盐沉积的同时，成骨细胞内及骨有机质中的碱性磷酸酶活性增高。有人认为碱性磷酸酶可使磷酸酯水解，提高局部磷酸盐浓度，同时此酶还可使焦磷酸水解，减少对骨盐沉积的抑制，有利于成骨作用。患佝偻病、骨软化症、甲亢以及骨折时，血清中碱性磷酸酶活性均增高，所以测定血清碱性磷酸酶的活性具有重要的临床意义。

三、溶骨作用伴有大量磷酸钙盐的溶解释出

溶骨作用是破骨细胞释放溶酶体中的蛋白水解酶，使骨的有机质（胶原）水解，同时破骨细胞还释放出一些酸性物质，如乳酸、柠檬酸、碳酸等，使局部酸性物质增加，促进骨盐溶解，这种骨的有机质水解及骨盐溶解即溶骨作用。

正常成人体内成骨与溶骨作用处于动态平衡，即骨的更新作用。这种作用不仅保证了骨骼的正常生长，还维持了钙、磷的动态平衡。

骨的更新依赖于骨细胞之间的相互转化，并受激素的调节（图 16-2）。

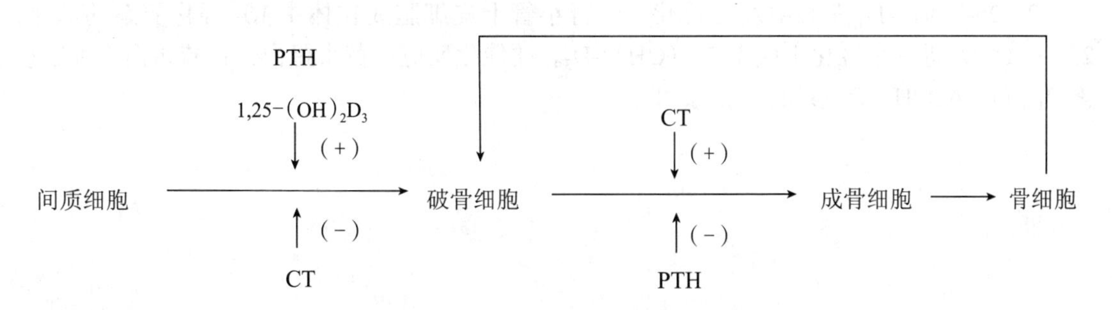

图 16-2　骨骼中各种细胞的转变及其调节

PTH：甲状旁腺素；CT：降钙素

第五节 钙磷代谢的调节

参与钙磷代谢调节的激素主要有1，25-二羟维生素D_3、甲状旁腺素、降钙素。它们主要通过对小肠、骨和肾三种靶组织的调节作用来维持血钙、血磷浓度的正常水平，以保证钙、磷代谢的正常进行。

一、活性维生素D可升高血钙和血磷

（一）1，25-（OH）$_2$-D_3的生成与调节

维生素D属于类固醇衍生物，重要的维生素D有D_2和D_3两种。D_2主要存在于植物中，D_3是动物体内维生素D的主要形式。人体内7-脱氢胆固醇经日光中紫外线照射后可转变为维生素D_3，所以人体只要充分接受日光照射，一般不会缺乏维生素D。维生素D_3的生理活性甚低，必须经肝和肾中羟化酶的作用，转变为1，25-(OH)$_2$-D_3即活性维生素D，才能表现出生物学活性。由于1，25-(OH)$_2$-D_3是在一定的组织（肝、肾）生成后经血液运至靶组织发挥生理功能，所以可将1，25-(OH)$_2$-D_3视为激素。

1．维生素D_3在肝中发生羟化　肝细胞的微粒体含有维生素D_3-25-羟化酶，可催化维生素D_3生成25-(OH)-D_3，反应过程需NADPH、Mg^{2+}及O_2参加，反应如下：

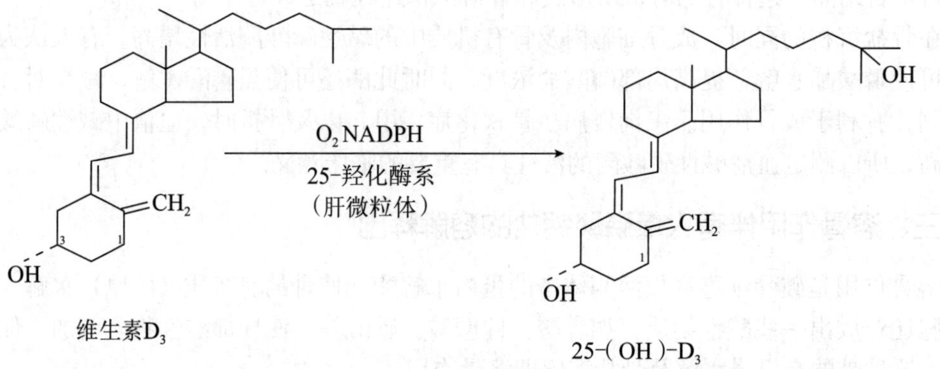

CH_2　3　1　OH

维生素D_3

O_2 NADPH
25-羟化酶系
（肝微粒体）

OH　CH_2　1　OH

25-(OH)-D_3

产物25-(OH)-D_3具有反馈抑制25-羟化酶的作用，以控制25-(OH)-D_3的生成量。生成的25-(OH)-D_3可与血中α_2-球蛋白结合而运至肾。在生理浓度下25-(OH)-D_3无生理活性，只是维生素D在血液中的运输形式。

2．25-(OH)-D_3在肾中发生羟化　经肾小管上皮细胞线粒体中1α-羟化酶系的催化，25-(OH)-D_3进一步羟化生成1，25-(OH)$_2$-D_3。此催化反应需黄素蛋白、铁硫蛋白、细胞色素P_{450}和NADPH、O_2参加。反应如下：

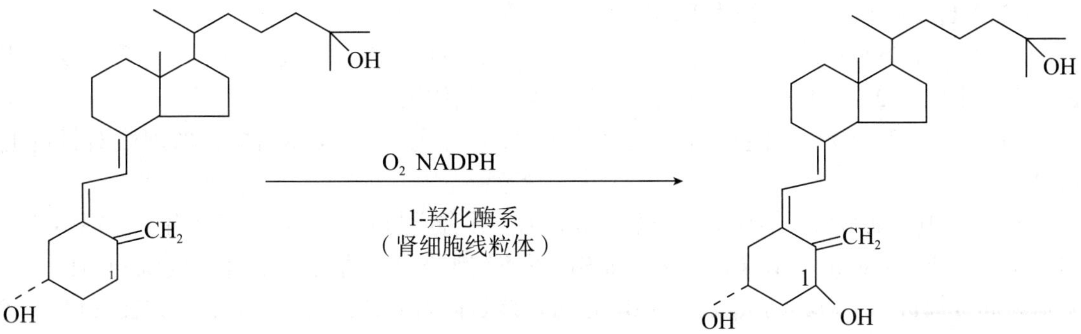

$$25\text{-(OH)-}D_3 \xrightarrow[\text{1-羟化酶系（肾细胞线粒体）}]{O_2\ \text{NADPH}} 1,25\text{-(OH)}_2\text{-}D_3$$

3．24，25-（OH）$_2$-D_3 的生成　1,25-(OH)$_2$-D_3 可反馈抑制肾中 1α- 羟化酶活性，但可诱导肾中 24- 羟化酶生成，24- 羟化酶可催化 25-OH-D_3 生成无活性的 24，25-（OH）$_2$$D_3$，反应如下：

$$25\text{-(OH)-}D_3 \xrightarrow[\text{24-羟化酶系（肾细胞线粒体）}]{O_2\ \text{NADPH}} 24,25\text{-(OH)}_3\text{-}D_3$$

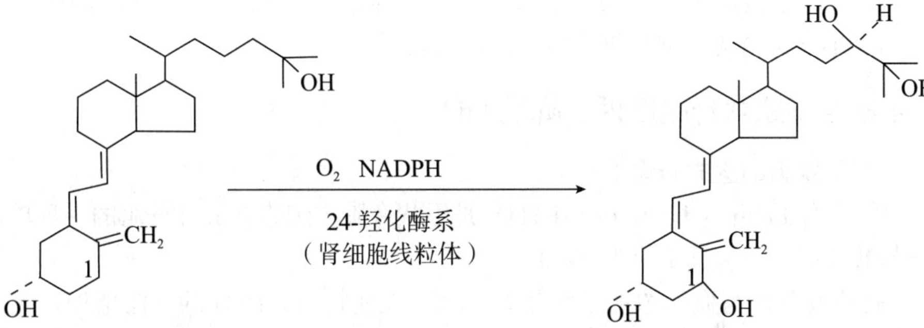

这控制 1,25-(OH)$_2$-D_3 的生成量，防治维生素 D 中毒具有重要的生理意义。维生素 D_3 的代谢转变过程见图 16-3。

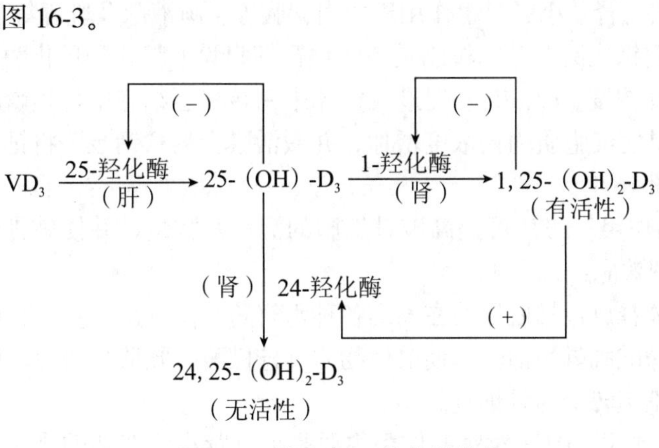

VD_3 —25-羟化酶（肝）→ 25-（OH）-D_3 —1-羟化酶（肾）→ 1, 25-（OH）$_2$-D_3（有活性）

25-（OH）-D_3 —（肾）24-羟化酶→ 24, 25-（OH）$_2$-D_3（无活性）

（−）（−）（+）

图 16-3　维生素 D_3 的代谢转变

(+) 表示促进　(−) 表示抑制

另外，低血磷、低血钙、甲状旁腺素均可促进 1，25-（OH）$_2$-D_3 的生成，降钙素则抑制 1,25-(OH)$_2$-D_3 的生成。

（二）$1,25-(OH)_2-D_3$ 的生理功能

1．促进小肠对钙磷的吸收与转运　$1,25-(OH)_2-D_3$ 可通过与肠黏膜细胞内特异受体蛋白结合后生成 $1,25-(OH)_2-D_3$- 受体复合物而发挥下列作用。

（1）使膜卵磷脂及不饱和脂肪酸含量增加，改变膜的组成和结构，增加膜对钙的通透性。

（2）作用于细胞核，加快 DNA 转录 mRNA，并合成与 Ca^{2+} 吸收和转运有关的钙结合蛋白（calcium-binding protein，Ca-BP）。Ca-BP 可使细胞内钙浓集于线粒体，使细胞质内 Ca^{2+} 降低，间接促进小肠对钙的吸收；Ca-BP 还可使线粒体内的钙转运到基底膜，并在 Ca^{2+}-ATP 酶及 Na^+-K^+-ATP 酶的共同作用下将 Ca^{2+} 转运至血液。

此外，$1,25-(OH)_2-D_3$ 还能促进小肠对磷的吸收，一方面是通过加强对钙吸收而间接促进磷的吸收，另一方面是直接促进磷的吸收。

2．促进骨组织的生长与更新　$1,25-(OH)_2-D_3$ 可提高破骨细胞的数量及活性，促进骨盐溶解，释放钙和磷，并与甲状旁腺素协同，促进钙磷的周转，有利于新骨的钙化。所以 $1,25-(OH)_2-D_3$ 既促进老骨溶解又促进新骨钙化，从而维持骨组织的生长与更新。

3．增强肾小管对钙磷的重吸收作用，但作用较弱。

二、甲状旁腺素可升高血钙、降低血磷

（一）甲状旁腺素的生成与调节

甲状旁腺素（parathyroid hormone，PTH）是甲状旁腺主细胞合成并分泌的一种单链多肽，由 84 个氨基酸残基组成，分子量为 9500。

PTH 的合成及分泌与血钙浓度呈负相关关系。低血钙时，PTH 的分泌增加；高血钙时，PTH 分泌减少。血中 $1,25-(OH)_2-D_3$ 增高或高浓度的磷酸盐对 PTH 分泌均有抑制作用。

（二）PTH 的生理功能

PTH 是维持血钙正常水平的最主要因素，它有升高血钙、降低血磷和酸化血液等作用。其靶组织主要有骨骼、肾及小肠，也作用于肌肉、胸腺、唾液腺及乳腺等。

PTH 对靶细胞内钙代谢调节的机制是：活化靶细胞膜上腺苷酸环化酶系统，增加细胞质内 cAMP 及焦磷酸盐浓度。cAMP 能促进线粒体中钙转移至细胞质，焦磷酸则使细胞膜外侧的钙进入细胞，结果使细胞质内钙浓度增加，并激活膜上的“钙泵”将钙主动转运至细胞外液，使血钙升高（图 16-4）。

1．PTH 对骨的作用　PTH 可提高破骨细胞的活性及数量，并使破骨细胞细胞质内 Ca^{2+} 升高而引起下列生理效应：

（1）促使溶酶体释放包括胶原酶在内的各种水解酶，使骨盐及骨的有机质水解。

（2）抑制异柠檬酸脱氢酶活性，使酸性物质（柠檬酸、乳酸）增加，促进骨盐溶解。

（3）抑制破骨细胞转变为骨细胞。

2．PTH 对肾的作用　PTH 对肾的作用主要是促进肾小管对磷的排泄及对钙的重吸收作用，从而提高血钙、降低血磷。

3．PTH 对小肠的作用　PTH 对小肠的作用是通过促进肾中 1- 羟化酶的合成，提高 $1,25-(OH)_2-D_3$ 的含量，间接促进小肠对钙磷的吸收，但作用较慢。

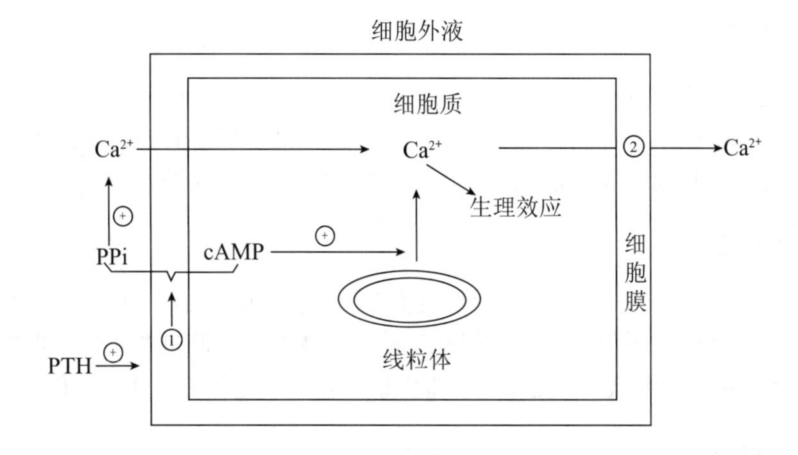

图 16-4 PTH 对细胞内钙代谢的调节

⊕表示激活或促进；①腺苷酸环化酶；②钙泵

三、降钙素可降低血钙和血磷

（一）降钙素的生成与调节

降钙素（calcitonin，CT）是甲状腺滤泡旁细胞（又称 C 细胞）合成、分泌的一种肽类化合物，由 32 个氨基酸残基组成，分子量为 3500，它的分泌受血钙浓度的调控，二者呈正相关关系。

（二）CT 的生理功能

1．对骨的作用 CT 可抑制破骨细胞的生成和活性，抑制骨盐溶解及骨基质的水解，抑制破骨细胞的生成，促使间充质干细胞转化为骨细胞，促进骨盐沉积、降低血钙。

2．对肾的作用 CT 可抑制肾小管对磷的重吸收，使尿磷增加、血磷降低。

3．对小肠的作用 CT 通过抑制 1，25-(OH)$_2$-D$_3$ 的生成，间接降低小肠对钙磷的吸收，使血钙和血磷降低。

现将三种激素对钙磷代谢的影响总结于表 16-2。

表 16-2 三种激素对钙磷代谢的影响

调节因素	肠钙吸收	溶骨	成骨	肾排钙	肾排磷	血钙	血磷
1,25-(OH)$_2$-D$_3$	↑↑	↑	↑	↓	↓	↑	↑
PTH	↑	↑↑	↑	↓	↑	↑	↓
CT	↓	↓	↓	↑	↑	↓	↓

注：↑表示升高；↑↑表示显著升高；↓表示降低

第六节 钙磷代谢紊乱

1,25-(OH)$_2$-D$_3$、PTH、CT 是调节钙磷代谢的三种主要激素。正常情况下，它们之间相互促进、相互制约、相互依赖，从而保证钙磷代谢的动态平衡，如果任何一个环节发生障碍，将会导致钙磷代谢异常，临床上表现出血钙、血磷浓度异常，甚至可以引起代谢性骨病。

一、高钙血症

当血钙浓度超过 2.75mmol/L 时称为高钙血症（hypercalcemia），主要诱因有：溶骨作用增强、小肠钙吸收增加以及肾对钙的重吸收增加等，多见于恶性肿瘤、服用噻嗪类药物、维生素 D 中毒、原发性甲状旁腺功能亢进、甲状旁腺激素分泌过度等。

二、低钙血症

当血钙浓度低于 2.25mmol/L 时称为低钙血症（hypocalcemia）。血清总钙浓度可因白蛋白结合部分或游离部分减少而降低。低钙血症的主要诱因有：低蛋白血症、慢性肾衰竭、甲状旁腺功能减退、甲状旁腺激素分泌不足、维生素 D 缺乏、电解质代谢紊乱伴发高磷血症等。

三、高磷血症

当血清中无机磷浓度高于 1.45mmol/L 时称为高磷血症（hyperphosphatemia），主要诱因有：肾排泄磷酸盐能力下降、急性肾损伤、慢性肾衰竭、肾小管重吸收增加、甲状旁腺激素缺失或耐受；磷酸盐摄入过多；酸中毒和细胞溶解导致的细胞内磷酸盐外移等。

四、低磷血症

血清无机磷浓度低于 0.81mmol/L 称为低磷血症（hypophoshatemia），主要诱因有：葡萄糖、胰岛素存在和碱中毒时引起的磷向细胞内转移；原发、继发性甲状旁腺功能亢进；肾小管缺损；呕吐、腹泻、维生素 D 缺乏时引起的肠道磷酸盐吸收减少；酸中毒引起的细胞外磷酸盐丢失等。

五、钙磷代谢异常与代谢性骨病

钙磷代谢异常可导致骨的代谢异常，即代谢性骨病，如佝偻病、骨软化症、骨质疏松症等。

（一）佝偻病

此病是由于婴幼儿长期缺乏维生素 D，影响肠道对钙磷吸收，使血钙、血磷降低。因血钙降低，继发引起 PTH 分泌增加，加速老骨溶解，肾排磷保钙，使血磷降低，血钙回升。如果病情不能及时控制或加重，则可导致低血钙症状。此病主要表现为“X”形或“O”形腿、鸡胸、方颅等。生化指标主要为血磷降低、血清碱性磷酸酶（AKP）活性升高，但血钙稍低或接近正常。

（二）骨软化症

成人长期缺乏维生素 D，可导致骨软化症，又称软骨病。因成人骨骼已形成，一般不表现畸形，主要表现为骨质脱钙、密度降低，易发生骨折。此病以预防为主，如多晒太阳，对病人补充适量维生素 D 制剂（如鱼肝油）及钙剂。

（三）抗维生素 D 佝偻病

抗维生素 D 佝偻病不是因为维生素 D 缺乏，而是维生素 D 在肝和肾中的代谢转变过程发生障碍所致。

1. 肝性佝偻病　肝性佝偻病主要是 25-(OH)-D_3 含量减少所致。如肝发生严重病变时，25- 羟化酶活性降低，维生素 D_3 在 25 位上羟化受阻，25-(OH)-D_3 生成减少。某些药物（如苯巴比妥等）可刺激肝细胞微粒体中细胞色素 P_{450} 酶活性升高，导致 25-(OH)-D_3 分解加强，也可使 25-(OH)-D_3 含量也减少。因 25-(OH)-D_3 是 1,25-$(OH)_2$-D_3 的前体物质，所以 1,25-$(OH)_2$-D_3 生成量也相应减少，导致肠道对钙磷吸收障碍而引起佝偻病。

2．肾性佝偻病　肾性佝偻病主要是 1,25-$(OH)_2$-D_3 生成减少所致。如发生尿毒症、慢性肾衰竭等严重肾病时，肾中 1-羟化酶活性降低，或肾小管先天性障碍，肾中缺乏 1-羟化酶，均可使 25-(OH)-D_3 在 1 位上羟化受阻，使 1,25-$(OH)_2$-D_3 生成减少，影响钙磷吸收，导致佝偻病。

（四）骨质疏松症

骨质疏松症不是因维生素 D 缺乏，而是由于作为骨的有机质成分的蛋白质合成失常、致使骨盐不能正常沉积而形成的一种代谢性骨病。此病多见于老年人，尤其是绝经期妇女，因雌激素分泌减少，成骨细胞得不到正常刺激，使骨的有机质不能正常形成。老年人因肾中 1-羟化酶活性降低，使钙磷吸收障碍，导致骨盐形成受阻，均可引起骨质疏松症。此外，营养不良、甲亢患者及长期卧床者，因分解代谢增加和蛋白质代谢异常等均可并发此症。临床主要表现为痛疼痛、皮肤菲薄及骨质疏松，有的患者可伴有自发性骨折。

小　结

钙磷是人体内含量最多的无机盐。在体内主要以羟磷灰石的形式构成骨骼和牙齿，其余分布在体液及软组织中。骨骼是钙磷的主要储存场所。钙离子可降低毛细血管和细胞膜通透性，降低神经肌肉的兴奋性，参与血液凝固，影响酶的活性，同时作为第二信使通过 Ca^{2+}-依赖性蛋白激酶途径调节细胞功能，参与腺体分泌、肌肉收缩、糖原分解与合成、基因表达调节等。磷是核酸、核苷酸、磷脂及一些辅酶的组成成分；磷还参与能量合成与储存、多种功能蛋白及酶的磷酸化作用以及酸碱平衡调节。

小肠是钙磷吸收的主要部位。影响钙磷吸收的因素有维生素 D、肠道酸碱度、饮食、年龄等。钙主要由肠道排泄，磷主要由肾排泄。

血钙主要指血浆（或血清）钙，包括结合钙和游离钙。二者可相互转化，但受血液酸碱度及血浆蛋白质浓度的影响。正常人血液中钙磷乘积如以 mg/dl 计为 35 ～ 40，二者乘积大于 40 时，有利于骨钙化；二者乘积小于 35 时，影响骨的钙化而导致佝偻病和骨软化症。

骨的代谢包括：成骨作用和溶骨作用。成骨作用指骨的有基质形成和骨盐的沉积。溶骨作用指骨盐的溶解及骨的有基质水解，成骨作用与溶骨作用以等速度交替进行称为骨的更新。

参与钙磷代谢调节的激素有维生素 D、甲状旁腺素及降钙素。它们作用的靶组织主要为小肠、骨和肾。维生素 D 经肝、肾各一次羟化生成 1,25-$(OH)_2$-D_3，即活性维生素 D，具有升高血钙和血磷的作用；甲状旁腺素的作用是升高血钙、降低血磷；降钙素的作用是降低血钙和血磷。

钙磷代谢紊乱时，临床上表现为血钙、血磷浓度异常及代谢性骨病，如佝偻病、骨软化病、抗维生素 D 佝偻病以及骨质疏松症等。

1．钙磷代谢主要受哪些激素调节？其调节机制是什么？

2．钙磷代谢紊乱常可导致哪些疾病？

（袁丽杰）

第十七章

维生素与微量元素

学习目标

1. 熟悉维生素的概念、种类。
2. 脂溶性维生素：熟悉脂溶性维生素的种类及消化、吸收、排泄特点；了解维生素 A、D、E、K 的结构特点、理化性质和来源；熟悉其生理功能和缺乏病。
3. 水溶性维生素：熟悉水溶性维生素的分类和共同特点；了解水溶性维生素的结构和来源；掌握水溶性维生素的活性形式及其作用；熟悉水溶性维生素的生理功能和缺乏病。
4. 微量元素：了解微量元素的概念；了解铁、锌、锰、铜、硒、碘、氟在人体内的含量、分布、吸收、转运和排泄；熟悉各微量元素的生理功能；掌握铁和碘的缺乏病。

维生素（vitamin）是机体维持正常生理功能所必需，但在体内不能合成或合成量不足，必须由食物供给的一组低分子量有机化合物。人体对维生素的需要量甚少（每日仅需毫克或微克量），它既不能供给机体能量，也不是机体组织的成分，但在物质代谢和生理功能等方面却发挥重要作用。由于维生素在体内不断进行着新陈代谢，所以长期摄入不足、吸收障碍、需求增加等因素可引起维生素的缺乏，造成机体物质代谢和生理功能异常，出现维生素缺乏病。维生素的种类较多，按其溶解性不同，可分为脂溶性维生素（包括维生素 A、D、E、K）和水溶性维生素（包括 B 族维生素和维生素 C）。

第一节　脂溶性维生素

一、脂溶性维生素包括维生素 A、D、E、K

脂溶性维生素包括维生素 A、D、E、K，大都是异戊二烯的衍生物，主要存在于食物脂质中，其消化和吸收过程与脂质一起进行。在人体内，维生素 A、D、K 主要贮存于肝，维生素 E 则主要贮存于脂肪组织，它们在血中需结合载脂蛋白或特殊载体而运输，一般不能随尿排出，但可随胆汁由粪便排出。由于体内贮存且排泄较慢，长期过量摄入可导致中毒症。

二、维生素 A 参与感光物质和糖蛋白的合成、基因表达调控及抗氧化作用

（一）维生素 A 分子中含有多个双键

维生素 A 是含 β- 白芷酮环的不饱和一元醇（图 17-1），分为两类：维生素 A_1，又称视黄醇；维生素 A_2，又称 3- 脱氢视黄醇。

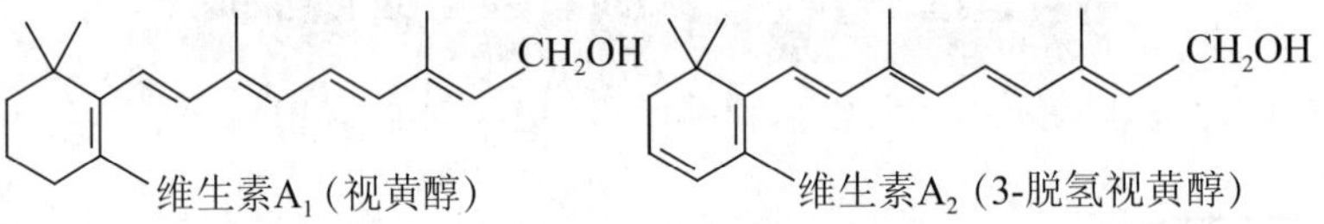

CH_2OH 维生素A_1（视黄醇） CH_2OH 维生素A_2（3-脱氢视黄醇）

图 17-1 维生素 A 的结构式

维生素 A 以视黄醇、视黄醛、视黄酸三种活性形式存在，醇和醛可以互变，天然视黄醇为全反式，在体内氧化成 11- 顺视黄醛才可结合视蛋白。维生素 A 化学性质活泼，分子中有多个双键，易于氧化，也易被紫外线照射而破坏，应贮存于棕色瓶中。因其在避氧条件下能耐受高温，所以一般烹调及罐头食品中，维生素 A 不易损失。

（二）维生素 A 来源于动物性食物

维生素 A 主要存在于动物肝、蛋黄和乳类中。植物中没有维生素 A，但胡萝卜素在小肠黏膜加双氧酶的作用下，可以转变为维生素 A，所以胡萝卜素又被称为维生素 A 原，如一分子 β- 胡萝卜素可生成两分子视黄醛。

（三）维生素 A 具有多种重要的生理功能

1．维生素 A 是视觉细胞内感光物质的主要成分　视色素是 11- 顺视黄醛与不同的视蛋白（opsin）组成的络合物。其中，视紫红质主要分布在视杆细胞，感受弱光；视红质、视青质和视蓝质主要分布在视锥细胞，感受强光。视紫红质感受弱光刺激时，其中的 11- 顺视黄醛因光异构作用而转变为全反型视黄醛，并与视蛋白分离而失色，这种光异构作用引起视杆细胞膜的 Ca^{2+} 通道开放，Ca^{2+} 内流引发神经冲动，传导到大脑皮层产生视觉。人从亮处到暗处，最初视物不清，适应一段时间后方能看清弱光下的物体，称为暗适应。这是因为视紫红质被亮光分解，需重新合成后方能感受弱光刺激。如果缺乏维生素 A，则视紫红质合成减少，暗适应时间延长，严重者完全丧失暗适应能力，称为“夜盲症”。

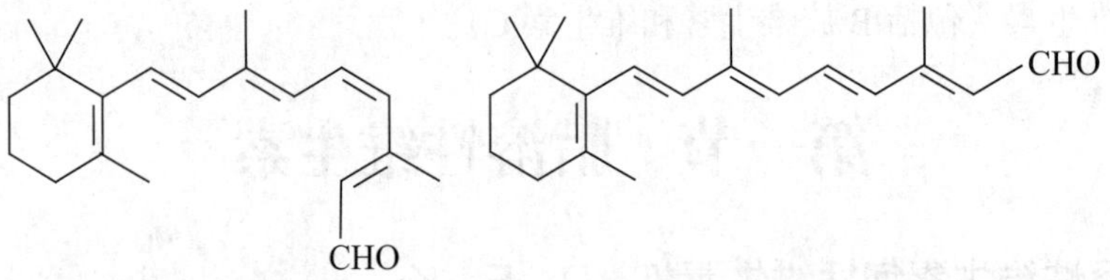

CHO CHO

11-顺视黄醛 全反型-视黄醛

2．维生素 A 参与维持上皮组织结构完整与功能健全　上皮组织细胞间质为糖蛋白，维生素 A 可以促进糖蛋白合成过程中有关酶的活性，其磷酸酯还是糖蛋白合成中寡糖基穿越生物膜的载体。维生素 A 缺乏则影响糖蛋白的合成，使皮肤和其他器官的上皮组织出现干燥、增生和角化等改变。在皮肤表现为皮脂腺和汗腺角化、分泌减少，毛囊角化，皮肤干燥、脱

屑等；在眼部表现为泪腺萎缩，泪液分泌减少甚至无泪液，角膜和结膜表皮细胞退变，称眼干燥症（干眼病），严重时可造成角膜感染、软化、溃疡，甚至穿孔、失明，称角膜软化症。因此维生素 A 又被称为抗干眼病维生素。

3．维生素 A 可以促进生长、发育及繁殖　维生素 A 可通过调控特定基因的表达，影响多种蛋白质的合成。维生素 A 缺乏时，儿童生长、发育迟缓以致停滞，骨骼及神经发育不良，蛋白质合成下降，成人生殖能力下降。

4．维生素 A 具有抗氧化和抑制癌变的作用　流行病学和动物实验表明，维生素 A 的摄入量与癌症的发生呈负相关，并可减少化学致癌物引起的肿瘤。β- 胡萝卜素具有抗氧化作用，能清除体内产生的自由基，对于因自由基所导致的癌症，尤其是吸烟引起的肺癌效果更好。

（四）维生素 A 摄入过多可引起中毒

维生素 A 应适量摄入，长期过量补充往往引起不良反应。过量摄入多见于婴幼儿，常见的中毒症状有：毛发易脱、皮肤干燥、瘙痒、头痛、烦躁、恶心、腹泻、肝脾肿大、出血倾向等。孕妇摄入过多，容易造成胎儿畸形。

三、维生素 D 是一种类固醇激素的前体

（一）维生素 D 是类固醇的衍生物

维生素 D 又名钙化醇、抗佝偻病维生素，其活性形式是一种类固醇激素。自然界存在多种维生素 D，其中最重要的是维生素 D_3（胆钙化醇）和维生素 D_2（麦角钙化醇），二者分别来源于动物与植物。维生素 D 化学性质稳定，对酸、碱不敏感，在中性及碱性溶液中耐高温、耐氧化。

（二）维生素 D 可由食物供给也可自身合成

酵母和植物油中的麦角固醇经紫外线照射可以转变成维生素 D_2，所以麦角固醇又称维生素 D_2 原。动物肝、蛋黄、乳类及海鱼特别是沙丁鱼、比目鱼肝富含维生素 D_3。人体皮肤中由胆固醇生成的 7- 脱氢胆固醇，经紫外线照射可以转变成维生素 D_3，是人体维生素 D 的主要来源，因此 7- 脱氢胆固醇也称维生素 D_3 原，适当进行日光浴可以促进维生素 D 的生成。

（三）$1,25\text{-}(OH)_2D_3$ 是维生素 D 的活性形式

食物中的维生素 D 在小肠被吸收后，掺入乳糜微粒经淋巴循环入血，在血液中主要与维生素 D 结合蛋白（DBP）结合而被运输至肝。维生素 D_3 分别经肝、肾羟化酶作用，转变为 $1,25\text{-}(OH)_2D_3$，即活性维生素 D_3，其主要生理作用是调节钙磷代谢。维生素 D 缺乏时，钙、磷吸收障碍，血钙和血磷降低，导致神经肌肉的兴奋性增高，表现为手足搐搦。严重缺乏维生素 D，儿童可致佝偻病，成人可致软骨病（见第十六章）。

饮食性维生素 D 缺乏的大多数原因是脂肪吸收不良或严重的肝肾疾患。某些药物也干扰维生素 D 的代谢，如抗痉挛药物或皮质类固醇可抑制肝内的 25 位羟化反应，长期使用可使骨脱矿质化。

（四）维生素 D 摄入过量可引起中毒

一般成人每日需维生素 D 5 ～ 10μg（相当于 200 ～ 400IU），若长期超量服用每日达 2000IU，可出现食欲缺乏、恶心、呕吐、嗜睡、皮痒、多尿、肾衰竭等中毒症状，停药数日后症状可消失。重症中毒者可出现骨化过度及异位钙化。

四、维生素 E 参与抗氧化作用和维持生殖功能

（一）维生素 E 有多种结构类型，主要来源于植物油

维生素 E 又称生育酚，按化学结构可分为生育酚和生育三烯酚两大类，每类又可按甲基的数目和位置分为 α、β、γ、δ 四种。其中以 α- 生育酚的生物活性最高，β- 生育酚、γ- 生育酚和 α- 生育三烯酚的活性次之。抗氧化作用以 δ- 生育酚最强，α- 生育酚最弱。

维生素 E 纯品为淡黄色油状物，在无氧条件下对热稳定，耐酸、碱，对氧十分敏感，具有很强的还原性，可保护其他物质不被氧化。

维生素 E 广泛存在于植物油中，豆类、莴苣中也含有较多的维生素 E。

（二）维生素 E 具有多种生理功能

1．维生素 E 是一种强力的天然脂溶性抗氧化剂　维生素 E 是生物膜的组分之一，其酚环上的羟基可捕捉自由基，最终生成醌。当有氧化剂存在时，维生素 E 首先被氧化，从而消除或减弱氧化剂对生物膜磷脂中多不饱和脂肪酸和巯基蛋白等的损伤，是生物膜中对抗过氧化损伤的第一道防线。维生素 E 还能与其他抗氧化剂如维生素 C、硒等协同作用，保护生物膜的结构与功能。临床上常用维生素 E 治疗巨幼红细胞性贫血，以稳定红细胞膜。

2．维生素 E 对维持动物的生殖功能很重要　缺乏维生素 E 的雄性动物，睾丸萎缩，甚至不能产生精子；雌性动物卵巢机能下降，胚胎及胎盘萎缩，常致死胎、流产及性周期异常等。人类尚无相关缺乏病的报道，但临床上常用维生素 E 治疗先兆流产、不育症、月经紊乱及更年期综合征等。

3．维生素 E 可促进血红素的合成　维生素 E 可通过提高 ALA 合酶（血红素合成的调节酶）及 ALA 脱水酶的活性，促进血红素的合成。因此，孕妇、乳母和新生儿可适当补充维生素 E，以防止维生素 E 缺乏引起的贫血。

4．维生素 E 的其他功能　维生素 E 可通过调节前列腺素和血栓素的形成抑制血小板的聚集。在维持肌肉、周围血管和脑细胞的结构和功能方面，维生素 E 也发挥重要作用。

（三）维生素 E 不易缺乏也不易中毒

维生素 E 的缺乏症较少见，某些脂肪吸收不良的疾病引起的维生素 E 缺乏，可表现为红细胞数量减少，寿命缩短等贫血改变。

虽然大量应用生育酚不一定有毒性，但若超过每天 800mg 也有不适和疲劳等症状。

五、维生素 K 参与多种凝血因子的活化

（一）不同的维生素 K 组成维生素 K 群

维生素 K 又称凝血维生素，是 2- 甲基 -1, 4- 萘醌的衍生物。维生素 K 不溶于水，需在脂肪及胆盐存在下才能被吸收。天然的维生素 K 有 K_1 和 K_2，K_1 存在于植物油、麦麸和绿色蔬菜中；K_2 是人体肠道细菌合成的代谢产物。K_3、K_4 系人工合成品，为水溶性，可口服、注射。维生素 K 对热稳定，易受碱、乙醇和光破坏。

（二）维生素 K 是多种凝血因子前体活化的辅酶

维生素 K 主要的生理功能是参与凝血过程。凝血因子Ⅱ、Ⅶ、Ⅸ、Ⅹ在肝内初合成时是无活性的前体，需经修饰活化后才能起凝血作用。通过活化，凝血因子特定区域的 10 个谷氨酸残基被羧化为 γ- 羧基谷氨酸，具有很强螯合 Ca^{2+} 的能力，能附着在带负电荷的血小板或细胞膜的磷脂上发挥凝血作用。催化这一反应的是 γ- 羧化酶，维生素 K 为该酶的辅助因子。

（三）维生素 K 缺乏引起凝血障碍

因维生素 K 广泛分布于动、植物中，肠道细菌也能合成，一般不会缺乏。长期大量使用广谱抗生素或脂肪吸收不良，可引起维生素 K 缺乏。新生儿肠道没有细菌，若摄入量不足会出现维生素 K 缺乏，主要症状是凝血障碍，皮下、肌肉及胃肠道出血。

第二节　水溶性维生素

一、水溶性维生素包括 B 族维生素和维生素 C

水溶性维生素在化学结构上差别很大，分为 B 族维生素和维生素 C。其特点是易溶于水，在食物加工过程中容易失活或流失，多数在碱性环境中易破坏；吸收快，在体内很少储存，需及时从膳食中补充；过量摄入后随尿排出，很少因蓄积而中毒。

B 族维生素是一组结构各不相同，只是溶解性上类似而一并提取的维生素，包括维生素 B_1、B_2、PP、B_6、泛酸、生物素、叶酸和 B_{12} 等。B 族维生素都是构成酶的辅酶或辅基参与体内代谢。

硫辛酸在食物中常和维生素 B_1 同时存在，但它不溶于水，易溶于有机溶剂，所以有人将其归为脂溶性维生素。

二、维生素 B_1 形成 TPP 作为 α- 酮酸氧化脱羧酶和转酮醇酶的辅酶

（一）维生素 B_1 的活性形式是焦磷酸硫胺素

维生素 B_1 由含硫的噻唑环和含氨基的嘧啶环通过甲烯桥连接而成，故名硫胺素，又称为抗脚气病维生素和抗神经炎维生素。维生素 B_1 极易溶于水，酸性环境中稳定，氧化或还原均可使之失活。

维生素 B_1 经硫胺素焦磷酸激酶催化生成焦磷酸硫胺素（thiamine pyrophosphate，TPP），是维生素 B_1 的活性形式。

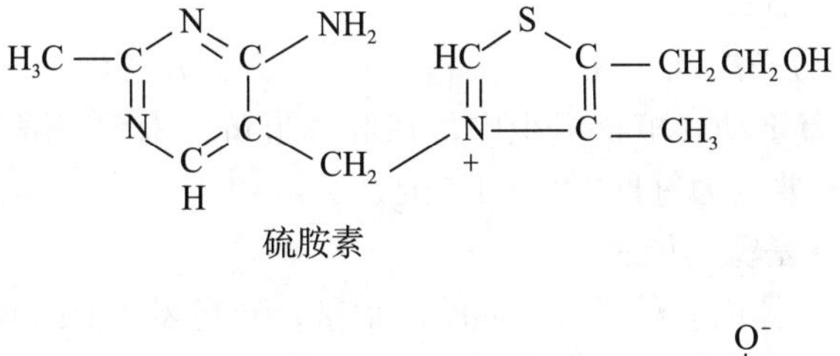

硫胺素

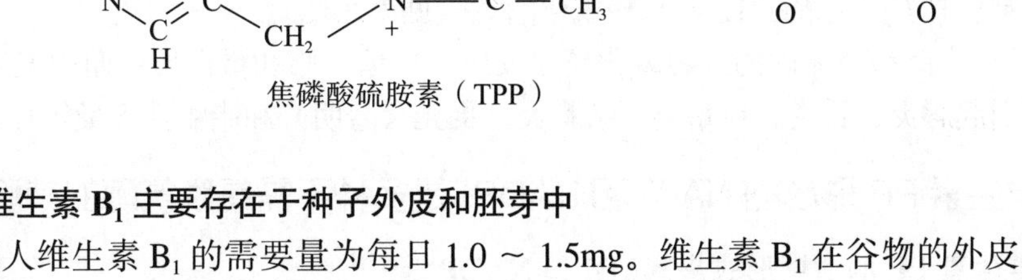

焦磷酸硫胺素（TPP）

（二）维生素 B_1 主要存在于种子外皮和胚芽中

正常成人维生素 B_1 的需要量为每日 1.0 ~ 1.5mg。维生素 B_1 在谷物的外皮和胚芽、酵母、干果、硬果、蔬菜中含量很高，过度精加工的谷物可造成其大量丢失；在动物的肝、肾、

脑、瘦肉及蛋类中含量也较多。

（三）TPP 是 α- 酮酸氧化脱羧酶和转酮醇酶的辅酶

1．TPP 是 α- 酮酸氧化脱羧酶的辅酶　TPP 噻唑环上硫与氮之间的 α 碳原子（C_2）十分活跃，易形成亲核基团即负碳离子，在酶的作用下，攻击 α- 酮酸的酮基形成不稳定的中间复合物，使 α- 酮酸脱羧放出 CO_2。作为丙酮酸脱氢酶系和 α- 酮戊二酸脱氢酶系的辅酶，维生素 B_1 缺乏时，α- 酮酸氧化脱羧发生障碍，三羧酸循环受阻，导致糖氧化供能下降及丙酮酸堆积，影响细胞的正常功能，神经细胞尤其敏感。

2．TPP 是转酮醇酶的辅酶　转酮醇酶是磷酸戊糖途径的重要酶，维生素 B_1 缺乏时，磷酸戊糖代谢障碍，使核糖及 NADPH 的生成受阻，进而影响体内核酸和神经髓鞘中鞘磷脂的合成，引起末梢神经炎及其他神经病变。

3．TPP 在神经传导中起一定的作用　乙酰胆碱在体内由乙酰 CoA 与胆碱合成，在消化系统内它可以增加消化液的分泌，促进胃肠蠕动。TPP 可以促进乙酰胆碱合成，抑制其分解。一方面 TPP 作为丙酮酸氧化脱羧酶的辅酶，为乙酰胆碱的合成提供乙酰 CoA，另一方面 TPP 能可逆地抑制胆碱酯酶的活性，使乙酰胆碱的分解速度适当而保证神经传导的正常进行。维生素 B_1 缺乏时，神经传导受到影响，会出现食欲缺乏、消化不良、肠胀气等表现。

严重的维生素 B_1 缺乏可引起“脚气病”，主要见于高糖饮食及食用高度精加工的米、面等，初期表现为多发性神经炎、食欲减退、心动过速、水肿等症状，严重时会出现肌肉消瘦，脚、腕下垂，麻痹，心脏扩张以及循环衰竭等。

三、维生素 B_2 以 FMN 及 FAD 的形式参与氧化还原反应

（一）维生素 B_2 的活性形式是 FMN 和 FAD

维生素 B_2 又名核黄素，是核糖醇和 6,7- 二甲基异咯嗪的缩合物。维生素 B_2 的纯品为橙黄色针状结晶，极易溶于水，常温、酸性环境中稳定，且不受空气中氧的影响，碱性条件下或者暴露于可见光或紫外线中不稳定。

在体内，维生素 B_2 的活性形式是黄素单核苷酸（FMN）和黄素腺嘌呤二核苷酸（FAD），其结构式见第六章。

（二）维生素 B_2 的分布广泛

维生素 B_2 广泛分布于动、植物组织中，在肝、蛋黄、米糠、酵母及蔬菜中含量丰富。正常成人维生素 B_2 的需要量为每日 1.2 ～ 1.5mg。

（三）FMN 及 FAD 是氢的传递体

FMN 及 FAD 分别是体内多种氧化还原酶的辅基。异咯嗪环上的 N_1 和 N_{10} 之间有两个活泼双键，能可逆地加氢和脱氢，通过氧化型和还原型的互变，在生物体内的氧化还原过程中起传递氢的作用。以 FMN 或 FAD 作为辅基的酶称为黄素蛋白酶。如琥珀酸脱氢酶、黄嘌呤氧化酶、细胞色素 C 还原酶、L- 氨基酸氧化酶等（见第六章）。

维生素 B_2 广泛参与体内的各种氧化还原反应，在糖、脂和蛋白质代谢中发挥重要作用。缺乏时，可引起唇炎、舌炎、口角炎、结膜炎、畏光（羞明）和脂溢性皮炎等症。

四、维生素 PP 形成的 NAD^+ 和 $NADP^+$ 是多种不需氧脱氢酶的辅酶

（一）维生素 PP 的活性形式是 NAD^+ 和 $NADP^+$

维生素 PP 又称抗癞皮病维生素，是吡啶的衍生物，包括烟酸（尼克酸）和烟酰胺（尼

克酰胺)，在体内二者可以相互转化。维生素 PP 对热、光、酸、碱皆有一定耐受力，是最稳定的维生素。

维生素 PP 在体内的活性形式是烟酰胺腺嘌呤二核苷酸（辅酶Ⅰ、NAD^+）和烟酰胺腺嘌呤二核苷酸磷酸（辅酶Ⅱ、$NADP^+$）（见第六章）。

（二）维生素 PP 来源于大多数食物

维生素 PP 存在于大多数食物中，酵母和米糠中含量最多。玉米中常以不易吸收的结合形式存在，以玉米为主食者易缺乏维生素 PP。体内色氨酸可转变成维生素 PP，但转变率很低，不能满足人体需要，主要还是从食物中获取。

（三）NAD^+ 和 $NADP^+$ 是重要的递氢体

NAD^+ 和 $NADP^+$ 具有可逆的加氢与脱氢的特性，是多种不需氧脱氢酶的辅酶。NAD^+ 或 $NADP^+$ 可以从底物接受两个电子和一个质子，另一个质子则留在介质中，成为 $NADH+H^+$ 或 $NADPH+H^+$，并可再将它们传递给其他受氢体，是氧化还原反应中重要的氢传递体。

NADH 和 NADPH 作为不需氧脱氢酶的辅酶，广泛参与糖、脂和蛋白质等物质的分解代谢。NADPH 还是体内多种重要物质，如脂肪酸和固醇类物质合成反应中的供氢体。

人类维生素 PP 缺乏症称为癞皮病，典型症状是皮肤暴露部位的对称性皮炎，并伴有消化不良和神经炎所引起的腹泻和痴呆等表现。

维生素 PP 可抑制脂肪动员和肝内 VLDL 的合成，降低血胆固醇，常用于辅助治疗动脉粥样硬化和高胆固醇血症等。

大剂量烟酸能扩张小血管，可用作扩血管药，但往往伴有面颊潮红、胃肠不适等症状。临床常用的肌醇烟酸酯是一种温和的周围血管扩张药，其副作用较前者少，并可降低胆固醇。

另外，抗结核药物异烟肼的结构与维生素 PP 十分相似，长期服用可因拮抗作用而引起维生素 PP 的缺乏。

五、泛酸形成辅酶 A 和酰基载体蛋白携带脂酰基

（一）泛酸的活性形式是辅酶 A 和酰基载体蛋白

泛酸又称遍多酸，是二羟基二甲基丁酸与 β- 丙氨酸借酰胺键缩合而成的化合物。泛酸呈无色黏稠状，易吸潮，易溶于水，在中性环境中稳定，酸、碱中加热易破坏，但不易被氧化还原。

人体内的泛酸经磷酸化并获得巯乙胺生成 4′- 磷酸泛酰巯乙胺，后者进一步形成辅酶 A（图 17-2）及酰基载体蛋白，是泛酸在体内的活性形式。

（二）泛酸来源于多种动植物性食物

泛酸广泛存在于动物和植物组织中，尤其在酵母、肝、谷类、豆类中含量丰富，肠道细菌也可以合成，很少发生缺乏症。

（三）辅酶 A 和酰基载体蛋白起传递酰基的作用

辅酶 A 作为酰基转移酶的辅酶，其活性基团为 -SH，可结合酰基，常表示为 HS-CoA。广泛参与糖、脂、蛋白质代谢及肝的生物转化。酰基载体蛋白在脂肪酸合成中起重要作用，参与酰基的传递。

辅酶 A 作为代谢促进剂，还可作为冠心病、肝炎、白细胞减少症、原发性血小板减少性紫癜等疾病的辅助治疗药。

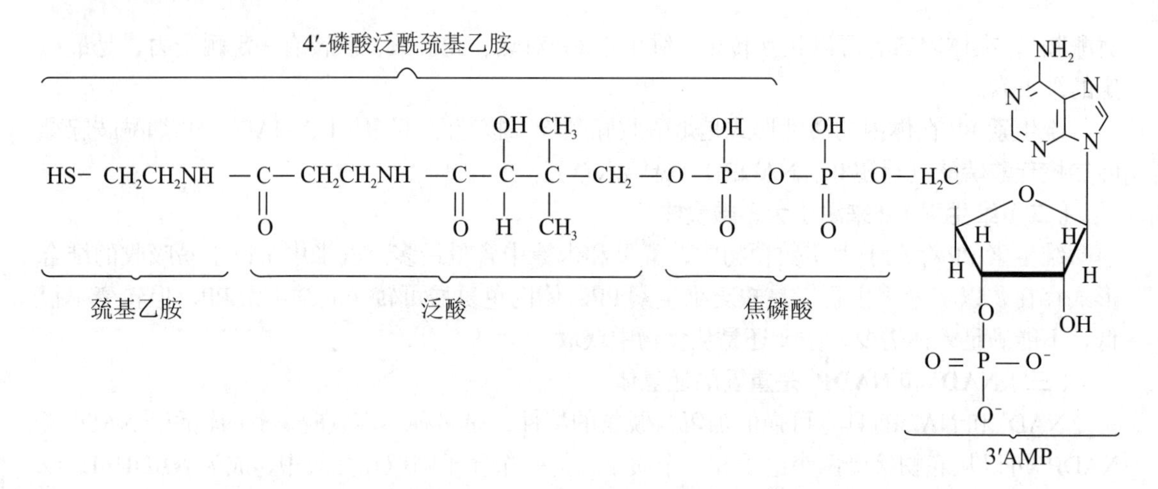

图 17-2　辅酶 A 的结构式

六、维生素 B_6 形成磷酸吡哆醛或磷酸吡哆胺作为转氨酶和脱羧酶的辅酶

（一）维生素 B_6 的活性形式是磷酸吡哆醛和磷酸吡哆胺

维生素 B_6 是吡啶的衍生物，包括吡哆醇（pyridoxine）、吡哆醛（pyridoxal）和吡哆胺（pyridoxamine）（图 17-3）。维生素 B_6 的自由碱和盐酸盐都是可溶于水和醇的无色晶体，对一般的加热稳定，但能被碱或紫外线分解。维生素 B_6 在体内以磷酸酯的形式存在，磷酸吡哆醛和磷酸吡哆胺可以相互转变，是维生素 B_6 的活性形式。

（二）维生素 B_6 来源于动植物食物

蛋、奶、肉、菜及豆类中维生素 B_6 的含量较多，酵母、米糠中最为丰富。动物和人的肠菌能合成维生素 B_6，但只有少量被吸收、利用。

（三）磷酸吡哆醛和磷酸吡哆胺在氨基酸代谢中发挥重要作用

1．磷酸吡哆醛是氨基酸转氨酶的辅酶　磷酸吡哆醛和磷酸吡哆胺的互变可以传递氨基，在氨基酸的分解代谢及非必需氨基酸的合成代谢中，发挥重要作用。

2．磷酸吡哆醛是氨基酸脱羧酶的辅酶　脱羧酶催化某些氨基酸脱羧转变成生物活性胺。

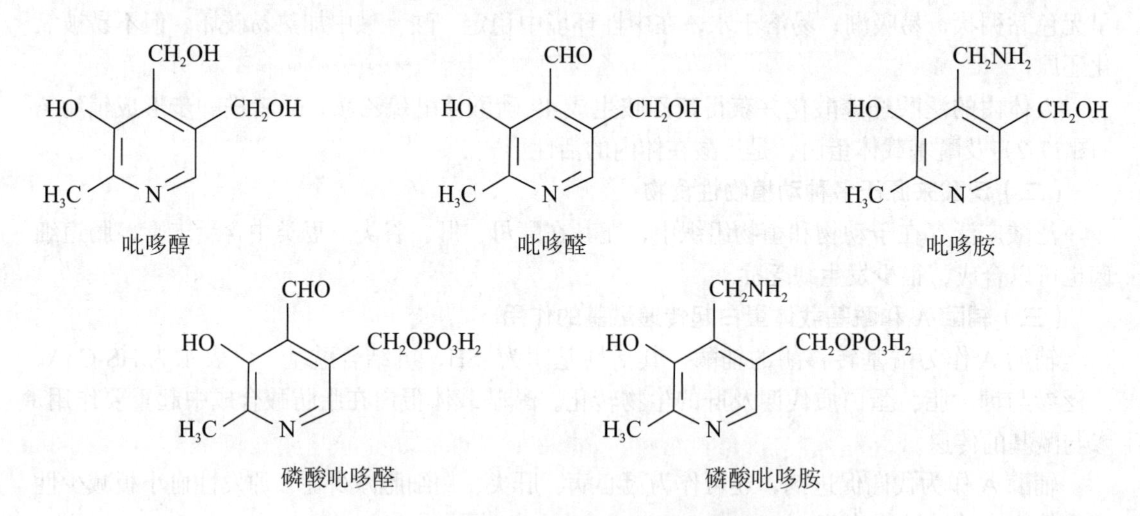

图 17-3　维生素 B_6 的三种形式及其磷酸酯

临床上用维生素 B_6 治疗小儿惊厥和妊娠呕吐就是通过促进谷氨酸脱羧，增加抑制性神经递质 γ- 氨基丁酸的生成而发挥作用的。

3．磷酸吡哆醛还参与其他物质的代谢　磷酸吡哆醛在以下代谢过程中发挥重要作用：①在必需脂肪酸代谢中参与亚油酸转变成花生四烯酸的反应；②参与辅酶 A 的生物合成；③是糖原磷酸化酶的重要组成部分，参与糖原分解为 1- 磷酸葡萄糖的过程；④是血红素合成的调节酶 ALA 合酶的辅酶及参与血红蛋白合成过程中铁的参入，维生素 B_6 缺乏时可造成小细胞低色素性贫血和血清铁升高；⑤参与甲硫氨酸的转甲基作用。

目前人类还未发现维生素 B_6 的缺乏症。但磷酸吡哆醛可与异烟肼结合生成异烟腙，与青霉胺作用生成噻唑衍生物，引起维生素 B_6 缺乏，若长期使用此类药物，应及时补充。

七、生物素是多种羧化酶的辅基

（一）生物素与羧化酶共价结合

生物素（biotin）由噻吩和尿素形成双环结构，并含有戊酸侧链。生物素易溶于水，耐酸不耐碱，常温稳定，高温和氧化剂可使其失活。

在羧化反应中，生物素分子中戊酸侧链的羧基与酶蛋白中赖氨酸的 ε- 氨基借酰胺键相连，作为羧化酶的辅基。

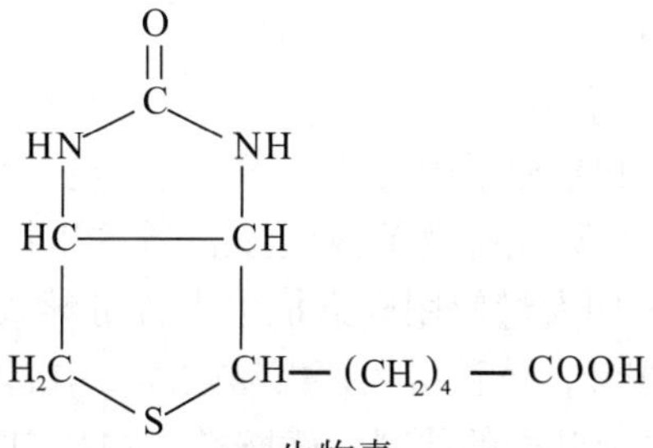

```
           O
           ‖
           C
        /     \
     HN         NH
      |          |
     HC ——————— CH
      |          |
      |          |
    H2C          CH— (CH2)4 — COOH
        \      /
           S
```

生物素

（二）生物素来源广泛

生物素广泛存在于动、植物组织中，酵母、肝、肾、花生、蛋类、巧克力的生物素含量都很高。人体肠道细菌也能合成。

（三）生物素是体内多种羧化酶的辅基

体内主要的羧化酶有丙酮酸羧化酶、乙酰辅酶 A 羧化酶和丙酰辅酶 A 羧化酶等，生物素通过羧化酶参与糖、脂肪、蛋白质和核酸的代谢。生物素能与羧基结合，生成羧基生物素 - 酶复合物，再将活化的羧基转移给相应底物，完成羧化反应。

生物素缺乏症很少见。生鸡蛋清中含有一种抗生物素蛋白，可与生物素结合使其失活，并且不易吸收。若长期使用抗生素或过食生鸡蛋清，会引起生物素缺乏。

八、叶酸的还原产物 FH_4 是一碳单位的载体

（一）叶酸的活性形式是四氢叶酸

叶酸（folic acid）又名蝶酰谷氨酸，由蝶啶、对氨基苯甲酸和 L- 谷氨酸连接形成。叶酸为橙黄色结晶，微溶于热水，在中性及碱性溶液中对热稳定，酸性环境中加热及光照易使之破坏。

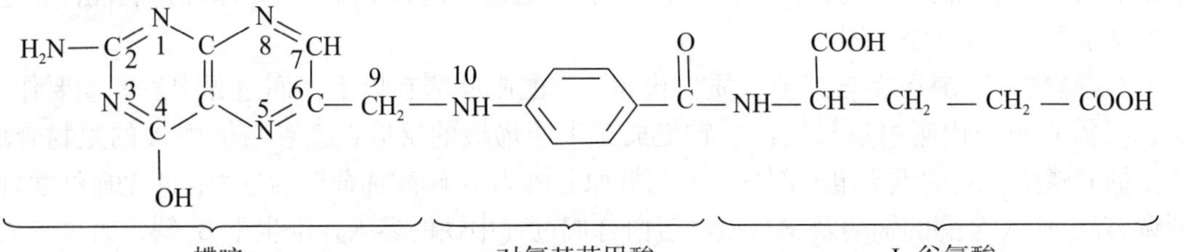

蝶啶　　对氨基苯甲酸　　L-谷氨酸

叶酸（folic acid）

体内的叶酸经二氢叶酸还原酶两次还原，生成5,6,7,8-四氢叶酸（tetrahydrofolic acid，THFA或FH_4），是叶酸的活性形式。活化过程需要维生素C参与，由$NADPH+H^+$供氢。

$$\text{叶酸（F）}+NADPH（H^+）\xrightarrow{FH_2\text{还原酶}}5，6\text{-二氢叶酸（}FH_2\text{）}+NADP^+$$

$$FH_2+NADPH（H^+）\xrightarrow{FH_2\text{还原酶}}5，6，7，8\text{-四氢叶酸（}FH_4\text{）}+NADP^+$$

（二）叶酸主要来源于绿叶蔬菜

叶酸在植物的绿叶中含量最为丰富，肝和酵母中也有较高含量，肠道细菌可以合成叶酸，不易出现缺乏症。

（三）FH_4是一碳单位的载体

作为一碳单位转移酶的辅酶，FH_4分子中的N^5、N^{10}能可逆地结合一碳单位，参与体内多种物质代谢，如嘌呤、dTMP、胆碱、甲硫氨酸和丝氨酸等的生物合成。

小肠吸收不良、需求增加或长期大量使用广谱抗生素皆可导致叶酸缺乏。叶酸缺乏时，DNA合成障碍，使幼红细胞成熟缓慢，体积增大，极易破碎，引起巨幼红细胞性贫血。

对氨基苯甲酸是许多微生物合成叶酸的原料。磺胺类药物结构类似对氨基苯甲酸，可竞争性抑制细菌的叶酸合成而发挥抑菌作用，人可以从食物中直接获取叶酸，因而不受影响。叶酸的类似物氨基蝶呤和氨甲蝶呤等可抑制一碳单位代谢，用于治疗恶性肿瘤。

九、维生素B_{12}有多种存在形式，主要来源于动物性食物

（一）维生素B_{12}有多种存在形式

维生素B_{12}又称钴胺素（cobalamine），其咕啉环中央有一个金属离子钴，是唯一含金属元素的维生素。维生素B_{12}在体内因结合的基团不同，可有多种形式存在，如氰钴胺素、羟钴胺素、甲钴胺素和5'-脱氧腺苷钴胺素。氰钴胺素是利用细菌发酵制备维生素B_{12}的主要形式，性质最为稳定；羟钴胺素比较稳定，是药用维生素B_{12}的常见形式；甲钴胺素和5'-脱氧腺苷钴胺素是维生素B_{12}的活性形式，又称辅酶B_{12}，也是血液中存在的主要形式。

（二）维生素B_{12}主要来源是动物性食物

维生素B_{12}主要存在于动物的肝中，肾、瘦肉、鱼和蛋类食物中也含有丰富的B_{12}，肠道细菌也可以合成，正常膳食者很少发生缺乏症。维生素B_{12}在回肠的吸收需要内因子的协助。内因子是胃壁细胞分泌的糖蛋白，内因子缺乏或胃酸分泌减少，可引起维生素B_{12}缺乏。

（三）甲钴胺素和5'-脱氧腺苷钴胺素是多种酶的辅酶

1．甲钴胺素参与甲基的传递　甲硫氨酸合成酶（又称甲基转移酶）催化同型半胱氨酸甲基化生成甲硫氨酸，并进一步转变成SAM，为胆碱、肌酸、肾上腺素等的合成提供甲基。

维生素 B_{12} 作为甲基转移酶的辅基参与甲基的转移，由 N^5-CH_3-FH_4 提供甲基。维生素 B_{12} 缺乏时，不仅使甲硫氨酸的生成受阻，影响体内多种含甲基化合物的生成，也影响四氢叶酸的再生，使组织中游离的四氢叶酸减少，影响嘌呤和嘧啶的合成，导致核酸合成障碍，细胞分裂受阻，产生巨幼红细胞性贫血。

2．5′- 脱氧腺苷钴胺素是 L- 甲基丙二酰 CoA 变位酶的辅酶　体内一些支链氨基酸代谢产生的丙酰 CoA 需先转变成 L- 甲基丙二酰 CoA，再由变位酶催化转变为琥珀酰 CoA 进入正常代谢途径，5′- 脱氧腺苷钴胺素是该变位酶的辅酶。当维生素 B_{12} 缺乏时，L- 甲基丙二酰 CoA 因生成琥珀酰 CoA 减少而大量堆积。L- 甲基丙二酰 CoA 的结构与脂肪酸合成的中间产物丙二酰 CoA 相似，所以不仅抑制脂肪酸合成，还可以取代丙二酰 CoA 合成支链脂肪酸，破坏生物膜的正常结构，造成明显的神经病变，这是维生素 B_{12} 缺乏时出现神经疾患的原因。

维生素 B_{12} 与叶酸都是生血过程所需的维生素，所以又称为生血维生素，虽然二者缺乏均可引起巨幼红细胞贫血病，但维生素 B_{12} 缺乏时血清中叶酸含量是升高的，并有大量甲基丙二酸从尿中排出和伴随神经组织明显病变等特征。

十、维生素 C 是重要的抗氧化剂

（一）维生素 C 是一种酸性抗氧化物

维生素 C 是六碳不饱和多羟化合物，是 L- 己糖的衍生物，以内酯形式存在。分子中 C_2、C_3 上各有一个烯醇式羟基，极易解离释放 H^+，呈酸性，故又称 L- 抗坏血酸（ascorbic acid）。维生素 C 具强还原性，在水溶液中受空气中 O_2 或其他氧化剂如 H_2O_2、亚甲蓝、2，6- 二氯酚靛等作用，生成脱氢抗坏血酸。在体内，抗坏血酸能可逆地接受和释放氢，起递氢体的作用。维生素 C 为无色片状晶体，酸性环境中较稳定，碱性条件下加热易破坏。

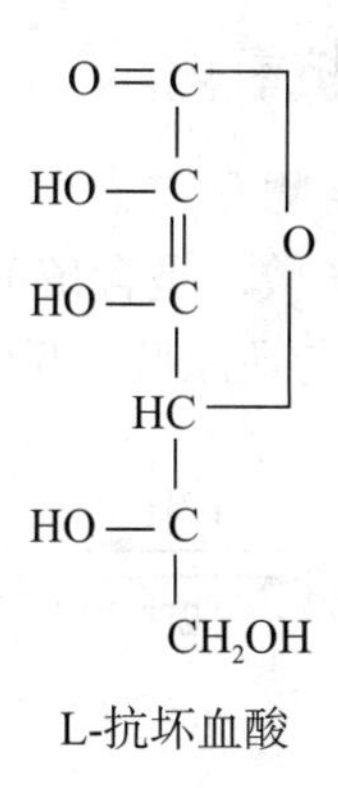

L-抗坏血酸

（二）维生素 C 存在于新鲜的蔬菜和水果中

人体不能合成维生素 C，新鲜的柑橘类水果及绿色蔬菜中含有丰富的维生素 C。植物的干种子中虽然不含有维生素 C，但一旦发芽便可合成，所以豆芽等是维生素 C 的重要来源。

与大多数水溶性维生素不同，维生素 C 在体内有一定量的储存，相应的缺乏症状在维生素 C 缺乏 3 ～ 4 个月后才能出现。

维生素 C 在体内代谢产物是草酸，长期大量食用，有发生泌尿系统结石的可能。

（三）维生素 C 有多种重要的生理功能

1．维生素 C 是羟化酶的辅助因子，参与多种物质的羟化反应

（1）维生素 C 促进胶原蛋白的合成：胶原蛋白是毛细血管、骨及其他结缔组织的重要成

分，脯氨酸羟化酶和赖氨酸羟化酶催化原胶原肽链中脯氨酸、赖氨酸羟化后连接在一起，形成胶原蛋白。羟化酶含有巯基，以 Fe^{2+} 作为辅助因子，维生素C对巯基及 Fe^{2+} 均有保护作用，促进胶原蛋白的合成。因此维生素C缺乏会引起毛细血管脆性增加、牙齿易松动、创伤不易愈合等症状，称为“坏血病”。

（2）维生素C参与胆固醇的转化：正常时，体内的胆固醇约有40%在肝内转变成胆汁酸。维生素C是胆汁酸生成的调节酶7α-羟化酶的辅酶。胆固醇转变为肾上腺皮质激素的反应也需要维生素C的参与。因此维生素C缺乏，可影响胆固醇代谢，造成胆固醇蓄积。

（3）维生素C参与芳香族氨基酸的代谢：在苯丙氨酸转变为酪氨酸、酪氨酸转变为对羟苯丙酮酸及尿黑酸的过程中，维生素C参与其羟化反应，维持其正常代谢。维生素C缺乏时，尿中可出现大量对羟苯丙酮酸。维生素C还参与酪氨酸转变为儿茶酚胺及色氨酸转变为5-羟色胺等反应。

2．维生素C作为强还原剂参与多种氧化还原反应

（1）维生素C可以保护含巯基的酶类：含巯基的酶如琥珀酸脱氢酶、乳酸脱氢酶等的巯基可因维生素C的存在而保持其还原状态。维生素C和谷胱甘肽还原酶对于保持谷胱甘肽的还原状态，防止脂质过氧化反应，维持生物膜的结构和功能正常具有重要意义。

（2）维生素C可以促进 Fe^{3+} 还原成 Fe^{2+}：维生素C不仅可以促进高铁血红蛋白（MHb）转变成亚铁血红蛋白（Hb）发挥其运氧功能，参与肠中 Fe^{3+} 还原成 Fe^{2+}，促进其吸收，还能使血浆运铁蛋白中的 Fe^{3+} 还原成 Fe^{2+}，有利于其利用。

（3）维生素C促进叶酸还原为有活性的四氢叶酸。

（4）维生素C参与保护维生素A、维生素E及B族维生素不被氧化。

3．维生素C能增强机体免疫力　维生素C能增加淋巴细胞的生成、促进免疫球蛋白的合成、增强吞噬细胞的吞噬能力，因此可以提高机体的免疫力。

十一、硫辛酸参与物质代谢及抗氧化

（一）硫辛酸是一种含二硫键的化合物

硫辛酸（lipoic acid）即6,8-二硫辛酸，是含硫的八碳酸，其6、8位通过二硫键相连。硫辛酸能还原为二氢硫辛酸，其氧化型与还原型的互变可传递氢（图17-4）。

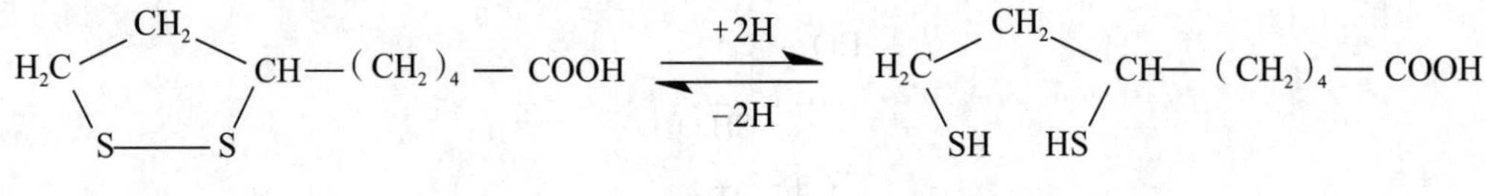

$$\underset{\text{硫辛酸}}{\underset{S—S}{H_2C\overset{CH_2}{\frown}CH}—(CH_2)_4—COOH} \underset{-2H}{\overset{+2H}{\rightleftharpoons}} \underset{\text{二氢硫辛酸}}{\underset{SH\quad HS}{H_2C\overset{CH_2}{\frown}CH}—(CH_2)_4—COOH}$$

图17-4　硫辛酸与二氢硫辛酸的互变

硫辛酸不溶于水，易溶于脂溶剂，因此有人将其列入脂溶性维生素。也有人认为它不是维生素而将其称为类维生素。

在食物中硫辛酸常和维生素 B_1 同时存在。人类尚未见其缺乏症。

（二）硫辛酸在物质代谢及抗氧化方面发挥作用

1．硫辛酸是α-酮酸脱氢酶系的辅酶　在α-酮酸脱氢酶系如丙酮酸脱氢酶系中，硫辛酸是硫辛酸乙酰转移酶的辅酶，起递氢和转酰基作用，促进乙酰辅酶A的生成。

2．硫辛酸有抗脂肪肝和降低胆固醇的作用。

3．硫辛酸很容易进行氧化还原反应，可保护巯基酶免受重金属离子的毒害。

第三节　微量元素

组成人体的元素，依含量不同可分为宏量元素和微量元素（trace element）。宏量元素是指占体重万分之一以上的元素，包括碳、氢、氧、氮、磷、硫、钙、镁、钠、钾、氯等，其含量占体重的 99.95% 以上；微量元素是指占体重万分之一以下，每日需要量小于 100mg 的元素，主要包括铁、碘、铜、锌、锰、硒、氟、钼、钴、铬、镍、钒、硅、锡等，微量元素主要来源于食物，虽然含量甚微，但其生理功能却十分重要。

一、铁是多种蛋白质和酶的组成部分

（一）铁是含量最多的微量元素，主要分布在铁卟啉化合物中

铁约占体重的 0.0057%，是人体内含量最多的一种微量元素。成年男性平均含铁量约为 50mg/kg 体重，女性约为 30mg/kg 体重，略低于男性。铁在体内的分布广泛，其中 75% 左右的铁存在于铁卟啉化合物如血红蛋白、肌红蛋白中，25% 左右的铁存在于非铁卟啉类含铁化合物中，如含铁的黄素蛋白、铁硫蛋白、运铁蛋白等。

（二）铁的吸收和排泄受多种因素的影响

人体对铁的需要量受年龄、性别和生理状况的影响而有较大差别。从每日需铁量看，儿童、成年男性及绝经后妇女约为 1mg，生育期妇女约为 2mg，妊娠妇女约为 2.5mg。人体内的铁除了来源于食物外，自身血红蛋白分解释放的铁也是铁的重要来源。

铁的吸收主要在十二指肠及空肠上段，受到多种因素的影响：在肠腔 pH 条件下，Fe^{2+} 较 Fe^{3+} 溶解度大，易于吸收，谷胱甘肽、维生素 C 和胃酸等能促进 Fe^{3+} 还原成 Fe^{2+}，有利于铁的吸收；某些氨基酸、柠檬酸和苹果酸等可与铁形成可溶性络合物，有利于其吸收；植酸、草酸和鞣酸等可与铁形成不溶性盐而阻碍其吸收；小肠黏膜细胞上的铁特异性受体也可根据体内铁的需要量适当调节铁的吸收率。

生理情况下，体内铁的吸收与排泄保持动态平衡。成年男性每日排铁约为 0.5 ~ 1.0mg，主要通过消化道、泌尿生殖道和皮肤的脱落细胞排出；生育期妇女每日失铁较多，可达 2mg 左右。

（三）铁在体内主要与蛋白质结合而被运输和贮存

从肠道吸收的 Fe^{2+} 由血浆铜蓝蛋白催化氧化成 Fe^{3+} 并与运铁蛋白（transfetrin，Tf）结合而运输。正常人血清 Tf 的浓度为 200 ~ 300mg/dl。

体内铁多以铁蛋白（三价铁）的形式贮存，主要存在于肝、脾、骨髓和骨骼肌内，其次为小肠黏膜细胞。

（四）铁与多种蛋白质结合具有不同的生理功能

铁最主要的功能是作为血红蛋白、肌红蛋白、过氧化物酶、过氧化氢酶、细胞色素系统和呼吸链中含铁电子传递体的重要组成部分，参与体内氧和二氧化碳的运输或作为电子传递体参与生物氧化。

铁缺乏除可导致贫血外，在未成年人还可引起生长发育迟缓，免疫力低下，易感冒易疲劳等症状。

铁摄入过多可引起中毒。急性铁过多可引起胃肠刺激症状，出现呕吐和黑便等；慢性铁过多可表现为肤色加深，甚至肝硬化。

二、锌与多种酶的活性有关

（一）锌在人体内遍布全身各组织

成人体内含锌量约为 2 ~ 3g，分布在所有组织，以皮肤和毛发含量最多，血锌浓度约为 0.1 ~ 0.15mmol/L。

锌的需要量因人而异。成人每日需锌 15 ~ 20mg，生长发育期儿童、妊娠和哺乳期妇女的需锌量增加。

（二）锌的来源丰富，在小肠吸收，随粪排泄

多数天然食物都含有锌，尤以肉类、贝类、肝和扁豆的含锌量最为丰富。

锌主要在小肠吸收。钙、铜、镉和植酸等可抑制其吸收。某些地区的谷物中含有较多的 6- 磷酸肌醇，能与锌形成不溶性复合物而影响其吸收，如“伊朗乡村病”。小肠内的金属结合蛋白能与锌结合，调节其吸收。

吸收入血后锌与清蛋白或运铁蛋白结合运输，分布到全身各组织。

体内的锌主要经胰分泌入肠腔，随粪排出，部分锌可随尿、汗、乳汁等排泄。

（三）锌主要参与合成各种含锌的酶

1．锌参与糖、脂、蛋白质和核酸等物质的代谢　锌在体内与 200 多种酶的活性有关，如碳酸酐酶、脱氢酶、醛缩酶、磷酸酶、肽酶、DNA 聚合酶和 RNA 聚合酶等，广泛参与各类物质的代谢，缺锌必然会引起机体代谢紊乱。

2．锌在基因调控中发挥重要作用　锌与许多蛋白质如各种反式作用因子、类固醇激素及甲状腺素受体的 DNA 结合区结合形成锌指结构，在转录水平调控基因的表达。

3．锌能延长胰岛素的作用时间　锌与胰岛素结合，形成胰岛素的六聚体而增强其活性，结合型胰岛素与精蛋白结合可延长其作用时间。

4．锌是脑内含量最高的微量元素　锌在人脑内的含量可达 10μg/g 脑重，尤以海马的含锌量最高。Zn^{2+} 可抑制 γ- 氨基丁酸（GABA）合成酶的活性，对于调节抑制性神经递质 GABA 的含量具有重要作用。

缺锌可导致多种功能障碍，引起伤口愈合不良、味觉丧失、食欲减退和性功能障碍。在儿童还可出现生长发育迟滞、生殖器官发育不全等表现。妊娠妇女缺锌可造成胎儿畸形、智力发育低下等。

三、铜是多种酶的辅助因子

（一）铜在体内主要存在于肌肉和肝中

正常成人体内含铜量约为 100 ~ 150mg，其中 50% 分布在肌肉中，10% 存在于肝，其他组织如肾、脑和心也含有较多的铜。血清铜含量约为 0.02mmol/L。

铜的需要量因人而异，按每日每千克体重计算，成人约需 0.5 ~ 2.0mg/kg，婴儿和儿童约需 0.5 ~ 1mg/kg，孕妇和成长期青少年的需要量略多。

铜主要在十二指肠吸收，入血后由清蛋白运至肝进行代谢，主要参与组成铜蓝蛋白。铜的吸收受血浆铜蓝蛋白含量的影响，铜蓝蛋白减少，吸收便增加，反之亦然。

（二）铜是体内多种酶的辅基

1．铜是细胞色素氧化酶的重要组分　在细胞色素氧化酶的催化下，通过 Cu^{2+} 和 Cu^{+} 的价态改变，最终将电子传递给氧。铜缺乏时，可导致能量代谢障碍，表现出一些神经症状。

2．铜是胺氧化酶、抗坏血酸氧化酶的重要组分　胺氧化酶和抗坏血酸氧化酶在弹性组织和结缔组织中参与弹性纤维之间交联形成弹性蛋白的反应，因此铜对于维持血管、骨等的弹性和韧性具有重要作用。缺铜可导致组织弹性降低。

3．铜是超氧化物歧化酶（SOD）活性中心的必需组分　按辅基不同，SOD 分为 3 种类型：Cu，Zn-SOD、Mn-SOD 和 Fe-SOD。其中细胞外液中的 SOD 主要是 Cu，Zn-SOD，含 4 个 Cu、Zn 原子，具有较高的活性，对于清除自由基的损害具有重要意义。

4．铜可以影响铁的代谢　铜蓝蛋白也称亚铁氧化酶，是肝合成的一种重要的血浆铜蛋白，可催化 Fe^{2+} 氧化成 Fe^{3+} 并与运铁蛋白结合运输。铜还能促进贮存铁进入骨髓，加速血红蛋白的合成，促进红细胞的成熟和释放。所以缺铜也会引起贫血。

5．铜参与维持毛发角蛋白的构象　铜是含铜氧化酶的组分，可促进角蛋白中二硫键的形成，以维持其特定构象。

6．铜是酪氨酸酶的组分　酪氨酸酶催化酪氨酸转变为多巴，并进一步生成黑色素，铜是该酶的组分，缺铜可导致毛发脱色。

人摄铜过多可出现蓝绿粪便、蓝绿唾液以及行动障碍等中毒现象。

四、锰是多种酶的成分或激活剂

（一）锰的分布广泛

成人体内含锰约 12 ～ 20mg，分布于全身各组织，尤以肝、肾、胰和骨骼肌含量最多。血清锰为 0.1nmol/L。成人每日需锰 2.5 ～ 7mg，儿童则按每日每千克体重需锰 0.3mg 计算。

（二）锰主要从小肠吸收，随胆汁排泄

锰的来源十分广泛，以肝、黑木耳、黄花菜、核桃、茶叶等含量最为丰富。食物中的锰在小肠被吸收。锰入血后大部分与血浆中 β_1- 球蛋白（运锰蛋白）结合运输，小部分进入红细胞形成锰卟啉，被组织摄取利用。锰主要随胆汁从肠道排泄。

（三）锰是多种酶的组成成分或激活剂

在体内，锰是丙酮酸羧化酶、精氨酸酶、RNA 聚合酶和超氧化物歧化酶等的组成成分，还是磷酸化酶、异柠檬酸脱氢酶、DNA 聚合酶和胆碱酯酶等的激活剂，对于维持或增加这些酶的活性，保证糖、脂、蛋白质和核酸代谢的正常进行具有重要意义。

锰的缺乏症较少见，缺锰会影响机体的生长发育。

若防护不当，在生产生活中锰可以粉尘的形式吸入人体，引起锰中毒，主要表现为锥体外系的功能障碍，眼球聚合能力降低、震颤及睑裂扩大等。

五、硒具有多种生理功能

（一）硒主要分布在肝和肾

成人体内含硒量约为 14 ～ 21mg，肝和肾内含量最多。我国成人每日硒摄入量平均为 200 ～ 300μg，最低也应达到 30 ～ 50μg。

（二）硒在十二指肠吸收，大部分由粪便排出

硒主要在十二指肠吸收。低分子有机硒如硒代甲硫氨酸、硒代胱氨酸等易吸收，维生素 E 促进其吸收，而砷化物、硫化物、铜、锌等抑制硒的吸收。入血后，硒主要与 α 和 β 球蛋白结合，小部分与 LDL 或 VLDL 结合运输到全身各组织。大部分硒由粪便排出，少量可由肾、皮肤和肺排泄。

（三）硒具有多种生理功能

1．硒主要的功能是作为谷胱甘肽过氧化物酶（GSH-P_X）活性中心的组成部分　硒以硒代半胱氨酸的形式参与构成 GSH-P_X，每分子酶可与 4 个硒原子结合，催化 2 分子 GSH 氧化生成 GSSG，以清除 H_2O_2 或其他过氧化物，保护生物膜。硒与维生素 E 相互配合，在抗氧化过程中具有重要意义。

$$2GSH + H_2O_2 \text{（或 RCOOH）} \xrightarrow{GSH-P_X} GSSG + 2H_2O \text{（或 } H_2O + ROH\text{）}$$

2．硒有抗癌作用　流行病学调查和动物实验表明，硒有提高机体免疫力和降低化学物质致癌率的作用。硒的摄入量与多种癌症的发病率呈负相关，特别是肠癌、前列腺癌、乳腺癌、卵巢癌、肺癌和白血病。

3．硒还参与其他生理过程　硒参与 CoQ 和 CoA 的合成，增强 α- 酮酸脱氢酶系的活性；硒能拮抗或降低汞、砷、铊、镉等元素的毒性；硒对于维生素 A、C、E、K 代谢有一定的调节作用。

缺硒可出现生长缓慢、肌肉萎缩、四肢关节变粗、毛发稀疏、精子生成异常和白内障等症状。我国学者认为大骨节病及克山病可能与缺硒有关。

硒摄入过多也会引起中毒症状，表现为胃肠功能紊乱、眩晕、疲倦、神经过敏等，并可出现肝、肾损害。

六、碘是甲状腺激素的主要成分

（一）大部分的碘集中在甲状腺组织

成人体内含碘量约为 20 ~ 50mg，广泛分布于全身各组织，其中大部分碘集中在甲状腺内。

（二）碘来源于海产品，经小肠吸收，经肾排泄

我国营养学会推荐的每人每天膳食碘的摄入量为：成人 150μg，儿童 90 ~ 150μg，孕妇和乳母 200μg。食物碘主要来源于海盐和海产品。

碘的吸收部位主要在小肠，在肠内还原为离子碘后可迅速吸收。在血浆中与球蛋白结合运输。有 70% ~ 80% 的碘被摄入甲状腺细胞内贮存、利用。

每日碘的排出量与肠道的吸收量相当。碘主要经肾随尿排出，约占总排泄量的 85%，其余由汗腺或胆汁排出。

（三）碘是甲状腺激素的主要成分

碘在人体内的主要作用是参与组成甲状腺激素。适量的甲状腺激素能促进蛋白质的生物合成、加速机体生长发育、调节能量转换和利用以及稳定中枢神经系统的结构和功能，所以碘具有极其重要的生理功能。

由于碘摄入不足或代谢障碍可引起碘缺乏病。成人缺碘可引起单纯性甲状腺肿；婴儿缺碘可导致发育迟滞、智力低下、生育能力丧失，甚至痴呆、聋哑，称为克汀病或呆小症。

人摄碘过多可致高碘性甲状腺肿，表现为尿碘增多，少数会出现甲状腺功能亢进及一些中毒症状。

七、氟参与维持骨骼和牙齿的正常结构与功能

（一）氟主要分布于骨骼和牙齿

成人体内含氟约 2.6g，主要分布于骨骼、牙齿、指甲、毛发及神经肌肉中。血中氟含量

约为 20μmol/L。我国营养学会推荐成人氟的膳食摄入量为每人每日 0.5 ～ 1.0mg。

（二）氟从胃肠道吸收，经肾随尿排泄

含氟丰富的食物有海带、紫菜、红枣、莲子等，天然氟化物的溶解性较好，所以水是氟的主要来源。氟主要从胃肠道吸收，吸收入血后，氟多与球蛋白结合，小部分以氟化物的形式运输。体内的氟主要经肾随尿排泄，酸性尿有利于氟的排泄，少部分可由粪便或汗腺排出。

（三）氟与骨骼和牙齿的形成以及钙磷代谢密切相关

氟的主要功能是增强骨骼和牙齿的稳定性，维护其正常的生理功能。氟可以促进钙磷沉积，有利于成骨作用，使骨骼坚硬；同时，作为烯醇化酶的抑制剂，氟可以抑制口腔细菌的糖酵解作用，减少乳酸的生成，防止龋病的发生。

氟缺乏可导致骨质疏松，易骨折，龋齿发病率高等，常见于低氟地区居民。

氟中毒见于高氟地区居民，可引起多方面的代谢障碍，出现氟斑牙甚至氟骨症等。

小　结

维生素是人体维持正常生理功能所必需的一类小分子微量物质，机体不能合成或合成量不足，必须由食物供给。分为脂溶性维生素与水溶性维生素两大类。

脂溶性维生素包括维生素 A、D、E、K。它们的消化吸收与脂质一起进行，脂质吸收障碍可引起脂溶性维生素缺乏症；长期摄入过多可导致中毒症。维生素 A 参与组成视觉细胞内的感光物质，维持上皮组织结构的完整，促进生长、发育和繁殖，并有抗氧化及抑制癌变的作用；维生素 D 的活性形式是 $1,25\text{-}(OH)_2D_3$，参与钙磷代谢的调节；维生素 E 具有抗氧化、抗不育和促进血红素合成等作用；维生素 K 参与多种凝血因子的活化，与血液凝固有关。

水溶性维生素包括 B 族维生素和维生素 C。B 族维生素多构成酶的辅酶成分，参与物质代谢。维生素 B_1 的活性形式是 TPP，作为 α- 酮酸氧化脱羧酶、转酮醇酶的辅酶；维生素 B_2 的活性形式是 FMN 与 FAD，作为黄素蛋白酶的辅基传递氢；维生素 PP 的活性形式是 NAD^+ 与 $NADP^+$ 是多种脱氢酶的辅酶，作为递氢体；维生素 B_6 的活性形式是磷酸吡哆醛，是氨基酸转氨酶、脱羧酶的辅酶，参与氨基的转移；泛酸的活性形式是 CoA 和 ACP，参与酰基转移反应；生物素是羧化酶的辅酶；叶酸和维生素 B_{12} 与一碳单位代谢密切相关。维生素 C 是一种抗氧化剂，还参与多种物质的羟化反应。

微量元素是指占体重万分之一以下，每日需要量小于 100mg 的元素，包括铁、碘、铜、锌、锰、硒、氟、钼、钴、铬、镍、钒、硅、锡等。微量元素来源于食物，虽含量甚微，但其生理功能却十分重要。

附：维生素一览表

名称	主要来源	活性形式	主要功能	日推荐量	缺乏症
维生素A（视黄醇）	肝、蛋、奶、鱼肝油、植物中的类胡萝卜素	11-顺视黄醛 视黄醇 视黄酸	1．构成视紫红质 2．维持上皮组织结构的完整 3．促进生长发育	80μg（2600IU）	夜盲症 眼干燥症 皮肤干燥 毛囊丘疹
维生素D（钙化醇）	鱼肝油、肝、胆固醇转变	1,25-$(OH)_2$-D_3	1．调节钙、磷代谢促进钙、磷吸收 2．促进骨质更新	5～10μg（200～400IU）	佝偻病（儿童） 软骨病（成人）
维生素E（生育酚）	植物油、豆类、莴苣	生育酚	1．抗氧化作用，保护生物膜 2．维持生殖机能 3．促进血红素合成	8～10mg	人类未发现缺乏症
维生素K（凝血维生素）	肝、绿色蔬菜、肠菌合成	维生素K	促进凝血因子Ⅱ、Ⅶ、Ⅸ、Ⅹ的合成	60～80μg	皮下、肌肉及胃肠道出血
维生素B_1（硫胺素、抗脚气病维生素）	植物种子外皮、胚芽，酵母、瘦肉	焦磷酸硫胺素（TPP）	1．α-酮酸氧化脱羧酶、转酮醇酶的辅酶参与糖代谢 2．促进乙酰胆碱合成，抑制其分解	1.2～1.5mg	脚气病 胃肠功能障碍 末梢神经炎
维生素B_2（核黄素）	酵母、肝、蛋黄及绿叶菜	黄素单核苷酸（FMN） 黄素腺嘌呤二核苷酸（FAD）	构成黄酶的辅酶，参与生物氧化体系	1.2～1.5mg	舌炎、口角炎、唇炎、角膜炎，阴囊皮炎
维生素PP（烟酸、烟酰胺）	肉、酵母、谷类、花生、体内色氨酸合成	烟酰胺腺嘌呤二核苷酸（NAD^+）烟酰胺腺嘌呤二核苷酸磷酸（$NADP^+$）	作为不需氧脱氢酶的辅酶，参与生物氧化体系	15～20mg	癞皮病
维生素B_6（吡哆醇、吡哆醛、吡哆胺）	谷类、蛋黄、肝、酵母、肠道细菌合成	磷酸吡哆醛 磷酸吡哆胺	1．氨基酸脱羧酶和转氨酶的辅酶 2．ALA合酶的辅酶	2mg	人类未发现缺乏症
泛酸（遍多酸）	动、植物、肠道细菌合成	辅酶A（CoA-SH）酰基载体蛋白（ACP）	参与体内酰基转移		人类未发现缺乏症
生物素	动、植物、肠道细菌合成	生物素	作为羧化酶的辅基，参与CO_2固定	100～200μg	人类未发现缺乏症
叶酸	肉类、绿叶蔬菜、酵母、肠道细菌合成	四氢叶酸（FH_4）	参与一碳单位转移	200～400μg	巨幼红细胞贫血

续表

名称	主要来源	活性形式	主要功能	日推荐量	缺乏症
维生素 B_{12}（钴胺素）	动、植物、肠道细菌合成	甲钴胺素 5′-脱氧腺苷钴胺素	1．参与甲基的传递 2．参与支链氨基酸的代谢，维持神经髓鞘完整性	3μg	巨幼红细胞贫血
维生素 C（抗坏血酸）	新鲜果蔬	抗坏血酸	1．参与体内羟化反应 2．强还原剂 3．增强抵抗力	60mg	坏血病
硫辛酸	肝、酵母等	硫辛酸	参与 α-酮酸的氧化脱羧		人类未发现缺乏症

思考题

1．维生素 A、D、E、K 属于哪一类维生素？它们各自的功能是什么？

2．维生素 B_1、B_2、维生素 PP、B_6、泛酸、叶酸在体内的活性形式各是什么？它们各自有哪些功能？

3．哪些维生素的缺乏易引起巨幼红细胞性贫血？

（王宏娟　徐世明）

第十八章

细胞增殖调控分子

1．掌握癌基因、原癌基因与肿瘤抑制基因的概念。
2．掌握生长因子的作用方式。
3．了解细胞周期相关蛋白。
4．了解细胞增殖异常与疾病的关系。

细胞增殖是细胞生命活动的重要特征之一。细胞增殖包括细胞生长、DNA 复制和细胞分裂，这些均体现在细胞周期进程中，因此细胞增殖是通过细胞周期实现的。无论是单细胞生物，还是高等真核生物，其细胞增殖都必须遵循一定的规律，都受严密的调控机制所监控。癌基因、抑癌基因、生长因子以及细胞周期相关蛋白等是调控细胞增殖的重要分子。

第一节　癌 基 因

肿瘤发生是一个多因素多步骤的过程。它既是一种细胞增殖和分化异常的疾病，同时也是细胞死亡异常的疾病。细胞生长或增殖失控起因于病毒、化学物质、射线等致癌作用引起的基因结构和基因表达异常变化。由于这些变化是多因素（物理、化学、病毒等）、多步骤、长期演化的结果，所以肿瘤发生也是细胞中多种基因突变累积的结果。基因的突变主要表现在两类细胞基因——癌基因（oncogene）和肿瘤抑制基因（tumor suppressor gene）。前者主要是一些与细胞生长 / 增殖密切相关的基因，后者包括抑制细胞生长 / 增殖基因和 DNA 修复基因。

一、癌基因是一类促进细胞增殖的正常基因组成分

癌基因是指其编码产物与细胞的肿瘤性转化有关的基因。它以显性的方式作用，促进细胞转化，因此又称显性癌基因。1911 年，美国病理学家 Rous 首先发现鸡肉瘤病毒能使体外培养的鸡胚成纤维细胞发生转化，也能在接种鸡后诱发肉瘤，该病毒被称为 Rous 肉瘤病毒（Rous sarcoma virus，RSV）。1968 年，美国分子和细胞生物学家 Duesberg 首次发现 RSV 基因组中有一种编码酪氨酸蛋白激酶的基因，并证实它在细胞转化中起关键作用，因这种基因来自病毒，因而被命名为病毒癌基因（virus oncogene，*v-onc*）。

癌基因分为病毒癌基因和细胞癌基因（cellular oncogene，*c-onc*）。*v-onc* 来源于病毒基因

组，感染动物后能诱发肿瘤，名称冠以字母 v，如 *v-src*，*v-ras* 等；*c-onc* 存在于正常动物细胞基因组，其结构与 *v-onc* 相似，名称冠以字母 c，如 *c-src*，*c-ras* 等。在正常情况下，癌基因处于静止状态或低表达状态，不仅对细胞无害，而且对维持细胞正常功能具有重要作用。当其受到致癌因素作用后，可被活化而异常表达，其产物可使细胞无限制分裂而发生癌变。

二、已发现多个癌基因家族

目前已发现多种癌基因，按功能相关性可分为 Src 家族、Ras 家族、Myc 家族等。

（一）Src 家族

Src 家族包括 *src*、*abl*、*fgr*、*fes*、*yes*、*fps*、*lck*、*kek*、*fym*、*lym*、*tkl* 等成员，它们的产物多具有酪氨酸蛋白激酶活性，定位于跨膜部分，有的也可游离于细胞质中。Src 蛋白可被酪氨酸蛋白激酶类受体（如 PDGF 受体）活化，而其他成员则可被非酪氨酸蛋白激酶受体（如 CD4 和 CD8 受体）活化，促进增殖信号的转导。

（二）Ras 家族

Ras 家族包括 *H-ras*、*K-ras*、*N-ras*，虽然它们之间的核苷酸序列相差很大，但所编码的蛋白质都为 21 000 的小 G 蛋白 P21，位于细胞膜内面，P21 可与 GTP 结合，有 GTP 酶活性，并参与 cAMP 水平的调节。

（三）Myc 家族

Myc 家族包括 *c-myc*、*N-myc*、*L-myc*、*fos* 等数种基因，编码产物为核内 DNA 结合蛋白，有直接调节其他基因转录的作用。

（四）Sis 家族

Sis 家族只有 *sis* 基因一个成员，其编码产物与人血小板源生长因子（PDGF）的 β 链同源，能刺激间叶组织的细胞分裂繁殖。

（五）Myb 家族

Myb 家族包括 *myb* 和 *myb-ets* 两个成员，编码产物为核内的一种转录因子。

三、原癌基因通过多种方式活化为癌基因

1974 年 Bishop 应用核酸分子杂交法证实，几乎在所有高等脊椎动物细胞的基因组中，都拥有和病毒癌基因相似的 DNA 核苷酸序列，说明逆转录病毒癌基因来自正常细胞中的相关基因。这种存在于生物正常基因组的癌基因被称为原癌基因（proto-oncogene）。它们是生物细胞基因组的正常成分，其编码的蛋白质（如 Src、Ras 及 Raf 等）参与调节正常细胞的生长与分化，在控制细胞增殖的信息转导途径中起作用。它们既可以被导入逆转录病毒，成为病毒癌基因（*v-onc*），也可因突变或异常表达而成为细胞癌基因（*c-onc*）。这类基因广泛存在于生物界中，从酵母到人的细胞中都存在着原癌基因。

原癌基因结构具有高度的保守性，其表达和功能在正常情况下都受到严格的控制。一旦基因突变或过量表达，基因产物的正常功能会受到影响，引起细胞恶变形成肿瘤。原癌基因成为癌基因有以下几种可能的机制。

（一）启动子插入

鸟类白血病病毒 ALV 可以致癌，原因是其强有力的启动子插入到了宿主细胞的原癌基因 *c-myc* 处，引起 B 淋巴细胞的无限增殖。

（二）点突变

细胞的原癌基因发生点突变后可以从正常基因转化为癌基因。例如，人膀胱癌 T24 和 EJ 细胞株，*H-ras* 癌基因即是由原癌基因突变所致，即编码甘氨酸的 GGC 突变为编码缬氨酸的 GTC。

（三）转座子跳跃

真核生物的转座子、逆转录病毒的原病毒都是由中间数千碱基的 DNA 片段及两端数百碱基的末端重复序列组成。转座子在染色体间跳跃，有时插入原癌基因邻近部位，引起原癌基因表达异常，导致癌症的发生。

（四）染色体易位与重排

染色体易位可影响原癌基因结构变化，也可影响原癌基因的表达和功能，使原癌基因成为癌基因。

（五）基因扩增

基因扩增（即基因拷贝数增加）可导致基因过度表达，原癌基因由此转变为癌基因。

四、癌基因有多种表达产物与功能

按照原癌基因的结构、产物的功能及所在位置，将常见的细胞癌基因分为下列 4 类：①细胞外的生长因子及其受体；②跨膜生长因子受体；③胞内信号转导分子；④核内转录因子。表 18-1 中列出了几种常见癌基因及其与肿瘤的关系。

表 18-1　细胞癌基因的功能及相关的常见肿瘤疾病

分类	原癌基因作用	癌基因	活化机制	相关肿瘤
生长因子类	PDGF-β 链	*sis*	过度表达	星形细胞、骨肉瘤，乳腺癌等
	FGF	*hst-1* *int-2*	过度表达	胃癌、胶质母细胞癌等 膀胱癌、乳腺癌、黑色素瘤等
生长因子受体（具蛋白质激酶活性）	EGFR 家族	*erb-B1* *erb-B2*（又称 *Neu* 或 *Her-2*） *erb-B3*	过度表达 扩增 过度表达	肺鳞癌、脑膜瘤、卵巢癌等 乳腺癌、卵巢癌、肺癌、胃癌等 乳腺癌
	csf-1 受体	*fms*	点突变	白血病
	酪氨酸激酶生长因子受体	*c-Met*	基因扩增 重排 过度表达	胃癌、肝细胞癌、肾乳头状细胞癌等
胞内信号转导分子类	结合 GTP	*H-ras* *K-ras* *N-ras*	点突变 点突变 点突变	甲状腺癌、膀胱癌等 结肠癌、肺癌、胰腺癌等 白血病、甲状腺癌等
	非受体酪氨酸激酶	*abl*	易位	慢性髓性及急性淋巴细胞性白血病等
核内转录因子	转录活化物	*c-myc* *N-myc* *L-myc*	易位 扩增 扩增	Burkitt 淋巴瘤 神经母细胞瘤，肺小细胞癌 肺小细胞癌等

续表

分类	原癌基因作用	癌基因	活化机制	相关肿瘤
其他		*Bcl-2*	易位	结节型非霍奇金淋巴瘤等
		Mdm2	扩增 过度表达	乳腺癌、骨肉瘤、神经母细胞瘤等

第二节 肿瘤抑制基因

一、肿瘤抑制基因是一类负调控细胞增殖的正常基因组成分

在恶性肿瘤发病过程中，除了癌基因起作用外还涉及另一类基因，即肿瘤抑制基因（tumor suppressor gene）或抑癌基因（anti-oncogene）。这是一种抑制细胞生长和肿瘤形成的基因，在生物体内与癌基因功能相抵抗，共同保持生物体内正负信号相互作用的相对稳定。

肿瘤抑制基因的发现始于细胞杂交实验。一个肿瘤细胞和一个正常细胞融合为一个杂交细胞，往往不具有肿瘤的表型，甚至由两种不同肿瘤细胞形成的杂交细胞也非肿瘤型的。只有当这些正常亲代细胞失去了某些基因后，才会形成肿瘤的子代细胞。由此人们推测，在正常细胞中可能存在一种肿瘤抑制基因，阻止杂交细胞发生肿瘤，当这种基因缺失或变异时，抗瘤功能丧失，导致肿瘤生成。而在两种不同肿瘤细胞杂交融合后，由于它们缺失的抑癌基因不同，在形成的杂交体中，各自不齐全的抑癌基因发生交叉互补，所以也不会形成肿瘤。

二、*p53* 与 *Rb* 是两类常见的肿瘤抑制基因

（一）*Rb* 基因

Rb 基因是第一个被成功克隆的抑癌基因。该基因定位于人染色体 13q14，全长约 200kb，有 27 个外显子和 26 个内含子，外显子与内含子交界处是保守的 CT-AT 序列。RB 蛋白的磷酸化状态影响着 RB 蛋白的功能及其对细胞增殖的调控能力。低磷酸化、或者非磷酸化的 Rb 蛋白与特异性转录因子 E2F 结合，抑制细胞增殖；当其突变或缺失后，细胞生长失去负调控，细胞将不断增殖。一些病毒蛋白质通过与低磷酸化的 Rb 蛋白竞争结合转录调控因子，也可以解除 Rb 蛋白的生长负调节作用（图 18-1）。*Rb* 基因异常常见于视网膜母细胞瘤、骨肉瘤、乳腺癌、膀胱癌等。

（二）*p53* 基因

p53 基因是目前研究最多的抑癌基因，其编码产物在 DNA 转录、细胞生长和增殖以及许多代谢过程中都有重要作用。*p53* 基因定位于染色体 17p13，其表达及翻译后修饰状态与细胞周期相关。p53 蛋白可以阻滞 DNA 受损细胞不能通过 G_1 期，而使细胞有足够的时间修复损伤的 DNA；如果损伤不能修复，则诱导细胞凋亡，从而避免产生具有癌变倾向的基因突变细胞。p53 蛋白可通过多种途径诱导 G_1 期阻滞。首先，p53 蛋白可以通过诱导 p21WAP1/Cip1 基因转录，抑制各型 cyclin-CDK 复合体对 Rb 的磷酸化而使 Rb 处于非磷酸化状态，从而抑制细胞周期由 G_1 期向 S 期过渡；其次，通过诱导 GADD45 基因引起 G_1 期停滞，修复 DNA 损伤；第三，p53 蛋白还可以与 TATA 结合蛋白结合，抑制 *c-fos*、*c-jun*、*PCNA* 及 *p53* 基因的自身转录，抑制细胞增殖；第四，p53 蛋白与复制因子 A 相互作用，抑制 DNA 复制。

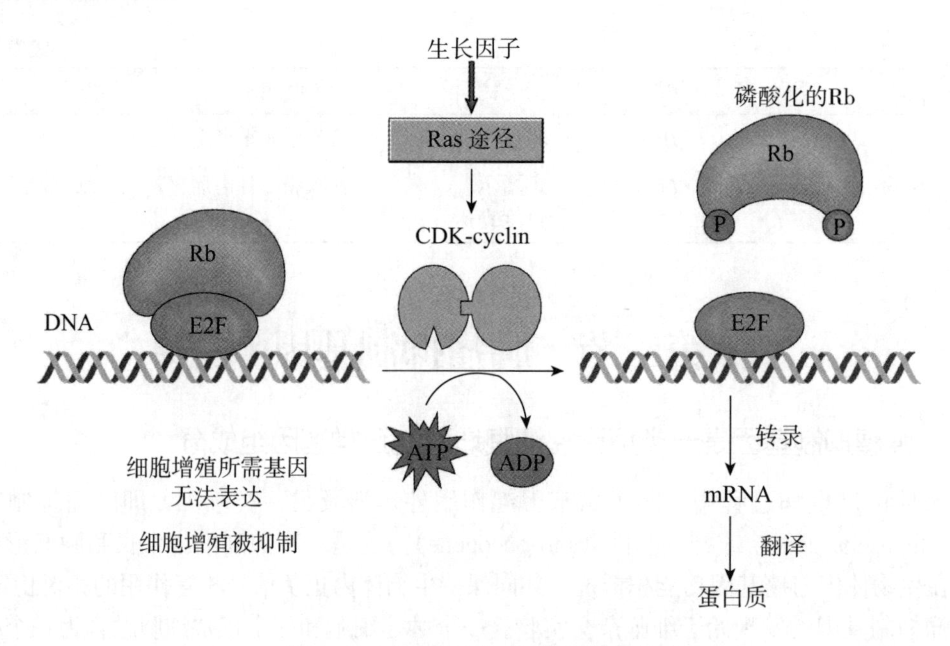

图 18-1　**Rb** 蛋白对细胞增殖的调控机制

p53 蛋白一方面抑制细胞生长，诱导细胞凋亡；另一方面在 G_1 期监视细胞基因组完整性，促使损伤 DNA 修复，抑制肿瘤发生（图 18-2）。*p53* 突变可促进细胞恶性转化，细胞凋亡减少。*p53* 的突变型有两种形式：显性负作用，即突变型 p53 蛋白能使同时表达的野生型 p53 蛋白功能受到抑制；另一种形式是显性致癌作用，即某些 *p53* 突变体作为癌基因直接发挥致癌作用。突变的 *p53* 可使癌细胞对放疗、化疗产生抗性而导致其转移。多种人类肿瘤，如结肠癌、肺癌、乳腺癌、肝癌、食管癌、白血病等几乎都有 *p53* 基因的缺失或点突变。*p53* 变异常见于癌及癌前期损伤，可能是散发及原位癌发生的重要原因之一。

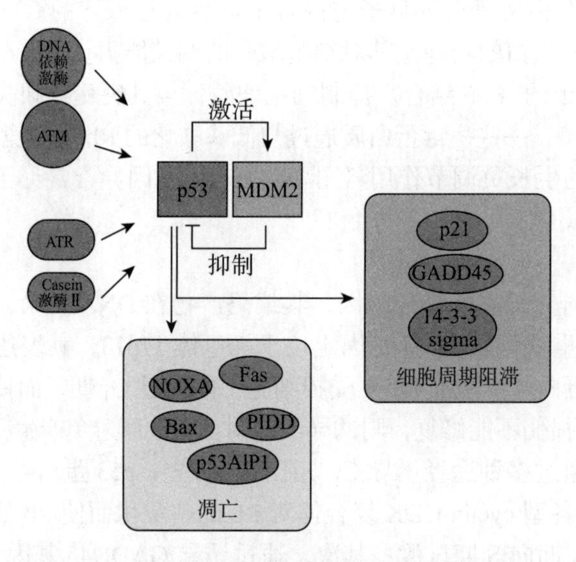

图 18-2　**p53** 蛋白对细胞周期和凋亡的调控机制

三、肿瘤抑制基因具有多种功能

（一）维持染色体的稳定性

肿瘤细胞的一个重要特点是染色体异常。致癌物（包括体内及体外致癌因素）首先影响稳定 DNA 结构有关的基因，如编码 DNA 复制（包括脱氧核糖核苷酸代谢）、修复、碱基错配、染色体分离等有关蛋白的基因。致癌物诱发其突变，产生突变子表型，引起基因组不稳定性。这些突变是引起细胞癌变的早期事件，在此基础上进一步受促癌物或其他致癌物的影响，产生一连串突变，其中包括癌基因和肿瘤抑制基因突变，使正常细胞出现了一系列肿瘤表型，如不受控制的生长，浸润和转移。因此，肿瘤抑制基因对于维持染色体的稳定性发挥着十分重要的作用。

（二）促进细胞衰老

细胞衰老被认为是终止细胞正常寿命，从而防止细胞无限增殖的一个生长抑制程序。衰老和肿瘤的关系密切，细胞衰老可能也是肿瘤抑制的机制之一。*p16*、*p53*、*Rb* 等抑癌基因是细胞衰老的关键效应物，是细胞衰老遗传控制程序中的主要环节。

（三）促进细胞分化

分化是典型的肿瘤抑制模式，因为极端分化的细胞就失去了分裂能力。抑癌基因产物具有促进细胞分化的作用，是其抑制肿瘤的机制之一。

第三节　生长因子

一、生长因子是调控细胞生长、增殖的多肽类物质

生长因子（growth factor）是一类通过与特异的、高亲和的细胞膜受体结合，调节细胞生长与其他细胞功能的多肽类物质。在组织培养中，除了氨基酸、维生素、葡萄糖以及无机盐等正常成分之外，生长因子可以代替培养基血清高分子物质从而促进细胞生长与增殖。1986 年，Levi-montalcini 和 Stanley Cohen 因为发现神经生长因子和表皮生长因子以及它们的作用特征而荣获诺贝尔医学或生理学奖。

生长因子广泛存在于机体内各种组织，包括成熟组织和胚胎组织，许多体外培养的细胞也释放生长因子。在分泌特点上，生长因子多属自分泌（autocrine）和旁分泌（paracrine）。自分泌是指生长因子作用于合成及分泌该生长因子的细胞本身，而旁分泌是指生长因子作用于邻近的其他类型细胞，对合成及分泌该生长因子的细胞则不发生作用，因为其缺乏相应受体。

二、生长因子具有多种功能

生长因子包括转化生长因子 -β（TGF-β）、表皮细胞生长因子（EGF）、血管内皮细胞生长因子（VEGF）、成纤维细胞生长因子（FGF）、神经生长因子（NGF）、血小板衍生的生长因子（PDGF）等。表 18-2 中列出了几种常见生长因子及其主要功能。

表 18-2　几种常见生长因子及其功能

类别	功能
表皮细胞生长因子（EGF）	在体外促进外胚层细胞（角化细胞）、内胚层细胞（肝细胞、甲状腺细胞）和中胚层细胞（软骨细胞、成纤维细胞和粒膜细胞）的生长；在体内刺激外胚层起源的上皮基底细胞生长、分化，并降低胃酸分泌
成纤维细胞生长因子（FGF）	促进中胚层和神经外胚层原基细胞生长，包括内皮细胞；在体内外都是一种有力的血管生成因子，不仅促进正常的血管生成（黄体、胎盘、胎儿、愈合），也可促进病理性血管生成（糖尿病视网膜炎、关节炎、肿瘤新生血管形成）
血小板衍生的生长因子（PDGF）	是结缔组织源性细胞（如纤维细胞、神经胶质细胞、肌细胞）的主要促有丝分裂原。在受伤后颗粒样组织的再生过程中，在与炎症（如风湿性关节炎、肺纤维化、动脉粥样硬化）有关的纤维大量增生过程中都有作用
类胰岛素生长因子（IGF）	对卵泡发育等生殖过程有重要影响。IG F-l 的代谢作用类似于胰岛素，可促进软骨细胞生长
转化生长因子 -β（TGF-β）	参与创伤愈合，是血管生成因子、纤维细胞趋化剂，具有增强细胞外基质形成的广泛作用，对细胞黏附及迁移具有调节作用

三、生长因子通过受体介导的细胞信号转导途径调节细胞的生长和分化

生长因子由不同的细胞合成后分泌，作用于靶细胞上的相应受体。这些受体有的是位于细胞膜上，有的是位于细胞内部。位于膜表面的受体是跨膜的受体蛋白，包含具有酪氨酸激酶活性的胞内结构域。当生长因子与这类受体结合后，受体所包含的酪氨酸激酶被活化，细胞内的相关蛋白质直接被磷酸化。另一些膜上的受体则通过胞内信号转导体系，产生相应的第二信使，后者使蛋白激酶活化，活化的蛋白激酶同样可使胞内相关蛋白质磷酸化。这些被磷酸化的蛋白质再活化核内的转录因子，引发基因转录，达到调节生长与分化的作用。

另一类生长因子受体定位于细胞质。当生长因子与胞内相应的受体结合后，形成生长因子 - 受体复合物，后者亦可进入细胞核，活化相关基因，促进细胞生长（图 18-3）。

许多癌基因表达产物有的属于生长因子或者生长因子受体，有的属于胞内信号转导体或核内转录因子。发生突变的原癌基因可能生成上述产物的变异体，后者的生成及过量表达导致细胞生长、增殖失控，引起病变。

第四节　细胞周期相关蛋白

细胞增殖受细胞周期调控机制的严格控制。细胞周期调控的核心蛋白分子主要可分为三大类：细胞周期蛋白（cyclin），细胞周期蛋白依赖性激酶（cyclin-dependent kinase，CDK）以及 CDK 抑制蛋白（cyclin-dependent kinase inhibitor，CKI）。其中，CDK 是细胞周期调节的中心环节，cyclin 是 CDK 的正调节因子，CKI 是 CDK 的负调节因子。

一、细胞周期蛋白

细胞周期蛋白是一类伴随细胞周期的不同阶段表达、累积和降解的蛋白质因子。在高等真核细胞中，cyclin 主要包括 8 个成员（A ～ H）。根据其细胞周期的时相变化、结合的

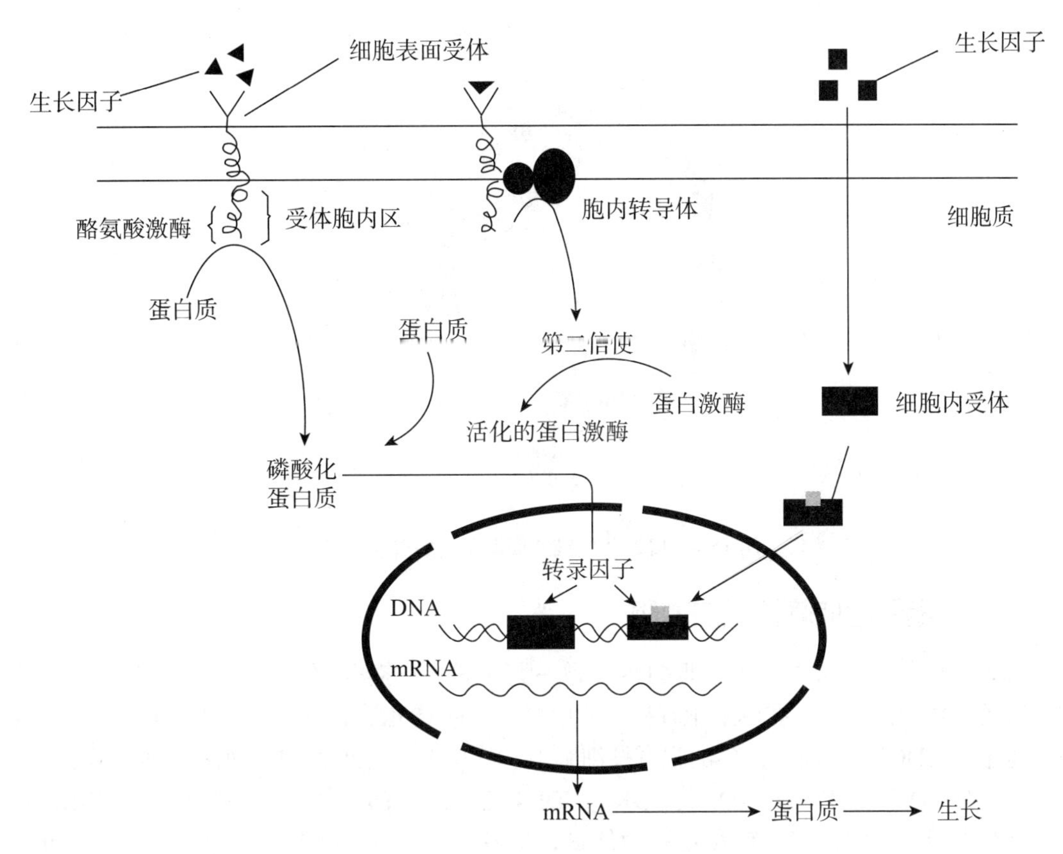

图 18-3 生长因子调节细胞生长与分化的作用机制

CDK 及其主导作用不同，通常分为四类：G_1-cyclin、G_1/S-cyclin、S-cyclin 和 M-cyclin。G_1-cyclin 主要是 cyclin D，后者又包括 3 个亚型：cyclin D1、D2 和 D3。当细胞受到生长因子等刺激时，细胞周期自静止态的 G_0 期进入 G_1 期。此时，cyclin D 表达增加，与 CDK4 或 CDK6 结合，一方面有助于细胞通过 G_1 晚期检测点，另一方面可以降解 S 期 CDK 复合物抑制因子，活化 S 期 CDK 复合物，为 DNA 复制准备条件。在 G_1 期末 cyclin E 开始表达，其含量在 G_1/S 转换点达到高峰，也称 G_1/S-cyclin。G_1/S-cyclin 结合 CDK2，在 G_1/S 转换点发挥主要作用，启动细胞周期和 DNA 的合成。cyclin A 是 S 期的特征性细胞周期蛋白，在 S 期逐渐合成并达到高峰，其与 CDK2 结合，为 DNA 复制所必需。M-cyclin 主要是 cyclin B，在 S 期即开始合成，在 G_2/M 转换点达到高峰。cyclin B 与 CDK1 结合，其复合物又称促有丝分裂因子（mitosis-promoting factor，MPF），主要是磷酸化特异的结构蛋白质和调控蛋白质，驱动 M 期进程（图 18-4）。

在结构上，所有的 cyclin 分子均有一个由 100 多个氨基酸残基组成的相对保守区域，称之为细胞周期蛋白盒（cyclin box）。cyclin box 的主要功能是与 CDK 结合，并激活 CDK 的蛋白激酶活性，从而调控细胞周期进程。该区域的突变会同时导致 cyclin 与 CDK 的结合能力及对 CDK 激活功能的丧失。另外，cyclin 还有一毁灭盒（destruction box），在 cyclin 的自身降解中发挥重要作用。在功能上，cyclin 与 CDK 形成二聚复合体，该复合体分为催化亚基和调节亚基两部分，催化亚基为 CDK，调节亚基为 cyclin。如前所述，CDK 本身不具有激酶活性，只有当与 cyclin 结合后才具有激酶活性。

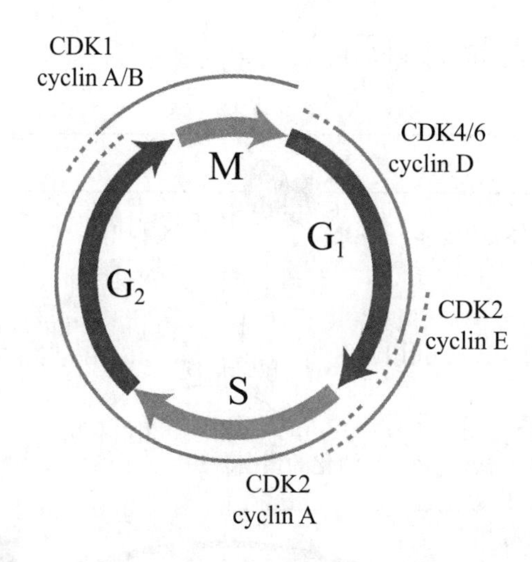

图 18-4　哺乳动物细胞周期蛋白的表达规律

二、周期蛋白依赖性蛋白激酶

周期蛋白依赖性蛋白激酶（即 CDK）是一类丝氨酸 / 苏氨酸蛋白激酶，在细胞周期的调节中起关键作用。通常，在单细胞真核生物中只有一种 CDK，在芽殖酵母中是 CDC28，在裂殖酵母中是 CDC2。然而，在多细胞真核细胞中，参与细胞周期的 CDK 则有多种。在人体细胞内主要有 CDK1（CDC2）、CDK2、CDK3、CDK4、CDK5、CDK6、CDK7（CAK）和 CDK8 等。

在结构上，CDK 有三个重要的功能域，第一功能域是 ATP 的结合部位和该酶的活性部分；第二功能域是其调节亚基 cyclin 的结合部位；第三功能域是 P13suc1 的结合部位（P13suc1 能抑制激酶活性，阻止细胞进入或退出 M 期）。各种 CDK 在细胞周期内特定的时间被激活，通过磷酸化底物，驱使细胞完成细胞周期。在细胞周期的整个过程中，细胞中某一 CDK 的含量是恒定的，即活化 CDK 与非活化 CDK 的总量不因细胞周期的进行而发生改变，增加或减少的只是活化的 CDK 与非活化的 CDK 的比例。

三、CDK 抑制蛋白

CDK 抑制蛋白（即 CKI）是 CDK 的负调节因子，与 cyclin 竞争性结合 CDK，拮抗 cyclin 的作用，阻止细胞经过细胞周期检验点（check point），从而调节细胞周期。CKI 可分为两大家族，第一大家族是具有广泛抑制 CDK 作用的 CIP/KIP 家族，因其 N 末端和 C 末端分别具有不同的结构和功能，故又被称为双重特异家族，包括 $p21^{CIP1/WAF1}$、$p27^{KIP1}$ 和 p57 等。它们主要与 cyclin D、cyclin E、cyclin A 相结合，从而抑制由这些 cyclin 所激活的 CDK；第二大家族是具有特异性抑制作用的 INK4 家族，因其结构中含有数个具有强烈疏水性的锚蛋白重复序列，故又被称为锚蛋白家族，包括 p15、p16、p18 和 p19 等。

大多数 CKI 直接结合 CDK，或与 CDK-cyclin 复合物作用而调节细胞周期。以下将详细介绍几种 CKI 的作用方式和机制。

（一）*p21*

p21 是于 1993 年被发现的第一个 CKI 基因，是目前已知的具有最广泛激酶抑制活性的细胞周期抑制蛋白，对细胞周期中各期的 CDK 均有明显的抑制作用。*p21* 定位于 6p21，其表达蛋白质分子量为 21 000。最初认为 p21 与野生型 p53 的生物活性有关，故命名为

p21[WAF-1]（wild-type p53 activated fragment-1）。在正常细胞中，p21 与 cyclin、CDK 和增殖细胞核抗原（PCNA）组成四聚体，通过其 N 末端结构域与 cyclin-CDK 结合，抑制 cyclin-CDK 磷酸化 Rb 蛋白，阻止细胞进入 S 期。PCNA 是 DNA 聚合酶 δ 的功能亚基，当细胞在 S 期发生 DNA 损伤时，p21 可通过其 C 末端结构域与 PCNA 直接结合，抑制 DNA 聚合酶 δ 活性，阻止损伤 DNA 长链的复制。但 p21 不能抑制 DNA 复制起始复合物的形成和 DNA 缺口的修补，所以，损伤 DNA 的修复不会被 p21 抑制。此外，*p21* 基因的启动子区域含有 p53 蛋白的结合位点。当用 γ 射线或化学诱变剂引起 DNA 损伤后，p53 被激活，继而激活 *p21* 基因转录，p21 通过抑制 cyclin CDK 对 Rb 蛋白的磷酸化，使细胞滞留在 G_1 期，使损伤 DNA 有机会得以修复，从而保证进入子细胞的染色体的完整性。由于 p21 能与多种 CDK-cyclin 复合体（如 cyclin D-CDK4、cyclin E-CDK2、cyclin A-CDK2 等）结合而抑制多种 CDK 的活性，故其可能作用于细胞周期的多个环节。与 p21 相同，p27、p57 也是 cyclin-CDK 复合物的抑制剂，它们的过表达均可使细胞阻滞在 G_1 期。

（二）*p16*

p16 基因定位于 $9p^{21-22}$，又称 MTS_1 基因（multiple tumor suppressor 1），主要抑制 CDK4 的活性，故命名为 $p16^{INK4A}$。p16 的分子量约为 16 000，其编码基因由 3 个外显子组成，并有 α、β 两个转录本。p16 的 N 末端含有一个与细胞周期蛋白盒的 N 端同源的序列，此外，p16 还含有 4 个锚蛋白重复序列。p16 可通过与 cyclin D 竞争性地结合 CDK4/6，抑制 CDK4 或 CDK6 的活性，使其不能对 Rb 磷酸化。未磷酸化的 Rb 与 E2F 结合，从而使依赖于 E2F 转录的基因不能转录，阻止细胞由 G_1 期进入 S 期。

p15、p18、p19 和 p16 一样均可通过抑制 CDK4 或 CDK6 活性，影响细胞周期的进程。正常的细胞周期需要 CDK 的正调节因子 cyclin 与负调控因子 CKI 的精确协同与平衡，一旦这种平衡失稳就会造成细胞的失控性增殖，发生癌变。不同的 cyclin、CDK、CKI 及其他相关调控蛋白精确调控细胞周期的每一个时相（表 18-3 和图 18-4）。为确保细胞周期事件发生的时间性、协同性，CDK 的时相性激活是细胞周期调控机制的核心，其主要依赖于 cyclin 的细胞周期特异性或时相性表达、累积和降解。此外，在人类体细胞中，cyclin 与相应的 CDK 结合后，CDK 的激活与否还受几种复杂因素 / 机制的严格调控，这些因素 / 机制包括 CDK 活化蛋白激酶（CDK activating kinase，CAK）、CDC25、CKI、cyclin 降解等。这些调控机制的启用取决于细胞内、外信息（如细胞的生长条件、上一细胞周期事件是否完成、下一细胞周期事件完成的条件是否具备等）的整合。

表 18-3 cyclin、CDK 以及 CKI 的相互作用关系

cyclins	相关 CDK	细胞周期作用	相关 CKI
A	CDK1，CDK2	S → G_2 → M	p21，p27，p57
B（B1，B2）	CDK1（CDC2）	G_2 → M	p21，p57
C	—	—	—
D（D1 ~ 3）	CDK4（2，5，6）	G_1	p15, p16, p21, p27, p18, p19, p57
E	CDK2	G_0 → G_1 → S	p21，p57
F	—	—	—
G	—	—	—
H	CDK7	G_1, S, G_2, M	-

第五节　细胞增殖异常与疾病

一、增殖异常是肿瘤发生的重要细胞学基础

细胞增殖分化异常可以导致一系列疾病。在这些疾病中，研究最多的是肿瘤。肿瘤的发生与细胞周期监控机制受损以及细胞周期驱动机制失控有关。

（一）细胞周期监控机制受损

细胞周期主要检测点分别位于 G_1/S 和 G_2/M 交界处，检查的目的是探测 DNA 损伤和染色体分配是否异常。

1．G_1/S 交界处　在 G_1/S 交界处，p53 是 DNA 损伤的主要检测点分子。因此，当 p53 突变或丢失（例如，DNA 病毒如 SV40、HPV、腺病毒等可使 p53 蛋白失活），使细胞周期检测点功能降低，导致基因遗传的不稳定，细胞失去复制的忠实性，在致变剂的作用下，正常细胞很可能转化为肿瘤细胞。

2．G_2/M 交界处　在 G_2/M 转变期，如果发现 DNA 双链断裂，可通过 G_2/M 检验点检查，阻止细胞进入有丝分裂，诱导修复基因转录，完成 DNA 断裂的修复。相反，如果失去 G_2/M 检验点的阻滞作用，细胞易将染色体发生丢失或重排的基因组合传给子代。

（二）细胞周期驱动机制失控

1．cyclin 的异常　目前认为，肿瘤的发生与 cyclin D、cyclin E 的过量表达有密切关系，其中 cyclin D1 研究较为详细。cyclin D1 又称为 Bcl-1，是原癌基因产物。导致 cyclin D1 过表达的原因：①基因扩增，这是 cyclin D1 过表达的主要机制，如乳腺癌、胃癌、食道癌存在该基因扩增过度；②染色体倒位，例如，甲状旁腺的腺癌出现染色体倒位，使 cyclin D1 基因受控于甲状旁腺素懂得启动子，结果 cyclin D1 被大量合成；③染色体易位，例如，B 细胞淋巴瘤是由于 Bcl-1 断裂点发生 t（11∶14）（q13∶q32）易位，使 cyclin D1 基因易受到 Ig 重链基因增强子控制而过量表达。cyclin D1 过表达使细胞增殖不止，导致肿瘤发生。

2．CDK 增多　CDK4 与 cyclin D、cyclin E 结合形成复合物（具有蛋白激酶活性），并通过对 pRb 的磷酸化，实现 G_1/S 的过渡。另外，cyclin D 又是生长因子信号转导与细胞周期调控的连接纽带。所以，cyclin D 过表达时，一方面可以与 CDK4 结合形成复合物；另一方面还可以引发 CDK 的瀑布效应，使 CDK 过表达，过多的 CDK 能使细胞生长、复制与分裂过度。在肿瘤细胞中可以见到 CDK4 和 CDK6 的过表达存在。

3．CDI 表达不足和突变　CDI 属于肿瘤抑制基因家族。在肿瘤细胞内常出现 CDI 表达不足或突变。① INK4 失活：在 INK4 失活中较为多见的是 *p16*^{Ink4} 基因失活，失活原因是突变或缺失、染色体易位以及 *p16*^{InK4} 基因 CpG 岛高度甲基化。在正常情况下，p16^{Ink4} 能特异性地抑制 CDK4 与 cyclin D 结合，使 CDK4 不能被激活形成蛋白激酶的活性。所以，当 *p16*^{Ink4} 基因表达不足时，必然会导致细胞周期驱动机制处在“易于”被启动的状态，构成肿瘤细胞发生、发展的基础。② p21 含量减少：p21 功能是直接结合并抑制 CDK-cyclin 复合物的活性，抑制细胞周期进行。另外，p21 还能直接结合并抑制增殖细胞核抗原（PCNA），阻滞 DNA 复制。尽管 *p21* 基因突变不多见，但是调控它的 *p53* 基因突变在肿瘤中比较多见。因此，*p53* 基因突变导致 p21^{cip1} 转录丧失，使含有受损 DNA 的细胞仍然在细胞周期中运行，导致肿瘤的发生。

二、某些心血管疾病也存在细胞增殖异常

（一）原发性高血压

原癌基因的功能是调节细胞的生长、分化及增殖。高血压的细胞学改变是血管平滑肌细胞及成纤维细胞的增生，使血管变窄、变厚，导致外周阻力增加。这种以平滑肌增生为主的疾病与癌基因关系极大。研究表明，*myc* 和 *fos* 原癌基因的激活是平滑肌细胞增生的启动因素之一，*myc* 原癌基因对平滑肌增生的调控可能是在转录后水平，而 *fos* 的调控可能是发生在转录水平。原发性高血压大鼠心肌和平滑肌细胞内 *myc* 原癌基因表达比对照动物高出 50% ~ 100%，提示 *myc* 原癌基因的激活与高血压发生有关。此外，作为负调控的原癌基因的变化亦参与高血压病的发生。例如，在原发性高血压大鼠血管平滑肌细胞中野生型 *p53* 抑癌基因的表达低于正常动物，基因有甲基化倾向，并测出 *p53* 基因的突变。

（二）动脉粥样硬化

动脉粥样硬化也是一种以细胞增殖和变性为主要特征的疾病。近年的研究表明，癌基因和抑癌基因与动脉粥样硬化可能有密切关系。动脉粥样硬化斑块损伤的细胞，癌基因表达比正常组织高约 5 ~ 12 倍。癌基因的高表达产生过量的血小板源生长因子（PDGF），后者作用于 PDGF 受体，导致组织细胞的增生，引起血管壁斑块形成。

（三）心肌肥厚

原癌基因存在于正常心肌、血管平滑肌和内皮细胞中，为血管生长发育所必需。然而心肌肥厚时，许多癌基因（如 *ras*、*myb*、*myc*、*fos* 等）发生过量表达。生长因子在心肌肥厚发生中的作用十分关键，在心肌负荷与心肌反应之间起着中介与信息传递的作用，由此引发癌基因过量表达，造成心肌肥厚。与此有关的生长因子有：类胰岛素生长因子（IGF）、转化生长因子（TGF）、及成纤维细胞生长因子（FGF）等。

三、其他

细胞增殖异常还与很多其他疾病有关。比如，原发性血小板增多症是以巨核细胞增殖为主的骨髓增生性疾病。临床上伴有血小板持续增多和血小板功能异常，有反复自发性出血及血栓形成。而其发病机制就与生长因子 TGF-β 异常有关。银屑病是由于表皮细胞增殖异常引起的皮肤病，表皮生长因子受体的增加和 β 受体的减少正是引起表皮细胞增长过快的原因。

小 结

癌基因是指其编码产物与细胞的肿瘤性转化有关的基因。癌基因分为病毒癌基因和细胞癌基因，病毒癌基因来源于病毒基因组，感染动物后能诱发肿瘤。细胞癌基因是存在于正常动物细胞基因组内与病毒癌基因结构相似的基因。在正常情况下，癌基因处于静止状态或低表达状态，不仅对细胞无害，而且对维持细胞正常功能具有重要作用，当其受到致癌因素作用后，可被活化而异常表达，其产物可使细胞无限制分裂发生癌变。存在于生物正常基因组的癌基因被称为原癌基因。它们是生物细胞基因组的正常成分，其编码的蛋白质参与调节正常细胞的生长与分化，在控制细胞增殖的信息转导途径中起作用。原癌基因结构具有高度的

保守性，其表达和功能在正常情况下都受到严格的控制。一旦基因突变或过量表达，基因产物的正常功能会受到影响，引起细胞恶变，形成肿瘤。按照原癌基因的结构、产物的功能及所在位置，常见的细胞癌基因可分为下列四类：①细胞外的生长因子及其受体；②跨膜生长因子受体；③胞内信号转导分子；④核内转录因子。

抑癌基因是一种抑制细胞生长和肿瘤形成的基因，在生物体内与癌基因功能相抵抗，共同保持生物体内正负信号相互作用的相对稳定。抑癌基因研究较多的主要有 *Rb* 基因、*p53* 基因等几种。

生长因子是一类通过与特异的、高亲和的细胞膜受体结合，调节细胞生长与其他细胞功能等多效应的多肽类物质。生长因子包括转化生长因子 -β（TGF-β）、表皮细胞生长因子（EGF）、血管内皮细胞生长因子（VEGF）、成纤维细胞生长因子（FGF）、神经生长因子（NGF）、血小板衍生的生长因子（PDGF）等。生长因子通过受体介导的细胞信号转导途径调节细胞的生长和分化。

细胞增殖受细胞周期调控机制的严格控制。细胞周期调控的核心蛋白分子主要可分为三大类：细胞周期蛋白（cyclin）、周期蛋白依赖性激酶（CDK）以及 CDK 抑制蛋白（CKI）。细胞增殖异常是肿瘤发生的重要细胞学基础，也与某些心血管疾病存在关联。

思考题

1．原癌基因、细胞癌基因、病毒癌基因三者有何关系？

2．生长因子具有哪些重要功能？其作用机制是什么？

3．细胞周期相关蛋白在细胞增殖中起何作用？

4．细胞增殖异常可导致哪些疾病？其发生机制是什么？

（赵　颖）

第十九章

组学与医学

学习目标

1. 掌握组学的概念；熟悉组学的分类。
2. 熟悉基因组学的概念及研究内容。
3. 熟悉转录组学的概念及主要研究手段；了解转录组学的研究意义。
4. 熟悉蛋白质组学的概念；了解蛋白质组学的主要研究技术。
5. 熟悉代谢组学的概念及主要任务。
6. 了解基因诊断的常用检测技术；了解基因治疗的策略和基本治疗过程。

1968 年随着遗传学中心法则的阐明，分子生物学的理论体系已经基本建立。计算生物学和系统生物学等新兴学科的出现，使生命科学从局部观向整体观转变，从线性单向思维向复杂性思维转变，从单一学科向多学科交叉融合发展，组学（omics）的概念应运而生。组学是指研究细胞、组织或整个生物体内某种分子（DNA、RNA、蛋白质、代谢物和其他分子）的所有组成内容的学科。分子生物学中，组学主要包括基因组学（genomics）、转录组学（transcriptomics）、蛋白组学（proteinomics）、代谢组学（metabolomics）、脂质组学（lipidomics）、免疫组学（immunomics）、糖组学（glycomics）等。中心法则揭示了遗传信息传递的方向性和整体性，而各种“组学”则是从 DNA 转录到 RNA、RNA 翻译成蛋白质、蛋白质产生生物学效应的各个层次对这种传递规律的方向性和整体性的具体揭示。本章将按照遗传信息传递的方向性和生物信息学的分类，将组学按基因组学、转录组学、蛋白质组学、代谢组学的层次加以叙述。

第一节　基因组学

一个细胞或生物体中一套完整的单倍体的遗传物质的总和称为基因组（genome），它代表此生物体所具有的全部遗传信息。基因组学是指对基因进行基因作图、核苷酸序列分析及基因定位，阐明整个基因组的结构、结构与功能关系以及基因之间相互作用的科学。

一、基因组学包括结构基因组学、功能基因组学和比较基因组学

基因组学于 1986 年由美国科学家 Thomas Roderick 首次提出，但真正作为一门新兴学

科却是以人类基因组计划（human genome program，HGP）的启动开始的。基因组学包括3个不同的研究亚领域，即结构基因组学（structural genomics）、功能基因组学（functional genomics）和比较基因组学（comparative genomics）（表19-1）。

表19-1 基因组学研究内容

亚领域	主要任务
结构基因组学	人类基因组作图（遗传图谱、物理图谱、序列图谱以及转录图谱）和大规模DNA序列，揭示人类基因组的全部DNA序列及其组成
功能基因组学	利用结构基因组学所提供的信息，注释、分析整个基因组所包含的基因、非基因序列及其功能
比较基因组学	模式生物基因组之间或与人基因组之间的比较和鉴定，为研究生物进化和预测新基因提供依据

二、人类基因组DNA序列的确定是结构基因组学研究的基础

确定整个基因组DNA序列是HGP工作的基石。生物信息学和计算生物学技术的介入和现代分子生物学技术的快速发展，为HGP的实施提供了技术保证。

（一）遗传图谱是建立不同编码基因在具体染色体上线性排列图

出现在同一染色体上两个或两个以上基因之间的相互联系，称“连锁”，因此，遗传图（genetic map）又称连锁图（linkage map），是指基因根据重组频率在染色体上的线性排列或分布。HGP中的遗传制图（genetic mapping）主要是指利用基因之间的遗传连锁关系确定遗传标志位点在同一条染色体上的线性排列顺序，以及它们之间的相对遗传距离，单位为厘摩尔根（centi-morgen，cM），即每次减数分裂两个遗传标志之间的重组频率为1%时，图距即为1cM。

（二）物理图谱是构成基因组的全部基因排列和间距的信息图

HGP中的物理图（physical map）通过对构成基因组的DNA分子进行测定而绘制，是指染色体上诸如限制性核酸内切酶识别位点，或序列标志位点（sequence tagged site，STS）等标志的位置图。位点之间的距离以bp（碱基对）来表示。DNA物理图谱是指DNA链的限制性酶切片段的排列顺序，即酶切片段在DNA链上的定位。DNA物理图谱是序列测定的基础，也可理解为指导DNA测序的蓝图。广义地说，DNA测序从物理图谱制作开始，它是测序工作的第一步。

（三）大规模测序基于BAC克隆技术和全基因组鸟枪法这两种基本策略

随着遗传图谱和物理图谱的完成，测序就成为重中之重的工作。通过细菌人工染色体（bacterial artificial chromosome，BAC）克隆系的构建和全基因组鸟枪法，同时结合生物信息学技术，可完成全基因组的测序工作。BAC克隆系的构建方法是大规模测序的基础，它是对连续克隆系中排定的BAC克隆逐个进行亚克隆测序并进行组装。鸟枪法是在一定作图信息基础上，绕过大片段连续克隆系的构建而直接将基因组分解成小片段随机测序，利用超级计算机进行组装。鸟枪法是大规模测序的重要方法。近年来，测序技术已经从BAC的策略转向全基因组鸟枪法。

（四）生物信息学是预测基因组结构和功能的重要手段

大规模测序后得到的数据需要进行信息采集、存储、整理、排列、归纳、分析和解释等，后续的工作十分庞杂，因此建立计算机数据库和管理系统是必不可少的。而生物信息学的发展促进了生物信息数据库的建设、生物学数据的检索、处理和利用。因此，生物信息学也成为分析基因、基因产物结构和功能预测的一种重要手段。

三、从基因表达角度寻找、鉴定与注释基因功能是功能基因组学研究的主要任务

（一）寻找、鉴定 DNA 序列中的基因

寻找、鉴定基因序列是提取、鉴定人类基因组必不可少的基础工作。对基因组中编码基因在功能学上进行“注释”，包括鉴定和描述推测的基因、非编码序列结构及其相应的生物学功能研究。这项工作主要采用全基因组扫描或计算机软件预测分析，来寻找基因的启动子、增强子序列等，鉴定内含子与外显子之间的衔接关系，寻找全长开放阅读框，确定多肽链编码序列等。

（二）注释基因功能

将目的基因进行剔除或过表达，观察基因对生物体表型或功能的影响，即可推测该基因的功能，这种方法是基因功能研究中最常采用的策略。研究基因生物学功能及其在体内的表达调节特点仍是当今基因组学研究的重点。

（三）同源搜索研究同源基因间的演化关系

同源基因在进化过程来自共同的祖先，通过计算机进行同源搜索，对核苷酸或氨基酸序列的同源性进行比对分析，就可以推测基因组内相似功能的基因。目前，美国国家生物技术信息中心（NCBI）（http：//www.ncbi.nlm.nih.gov）的 BLAST 程序是基因同源性搜索和比对的有效工具。

（四）转录组学和蛋白质组学是基因组学研究目标的延伸和补充

基因表达包括转录和翻译，转录组学与蛋白质组学研究内容实际上反映了基因转录后或翻译后修饰加工的变化差异，因此转录组学与蛋白质组学研究实际上是基因组学研究目标的延伸和补充（详见本章第二、三节）。

四、基因组比较研究是探索生物进化、推测人类遗传疾病发生机制的重要手段

比较基因组学的理论基础是“所有当代基因组都是从一个共同的祖先基因组进化而来”，因此，利用模式生物研究系统的优越性，通过模式生物基因组与人类基因组之间编码顺序和结构的同源性，克隆人类疾病基因，在人类基因组研究中进行比较分析，可以推测和揭示人类基因功能以及疾病发生的分子机制，阐明物种进化关系及基因组的内在结构。

五、人类基因组的新特点为认识疾病提供丰富资料

随着整个 HGP 测序工作的基本完成，人类基因组的 DNA 序列的众多特点逐一被发现，如基因数量比预测少得惊人、基因组中存在“热点”和大片“荒漠”、大部分人类遗传疾病与 Y 染色体有关等，为人类认识疾病的发病机制提供了丰富的资料，这对生命本质、人类进化、生物遗传、个体差异、发病机制、疾病防治、新药开发、健康长寿等领域，以及对整个

生物学都具有深远的影响和重大意义，标志着人类生命科学一个新时代的来临。

第二节 转录组学

转录组（transcriptome）就是指一个细胞内拥有的一套全部 mRNA 转录产物、可直接参与蛋白质翻译的编码 RNA 总和。与基因组不同，转录组包含了时间和空间的限定，某一环境条件、某一生命阶段、某一生理或病理（功能）状态下，生命体的细胞或组织所表达的基因种类和水平是不完全相同的。而相同的生长时期和生长环境下，不同组织的转录组也是不同的。

一、转录组学从 RNA 水平研究基因表达情况及转录调控规律

转录组学是在整体水平上研究细胞编码基因转录情况及转录调控规律的科学，例如研究特殊阶段、环境、状态下细胞或组织在转录水平表达谱的变化，从而揭示基因组中究竟是哪（些）个基因功能与某一生命现象或病理状态相关。因此，转录组学是在 RNA 水平研究基因表达情况及转录调控规律。

除了 mRNA 外，细胞中还有许多其他种类的非编码 RNA（non-coding RNA，ncRNA），研究它们的种类和生物学功能都属于 RNA 组学范畴。近年来，研究发现 miRNA 参与早期发育、细胞增殖和凋亡、物质代谢、细胞分化等一系列的生命重要进程，提示这些调控型小分子非编码 RNA 作为参与调控基因表达的分子，其生物学功能远远超出了遗传信息传递中介的范畴，因此，RNA 组学的研究是功能基因组学的重要组成部分，对于全面揭示生命奥秘具有重要意义。

二、基因芯片等技术是转录组学研究的重要手段

基因芯片技术不仅可用于 DNA 序列测定，更适合基因组或成千上万个基因表达谱的分析，快速检测基因差异表达和鉴别致病基因或疾病相关基因。基因芯片、基因表达序列分析和大规模的平行信号测序系统都是转录组学研究的重要技术和手段。

三、转录谱提供特定条件下某些基因的表达信息

通过系统地研究转录组可得到转录谱，可以提供特定条件下某些基因表达的信息，即提供生物的哪些基因在何时何种条件下表达或不表达的信息，并据此推断相应未知基因的功能，或者补充已知基因的功能，揭示特定调节基因的作用机制。通过转录组差异表达谱的建立，不仅可以辨别细胞的表型归属，还可以用于疾病的诊断。转录组的研究可以将表面上看似相同的病症分为多个亚型，尤其是对原发性恶性肿瘤的分型，可以详细描绘出患者的生存期以及对药物的反应等。

第三节 蛋白质组学

蛋白质组（proteome）的概念最先由澳大利亚 Wilkins 提出，指由一个细胞或组织表达的所有蛋白质。蛋白质组反映了特殊阶段、环境、状态下细胞或组织在翻译水平的蛋白质表达谱，对这一领域的研究称为蛋白质组学。蛋白质组学是在大规模水平上研究蛋白质的特

征，包括蛋白质的表达水平，翻译后的修饰，蛋白质与蛋白质相互作用等，由此获得蛋白质水平上的关于疾病发生、细胞代谢等过程的整体而全面的认识。

一、蛋白质组学研究细胞内所有蛋白质的组成及其活动规律

蛋白质组学集中于动态描述基因调节，对基因表达的蛋白质水平进行定量的测定，研究细胞内所有蛋白质的组成及其活动规律。与基因组不同的是，蛋白质组可随着组织、环境状态的不同而改变。转录时，一个基因可以有多种形式的 mRNA 剪接，并且同一蛋白质可能以多种形式进行翻译后修饰。因此，一个蛋白质组不是一个基因组的直接产物，其中蛋白质的数目有时可以超过基因组的数目，这种动态变化增加了蛋白质组学研究的复杂性。

二、二维电泳和质谱是蛋白质组学研究的常规技术

目前用于蛋白质组学的研究技术主要有二维电泳和质谱。通过二维电泳，可将不同种类的蛋白质按照等电点和分子量差异进行高分辨率的分离。双向荧光差异凝胶电泳（2D-DIGE）作为一种新型的蛋白质组分析技术，在传统二维电泳基础上，结合了多重荧光分析的方法，已得到广泛应用。质谱技术因具备快速、准确、灵敏的特点，已被广泛应用于蛋白质和多肽的分析与鉴定。

三、蛋白质组学是寻找疾病分子标记、发现和鉴别药物新靶点的有效途径

以疾病相关蛋白质组学鉴定的特异蛋白标记物不仅对排查和验证药物的功效、抗性和优选具有指导意义，对未来疾病诊断和治疗也有重要意义。通过比较正常体与病变体、给药前后蛋白质谱的变化，可发现表达异常的蛋白质，这类蛋白质可作为药物作用的候选靶点。目前，药物相关蛋白质组学的应用不断扩大，在对癌症、早老性痴呆等人类重大疾病的临床诊断和治疗方面具有较好的发展前景，国际上许多大型药物公司正投入大量的人力和物力进行蛋白质组学方面的应用性研究，发现和鉴别药物新的作用靶点，期望从细胞和分子水平进行人类重大疾病的诊断和防治，为新药开发等提供重要的理论基础。

第四节 代谢组学

代谢组（metabolome）是指某一生物或细胞在一特定生理时期内各种代谢路径中所有的小分子代谢物质（分子量≤1000）。基因与蛋白质的表达紧密相连，而代谢物则更多地反映了细胞所处的环境，这与细胞的营养状态，药物和环境污染物的作用，以及其他外界因素的影响密切相关。

一、代谢组学的任务是分析细胞代谢产物的全貌

代谢组学以组群指标分析为基础，以高通量检测和数据处理为手段，以信息建模与系统整合为目标，研究分析生物或细胞受外界刺激所产生的所有代谢产物变化的全貌，是系统生物学的一个重要分支。2000 年，德国代谢组学研究者 Oliver Fiehn 将代谢组学按照研究目的分为四个不同的层次：①代谢物靶标分析，目标是定量分析一个靶蛋白的底物或（和）产物；②代谢谱分析，对特定代谢过程中的结构或性质相关的预设代谢物系列进行定量分析；③代谢组学，定量分析一个系统全部代谢物，但目前还很难实现；④代谢指纹分析，定性或半定

量分析细胞内 / 外全部代谢物。

二、核磁共振、色谱及质谱是代谢组学的主要分析工具

目前，核磁共振（nuclear magnetic resonance，NMR）特别是核磁共振氢谱（^{1}H-NMR）以其对含氢代谢物的普适性，色谱以其高分离度、高通量，及质谱（mass spectrometry，MS）以其普适性、高灵敏度和特异性成为代谢组学研究的主要分析工具。质谱按照质荷比进行各种代谢物的定性定量分析，可得到相应的代谢物谱。色谱 - 质谱联用结合了两者的优势，因而成为代谢组学研究中重要的分离分析技术，具有较高灵敏度和选择性。目前常用的联合技术包括气相色谱质谱联用和液相色谱质谱联用。但由于质谱只能检测离子化的物质，有些代谢物在质谱仪中不能被离子化，因此采用 NMR 的方法，可以弥补色谱的不足，成为代谢组学研究的主要技术。

三、代谢组学是从整体研究复杂生命现象

代谢组学是继基因组学和蛋白质组学之后新近发展起来，从整体上研究复杂生命现象的新兴学科。同其他组学研究一样，代谢组学研究也会获得大量数据，因此研究的关键是要发展大规模、并行化测定复杂混合体系中代谢物组成信息和对大量数据进行分析和建模。与其他组学相同，代谢组学的主要研究思想是全局观点。近年来迅速发展并渗透到多个生命科学领域，比如疾病诊断、医药研制开发、营养食品科学、毒理学、环境学、植物学等与人类健康护理密切相关的领域。

第五节 基因诊断

从基因水平探测、分析病因和疾病的发病机制，并采用针对性的手段矫正疾病紊乱状态是近年来基础医学和临床医学新的研究方向，由此而发展起来的基因诊断（gene diagnosis）和基因治疗（gene therapy）已成为现代医学的重要内容。

一、基因诊断是通过直接检测基因结构或表达水平对疾病作出诊断

利用现代分子生物学和分子遗传学的技术方法，直接检测基因结构及其表达水平是否正常，从而对疾病作出诊断，称基因诊断。如果某些疾病的相关基因还不清楚或尚未克隆，难于进行直接检测，可利用基因多态性连锁分析进行间接检测。DNA 多态性标记变化有时并不是致病的原因，但往往会与疾病发生呈现高度的相关性连锁联系，因此检测 DNA 多态性标记在未知基因病因连锁分析中具有十分重要的意义。

二、基因诊断具有特异性强、灵敏度高等特点

基因诊断主要是以基因结构作为探查对象，因而具有一些其他诊断学所没有的特点：①以基因作为检查材料和探察目标，可在源头上识别基因是否正常，属于“病因诊断”；②分子杂交技术选用特定基因序列作为探针，故具有很高的特异性；③由于分子杂交和 PCR 扩增技术都具有放大效应，故诊断灵敏度高；④检测目标可为内源基因，也可为外源基因，适用性强，诊断范围广。运用基因诊断应当注意的是所检测的基因与疾病之间是否有明确的因果联系，有些基因型改变未必一定会引起细胞表型或性状的改变。

三、基因诊断常应用核酸分子杂交、DNA 序列分析、PCR 等技术

基因诊断基本流程包括样品的核酸提取、目的序列的扩增、分子杂交和信号检测，临床上可用的样品包括血液、组织液、尿液、组织块、毛发等。基因诊断是建立在核酸分子杂交、DNA 序列分析技术、PCR 技术或几种技术联合使用基础之上，对基因进行定性和定量分析。

（一）酶切分析技术

酶切分析技术主要包括限制性内切酶酶谱分析和DNA限制性片段长度多态性（restriction fragment length polymorphism，RFLP）分析，它们都是利用限制性内切酶来检测基因是否存在变异。当待测基因 DNA 序列中发生突变时会出现某些限制性内切酶位点的改变，相应限制性酶切片段的状态（即片段的大小或多少）在电泳迁移率上也会随之改变，借此可作出分析诊断。在人类基因组中，平均约 200 对碱基可发生一对变异（称为中性突变）。中性突变导致个体间核苷酸序列的差异，称为 DNA 多态性。不少 DNA 多态性发生在限制性内切酶识别位点上，酶切水解该 DNA 片段就会产生长度不同的片段，称为限制性片段长度多态性。甲型血友病、囊性纤维病变和苯丙酮尿症等均可借助这一方法得到诊断。

（二）杂交分析

1．等位基因特异寡核苷酸分子杂交　遗传病的发病基础是基因序列发生一种或多种突变。根据已知致病基因突变位点的核苷酸序列，人工设计合成两种寡核苷酸探针，一种是相应于突变基因碱基序列的寡核苷酸（M），一种是相应于正常基因碱基序列的寡核苷酸（N），用它们分别与受检者的 DNA 进行直接分子杂交，根据杂交结果来判断受检者的基因型，这种技术称为等位基因特异寡核苷酸（allele specific oligonucleotide，ASO）分子杂交。

2．反向点杂交　反向点杂交（reverse dot blot，RDB）是改进的 ASO 技术，ASO 一个突变需要对应的一组探针和一个实验，而 RDB 技术可将各种突变和正常序列的探针固定于杂交膜上，改为液相进行杂交，这样一次就可同时筛查多种突变，大大提高基因诊断效率。这一技术已经在一些常见疾病基因诊断中得到应用，如 β 地中海贫血和囊性纤维化。

（三）PCR 技术结合凝胶电泳或测序

基因诊断时需在成千上万的基因中仅分析一种目的基因，而且致病基因通常是单拷贝、含量低。PCR 技术采用特异性的引物，能特异性地扩增出目的 DNA 片段，运用 PCR 技术可使该基因进行体外大量扩增，从而增加了检测的灵敏性和特异性。Real-time PCR、PCR-单链构象多态性分析（PCR-single strand conformation analysis，PCR-SSCP）、COLD-PCR（co-amplification at lower denaturation temperature-PCR）等技术都是是近年来在基因突变检测中广泛运用的方法。

第六节　基因治疗

基因治疗（gene therapy）是指将外源正常基因或有治疗作用的 DNA 片段导入靶细胞，以纠正或补偿因基因缺陷和异常引起的疾病，以达到治疗目的。从广义上说，基因治疗还可包括从 DNA 水平采取的治疗某些疾病的措施和新技术。

一、基因治疗包括基因矫正、基因置换、基因增补等多种策略

随着对疾病本质的深入了解和分子生物学方法的不断更新，目前基因治疗所采用的策略基本上可分为以下几种：①基因矫正（gene correction）：指将致病基因的异常碱基进行纠正，而正常部分予以保留。②基因置换（gene replacement）：就是用正常的基因通过体内基因同源重组，原位替换病变细胞内的致病基因，使细胞内的DNA完全恢复正常功能状态。③基因增补（gene augmentation）：指将目的基因导入病变细胞或其他细胞，不去除异常基因，而是通过目的基因的非定点整合，使其表达产物补偿缺陷基因的功能或使原有的功能得以加强。④基因失活（gene inactivation）或基因沉默（gene silencing）：是指将特定的序列导入细胞后，在转录、转录后或翻译水平上阻断某些基因的异常表达，以达到治疗疾病的目的。⑤引入“自杀基因”：是指将某些病毒或细菌的基因导入靶细胞中，其表达的酶可催化无毒的药物前体转变为细胞毒物质，从而导致携带该基因的受体细胞被杀死，此类基因称为自杀基因，目前自杀基因常用来治疗肿瘤和感染性疾病。

二、基因治疗过程包括多个环节

（一）治疗基因的选择是基因治疗的关键

选择对疾病有治疗作用的特定目的基因是基因治疗的首要问题。只要找到引起疾病的基因是什么，就可以用正常的基因或经改造的基因作为治疗基因。比如很多生长因子、多肽类激素、细胞因子、酶、受体、转录因子等，它们的正常基因都可以作为治疗基因。

（二）选择载体构建含治疗基因的重组DNA分子

目前使用的有病毒载体和非病毒载体两大类。基因治疗的临床实施中，一般多选用病毒载体。目前被用作基因转移载体的病毒有逆转录病毒（retro-virus，RV）、腺病毒（adeno virus，AV）、腺病毒相关病毒（adeno-associated virus，AAV）等。几种常用病毒载体的特点比较见表19-2。

表19-2 几种常用病毒载体的特点比较

	逆转录病毒载体	腺病毒载体	腺相关病毒载体
基因组大小	8.5kb	36kb	5kb
核酸类型	RNA	DNA	DNA
外源基因容量（kb）	＜9	2～7	＜3.5
重组病毒滴度	中	高	较低
靶细胞状态	分裂细胞；表面需有特殊受体	分裂细胞或非分裂细胞	分裂细胞或非分裂细胞
基因整合	随机整合	不整合	优先整合于染色体19q位点上
外源基因表达情况	短暂表达/稳定表达	短暂表达	稳定表达
基因转移效率	高	高	
生物学特性	清楚	清楚	尚未研究清楚
安全性	可能发生重组感染性病毒；增加肿瘤发生机会	病毒蛋白引起炎症反应和免疫反应	无病原性

（三）对靶细胞进行选择、细胞回输体内的方法

基因治疗的原则是仅限于患者个体，不涉及下一代，所以其靶细胞通常为体细胞（somatic cell），包括病变组织的细胞和正常功能的免疫功能细胞。出于安全性和伦理学的考虑，目前国际上严格限制用生殖细胞（germ line cell）进行基因治疗实验。

将外源治疗性基因融合载体有效导入受体细胞是基因治疗的一个重要环节。在实施人类基因治疗中，导入基因的方式有两种：一种是间接体内疗法（*ex vivo*），即在体外将外源基因导入靶细胞内，再将这种基因修饰过的细胞回输患者体内，使带有外源基因的细胞（即基因修饰细胞）在体内表达相应产物，以达到治疗的目的，其基本过程类似于自体组织细胞移植。另一种是直接体内疗法（*in vivo*），即将外源基因直接导入体内有关的组织器官，使其进入相应的细胞并进行表达。

在体外实验研究中将基因导入哺乳类动物细胞的方法有两类：一类是非生物学法，其中物理方法有显微注射、电穿孔、DNA 直接注射法和基因枪技术等；化学方法有磷酸钙沉淀法、DEAE- 葡聚糖法、脂质体介导的基因转移等。另一类是生物学法，即病毒介导的基因转移，目前在基因治疗的临床实践研究中仍然以病毒载体感染细胞来实现，其特点是基因转移效率高，但存在安全方面的问题。

三、基因治疗具有广阔应用前景，但仍存在众多挑战

基因治疗作为一门新兴的治疗手段，其研究进展非常迅速，在很短时间内就从实验室过渡到临床。目前已被批准的基因治疗方案有百例以上，包括肿瘤、艾滋病、遗传病和其他疾病等，但均为体细胞基因治疗。在我国，血管内皮生长因子（VEGF）、血友病Ⅸ因子、抑癌基因 p53 等基因治疗的临床实施方案也已获有关部门的批准进入临床实验。

在现阶段基因治疗还有许多理论和技术性问题有待进一步深入研究，对于其潜在的风险也需要充分的认识。当前基因治疗研究中仍然存在一些亟待解决的问题，例如提供更多可供利用的基因、设计定向整合的载体、高效持续表达导入基因、导入的基因缺乏可控性、基因转移中的副作用和抗体形成问题等。随着人类基因组计划的完成和大批新基因的发现以及新技术的发展，预计基因治疗未来将成为一种常规的治疗手段，也必将成为生物医学工程史上的一个新里程碑。

小 结

“组学”是一个概念的集合，是按照中心法则中 DNA 转录到 RNA、RNA 翻译成蛋白质、蛋白质产生生物学效应的各个层次，对这种传递规律的方向性和整体性的具体揭示。它涵盖了所有生物体内 DNA、RNA、蛋白质、代谢物和其他分子的结构和功能以及调控规律的研究。组学的研究带动医学进入了一个崭新的时代。

基因组学是研究不同生物中基因组遗传信息 DNA 的全部物理性序列、不同基因在该基因组上的排列方式、不同基因的生物功能以及不同生物间相同或相似基因遗传信息进化关系的一门学科，包括结构基因组学、功能基因组学和比较基因组学 3 个不同的研究亚领域。人类基因组基因编码序列具有的新特点为认识临床医学发病机制提供了丰富的资料。转录组学

则是从 RNA 水平研究基因表达情况及转录调控规律的科学。转录谱可以提供特定条件下某些基因表达的信息，可用于辨别细胞的表型归属、疾病的诊断和对原发性恶性肿瘤等疾病的分型。蛋白质组学研究细胞内所有蛋白质的组成及其活动规律，为发现和鉴别药物新靶点提供依据。代谢组学则可分析生物或细胞代谢产物的全貌，是从整体上研究复杂生命现象的新兴学科。

基因诊断是利用现代分子生物学技术直接评估致病基因 DNA 结构变化或遗传标记变化的病因侦察手段，常用技术有 PCR 扩增、酶切分析和核酸杂交等。直接分离出患者的有关致病基因，然后测定出其碱基排列顺序，找出其变异所在，这是最为确切的基因诊断法。

基因治疗是指用正常的基因校正和置换致病基因，其过程包括靶基因与转运载体的选择、重组 DNA 分子的构建、重组 DNA 分子导入细胞与细胞回输等环节。基因治疗手段给疾病的治疗带来无限的希望，但医学实践上仍存在众多的挑战。

思考题

1．组学概念的提出有何重要意义？按照中心法则遗传信息的传递方向，组学主要包括哪些类别？

2．基因组学包含哪些亚领域？各亚领域的主要研究内容和任务是什么？

3．何为基因诊断和基因治疗？它们在未来医学中的发展前景如何？

（张　萍）

第二十章

常用分子生物学技术的原理与应用

学习目标

1. 掌握PCR技术反应体系的基本组成、PCR反应基本步骤，了解PCR反应的应用。
2. 掌握印迹技术基本原理，了解3种印迹技术的主要应用。
3. 掌握生物芯片技术的原理和分类，了解基因芯片和蛋白质芯片技术的应用。
4. 掌握生物大分子相互作用分析的几种常用技术的原理，了解其应用。
5. 了解转基因、核转移与基因敲除技术的含义与应用。

最近几十年，分子生物学领域的研究发展迅猛，取得了许多前所未有的重大成果，这一切都离不开一系列新技术、新方法的不断涌现。了解分子生物学一些常用技术的原理与应用，对于理解分子生物学的基本理论和研究现状，深入认识某些疾病的发病机制及新的诊断和治疗方法是非常有用的。从这一目的出发，本章简要介绍目前分子生物学研究中的一些常用技术。

第一节 PCR技术

聚合酶链反应（polymerase chain reaction，PCR）技术是一种在体外酶促扩增特定DNA片段的快速方法。PCR技术有如下特点：①操作简便；②省时；③灵敏度高；④特异性强；⑤模板材料易获得。因此成为分子生物学研究中应用最广泛的技术。发明这一技术的美国科学家K. Mullis因此贡献而获得了1993年度诺贝尔化学奖。

一、PCR是体外快速扩增DNA的常用技术

PCR的基本工作原理是以待扩增的DNA分子为模板，以一对与模板两侧相互补的寡核苷酸片段为引物，在DNA聚合酶的作用下，按照半保留复制的机制合成新的DNA链，经过多次循环，可使目的基因大量扩增。PCR反应体系包括：模板DNA、原料dNTP（dATP、dGTP、dCTP和dTTP）、特异设计的引物、耐热的DNA聚合酶以及含有Mg^{2+}的缓冲液。

PCR的基本反应步骤包括：①变性：将反应体系加热至95℃，使模板DNA的两条互

补链解开成单链，同时使引物之间形成的局部双链打开；②退火：将反应体系的温度降至适宜温度（一般比 Tm 低 5℃），使引物与模板 DNA 退火结合；③延伸：将反应温度升至 72℃，DNA 聚合酶以 dNTP 为原料合成新的 DNA 链。上述三个步骤称为一个循环，新合成的 DNA 分子可作为模板，参与下一个循环反应。经过 25 ~ 30 个循环，DNA 片段可被扩增一百万倍以上（图 20-1）。

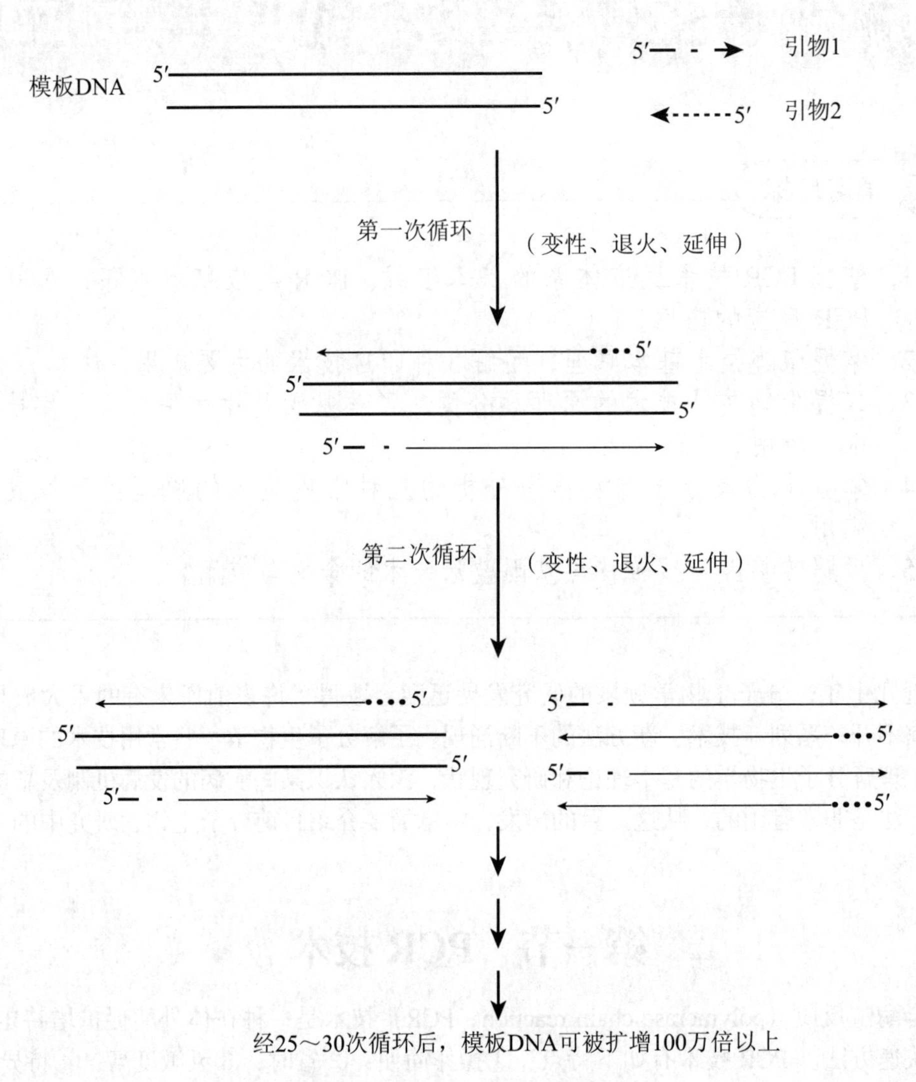

图 20-1　PCR 原理示意图

二、PCR 技术应用广泛

PCR 技术以灵敏度高、特异性强、产率高、重复性好以及快速简便等诸多优点，迅速成为分子生物学研究中应用最为广泛的方法，并使许多以前不可能进行的实验得以完成。PCR 的应用不仅非常广泛，而且还在不断地扩展。目前 PCR 技术主要应用于以下三个方面。

（一）目的基因的克隆

基因的克隆和分离是分子生物学和细胞生物学研究中必不可少的手段。运用 PCR 技术进行基因克隆比传统的方法更有优势。由于一次 PCR 可以对单拷贝的基因放大上百万倍，从而可省略从基因组 DNA 中克隆某一特定基因片段所必须进行的如 DNA 酶切、连接到载体 DNA 上、转化及基因的筛选、鉴定等烦琐的实验步骤。具体可用于：①与逆转录反应相结合，直接从组织和细胞的 mRNA 获得目的基因片段，即 RT-PCR（详见下文）；②利用特异引物以 cDNA 或基因组 DNA 为模板获得已知目的基因片段；③利用简并引物从 cDNA 文库或基因组文库中获得具有一定同源性的基因片段；④利用随机引物从 cDNA 文库或基因组文库中随机克隆基因。

（二）基因的体外突变

将基因进行体外突变，如点突变、缺失、插入等，是研究基因表达和调控机制的重要手段。传统的方法耗时长、成本高，且成功率低。现在，利用 PCR 技术可以随意设计引物在体外进行基因的点突变、缺失、插入等改造。

（三）DNA 和 RNA 的微量分析

PCR 技术高度敏感，对模板 DNA 的含量要求很低，是 DNA 和 RNA（RNA 需要先逆转录为 cDNA）微量分析的最好方法。理论上讲，只要存在 1 分子的模板，就可以获得目的片段。实际工作中，一滴血液、一根毛发或一个细胞已足以满足 PCR 的检测需要，因此在基因诊断方面具有极广阔的应用前景。

（四）DNA 序列测定

将 PCR 技术引入 DNA 序列测定，使测序工作大为简化，也提高了测序的速度。待测 DNA 片段既可克隆到特定的载体后进行序列测定，也可直接测定。

（五）基因突变分析

基因突变可引起许多遗传病、免疫性疾病和肿瘤等，故分析基因突变的状态可为这些疾病的诊断、治疗和研究提供重要的依据。利用 PCR 与一些技术的结合可以大大提高基因突变检测的敏感性，例如限制性片段长度多态性分析、单链构象多态性分析、等位基因特异的寡核苷酸探针分析、基因芯片技术等。

三、由 PCR 衍生了多种新技术

PCR 技术自身的发展以及和其他分子生物学技术的结合形成了多种 PCR 衍生技术，大大提高了 PCR 反应的特异性和应用的广泛性。以下举例介绍几种与医学研究密切相关的 PCR 衍生技术。

（一）逆转录 PCR

逆转录 PCR（reverse transcription PCR，RT-PCR）是 RNA 逆转录为 cDNA 和 PCR 过程的联合。首先提取组织或细胞中的总 RNA，以其中的 mRNA 作为模板，采用 Oligo（dT）或随机引物利用逆转录酶逆转录成 cDNA，再以 cDNA 为模板进行 PCR 扩增，从而获得目的基因或检测基因表达。RT-PCR 使 RNA 检测的灵敏性提高了几个数量级，使一些极为微量的 RNA 样品分析成为可能。该技术主要用于分析基因的转录产物，获取目的基因，合成 cDNA 探针，构建 RNA 高效转录系统等。不过，由于 PCR 反应产物的量是以指数形式增加的，在比较不同来源样品的 mRNA 含量时，PCR 产物的堆积将影响对检测样品中原有 mRNA 含量差异的准确判断，因而只能作为半定量手段应用。

（二）原位 PCR 技术

原位 PCR（*in situ* PCR）是将 PCR 与原位杂交相结合而发展起来的一项新技术。首先在甲醛溶液固定、石蜡包埋的组织切片或细胞涂片上的单个细胞内进行 PCR 反应，然后用特

异性探针进行原位杂交，以此检测待检 DNA 或 RNA 是否在该组织或细胞中存在。单纯使用 PCR 或 RT-PCR 技术虽然能够扩增获得各种组织细胞中的 DNA 或 RNA，但是由于 PCR 产物不能在组织细胞中直接定位，因而不能与特定的组织细胞特征表型相联系；而原位杂交技术虽有良好的定位效果，但由于检测的灵敏度不高，对低含量的 DNA 或 RNA（一个细胞中低于 20 个拷贝）则无法检测。原位 PCR 方法弥补了 PCR 技术和原位杂交技术的不足，是将目的基因的扩增与定位相结合的一种最佳方法。

（三）实时定量 PCR

实时定量 PCR（real time quantitative PCR，RT-qPCR）是近年来发展起来的一种新的核酸微量分析技术。在 RT-qPCR 反应中，引入了一种荧光标记分子。随着 PCR 反应的进行，PCR 反应产物不断累积，荧光信号强度也等比例增加。每经过一个循环，收集一个荧光强度信号，这样就可以通过荧光强度变化监测产物量的变化，以此可以精确计算出样品中最初的含量差异。

实时 PCR 的基本原理如图 20-2 所示。与传统的 PCR 相比，除了常规的正向和反向 PCR 引物，实时 PCR 反应另外增加了一对特殊的荧光标记探针。探针可与 DNA 模板发生特异性杂交，其 5′ 端标以一个荧光基团，3′ 端标以一个荧光淬灭基团。没有扩增反应时，探针保持完整，荧光基团和荧光淬灭基团同时存在于探针上，无荧光信号释放。随着 PCR 的进行，Taq DNA 聚合酶在链延伸过程中遇到与模板结合着的荧光探针，其 5′ → 3′ 外切核酸酶活性就会将该探针逐步切断，荧光基团一旦与淬灭基团分离，便产生荧光信号。后者被荧光监测系统接收，通过荧光强度变化监测产物量的变化，从而得到一条荧光扩增曲线图。一般而言，荧光扩增曲线可以分成三个阶段：荧光背景信号阶段、荧光信号指数扩增阶段和平台期。在荧光背景信号阶段，扩增的荧光信号被荧光背景信号所掩盖，我们无法判断产物量的变化。而在平台期，扩增产物已不再呈指数级的增加。PCR 的终产物量与起始模板量之间没有线性关系，所以根据最终的 PCR 产物量不能计算出起始 DNA 拷贝数。只有在荧光信号指数扩增阶段，PCR 产物量的对数值与起始模板量之间存在线性关系，我们可以选择在这个阶段进行定量分析。RT-qPCR 实现了 PCR 反应从定性到定量的飞跃，目前已逐步得到广泛的应用。

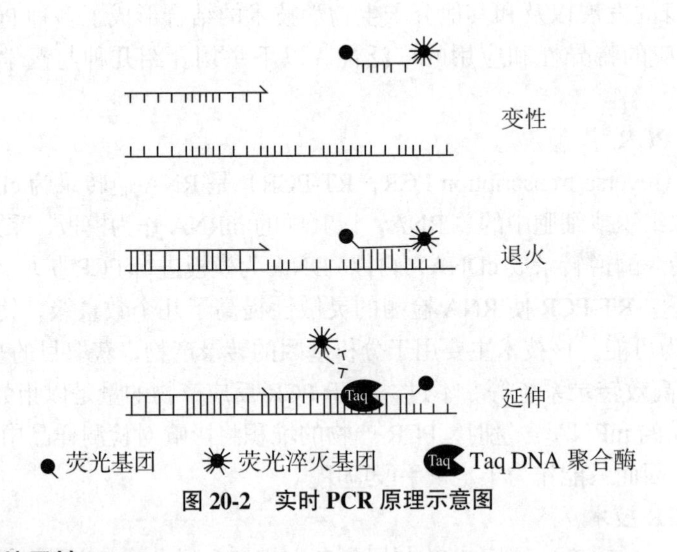

图 20-2　实时 PCR 原理示意图

（四）甲基化特异性 PCR

甲基化特异性 PCR（methylation-specific PCR，MS-PCR）技术是在使用亚硫酸盐处理的基础上新建的一种检测 DNA 甲基化的方法。亚硫酸氢钠可以通过磺酸基作用脱氨基，把非甲基化的胞嘧啶转化为尿嘧啶，后者经 PCR 扩增克隆变成胸腺嘧啶而产生 T ∶ A 配对，但对甲基化的胞嘧啶亚硫酸氢钠则没有作用，这样甲基化状态不同的 DNA 片段就转化为有碱基序列差异的两个片段。这种差异就可以通过进行不同引物的 PCR 扩增（MS-PCR）的方法来把它们显示出来。

MS-PCR 中设计两对引物，两对引物分别只能与亚硫酸氢钠处理后的序列互补配对，即一对结合处理后的甲基化 DNA 链，另一对结合处理后的非甲基化 DNA 链。如果用针对处理后甲基化 DNA 链的引物能扩增出片段，则说明该被检测的位点存在甲基化；若用针对处理后的非甲基化 DNA 链的引物扩增出片段，则说明被检测的位点不存在甲基化。

第二节 印迹技术

一、印迹技术以分子杂交为基础

序列互补的 DNA 双链经加热解为单链后，若将其缓慢降温，两条链可重新形成双链，此过程称为复性。在 DNA 复性过程中，如果把来源不同的 DNA 单链分子放在同一体系中，或者把 DNA 与 RNA 放在一起，只要两条 DNA 单链或 DNA 单链与 RNA 之间存在一定程度的碱基互补关系，就可以形成杂化双链，这种现象称为核酸分子杂交（见第二章）。根据分子杂交的原理，Edwen Southern 在 1975 年首先提出了分子印迹技术，其基本过程如下：将琼脂糖电泳分离的 DNA 片段转移到硝酸纤维素膜上，使之成为固相化分子。固定在硝酸纤维素膜上的 DNA 经变性成单链后，与杂交液中的互补 DNA 链或 RNA 链（即探针，可用同位素或生物素标记）可以结合。通过放射自显影或其他检测技术就可以显现出杂交分子的条带。这一技术可用来研究 DNA 分子中某一种基因的位置，两种核酸分子间的相似性或同源性，也可用于检测某些特异核酸序列在待检样品中存在与否等。

二、印迹技术广泛应用于 DNA、RNA 及蛋白质的定性及定量检测

分子印迹技术类似于用吸墨纸吸收纸张上的墨迹，因此称为“印迹（blotting）”。目前这种技术已广泛用于 DNA、RNA、蛋白质的检测。根据检测对象的不同，印迹技术有 DNA 印迹、RNA 印迹和蛋白质印迹等。

（一）DNA 印迹技术

DNA 印迹技术由 Edwen Southern 等首次应用，因而以其姓氏命名，称为 Southern blotting，其操作流程图参见图 20-3。DNA 印迹技术主要用于基因组 DNA 的分析，例如在基因组中特异基因的定位及检测等。

（二）RNA 印迹技术

RNA 也可以利用与 DNA 印迹类似的技术来进行分析。相对于 Southern blotting，有人将 RNA 印迹称为 Northern blotting，其原理与 DNA 印迹基本相似。RNA 分子较小，在转移前不需要进行限制性内切酶切割，而且变性 RNA 转移效率也比较满意。

RNA 印迹（Northern blotting）目前主要用于检测某一组织或细胞中已知的特异 mRNA 的表达水平以及比较不同组织和细胞的同一基因的表达情况。尽管 RNA 印迹技术检测 mRNA 表达水平的敏感性较 PCR 法低，但是由于其专一性好，假阳性率低，目前仍然被认

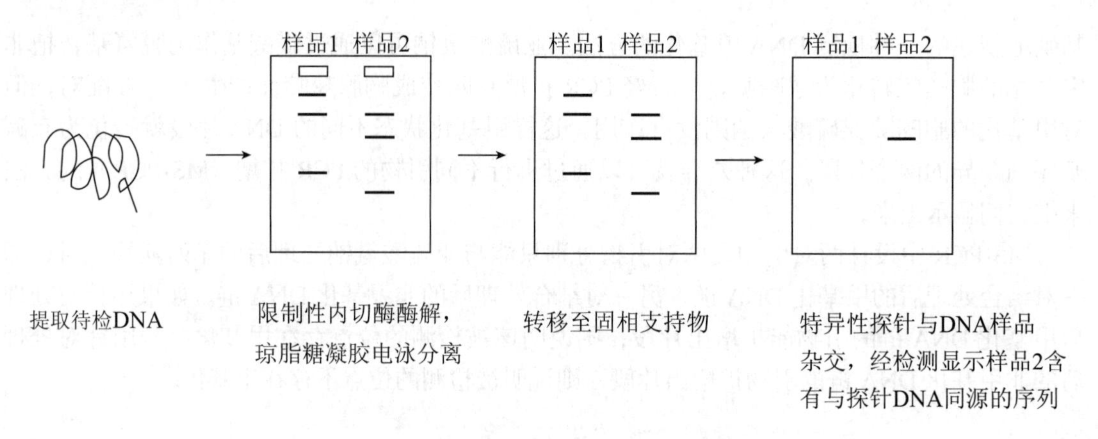
样品1 样品2
样品1 样品2
样品1 样品2
提取待检DNA
限制性内切酶酶解，
琼脂糖凝胶电泳分离
转移至固相支持物
特异性探针与DNA样品
杂交，经检测显示样品2含
有与探针DNA同源的序列

图 20-3 Southern blotting 操作流程图

为是一个可靠的 mRNA 水平的分析方法。

（三）蛋白质印迹技术

印迹技术不仅可用于核酸的分子杂交，还可用于蛋白质的检测。混合蛋白质经聚丙烯酰胺凝胶电泳按照分子质量不同而分离，之后通过电转移转印至固相载体（例如硝酸纤维素薄膜）上。以固相载体上的蛋白质或多肽作为抗原，与溶液中的相关蛋白质结合，其中最常用的是用特异性抗体检测，因此又称免疫印迹技术。相对于检测 DNA 的 Southern blotting 和检测 RNA 的 Northern blotting，蛋白质印迹也称为 Western blotting。

蛋白质印迹（Western blotting）可用于检测样品中特异性蛋白质的存在，细胞中特异蛋白质的半定量分析以及蛋白质分子的相互作用研究等。

除上述三种印迹技术外，还有一些其他的印迹方法可用于核酸和蛋白质的分析。例如，可以不经电泳分离直接将样品点在硝酸纤维素膜上用于杂交分析，这种方式被称为斑点印迹（dot blotting）；组织切片或细胞涂片可以直接用于杂交分析，称为原位杂交（*in situ* hybridization）。斑点杂交法不需电泳分离而直接将多个被检标本点到膜上，这种方法耗时短，可做定性或半定量分析。基因组原位杂交是用核酸探针进行原位杂交，确定与探针互补的 DNA 序列在基因组上的位置。菌落原位杂交是将细菌从培养平板转移到硝酸纤维素滤膜上，然后将滤膜上的菌落裂解并释放 DNA。将 DNA 烘干固定于膜上与标记探针杂交，检测菌落杂交信号，并与平板上的菌落对位，可用作克隆筛选以鉴定阳性菌落。与菌落原位杂交不同的是，组织原位杂交需经适当处理使细胞通透性增加，让探针进入细胞内与 DNA 或 RNA 杂交，因此原位杂交可以确定探针互补序列在细胞内的空间位置。对致密染色体 DNA 的原位杂交可用于显示 DNA 序列的位置；对分裂期细胞核 DNA 的杂交可研究特定序列在染色质内的功能排布；与细胞 RNA 的杂交可精确分析任一种 RNA 在细胞和组织中的分布。此外，组织原位杂交还是显示细胞亚群分布和动向及病原微生物存在方式和部位的一种重要技术。

第三节 生物芯片技术

1991 年 Affymetrix 公司在 Southern blotting 基础上，开发出世界上第一块寡核苷酸基因芯片，自此生物芯片技术得到迅速发展和广泛应用，已成为功能基因组研究中最主要的技术手段之一。生物芯片技术是通过光导原位合成或微量点样等方法，将大量生物大分子如核酸片段、多肽分子甚至细胞、组织切片等生物样品有序地固化于支持物的表面，组成密集二维分子排列，然后与已标记的待测生物样品中的靶分子杂交，通过特定的仪器分析杂交信号的强度，来对基因、蛋白质、细胞及其他生物组分进行快速、并行、高效检测的技术。生物芯片技术的主要特点是高通量、微型化和自动化，按照固化的探针来源可分为基因芯片、蛋白质芯片、细胞芯片和组织芯片等。

一、基因芯片实现了基因信息的大规模检测

基因芯片（gene chip）技术是一种大规模集成的固相杂交，是指在固相支持物上原位合成寡核苷酸或者直接将大量预先制备的DNA探针以显微打印的方式有序地固化于支持物表面，然后与标记的样品杂交。通过对杂交信号的检测分析，得出样品的遗传信息（基因序列及表达的信息）。由于常用计算机硅芯片作为固相支持物，所以称为DNA芯片。基因芯片技术主要包括四个基本技术环节：DNA探针微阵列的构建、待测样品的制备、杂交以及杂交信号的检测分析。基因芯片可在同一时间内分析大量的基因，目前高密度基因芯片可以在1cm^2面积内排列6.5万～60万个基因用于分析，实现了基因信息的大规模检测。

基因芯片技术已应用于基因表达分析、基因诊断、多态性分析、药物筛选、基因组文库作图和新基因发现等多个方面。人类基因组中大约只有3%的序列（功能基因）能够表达，如果用传统的杂交方法来研究人类基因组（30亿个碱基对）中功能基因的情况，将相当费时费力。而用基因芯片技术可直接检测表达序列而不会与非编码序列反应，改变了以前孤立地针对单个基因的表达研究，可研究在特定组织、发育的不同阶段或疾病的不同时期基因的表达谱差异。由于基因表达直接涉及功能基因，并且是全基因组水平的检测，因而有可能使科学家们能够监测一个细胞乃至整个组织中所有基因的行为，有利于深入研究基因功能。

二、蛋白质芯片是一种快速、高通量的可同时对多种蛋白质分析的技术

蛋白质芯片（protein chip）技术的研究对象是蛋白质，其原理是对固相载体进行特殊的化学处理，再将已知的蛋白分子产物（如酶、抗原、抗体、受体、配体、细胞因子等）固定其上，根据这些生物分子的特性，捕获能与之特异性结合的待测蛋白（存在于血清、血浆、淋巴液、间质液、尿液、渗出液、细胞溶解液、分泌液等），洗涤纯化后再经激光扫描系统对待测蛋白进行定性和定量分析。

蛋白质芯片是一种高通量的蛋白功能分析技术，它可在整个基因组水平通过对蛋白质与蛋白质甚至DNA-蛋白质、RNA-蛋白质相互作用的检测研究未知蛋白组分和序列、蛋白质表达谱、蛋白质相互调控网络和药物作用的蛋白质靶点筛选等诸多方面。例如利用12种抗体片段筛选含有27 648种人胎脑蛋白的蛋白质芯片，从中找出了4组高度特异性的抗原（脑蛋白）抗体复合物，其中有3种抗体结合的蛋白质功能未明，这将有助于对某些疾病包括肿瘤进行分子水平的发病机制研究，以及协助寻找疾病诊断和治疗的靶分子。

但目前蛋白质芯片相对于DNA芯片研究的进展速度显得相对滞后，主要有以下问题：大多数来自于cDNA文库的克隆体系不能通过正确的阅读框架编码蛋白质；不能正确表达具有氨基酸全序列的蛋白质分子；通过细菌表达的蛋白质不能形成正常的空间构象等。另外载体材料表面的化学修饰方法、蛋白质固定化技术、样品制备和标记操作等还需进一步改进。对于特殊蛋白质如低拷贝或难溶蛋白的检查也需进一步提高信号检测的灵敏度等。

第四节　生物大分子相互作用研究技术

许多重要的生命活动，包括 DNA 的复制、转录、蛋白质的合成与分泌、信号转导和代谢等，都离不开生物大分子的相互作用。研究细胞内各种生物大分子的相互作用方式，分析各种蛋白质 - 蛋白质、蛋白质 -DNA、蛋白质 -RNA 复合物的组成和作用方式是理解生命活动基本机制的基础。相关研究技术发展迅速，本节选择性介绍部分方法的原理和应用。

一、酵母双杂交、免疫共沉淀等技术用于研究蛋白质相互作用

目前常用的蛋白质相互作用研究技术包括酵母双杂交、各种亲和分析（如亲和色谱、免疫共沉淀、标签蛋白沉淀）、荧光能量转移、噬菌体展示等。

（一）酵母双杂交技术

酵母双杂交系统（yeast two-hybrid system）由 Fields 等在 1989 年首先建立，是分析细胞内未知蛋白质相互作用的主要手段之一。该技术的建立是基于对酵母转录激活因子 GAL4 的研究。GAL4 分子的 DNA 结合区（binding domain，BD）和转录激活区（activation domain，AD）被分开后将丧失对下游基因的转录激活作用，但是如果 BD 和 AD 分别融合了具有配对相互作用的两种蛋白质分子后，就可以依靠所融合的蛋白质分子之间的相互作用而恢复对下游基因的表达激活作用。

这一系统的具体工作原理如图 20-4 所示。将编码蛋白 X 的 DNA 序列与 GAL4 分子的 BD 基因融合，形成诱饵（bait）基因；将编码蛋白 Y 的 DNA 序列与 GAL4 分子的 AD 基因融合，形成猎物（prey protein）基因。在 GAL4 调控启动子的下游融合有报告基因，报告基因的产物可以是一些特殊的酶（如 β- 半乳糖苷酶），用其底物（如 β- 半乳糖）反应可以进行颜色筛选。当用两个融合基因同时转化酵母细胞时，如果 X 蛋白和 Y 蛋白不存在相互作用，就不能激活报告基因的转录；如果 X 和 Y 可相互作用，便会使 BD 和 AD 靠近，重新形成一个有效的转录激活因子，激活报告基因的转录。因此，通过检测报告基因是否转录便可确定蛋白 X 与蛋白 Y 是否存在相互作用。

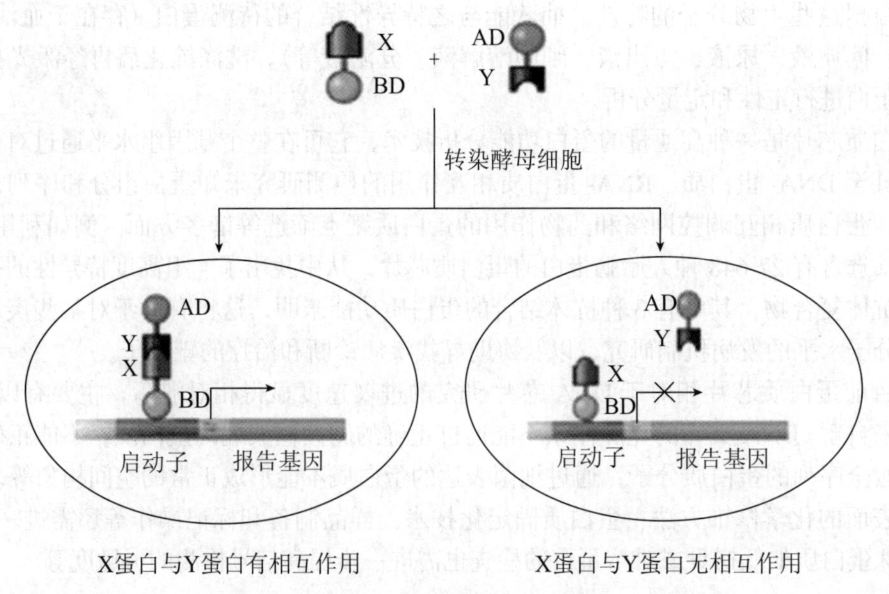

图 20-4　酵母双杂交系统分析蛋白质相互作用的原理

酵母双杂交系统可以用于：①分析两种已知基因序列的蛋白质是否存在相互作用；②分析已知存在相互作用的两种蛋白质分子，其相互作用的功能结构域或关键的氨基酸残基；③以已知序列的蛋白质编码基因与BD基因融合成为“诱饵”表达质粒，可以筛选AD基因融合的“猎物”基因表达文库，筛选未知的相互作用蛋白质。

（二）免疫共沉淀

免疫共沉淀（co-immunoprecipitation，CoIP）是研究细胞内蛋白质-蛋白质相互作用的常用技术，由免疫沉淀技术发展而来。免疫沉淀是将特异抗体与待检样品中相应的抗原结合形成抗原-抗体免疫复合物，该免疫复合物中的抗体分子可以吸附于固化了蛋白A或G的支持物上（蛋白A或G具有吸附抗体的能力），相应的抗原分子也同时被吸附。免疫复合物被吸附到支持物上的过程即为沉淀。没有被沉淀的蛋白质随着缓冲液的流洗而被除去。

免疫共沉淀的原理与免疫沉淀基本相似（图20-5）。不同之处在于：在免疫共沉淀中，与靶抗原一起被沉淀的还有靶抗原的相互作用蛋白质，即随着抗体被吸附于固化了蛋白A（或G）的支持物上，相应的抗原及其相互作用蛋白质也同时被沉淀。最后，采用相互作用蛋白质的特异抗体经Western blotting检测，以证实二者存在相互作用。

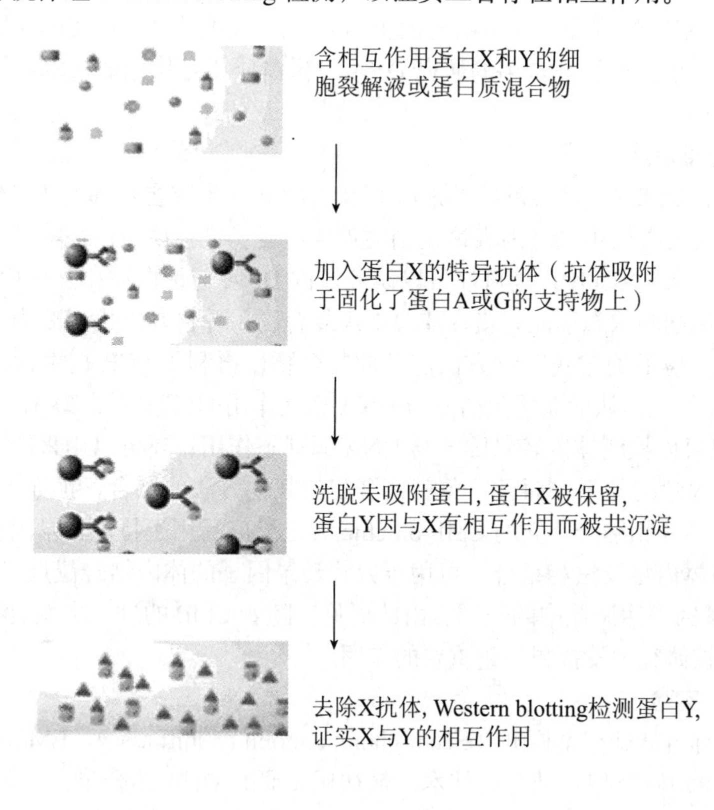
含相互作用蛋白X和Y的细胞裂解液或蛋白质混合物
加入蛋白X的特异抗体（抗体吸附于固化了蛋白A或G的支持物上）
洗脱未吸附蛋白, 蛋白X被保留, 蛋白Y因与X有相互作用而被共沉淀
去除X抗体, Western blotting检测蛋白Y, 证实X与Y的相互作用
蛋白X
蛋白Y
吸附于支持物上的蛋白X的特异抗体

图20-5　免疫共沉淀原理示意图

免疫共沉淀技术通常用于测定两种已知蛋白质能否在细胞内结合产生相互作用，以及用于确定与某种特定蛋白质具有相互作用的未知蛋白质。该法的优点是蛋白质处于天然状

态，蛋白质的相互作用可以在天然状态下进行，可以分离得到天然状态下相互作用的蛋白质复合体。

（三）荧光共振能量转移

荧光共振能量转移（fluorescence resonance energy transfer，FRET）是距离很近的两个荧光分子间产生的一种能量转移现象，当供体荧光分子的发射光谱与受体荧光分子的吸收光谱重叠，并且两个分子的距离在 10nm 范围以内时，就会发生一种非辐射的能量转移，即 FRET 现象，使得供体的荧光强度比它单独存在时要低得多（荧光猝灭），而受体发射的荧光却大大增强（敏化荧光）。

在生命科学领域，FRET 技术通过比较分子间距离与分子直径，广泛用于研究各种涉及分子间距离变化的生物现象，可以定量测量两个发光基团之间纳米级距离及其变化，研究蛋白质空间构象、蛋白质与蛋白质间相互作用、核酸与蛋白质间相互作用。

二、染色质免疫沉淀、凝胶迁移实验等用于研究 DNA- 蛋白质相互作用

DNA 与蛋白质相互作用是基因表达及其调控的基本机制，分析各种转录因子所结合的特定 DNA 序列以及基因的调控序列所结合的蛋白质是阐明基因表达及其调控机制的主要研究内容。这里简要介绍两种目前常用的研究 DNA 与蛋白质相互作用的技术：染色质免疫沉淀和凝胶迁移实验。

（一）染色质免疫沉淀

真核生物的基因组 DNA 以染色质的形式存在。因此，研究蛋白质与 DNA 在染色质环境下的相互作用是阐明真核生物基因表达机制的重要途径。染色质免疫沉淀技术（chromatin immunoprecipitation assay，ChIP）是目前可以研究体内 DNA 与蛋白质相互作用的主要方法。它的基本原理是在活细胞状态下固定蛋白质 -DNA 复合物，并将其随机切断为一定长度范围内的染色质小片段，然后通过免疫学方法沉淀此复合物，再利用 PCR 技术特异性地富集目的蛋白结合的 DNA 片段，从而获得蛋白质与 DNA 相互作用的信息（图 20-6）。

ChIP 技术不仅可以检测体内转录因子与 DNA 的动态作用，还可以用来研究组蛋白的各种共价修饰与基因表达的关系。而且，免疫共沉淀与其他方法的结合，扩大了其应用范围，例如，ChIP 与基因芯片相结合建立的 ChIP-on-chip 方法已广泛用于特定转录因子靶基因的高通量筛选；ChIP 与体内足纹法相结合，可用于寻找转录因子的体内结合位点；RNA-ChIP 可用于研究 RNA 在基因表达调控中的作用。由此可见，随着 ChIP 的进一步发展与完善，它必将会在基因表达调控研究中发挥越来越重要的作用。

（二）凝胶迁移实验

凝胶迁移，又称电泳迁移率检测（electrophoretic mobility shift assay，EMSA），是一种分析蛋白质和 DNA 序列体外相互结合的技术，最初用于研究 DNA 结合蛋白和其相关的 DNA 结合序列相互作用，目前也用于研究 RNA 结合蛋白和特定的 RNA 序列的相互作用，已经成为转录因子研究的经典方法。

EMSA 的基本原理如图 20-7 所示。蛋白质与末端标记的特异核酸序列探针结合形成复合物，电泳时这种复合物比无蛋白质结合的探针（即游离探针）在凝胶中泳动的速度慢，表现为电泳条带相对滞后。在实验中需要将预先标记的核酸探针与细胞核蛋白提取物温育一定时间，使其形成 DNA- 蛋白质复合物，然后将温育后的反应液进行非变性聚丙烯酰胺凝胶电泳，最后用特定方法显示标记探针在凝胶中的位置。

固定染色质DNA和与之结合的蛋白质

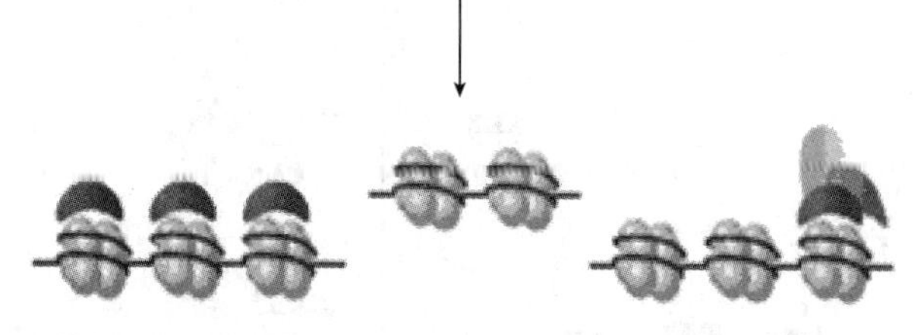
超声或酶切随机切断染色质DNA

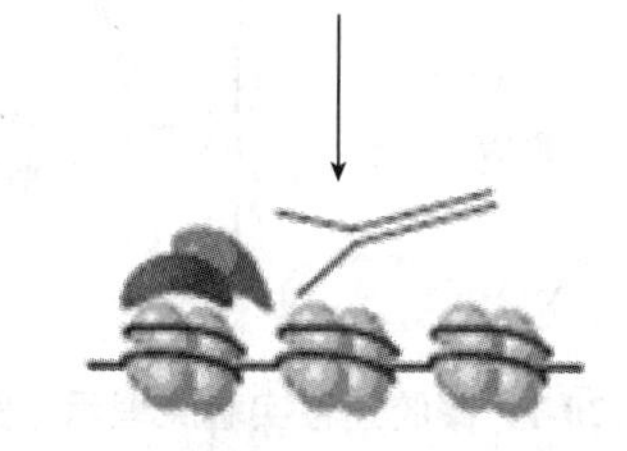
特异抗体沉淀染色质-蛋白质复合物

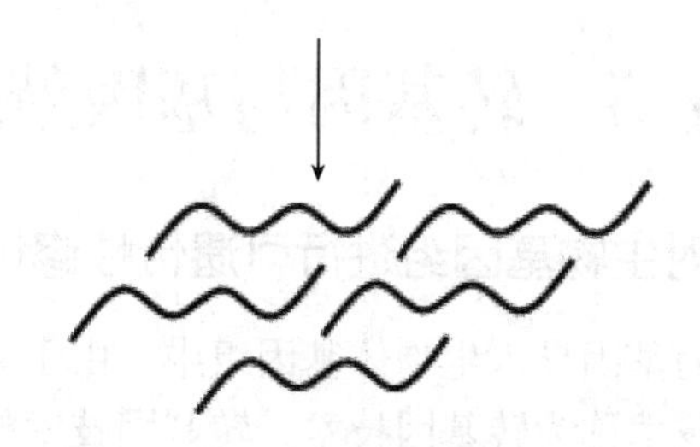
纯化DNA，PCR方法扩增特异片段

图 20-6 染色质免疫沉淀原理示意图

如果细胞核提取物中不存在可与标记探针结合的蛋白质（如特异的转录因子），那么所有标记探针都将集中出现在凝胶的前沿（底部），如有 DNA- 蛋白质复合物的形成，标记探针条带就将出现在较靠近凝胶顶部的位置。为证明所检测到的 DNA- 蛋白质复合物的特异性，可以加入足量的未标记探针（也称冷探针），这些未标记探针将与标记探针竞争特异结合的蛋白质，原有的滞后 DNA- 蛋白质复合物条带将消失。如果在反应体系中加入某种蛋白质的特异性抗体，电泳条带进一步阻滞，据此可判断与标记探针结合的蛋白质的特异性，此为超迁移（supershift）。

凝胶阻滞实验可用于鉴定在特殊类型细胞蛋白质提取物中，是否存在能与某一特定的 DNA 片段相结合的转录因子；冷探针竞争实验可以用来评估转录因子与 DNA 结合的特异性；将冷探针中转录因子结合位点的碱基突变，可以研究该碱基在介导转录因子与靶基因结合中的作用；另外也可利用 DNA 与转录因子特异结合的特性，采用亲和层析技术来分离特定的转录因子。

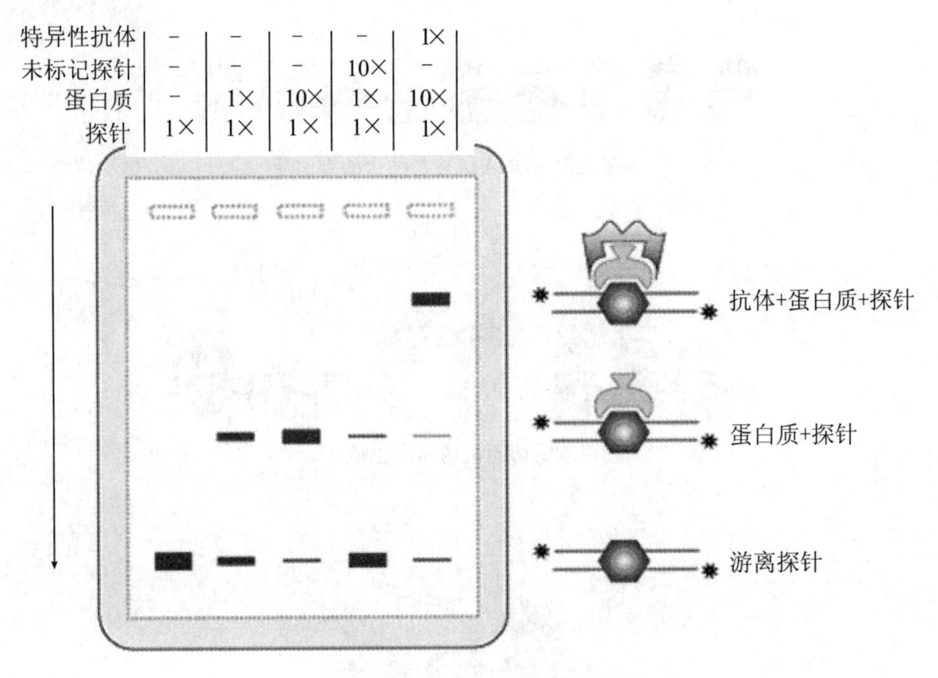

图 20-7 凝胶迁移实验原理示意图

第五节 转基因与基因敲除技术

一、转基因技术是对生物基因组进行可遗传性修饰

将人工分离和修饰过的基因导入生物体基因组中，由于导入基因的表达，引起生物体性状的可遗传性修饰，这一技术称为转基因技术。转基因技术的发展日新月异，人们不仅可以在细胞水平进行基因转移，而且可以将目的基因整合入受精卵细胞或胚胎干细胞，然后导入动物子宫，使之发育成个体，这种个体能够把目的基因继续传给子代。被导入的目的基因称为转基因，目的基因的受体称为转基因动物。1974 年，Jaenisch 应用显微注射法，在世界上首次成功获得了 SV40 转基因小鼠。目前已建立了转基因小鼠、转基因羊、转基因大鼠等多种动物模型。

二、核转移技术即动物整体克隆技术

核转移技术是将动物体细胞的细胞核全部导入另一个体的去核卵细胞内，使之发育成个体，因此又称动物整体克隆技术。这样的个体所携带的遗传信息仅来自父方或母方，因而为无性繁殖。从遗传角度讲，是一个个体的完全拷贝，故称之为克隆。1996 年 7 月 5 日，克隆羊多利的诞生成为当年分子生物学发展中的最重大事件，美国《科学》杂志把多利的诞生评为当年世界十大科技进步的第一项。

三、基因敲除是专一性去除某种目的基因的技术

对基因表达的整体人工干预不仅限于表达某种基因，也可以专一性地去除某种目的基因，这种有目的地去除生物体内某种基因的技术称为基因敲除（knock out)，或基因靶向灭

活。基因敲除技术可以在细胞水平进行，从而建立新的细胞系，也可以在整体水平进行，建立基因敲除动物模型。基于基因敲除技术对医学生物学研究做出的重大贡献，在该领域取得重大进展的三位科学家，美国人马里奥·卡佩奇（Mario Capecchi）、美国人奥利弗·史密西斯（Oliver Smithies）和英国人马丁·埃文斯（Martin Evans）分享了2007年诺贝尔生理学或医学奖。

四、基因转移和基因敲除技术对医学发展有重大推动作用

基因转移技术和基因敲除技术在研究某一种基因产物的正常功能方面具有重要作用，同时对于医学的发展也具有重大的推动作用。这两项技术在医学中的最重要的用途是建立疾病的动物模型，这些动物模型可以用于研究疾病的发生机制，更为重要的是可以作为新的治疗方法和新药物的筛选系统。以往的疾病动物模型主要是自然发生，或用化学药物、放射线诱导等方式获得，转基因技术和基因敲除技术为直接建立这些动物模型提供了有效的手段。这些动物模型包括：①单基因决定疾病：有一些疾病是因为单个基因缺陷造成的，制作这一类疾病的动物模型的最简单的方法就是将疾病基因敲除。目前用此法建立的疾病模型包括：β地中海贫血、高脂蛋白血症、动脉硬化症等。还有一些疾病是由单一基因的突变所致，因此，可以将突变基因导入动物而建立相应模型，称为获得性突变。这一技术已在一些神经性疾病模型的建立上获得成功。②多基因决定的疾病模型：肿瘤、高血压、糖尿病等疾病是多基因遗传性疾病，且有环境因素的强烈影响，目前也在吸引人们建立模型系统，如抑癌基因p53和Rb的敲除可诱发视网膜母细胞瘤等。

小 结

本章简要介绍分子生物学的一些常用技术的原理及应用。

PCR是一种在体外快速扩增特定DNA片段的方法。PCR的基本工作原理是以待扩增的DNA分子为模板，以一对与模板两侧相互补的寡核苷酸片段为引物，在DNA聚合酶的作用下合成新的DNA链，经过多次循环，可使目的基因大量扩增。PCR的应用非常广泛，并还在不断地扩展。目前PCR技术主要应用于目的基因的克隆、基因的体外突变、DNA的微量分析等方面。PCR技术和其他分子生物学技术的结合形成了多种PCR衍生技术，如原位杂交PCR、RT-PCR和实时荧光定量PCR等，大大提高了PCR反应的特异性和应用的广泛性。

分子印迹技术广泛应用于DNA、RNA、蛋白质的检测。DNA印迹技术，又称Southern blotting，主要用于基因组DNA的分析，如对基因组中特异基因进行定位及检测。RNA印迹技术又称为Northern blotting，其原理与DNA印迹基本相似，主要用于检测某一组织或细胞中已知的特异mRNA的表达水平以及比较不同组织和细胞的同一基因的表达情况。蛋白质的印迹技术，也称为Western blotting，可用于检测样品中特异性蛋白质的存在、细胞中特异蛋白质的半定量分析以及蛋白质分子的相互作用研究等。

生物芯片技术的主要特点是高通量、微型化和自动化，其按照固化的探针来源分为基因芯片、蛋白质芯片、细胞芯片和组织芯片等。基因芯片技术已广泛应用于基因表达分析、基因诊断、多态性分析、药物筛选、基因组文库作图和新基因发现等多个方面。蛋白质芯片

是一种高通量的蛋白质功能分析技术，它可在整个基因组水平通过对蛋白质与蛋白质甚至DNA-蛋白质、RNA-蛋白质相互作用的检测研究未知蛋白组分和序列、蛋白质表达谱、蛋白相互调控网络和药物作用的蛋白靶点筛选等诸多方面。

许多重要的生命活动都离不开生物大分子的相互作用。研究细胞内各种生物大分子的相互作用方式，分析各种蛋白质 - 蛋白质、蛋白质 -DNA、蛋白质 -RNA 复合物的组成和作用方式是理解生命活动基本机制的基础。酵母双杂交、免疫共沉淀等技术是分析蛋白质 - 蛋白质相互作用的常用方法；染色质免疫沉淀、凝胶迁移等是分析 DNA- 蛋白质相互作用的常规技术。FRET 技术通过比较分子间距离与分子直径，也广泛应用于蛋白质空间构象、蛋白质与蛋白质相互作用、核酸与蛋白质相互作用的研究。

转基因技术是将人工分离和修饰过的基因导入到生物体基因组中，由于导入基因的表达，引起生物体性状的可遗传性修饰。目前已建立了转基因小鼠、转基因羊、转基因大鼠等多种动物模型。核转移技术是将动物体细胞的细胞核全部导入另一个体的去核卵细胞内，使之发育成个体。这样的个体所携带的遗传基因仅来自父方或母方，因而为无性繁殖，又称为克隆。有目的地去除生物体内某种基因的技术称为基因敲除，或基因靶向灭活。基因敲除技术可以在细胞水平进行，从而建立新的细胞系，也可以在整体水平进行，建立基因敲除动物模型。基因转移技术和基因敲除技术在研究某一种基因产物的正常功能方面具有重要作用，同时对于医学的发展也具有重大的推动作用。这两项技术在医学中的最重要的用途是建立疾病的动物模型，这些动物模型可以用于研究疾病的发生机制，更为重要的是可以作为新的治疗方法和新药物的筛选系统。

思考题

1．PCR 的工作原理是什么？ PCR 技术在医学研究和临床主要有哪些用途？

2．目前主要有哪些技术用于研究生物大分子之间的相互作用？这些技术的基本原理各是什么？

3．生物芯片有哪些类型？其各自的用途是什么？

4．转基因和基因敲除技术主要有哪些用途？

（赵 颖）

名词注解

1,25- 二羟维生素（1,25-(OH)$_2$D$_3$）：维生素 D 的活性形式。在肝、肾中经羟化酶作用而生成，可升高血钙和血磷。

cDNA 文库（cDNA library）：通过逆转录酶，由特定 mRNA 而产生的互补 DNA(cDNA) 的克隆文库。

DNA 变性（DNA denaturation）：在某些理化因素（如加热）作用下，DNA 双螺旋解开形成单链的现象。

DNA 超螺旋（DNA supercoiling）：在 DNA 双螺旋基础上，进一步旋转、缠绕而成的超螺旋结构形式。

DNA 的半保留复制（semi-conservative replication）：DNA 复制时，在合成的子代 DNA 双链中，一条链来自于亲代 DNA，另一条链为新合成，这种复制方式称为半保留复制。

DNA 的半不连续复制（semi-discontinuous replication）：DNA 复制时，前导链是连续合成的而随从链是先合成 DNA 片段（冈崎片段），然后再相连形成完整的 DNA 链，称为半不连续复制。

DNA 复制（replication）：以亲代 DNA 为模板合成两个完全相同子代 DNA 的过程。

DNA 聚合酶（DNA polymerase）：全称为 DNA 指导的 DNA 聚合酶（DDDP），以单链 DNA 为模板、脱氧核苷酸（dNTP）为原料，催化 DNA 链合成的酶。

DNA 连接酶（DNA ligase）：连接 DNA 片段，形成大分子 DNA 的酶。

DNA 溶解温度（melting temperature，Tm）：DNA 加热变性过程中，DNA 分子达到 50% 解链（即 DNA 分子中 50% 双螺旋被破坏）时的温度。

DNA 双螺旋（DNA double helix）：DNA 的二级结构形式，由两条反向平行的多核苷酸链以螺旋方式绕同一中心轴盘旋成螺旋状。

DNA 损伤（DNA damage）：各种体内外因素导致的 DNA 组成或结构的变化。

DNA 拓扑异构酶（topoisomerase）：催化 DNA 拓扑异构体互变的一类酶。

G 蛋白（G protein）：一类与鸟苷酸（GTP、GDP）结合的蛋白质，由 3 个亚基组成，在细胞信号转导中发挥重要作用。

RNA 干扰（RNA interference，RNAi）：生物体中普遍存在的抑制特定基因表达的一种现象。也可以用外源双链 RNA 导入细胞，降解特定的 mRNA，从而干扰基因功能。

RNA 剪接（RNA splicing）：前体 RNA 切除部分核苷酸片段（内含子），而将剩余片段（外显子）再连接而形成 mRNA 的过程。

RNA 聚合酶（RNA polymerase）：全称为 DNA 指导的 RNA 聚合酶（DDRP），以 DNA 为模板、核糖核苷酸为原料催化 RNA 链的合成。真核细胞中有Ⅰ、Ⅱ、Ⅲ三类 RNA 聚合酶，催化不同类型 RNA 的合成。

Warburg 效应（Warburg effect）：肿瘤细胞在有氧情况下也不彻底氧化葡萄糖，而是酵解生成乳酸的现象，亦称有氧糖酵解（aerobic glycolysis）。

癌基因（oncogene）：指其编码产物与细胞的肿瘤性转化有关的基因，它以显性的方式作用，促进细胞转化，因此又称显性癌基因。

氨基酸代谢库（amino acid metabolic pool）：由食物蛋白质消化吸收的氨基酸（外源性氨基酸）与体内组织蛋白质降解生成的氨基酸以及体内合成的非必需氨基酸（内源性氨基酸）混合在一起共同参与代谢，称为氨基酸代谢库。

氨基酰-tRNA（aminoacyl-tRNA）：氨基酸与特定 tRNA 结合而形成，在蛋白质生物合成的氨基酸活化与转运中起重要的作用。

巴斯德效应（Pasture effect）：葡萄糖有氧氧化抑制无氧酵解的现象。

白化病（albinism）：先天性酪氨酸酶缺陷者由于体内黑色素合成障碍，表现为皮肤、毛发色浅或异常发白，称为白化病。

半寿期（half life）：某个体系中特定成分代谢一半所需的时间，用 $t_{1/2}$ 表示。

苯丙酮酸尿症（phenyl ketonuria，PKU）：因体内酪氨酸羟化酶缺陷，导致血及尿中出现大量苯丙酮酸及其代谢产物，智力发育障碍的先天性疾病。

比较基因组学（comparative genomics）：通过模式生物基因组之间或与人基因组之间的比较和鉴定，为研究生物进化和预测新基因提供依据。

必需脂肪酸（essential fatty acid）：指人体内不能合成，必须从食物中获得的多价不饱和脂肪酸。如亚油酸、亚麻酸等。

编码链（coding strand）：指 DNA 分子中一条不具备转录功能的链，其序列与 RNA 转录本基本相同（T 代替 U）。

变构酶（allosteric enzyme）：通过改变酶分子构象，从而影响酶活性的一类酶。

变构效应剂（allosteric effector）：引起变构效应的底物或代谢物。

别嘌呤醇（allopurinol）：次黄嘌呤类似物，抑制黄嘌呤氧化酶，用于治疗痛风症。

不可逆性抑制作用（irreversible inhibition）：抑制剂与酶活性中心的必需基团以共价键方式结合，使酶活性丧失而产生的抑制作用。这些抑制剂一般不能用稀释、透析、超滤等简单方法除去。

操纵子（operon）：转录单位，包括调节基因和编码基因。操纵子机制是原核生物基因表达调控的普遍方式。

产物（product）：反应的生成物。

初级胆汁酸（primary bile acid）：肝细胞以胆固醇为原料生成的胆汁酸及其结合物。

次级胆汁酸（secondary bile acid）：初级胆汁酸经肠道细菌作用产生的胆汁酸及其结合物。

代谢组（metabolome）：是指某一生物或细胞在一特定生理时期内各种代谢路径中所有的小分子代谢物质。

代谢组学（metabolomics）：以组群指标分析为基础，以高通量检测和数据处理为手段，以信息建模与系统整合为目标，研究分析生物或细胞受外界刺激所产生的所有代谢产物变化的全貌，是系统生物学的一个重要分支。

单顺反子（monocistron）：指一个基因转录生成一个 mRNA 分子，翻译成一条多肽链。

胆固醇（cholesterol）：含有羟基的固醇类化合物。体内合成胆固醇的调节酶是 HMG 辅酶 A 还原酶。

胆红素（bilirubin）：血红素分解代谢产生的线性四吡咯衍生物，包括未结合胆红素和结合胆红素。高胆红素血症可导致黄疸。

胆色素（bile pigment）：铁卟啉化合物的主要代谢产物，包括胆绿素、胆红素、胆素原和胆素。

蛋白激酶 A（protein kinase A, PKA）：依赖于 cAMP 的一类蛋白激酶，可使其他蛋白质、酶发生磷酸化而转导信号，属变构酶。

蛋白激酶 C（protein kinase C, PKC）：依赖于 Ca^{2+} 的一类蛋白激酶，参与细胞信号转导。

蛋白聚糖（proteoglycan）：大分子糖 - 蛋白质复合物，化学组成以糖为主，是细胞外基质的重要成分，如硫酸软骨素等。

蛋白酶体（proteasome）：特异性地识别被泛素标记的蛋白质并与之结合，在 ATP 存在下，将其降解为氨基酸或短肽。

蛋白质（protein）：由氨基酸组成的生物大分子。具有多种功能，是生命的物质基础。

蛋白质变性（protein denaturation）：在某些理化因素作用下，蛋白质的空间构象破坏（一级结构不变），理化性质改变，生物学活性丧失。

蛋白质的变构调节（allosteric regulation）：某些调节因子与蛋白质特定区域结合，改变其构象，从而影响蛋白质的生物学活性。

蛋白质的二级结构（second structure）：多肽主链原子在局部空间的规律性排列，基本形式有 α 螺旋、β 折叠等。

蛋白质的腐败作用（putrefaction）：肠道中少量未经消化的蛋白质，以及一小部分未被吸收的氨基酸、寡肽等消化产物在肠道细菌的作用下，发生以无氧分解为主要过程的化学变化。腐败作用的产物大多数对人体有害，如胺、氨、苯酚、吲哚、硫化氢等。

蛋白质的三级结构（tertiary structure）：整个多肽链中全部氨基酸残基的相对空间位置，即整个多肽链所有原子的空间排布。

蛋白质的四级结构（quaternary structure）：蛋白质分子中各个亚基的空间排布及相互作用。含有两条或多条多肽链的蛋白质具有四级结构。

蛋白质的一级结构（primary structure）：氨基酸在多肽链中的排列顺序。

蛋白质等电点（isoelectric point，pI）：当蛋白质分子解离成正负离子趋势相等、净电荷为零时，此时溶液的 pH 值。

蛋白质印迹（Western blot）：蛋白质经电泳分离后，转移到固相膜上，与溶液中的相关蛋白质特异结合。用于检测特定蛋白质（如抗原、配体等）的存在。

蛋白质组（proteome）：指由一个细胞或组织表达的所有蛋白质的组成。

蛋白质组学（proteomics）：是在大规模水平上研究蛋白质的特征，包括蛋白质的表达水平，翻译后的修饰，蛋白与蛋白相互作用等，由此获得蛋白质水平上的关于疾病发生、细胞代谢等过程的整体而全面的认识。

氮平衡（nitrogen balance）：指机体摄入氮与排出氮之间的对比关系，包括氮总平衡、正平衡与负平衡。

底物（substrate）：被酶催化的物质。

底物水平磷酸化（substrate level phosphorylation）：不依赖呼吸链，而是代谢物脱氢偶联 ADP 或其他核苷二磷酸的磷酸化反应。

第二信使（secondary messenger）：在激素（第一信使）等作用下，产生的参与细胞内信息转导的小分子，如钙离子、cAMP等。

端粒酶（telomerase）：一种由RNA和蛋白质组成的酶，通过逆转录催化端粒DNA的合成，保持染色体的稳定性，与肿瘤、衰老等密切相关。

多核糖体（polyribosome）：蛋白质生物合成时，多个核糖体同时利用一个mRNA分子进行多条肽链的合成，提高合成效率。

多顺反子（polycistron）：指单个mRNA分子为一个以上的蛋白质编码，多见于原核生物。

儿茶酚胺（catecholamine）：是酪氨酸在肾上腺髓质和神经组织内经羟化、脱羧后形成的一系列苯胺类化合物的总称，包括多巴胺、去甲肾上腺素和肾上腺素。儿茶酚胺是维持神经系统正常功能和正常代谢不可缺少的重要物质。

翻译（translation）：以mRNA核苷酸序列为“模板”合成相应氨基酸序列的多肽链的过程。

翻译后加工（post-translational processing）：多肽链合成后对多肽链进行多种形式的加工，使其变为有活性的蛋白质。

反竞争性抑制作用（uncompetitive inhibition）：抑制剂不直接与酶结合，而是与酶-底物复合物结合，使酶失去催化活性的抑制作用。

反馈抑制（feedback inhibition）：代谢途径终产物对催化该途径起始反应酶的抑制作用。

反密码子（anticodon）：tRNA分子反密码环中有三个相邻核苷酸，可与mRNA的密码子反向互补配对，称为反密码子。

反式作用因子（trans-acting factor）：通过与特定DNA元件结合，调节另一基因表达的蛋白质。

反转录PCR（reverse transcription PCR，RT-PCR）：RNA反转录为cDNA和PCR过程的联合。

泛素（ubiquitin）：一种高度保守、参与体内蛋白质分解代谢的小分子蛋白质，是许多细胞内蛋白质降解的标志。

非编码RNA（non-coding RNA）：只转录但不翻译成蛋白质的一类RNA。

非蛋白氮（non-protein nitrogen，NPN）：血液中除蛋白质以外的含氮物质的总称，主要有尿素、尿酸、肌酸、肌酐等。

非竞争性抑制作用（noncompetitive inhibition）：抑制剂与底物的结构不相似，通过与酶活性中心外的必需基团结合来影响酶活性的抑制作用。

分子伴侣（chaperon）：是参与蛋白质多肽链折叠的一类重要蛋白质家族，包括热休克蛋白等。

辅基（prosthetic group）：与酶蛋白结合相对牢固，用透析或超滤方法不能与酶蛋白分离的辅助因子。

辅酶（coenzyme）：与酶蛋白结合相对疏松，用透析或超滤等简单方法能与酶蛋白分离的辅助因子。

辅助因子（cofactor）：结合酶中的非蛋白质部分。

钙调蛋白（calmodulin，CaM）：一种调节蛋白。与钙离子结合后，激活Ca^{2+}-CaM激酶，催化多种底物磷酸化，引起生物学效应。

冈崎片段（Okazaki fragment）：DNA 复制过程中随从链上合成的不连续片段。

高血氨症（hyperammonemia）：肝功能严重损伤或尿素合成酶的遗传缺陷可引起尿素合成障碍，血氨浓度升高，称为高氨血症。高血氨症严重者出现脑功能障碍，称氨中毒或肝性脑病。

功能基因组学（functional genomics）：是利用结构基因组所提供的信息，注释、分析整个基因组所包含的基因、非基因序列及其功能。

共有序列（consensus sequence）：原核基因启动序列特定区域内，通常在转录起始点上游 -10 及 -35 区域存在的一些相似序列。

管家基因（housekeeping gene）：其编码产物在生物个体几乎所有细胞中都持续表达的基因。

核苷酸的补救合成（salvage pathway）：在碱基或核苷的基础上合成核苷酸，又称重新利用途径。

核苷酸的从头合成（de novo synthesis）：由一些简单物质（如磷酸核糖、氨基酸、一碳单位等）为原料，从头合成核苷酸的过程。

核酶（ribozyme）：具有高效、特异催化作用的 RNA。

核内不均一 RNA（heterogenous nuclear RNA，hnRNA）：细胞核内分子量较大而不均一的 RNA，是 mRNA 的前体。

核内小分子 RNA（small nuclear RNA，snRNA）：细胞核内的小分子 RNA，在基因表达中有调节作用。

核酸（nucleic acid）：以核苷酸为结构单位，通过磷酸二酯键彼此连接成多核苷酸链的生物大分子，包括脱氧核糖核酸（DNA）和核糖核酸（RNA）两大类，是遗传的物质基础。

核酸分子杂交（nucleic acid hybridization）：不同来源核酸变性后在一起复性，互补核酸片段形成局部双链的现象。

核糖核苷酸还原酶（ribonucleotide reductase）：催化二磷酸核苷（NDP）直接还原，生成相应的脱氧核苷酸（dNDP）。

核糖体 RNA（ribosomal RNA，rRNA）：组成核糖体的 RNA，是细胞中含量最多的 RNA，参与蛋白质生物合成。

核糖体循环（ribosome cycle）：肽链合成的起始、延长、终止过程称为核糖体循环，实际上就是蛋白质合成的翻译过程。

核小体（nucleosome）：真核细胞染色质的基本结构单位，由 DNA 与组蛋白构成。

核心启动子（core promoter）：是指保证 RNA 聚合酶Ⅱ转录正常起始所必需的、最少的 DNA 序列。

互补 DNA（complementory DNA，cDNA）：与 mRNA 互补的 DNA，可由逆转录酶催化生成。

环化核苷酸（cyclic nucleotide）：核苷酸中磷酸基与核糖 C′-3 位上的羧基脱水缩合成酯键，形成 3′，5′- 环核苷酸。如 cAMP、cGMP 等。

黄疸（jaundice）：大量金黄色的胆红素扩散进入组织，造成皮肤、黏膜和巩膜黄染。黄疸分为显性黄疸和隐性黄疸。

活化能（activation energy）：在一定温度下，1 摩尔反应物基态（初态）转变成过渡态所需要的自由能。

基因表达（gene expression）：在各种调节机制作用下，从基因激活开始，经历转录、翻译等过程产生具有生物学功能的蛋白质分子，从而赋予细胞一定的功能或表型，或使生物体获得一定的遗传性状。

基因矫正（gene correction）：指将致病基因的异常碱基进行纠正，而正常部分予以保留。

基因敲除（gene knock-out）：利用分子生物学技术，去除细胞或整体中某种特定基因。

基因失活（gene inactivation）：是指将特定的序列导入细胞后，在转录、转录后或翻译水平上阻断某些基因的异常表达，以达到治疗疾病的目的，也称基因沉默（gene silencing）

基因芯片（gene chip）：将许多特定的DNA片段或cDNA片段作为探针，规律排列，固定于支持物上，与待测的荧光标记样品进行杂交。再用荧光检测系统对芯片扫描并计算得到定性、定量结果。可在同一时间内分析大量基因。又称DNA微阵列（DNA microarray）。

基因增补（gene augmentation）：指将目的基因导入病变细胞或其他细胞，但不去除异常基因，而是通过目的基因的非定点整合，使其表达产物补偿缺陷基因的功能或使原有的功能得以加强。

基因诊断（gene diagnosis）：是利用现代分子生物学和分子遗传学的技术方法，直接检测基因结构及其表达水平是否正常，从而对疾病作出诊断的方法。

基因治疗（gene therapy）：是指将外源正常基因或有治疗作用的DNA片段导入靶细胞，以纠正或补偿因基因缺陷和异常引起的疾病，以达到治疗目的。

基因置换（gene replacement）：指用正常的基因通过体内基因同源重组，原位替换病变细胞内的致病基因，使细胞内的DNA完全恢复正常功能状态。

基因重组（gene recombination）：任何造成基因型变化的基因交流过程。

基因组（genome）：一个细胞或生物体中一套完整的单倍体的遗传物质的总和，它代表此生物体所具有的全部遗传信息。

基因组文库（genomic library）：含有来自特定基因组DNA的全部核苷酸序列的分子克隆集合体。

基因组学（genomics）：对基因进行基因作图、核苷酸序列分析及基因定位，阐明整个基因组的结构、结构与功能关系以及基因之间相互作用的科学。

激酶（kinase）：使底物发生磷酸化的酶。

加单氧酶（monooxygenase）：催化氧分子中一个氧原子加到底物分子，另一个氧原子与氢结合生成水的酶，又称混合功能氧化酶。

甲基化特异性聚合酶链反应（methylation-specific PCR，MS-PCR）：在使用亚硫酸盐处理的基础上新建的一种检测DNA甲基化的方法。

甲硫氨酸循环（methionine cycle）：从甲硫氨酸活化为S腺苷甲硫氨酸（SAM）到转出甲基及再生成甲硫氨酸这一循环式反应，是为机体代谢提供活泼甲基的重要代谢途径。

甲状旁腺素（parathormone，PTH）：由甲状旁腺主细胞合成并分泌的一种单链多肽，由84个氨基酸残基组成，可升高血钙，降低血磷。

假神经递质（false neurotransmitter）：某些胺类物质结构与神经递质结构相似，可取代正常神经递质从而影响脑功能，称假神经递质。如β-羟酪胺和苯乙醇胺与儿茶酚胺结构相似。

降钙素（calcitonin，CT）：由甲状腺滤泡旁细胞（又称C细胞）合成、分泌的一种肽类化合物，由32个氨基酸残基组成，可降低血钙和血磷。

阶段特异性（stage specificity）：指多细胞生物基因表达具有时间特异性。

结构基因组学（structural genomics）：是基因组学的一个分支，通过人类基因组作图（遗传图谱、物理图谱、序列图谱以及转录图谱）和大规模 DNA 序列，揭示人类基因组的全部 DNA 序列及其组成。

结构域（domain）：蛋白质三级结构中特定的结构单元，有独立的功能。

结合胆红素（conjugated bilirubin）：主要指与葡萄糖醛酸结合的胆红素，又称直接胆红素，为水溶性，可以从尿中排出。

解偶联剂（uncoupler）：使氧化与磷酸化偶联过程相脱离的物质。

竞争性抑制作用（competitive inhibition）：抑制剂与酶作用的底物结构相似，能和底物竞争结合酶的活性中心，从而阻碍酶与底物结合，使酶活性下降的作用。

聚合酶链式反应（polymerase chain reaction，PCR）：用人工方法，通过多个循环的 DNA 合成反应，扩增特定 DNA 序列。

开放性阅读框架（open reading frame，ORF）：mRNA 分子中，有“模板”作用的一段核苷酸序列，可以连续编码并翻译出一定氨基酸顺序的多肽链。

可逆性抑制作用（reversible inhibition）：抑制剂与酶以非共价键的方式结合，用透析等物理方法除去抑制剂后，酶的活性能够恢复的抑制作用。

空间特异性（spatial specificity）：一种基因产物在个体的不同组织或器官表达，即在个体的不同空间出现。

酪氨酸蛋白激酶（tyrosine protein kinase，TPK）：可使底物蛋白质的酪氨酸残基发生磷酸化的一类蛋白激酶，参与细胞生长、增殖、分化等信号转导过程。

磷酸戊糖途径（pentose phosphate pathway）：葡萄糖分解成磷酸戊糖、NADPH 的过程。

磷脂（phospholipids）：含磷酸的脂质，例如甘油磷脂、鞘磷脂等。

酶（enzyme）：由活细胞产生的、对其底物具有高度特异性和高度催化效能的生物催化剂，多数为蛋白质，少数为 RNA。

酶促反应（enzyme-catalyzed reaction）：酶所催化的化学反应。

酶促反应的最适 pH（optimal pH）：使酶的催化活性达到最高时的 pH 值。

酶促反应的最适温度（optimal temperature）：酶促反应速度最大时的环境温度。

酶蛋白（apoenzyme）：结合酶中的蛋白质部分。

酶的必需基团（essential group）：与酶活性密切相关、为酶催化活性所必需的基团。

酶的变构调节（allosteric regulation of engyme）：某些物质与酶蛋白特殊部位结合，引起酶的构象变化，从而改变酶活性。

酶的变构调节（allosteric regulation）：某些小分子化合物与酶蛋白分子活性中心以外的某一部位特异结合，引起酶蛋白分子构象变化，从而改变酶活性的调节。

酶的化学修饰（chemical modification）：某些酶分子的一些基团，经其他酶催化发生化学改变（共价键的改变），引起酶活性变化。

酶的活性中心（active center）：酶的必需基团比较集中，形成具有一定空间构象的、能与底物特异结合并催化底物转变为产物的区域。

酶的激活剂（activator）：能提高酶活性，使酶活性从无到有或由低到高的物质。

酶的特异性（specificity）：一种酶只能作用于一种或一类化合物或一定的化学键，催化一定的化学反应产生一定的产物，即酶对底物的选择性。

酶的抑制剂（inhibitor）：能使酶活性下降但又不使其变性的物质。

酶的诱导契合（induced fit of enzyme）：在底物与酶相互接近时，两者相互诱导而变形，进而相互结合形成酶-底物复合物，引发底物分子发生化学反应的过程。

酶合成的诱导剂（inducer）：能加速酶合成的物质。

酶合成的阻遏剂（repressor）：减少酶合成的物质。

酶活性（enzymatic activity）：酶催化化学反应的能力。

酶原（zymogen）：无活性状态的酶的前体。

酶原的激活（activation of zymogen）：无活性的酶原在一定条件下转变成有活性的酶的过程。

米氏常数（Michaelis constant）：酶促反应速度为最大速度一半时的底物浓度，是酶的特征性常数。

密码子（codon）：mRNA 分子中 3 个相邻的核苷酸组成一个密码子，翻译时代表一种氨基酸或肽链合成起始（终止）信号。

密码子的简并性（degeneracy）：一种氨基酸有多种密码子的现象。

模板链（template strand）：指 DNA 分子中一条具有转录功能的链，可为 RNA 的转录提供模板。

模体（motif）：蛋白质分子中 2 个或 3 个具有二级结构的肽段，在空间上相互接近，形成特殊的空间构象，发挥特定功能。

内含子（intron）：DNA 中可被转录，但在转录后被切除的序列，又称间隔序列。

内肽酶（endopeptidase）：水解蛋白质肽链内部的一些肽键，如胃蛋白酶、胰蛋白酶、糜蛋白酶、弹性蛋白酶。

逆转录（reverse transcription）：以 RNA 为模板，在逆转录酶的作用下合成 DNA 的过程。与转录过程相反，称为反（逆）转录。

尿素循环（urea cycle）：氨通过循环过程合成尿素，又称鸟氨酸循环（ornithine cycle）。

尿酸（uric acid）：人体内嘌呤核苷酸分解代谢的终产物。高尿酸血症可导致痛风（gout）。

葡萄糖耐量（glucose tolerance）：由于人体通过多种途径代谢葡萄糖，若一次摄入大量葡萄糖，仍可维持血糖浓度不至太高，且快速回到正常范围。

启动子（promoter）：识别和结合 RNA 聚合酶，并启动转录的 DNA 序列。

全酶（holoenzyme）：由酶蛋白结合辅助因子构成，又称结合蛋白酶。

乳酸循环（lactate cycle）：肌糖原酵解产生的乳酸经血液运至肝，通过糖异生作用生成肝糖原和葡萄糖。肝将葡萄糖释放入血，葡萄糖又可被肌肉摄取利用的循环过程，又称 cori 循环。

三羧酸循环（tricarboxylic acid cycle）：乙酰 CoA 经过循环体系，氧化分解成 CO_2 和水的过程。由于含三羧酸的柠檬酸为其第一个中间产物，又名柠檬酸循环。是三大类营养物分解代谢的共同通路。

上游启动子元件（upstream promoter element，UPE）：包括通常位于转录起始点上游 -30bp 至 -110bp 的 GC 盒（GGGCGG）和 CAAT 盒（GCCAAT）。

生物氧化（biological oxidation）：生物体内的氧化分解，最终生成 CO_2 和水的过程，并逐步释放出能量（主要是 ATP）。

生物转化（biotransformation）：机体对内外源的非营养物质进行氧化、还原、水解以及结合等反应，使其水溶性增加，以利排出。肝是生物转化的主要器官。

生长因子（growth factor）：一类通过与特异的、高亲和的细胞膜受体结合，调节细胞生长与其他细胞功能等多效应的多肽类物质。

时间特异性（temporal specificity）：某一特定基因的表达严格按一定时间顺序发生。

实时 PCR（real-time PCR）：在 PCR 体系中引入荧光标记分子，以计算 PCR 产物量，常用于定量分析。

顺式作用元件（cis-acting element）：可影响自身基因表达活性的 DNA 序列。

肽键（peptide bond）：一个氨基酸的 α- 氨基与另一个氨基酸的 α- 羧基脱水形成的酰胺键。

糖蛋白（glycoprotein）：由共价键相连的蛋白质与糖组成，其中蛋白质成分多于糖。

糖的有氧氧化（aexdoic oxidation）：葡萄糖在有氧条件下，彻底氧化生成水和二氧化碳，并释放出能量的过程。

糖酵解（glycolysis）：在缺氧条件下，葡萄糖分解成乳酸并释放少量能量的过程，也称糖的无氧氧化（anaerobic oxidation）。

糖异生（gluconeogenesis）：非糖物质转变成葡萄糖或糖原的过程。

糖原分解（glycogenolysis）：一般指肝糖原分解成葡萄糖的过程。

糖原合成（glycogenesis）：葡萄糖合成糖原的过程，并非糖原分解的逆行。

糖原累积症（glycogen storage disease）：因先天性缺乏与糖原代谢有关的酶类而引起的一类遗传性代谢病，其特点是体内某些器官组织（如肝、脑、肾、肌肉等）中有大量的糖原堆积。

调节基因（regulatory gene）：编码能够与操纵序列结合的调控蛋白。

调节酶（regulatory enzyme）：又称限速酶，一般指代谢途径中催化反应速度最慢的酶，它决定整个代谢途径的总速度。

通用转录因子（general transcription factor）：是 RNA 聚合酶介导基因转录时所必需的一类辅助蛋白质，帮助 RNA 聚合酶与启动子结合并起始转录。

同工酶（isoenzyme）：催化相同的化学反应，但酶蛋白的分子结构、理化性质和免疫学性质都不同的一组酶。

同源重组（homologous recombination）：指发生在同源序列间的重组。

酮体（ketone body）：乙酰乙酸、β- 羟丁酸、丙酮的统称，是脂肪酸分解代谢的中间产物。

外肽酶（exopeptidase）：自肽链的末端开始每次水解一个氨基酸残基，如羧基肽酶、氨基肽酶。

外显子（exon）：转录后加工仍被保留，并编码蛋白质的基因部分。

微小 RNA（microRNA，miRNA）：是一类长度约 22 个核苷酸的小分子 RNA，可通过与靶 mRNA 分子的 3′ 端非编码区特异结合，促进该 mRNA 分子的降解或抑制其翻译，对基因表达起调节作用。

维生素（vitamin）：是机体维持正常生理功能所必需，但在体内不能合成或合成量不足，必须由食物供给的一组低分子量有机化合物。

位点特异性重组（site-specific recombination）：由整合酶催化，在两个 DNA 序列的特异位点间发生的整合。

细胞膜受体（membrane receptor）：位于细胞膜的受体，其配体多为蛋白质、多肽类激素。

细胞内受体（intracellular receptor）：位于细胞质或细胞核的受体，其配体多为脂溶性分子。

细胞周期蛋白（cyclin）：一类伴随细胞周期的不同阶段表达、累积和降解的蛋白质因子。

限制性核酸内切酶（restriction endonuclease）：就是能够识别双链DNA分子中的某种特定核苷酸序列，并在识别位点裂解磷酸二酯键的一类内切酶。。

小干扰RNA（small interfering RNA，siRNA）：可以与外源基因表达的mRNA相结合，并诱发这些mRNA的降解。

信号肽（singal peptide）：位于新生分泌蛋白N端数十个保守的氨基酸序列，与新生分泌蛋白的靶向输送有关。

信使RNA（messenger RNA，mRNA）：其分子中相邻的三个核苷酸组成一个密码子，蛋白质合成时代表一种氨基酸，传递遗传信息。

血浆蛋白质（plasma protein）：血浆中含有的蛋白质，包括清蛋白、球蛋白等。

血尿素氮（blood urea nitrogen，BUN）：血尿素中所含的氮，是NPN的主要成分，常被用作肾排泄功能的指标。

血清（serum）：血液在体外凝固后析出的淡黄色透明液体，不含纤维蛋白原。

血糖（blood sugar）：指血中的葡萄糖。

盐析（salt precipitation）：高浓度的中性盐沉淀水溶液中的蛋白质的现象。

氧化呼吸链（respiratory chain）：代谢物脱下的氢通过多种酶和辅酶的连锁传递，最终与氧结合生成水，此种递氢、递电子的传递链称为呼吸链。

氧化磷酸化（oxidative phosphorylation）：生物氧化中脱氢与氧结合生成水，与ADP磷酸化生成ATP的过程相偶联，称为氧化磷酸化。是体内生成ATP的主要方式。

一碳单位（one carbon unit）：某些氨基酸在分解代谢中产生的含有一个碳原子的基团。由四氢叶酸携带参加代谢。

引物（primer）：DNA复制过程中，首先需要合成一小片段多核苷酸，提供自由3′-OH末端，才能进一步合成DNA链，此小片段称为引物。催化引物合成的酶为引物酶。

营养必需氨基酸（nutritionally essential amino acid）：体内需要但又不能自身合成，必须由食物供给的8种氨基酸。包括苏氨酸、赖氨酸、色氨酸、甲硫氨酸、缬氨酸、亮氨酸、异亮氨酸、苯丙氨酸。

诱导（induction）：随环境条件变化基因表达水平增强的过程。

原癌基因（proto-oncogene）：存在于生物正常基因组中的癌基因。

原位PCR（in situ PCR）：将PCR与原位杂交相结合而发展起来的一项新技术。

载体（vector）：在基因工程中可容纳外源DNA，并具有自我复制能力的DNA分子，如质粒（plasmid）。

载脂蛋白（apolipoprotein，apo）：脂蛋白中的蛋白质组分，包括apoA、apoB、apoC、apoD、apoE等。

增强子（enchancer）：基因调控过程中增强转录的DNA元件。

长链非编码RNA（long noncoding RNA，lncRNA）：是一类长度超过200个核苷酸的

RNA 分子，不直接参与基因编码和蛋白质合成，但可在表观遗传水平、转录水平和转录后水平调控基因的表达。

脂蛋白（lipoprotein）：与脂结合的蛋白质，包括高密度脂蛋白、低密度脂蛋白、极低密度脂蛋白、乳糜微粒等。

脂肪酸的 β 氧化（β oxidation）：脂肪酸在 β 碳原子位置氧化断裂，释放乙酰 CoA，是体内脂肪酸氧化分解的主要方式。

质粒（plasmid）：是存在于细菌染色体外的能自主复制和稳定遗传的小型环状双链 DNA 分子。

肿瘤抑制基因（tumor suppressor gene）：一种抑制细胞生长和肿瘤形成的基因，在生物体内与癌基因功能相抵抗，共同保持生物体内正负信号相互作用的相对稳定。

重组 DNA 技术（recombinant DNA technology）：通过人工方式使 DNA 分子重新组合，并获得大量相同的 DNA 分子的技术，又称 DNA 克隆（DNA cloning）或基因工程。

周期蛋白依赖性蛋白激酶（cyclin-dependent protein kinase，CDK）：一类丝氨酸 / 苏氨酸蛋白激酶，在细胞周期的调节中起关键作用。

转氨基作用（transamination）：在转氨酶（transaminase）的作用下，某一氨基酸去掉 α-氨基生成相应的 α- 酮酸，而另一种 α- 酮酸得到此氨基生成相应的氨基酸的过程。

转氨脱氨作用（transdeamination）：又称联合脱氨基作用，指转氨酶与 L- 谷氨酸脱氢酶联合作用脱去氨基酸的氨基过程。它是氨基酸脱氨基的主要方式，也是体内合成非必需氨基酸的主要方式。

转基因（gene transfer）：一种生物体基因组的基因或 DNA 片段，稳定地插入另一生物体（或细胞）的基因组中。

转基因动物（transgenic animal）：将一个新的 DNA 序列或另一物种的基因导入性细胞（卵细胞）而产生的新型动物品种。

转录（RNA transcription）：以 DNA 为模板合成 RNA 的过程，将 DNA 的信息传递给 RNA 分子。

转录后加工（post-transcriptional processing）：初级 RNA 转录产物（前体）转变成有功能 RNA（包括 mRNA、tRNA、rRNA）的过程。

转录因子（transcription factor，TF）：调节基因转录的蛋白质。

转录组（transcriptome）：狭义上指一个细胞内拥有的一套全部 mRNA 转录产物、可直接参与蛋白质翻译的编码 RNA 总和。广义上指某一生理条件下，细胞内所有转录产物的集合，包括信使 RNA、核糖体 RNA、转运 RNA 及非编码 RNA。

转录组学（transcriptomics）：是一门在整体水平上研究细胞编码基因转录情况及转录调控规律的科学。

转运 RNA（transfer RNA，tRNA）：在蛋白质合成中特异性转运氨基酸的一类 RNA。

阻遏（repression）：随环境条件变化而基因表达水平降低的过程。

组成性基因表达（constitutive gene expression）：管家基因的表达，也称基本的基因表达。

组学（-omics）：指研究细胞、组织或整个生物体内某种分子（DNA、RNA、蛋白质、代谢物和其他分子）的所有组成内容的学科。

组织特异性（tissue specificity）：组织在器官的分布决定了基因表达的空间分布差异。

RNA [illegible]

[illegible]

[illegible]

[illegible]（plasmid）[illegible]

肿瘤抑制基因（tumor suppressor gene）：[illegible]

重组DNA技术（recombinant DNA technology）：[illegible] DNA克隆（DNA cloning）[illegible]

周期蛋白依赖性蛋白激酶（cyclin-dependent protein kinase，CDK）：[illegible]

转氨基作用（transamination）：在转氨酶（transaminase）的作用下 [illegible]

转氨脱氨作用（transdeamination）：[illegible]

转基因（gene transfer）：[illegible] DNA片段 [illegible]

转基因动物（transgenic animal）：[illegible] DNA [illegible]

转录（RNA transcription）：以DNA为模板合成RNA的过程 [illegible]

转录后加工（post-transcriptional processing）：[illegible] RNA（包括mRNA、tRNA、rRNA）[illegible]

转录因子（transcription factor，TF）：[illegible]

转录组（transcriptome）：广义上指 [illegible] mRNA [illegible] RNA [illegible]

转录组学（transcriptomics）：[illegible]

转运RNA（transfer RNA，tRNA）：[illegible] RNA。

阻遏（repression）：[illegible]

组成性基因表达（constitutive gene expression）：[illegible]

组学（omics）：[illegible]（DNA、RNA、蛋白质 [illegible]）[illegible]

组织特异性（tissue specificity）：[illegible]

中英文专业词汇索引

A

B

C

D

J

K

L

M

N

主要参考文献

1．周爱儒，何旭辉 . 医学生物化学 . 3 版 . 北京：北京大学医学出版社，2008.

2．李刚，马文丽 . 生物化学 . 3 版 . 北京：北京大学医学出版社，2013.

3．贾弘禔，冯作化 . 生物化学与分子生物学 . 2 版 . 北京：人民卫生出版社，2010.

4．查锡良，药立波 . 生物化学与分子生物学 . 8 版 . 北京：人民卫生出版社，2013.

5．全国科学技术名词审定委员会 . 生物化学与分子生物学名词 . 北京：科学出版社，2008.

6．Nelson DL, Cox MM. Lehninger principles of biochemistry. 6th ed. New York: W. H. Freeman and Company, 2013.

7．Berg JM, Tymoczko JL, Stryer L. Biochemistry. 7th ed. New York: W. H. Freeman and Company, 2012.

8．Lodish H, Berk A, Kaiser CA, et al. Molecular cell biology. 7th ed. New York: W. H. Freeman and Company, 2013.